高等学校规划教材

炼铁学

梁中渝 主编

北京
冶金工业出版社
2022

内 容 简 介

本书是高等学校冶金工程专业教材，主要内容包括炼铁原料、烧结原理与生产工艺、强化烧结生产过程分析、球团生产工艺、高炉炼铁原理与强化冶炼、冶炼过程工艺计算与能量利用分析、特殊矿冶炼、高炉日常操作，现场常用计算和现代化非高炉炼铁的主要工艺流程及重点设备。全书共分15章，各章附有复习思考题。

本书也可供冶金工程专业技术人员参考。

图书在版编目(CIP)数据

炼铁学/梁中渝主编．—北京：冶金工业出版社，2009.4(2022.1重印)
高等学校规划教材
ISBN 978-7-5024-4808-0

Ⅰ.炼…　Ⅱ.梁…　Ⅲ.炼铁学—高等学校—教材　Ⅳ.TF5

中国版本图书馆CIP数据核字(2009)第034683号

炼铁学

出版发行	冶金工业出版社	**电　话**	(010)64027926
地　址	北京市东城区嵩祝院北巷39号	**邮　编**	100009
网　址	www.mip1953.com	**电子信箱**	service@mip1953.com

责任编辑　宋　良　高　娜　美术编辑　彭子赫　版式设计　张　青
责任校对　王贺兰　责任印制　李玉山
三河市双峰印刷装订有限公司印刷
2009年4月第1版，2022年1月第6次印刷
787mm×1092mm　1/16；22.25印张；592千字；339页
定价45.00元

投稿电话　(010)64027932　投稿信箱　tougao@cnmip.com.cn
营销中心电话　(010)64044283
冶金工业出版社天猫旗舰店　yjgycbs.tmall.com
(本书如有印装质量问题，本社营销中心负责退换)

前　言

随着我国科学技术和经济建设的飞速发展，钢铁工业生产技术不断提高，迫切需要冶金科学技术应用型人才。本书根据冶金工程专业教学基本要求，编写过程中注重基本理论与实践相结合，重视工艺操作，注重实用性，突出应用性的编写原则。作为冶金工程主干课程教材，本书阐述了炼铁过程的理论和工艺，内容包括：烧结理论与生产工艺、强化烧结生产过程分析、球团理论与生产工艺、高炉炼铁原理与强化冶炼、冶炼过程工艺计算与能量利用分析、特殊矿冶炼、高炉日常操作、现场常用计算和现代化非高炉炼铁的主要工艺流程及重点设备。

本书由重庆科技学院、湖南工业大学和上海应用技术学院的教师合作编写，各章的编写分工是：第1章、第8章、第9章、第13章和第14章由重庆科技学院梁中渝编写，第2章、第3章、第4章、第5章、第6章和第7章由湖南工业大学刘竹林编写，第15章由上海应用技术学院胡继业编写，第10章和第11章由重庆科技学院高艳宏编写，第12章由重庆科技学院邓能运编写；全书由梁中渝统编定稿。

本书的编写得到重庆科技学院的大力支持，书中应用了炼铁界同行们的成果，编者在此表示衷心的感谢！

由于水平所限，书中有疏漏和不妥之处，诚请读者批评指正。

编　者

2008年9月

目　　录

1 概　　论

1.1 冶金基本概念及分类

冶金工业按照金属的两大类别通常分为黑色冶金工业和有色冶金工业两大类。通常把铁、锰、铬三种金属称为黑色金属。铁、生铁、钢和铁合金（如锰铁、铬铁）的生产，称钢铁冶金。有色金属冶金包括各种有色金属的生产。

金属的冶炼或提取方法由于原料的不同有很大差异，但按其特点可分为火法冶金、湿法冶金和电冶金。

(1)火法冶金

火法冶金是以燃料燃烧为热源，在高温条件下，将矿石和其他原料中的主要金属提炼成金属的工艺。它包括干燥、焙烧、冶炼、蒸馏等过程。

(2)湿法冶金

湿法冶金一般是在室温条件下，将矿石浸入某种溶液，这种溶液能够溶解有用金属，而不溶解其他杂质，然后再从溶液中提取出金属的工艺。它包括浸出、净化和置换、沉积等三大过程。

(3)电冶金

电冶金以电能为热源来提取金属，按电能性质不同又分为以下两类：

1）电热冶金　电热冶金是电能为热能，在高温下将原料提炼成金属。其物理化学过程本质上与火法冶金相同。

2）电化冶金　电化冶金是利用电化学反应使金属从含金属盐类的水溶液或熔体中析出。前者称为水溶液电解，可列为湿法冶金一类。后者称为熔盐电解，可列入火法冶金一类，因为它不仅利用电能的化学效应，而且还利用电能转变为热能，使金属盐类形成熔体而电解。

冶金方法基本上是火法和湿法。钢铁冶金主要用火法；有色金属冶金则火法、湿法兼有。在钢铁冶金中，如高炉炼铁、转炉炼钢、电炉炼钢，竖炉、回转窑直接还原炼铁等，都是火法。

1.2 炼铁生产历史

铁矿石是地壳主要组成部分之一，铁在自然界中分布得极为广泛。但是人类发现铁和利用铁，却比黄金和铜要迟。这是因为天然的纯铁在地球上几乎找不到，不像自然金和自然铜那样容易被人发现。而且铁容易氧化生锈，只有含镍的铁才能持久不锈，但是含镍的自然铁又极稀少。

由于地球上很难找到自然铁，人类最早所发现的铁，是从天空中下来的陨星。陨星中有些是铁和镍合金，称为陨铁，其中所含铁的百分比是很高的，而且铁很纯净，细的夹杂物很少，在埃及等古文明国家考古所发现的最早的铁器，也都是由陨铁加工制成的。

中国至迟在战国早期已创造铸铁柔化处理技术，能把生铁铸件经过柔化处理变为可锻铸铁

（即韧性铸铁），这要早于欧洲两千三四百年，欧洲要迟至封建社会末期（18 世纪初叶）才应用这种技术。当时我国由于生铁冶铸技术的发明，铁的生产率大为提高；又由于铸铁柔化处理技术的创造，使得白口铁铸造的工具变为韧性铸铁，大大提高了工具的力学性能。春秋战国之际正是因为冶铁技术得到高度发展，使当时生产力水平得到极大的提高。

1.3 钢铁工业在国民经济中的地位

钢铁工业是国民经济的基础工业，钢铁产品在各类原材料中用途最广、最为重要，对国家工业化和国防现代化具有举足轻重的作用。钢铁工业对实现国家的工业、农业、国防和科学技术的现代化尤为重要。钢铁工业和能源、交通一样，在当前甚至今后相当长的时期内，都是制约国民经济发展的重要因素。对钢铁工业依赖性较强的产业，如机械、建筑、煤炭、建材、石油、化工、交通等部门的发展，更加与钢铁工业的发展（品种、质量、数量）密不可分。同样，发展钢铁工业，亦需要其他部门的支持与配合。可以认为，钢铁工业的水平，是衡量一个国家工业化程度和国力强弱的重要标志之一。

新技术革命的浪潮，对材料工业特别是发展新材料，提出了更高的要求。发展包括钢铁在内的原材料工业，已成为国家中长期经济发展规划的内容。至于新型材料的发明研制，需要一定的技术基础，其广泛应用，更需要其他各种技术的协调，即使研制出具有钢铁某些性能的新材料，但要完全取代钢铁是很难做到的。事实上当今世界还没有任何一个国家发展到完全用新材料取代钢铁材料的程度，其主要原因是钢铁材料具有很好的物理和化学性能。铁硬而脆，其应用受到一定限制，但将铁炼成钢，就具有十分广泛的用途。

钢除有高的强度与韧性外，还能获得特殊的性能（如不锈、耐酸、抗磁、耐高温等）；除可铸造外，还具有优良的加工性能（如锻造、轧制、冲压、挤压、冷拔、焊接等），可以满足现代机械设备制造的各种要求。总之，钢铁作为基础材料，迄今还没有任何材料可以取而代之。

1.4 高炉冶炼技术经济指标

评价高炉生产的技术水平和经济效益可用如下技术经济指标来衡量。

1.4.1 高炉有效容积利用系数

有效容积利用系数（η_u）：指高炉单位有效容积的日产铁量。

$$\eta_u = \frac{P}{V_u} \tag{1-1}$$

式中 P——生铁日产量，t/d；

V_u——高炉有效容积，m^3。

可见，利用系数愈大，生铁产量愈高，高炉的生产率也就愈高。P 和 η_u 都是生产率指标。对一定容积的高炉，η_u 随 P 成正比地增加。对不同容积高炉，P 无可比性，而 η_u 可比。

式中生铁日产量是以炼钢生铁为校准计算的，其他各种牌号的生铁可按冶炼难易程度折合为炼钢生铁吨数。铸造生铁的折算系数随硅含量不同而存在差异，通常为 1.14～1.34。

一般高炉有效容积利用系数为 2.2～2.8t/(m^3·d)，大高炉相对低一些，小高炉要高一些，可达 3t/(m^3·d) 以上。

1.4.2 焦比

焦比(K)是指生产每吨生铁所消耗的焦炭量。对高炉生产而言，焦比越低越好。

$$K = \frac{Q_C}{P} \tag{1-2}$$

式中 Q_C——焦炭日消耗量，kg/d。

喷吹燃料时，高炉的能耗情况用燃料比($K_{燃}$)表示，即每1t生铁耗用各种入炉燃料之总和。

$$K_{燃} = (K_{焦炭} + K_{煤粉} + K_{重油} + \cdots) \tag{1-3}$$

综合焦比($K_{综}$)是生产1t生铁实际耗用的焦炭(焦比K)以及各种辅助燃料折算为相应的干焦($K_{干}$)的综合。

$$K_{综} = (K + K_{干}) \tag{1-4}$$

不同辅助燃料对干焦的置换比差异较大。通常煤粉为0.7～0.8kg/kg，天然气为0.65kg/kg，重油为1.2kg/kg，焦粉为0.9kg/kg，沥青为1.0kg/kg。

现代大中型高炉焦比一般在380kg/t左右，燃料比一般在500kg/t左右。

1.4.3 冶炼强度

冶炼强度(I)指单位体积高炉有效容积焦炭日消耗量。

$$I = \frac{Q_C}{V_u} \tag{1-5}$$

冶炼强度是标志高炉强化程度的指标之一。在喷吹燃料条件下，相应有综合冶炼强度($I_{综}$)，即不仅计算焦炭消耗量，还计算喷吹燃料按置换比折合成的焦炭量。

由式(1-1)、式(1-2)和式(1-5)可推导出利用系数、焦比和冶炼强度三者之间的关系为：

$$\eta_u = \frac{I}{K} \tag{1-6}$$

利用系数η_u与冶炼强度I成正比，与焦比K成反比。要提高利用系数，强化高炉生产，应从降低焦比和提高冶炼强度两方面考虑。在当前能源紧张的情况下，首先应考虑降低焦比(燃料比)。小高炉比大高炉冶炼强度相对大一些。

1.4.4 焦炭负荷

焦炭负荷是指每批炉料中铁、锰矿石的总重量与焦炭重量之比，用以评估燃料利用水平、操作水平，调节配料的重要参数。

1.4.5 生铁合格率

生铁合格率指合格生铁量占高炉总产量的百分数。此外，优质生铁占生铁总量的百分数称为优质率。合格率和优质率都是生铁质量指标。对生铁质量的考查主要看其化学成分(如硫和硅)是否符合国家标准。

1.4.6　休风率

休风率指高炉休风时间占规定作业时间的百分数。降低休风率是增产节约的重要途径。

1.4.7　生铁成本

生铁成本指生产 1t 生铁所需的费用。它是衡量高炉生产经济效益的重要指标。

1.4.8　炉龄

炉龄(高炉一代寿命)指从高炉点火开炉到停炉大修，或高炉相邻两次大修之间的冶炼时间。一般大高炉的一代寿命在 10 年左右，有的高达 18 年。衡量炉龄的另一个指标是每 $1m^3$ 炉容在一代炉龄期内的累计产铁量。先进高炉平均达 $7000t/m^3$，我国宝钢 2 号高炉已接近 $10000t/m^3$。

1.5　吨铁工序能耗

能源是维持各种生产及活动得以正常进行的动力。钢铁工业是国民经济各部门中的耗能大户。近年来我国钢铁工业每年消耗标准煤 7000 万 t 以上，占全国总能耗的 10% ~12%。其中钢铁冶炼工艺的能耗占 70%，而这些能耗中又主要消耗于炼铁这一工序上。炼铁工序能耗是指每 1t 冶炼生铁的能耗，它是以标准煤计量的(每 1kg 标准煤规定的发热量为 29310kJ)各种能量消耗的总和。其所消耗的能量应包括各种形式的燃料，主要是焦炭，还有少量的煤、油及其他形式的燃料，甚至也要计入炮泥及铺垫铁沟消耗的焦粉；还应计入各种形式的动力消耗，如电力、蒸汽、压缩空气、氧气及鼓风等能耗。但应注意扣除回收的二次能源，如外供的高炉煤气，炉顶余压发电的电能及各种形式的余热回收等。我国重点企业炼铁的能耗水平以标准煤计为 500kg/t 左右，约占吨钢综合能耗的 50%。因此，降低单位钢铁产品的能源消耗量是个重大的课题。

1.6　高炉冶炼产品

1.6.1　生铁

生铁是铁与碳及其他一些元素的合金。通常，生铁含铁 94% 左右，含碳 4% 左右，其余为硅、锰、磷、硫等少量元素。

生铁和钢的化学成分主要差别是含碳量。钢中含碳量最高不超过 2.11%。高炉生铁含碳量在 2.5% ~4.5% 范围，铸铁中不超过 5.0%(此时 Fe_3C 含量约占 75%。当铸铁中 Fe_3C 达 100% 时，其含碳量为 6.67%)。当铸铁中碳含量大于 5.0% 时，铸铁甚脆，没有实用价值。而含碳量在 1.6% ~2.5% 之间的钢铁材料，由于缺乏实用性，一般不进行工业生产。生铁质硬、脆，抗张强度低，耐压强度较高，无延展性，无可焊性。

生铁可分为炼钢生铁、铸造生铁。炼钢生铁供转炉、电炉炼钢使用，约占生铁产量的 80% ~90%。铸造生铁又称为翻砂铁或灰口铁，主要用于生产耐压铸件，约占生铁产量的 10% 左右。铸造生铁的主要特点是含硅较高，在 1.25% ~4.25% 之间。硅在生铁中能促进石墨化，使化合碳游离成石墨炭，增强铸件的韧性、耐冲击性并易于切削加工。炼钢生铁和铸造生铁成分的国家标准见表 1-1、表 1-2。

表 1-1　炼钢用生铁牌号及化学成分(GB/T 717—1998)

牌号			L04	L08	L10
化学成分/%	C		≥3.50		
	Si		≤0.45	>0.45～0.85	>0.85～1.25
	Mn	一组	≤0.40		
		二组	>0.40～1.00		
		三组	>1.00～2.00		
	P	特级	≤0.100		
		一级	>0.100～0.150		
		二级	>0.150～0.250		
		三级	>0.250～0.400		
	S	特类	≤0.020		
		一类	>0.020～0.030		
		二类	>0.030～0.050		
		三类	>0.050～0.070		

注：各牌号生铁的碳含量，均不作报废依据。

表 1-2　铸造用生铁铁号及化学成分(GB/T 718—2005)

铁种			铸造用生铁					
铁号	牌号		铸 34	铸 30	铸 26	铸 22	铸 18	铸 14
	代号		Z34	Z30	Z26	Z22	Z18	Z14
化学成分/%	C		≥3.3					
	Si		≥3.20～3.60	≥2.80～3.20	≥2.40～2.80	≥2.00～2.40	≥1.60～2.00	≥1.25～1.60
	Mn	1 组	≤0.50					
		2 组	>0.50～0.90					
		3 组	>0.90～1.30					
	P	1 级	≤0.060					
		2 级	>0.060～0.100					
		3 级	>0.100～0.200					
		4 级	>0.200～0.400					
		5 级	>0.400～0.900					
	S	1 类	≤0.030					
		2 类	≤0.040					
		3 类	≤0.050					

高炉还可生产特殊生铁，如锰铁、硅铁、镜铁(含锰 10%～25%)、硅镜铁(含硅 9%～13%，含锰 18%～24%)等，主要用作炼钢脱氧剂和合金化剂。此外，生铁中还可能含有部分微量元素。生铁中微量元素含量之和(铅、锡、锑、砷、钛、钒、铬、锌)低于 0.1% 时称为高纯生铁。国内外适宜高炉生产的高纯铁矿源稀少。我国本钢生铁含磷、硫极低，微量元素含量总和小于 0.08%，称为“人参铁”。

1.6.2　高炉渣

由于冶炼矿石品位、焦比及焦炭灰分的不同，高炉生产每吨生铁产生的炉渣量差异很大。

我国大中型高炉的单位生铁渣量在0.3～0.5t之间。一些原燃料条件差的高炉，单位生铁渣量超过0.6t。

高炉渣主要是由钙、镁、硅、铝的氧化物构成的复杂硅酸盐。一般高炉渣的组成(质量分数)为：CaO(35%～42%)、SiO_2(32%～42%)、Al_2O_3(9%～15%)、MgO(4%～13%)。

此外，高炉渣中含有少量硫化物和碳化物，如MnO、FeO、CaS等。使用特殊矿冶炼的高炉炉渣还含有其他物质，如我国包钢高炉渣还含有CaF_2、K_2O、Na_2O，攀钢高炉渣中含有TiO_2、V_2O_5。

高炉渣的工业用途广泛。如在炉前急冷粒化成水渣，制成水泥和建筑材料；酸性渣还可在炉前用蒸汽吹成渣棉，作为绝热材料。炉渣还可代替天然碎石作为路基材料。冶炼多元素共生的复合矿时，炉渣中常富集有多种元素(如稀土、钛等)，这类炉渣可进一步利用。

高炉炉渣出炉温度通常为1400～1450℃，热含量1680～1900kJ/kg，对于这部分显热，目前尚无很好的利用方法。

1.6.3 高炉煤气

冶炼每吨生铁可产生1600～2300m^3的高炉煤气，其中CO含量为20%～27%，H_2含量为1%～3%，还有少量甲烷(CH_4)等可燃性气体。从高炉排出的煤气中含有大量的炉料粉尘，经过除尘处理可使含尘量降到10～20mg/m^3。除尘处理后的高炉煤气发热值约为3350～3770kJ/m^3，是良好的气体燃料。但高炉冶炼产生的煤气量、成分及发热值与高炉操作参数及产品种类有关。如高炉冶炼铁合金时，煤气中几乎没有CO_2。

高炉煤气是钢铁联合企业的重要二次能源，主要用作热风炉燃料，还可供动力、炼焦、烧结、炼钢、轧钢等部门使用。

复习思考题

1-1 高炉炼铁有哪些技术经济指标？

1-2 高炉生产有哪些特点？

1-3 高炉生产有哪些产品和副产品，各有何用途？

2 炼铁炉料概述

2.1 炼铁炉料的种类以及在高炉冶炼中的作用

现代炼铁方法有高炉炼铁和非高炉炼铁两种。高炉产铁仍是生铁的主要来源，占总生铁产量的90%以上。非高炉炼铁主要有生产海绵铁的直接还原法以及生产液态生铁的熔融还原法，这些方法有着广阔的发展前景，但目前大多处于小规模生产或者试验阶段，取代高炉炼铁的时机尚不成熟。不同的炼铁方法所用的原料不尽相同，这里主要介绍高炉炼铁原料。

高炉炼铁的炉料有铁矿石(含铁炉料又称原料)、燃料、熔剂以及鼓风等，它们在炉内分别起着不同的作用，但相互之间进行了很多物理化学变化，结果转化成了生铁、炉渣、煤气等而排出炉外。炼铁原料是高炉生产的基础，原料的质量和性质将直接影响高炉生产指标。所谓“七分原料、三分操作”或者“四分原料、三分设备、三分操作”都说明原料质量在高炉冶炼中的重要性，有专家在总结我国高炉炼铁几十年的技术进步和生产指标的改善时说：70%是得益于炉料质量的改善。因而寻求合理的炉料结构和提高原料质量仍是当今炼铁工作者的重要任务。

铁矿石是铁的主要来源，它的主要成分是铁的氧化物。通过还原剂的还原，把铁氧化物中的铁元素还原出来，构成生铁的主要成分，约为95%左右。目前高炉铁料主要有烧结矿、球团矿、富块矿，烧结矿又分高碱度烧结矿、自熔剂性烧结矿和酸性烧结矿。烧结和球团是目前两种常用的造块方法。造块的主要目的是提高矿石的品位、机械强度、还原性，并均匀粒度、稳定化学成分等。

燃料在高炉内燃烧产生大量的热量和还原气体，为铁矿石的还原提供了必要条件。目前高炉用燃料按形态分有固体、气体、液体三种，高炉常用燃料有焦炭、煤、重油和天然气，焦炭是从炉顶通过装料设施进入炉内，而煤粉、重油和天然气则是通过风口喷吹进入炉内，从而取代部分焦炭，降低生铁成本。

熔剂也是高炉炼铁不可缺少的炉料之一。熔剂一般可分碱性熔剂、中性熔剂和酸性熔剂，由于自然铁矿石都以酸性脉石为主，所以高炉炼铁普遍采用碱性熔剂，一般采用较为廉价的石灰石。当然现在使用石灰石一般不从高炉加入，而是在铁矿造块过程中配加，这样可以降低高炉炼铁的成本。

以前的教科书在讲述炼铁炉料的时候一般不提鼓风，严格来说鼓风也是高炉炼铁必须的一种炉料。鼓风里的有用成分主要是氧气，在风口前氧化燃料中的碳，产生热量和还原性气体。因此风也是高炉生产必须的炉料之一。

2.2 造块方法简介及在炼铁生产中的应用

铁矿石造块技术是基于采矿过程中产生的粉矿，破碎作业中产生的粉矿，以及选矿过程中产生的精矿，粒度都太细，不能满足高炉冶炼对料柱透气性的要求，所以必须造块以增大粒度。同时，高炉炼铁时为了保证炉内料柱良好的透气性，要求原料粒度大小适宜且均匀、粉末少、机械强度高，且具有良好的软化和熔滴性能。为了降低炼铁焦比，还要求原料含铁品位高，有害杂质(S、P等)少，且具有一定的碱度和良好的还原性能。这些指标要求完全可通过烧结、球团高温造块实现。烧结、球团除能改善铁矿石上述冶金性能外，对于含碳酸盐和结晶水较多的矿石，以及某些难还原和含有有害成分的矿石，均可通过烧结、球团高温造块法使有用成分富集和脱除大部分有害或无用成分。钢铁厂内的各种含铁废料，如含铁尘泥与钢渣的综合利用，也可通过烧结、球团造块法返回再利用，充分回收含铁金属；而且有试验表明，随着钢渣等回用还可提高烧结矿强度和还原性能，并改善环境质量。

目前人造块状原料的生产方法主要有烧结法、球团法和压团法三种。

(1) 烧结法　烧结法是将富矿粉和精矿粉进行高温加热，在不完全熔化的条件下烧结成块的方法。所得产品称为烧结矿，外形为不规则多孔状。烧结所需热能由配入烧结料内的燃料与通入过剩的空气经燃烧提供，故又称氧化烧结。烧结矿主要依靠液相黏结。

(2) 球团法　球团法是细精矿粉在造球设备上经加水润湿、滚动而成生球，然后再焙烧固结的方法。所得产品称为球团矿，呈球形，粒度均匀，具有较高强度和还原性。球团矿液相黏结相很少，固相黏结起主要作用。高温氧化焙烧时的热源主要由外部气体的燃烧来提供。

(3) 压团法　压团法是将粉状物料在一定外压力作用下，使之在模型内受压，形成形状和大小一定的团块的方法。团块强度主要由添加的黏结剂或粉状物料本身具有的黏结物保持。成型后团块一般还需要以某种方法固结，而化学组成和矿物组成基本上保持原矿特性。

供高炉冶炼用的含铁原料分为生料和熟料。以原矿(一般为富块矿)直接冶炼时，这种原料称为生料。将多种原料配合并经高温处理的人造块矿称为熟料。由于熟料在形成过程中先完成造渣等过程，在高炉冶炼过程中只进行铁氧化物还原和分离，从而使燃耗大大降低，成本下降，设备生产能力提高，特别是在大型高炉冶炼中尤为显著。所以目前高炉冶炼以熟料为主。20世纪70年代，全世界高炉原料中，烧结矿平均占50%，球团矿占35%，块矿占15%，其中日本、苏联和西德等国烧结矿入炉比达到80%以上，而美国因球团矿生产量大，烧结矿入炉比仅占24%左右。

烧结、球团法不仅使粉料成块，还对高炉原料起着火法预处理作用，熔剂也提前加入，高炉冶炼基本不直接加石灰石，使高炉冶炼容易实现高产、优质、低耗、长寿。高炉冶炼效果随熟料的使用而提高，提高的程度不仅表现于随炉料中熟料率增加而增加，而且还随熟料质量的提高而提高：

(1) 造块产品烧结矿和球团矿物理性能和冶金性能较生矿优良，有害杂质大幅度减少，使高炉冶炼获得良好的技术经济指标。

(2) 充分利用并扩大了有用资源的利用，如富铁矿粉和贫矿经深选得到的精矿粉经过造块后皆可入炉冶炼。

(3) 可利用工业生产的废弃物，如高炉炉尘泥、轧钢皮、硫酸渣、钢渣等。

高炉冶炼的主要燃料是焦炭，它是把炼焦煤粉通过高温干馏而得到的，以提高其适应高炉生产的各种冶金性能，这个过程称之为焦化，实际上是属于煤粉的造块。

2.3　烧结、球团的发展简史

2.3.1　烧结法

Hunting Ton等在1897年申请了硫化铅矿焙烧专利，而后用于生产，主要采用烧结锅设备完成鼓风间断烧结作业。Savelsberg在1905年首次将烧结锅用于铁矿粉鼓风烧结。Penbach于1909年申请用连续环式烧结机烧结铅矿石。1911年Dwight和Lloyd首次发明抽风连续带式烧结机用于铁矿粉烧结，即 D-L 型烧结机。1914 年 Greenawalt 发明抽风间断烧结盘用于铁矿粉烧结。从最初间断作业烧结锅到今天普遍采用的连续带式烧结机已经经历了近百年的历史。

带式烧结机因生产能力大而在铁矿石烧结中广泛应用。随着钢铁工业发展，为达到烧结矿产量要求，其烧结机面积也不断增大。例如日本等国将单机最大烧结机面积从 1970 年开始，已从 $400m^2$、$500m^2$ 扩大到 $600m^2$，台车宽从 4m 增加到 5m。烧结设备大型化是国内外从经济考虑追求的目标，因为设备大型化，使生产量增大，而设备投资相对降低；同时烧结生产经济效益增大，其相对设备维修和管理费用却大大降低。

建国初期，我国仅有首钢的烧结锅，本钢烧结盘以及鞍钢的 $50m^2$ 带式烧结机。1952 年从苏联引进当时面积最大的 $75m^2$ 烧结机，而后我国开始自行设计和制造。1970 年起我国设计并制造出 $90 \sim 130m^2$ 烧结机，20 世纪 80 年代初宝钢引进日本 $450m^2$ 烧结机，经消化和技术改进，于 20 世纪 90 年代我国已能自行设计和制造该规格烧结机。

据不完全统计，至 2004 年 12 月，中国服役的带式、环式烧结机和步进式烧结机约有 390 台，包括扩大的面积在内，总烧结面积达 $28800m^2$，年烧结矿产量 3 亿吨以上。

自 20 世纪 70 年代以来，为追求高炉冶炼更大的经济效益，烧结技术发展得到了进一步深化：

（1）加强烧结理论研究。为更好满足高炉冶炼要求，力求提高烧结矿产品质量，从而强化了烧结理论研究工作。一方面探索和掌握造块工艺规律，提高烧结机利用系数；另一方面研究新的条件下的造块机理，为高炉冶炼提供优良烧结矿，如高碱度烧结矿的生产、低温烧结、料层透气性与质量传递、烧结矿成矿机理等方面的理论研究。

（2）改进并寻找新烧结工艺。主要表现在：改善原料中和，提高混匀效率；改善原料准备工艺（添加生石灰或消石灰，燃料分加，分层布料，强化制粒，小球烧结等）；改进烧结技术（厚料层、高负压、高碱度、低燃耗，混合料预热，富氧和热风烧结，偏析布料与保温）；加强烧结矿整粒，使烧结矿小而匀。

（3）强调环境保护和重视综合利用。大力提倡采用高效率除尘设备，开发新工艺如烟气循环烧结等，加强烟尘捕集和回收，重新返回到烧结料中利用。坚持在所有产尘源点设置新型收尘设备；对热源和噪声采用隔离和防护措施，改善劳动条件；烧结厂余热利用等。

（4）提高设备自动化和监控水平。烧结生产与产品质量的稳定，与生产过程的自控和监控程度有关。在此方面，国内外已广泛采用了自动配料，对混合料水分、料层透气性与料层厚度、点火温度、烧结终点、烧结矿 FeO 含量都采用了自动监控装置。

（5）烧结机大型化，逐步淘汰质量差、能耗高、环保效果差的小型烧结机。

2.3.2　球团法

瑞典 Andersson 于 1912 年发明了球团法，1913 年德国 Brackelsberg 得出同样发明。二战期间美国针对梅萨比矿区贫矿经深度细选后的铁燧岩精矿制作球团矿进行详细研究，使球团技术获得重大突破，然后在 1950～1951 年在 Ashland 钢铁厂完成了第一批大规模竖炉球团生产试验。随后里塞夫矿业公司在明尼苏达州的巴比特建成具有四座竖炉的工业性球团厂。1951 年又开始研究带式焙烧机，并于 1955 年在里塞夫厂建成用带式焙烧机生产球团矿。同时，伊利竖炉球团厂投入生产。随后又研究原用于水泥的链箅机-回转窑设备，直接用加拿大北部的铁燧岩精矿制成生球后，在该设备上进行球团矿生产，最终使这一移植设备获得了成功。

1958 年原中南矿冶学院就着手对球团法进行开发研究，于 1959 年在鞍钢隧道窑进行了球团工业性试验，仅与美国相差 4～5 年。自 1968 济钢开发出我国第一座 $8m^2$ 的竖炉以来，至

2004 年已先后建成了 76 座 3 ~ 16m^{2}的竖炉。20 世纪 70 年代，包钢从日本引进一台 162m^{2}带式焙烧机。而后，南京钢铁厂又引进一套处理硫酸渣的链箅机-回转窑球团焙烧设备，承德、成都、沈阳等地相继自行设计和安装类似设备并投产。20 世纪 80 年代以后，在本钢新建一台 16m^{2}大型竖炉，在鞍钢引进一套 320m^{2}带式焙烧机。

球团矿具有优良的冶金性能，因而球团技术发展十分迅速。20 世纪 60 年代以前，生产球团矿主要在美国、加拿大、瑞典等，总年产量约 1600 万 t。1971 年后，已发展到 20 多个国家，年产量达 12000 万 t；1982 年，世界球团矿总产量增为 25600 万 t；到目前为止其产量仍在不断增加。近几年主要地区与全球球团矿产量见表 2-1。

表 2-1　2002 ~ 2004 年主要地区与全球球团矿产量(万 t)

地区或国家	2002 年	2003 年	2004 年
北　美	8430	8320	8920
南　美	5470	5970	6490
独联体	5050	5660	6030
中　国	3000	3300	3500
欧　洲	18.6	19.9	20.6
全　球	26580	28300	30320

2006 年我国球团矿产量突破 7000 万 t，生产能力已达 1 亿 t。据统计，我国生产球团能力中，链箅机-回转窑比例为 57.22%，竖炉为 39.83%，带式机占 3.40%。这是我国球团生产技术的一大进步。2006 年武钢年产 50 万 t 的链箅机-回转窑顺利投产，标志着我国球团生产技术又上一个新台阶。目前我国已具备了设计制造年产 500 万 t 的带式球团设备的能力。

当前我国球团焙烧设备类型较齐全，球团产品一般与烧结矿配合使用，占高炉入炉料量约为 10% ~20%。但在竖炉球团方面，我国却创造出独特的炉型结构，如设置炉内导风墙和炉顶干燥床，已作为我国专利转让给美国伊利球团厂，成功地开发出在竖炉上采用低热值高炉煤气和低压力送风机焙烧高质量球团矿的先例。

高炉强化冶炼给炼铁原料的质量提出了更高的要求，球团矿生产已开始从追求球团矿数量转向提高球团矿质量，降低生产成本和改善工艺，其措施大致有以下几方面：

(1) 研究新的添加剂。膨润土无疑是一种有效的黏结剂，既可提高生球强度和爆裂温度，又可在造球过程中控制水分，故为国内外大多数球团厂使用，但其带入碱金属和其他杂质，对还原有不良影响。目前，荷兰恩卡公司已研究出一种高效有机黏结剂即佩利多(Peridur)代替膨润土，并已投产供应各国。如美国伊利矿山公司球团厂，内陆钢铁公司米诺卡球团厂皆使用，其最佳用量每吨混合料为 0.45 ~ 0.73kg，且在球团矿高温焙烧时有机物质会烧掉，不留残余物。此外其他新型黏结剂的开发各国仍在继续进行。

(2) 改善球团矿质量。为改善球团矿的冶金性能，日本首先从生产酸性球团矿转向生产自熔性球团矿，以提高其还原性能，瑞典研究出添加白云石或橄榄石的球团矿，以提高其还原和软熔性能，达到防膨胀效果。高炉冶炼表明，这类镁质球团矿与普通酸性球团矿相比，生产吨铁的焦比降低 40 ~ 50kg。

(3) 降低球团矿生产成本。主要通过降低动力和燃料的消耗来实现。实践证明，燃料消耗降低一半以上，工业风机的电耗也相应下降。目前，国外新建球团厂都设有余热回收系统，老厂也进行了改进，目的在于充分回收并利用余热，使成本大大降低。另外，在回热罩内采用喷煤粉提高回流气体温度，降低点火与焙烧带燃油用量使成本下降。焙烧球团矿的热源，用喷煤粉燃烧方法代替液体或气体燃料以降低成本，在美国和日本已取得成功。

复习思考题

2-1 高炉炼铁需要哪些炉料，分别有什么作用？

2-2 铁矿粉为什么要造块，铁矿石造块有哪几种方法，前景如何？

3 矿石和熔剂

3.1 铁矿石

3.1.1 矿物与矿石的定义

矿物是指地壳中的化学元素经各种地质作用所形成的自然元素或自然化合物。它具有较均一的化学成分和内部结晶构造。大多数矿物都以天然化合物形态存在，少数为天然元素。

矿石和岩石均由矿物所组成，是矿物的集合体。矿石是指在现有的技术经济条件下能从中提取金属、金属化合物或有用矿物的物质总称。矿石又可分为简单矿石和复合矿石。前者是只能从中提取一种有用成分的矿石，后者则可从中同时提取两种或两种以上有用成分的矿石。矿石由有用矿物和脉石矿物所组成。

3.1.2 铁矿石分类及特性

组成地壳的各种岩石中大部分都含铁，已经知道的铁矿石有300多种，但目前能作为炼铁原料的只有20余种。铁矿石按其不同存在形态可分为赤铁矿、磁铁矿、褐铁矿和菱铁矿，其主要特性见表3-1。

（1）赤铁矿　赤铁矿矿物成分为不含结晶水的 Fe_2O_3，理论含铁量为70%，铁呈高价氧化物，为氧化程度最高的铁矿。

赤铁矿的组织结构多种多样，由非常致密的结晶体到疏松分散的粉体。矿物结构成分也具多种形态，晶形为片状和板状。外表呈片状具金属光泽，明亮如镜的叫镜铁矿；外表呈云母片状而光泽度稍差的叫云母状赤铁矿；质地松软，无光泽，含有黏土杂质的为红色土状赤铁矿；以胶体沉积形成鲕状、豆状和肾形集合体的赤铁矿，其结构较坚实。

结晶的赤铁矿外表颜色为钢灰色或铁黑色，其他为暗红色，但所有赤铁矿的条痕检测皆为暗红色。其密度为4.9～5.3t/m^3，结晶完整的赤铁矿硬度为5.5～6.0，其他形态的硬度较低。

赤铁矿所含S和P杂质较磁铁矿要少。呈结晶状的赤铁矿，其颗粒内孔隙多，而易还原和破碎。但因其铁氧化程度高而难形成低熔点化合物，故其可烧性较差，造块时燃料消耗比磁铁矿高。

（2）磁铁矿　磁铁矿具有强磁性，其化学式为 Fe_3O_4，其理论含铁量为72.4%，晶体呈八面体，组织结构比较致密坚硬，一般呈块状，硬度达5.5～6.5，密度约为5.2t/m^3，其外表呈钢灰色或黑灰色，具黑色条痕，难还原和破碎。

在自然界中，由于氧化作用，可使部分磁铁矿氧化成赤铁矿，成为既含 Fe_2O_3，又含 Fe_3O_4 的矿石，但仍保持原磁铁矿结晶形态。这种现象称为假象化，多称为假象赤铁矿或半假象赤铁矿。一般用 $w(TFe)/w(FeO)$ 的比值区分其氧化程度：

$w(TFe)/w(FeO) = 2.33$　　纯磁铁矿

$w(TFe)/w(FeO) < 3.5$　　磁铁矿

$w(TFe)/w(FeO) = 3.5 \sim 7.0$　　半假象赤铁矿

$w(\mathrm{TFe})/w(\mathrm{FeO})>7.0$　　　假象赤铁矿

式中 $w(\mathrm{TFe})$——矿石总含铁量(又称全铁),%;

$w(\mathrm{FeO})$——矿石 FeO 含量。

表 3-1 列出了含铁矿物分类及其主要性质。

表 3-1　含铁矿物分类及其主要性质

分类			分子式	$w(\mathrm{TFe})$/%	结晶水/%	形状	密度/$\mathrm{g\cdot cm^{-3}}$	条痕	颜色	磁性	强度及还原性	成因
氧化铁矿	磁铁矿		$Fe_2O_3\cdot FeO$			块状	5.2	黑	铁黑	强	坚硬致密，难还原	火成
	赤铁矿	磁赤铁矿	γFe_2O_3	70.0		粉状、块状	4.9～5.3	黑褐	黑	强	较易破碎，软，易还原	火成及水成
		假象赤铁矿	αFe_2O_3	70.0		八面体		赤褐	铁黑，古铜	弱		
		镜铁矿	αFe_2O_3	70.0		片状		赤褐	钢灰	弱		
		云母状赤铁矿	αFe_2O_3	70.0		鳞片状		赤褐	钢灰	弱		
		致密质块状赤铁矿	αFe_2O_3	70.0		块状		赤褐	赤褐	弱		
		鲕状赤铁矿	αFe_2O_3	70.0		鱼卵状		赤褐	赤褐	弱		
		纤维状赤铁矿	αFe_2O_3	70.0		放射纤维状		赤褐	赤褐	弱		
		层状赤铁矿	αFe_2O_3	70.0		层状		赤褐	钢灰、赤褐	弱		
		代赭石	αFe_2O_3	70.0		土状		赤褐	赤、赤褐	弱		
含水氧化铁矿	褐铁矿	水赤铁矿	$2Fe_2O_3\cdot H_2O$	66.2	5.3	纤维状	2.5～5.0	赤	赤	弱	疏松，大部分属软矿石，易还原	水成
		针铁矿	$\alpha Fe_2O_3\cdot H_2O$	62.9	10.1	放射纤维状		黄褐	黄褐、黑褐	弱		
		漆状褐铁矿	$\alpha Fe_2O_3\cdot H_2O$	62.9	10.1	散点状、块状		黄褐	赤褐	弱		
		磷铁矿	$\gamma Fe_2O_3\cdot H_2O$	62.9	10.1	鳞片状		橘黄	黑褐	弱		
		褐铁矿	$2Fe_2O_3\cdot 3H_2O$	59.8	14.5	块状、土状		黄褐	黄赤	弱		
		黄褐铁矿	$Fe_2O_3\cdot 2H_2O$	57.1	18.7	细针状、同心圆		黄	黄褐，黑褐	弱		
		氢氧化铁	$Fe_2O_3\cdot 3H_2O$	52.3	25.3	状		黄	赤褐	弱		
		黑铁矿	$Fe_2O_3\cdot 4H_2O$	48.2	31.3	棒状		黄褐	金黄	弱		
		豆状褐铁矿	$Fe_2O_3\cdot nH_2O$			豆状		黄褐	黑	弱		
		沼铁矿	$Fe_2O_3\cdot nH_2O$			土状、多孔状		黄	黄褐	弱		
碳酸盐铁矿	菱铁矿		$FeCO_3$	48.2		块状、细粒状、葡萄状、纤维状	3.8	白、淡黄	灰，黄灰、赤褐、白	弱	焙烧后易碎，易还原	水成

FeO 的高低可代表磁铁矿磁性率的大小，即 FeO 含量越高，磁性率也越大。磁铁矿可烧性良好，因其在高温处理时氧化放热，且 FeO 易与脉石成分形成低熔点化合物，故造块能耗较低、结块强度高。

(3) 褐铁矿　褐铁矿是一种结晶水的 Fe_2O_3，可用 $mFe_2O_3\cdot nH_2O$ 表示，其中以 $2Fe_2O_3\cdot 3H_2O$ 形态存在较多。褐铁矿可分为六种：即水赤铁矿($2Fe_2O_3\cdot H_2O$)，针赤铁矿($Fe_2O_3\cdot H_2O$)，水针赤铁矿($3Fe_2O_3\cdot 4H_2O$)，褐铁矿($2Fe_2O_3\cdot 3H_2O$)，黄针铁矿($Fe_2O_3\cdot 2H_2O$)，黄赭矿($Fe_2O_3\cdot 3H_2O$)。

褐铁矿的外表颜色为黄褐色、暗褐色和黑色，呈黄色或褐色条痕，密度为 2.5～

5.0t/m^3，硬度为1～4，无磁性。褐铁矿是由其他矿石风化而成，其结构松软，密度小，含水量大，气孔多，且在温度升高时结晶水脱除后又留下新的气孔，故还原性皆比前两种铁矿高。

自然界中褐铁矿富矿很少，一般含铁量为37%～55%，其脉石主要为黏土、石英等，但杂质S、P含量较高。当含铁品位低于35%时，需进行选矿处理。目前，褐铁矿主要用重力选矿和磁化焙烧—磁选联合法处理。

褐铁矿因含结晶水和气孔多，用烧结球、团造块时收缩性很大，产品质量降低，只有延长高温处理时间，产品强度可相应提高，但导致燃料消耗增大，加工成本提高。

（4）菱铁矿　其化学式为$FeCO_3$，理论含铁量达48.2%，FeO达62.1%。在碳酸盐内的一部分铁可被其他金属混入而部分生成复盐，如$(Ca \cdot Fe)CO_3$和$(Mg \cdot Fe)CO_3$等。在水和氧作用下，易转变成褐铁矿而覆盖在菱铁矿矿床的表面。在自然界中分布最广的是黏土质菱铁矿，其夹杂物为黏土和泥沙。

常见的菱铁矿致密坚硬，外表呈灰色或黄褐色，风化后则转变为深褐色，具有灰色或带黄色条痕，玻璃光泽，无磁性，密度约为3.8t/m^3，硬度为3.5～4。

3.2　铁矿石的质量评价

铁矿石质量的好坏和高炉冶炼进程及技术经济指标有着密切的关系。决定铁矿石质量的主要因素是化学成分、物理性质及其冶金性能。优质的铁矿石应该含铁量高，脉石与有害杂质少，化学成分稳定，粒度均匀，具良好的还原性、熔滴性及较高的机械强度。

3.2.1　铁矿石的品位

铁矿石的品位即指含铁量，用$w(TFe)(\%)$表示。品位是评价铁矿石质量的主要指标。铁矿石有无开采价值，开采后能否直接入炉冶炼及其冶炼价值如何，均取决于铁矿石的含铁量。品位高有利于高炉提高产量，降低焦比。实践表明，铁矿石品位升高1%，焦比可降低2%，产量提高3%。因为随着含铁量的升高，脉石数量减少，熔剂用量和渣量相应减少，即减少了热量消耗，又有利于炉况顺行，为高炉强化冶炼创造了有利条件。从矿山开采出来的矿石，含铁量一般在40%～65%之间。品位较高，经整粒后可直接入炉冶炼的称为富矿。而品位较低，不能直接入炉的叫贫矿，贫矿必须经过选矿和造块后才能入炉冶炼。

3.2.2　脉石成分

脉石含量愈少，矿石品位愈高。当脉石数量相同时，其中酸性脉石SiO_2和Al_2O_3含量愈少愈好。这样冶炼时可以少加熔剂，减少渣量，有利于焦比降低、炉况顺行和产量提高。脉石中含碱性氧化物（CaO）较多的矿石，具有较高的冶炼价值。这种矿石可视为酸性脉石的富矿和石灰石的混合矿，冶炼时可少加或不加石灰石，对降低焦比是有利的。

炉料中的MgO在冶炼时全部进入炉渣，矿石中含MgO较高时，渣中MgO含量易升高。渣中有适量MgO能改善炉渣的流动性，增加其稳定性，有利于脱硫和炉况顺行。但若炉渣中MgO含量过高时，又会降低其脱硫能力和流动性，给高炉操作带来困难。

Al_2O_3在高炉渣中为中性氧化物，但渣中Al_2O_3含量超过18%～22%时，炉渣变得难熔而不易流动。因此对矿石中的Al_2O_3要加以控制，一般矿石中$w(SiO_2/Al_2O_3)$不宜小于2～3。若此比值很小，就应与含Al_2O_3较低的矿石配合使用。

3.2.3 有害杂质与有益元素

3.2.3.1 有害杂质

矿石中的有害杂质是指那些对冶炼有妨碍或对冶炼产品的质量产生不良影响的元素，通常有硫、磷、铅、锌等。高炉冶炼希望矿石中有害杂质含量越低越好。

（1）硫：硫在矿石中主要以硫化物的形态存在，如黄铁矿(FeS_2)、黄铜矿($CuFeS_2$)、闪锌矿(ZnS)、方铅矿(PbS)等；也有以硫酸盐形态存在的，如石膏($CaSO_4 \cdot 2H_2O$)、重晶石($BaSO_4$)等。硫对钢铁产品的危害主要表现在：

1）钢中硫超过一定含量时，钢会产生"热脆"现象。这是由于 FeS 与 Fe 结合成低熔点(985℃)合金，冷却时最后凝固成薄膜状，并分布于晶粒界面之间，当钢材被加热到 1150～1200℃时，硫化物首先熔化，使钢材沿晶粒界面形成裂纹。

2）硫显著地降低钢的焊接性、抗腐蚀性和耐磨性。

3）对铸造生铁，硫同样有害。它降低铁水的流动性并阻止 Fe_3C 分解，使铸件产生气孔，难以车削加工，并降低其韧性。

炼钢生铁含硫最高允许含量不超过 0.07%，铸造生铁不超过 0.06%。高炉冶炼过程中可以去除大部分硫，但需要高炉温与较高的炉渣碱度，这不利于增产节焦。根据实践经验，矿石中含硫量升高 0.1%，焦比升高 5%。所以，要求矿石中含硫愈低愈好。一般规定矿石中 $w(S) \leqslant 0.3\%$。高硫矿需通过选矿、焙烧等处理。

（2）磷：在矿石中一般以磷灰石($3CaO \cdot P_2O_5$)形态存在。磷在选矿和烧结过程中不易除去，而在高炉冶炼中几乎全部还原进入生铁，因此控制生铁含磷的唯一途径就是控制原料的含磷量，要求矿石中含磷量尽可能低。磷的影响有：

1）降低钢在低温下的冲击韧性，使钢材产生"冷脆"。因为磷化物是脆性物质，钢水冷凝时，它凝聚在钢的晶界周围，减弱其结合力，使钢材在冷却时产生很大的脆性。

2）磷高时还使钢的焊接性能、冷弯性能和塑性降低。

3）由于磷共晶有较低的熔点，可使铁水的熔化温度降低，因而能延长铁水的凝固时间，改善铁水的流动性，对于铸造形状复杂的普通铸件是有利的，可使铁水充满铸型，改善铸件质量。但由于磷的存在要影响铸件的强度，故除少数高磷铸造铁允许有较高的含磷量外，一般生铁含磷量愈低愈好。根据 P 的平衡：

$$w(P)_{矿}K + w(P)_{熔、焦} = w[P]$$

得到

$$w(P)_{矿} = \frac{w[P] - w(P)_{熔、焦}}{K} = \frac{(w[P] - w(P)_{熔、焦})w(Fe)_{矿}}{w[Fe]} \tag{3-1}$$

式中 $w[P]$——生铁中磷含量，%；

$w(P)_{熔、焦}$——生产单位生铁所需熔剂和焦炭带来的磷量，一般为 0.03%；

$K = w[Fe]/w(Fe)_{矿}$——生产单位生铁的矿石消耗量；

$w[Fe]$——生铁中的铁含量，%；

$w(Fe)_{矿}$——矿石含铁量，%。

若矿石中含磷量超过允许界限，应与低磷矿石配合使用，以保证生铁含磷量符合规定要求。

（3）铅：某些铁矿石中有少量的铅，它以方铅矿(PbS)的形态存在。铅在高炉内 100% 被还原。但 Pb 不溶于生铁，且密度大，熔点低(327℃)，沸点也较低(1550℃)，因此对高炉的危害很大。它沉积于炉底，渗入砖缝，使砖飘浮，严重破坏炉底；在高温下挥发上升，到高炉上部又被氧化成 PbO，部分随煤气逸出，部分又随炉料下降再被还原，如此在炉内循环不断积聚，黏附于炉墙上，故冶炼含铅矿石常引起炉瘤。为此，要求矿石中含铅量低于 0.1% 。

（4）锌：锌在矿石中常以闪锌矿（ZnS）形态存在，我国某些矿石中含有少量的锌。高炉冶炼中锌全部被还原，其沸点低（905℃），不溶于生铁。锌还原后很易挥发，挥发的大量锌蒸气到高炉炉身上部。遇炉料冷凝，并被煤气中的 CO_2 氧化成 ZnO，部分 ZnO 沉积在炉身上部炉墙上，形成炉瘤；部分渗入炉衬的孔隙和砖缝隙中，引起炉衬膨胀而破坏炉壳。矿石中的含锌量一般应不大于 0.1% 。

（5）砷：矿石中的砷常以毒砂（FeAsS）、斜方砷矿（$FeAsS_2$）及氧化物 As_2O_3、As_3O_5 等形态存在于褐铁矿石中，其他矿石中很少见。

砷在高炉冶炼中全部被还原进入生铁。由于砷的非金属性很强，不具延展性，故当钢中砷含量大于 0.1% 时，就产生“冷脆”，并降低其焊接性能。高炉冶炼要求矿石的含砷量不大于 0.07% 。

（6）钾和钠：矿石中的碱金属钾和钠以云母 $K(Mg \cdot Fe)_3(OH, F)_2(AlSi_3O_{10})$、霓石（$NaFeSi_2O_6$）、钠闪石 $Na_2Fe_2^{3+}Fe_3^{2+}(Si_4O_{11})_2(OH)_2$ 等碳酸盐及硅酸盐形态存在。

在高炉冶炼中，钾、钠的危害是很严重的。因为它们在高炉内被直接还原，到下部高温区（高于 1500℃）生成大量碱蒸气，其中一部分碱蒸气在高温下与焦炭中的 C、煤气中的 N_2 生成氰化物。氰化物的沸点较高（高于 1500℃），呈雾状液体状态。这些碱蒸气和雾状氰化物，随煤气上升到炉身中部的低温区（低于 800℃），被氧化成碳酸盐，部分沉积在炉料和炉墙上，部分又随炉料下降，如此循环富集。其危害性表现在：

1）碱金属与炉衬作用生成钾霞石（$K_2O \cdot Al_2O_3 \cdot 2SiO_2$）等，体积膨胀 40% ，从而破坏炉衬，缩短高炉寿命。

2）与炉衬作用生成低熔点化合物，使炉料黏在炉墙上，或使炉料黏结在一起，不断恶化上部料层透气性，最后导致炉瘤的形成。

3）钾、钠与焦炭中的石墨反应，生成插入式化合物 CK_8、CNa_8，体积膨胀很大，破坏焦炭的高温强度，使高炉下部料柱透气性变坏。

4）钾、钠能增大焦炭的反应性，扩大直接还原区，加之前述几个因素的影响，使高炉焦比升高，产量降低。

5）使烧结矿和球团矿的软化温度降低，低温还原粉化率升高，并导致球团矿的恶性膨胀。

因此，对矿石中的碱金属含量要加以限制，一般要求（$K_2O + Na_2O$）含量小于 0.1% ~ 0.6% 。1t 铁的碱负荷低于 3 ~ 5kg/t 为宜。

（7）铜：铜在矿石中常以黄铜矿（$FeCuS_2$）或孔雀石[$CuCO_3 \cdot Cu(OH)_2$]等形态存在。某些磁铁矿石中含有一定的铜矿物。

高炉冶炼中，铜全部还原进入生铁，后转入钢中。铜对钢铁材料的影响具有两重性。当钢中含铜不超过 0.3% 时，能改善其耐腐蚀性能；超过 0.3% 时，会降低钢的焊接性能，并引起“热脆”性，轧制时产生裂纹。一般矿石允许含铜量不超过 0.2% 。

（8）氟：氟容易气化，污染环境，CaF_2 会降低炉渣熔点，对高炉炉衬有一定侵蚀破坏作用。

3.2.3.2　有益元素

矿石中的有益元素系指对金属质量有改善作用或可提取的元素，但对高炉冶炼过程不一定有利。如锰（Mn）、铬（Cr）、钴（Co）、镍（Ni）、钒（V）、钛（Ti）、铌（Nb）、钽（Ta）、铈（Ce）

和镧(La)等。当这些元素达到一定含量时，如 $w(Mn) \geq 5\%$、$w(Cr) \geq 0.6\%$、$w(Co) \geq 0.03\%$、$w(Ni) \geq 0.2\%$、$w(V) \geq 0.1\% \sim 0.15\%$、$w(Mo) \geq 0.3\%$ 即可视为复合矿石，其经济价值很大，是宝贵的矿石资源。我国复合矿石种类多、储量较大，对这类矿石应大力开展综合利用。

3.2.4 铁矿石的还原性

铁矿石中铁氧化物与气体还原剂 CO、H_2之间反应的难易程度称为铁矿石的还原性。矿石还原性的好坏，在很大程度上影响矿石还原的速率，随即影响高炉冶炼的技术经济指标。因为还原性好的矿石，在中温区被气体还原剂还原出的铁就多，不仅可减少高温区的热量消耗，有利于降低焦比，而且还可改善造渣过程，促进高炉稳定顺行，使高炉冶炼高产、优质。

铁矿石的还原性与矿石的矿物组成和结构、脉石成分、矿石粒度与孔隙率、矿石的软化性等有关。结构致密、气孔度低，与煤气难以接触的矿石较难还原。磁铁矿组织致密，气孔率低，最难还原；赤铁矿稍疏松，具有中等气孔度，较易还原；褐铁矿和菱铁矿加热后失去结晶水与 CO_2，气孔度大大增加，还原性很好。高碱度烧结矿和球团矿具良好的还原性。

3.2.5 矿石的软熔性

矿石的软熔性是指它的软化性及熔滴性。软化性包括矿石的软化温度和软化温度区间两个方面。软化温度系指矿石在一定的荷重下加热开始变软的温度；软化温度区间系指矿石从开始软化到软化终了的温度区间。熔滴性是指矿石开始熔化到开始滴落的温度及温度区间。

高炉内矿石在下降过程中被上升煤气流不断加热升温和还原，当到达一定温度时，矿石开始软化，继而熔化、滴落，最后以铁水和渣液的状态聚积于炉缸内。在炉料从软化到开始滴落这个区间，形成了一个铁矿石与焦炭层交替分布的软熔带，其透气性很差。软熔带的形状、位置、厚薄对高炉强化冶炼和顺行有重要影响。

矿石的软熔性对软熔带的分布特性有决定性的影响，软化温度高而熔滴性好的矿石使软熔带下移、软熔带变薄，有利于降低高炉下部煤气流阻力，均匀煤气分布，促进顺行和焦比降低；而软熔温度低、软熔区间宽的矿石，使软熔带升高、变厚，既不利于 FeO 的间接还原，又恶化料柱透气性，影响冶炼过程的正常进行。

矿石的软熔性主要受脉石成分与数量、矿石还原性等的影响。脉石数量少，碱性氧化物含量高，矿石易还原，FeO 低的，其软熔温度高，软熔区间窄，有利于高炉冶炼。

研究表明，在混合矿试样中，低软熔温度试样比例较少时，其软化、熔融温度的实验值基本等于各单项数据按比例计算相加得到，其较小的差别主要是由于颗粒界面相互嵌入引起的。但滴下温度差别较大，主要是因为传质作用的影响。在低软熔温度试样比例较大时，由于它先软化，导致嵌入程度不断加大，软化温度试验值比计算值低很多。

矿石的机械强度是指矿石耐冲击、摩擦、挤压的强弱程度。矿石在炉内下降过程中，要受到料柱之间、炉料与炉墙之间的摩擦力、挤压力的作用，若矿石的强度差，就会破碎而产生大量粉末，恶化料柱透气性，并增加炉尘损失，影响设备寿命和环境条件，因此高炉要求矿石具有一定的机械强度。

高炉的大型化要求入炉铁矿石具有更高的机械强度。高炉生产表明，铁矿石的常温强度并不能反映炉内的实际情况，人造富块矿(特别是球团矿)在一定温度还原条件下，往往因还原膨胀、粉化而使块状矿石爆裂，粉末增加，高炉透气性恶化。因此，对烧结矿和球团矿都应该进行低温还原粉化率测试并采取有效措施降低其粉化率。

3.2.6　矿石的粒度与气孔率

矿石的粒度影响料柱的透气性和传热、传质条件，因而影响高炉顺行和还原过程。粒度大一般来说料柱透气性好，但与煤气接触面积小，扩散半径大，矿块中心部分不易加热和还原，煤气利用变坏，焦比升高；反之，若粒度太小，特别是粉末较多时，会使煤气流上升的阻力增大，有碍顺行，使产量降低。

确定矿石粒度，必须兼顾高炉气体力学和传热传质两方面的因素，应在保证有良好透气性的前提下，尽量改善还原条件。为此，应降低粒度上限，提高粒度下限，缩小粒度范围，力求粒度均匀，尽量减少粉末含量。

适宜的矿石粒度与矿石的还原性、机械强度及高炉大小等因素有关。目前我国高炉入炉矿的粒度如表 3-2 所示。

表 3-2　入炉矿石粒度

高炉类型	还　原　性	粒度/mm	分级粒度/mm
大型高炉	难　还　原	8 ~ 40	8 ~ 20，20 ~ 40
	易　还　原	8 ~ 50	8 ~ 25，25 ~ 50
中型高炉	难　还　原	8 ~ 30	8 ~ 15，15 ~ 30
	易　还　原	8 ~ 40	8 ~ 20，20 ~ 40
小型高炉	25 ~ 35		

与国外先进指标相比，表 3-2 中的粒度尚偏大一些。日本大于 2000m^3级的高炉，矿石的粒度仅为 10 ~ 40mm，甚至 8 ~ 28mm，冶炼效果很好。根据国内外生产实践，矿石的粒度宜小而均匀，高炉使用的铁矿石都必须严格进行整粒，将入炉矿石粒度控制在 8 ~ 20mm，小于 5mm 的粒度一定要筛除。

矿石的气孔率系指矿石中孔隙所占体积与它的总体积的百分比。气孔率愈高，透气性愈好，与煤气接触的表面积愈大，愈有利于还原。开口气孔对还原有利。

上述指标中，尤其是矿石品位、脉石成分与数量、还原性与强度、有害杂质含量，必须保持相对稳定，高炉生产与操作才能保持稳定。否则，将引起炉温、炉渣碱度和生铁质量的波动，破坏高炉的正常作业制度，影响高炉稳定和获得优良的产品。为确保矿石成分的稳定，加强整粒与中和是非常必要的。

3.3　我国与世界铁矿资源及特点

3.3.1　全球铁矿资源状况

2001 年我国铁矿石资源量 581.19 亿吨，居世界第四位，但是铁矿品位比世界品位低 11%，而且难采难选。我国铁矿资源的特点：一是贫矿多，贫矿储量占总储量的 80%；二是多元素共生的复合矿石较多；三是磁铁矿多。此外矿体复杂，有些贫铁矿床上部为赤铁矿，下部为磁铁矿。

我国铁矿资源无法满足钢铁行业迅猛发展的需要，近几年我国铁矿进口呈高比率增长。2005 年我国钢产量 34936 万 t，生铁 33040 万 t，自产铁矿石 42050 万 t，进口铁矿石 27256 万 t。进口矿来自于 18 个国家，进口国家按数量排序依次为澳大利亚、巴西、印度、南非、秘鲁等国。瑞典 LKAB 公司开采的新型铁矿石在我国南方地区受到欢迎，加拿大 IOC 球团和智利 CMP

球团也进入我国市场。虽然海外供应商不断扩张其矿石开采能力，但其扩张速度依然满足不了中国市场对铁矿石需求的急剧增长。从全球范围来考虑铁矿资源供应，优化矿产资源配置，建立长期、稳定的供应基地，锁定供应渠道，应该是中国钢铁工业重点思考并解决的问题。

世界铁矿资源主要集中分布在乌克兰、俄罗斯、澳洲、美洲等地，巴西和澳大利亚是两个最大的矿石输出国。近年来，铁矿开采供应出现规模巨大的并购活动，基本形成了巴西CVRD、英澳合资的RioTinto和BHP-Billion三分天下的格局。三大公司总生产规模为35540万t，约占世界矿石总产量的35%，掌控了世界铁矿石海运量的70%。

(1) 澳大利亚：澳大利亚铁矿工业发达，年产铁矿石1.8亿t以上，是世界上最大铁矿出口国，其铁矿主要存在于澳大利亚皮尔巴拉地区。我国进口的第一船铁矿就来自于澳大利亚。澳大利亚港口优良，主要港口均可接纳16~25万t级运矿船。澳矿多为赤铁矿，品质稳定，明显缺陷是Al_2O_3含量偏高。澳大利亚离我国运距近，运费相对低廉。

(2) 巴西：巴西铁矿工业现在居世界第二位，年产铁矿石超过2亿t，矿区主要集中在铁四角地区。巴西全境内的铁矿现在都属于淡水河谷公司(CVRD)控股，该公司是巴西矿业霸主，掌控了1.8亿t铁矿产品的出口权。巴西矿可以说是世界上最好的矿，其含铁品位最高达68%，有害杂质少，成分稳定。巴西港口水深在16~20m，可停靠25万t级运矿船。巴西离我国约12000km，运距较远，运费较高。

(3) 印度：印度铁矿石主要有赤铁矿和磁铁矿两种，赤铁矿大部分属于富矿。对我国来说，印度可能是今后潜力最大的选择之一。以印度贝拉迪拉(Bailadila)地区为主的铁矿区蕴藏着上百亿吨高品位赤铁矿的储量。印度港口水浅，除新建的维萨帕特南港可停靠14万t级运矿船外，其余港口基本只能停靠6~7万t轮。印度矿的结晶水含量高。

(4) 南非：南非年产铁矿石3480万t。主要铁矿企业是ISCOR联合矿业公司的库博矿业，矿区主要位于南非北开普省。主要港口萨尔达尼亚港，可接纳28万t级运矿船。但南非铁矿碱金属含量较高。

(5) 秘鲁：秘鲁铁矿全部来自于我国首钢秘鲁公司的马科纳铁矿(Marconn)，该矿拥有14亿t储量，含铁54.1%，年生产能力700万t。马科纳铁矿主要为首钢自用。

世界铁矿石主要采购国有日本、欧盟、中国和韩国。近年来，由于西欧和日本环保意识增强，耗钢铁量大的行业出现萎缩趋势，主要进口国开始由日本、欧盟逐步转向中国、韩国。我国作为当今世界上最大的钢铁生产国和消费国，应积极争取谈判桌上的主导地位。

3.3.2 我国主要铁矿区

(1) 东北地区铁矿：东北地区铁矿主要是鞍山矿区，它是目前我国储量以及开采量最大的矿区，大型矿体主要分布在辽宁省的鞍山、本溪。鞍山又包括大孤山、樱桃园、东鞍山、西鞍山、弓长岭等矿山，本溪包括南芬、歪头山、通远堡等矿山，部分矿床分布在吉林通化。鞍山矿区是鞍钢和本钢的主要原料基地。

鞍山矿区矿石矿物以磁铁矿和赤铁矿为主，部分为假象赤铁矿和半假象赤铁矿。其结构致密坚硬，脉石分布均匀而致密，选矿比较困难，矿石的还原性较差。该矿区矿石除极少富矿外，98%为贫矿，含铁量平均仅30%左右。主要脉石矿物由石英组成的，SiO_2达40%~50%，选矿后含铁量可达60%以上。

(2) 华北地区铁矿：主要分布在河北省宣化、迁安和邯郸、邢台地区的武安、矿山村等地区以及内蒙古和山西各地。是首钢、包钢、太钢和邯郸、宣化及阳泉等钢铁厂的原料基地。

迁滦矿区矿石为鞍山式贫磁铁矿，含酸性脉石，S、P杂质少，矿石的可选性好。邯郸矿区主要是赤铁矿和磁铁矿，矿石含铁量在40% ~55%之间，脉石中含有一定的碱性氧化物，部分矿石含硫较高。

（3）中南地区铁矿：中南地区铁矿以湖北大冶铁矿为主，其他如湖南的湘潭，河南省的安阳、舞阳，江西和广东省、海南岛等地都有一定规模的储量，这些矿区分别为武钢、湘钢及当地各大中型高炉的原料供应基地。

大冶矿区是我国开采最早的矿区之一，主要包括铁山、金山店、程潮、灵乡等矿山，储量比较丰富。矿石主要是铁铜共生矿，铁矿物主要为磁铁矿，其次是赤铁矿，其他还有黄铜矿和黄铁矿等。矿石含铁量40% ~50%，最高的达54% ~60%。脉石矿物有方解石、石英等，脉石中 SiO_2 含量在8%左右，$w(CaO)/w(SiO_2)$ 为0.3左右，矿石含P一般0.027%，含S高且波动很大，达0.01% ~1.2%，并含有Cu和Co等有色金属。矿石的还原性较差，矿石经烧结、球团造块后进入高炉冶炼。

（4）华东地区铁矿：华东地区铁矿产区主要是自安徽省芜湖至江苏南京一带的凹山，有南山、姑山、桃冲、梅山、凤凰山等矿山。此外，山东的金岭镇等地也有相当丰富的铁矿资源，是马钢及其他一些钢铁企业原料供应基地。

芜宁矿区铁矿石主要是赤铁矿，其次是磁铁矿，也有部分硫化矿如黄铜矿和黄铁矿。铁矿石品位较高，还原性较好。一部分富矿（Fe含量为50% ~60%）可直接入炉冶炼，另一部分贫矿要经选矿、烧结造块后供高炉使用。脉石矿物为石英、方解石、磷灰石和金红石等，矿石中含S、P杂质较高（含P一般为0.5%，最高可达1.6%，梅山铁矿含S平均可达2% ~3%），矿石有一定的熔剂性，部分矿石含V、Ti及Cu等金属。

（5）其他地区铁矿：除上述各地区铁矿外，我国西南地区、西北地区各省，如四川、云南、贵州、甘肃、新疆、宁夏等地都有丰富的不同类型的铁矿资源，分别为攀钢、重钢和昆钢等大中型钢铁厂高炉生产的原料基地。

我国一些铁矿石化学成分列于表3-3中。

表3-3　我国一些矿区铁矿石的化学成分

矿石产地	矿种	化学成分 w/%											
		TFe	FeO	SiO_2	Al_2O_3	CaO	MgO	MnO	S	P	烧损	Cu	Zn
樱桃园	磁	48.30	21.40	25.80	0.79	1.07	0.43	0.23	0.075	0.014			
弓长岭	赤	44.00	6.90	34 ~38	1.31	0.28	1.16	0.15	0.007	0.02			
东鞍山	贫	32.73	0.70	49.78	0.19	0.34	0.80		0.031	0.035			
本　溪	磁	60.90	27.0	14.53	0.39	0.68	0.55	0.11	0.162	0.22			
齐大山	贫	31.70	4.35	52.94	1.07	0.84	0.80		0.01	0.05			
南　芬	贫	33.63	11.90	46.36	1.425	0.576	1.593	Mn0.087	0.073	0.056			
武　安	磁	60.90	16.20	6.44	0.53	2.13	0.75	0.21	1.11	0.018			
庞家堡	赤	50.12	2.00	19.52	2.10	1.50	0.36	0.32	0.067	0.156			
武　安	赤	55.20	8.125	12.96	106	2.02	1.48	0.24	0.047	0.035			
邯　郸		42.59	16.30	19.03	0.47	9.58	5.55	0.11	0.208	0.048			
矿山村	赤	54.50	10.8	11.82	1.68	3.09	0.86	0.313	0.98	0.034			
山东莱芜	磁	45.30	18.52	11.20	1.68	10.05	3.34	0.22	0.286				0.199
山东黑吁	褐	40.08		11.17	3.953	10.53	1.069	0.985	0.033				0.108
芥　川	菱	46.45	0.10	17.06	3.14	1.46	0.62	1.41	0.016	0.121	9.89		

续表 3-3

矿石产地	矿种	化学成分 w/%											
		TFe	FeO	SiO_2	Al_2O_3	CaO	MgO	MnO	S	P	烧损	Cu	Zn
山东利国	赤	53.10	4.50	11.98	2.47	3.44	0.95	0.11	0.0284	0.024			
山东利国	磁	50.40	15.10	7.71	3.92	6.30	5.75	0.35	0.028	0.009			
武钢铁山		54.38	13.90	10.30	2.43	3.66	1.51	0.178	0.325	0.096			
武钢灵乡		49.50	8.30	12.90	3.40	4.02	1.56	Mn0.156	0.420	0.088			
海南岛		55.90	1.32	16.20	0.96	0.26	0.08	Mn0.14	0.098	0.020			
梅　山	富	59.35	19.88	2.50	0.71	1.99	0.93	0.323	4.452	0.399	6.31	CaO0.038	0.041
大　冶	磁	52.78	7.9	12.78	2.34	2.32	1.55	0.21	0.228	0.080			
迁安(大石河)		32.73	10.27	47.54	0.19	0.36	2.07	Mn0.14	0.027	0.048			

矿山开采出来的铁矿石其粒度和化学成分都不能满足高炉冶炼的要求，都要经过破碎、筛分、混匀、焙烧、选矿和造块等加工处理过程。对于富矿，主要要完成整粒过程，即通过破碎和筛分控制矿石粒度大小，这是矿石冶炼前准备处理的基本环节。而对于贫矿，除了破碎筛分外，还要经过混匀、选矿、焙烧和造块等处理阶段。贫、富矿石处理流程见图 3-1。

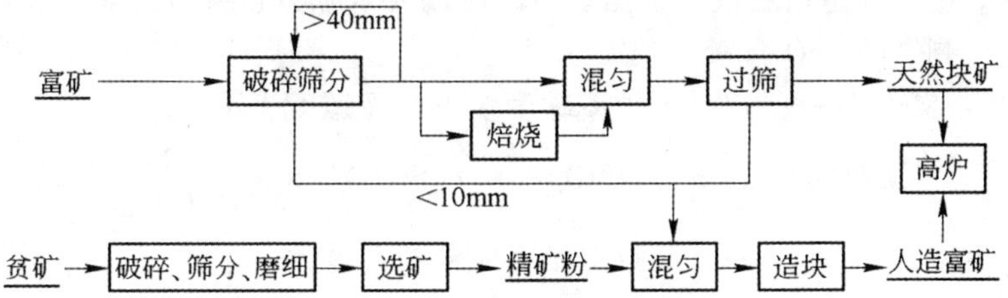

图 3-1 铁矿石处理流程

3.4 熔剂与其他含铁原料

3.4.1 熔剂的作用及有效熔剂性

传统的高炉冶炼除加入铁矿石和焦炭外，还要加熔剂。熔剂在冶炼过程中的主要作用有：

(1) 使还原出来的铁与脉石和灰分实现良好分离，并顺利从炉缸流出。铁矿石中含有一定数量的脉石、焦炭和喷吹的固体燃料中含有相当数量的灰分。脉石和灰分中的主要成分多为酸性氧化物 SiO_2、Al_2O_3，少量为碱性氧化物 CaO、MgO 等。它们的熔点都很高，依次为 1713℃，2050℃，2370℃和 2800℃。而在高炉冶炼的温度下，都不可能熔化。为确保高炉生产的连续性，必须使还原出来的铁和未被还原的脉石都熔融成为液体，实现铁水和熔渣的分离，并顺利地从炉内排出。要使脉石和灰分在高炉内熔融成为液态炉渣，并具有良好的流动性，必须使炉料中碱性氧化物与酸性氧化物达到一定的比例。它们在高温下彼此接触时发生化学反应，生成低熔点的化合物和共熔体——炉渣。绝大多数天然矿石中，酸、碱性氧化物的含量是达不到造渣所需要的适宜比例的。因此，需要加入熔剂来造渣。

(2) 去除有害杂质硫，确保生铁质量。铁矿石和焦炭中都含有一定量的硫，当加入适量碱性熔剂(常指 CaO)，造成一定数量和一定物理化学性质的炉渣，就可改善去硫条件，使更多的硫从生铁转入炉渣而排出。

根据矿石中脉石成分的不同，高炉冶炼使用的熔剂主要为碱性熔剂，其质量要求为：

（1）碱性氧化物 CaO 和 MgO 含量高，酸性氧化物 SiO_2、Al_2O_3 含量愈少愈好，否则，冶炼单位生铁的熔剂消耗量增加，渣量增大，焦比升高。

石灰石（$CaCO_3$）理论含 CaO 量为 56%。在自然界中石灰石都含有铁、镁、锰等杂质，故一般含 CaO 仅为 50% ~55%。石灰石呈块状集合体，硬而脆，易破碎，颜色呈白色或乳白色。有时其成分中常含有 SiO_2 和 Al_2O_3 杂质，在冶炼中它本身造渣还要消耗部分碱性氧化物，从而使石灰石所能提供的有效碱性氧化物含量减少。

（2）有害杂质硫、磷含量要少。石灰石中，一般硫、磷杂质都较低，我国各钢铁厂使用的石灰石，S、P 分别只有 0.01% ~0.08% 和 0.001% ~0.03% 左右。

白云石也常作为高炉冶炼的熔剂。主要作用是提供造渣所需要的 MgO，以保证炉渣中有适宜的 MgO 含量而改善其流动性与稳定性，这对保持炉况顺行，提高炉渣脱硫能力是有利的。尤其在渣中 Al_2O_3 很高和炉料硫负荷高，需要有较高炉渣碱度的情况下，就更有必要加入白云石。对白云石的质量要求与石灰石是一致的，特别是 MgO 含量越高越好。纯白云石的理论组成为 $CaCO_3$ 为 54.2%（CaO 为 30.41%），$MgCO_3$ 为 45.8%，（MgO 为 21.87%），一般白云石的成分为 CaO 为 26% ~35%，MgO 为 17% ~24%。

必须指出的是当前现代高炉冶炼所需的熔剂几乎都是在造块过程中加入，而不在高炉中直接加入。传统的高炉加入的熔剂必须具备一定的粒度和机械强度。

石灰石的有效熔剂性是指石灰石根据炉渣碱度的要求除去自身所含酸性氧化物造渣所消耗的碱性氧化物外，剩余的 CaO 含量。

当渣中 Al_2O_3、MgO 都较稳定时，炉渣碱度多以二元碱度表示。

$$w(\mathrm{CaO})_{有效} = w(\mathrm{CaO})_{石} - w(\mathrm{SiO_2})_{石} \times w\left(\frac{\mathrm{CaO}}{\mathrm{SiO_2}}\right)_{渣} \tag{3-2}$$

式中　$w(\mathrm{CaO})_{石}$ 和 $w(\mathrm{SiO_2})_{石}$——石灰石中相应成分的含量，%；

$w\left(\frac{\mathrm{CaO}}{\mathrm{SiO_2}}\right)_{渣}$——炉渣中相应成分的比值；

$w(\mathrm{CaO})_{有效}$——石灰石的 CaO 有效含量，%。

同种成分的石灰石，由于要求的炉渣碱度不同，其有效熔剂性是不同的。要求的炉渣碱度越高，其所含酸性氧化物对有效熔剂的影响越大。要求石灰石的有效熔剂性越高越好。

3.4.2　其他含铁原料

工业生产中会产生一些含铁的“废弃”物料，对它们的回收利用可扩大铁矿资源，降低生铁成本，而且有助于环境保护，即“变废为宝”。目前可供炼铁利用的这类物料有高炉炉尘、转炉炉尘、钢渣、轧钢皮、硫酸渣以及一些有色金属选矿后的高铁尾矿等。部分含铁物料的化学成分列于表 3-4 中。

表 3-4　某些含铁物料的化学成分（w/%）

物料名称	TFe	FeO	CaO	MgO	SiO_2	Al_2O_3	MnO	S	P	烧损	Cu	Pb	Zn
高炉炉尘	46.06	13.79	8.03	1.63	11.60	1.25	0.19	0.21	0.013	12.6			
铁屑	67.50	9.00	2.05	0.91	10.50	3.26	0.63	0.123	0.045				
轧钢皮	72.40	50.00	1.52	0.50	1.45			0.097					
硫酸渣	50.70	3.7	2.69	1.96	约 14	1.35		1.7			0.18	0.34	0.6
炼钢尘泥	56.83	51.00	8.70	2.14	5.02	0.55	0.542	0.13	0.068				
转炉钢渣	15.85	13.78	14.13	11.73	16.40	2.55		0.09	0.1455	1.79			

（1）高炉炉尘　高炉炉尘是从高炉煤气系统中回收的副产品，由矿石和焦炭的粉末组成。其数量和成分随高炉冶炼条件而异，大致为30～50kg/t，含铁40%左右，含碳10%～20%和较多的CaO。其粒度较细，亲水性差，用于烧结配料，可代替部分铁矿粉和燃料，并有助于降低成本。一般配加量为3%～5%。

（2）氧气转炉炉尘　这种炉尘是从氧气转炉的炉气中经除尘器回收的含铁粉料，其产出量每吨钢约20～25kg。含铁量达50%～60%以上，主要成分是Fe_3O_4，还有16%～30%的金属铁。粒度极细，可作为烧结或球团的辅助原料。

（3）轧钢皮　轧钢皮是轧钢生产过程中，从炽热的钢锭或钢材表面剥落下来的氧化铁皮，一般占钢材量的2%～3%。轧钢皮呈鳞片状，含铁很高，可达60%～70%以上，主要以Fe_3O_4形态存在，也有少量金属铁，含SiO_2和Al_2O_3很少。用于烧结配料，可稳定或提高烧结矿品位，对高炉冶炼是有利的。烧结配料前，应筛去大块夹杂物，使粒度小于10mm。

（4）其他铁屑料　其他铁屑料包括铸铁机和机械加工中的车削、锻造时产生的铁屑与钢屑，主要成分是铁和少量的碳。加入烧结料中，高温氧化时放热，可节省烧结固体燃料消耗，并提高其含铁量。

（5）硫酸渣　硫酸渣是化工厂制造硫酸时焙烧黄铁矿留下的残渣。其含铁量50%左右，主要以Fe_2O_3形态存在。含硫高，一般为1%～2%，并含有Cu、Pb、Zn、Co等有色金属和Au、Ag等贵金属。硫酸渣粒度较细，小于0.1mm的占绝大部分。

我国硫酸渣每年的产出量很大，其中一部分含铁较低者多用作水泥生产配料，含铁较高者主要通过造块处理，供高炉冶炼。

目前炼铁用硫酸渣有两种处理方法：一是通过烧结或球团直接炼铁。在烧结配料中，根据硫的含量及要求，硫酸渣加入量可达3%～5%。另一方法是在球团生产的配料中加入氯化剂，高温焙烧时Cu、Pb、Zn等氯化物气化挥发并加以回收，所得球团矿再进入高炉冶炼。

（6）钢渣　钢渣是氧气转炉所产生的炉渣或以前平炉炼钢堆积的炉渣。钢渣中含有一定量的铁和较多的碱性氧化物CaO、MgO，其矿物组成中有低熔点物质。用于烧结配料，既可回收铁，又可代替部分石灰石和白云石，还具有降低烧结温度、提高烧结矿强度、降低成本的效果。但因钢渣中含磷较高的特点，易使磷富集，因此烧结料中配比不宜过高。

复习思考题

3-1　什么叫矿石，铁矿石分哪几类，各有什么特性？

3-2　高炉冶炼对铁矿石的质量有什么要求？

3-3　铁矿石的还原性、软化性和熔滴性的含意是什么，它们与高炉冶炼有什么关系？

3-4　某矿石TFe含量为62%，P含量为0.07%，生铁允许含[P]不大于0.08%，生铁中含[Fe]为95%，均来自矿石；若冶炼时熔剂、焦炭带入的P为0.01%，那么单独用此矿石能否冶炼出合格生铁，如果不能应该怎么办？

3-5　试述富铁矿和贫铁矿冶炼前的准备和处理流程。

3-6　什么是石灰石的有效熔剂性？

4 燃　　料

炼铁过程实际是个还原过程，需要大量还原剂和热量。高炉炼铁消耗的燃料很多，2000多年前炼1t铁需要大约7t的燃料，目前先进高炉炼1t铁，需要约0.5t燃料。这样巨大的燃料需求量，能满足高炉此要求的只有碳元素。

最早使用的高炉燃料是木炭。木炭含碳高、含硫低，有一定强度和块度，是高炉较好的燃料。但木炭价格太贵，而且大量用木炭炼铁，必然破坏大片森林。煤在炼铁上的应用，我国最早。公元4世纪成书的《释氏西域记》就有记载。

煤的储量巨大，但作高炉燃料，局限性很大，煤含有20%～40%的挥发物，在250～350℃左右开始剧烈分解，坚硬的煤块爆裂成碎块和煤灰。这些粉煤会填塞到大块铁矿石、烧结矿、球团矿的间隙中，显著破坏高炉料柱的透气性，较大的高炉难以顺利生产，灰渣还会填满炉缸。在高炉中使用煤，开始时技术经济指标降低，接着就是炉况不佳甚至出现大的事故。同时，煤中含硫一般较高，用煤炼铁，常常引起铁水硫量升高，降低了生铁质量。现代高炉已经不再用煤，而是用焦炭。

4.1 焦炭质量评价

焦炭是高炉冶炼的主要燃料，其作用是：

（1）发热剂　高炉冶炼是一个高温物理化学过程，矿石被加热，进行各种化学反应，熔化成液态渣铁，并将其加热到能从高炉中顺利流出的温度，需要大量的热量。这些热量主要是靠炉料中的燃料的燃烧提供。燃料燃烧提供的热量约占高炉热量总收入的70%～80%。

（2）还原剂　高炉冶炼主要是一个高温还原过程。生铁中的主要成分Fe、Si、Mn、P等元素都是从矿石的氧化物中还原得来的。提供廉价还原剂的也是加入炉内的燃料。

（3）高炉料柱的骨架　高炉料柱中的其他炉料，在下降到高温区后，相继软化熔融，唯有块状固体燃料不软化也不熔化，在料柱中所占体积较大，约1/3～1/2，如骨架一样支撑着软熔状态的矿石炉料，使煤气流能从料柱中穿透上升。这也是当前其他燃料无法代替焦炭的根本原因。

另外，由于还原出的纯铁熔点很高，为1535℃，但在高炉冶炼的温度下难以熔化。当铁在高温下与燃料接触不断渗碳后，其熔化温度逐渐降低，可至1150℃。这样生铁在高炉内能顺利熔化、滴落，与由脉石组成的熔渣良好分离，保证高炉生产过程不断地进行。生铁中含碳量达3.5%～4.5%，均来自燃料。所以说焦炭是生铁组成成分中碳的来源。质量优良的冶金焦在很大程度上决定着高炉生产和冶炼的效果。

4.1.1 焦炭的物理力学性能

高炉对焦炭物理力学性能的要求是：粒度均匀，耐磨性和抗碎强度高，适宜的气孔度。焦炭的物理力学性能主要有筛分组成和转鼓强度实验测定。

4.1.1.1　筛分组成

焦炭粒度的大小及其组成的均匀性，均影响料柱的透气性，特别是软熔带及其以下的透气性。粒度太小，或组成不均匀，含碎焦多，将降低料柱透气性，还易引起炉缸堆积。但块度过大，与矿石粒度相差过于悬殊，会影响布料的均匀性，对煤气流的分布亦会产生不利影响。而且大块焦粒度不稳定，在炉内产生二次破碎要更为严重一些。有实践表明，40~25mm一级的焦炭强度最好，性能稳定；其次是25~15mm的，再次是40~60mm的；大于60mm的最差。

适宜的焦炭粒度与焦炭机械强度、高炉大小及矿石粒度有关。高炉大、焦炭强度差和矿石粒度大的，焦炭粒度应大一些；一般认为，焦炭的平均直径为矿石直径的三倍左右时，炉内总的透气性最好。目前高炉都使用整粒后的烧结矿，粒度明显减小，故焦炭粒度也呈现变小的趋势。国外大型高炉，焦炭粒度范围一般为20~60mm，4000~5000m^3级的巨型高炉，焦炭粒度上下限可适当提高。因而，焦炭也要整粒，目前中型高炉和小型高炉用焦炭，其粒度分别以20~40mm和大于15mm为宜。

焦炭的粒度组成，用筛分试验测定。试样依次通过孔径为80mm、60mm、40mm、20mm和10mm的筛网，可得到大于80mm、80~60mm、60~40mm、40~20mm、20~10mm和小于10mm六个粒级的焦炭，各粒级质量对试样总质量的百分比，即为焦炭的粒度组成。高炉冶炼要求其料度组成均匀，其均匀性可用均匀性指数k衡量。k值用下式计算：

$$k = \frac{m_{40\sim80}}{m_{>80} + m_{25\sim40}} \times 100\% \tag{4-1}$$

式中 $m_{40\sim80}$——40~80mm级的焦炭数量,%；

$m_{>80}$——大于80mm级的焦炭数量,%；

$m_{25\sim40}$——25~40mm级的焦炭数量,%。

k值愈大，表明焦炭粒度愈均匀，料柱透气性愈好。筛除碎焦，焦炭分级入炉等都是提高k值，强化高炉冶炼的有效措施。对中、小高炉也可按$k = \frac{m_{25\sim40}}{m_{>40} + m_{10\sim25}} \times 100\%$计算。

焦炭中的粉末（小于10~20mm）含量对高炉透气性有很不利的影响，如图4-1所示。该图表示气流通过焦炭柱的压差与焦炭粒度的关系。

由图可见，当焦炭粒度大于20mm时，对压差影响不大；而当其粒度小于20mm时，压差急剧上升，表明透气性恶化。

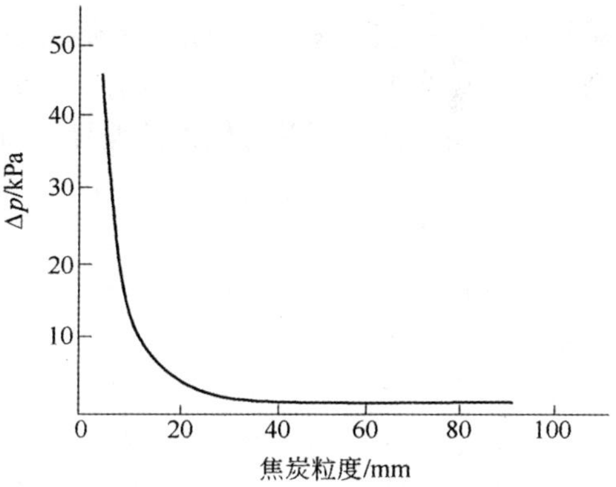

图4-1 焦炭柱压差与粒度的关系

4.1.1.2 气孔率

气孔率是指焦炭中气孔体积占焦炭总体积比的百分数，可用下式求得：

$$气孔率 = \left(1 - \frac{视密度}{真密度}\right) \times 100\%$$

焦炭的真密度系指除去全部气孔后单位体积焦炭的质量，视密度是包括气孔在内的单位体积焦炭的质量。高炉用焦炭的气孔率在45%~53%之间，此值大小与炼焦煤性质和炼焦制度等因素有关。

气孔率过高对冶炼是不利的。一是使气孔壁减薄，耐磨强度下降；二是使焦炭的反应性增大，会扩大直接还原区，并降低焦炭的高温耐磨强度。

4.1.1.3 机械强度

焦炭的机械强度包括耐磨强度和抗碎强度。耐磨强度是焦炭抵抗摩擦破坏的能力；抗碎强度是抵抗冲击破碎的能力。焦炭是形状不规则的多孔体，又有很多裂纹，它从焦炉出来到加入高炉直至风口带燃烧前，要经受多次落下冲击和摩擦作用，在高炉内还要受到高温和化学反应的作用。当焦炭的耐磨性和抗碎性不好时，在其表面受到切向摩擦力超过气孔壁强度的情况下，会产生表面薄层分离现象，形成焦炭细屑或粉末；在受到外力冲击时，由于应力集中，焦炭会沿裂纹碎裂，产生碎块或粉焦。料柱中碎焦和粉末增多，堵塞气孔通道，使透气性恶化，更何况焦炭在炉内不熔不软，当粉焦渗入熔渣时，将大大增加熔渣的黏度，使流动性变坏，煤气上升的阻力增大，引起炉况不顺。特别在炉缸，大量粉焦在风口循环区前面会聚时，会在循环区外围形成一层透气性很差的外壳，煤气流只能从循环区顶部较疏松的焦炭层流出，从而形成炉缸中心堆积和边缘气流过分发展，燃烧层中液态铁滴不易渗透下沉，导致风口大量烧坏。高炉强化程度高，焦炭机械强度的影响越大，对其要求也更高。

焦炭机械强度的测定，采用转鼓试验。有大小两种转鼓，过去我国采用大转鼓，现均采用小转鼓，即米库姆转鼓。

转鼓系用钢板焊接而成。鼓的内径 1000mm，内宽 1000mm，内壁每隔 90°焊有 100mm × 50mm × 10mm 的角钢一块，共四块。试验时，取大于 60mm 的焦炭 50kg，装入转鼓，转鼓以 25r/min 的转速转动 100 转后自动停下，放出焦炭，用筛孔为 40mm 和 10mm 的筛子筛分。以大于 40mm 或 25mm 的焦炭占加入转鼓试样的百分数，记为 M_{40} 或 M_{25}，作为焦炭的抗碎强度指标；以小于 10mm 的焦炭占入鼓试样的百分数，记为 M_{10}，作为焦炭的耐磨强度指标。一般要求大型高炉用焦炭的 M_{40} 应大于 75%，M_{10} 小于 9%；中型高炉的 M_{40} 为 60% ~70%；小高炉的 M_{40} 应大于 55%。

$$M_{10} = \frac{\text{出鼓焦炭中小于 10mm 的质量}}{\text{入鼓焦炭质量}} \times 100\%$$

$$M_{40} = \frac{\text{出鼓焦炭中大于 40mm 的质量}}{\text{入鼓焦炭质量}} \times 100\%$$

转鼓试验只能反映焦炭的常温机械强度。而焦炭作为高炉料柱的疏松骨架，它在炉内经受高温和化学作用（主要是 CO_2 对焦炭的溶损反应）后的热强度，对高炉冶炼更有实际意义。大多数情况下，焦炭的冷强度与热强度有一定的内在联系，然而某些焦炭，特别是结构很不均一的焦炭，冷强度与热强度就有较大的差异。因此，焦炭热强度的测定已引起人们的重视。

4.1.2 焦炭的化学组成

焦炭的化学组成包括固定碳、灰分、硫分、挥发分和水分等的百分含量，这些成分对焦炭的质量有重要影响。

(1) 固定碳含量高，灰分(A_d)含量低　固定碳和灰分是焦炭中最主要的组成部分，两者互为消长。固定碳含量高，单位质量的焦炭所能提供的热量和还原剂就多，因而可降低焦比。实践经验表明，固定碳升高 1%，焦比可降低 2%。

灰分主要由酸性氧化物 SiO_2、Al_2O_3 组成，两者之和一般约占灰分的 75% ~85%。灰分增加，则造渣所需熔剂增加，渣量增大，使焦比升高，还使高炉下部透气性变坏，影响顺行和减少产量；灰分增高，还严重影响焦炭的耐磨性及高温强度，对高炉冶炼的影响极大。因为灰分的硬度比煤质大，破碎后的颗粒较粗，而它在炼焦过程中又不熔融，在结焦时，灰分与固定碳之间有明显的分界面，结构强度减弱；加之灰分质点与碳的质点的热膨胀系数不同，受热时易沿界面产生裂纹；高温下灰分中的成分又与碳进行选择性的还原，焦炭结构进一步疏松。在料与料的摩擦冲击下，易产生粉末和碎焦。

世界上主要产钢国家高炉所用冶金焦，灰分都小于 10% ~11%。我国重点企业焦炭的灰分约为12% ~14%。应通过洗煤和配煤进一步降低焦炭灰分，以提高焦炭质量。

(2) 硫、磷等有害杂质要少　焦炭中的硫对高炉冶炼和生铁质量的影响甚大，因为高炉冶炼中约80%的硫来自焦炭。为保证生铁质量，焦炭含硫量很大程度上决定着高炉采取的造渣制度与热制度，因而影响熔剂消耗量、渣量、焦比和产量。经验表明，焦炭中硫分每增加0.1%，焦比约升高1.2% ~2.0%，产量降低2%以上。因此，要求焦炭含硫量愈低愈好。

焦炭中的硫有三种形态。一般$S_{有机}$占67% ~75%，$S_{硫化物}$占18% ~25%，$S_{硫酸盐}$占3% ~9%。在洗煤中，可去除大部分硫化物和硫酸盐，而有机硫则无法去除。在炼焦过程中，无机硫和有机硫均可去除一部分，但总硫量中还会有70% ~90%留在焦炭中。因此，控制煤的含硫量和确定合适的配煤比是控制焦炭含硫量的基本途径，而加强煤的洗选则是根本措施。

焦炭中一般含磷很少，但大量的研究表明，焦炭灰分中不同程度地含有碱金属K_2O和Na_2O。它们在高炉内循环积累，对焦炭和烧结矿、球团矿的强度以及炉衬寿命都有极坏的影响。因此，要求焦炭含碱金属钾、钠要少。

(3) 挥发分(V_{daf})含量适当　挥发分是炼焦过程中未分解挥发完的有机物质，当焦炭重新加热到900℃左右时，以气体形态挥发出来，如H_2、CH_4和N_2等。挥发分本身对冶炼并无什么影响，但其含量反映了焦炭的成熟程度。正常情况下，焦炭的挥发分一般为0.7% ~1.2%，焦炭呈银灰色，敲击有金属声音。含量过高，表示焦炭成熟程度不够，颜色发黑，敲击声音喑哑，夹生焦多，不耐磨，在炉内易产生碎屑而降低料柱透气性，并增加炉尘量和炉尘中含碳量；含量过低，说明结焦过火，这种焦裂纹多，极脆，受冲击时易产生碎块粉末，同样对高炉冶炼不利。

(4) 水分(M_t)要稳定　焦炭中的水分是湿法熄焦时带入的，目前提倡采用干法熄焦使水分少而稳定。因为水分的波动，在焦炭按重量入炉的情况下，必然引起入炉干焦量的波动，从而导致炉缸热制度的波动，不利于炉况的稳定。

焦炭含水量与熄焦操作和焦炭块度有关。块度小，比表面积大，吸附的水分就多。水分太高，影响入炉粉焦的筛除。我国规定，粒度大于40mm的焦炭水分为3% ~5%，大于25mm的，水分为3% ~7%。通常水分为2% ~6%。当前大力提倡干法熄焦，降低和稳定水分含量，并改善环境。

4.1.3 焦炭的高温反应性

4.1.3.1　焦炭的反应性

焦炭的反应性是指焦炭与二氧化碳、氧和水蒸气等进行反应的能力。焦炭在高炉冶炼过程中，与CO_2、O_2和水蒸气发生化学反应：

$$C + O_2 = CO_2 \qquad \Delta_r H_m^\ominus = +393.3\text{kJ/mol} \tag{4-2}$$

$$C + \frac{1}{2}O_2 = CO \qquad \Delta_r H_m^\ominus = +110.4\text{kJ/mol} \tag{4-3}$$

$$C + CO_2 = 2CO \qquad \Delta_r H_m^\ominus = -172.5\text{kJ/mol} \tag{4-4}$$

$$C + H_2O = CO + H_2 \qquad \Delta_r H_m^\ominus = -131.3\text{kJ/mol} \tag{4-5}$$

由于焦炭与O_2和H_2O的反应有与CO_2反应相类似的规律，大多数国家都用焦炭与CO_2间的反应特性评定焦炭反应性。焦炭反应性与焦炭块度、气孔结构、光学组织、比表面积、灰分的成分和含量等有关。

根据GB/T 4000—1996焦炭的反应性及反应后强度实验方法，称取一定质量的焦炭试样，置于反应器中，在1100±5℃时与CO_2反应2h后，以焦炭质量损失的百分数表示焦炭反应性

(CRI,%)。反应后的焦炭经Ⅰ型转鼓试验后，大于10mm粒级焦炭占反应后焦炭的质量百分数，表示反应后强度(CSR,%)。

4.1.3.2　焦炭的燃烧性

作为燃料是焦炭的主要用途，发热量、着火温度等是焦炭的重要参数：

(1) 焦炭的发热量　焦炭的发热量是用氧弹量热计测定的，按GB—213标准进行，操作精细，误差可在125J/g以内。焦炭中的碳、氢、硫、氮都能与氧化合，由其反应热可以计算出焦炭的发热量，其值为33400~33650J/g。对焦炭CO_2反应性有影响的各因素对焦炭的燃烧性也具有相同的影响。

(2) 焦炭的着火点　焦炭的着火点是指焦炭在干燥的空气中产生燃烧现象的最低温度。高炉焦着火温度为550~650℃。

4.1.3.3　焦炭抗碱性

它是焦炭在高炉冶炼过程中抵抗碱金属及其盐类作用的能力。虽然焦炭本身的钾、钠碱金属含量很低(约0.1%~0.3%)，但在高炉冶炼过程中，由矿石带入大量的钾、钠，并富集在焦炭中(可高达3%以上)，对焦炭反应性、焦炭机械强度和焦炭结构均会产生有害的影响，危及高炉操作。提高焦炭抗碱能力的措施有：

(1) 采取各种措施降低焦炭与CO_2的反应性，提高反应后强度。

(2) 从高炉操作采取措施，降低高炉炉身上部温度，减少碱金属在高炉内的循环，从而降低焦炭中的钾、钠富集量。

(3) 炼焦煤料适当配用低变质程度、弱黏结性气煤类煤。

一些国家的冶金焦炭质量指标对比示于表4-1中。

表4-1　一些国家冶金焦炭质量指标

指　标	中　国			美国	德国	法国	英国	日　本	俄罗斯(大高炉)
	Ⅰ级	Ⅱ级	Ⅲ级						
含硫/%				0.6	0.9	0.8	0.6	0.6	0.6
焦炭块度/mm	25~75			25~70	25~70	25~70	25~70	25~70	25~60
抗碎强度M_{40}/%	≥80.0	≥76.0	≥72.0	≥80	≥80	≥75	≥75	$DI_{15}^{150}>80$ 或 $DI_{15}^{30}>93$	$M_{25}\geq 90$
耐磨强度M_{10}/%	≤8.0	≤9.0	≤10.0	≤7.0	≤6	≤7	≤6.0		$M_{10}\leq 6$
灰分A_d/%	≤12.0	12.01~13.50	13.51~15	7.0	8.0	9.0	8.0	9.0	10.0

注：DI_{15}^{150}、DI_{15}^{30}均为日本方法测定的焦炭强度指数。DI_{15}^{150}是转鼓转150转，留在15mm筛子上的焦炭质量百分数；DI_{15}^{30}是转鼓转30转，留在15mm筛子上的焦炭质量百分数。

我国2000m^{3}以上高炉冶炼用焦炭质量指标列于表4-2。

表4-2　我国2000m^{3}以上高炉冶炼用焦炭质量指标

高炉容积/m^3		2000	2000~3000	>4000
焦炭强度	M_{40}/%	>78	>80	$DI_{15}^{150}>82$
	M_{10}/%	<8	<8	
灰分A_d/%		<13	<13	<12
硫分/%		<0.7	<0.7	<0.6
焦炭粒度/mm		20~75	20~75	25~75
>75mm含量/%		<10	<10	<10

我国10家钢铁企业冶金焦炭质量状况列于表4-3。

表4-3　我国10家钢铁企业冶金焦炭质量状况

指标		首钢	太钢	邯钢	武钢	攀钢	宝钢	鞍钢	唐钢	包钢	马钢
焦炭质量	M_{40}/%	89(M_{25})76	79.5	78.9	78.8	81.4	89.9	78.4	78.4	78.37	92.5(M_{25})
	M_{10}/%	7.4	7.3	7.45	7.7	7.5	4.9	7.48	8.0	7.77	5.95
	A_d/%	12.4	12.77	12.39	12.57	12.43	11.38	12.72	13.23	13.25	12.52
	硫分/%	0.60	0.52	0.50	0.51	0.49	0.46	0.55	0.70	0.70	0.61
配煤质量	A_d/%	9.6~9.7	8.5~9.0	<9.5	9~10	10.0	8.5	9.25	10.84	10.21	9.64
	V_{daf}/%	24	25.50	25	25	21.0	27~28	27.28	26.55	25.92	26.93
	硫分/%	0.66	0.59	0.45	<0.5	<0.5	0.51	0.61	0.81	0.77	0.72
	G	55	85	70	70	65	79	70	70.7		
	Y/mm	19	22	16	17	16	15	13~16	17.11	20.29	19.70

注：各企业焦炭M_{40}、M_{10}指标由于取样地点，取样方式的不同，可比性差，最好取高炉入炉焦炭检验其M_{40}、M_{10}指标。

4.2　焦炭代用燃料

高炉冶炼需要大量质量优良的冶金焦，而优质焦炭的生产依赖于结焦性能良好的煤。就目前世界上已探明的煤炭资源来看，这种煤所占比例仅24%左右。根据我国炼焦煤储量少，而且分布很不均衡，有较多的无烟煤、贫煤或褐煤等资源特点，若能对这些煤种加以开发，用作高炉燃料，不仅可促进地方钢铁工业的发展，又能改变“北煤南运”的状况，并有利于降低生铁成本。

随着新型高效添加剂的研究与使用，用无烟煤、褐煤或其他弱黏结性煤生产的型焦部分或完全取代高炉炼铁的主要燃料焦炭将成为可能；而高炉喷吹煤粉技术的发展，为非结焦性煤的利用开辟了更广阔的前景。

4.2.1　型焦

型焦是将弱黏结性煤加热，或无黏结性煤加入一定黏结剂，然后热压或冷压成型，再经高温炭化而成焦炭。它是现代炼焦技术的发展和补充。

由于炼焦用煤缺乏，国外从20世纪50年代起就开始进行冶金型焦的试验研究，20世纪60年代中期到70年代初，先后在苏联、美国、联邦德国、英国、日本等国家650~1350m^{3}的高炉上进行冶炼试验。

从国内外实践看，型焦生产的共同特点是：利用无烟煤、贫煤、褐煤等非结焦性煤作主要原料，加少量焦油、沥青或配入适量弱黏结煤作黏结剂，机械挤压成型，高温炭化成焦。目的是充分利用本国、本地区丰富的自然资源，为高炉生产合格燃料，以代替用焦煤炼制的冶金焦。

型焦块度均匀，外形规则整齐，冷强度尚可，但热强度差，型块较致密，气孔度低，体积密度大。用于高炉冶炼时，透气性较差，风压偏高，炉尘吹损量较大。不过，在容积较小的高炉上应用，不会给冶炼造成很大困难。

型焦按成型方式，基本上可分为热压成型和冷压成型两大类。

4.2.1.1　热压型焦

热压型焦的生产特点是快速加热，热压成型。首先将高挥发分的弱黏结性煤（如气煤和长焰煤)快速加热到烟煤的塑性温度(一般为430～500℃)。其作用是，使其中部分液态产物来不及热分解和热缩聚，从而使胶质体的固化温度提高，软化温度间隔增大、改善胶质体的流动性；同时，使挥发分在胶质体形成时大量析出，造成适当的膨胀压力，由此改善颗粒间的接触，提高煤的黏结性；在此温度下维持几分钟，使煤质分解形成胶质体后，采用机械的办法，施以一定的外压，将处于胶质状态的煤料压制成型块，促使煤质黏结，并获得一定形状和尺寸的半焦产品。将半焦产品以1.5～2℃/min的速度缓慢升温，热焖一段时间，使胶质体转化为固态物质，以便在进一步加热炭化时不易产生过大的收缩应力而破坏型焦的结构和强度。

热压型焦的工艺流程，根据快速加热所用载热体的不同，可分为两种，即气体载热体热压工艺流程和固体载热体热压工艺流程。

(1) 气体载热体热压工艺流程　该流程的载热体是热废气，它既可适用于单种弱黏结性煤，也可适用于以无烟煤、贫煤为主体，加入具有黏结性烟煤的配合煤。实践表明，只要煤的胶质体厚度 y 大于6mm，即可成型。

该流程主要由三部分组成：湿煤的干燥预热、快速加热和维持温度及热压成型。采用旋转圆筒干燥机干燥预热，利用快速加热后的废气余热，将湿煤干燥并预热到150～160℃后，送入快速加热设备。采用旋风加热筒快速加热，加热介质(气体载热体)为燃烧炉燃烧煤气生成的高温废气，它经由烟泵来的循环冷却洗涤后的废气配合调节到550～600℃，送入旋风加热圆筒内，形成强烈的旋流，在几秒钟之内将已经预热的煤加热到所要求的塑性温度，再经分离器将煤—气分开，煤料进入维温筒，在塑性温度下维持几分钟，分解形成胶质体。热压成型采用螺旋挤压机和对辊压球机。前者将胶质状态的煤料粉碎、搅拌，挤压成煤带，以利于型球结构的均一，并提高其强度；后者将煤带进一步压制成型球，使煤粒间空隙减小，增加胶质体的不透气性，促进煤粒间的黏结。

(2) 固体载热体热压工艺流程　该流程对煤的快速加热采用固体物料作载热体(如热半焦、矿粉、无烟煤粉等)，如图4-2所示。适用于黏结性煤与低挥发分不黏结性煤或黏结性煤与高挥发分不黏结性煤的半焦的热压型焦。即成型温度取决于煤的性质和配比，可由固体载热体和烟煤的加热温度以及两者的配比来调节。

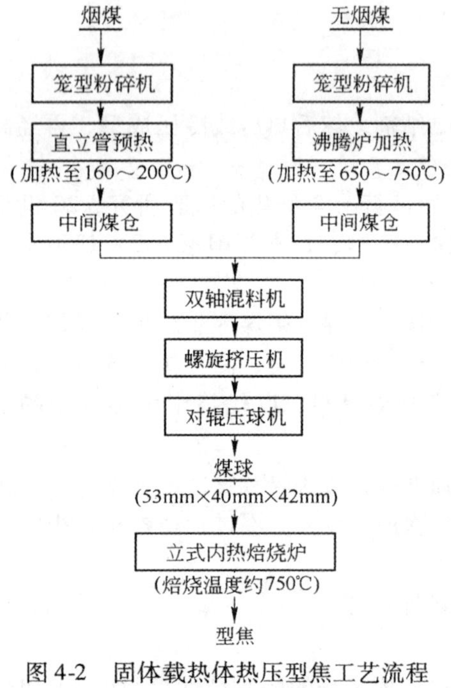

图4-2　固体载热体热压型焦工艺流程

为提高型煤的机械强度，热压型球用外燃内热式炭化炉炭化成型焦。型焦炭化后，抗碎强度 M_{40} 由42%～51%提高到66%～74%，耐磨强度 M_{10} 由43%～44%降至22%～25%，基本上可用于小高炉。

该流程由于恒温时间不够和缺少热焖手段，对型焦强度有一定影响。它适用于以无烟煤为主体，以烟煤为黏结剂的热压型焦和热压料球(即把矿粉与煤球压在一起)。目前，可供使用的烟煤，其胶质层厚度应在10mm以上。

4.2.1.2　冷压型焦

冷压型焦是将低挥发分的弱黏结性煤或不黏结性煤，也有将高挥发分的弱黏结性煤或不黏结性煤的半焦，配加适量的黏结剂，在黏结剂的软化温度(一般为50～100℃)下，冷压成型，再经高温炭化而成。

冷压型焦的工艺流程，根据所用煤料的性质和压型情况，我国主要有两种。

（1）两段法褐煤、长焰煤冷压流程　对于高挥发分的不黏结性煤制取型焦时，因其收缩性大，全焦率低，气体析出速度快，故应先制成半焦粉，再将半焦粉加黏结剂压制成型。

（2）型球—炭化冷压型焦流程　利用无烟煤、贫煤或瘦煤等配入一定数量的黏结剂（如煤焦油、沥青等）冷压成型，然后在高温下炭化成焦。

以无烟煤为原料的工艺，目前多数是配13%～16%的中温焦油沥青作黏结剂，这些黏结剂在煤中起胶质液相的作用。当前理想黏结剂的研制也是很重要的课题。

4.2.1.3　铁焦

铁焦的生产是在炼焦配煤中加入一部分高炉炉尘、精矿粉或富矿粉等含铁原料，在炼焦炉内干馏后得到的一种强度大的块状含铁焦炭的过程。这种生产方式可以节省一部分矿粉造块的设备投资，同时因铁焦中已生成一部分金属铁，从而有利于降低焦比。特别是在铁焦生产时，配煤中可以加入相当数量的结焦性差的高挥发分的气煤和肥煤，节约了主焦煤，扩大了冶金焦用煤的来源。但铁焦生产还存在着焦炉生产率下降和对焦炉炉衬的寿命有影响等问题，有待于进一步解决。

4.2.2　喷吹燃料

当前高炉冶炼主要燃料还是焦炭，为降低焦炭的消耗，降低生铁成本，从风口喷吹气体燃料天然气、液体燃料重油、粉状固体燃料煤粉也成为高炉炼铁燃料重要的组成部分。根据各国、各地区资源条件的不同，喷吹燃料的种类又各有侧重。我国天然气和重油相对较少，价格较高，还有更重要的用途，故目前较少采用。无烟煤或弱黏结性的烟煤储量丰富，分布较广，价格低廉，因而已在各类高炉上广泛用作喷吹燃料。高炉喷吹煤粉是将原煤磨制成小于200网目的粒度，通过管道，从高炉的风口喷入炉内。喷吹用煤基本要求是固定碳含量高，灰分低，有害杂质硫分少，挥发分较低，可磨性好。

复习思考题

4-1　焦炭在高炉冶炼中有哪些作用，如何理解焦炭在高炉料柱中的骨架作用？

4-2　高炉冶炼对焦炭的化学性质有何要求，对焦炭的机械强度和粒度有何要求，焦炭的抗碎强度和耐磨强度是什么意思，各如何表示？

4-3　何谓焦炭的燃烧性和反应性，它们对高炉冶炼有何影响？

4-4　焦炭生产的主要工艺过程是怎样的？

4-5　我国煤炭是根据什么进行分类的，炼焦用煤主要有哪些？

4-6　我国的煤炭资源有哪些特点，我国配煤炼焦的基本原则是什么？

4-7　提高焦炭质量可采用哪些新工艺新技术？

5 铁矿粉烧结理论

铁矿粉烧结理论研究主要围绕烧结料特性与混料制备，烧结过程中主要变化的基本规律，成矿机理及产品质量评价等方面进行。

铁矿粉烧结是将细粒含铁物料与燃料、熔剂按一定比例混合，再加水润湿、混匀和制粒成为烧结料，铺于烧结机台车上，通过点火、抽风，借助燃料燃烧产生高温和一系列物理化学变化，生成部分低熔点物质，并软化熔融产生一定数量的液相，将铁矿物颗粒黏结起来，冷却后即成为具有一定强度的多孔块状烧结矿。烧结的目的主要在于：

（1）合理地利用矿石资源，满足钢铁工业发展的需要。世界上铁矿石储量很丰富，但富矿很少，贫矿占绝大多数。贫矿直接入炉冶炼很不经济，需要细磨精选；对于复合矿石，为达综合利用之目的，也要选矿。选矿所获精矿粉及天然富矿在开采准备处理过程中产生的粉末（富矿粉），都需要通过造块以增加粒度才能供高炉使用。

（2）通过烧结可为高炉提供化学成分稳定、粒度均匀、还原性好、冶金性能优良的优质原料，为高炉优质、高产、低耗、长寿创造良好条件。

（3）烧结可有效地回收利用冶金、化工等生产的含铁废料，如高炉与转炉炉尘、轧钢皮、钢渣、硫酸渣等。既充分利用资源，又减轻了环境污染，还可以降低生产成本。

现今烧结生产不仅是作为处理冶金废弃物料的一种手段，而是用高品位的富矿粉及各种精矿粉为原料，制成成分稳定、粒度均匀、可以控制碱度和有良好机械强度以及冶金性能的优质人造富矿，已成为现代高炉冶炼获取良好经济效益的物质基础。

5.1 烧结矿质量要求及技术经济指标

5.1.1 烧结矿的质量要求

5.1.1.1 烧结矿的质量指标

烧结矿的质量指标包括化学成分和物理机械性能两个方面。凡这两个方面所包含的各个指标都应符合冶金标准规定的产品，称为合格品。我国高炉用烧结矿的质量标准见表 5-1，其中 TFe 含量和碱度 $w(CaO)/w(SiO_2)$ 由企业根据实际情况而定。

表 5-1 高炉用烧结矿质量指标（YB/T 421—2005）

类 别		品级	化学成分 w/%				物理性能/%			冶金性能/%	
			TFe	CaO/SiO_2	FeO	S	转鼓指数（+6.3mm）	抗磨指数（−0.5mm）	筛分指数（−5mm）	低温还原粉化指数 *RDI*（+3.15mm）	还原度指数 *RI*
			允许波动范围		不大于						
碱度	1.50～2.50	一级品	±0.5	±0.08	11.0	0.06	≥68.0	≤7.0	≤7.0	≥72	≥78
		二级品	±1.0	±0.12	12.0	0.08	≥65.0	≤8.0	≤9.0	≥70	≥75
	1.00～<1.50	一级品	±0.5	±0.05	12.0	0.04	≥64.0	≤8.0	≤9.0	≥74	≥74
		二级品	±1.0	±0.1	13.0	0.06	≥61.0	≤9.0	≤11.0	≥72	≥72

5.1.1.2 烧结矿质量对高炉冶炼的影响

从化学成分看，烧结矿品位越高，越有利于提高生铁产量，降低焦比；硫的影响则相反，其含量愈低，对冶炼愈有利。但烧结矿品位取决于所使用的原料条件，烧结生产中只能通过合理准确的配料，使之保持稳定，这对高炉冶炼至关重要。入炉矿含铁量稳定是炉温稳定的基础，而炉温稳定，是高炉顺行、获得良好冶炼效果的前提。否则，高炉原料含铁量忽高忽低，高炉热制度频繁波动，调节不及时，将导致炉况失常。

烧结矿的碱度，应根据各企业的具体条件确定，以能获得较高强度和还原性良好的产品并保证高炉不加或少加石灰石为原则。合适的碱度有利于改善高炉的还原和造渣过程，大幅度降低焦比，提高产量。烧结矿碱度应保持稳定，这是稳定造渣制度的重要条件。只有造渣制度稳定，才有助于热制度稳定和炉况顺行，并使炉渣具有良好的脱硫能力，改善生铁质量。

烧结矿中的FeO含量，在一定程度上决定着烧结矿的还原性。因为对普通烧结矿和自熔性烧结矿而言，FeO的高低与铁橄榄石、钙铁橄榄石等难还原相的含量密切相关，直接受烧结温度水平、气氛性质和烧结矿碱度的影响，因而也可间接反映烧结矿的熔融程度、气孔数量与性质、显微结构等影响其还原性的诸多因素。

研究表明，精粉率越高，烧结含铁原料氧化度越低，烧结矿FeO含量越高。烧结矿碱度高，容易生成铁酸钙，有利于降低烧结矿FeO含量。改善料层透气性，增加料层厚度，有利于降低烧结矿FeO含量。配碳增加，还原气氛增强，烧结矿FeO含量明显上升。从矿相组成看，随着FeO含量的升高，铁酸钙降低，硅酸二钙显著升高。但是当FeO含量为7%～8%以下，铁酸钙增加不多。根据我国当前的原料条件，烧结矿FeO含量一般应以7%～8%为宜。

烧结矿的强度好，粒度均匀，粉末少，是保证高炉合理布料及获得良好料柱透气性的重要条件，因而对炉况顺行有积极影响。首钢试验表明，烧结矿中小于5mm的粉末含量每减少1%，高炉产量提高1%，焦比降低0.5%。

烧结矿的质量指标中，转鼓指数和筛分指数表示烧结矿的常温机械强度和粉末含量，前者越高越好，后者越低越好。

5.1.2 烧结生产的主要技术经济指标

烧结生产的主要技术经济指标包括生产能力指标、能耗指标及生产成本等。

（1）利用系数[t/(m^2·h)]：烧结机利用系数是衡量烧结机生产效率的指标，它与烧结机有效面积无关。用单位时间内每平方米有效抽风面积的生产量来表示。

$$利用系数 = \frac{台时产量}{有效抽风面积}$$

台时产量系指每台烧结机每小时的生产量。用一台烧结机的总产量与该烧结机总时间之比来表示，单位为t/h。该指标体现烧结机生产能力的大小，与烧结机有效面积有关。

（2）成品率：烧结矿成品率是指成品烧结矿量占成品烧结矿量与返矿量之和的百分数。

$$成品率 = \frac{成品烧结矿}{成品烧结矿 + 返矿量} \times 100\%$$

（3）烧成率：烧成率是指烧结成品烧结矿量占混合料总消耗量的百分数。

$$烧成率 = \frac{成品烧结矿量}{混合料总消耗量} \times 100\%$$

（4）返矿率：返矿率是指烧结矿经破碎筛分所得到的筛下矿量占烧结混合料总消耗量的百分数。

$$返矿率=\frac{返矿量}{混合料总消耗量}\times100\%$$

(5) 作业率：作业率是描述设备工作状况的指标，以运转时间占设备日历时间的百分数表示。

$$日历作业率=\frac{烧结机运转时间(台·时)}{日历时间(台·时)}\times100\%$$

(6) 劳动生产率：该指标综合反映烧结厂的管理水平和生产技术水平，又称全员劳动生产率，即每人每年生产烧结矿的吨数。

(7) 生产成本：生产成本系指生产每吨烧结矿所需的费用，由原料费和加工费两项组成。

(8) 工序能耗：工序能耗是指在烧结生产过程中生产一吨烧结矿所消耗的各种能源之和。各种能源在烧结总能耗所占的比例：固体燃耗约70%，电耗约20%，点火煤气消耗约5%，其他约5%。不同能耗通过折算以标准煤计。

烧结工序能耗是衡量烧结生产能耗高低的重要技术指标。降低工序能耗的主要措施有：采用厚料层操作，降低固体燃料消耗；采用新型节能点火器，节约点火煤气；加强管理与维护，降低烧结机漏风率；积极推广烧结余热利用，回收二次能源；采用蒸汽预热混合料技术以及生石灰消化技术，提高料温，降低燃耗，强化烧结过程。

5.2　烧结过程及主要变化

烧结生产以带式抽风烧结为主，即烧结混合料通过布料器布于烧结台车上，台车在传动装置的推动下进入点火器。点火器产生的高温气流将烧结料表层的固体燃料点燃。与此同时，由于抽风机的作用，在台车的炉箅下造成负压，空气不断进入料层，并与碳进行燃烧反应，当台车往前移动时，烧结过程沿料层高度不断往下进行，通过控制烧结机速和抽风量大小，可保证在台车移动到机尾处时，烧结过程进行完毕，形成烧结矿饼。当台车沿运行弯道下滑时，烧结矿饼在自身重力作用下脱落，经破碎、筛分得到产品烧结矿。整个烧结机由台车组成一闭合环形链带，因而烧结过程是连续进行的。

由于烧结过程由料层表面开始逐渐往下进行，因而沿料层高度方向就有明显的分层性。根据各层温度水平和物理化学变化的不同，可以将正在烧结的料层自上而下分五层，依次为烧结矿层、燃烧层、预热层、干燥层和过湿层。点火后五层相继出现，不断往下移动，最后全部变为烧结矿层，如图5-1、图5-2所示。

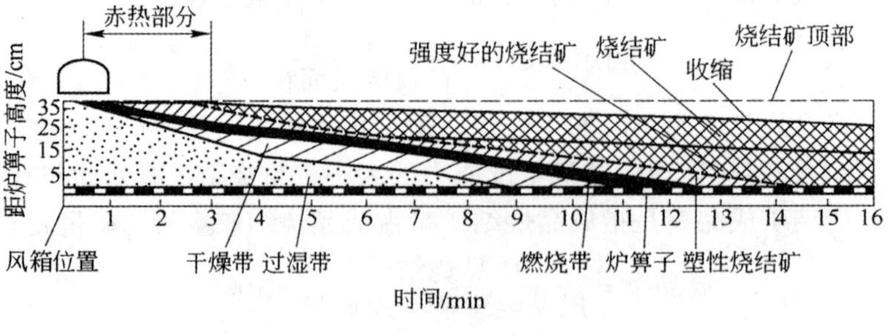

图5-1　抽风烧结过程中沿料层高度的分层情况

(1) 烧结矿层　从点火烧结开始，烧结矿层即已形成，并逐渐加厚。这一带的温度在1100℃以下，大部分固体燃料中的碳已被燃烧成 CO_2 和 CO，只有少量碳被空气继续燃烧，同时还有 FeO、Fe_3O_4 和硫化物的氧化反应。当熔融的高温液相被抽入的冷空气冷却时，液相逐渐结晶或凝固，并放出熔化潜热。通过矿层的空气被烧结矿的物理热、反应热和熔化潜热所加热。热空气进入下部使下层的燃料继续燃烧，形成燃烧带。热空气的温度随着烧结矿层的增厚而提高，因而下层混合料烧结时，可减少燃料消耗。它可提供燃烧层需要全部热量的40%左右，这就是烧结过程的自动蓄热作用。

由于气孔度高及气孔直径大，故烧结矿层阻力损失最小。在空气通过的气孔和矿层的裂缝附近，可发生低级氧化物的再氧化。

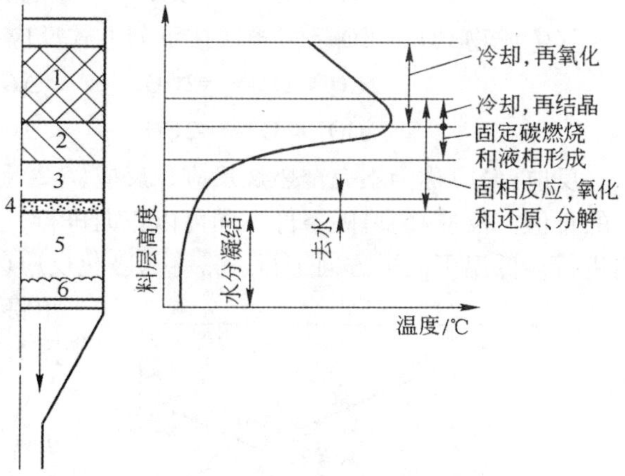

图5-2　烧结过程各层反应示意图

1—烧结矿层；2—燃烧层；3—预热层；4—干燥层；5—湿料层；6—垫底料层

（2）燃烧层　燃烧层是从燃料着火（600～700℃）开始，至料层达到最高温度（1200～1400℃）并下降至1100℃左右为止，其厚度一般为20～50mm，并以每分钟10～40mm的速度往下移动。这一带进行的主要反应有燃料的燃烧，碳酸盐的分解，铁锰氧化物的氧化、还原、热分解，硫化物的脱硫和低熔点矿物的生成与熔化等。由于燃烧产物温度高并有液相生成，故这层的阻力损失较大。

（3）预热层　在烧结过程中，预热层的厚度很窄，这一带的温度在150～700℃范围内，也就是说燃烧产物通过这一带时，将混合料加热到燃料的着火温度。由于温度不断地升高，化合水和部分碳酸盐、硫化物、高价锰氧化物逐步分解。在废气中的氧的作用下，部分磁铁矿可发生氧化。在预热带只有气相与固相或固相同固相之间的反应，没有液相的生成。

（4）干燥层　从预热层下来的废气将烧结料加热，料层中的游离水迅速蒸发。由于湿料的导电性好，料温很快升高到100℃以上，故水分完全蒸发需要到120～150℃左右。

由于升温太快，干燥层和预热层很难截然分开，故有时又统称干燥预热层，其厚度只有20～40mm。它们对烧结过程有影响。混合料中料球的热稳定性不好时，会在剧烈升温和水分蒸发过程中产生炸裂现象，影响料层透气性。

（5）过湿层　从干燥层下来的废气含有大量的水蒸气，这些含水蒸气的废气遇到底层的冷料时温度突然下降。当这些含水蒸气的废气温度降到冷凝成水滴的温度即露点温度（52～65℃）以下时，水蒸气从气态变为液态，使下层混合料水分不断增加而形成过湿带。过湿带的形成将使料层的透气性变坏。为克服过湿作用对生产的影响，可采取提高混合料温度至露点以上的办法来解决，比如加生石灰、热返矿以及蒸汽预热等。

5.3　烧结料中碳的燃烧及热交换

烧结料层中固体燃料放出大量的热产生高温并造成一定的气氛，为其他物理化学变化提供了必要条件。混合料中固体燃料所提供的热量占烧结总需热量的90%左右。

5.3.1　燃烧反应的热力学

烧结用的固体燃料为焦粉或无烟煤，其着火温度约700℃，在1000～1200℃的点火温度下，燃烧反应立即发生，其反应如下：

$$2C + O_2 = 2CO \qquad \Delta G^{\ominus} = -228800 - 171.54T \tag{5-1}$$

$$C + O_2 = CO_2 \qquad \Delta G^{\ominus} = -395350 - 0.54T \tag{5-2}$$

其生成物CO_2、CO还可再次按下列方式反应：

$$2CO + O_2 = 2CO_2 \qquad \Delta G^{\ominus} = -561900 + 170.46T \tag{5-3}$$

$$CO_2 + C = 2CO \qquad \Delta G^{\ominus} = 166550 - 171.0T \tag{5-4}$$

反应(5-1)称为不完全燃烧反应，反应(5-2)称完全燃烧反应，这两个反应的$\Delta G^{\ominus}$均具有较大的负值。反应(5-3)随条件不同可以正向进行，也可以逆向进行。反应(5-4)在高温下向正方向进行，低温下向逆方向进行，常称为歧化反应(也称碳的沉积反应)。

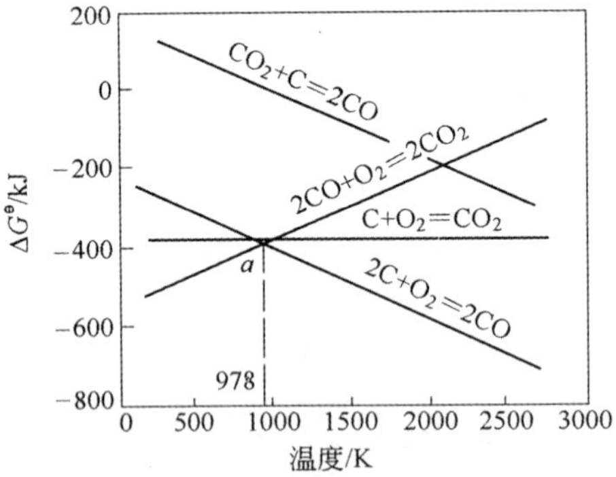

图5-3　C-O系反应的$\Delta G^{\ominus}$与温度关系图

将反应(5-1)至反应(5-4)的$\Delta G^{\ominus}-T$关系线绘于图5-3中，由图可看出：

(1) 反应(5-1)的$\Delta G^{\ominus}-T$线斜率为负，这是由于1molO_2生成2molCO，而固定碳的熵值很小，从而使体系熵增加。

(2) 反应(5-2)的$\Delta G^{\ominus}-T$线几乎与温度坐标轴平行，说明温度对该反应进行程度的影响很小。

(3) 反应(5-3)的$\Delta G^{\ominus}-T$线斜率为正，说明CO对O_2的亲和力随温度升高而减小。计算表明，在1000~1200K温度范围内，随温度升高，反应的平衡常数减小，说明随温度升高，其平衡气相中的CO含量增大，也即燃烧的不完全程度增大。

(4) 反应(5-4)的$\Delta G^{\ominus}$随温度升高负值增大，说明温度愈高，该反应进行愈完全，即平衡气相中CO浓度越大。计算表明，当压力为9.8×10^4Pa(1atm)，而温度高于1000℃时，平衡气相中几乎全是CO；低温时，几乎全是CO_2。随压强增大或减小，平衡气相中CO的浓度亦会减小或增大。

在烧结料层中反应(5-1)和反应(5-2)都有可能进行。在高温区有利于反应(5-1)进行，但由于燃烧带较薄，废气经过预热层时温度很快下降，反应(5-1)受到限制。但在配碳过多且偏析较大时，此反应仍有一定程度的发展。反应(5-2)是烧结料层中碳燃烧的基本反应，易发生，受温度的影响较少。反应(5-3)和反应(5-4)的逆反应在较低温度时有可能发生。烧结废气中以CO_2为主，只含有少量CO和氧气。

5.3.2　烧结料层的废气成分及影响因素

烧结料层的废气成分决定料层的气氛性质，氧化、还原区大小，影响燃料的利用率和烧结矿的质量。而废气成分又受多种因素的影响。烧结料层的废气中一般均含有CO_2、CO、O_2、H_2和N_2等。其相对含量取决于烧结铁料的种类、熔剂用量、燃料用量、还原和氧化反应发展的程度、抽过燃烧层的气体成分和料层的透气性等。其中尤以原料性质及燃料用量的影响最大，见表5-2。

表5-2　不同烧结条件下燃烧层废气成分

配料组成/%	废气成分 φ/%				$\varphi(CO)/\varphi(CO_2)$	过剩空气系数
	CO_2	CO	O_2	N_2		
湿石英+焦粉(15次平均)	9.3	10.6	3.7	76.4	1.14	1.22
焦粉为5%的非熔剂性烧结矿时	17.8	5.0	2.8	74.4	0.231	1.16

续表 5-2

配料组成/%	废气成分 φ/%				$\frac{\varphi(CO)}{\varphi(CO_2)}$	过剩空气系数
	CO_2	CO	O_2	N_2		
赤铁矿 +25% 碳酸钙在不同焦粉量时/%						
3.75	17.7	2.8	6.9	72.6	0.159	1.55
4.00	19.8	3.0	5.4	71.8	0.151	1.27
4.50	20.1	3.9	4.7	71.3	0.194	1.33
5.00	21.9	4.6	2.6	70.9	0.210	1.16
6.00	23.9	5.2	1.2	69.7	0.217	1.07

(1) 在仅有焦粉燃烧，用湿石英代替矿粉的条件下，其燃烧产物中 $\varphi(CO)/\varphi(CO_2)$ 之比一般在 1.1～1.5 之间，平均值为 1.14，与碳燃烧的机理一致。

(2) 当烧结料中配入赤铁矿粉时，废气中 CO_2 增加，CO 下降，$\varphi(CO)/\varphi(CO_2)$ 之比降低。原因是矿粉中铁氧化物参加了还原反应：$Fe_2O_3 + CO = 2FeO + CO_2$。

(3) 烧结料中加入熔剂时，由于 $CaCO_3$ 分解放出 CO_2，使废气中 CO_2 升高，CO 下降，$\varphi(CO)/\varphi(CO_2)$ 随之下降。

(4) 其他条件相同，当燃料配比增加时，由于炭粒同空气的接触条件改善，过剩空气系数减小，使得 CO_2 和 CO 都升高，$\varphi(CO)/\varphi(CO_2)$ 升高，O_2 下降，氧化性气氛减弱。

空气中含有水气或某些烧结料中有结晶水在燃烧层放出时，会发生下述反应：

$$H_2O + C = CO + H_2 \quad (5\text{-}5)$$

$$2H_2O + C = CO_2 + 2H_2 \quad (5\text{-}6)$$

上述反应说明废气中还含有 H_2，一般约 2.5%～2.0%。上述反应属吸热反应，可能降低燃烧层温度。但研究指出，燃烧层中有水分存在时，可加速燃烧过程，这是有利的。

通常用燃烧比 $\varphi CO/\varphi(CO + CO_2)$ 来衡量烧结过程中碳的化学能的利用程度，燃烧比大则碳的利用差，气氛还原性较强，反之碳的利用好，氧化气氛较强。影响燃烧比的因素有燃料粒度、混合料中燃料含量及负压大小。

5.3.3 烧结层的温度分布与蓄热

烧结料层中温度分布的特点是：

(1) 由低温到高温，然后又从高温迅速下降到低温的典型温度分布曲线，在燃烧带有最高点。此曲线仅仅随着烧结进程沿着气流方向波浪式的移动不断改变位置，这个特征与料层的高度、原料的特性等其他因素没有什么关系。只有采用新的烧结方法，如烧结料层的预热或烧结矿的热处理时才会改变。

(2) 燃烧带下部的热交换是在一个很窄的加热及干燥带完成的，它的高度一般小于 50mm，尽管距离很短；但气体可以自 1400～1500℃冷却到 50～60℃。主要是气流速度大，温差大，对流传热量大。另一方面由于料粒有很大的比表面积，彼此紧密接触，传导传热也在迅速进行。

(3) 燃烧带温度分布曲线上的最高点温度随着烧结过程的进行有所上升，这主要是因为料层有蓄热作用。

沿料层高度的温度分布有明显的规律性，呈波形状态分布。在燃烧带以上，温度逐渐升高；燃烧带以下，急剧下降；到湿料层，稳定在 50～60℃的较低水平；而燃烧层是波峰，可达 1100～1500℃，见图 5-4。随着烧结过程的进行，此曲线沿着气流方向波浪式移动。曲线的基本特征并不随料层高度、原料特性或是其他因素的变化而改变，如图 5-5 所示。

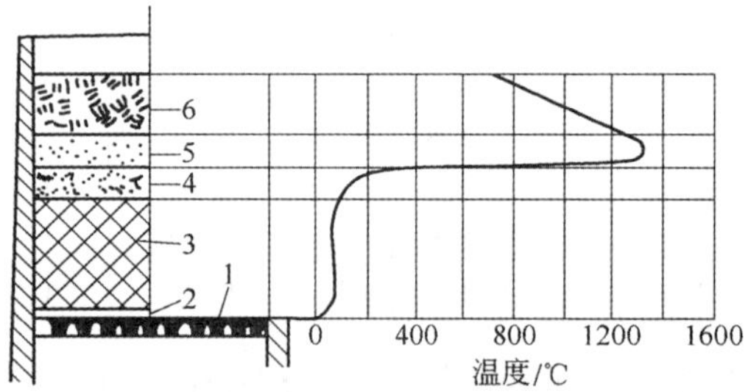

图 5-4　沿烧结料层高度的温度分布

1—炉箅子；2—垫底料；3—湿料层；4—预热干燥层；5—燃烧层；6—烧结矿层

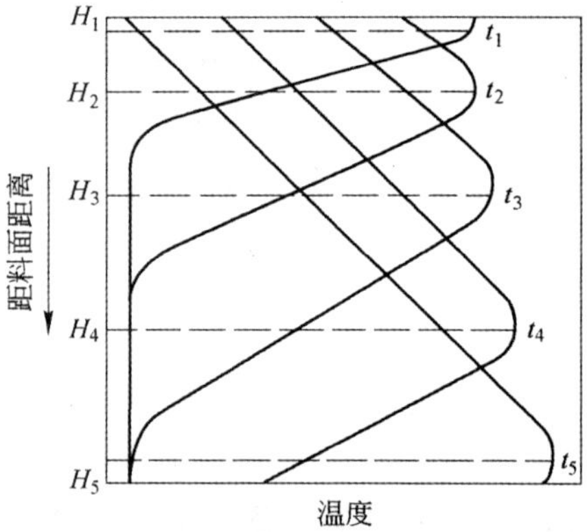

图 5-5　点火后不同时间料层中的温度分布

t_1 ~ t_5—点火后的时间

空气在抽过烧结矿层时，被烧结矿层所预热，其物理热被带到燃烧层，燃烧时产生更高的温度。可以认为烧结矿层就像一个加热空气的蓄热器，具有"自动蓄热作用"，由于这种自动蓄热作用是随着烧结矿层的增厚或燃烧层温度的升高而加强的，因此燃烧层愈往下推移，参与燃烧的空气被预热的温度愈高，带给该层的物理热愈多，燃烧层的温度水平就愈高。

前苏联 Сигов 定量研究了烧结过程的自动蓄热作用。将正常配碳的烧结料层沿高度按 1cm 分割成小单元，以每平方米面积计算每单元的热平衡，计算结果由图 5－6 示出，它表示出各层热量的变化。从该图可见，到第 8 层，其蓄热量达到总热量收入的 62.9%。

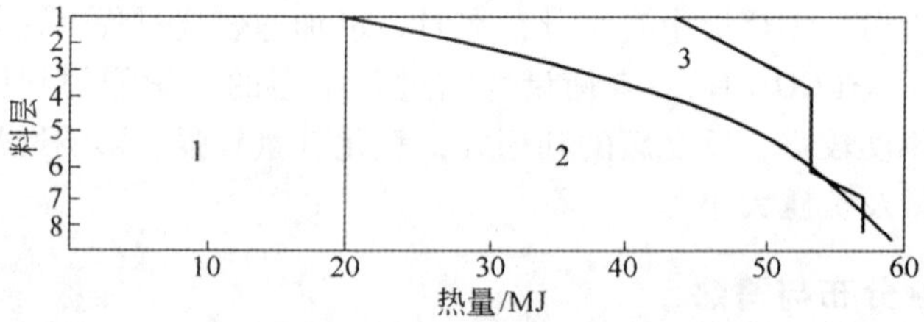

图 5-6　沿料层高度各单元热量的变化

1—燃料燃烧热量；2—废气及预热空气的热（蓄热）；3—点火供热

自动蓄热作用提高了烧结过程热能的利用率，可以节省固体燃料消耗。由于料层温度提高，烧结矿的强度亦得到改善，尤其是中下层烧结矿的强度提高更明显。从节能和改善烧结矿质量出发，应在保证料层透气性的条件下，尽量提高料层厚度。但由于料层厚度的增加，上下层温差增大，烧结矿质量会出现不均。

5.3.3.1　燃料用量对料层温度分布的影响

燃料用量与料层最高温度关系如图 5-7 所示。

(1) 当热波通过不含燃料的料层时，最高温度随着热波向下移动而不断降低，因为在每一单元料层中都要留下部分热量而其余部分才被气体带走。如果料层没有其他热补充（固体燃料），继续向下的热波，其最高温度必然逐步下降。

(2) 随着物料中含碳量（0.5% ~1.5%）增加，曲线发生变化。在下部各水平面由于固体燃料燃烧所积蓄的热量使温度提高，在同一水平的最高温度随着燃料用量的增加而增加。当碳含量为2.5%时，出现了凹形曲线。在料层上部出现下降的趋势是由于热交换过程中温度降低了，不能为固体燃料产生的热量所补偿。在料层下部，由于蓄热条件较好，进入燃烧带的空气温度也较高，所以料层中最高温度开始上升。如果燃料超过一定值，则料层下部的最高温度出现逐渐增高的趋势。

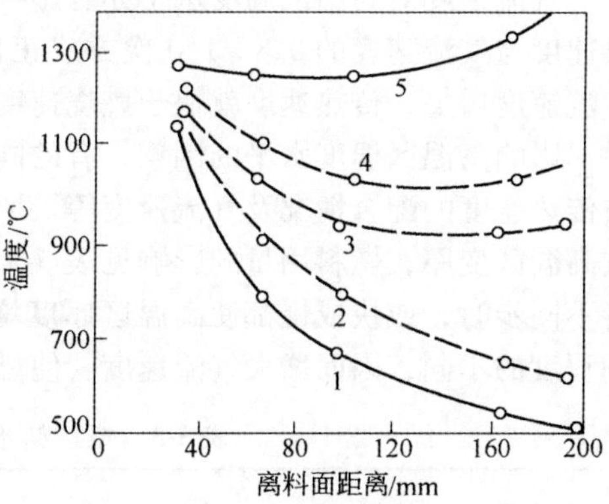

图5-7　燃料用量与料层最高温度关系

曲线1～5的碳含量分别为0.0%，0.5%，1.1%，1.5%和2.5%；物料粒度3～5mm；空气消耗79.5m^3/(m^2·min)

5.3.3.2　燃料粒度对烧结温度的影响

粒度过大，一方面使燃烧表面积减少，燃烧速度降低；另一方面，料层透气性改善，风速增大，热量很快被带走，故燃烧层温度降低。反之，燃料粒度过小，燃烧过快，即达不到应有的高温，又达不到必要的高温保持时间。适宜的燃料粒度为0.5～3mm。生产中，筛去小于0.5mm的很困难，实际使用粒度为0～3mm。

其他烧结物料的粒度对烧结温度亦有相似的影响。物料粒度大时，传热表面积小，从气流中得到的热量少，因此，燃烧层温度低。故在使用粗粒的富矿粉烧结时，应相应增加燃料配比。燃料及其他烧结料粒度对烧结温度的影响如图5-8和图5-9所示。

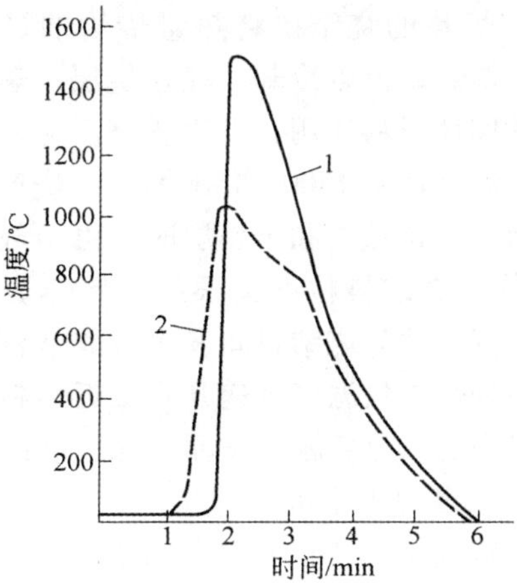

图5-8　燃料粒度对料层中最高温度的影响

1—0～1mm；2—3～6mm

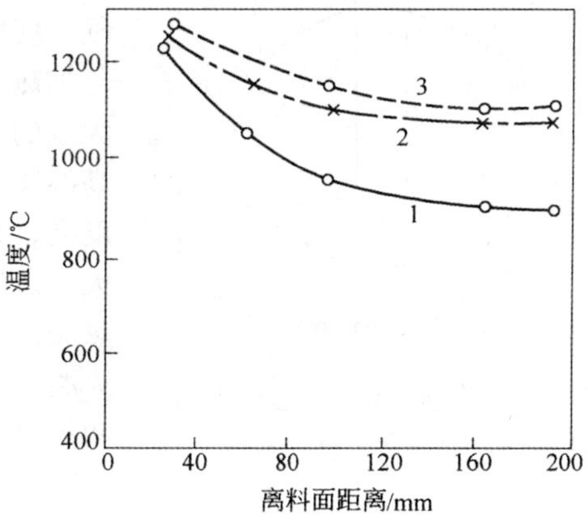

图5-9　物料粒度对料层各水平面最高温度的影响

1，2，3—分别为5～8mm，3～5mm，0.84～1.68mm粒级的曲线；料中含碳1.5%；空气消耗量为45.4m^3/(m^2·min)

烧结过程中燃烧速度与传热速度间的配合情况，对高温区温度水平的影响如图5－10所示。当燃烧速度与传热速度同步时，上层烧结矿饼积蓄的热量被用来提高燃烧层燃料燃烧的温度，使物理热和化学热叠加在一起，因达到最高的燃烧层温度(区域Ⅱ)；若燃烧速度小于传热速度，这时燃烧反应放出的热量是在该层通过大量空气带来的物理热之后，高温区温度则下降(区域Ⅰ)；反之，如果燃烧速度大于传热速度，这时上部的物理热不能大量的用于提高下部燃料的燃烧温度，燃烧层温度也降低(区域Ⅲ)。实际生产中多属于两种速度同步的情况，这样，燃料消耗少，料层温度高，燃烧层厚度也薄。

气流速度对高温区温度水平亦有影响。提高气流速度，会降低高温区的温度水平。因为传热速度与气流速度的0.8～1.0次方成正比；而燃烧速度同气流速度的0.5次方成正比。所以气流速度增加，传热速度就快于燃烧速度，两者不同步。

影响高温区温度水平的因素，有的同时也影响高温区厚度，如燃料用量、粒度、燃烧速度与传热速度的配合情况及气流速度等。燃料用量增加和燃料粒度增大，都使燃烧速度变慢，导致高温区变厚，燃料用量的影响见表5-3；燃烧速度与传热速度同步时，厚度减小；反之，两者不同步时，或快或慢都使高温区厚度增大(见图5-10)。由于气流速度对传热和燃烧速度影响程度的不同，因而增大气流速度，使燃烧层变厚。

表5-3　烧结料不同含碳量对高温区厚度的影响

含碳量/%	距料面不同位置的高温区厚度/mm				
	28	63	97	164	194
1	12	28	32	48	57
2	12	26	30	44	52
3	16	32	40	56	62
4	21	36	49	67	71
5	30	44	57	74	80

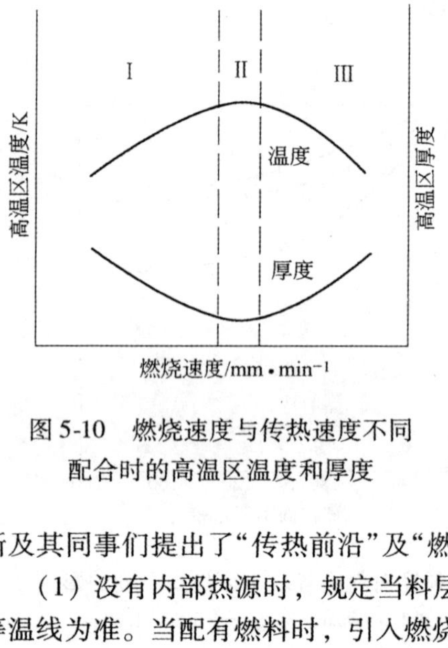

图5-10　燃烧速度与传热速度不同配合时的高温区温度和厚度

5.3.4　烧结层中的热交换

烧结过程中，炽热的烧结矿将热量传给抽过的空气，使空气预热，烧结矿得以冷却；在燃烧层，热空气与加热到着火点的固体燃料作用，发生燃烧反应，放出大量的热，使该层温度达到1300～1500℃；燃烧产生的高温废气在向下运动到预热层和干燥层时，由于气流速度高，并含有水分，烧结料粒度又很细，传热表面积大，热交换条件很好，故与烧结料间发生着非常剧烈的热交换，从而使该处烧结料温度迅速升到接近燃料的着火温度，并使物料中的水分急剧蒸发而干燥，导致热波和火焰波(燃烧带)不断往下推进。

为了进一步了解烧结过程的传热特性，E. W. 沃伊斯及其同事们提出了“传热前沿”及“燃烧前沿”两个概念，并各自具有以下特性：

(1) 没有内部热源时，规定当料层温度开始均匀上升时传热前沿即已到达，一般以100℃等温线为准。当配有燃料时，引入燃烧前沿的概念，规定当料层温度迅速上升时表明燃烧前沿到达，一般以600℃或1000℃等温线为基准。

(2) 热波曲线的特点是以最高温度为中心，两边对称的曲线。因为整个料层比热容相同，空气流速相同；而燃烧波曲线由于配有燃料，所以曲线两边不对称，是不等温曲线。

(3) 热波曲线随着热波向下前进，最高温度逐步下降。而且热波曲线不断加宽；而燃烧波曲线随着火焰波(或燃烧带)向下移动，最高点的温度升高。

对不同比热容的气体来说，要完成相同料层(包括种类和料高)的传热过程，都需要消耗同样的热量，所以，气体的比热容小时，传热前沿速度也小。而各固体料的比热容相近，则堆密度大的料，传热前沿速度就慢。

因此，传热前沿速度受下列因素影响：

(1) 气体速度较大，传热前沿速度较大；

(2) 气体密度较大，传热前沿速度较大；

(3) 气体比热容较大，传热前沿速度较大；

(4) 固体料堆密度大、比热容较大，则传热前沿速度较小；

(5) 固体料层水分较多、碳酸盐较多、料层孔隙率较小，则传热前沿速度较小。

B. B. 勃拉斯科特提出以下热波移动速度公式：

$$v = \frac{c_g \omega}{c_s(1-f)} \tag{5-7}$$

式中　c_g，c_s——单位体积的气体热容和固体物料热容；

ω——单位面积上的气体流速；

f——单位体积料层的孔隙率。

烧结总速度取决于燃烧速度和传热速度中最慢的一步，因而要求两者速度快并且尽可能"同步"。在配碳量正常或稍高的情况下，由于氧的供应不够充分，焦粒即使加热到着火点也不会燃烧，这时传热速度可能快于燃烧速度，则烧结的总速度取决于碳的燃烧速度；相反若配碳量较低，氧的供应充分，只要温度达到着火点，燃料立即迅速燃烧，但可能因热量供应不足，温度达不到着火点，即使有剩余的氧，也不会燃烧。此时传热速度慢于燃烧速度，成为烧结速度的限制性环节。

5.4　水分在烧结过程中的行为

烧结料中的水分主要来源于矿石、熔剂、燃料带入的水、混合料混匀制粒时添加的水、空气中带入的水、燃料中碳氢化合物燃烧时产生的水以及混合料中矿物分解的化合水。水分的存在还使烧结料的导热性得到改善，对料层中的热交换是有利的。实践表明，适宜的混合料水分，可达到提高产量的效果。

5.4.1　水分的蒸发

烧结点火燃烧后，废气将烧结料加热，在干燥层中水分受热而蒸发。蒸发条件为气相中水气的实际分压 p'_{H_2O} 小于该条件下的饱和水蒸气压 p_{H_2O}。饱和蒸汽压是随温度的升高而增大的，当温度升高到 p_{H_2O} 大于外界气相的总压时，即产生沸腾现象。在 0.101325MPa(1atm)下，水的沸腾温度为100℃，抽风烧结是在负压状态下进行的，气相总压约为 0.09MPa。因此从理论上讲，烧结料的水分应在低于 100℃下完成蒸发过程。但实测表明，在高于 100℃的烧结料中，仍有水分存在。其原因是废气对烧结料的传热速度很快，当料温已达到水的沸腾温度时，来不及蒸发；少量的分子水和薄膜水同固体颗粒表面间有巨大的结合力，不易逸去。大约需到 120～150℃水分才能全部蒸发完毕。

蒸发的水气进入废气，干燥层中随蒸发过程的进行，往下移动的废气里实际水气分压不断升高。相反由于温度的降低，使饱和水气压不断下降，当 $p'_{H_2O} = p_{H_2O}$ 时，水分停止蒸发，干燥过程随即停顿下来。

为加快烧结过程，希望水分蒸发能快速进行，在烧结过程中，单位时间内蒸发的平均水量($\overline{W}$，g/h)可用下式表示：

$$\overline{W} = CF(p_{H_2O} - p'_{H_2O}) \frac{p}{p_1} \tag{5-8}$$

式中　C——与颗粒表面气流速度和蒸发强度有关的系数，当气流速度小于 2m/s 时，$C =$

4.4g/m^2；当气流速度大于 2m/s 时，$C=6.93$g/m^2；

F——表面积，m^2；

p_{H_2O}——该温度下水的饱和蒸汽压，kPa；

p'_{H_2O}——气相中水气分压，kPa；

p，p_1——分别为标准大气压和实际大气压，kPa。

由此可见，水分蒸发速度与蒸发表面积、气流速度、混合料温度和原始含水量等因素有关，提高料温及改善料层透气性有利于水分的蒸发。

5.4.2　水气的冷凝

干燥层带下的废气含有较多的水气，由于与物料继续进行热交换，温度不断降低，饱和蒸汽压随之降低。当饱和蒸汽压低于气相中的水气分压，即废气温度低于该条件下的“露点”时，水蒸气便开始在冷料表面凝结下来，造成烧结料的水分超过原始的适宜水分而形成过湿现象。水气凝结的条件是p'_{H_2O}大于p_{H_2O}，但水气凝结后，一则使p'_{H_2O}下降，二则放出的凝结热又使物料温度有所提高，p_{H_2O}亦提高，直至$p'_{H_2O}=p_{H_2O}$时，冷凝停止。

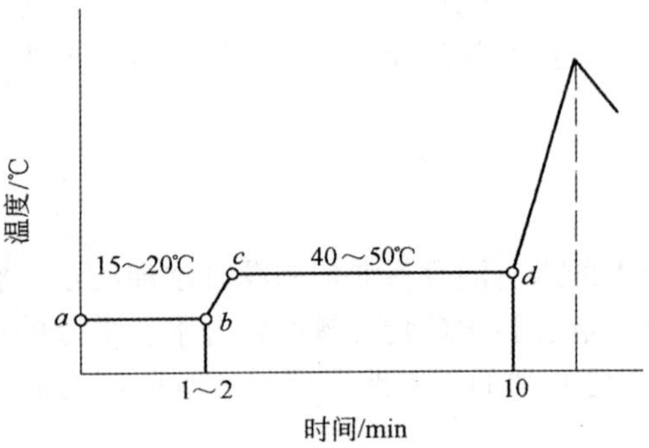

图 5-11　烧结废气温度曲线

烧结料层过湿的表现，可由炉箅下测得的废气温度变化情况来说明。在烧结料不预热的情况下，点火烧结 2～3min 后，废气温度总是从 15～20℃升高到 40～60℃，并一直保持不变，直到干燥层接近炉箅时为止。烧结废气温度变化的基本特征如图 5-11 所示。曲线上的温度跳跃是废气中水气凝结放热引起的。

过湿层增加的冷凝水量一般为 1%～2%，它与($p'_{H_2O}-p_{H_2O}$)之差值和原料性质有关。此差值越大，冷凝水量越多；反之，则愈少。所以，烧结料的原始料温愈低，原始水分愈高，冷凝水量越多，过湿现象就愈严重；原料粒度愈细，亲水性愈好，湿容量愈大的物料，其含水量多，冷凝水分也愈多，因此烧结细精矿粉时，过湿现象较烧结富矿粉更突出一些。

水气冷凝造成烧结料过湿，必然恶化料层透气性而影响烧结过程。减轻或消除过湿现象的途径和措施如下。

5.4.2.1　提高烧结料的原始温度

将烧结料温提高到露点以上。烧结料的露点与它的含水量和空气消量有关。根据饱和蒸汽压图表，可以查得废气中含水气 120g/m^{3}时相应的露点温度为 54℃，即料温提高到 54℃以上时，理论上即可消除过湿现象。提高烧结料原始温度的方法主要是：

(1) 返矿预热混合料：将 600℃的返矿直接添加铺在配合料上，再进入混合机，在混合过程中，返矿的余热将混合料加热。该方法不需外加热源，合理利用了返矿热量，预热是几种方法中最好的，在 1～2min 内可将混合料加热到 55～60℃，而且省去了热返矿的冷却装置，简化了生产工艺流程。

(2) 蒸汽预热混合料：在二次混合机内通入蒸汽来提高料温。其特点是既能提高料温又能进行混合料润湿和水分控制、保持混合料水分稳定。由于预热是在二次混合机内进行，预热后的混合料即进烧结机上烧结，因此热量的损失较小。蒸汽压力愈高，预热效果愈好。

(3) 生石灰预热混合料：利用生石灰消化反应放热提高混合料的温度。鞍钢二烧在采用热返矿预热的条件下，配入2.87%的生石灰，混合料温由51℃提高到59℃，平均每加1%的生石灰提高料温2.7℃。

5.4.2.2 提高烧结混合料的湿容量

凡添加具有较大表面积的胶体物质，都能增大混合料的最大湿容量，由于生石灰消化后呈极细的消石灰胶体颗粒，具有较大的比表面，可以吸附和含有大量水分。因此，烧结料层中的少量冷凝水，将为料中的这些胶体颗粒所吸附和持有，既不会破坏料球，也不会堵塞料球间的通气孔道，仍保持烧结料层的良好透气性。

5.4.2.3 降低废气中的含水量

实际上是降低废气中的水气的分压，将混合料的含水量降到比适宜水分低1.0%～1.5%，可以减少过湿层的冷凝水。如采用双层布料烧结时，将料层下部的含水量降低，也有一定效果。

5.5 固体物料的分解

5.5.1 结晶水的分解

烧结混合料中的矿石、脉石和添加剂中往往含有一定的结晶水，它们在预热层及燃烧层进行分解。其分解温度比游离水蒸发的温度高得多，如褐铁矿开始分解的温度为250～300℃，到400～500℃时才能完全分解；含有黏土质的高岭土矿物($Al_2O_3 \cdot SiO_2 \cdot 2H_2O$)，其结晶水要高于400℃才开始去除，完全去除则要达到1000℃左右。因此，结晶水的分解是在预热带或燃烧带进行的。其不利影响是分解要吸热，可能使烧结带温度降低。

对含水赤铁矿的研究表明，只有针铁矿($Fe_2O_3 \cdot H_2O$)是唯一真正的水合矿物，而其他一系列的所谓褐铁矿都只是水在赤铁矿和针铁矿中的固溶体。

在700℃的温度下，烧结料中的水合物都会在干燥和预热带强烈分解。由于混合料处于预热带的时间短(1～2min)，如果矿石粒度过粗和导热性差，就可能有部分结晶水进入烧结带。在一般的烧结条件下，80%～90%的结晶水可以在燃烧带下面的混合料中脱除掉，其余的水则在最高温度下脱除。由于结晶水分解热消耗大，故其他条件相同时，烧结含结晶水的物料时，一般较烧结不含结晶水的物料，最高温度要低一些。为保证烧结矿质量，需增加固体燃料。如烧结褐铁矿时，固体燃料用量可达9%～10%。如果水合矿物的粒度过大，固体燃料用量又不足时，一部分水合物及其分解产物未被高温带中的熔融物吸收而进入烧结矿中，就会使烧结矿强度下降。

5.5.2 碳酸盐的分解

烧结混合料中通常含有碳酸盐，如石灰石、白云石、菱铁矿等，这些碳酸盐在烧结过程中必须分解后才能最终进入液相，否则就会降低烧结矿的质量。为了获得合格的分解产物，并了解分解反应对烧结及冶炼的影响，需要研究它们分解的热力学及动力学行为。

碳酸盐分解反应通式为：

$$MeCO_3 = MeO + CO_2$$

若用p_{CO_2}表示碳酸的分解压，p'_{CO_2}表示气相中CO_2的分压，则碳酸盐开始分解的热力学条件是$p'_{CO_2} \leqslant p_{CO_2}$，达到化学沸腾的条件是气相总压$p_{总} \leqslant p_{CO_2}$，其所对应的温度分别叫分解温度和化学沸腾温度。每一种碳酸盐在一定的温度下都有一定的分解压并随温度的升高而升高。不同碳酸盐的分解压与温度的关系可用热化学方程式表示，并由此可计算出不同外界压力下碳酸盐的开始分解温度和化学沸腾温度。从而确知在烧结料层中碳酸盐分解的温度范围与所处的部位。

$CaCO_3$、$MgCO_3$、$FeCO_3$、$MnCO_3$四种碳酸盐中最难分解的是$CaCO_3$，因此若能保证$CaCO_3$

分解完全，其他几种碳酸盐分解也可完成。对于 $CaCO_3$ 的分解反应：

$$CaCO_3 = CaO + CO_2$$

$$\lg(p_{CO_2})_{CaCO_3} = \frac{-8920}{T} + 7.54 \tag{5-9}$$

烧结料层中，废气总压约为 0.9×0.101325MPa，废气中 CO_2 分压随烧结条件和所处部位不同而有所不同。根据表 5-1 所列数据，设废气中 CO_2 为 20%，即 p_{CO_2} 约为 0.18×0.101325MPa，则 $CaCO_3$ 的开始分解温度和化学沸腾温度可计算如下：

开始分解温度：

$$\lg(0.18) = \frac{-8920}{T} + 7.54$$

$$T = 1077\text{K}, 即\ t = 804℃$$

化学沸腾温度：

$$\lg(0.9) = \frac{-8920}{T} + 7.54$$

$$T = 1176\text{K}, 即\ t = 903℃$$

可见，烧结料层中石灰石的分解主要是在燃烧带进行。烧结过程中碳酸盐的分解与纯碳酸盐的分解是有区别的。因为其分解产物 CaO 可与其他矿物进行化学反应，生成新的化合物，如 $CaCO_3$ 和 CaO 可在 600℃ 左右的固相下与矿粉中的 Fe_2O_3、SiO_2 作用，生成 $CaO \cdot Fe_2O_3$ 和 $2CaO \cdot SiO_2$，这就使得石灰石在温度相同的条件下，分解压力增大，分解变得更容易一些。其反应和热化学方程式如下：

$$CaCO_3 + SiO_2 = CaSiO_3 + CO_2 \tag{5-10}$$

$$\lg p_{CO_2} = \frac{-4580}{T} + 8.57 \tag{5-11}$$

$$CaCO_3 + Fe_2O_3 = CaO \cdot Fe_2O_3 + CO_2 \tag{5-12}$$

$$\lg p_{CO_2} = \frac{-4900}{T} + 8.57 \tag{5-13}$$

将式(5-11)、式(5-13)与式(5-9)比较，在相同温度下，显然前两式计算的分解压要大得多。

烧结料层中碳酸盐虽然有较好的分解条件，但由于燃烧层很薄，烧结速度快（垂直烧结速度可达 20～30mm/min），因此，碳酸盐在高温条件下分解的时间很短，一般仅两分钟左右，石灰石有可能来不及分解完毕就转入烧结矿层了。为此应创造条件，加速其分解反应。

根据碳酸盐分解反应的动力学条件和生产实践，影响石灰石分解速度和完全程度的主要因素是烧结温度、石灰石粒度，与气相中 CO_2 浓度也有关系。温度愈高，分解速度愈快；粒度愈小，分解愈完全。试验表明，小于 10mm 的石灰石，在 1000℃ 下，在 CO_2 含量为 10% 的气相中，1～1.5min 内分解完全。虽然烧结过程中可达到这样的条件，而且石灰石粒度小得多，但实际生产中，石灰石常有分解不完全的情况。主要因为 $CaCO_3$ 分解要吸收大量的热，使反应界面温度下降，而供热速度又跟不上，尤其在石灰石量较大的情况下，分解产生的 CO_2 多，气相中 p'_{CO_2} 增大，分解温度升高，烧结速度又加快，使分解反应难以进行。图 5-12 表示烧结料中加石灰石对燃烧带温度的影响。

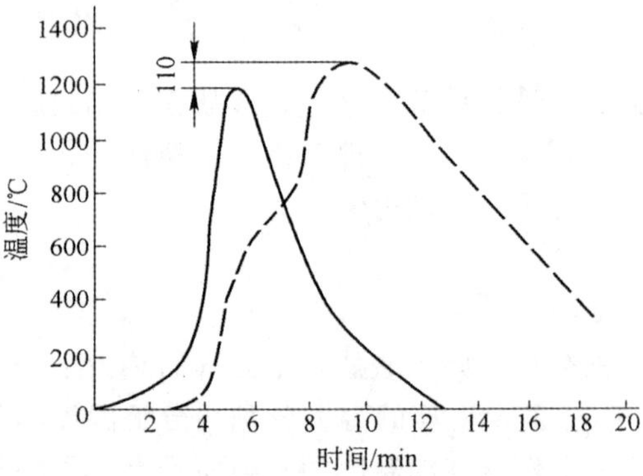

图 5-12　烧结料中添加 5% 的 CaO 对燃烧带温度的影响

- - -非熔剂性烧结矿；——熔剂性烧结矿

为保证石灰石能充分分解，其粒度应小于3mm，并在熔剂配比较高的情况下适当增加燃料量。

$CaCO_3$的分解产物CaO与其他矿物，如Fe_2O_3、SiO_2、Al_2O_3等化合生成新矿物的作用，称为CaO的矿化作用。生产熔剂性烧结矿时，不仅要求$CaCO_3$完全分解，而且要求CaO能充分矿化，否则，残余的游离CaO(称为白点)在烧结矿贮存过程中，吸收空气中的水发生消化反应，生成$Ca(OH)_2$导致体积膨胀，引起烧结矿粉化。

CaO的矿化程度与烧结温度、石灰石及矿粉粒度、烧结矿碱度有关。烧结温度愈高，石灰石和矿粉粒度愈小，烧结矿碱度较低，CaO的矿化作用愈完全。其影响程度，可由实验结果反映出来，见图5-13、图5-14和图5-15。

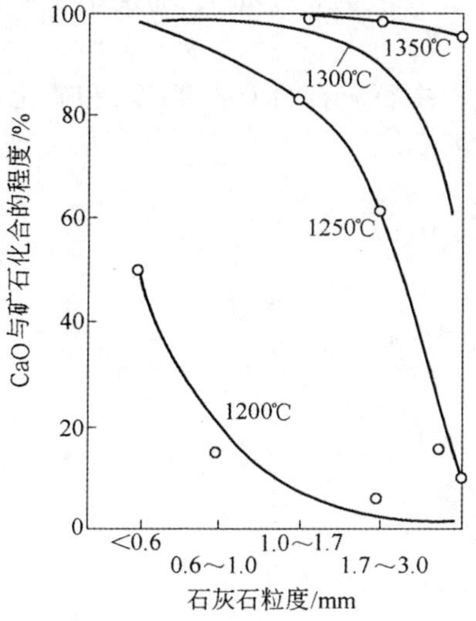

图5-13 温度和石灰石粒度对CaO化合程度的影响

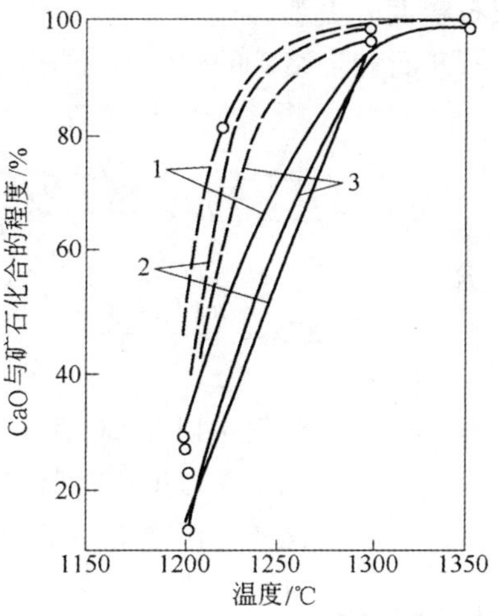

图5-14 碱度和石灰石粒度对CaO化合程度的影响

1，2，3—分别代表的碱度为0.8，1.3和1.5；

实线、虚线所示石灰石粒度分别为3～0mm，1～0mm

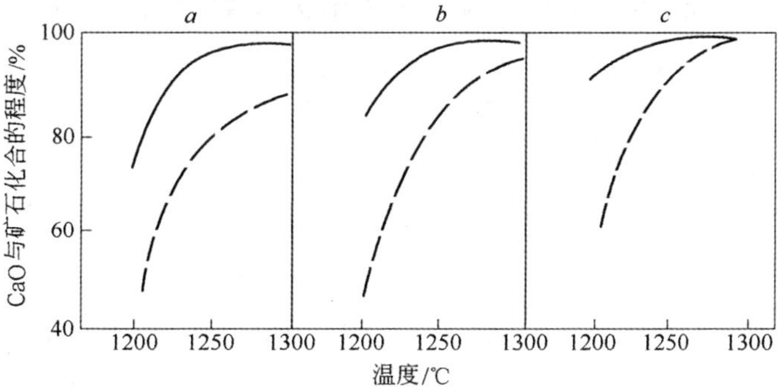

图5-15 磁铁矿粒度对石灰石中CaO矿化程度的影响

a，*b*，*c*—磁铁矿粒度分别为6～0mm、3～0mm、0.2～0mm；

实线、虚线所示石灰石粒度分别为1～0mm，3～0mm

由图5-13可见，温度为1200℃时，虽然石灰石粒度小于0.6mm，但矿化程度不到50%；随温度升高，矿化作用增强，到1350℃时，尽管石灰石粒度增大到1.7～3.0mm，矿化程度却接近100%。从其他两图同样也可看出温度对矿化作用的显著影响。

图5-14反映的是不同石灰石粒度与10～0mm褐铁矿粉相互作用的关系。同一温度下，石灰石粒度对CaO的矿化作用有很大影响。例如在1250℃时，石灰石粒度为1～0mm的CaO，矿化程度达到88%～95%，而当粒度增大到3～0mm时，矿化程度降到55%～74%。由该图曲线还可看出，碱度较低时，矿化程度要高些。因此，生产高碱度烧结矿时，CaO的矿化程度较差，应创造条件改善其矿化作用。

图5-15表示出矿粉粒度对CaO矿化程度的影响。烧结粒度为0.2～0mm的磁铁矿粉与粒度为3～0mm的石灰石组成的烧结料时，在1300℃下持续1min，CaO可完全矿化（曲线 c）；而当磁铁矿粉粒度上限提高到6mm时，CaO的矿化程度下降到87%。可见，适宜的石灰石粒度与矿粉粒度有关。烧结细精矿粉时，石灰石粒度允许稍粗些，一般为3～0mm；而烧结粗粒富矿粉时，石灰石粒度应更细。

可根据石灰石和烧结矿的化学成分按下式计算烧结过程中石灰石的分解度（D）和矿化程度（KH）。

$$D = \frac{w(\mathrm{CaO})_{石} - w(\mathrm{CaO})_{残}}{w(\mathrm{CaO})_{石}} \times 100\%$$

$$KH = \frac{w(\mathrm{CaO})_{石} - w(\mathrm{CaO})_{游} - w(\mathrm{CaO})_{残}}{w(\mathrm{CaO})_{石}} \times 100\%$$

式中　$w(\mathrm{CaO})_{石}$——混合料中以 $CaCO_3$ 形式带入的CaO总含量，%；

$w(\mathrm{CaO})_{残}$——烧结矿中以 $CaCO_3$ 形式残存的CaO含量，%；

$w(\mathrm{CaO})_{游}$——烧结矿中游离CaO含量，%。

5.5.3　氧化物的分解

金属氧化物能否分解和分解的难易程度，取决于它们的分解压与环境中氧的分压间的关系。当某一温度下氧化物的分解压 p_{O_2} 大于环境中氧的分压 p'_{O_2} 时，该氧化物就发生分解；反之，若该氧化物的分解压 p_{O_2} 小于环境中氧的分压 p'_{O_2} 时，则被环境中的氧所氧化。

氧化物的分解压随温度升高而升高。表5-4列出铁、锰氧化物在不同温度下的分解压。

表5-4　一些铁、锰氧化物的分解压（×0.101325MPa）

温度/℃	$(p_{O_2})_{Fe_2O_3}$	$(p_{O_2})_{Fe_3O_4}$	$(p_{O_2})_{FeO}$	$(p_{O_2})_{MnO_2}$	$(p_{O_2})_{Mn_2O_3}$
327				8.9×10^{-3}	
460				0.21	
527				0.69	2.1×10^{-4}
550				1.00	3.7×10^{-4}
570				9.50	1.2×10^{-2}
727		7.6×10^{-19}			
827			$10^{-18.2}$		
927		2.2×10^{-13}	$10^{-16.2}$		0.21
1027			$10^{-14.5}$		
1100	2.6×10^{-5}				1.0

续表 5-4

温度/℃	$(p_{O_2})_{Fe_2O_3}$	$(p_{O_2})_{Fe_3O_4}$	$(p_{O_2})_{FeO}$	$(p_{O_2})_{MnO_2}$	$(p_{O_2})_{Mn_2O_3}$
1127		2.7×10^{-9}	10^{-13}		1.25
1200	9.2×10^{-4}				
1227			$10^{-11.7}$		
1200	19.7×10^{-3}				
1327		3.62×10^{-8}	$10^{-10.6}$		
1383	0.21				
1400	0.28				
1452	1.00				
1500	3.00	$10^{-7.5}$	$10^{-8.3}$		
1600	25.00	$10^{-5.0}$			

同一金属中高价氧化物的分解压高，低价氧化物的分解压低。三种铁氧化物，除 Fe_2O_3 的分解压较高外，Fe_3O_4 和 FeO 的分解压都很低。烧结料层中，气相中氧的分压和温度随部位不同差别很大，在烧结矿层，p'_{O_2} 约为 0.018～0.019MPa，温度低于 1000～1100℃；在燃烧层和预热层，废气中的含氧量平均为 2%～7%，故 p'_{O_2} 约为 0.0018～0.0063MPa，而在炭粒附近此值更低；燃烧层的温度一般为 1300～1500℃。由此，可以分析三种铁氧化物分解的可能性。

Fe_2O_3 在 1300℃ 和 1383℃ 时，其分解压分别为 $19.7\times10^{-4}\times0.101325$MPa 和 0.21×0.101325MPa，已达到和超过燃烧层气相中氧的分压；到 1452℃ 时，升高到 0.101325MPa，超过了烧结废气总压。可见，Fe_2O_3 在燃烧层可发生分解或剧烈分解，生成 Fe_3O_4 放出氧来，其反应式为：

$$3Fe_2O_3 = 2Fe_3O_4 + \frac{1}{2}O_2 \tag{5-14}$$

由于烧结料层在 1300℃ 以上高温区的停留时间很短，而且在低于此温度下，Fe_2O_3 可能被大量还原，故分解率不会是很高的。

Fe_3O_4 的分解压比 Fe_2O_3 小得多，在 1500℃ 时也只有 $10^{-7.5}\times0.101325$MPa，远小于烧结气相中氧的分压，故在烧结温度下，单纯的 Fe_3O_4 不能分解。但在有 SiO_2 存在时，Fe_3O_4 可与 SiO_2 化合生成硅酸铁，其分解压与 Fe_2O_3 接近，在温度高于 1300～1350℃ 的情况下，可按下述反应进行热分解：

$$2Fe_3O_4 + 3SiO_2 = 3(2FeO\cdot SiO_2) + O_2 \tag{5-15}$$

FeO 的分解压比 Fe_3O_4 更低，因而在烧结料层中不可能进行热分解。

5.6　氧化物的还原与氧化

烧结料层中由于存在着高温和一定的氧化性或还原性气氛，因此料层中铁和锰的氧化物会发生氧化与还原反应。这些反应主要发生在烧结料软熔之前，所以对烧结矿的液相成分和矿物组成有很大影响。

5.6.1　铁氧化物的还原

实际烧结矿中，有时存在着微量的金属铁（小于 0.5%～1%）。其原因显然不是烧结过程中 FeO 的分解得到的，而是燃烧层和预热层的废气中存在着还原性气体 CO，特别是高温区的炭粒周围有较强的还原性气氛，料层中就进行着 Fe_2O_3、Fe_3O_4和 FeO 的还原反应。还原的热力学条件取决于温度水平和气相组成，不同的铁氧化物还原反应进行的情况是不同的。

Fe_2O_3还原成 Fe_3O_4的平衡气相组成中 CO 浓度是很低的，可以认为只要气相中有 CO 存在，Fe_2O_3的还原反应即可发生。在烧结料层中，500～600℃下，反应很容易进行。

$$3Fe_2O_3 + CO \longequal 2Fe_3O_4 + CO_2 \tag{5-16}$$

但在生产熔剂性烧结矿时，由于 CaO 与 Fe_2O_3 在上述温度下可发生固相反应生成 $CaO \cdot Fe_2O_3$，它比游离的 Fe_2O_3难还原一些，故式(5－16)的还原反应受到限制，这也是生产所希望的。

Fe_3O_4还原时要求平衡气相中 CO 的浓度较高，因而比 Fe_2O_3还原要困难。但烧结条件下，在燃烧带仍可进行还原反应。Fe_3O_4还原成 FeO 的平衡气相组成中 $\varphi(CO_2)/\varphi(CO)$在 700℃时为 1.84，900℃时为 3.47，1300℃时为 10.76。而实际烧结料层的气相中，一般 $\varphi(CO_2)/\varphi(CO)$为 3～6，局部区域还原性气氛更强一些，因此在 900℃以上的高温下，Fe_3O_4可按(5－17)式还原。

$$Fe_3O_4 + CO \longequal 3FeO + CO_2 \tag{5-17}$$

在有 SiO_2存在的情况下，Fe_3O_4的还原更容易一些，反应如下：

$$2Fe_3O_4 + 3SiO_2 + 2CO \longequal 3(2FeO \cdot SiO_2) + 2CO_2 \tag{5-18}$$

有 CaO 存在时，由于 CaO 与 SiO_2的亲和力大于 FeO 与 SiO_2的亲和力，不利于 $2FeO \cdot SiO_2$的生成，也就不利于反应(5-18)的进行。所以在生产熔剂性烧结矿时，烧结矿中 FeO 含量低，对改善还原性有利。

FeO 还原所要求的还原性气氛更强，平衡气相中 $\varphi(CO_2)/\varphi(CO)$值更低。700℃时为 0.67，随温度升高，比值进一步下降，1300℃时为 0.297。一般烧结条件很难达到这样的气相成分，因而 FeO 的还原是很困难的。但烧结料层中气相成分的分布很不均匀，在炽热的炭粒周围，$\varphi(CO_2)/\varphi(CO)$值可能很小，或在配碳量很高的情况下，还原性气氛极强，能还原出微量的金属铁，反应为：

$$FeO + CO \longequal Fe + CO_2 \tag{5-19}$$

烧结过程中，H_2可能参加还原反应，不过 H_2含量很少；固定碳在 1000℃以上的高温下虽然也可作为还原剂，但因高温持续时间短，再加上固态物质的接触条件差，所以参加还原反应的可能性很小。

5.6.2　铁氧化物的氧化

烧结料层中气相成分分布很不均匀，在离燃料颗粒较远处，$\varphi(CO_2)/\varphi(CO)$的值可能很大，氧化性气氛很强，且随着配碳量的减少，料层中总的氧化性气氛也增强，在烧结矿层，大量空气抽入，更属强氧化性气氛。因此，铁的氧化物在受到分解、还原的同时，也受到氧化或再氧化作用。再氧化是指被还原到 Fe_3O_4或 FeO 后，被 O_2重新氧化为 Fe_2O_3或 Fe_3O_4的过程。还原、氧化发展的程度，将决定着烧结矿的最终化学成分和矿物组成。

烧结磁铁矿粉时，先在预热带和燃烧带中距燃料颗粒较远的地方，将 Fe_3O_4氧化成 Fe_2O_3；而后在烧结冷却带将 FeO 或 Fe_3O_4氧化为 Fe_3O_4与 Fe_2O_3。烧结赤铁矿粉时，主要在燃烧带上部，将 Fe_3O_4或 FeO 氧化成 Fe_2O_3或 Fe_3O_4。以上氧化作用随燃料增加而减弱，随燃料减少而加强。当烧结矿饼形成后，在空气通过的孔隙表面、裂缝处发生微弱的第二次氧化，出现次生的 Fe_2O_3。

$$2Fe_3O_4 + \frac{1}{2}O_2 = 3Fe_2O_3 \tag{5-20}$$

$$3FeO + \frac{1}{2}O_2 = Fe_3O_4 \tag{5-21}$$

5.6.3 锰氧化物的分解

烧结料中常见的锰氧化物有 MnO_2、Mn_2O_3、Mn_3O_4。由表 5－4 可见，MnO_2 和 Mn_2O_3 的分解压很高，在预热层或燃烧层中可完全分解，也可被 CO 还原，转化为 Mn_3O_4。而 Mn_3O_4 因分解压很小，分解困难。但它可被 CO 还原成 MnO。

$$Mn_3O_4 + CO = 3MnO + CO_2 \tag{5-22}$$

MnO 比 FeO 还稳定，在烧结条件下既不可能分解，也不可能被还原，但可与 SiO_2 化合生成硅酸锰($2MnO \cdot SiO_2$)。

5.6.4 烧结矿的氧化度及影响因素

烧结矿的氧化度是指烧结矿中铁氧化物氧化的程度，计算方法如下：

$$\Omega = \frac{\frac{16}{56}w(Fe)_{FeO} + \frac{48}{112}[w(TFe) - w(Fe)_{FeO}]}{\frac{48}{112}w(TFe)} \times 100\%$$

$$= [1 - w(Fe)_{FeO}/3w(TFe)] \times 100\% \tag{5-23}$$

式中 Ω——烧结矿的氧化度,%；

$w(Fe)_{FeO}$——烧结矿中以 FeO 形态存在的铁量,%；

$w(TFe)$——烧结矿中的全部铁量,%；

$[w(TFe) - w(Fe)_{FeO}]$——烧结矿中以 Fe_2O_3 形态存在的铁量,%。

烧结矿的氧化度对烧结矿的还原性有很大影响。其氧化度高，表示以 Fe_2O_3 形态存在的铁多(Fe_2O_3 的氧化度为 100%)，还原性好；反之，则还原性差。因此，在保证烧结矿有足够强度的前提下，应尽量提高其氧化度，以改善还原性。影响烧结矿氧化度的主要因素是：

(1) 燃料用量。燃料配比是影响烧结矿中 FeO 含量的首要因素，它决定着高温区的温度水平和料层的气氛性质，对铁氧化物的分解、还原、氧化有直接影响。表 5-5 示出了混合料中含碳量与烧结矿中 FeO 含量的关系。

表 5-5 混合料中含碳量与烧结矿中 FeO 含量的关系

混合料含碳量/%	碱 度	$w(FeO)/\%$	还原率/%
5.0	1.05	34.41	36.2
4.5	1.04	29.44	43.6
3.0	1.09	24.57	63.3

可见，在同等烧结条件下，随混合料中含碳量的减少，产品中 FeO 含量显著下降，还原度相应提高。

适宜燃料配比与矿粉性质，烧结矿碱度和料层厚度有关。烧结赤铁矿粉，由于有分解耗热，燃料配比相对较高；对磁铁矿粉，烧结时 Fe_3O_4 氧化放热，燃料应减少；而褐铁矿粉和菱铁矿粉的烧结，因结晶水与碳酸盐分解耗热量很大，燃料配比要更高。采用厚料层和热风烧

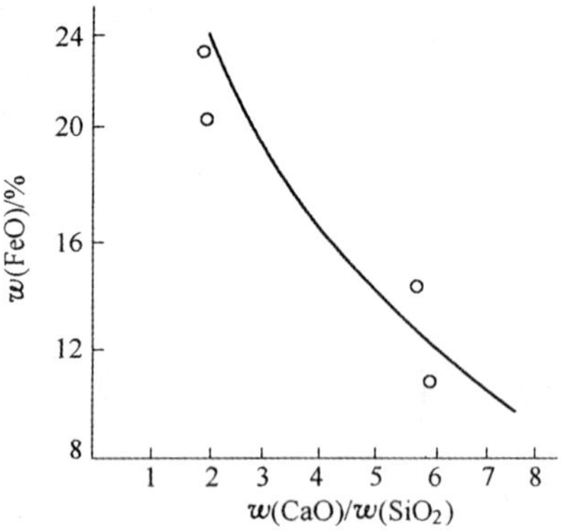

图 5-16　烧结矿碱度对 FeO 含量的影响
（碳含量为 4.86% ~5.38%）

结，均可减少燃料用量。

（2）烧结矿碱度。提高烧结矿碱度，有利于降低 FeO 含量。因为此种条件下，可形成多种易熔化合物，允许降低燃烧层温度，并阻碍了 Fe_2O_3 的分解与还原。碱度对烧结矿中 FeO 的影响如图 5-16 所示。

（3）燃料及矿粉粒度。减小燃料粒度，可使料层中燃料分布更趋均匀，并有助于减少燃料用量，避免局部高温和强还原性气氛。减小矿粉粒度，尤其是磁铁矿粉的粒度，既有利于液相的生成和黏结，又有助于矿粉的氧化，都可促使燃料用量的减少，降低 FeO 含量。

5.7　有害杂质的去除

烧结料中常见的有害杂质是硫和磷，有的还含有氟、铅、锌、砷等。在烧结过程中，凡能分解、氧化成气态的有害杂质均可去除一部分。

5.7.1　烧结去硫

硫主要来自矿粉，以硫化物为主，常见的有黄铁矿（FeS_2），有时有黄铜矿（$CuFeS_2$）、方铅矿（PbS）和闪锌矿（ZnS）；少数矿粉中有硫酸盐，如石膏（$CaSO_4$）和重晶石（$BaSO_4$）；燃料带入的硫较少，主要为有机硫。

硫的存在形态不同，去除方式和效果亦不同，以硫化物和有机硫形态存在时，较易去除，以硫酸盐形态存在时，不易去除。

5.7.1.1　FeS_2 中硫的去除

黄铁矿的特点是分解压大，也易氧化，在烧结中易于去除。去除途径是靠热分解和氧化变成硫蒸气或 SO_2、SO_3 进入废气中。

在较低温度下，从黄铁矿着火（366 ~ 437℃）到 565℃，其分解压较小，FeS_2 中的硫可按下式氧化去除：

$$2FeS_2 + 5\frac{1}{2}O_2 = Fe_2O_3 + 4SO_2 \qquad \Delta_r H_m^{\ominus} = +1668581.5kJ \tag{5-24}$$

$$3FeS_2 + 8O_2 = Fe_3O_4 + 6SO_2 \qquad \Delta_r H_m^{\ominus} = +2379783kJ \tag{5-25}$$

当温度高于 565℃时，黄铁矿分解和分解生成的 FeS 及 S 的燃烧同时进行。

$$FeS_2 = FeS + S \qquad \Delta_r H_m^{\ominus} = -77901.5kJ \tag{5-26}$$

$$S + O_2 = SO_2 \qquad \Delta_r H_m^{\ominus} = +296829kJ \tag{5-27}$$

$$2FeS + 3\frac{1}{2}O_2 = Fe_2O_3 + 2SO_2 \qquad \Delta_r H_m^{\ominus} = +1230726kJ \tag{5-28}$$

$$3FeS_2 + 8O_2 = Fe_3O_4 + 6SO_2 \qquad \Delta_r H_m^{\ominus} = +1722999.5kJ \tag{5-29}$$

温度低于 1300 ~ 1350℃时，以生成 Fe_2O_3 为主，高于 1300 ~ 1350℃时，以生成 Fe_3O_4 为主。有催化剂（如 Fe_2O_3）存在的条件下，SO_2 可能被进一步氧化成 SO_3，反应式为：

$$SO_2 + \frac{1}{2}O_2 = SO_3 \tag{5-30}$$

在500～1385℃下，FeS_2、FeS可被Fe_2O_3和Fe_3O_4直接氧化，反应如下：

$$FeS_2 + 16Fe_2O_3 = 11Fe_3O_4 + 2SO_2 \tag{5-31}$$

$$FeS + 10Fe_2O_3 = 7Fe_3O_4 + SO_2 \tag{5-32}$$

$$FeS + 3Fe_3O_4 = 10FeO + SO_2 \tag{5-33}$$

在有氧化铁存在时，200～300℃下，FeS_2可被气相中的水蒸气氧化，反应为：

$$3FeS_2 + 2H_2O = 3FeS + 2H_2S + SO_2 \tag{5-34}$$

$$FeS + H_2O = FeO + H_2S \tag{5-35}$$

其他硫化物（如$CuFeS_2$、CuS、ZnS、PbS等）中的硫，在较低温度（400～850℃）下，亦可通过分解或氧化方式变成S或SO_2去除。

5.7.1.2 有机硫的去除

燃料中的有机硫也易被氧化，在加热到700℃左右的焦粉着火温度时，有机硫按下式反应，燃烧成SO_2逸出。

$$S_{有机} + O_2 = SO_2 \tag{5-36}$$

5.7.1.3 硫酸盐的去硫

硫酸盐中的硫主要靠高温分解去除。但因硫酸盐的分解温度很高，在空气中，硬石膏（$CaSO_4$）在高于975℃开始分解，1375℃分解反应剧烈进行；重晶石（$BaSO_4$）在1185℃时开始分解，1300～1400℃时剧烈进行，因此去除困难。反应如下：

$$CaSO_4 = CaO + SO_2 + \frac{1}{2}O_2 \tag{5-37}$$

$$BaSO_4 = BaO + SO_2 + \frac{1}{2}O_2 \tag{5-38}$$

在有Fe_2O_3或SiO_2存在时，可使硫酸盐分解产物的活度降低，热力学条件得到改善，去硫变得容易一些。

$$CaSO_4 + Fe_2O_3 = CaO \cdot Fe_2O_3 + SO_2 + \frac{1}{2}O_2 \tag{5-39}$$

$$BaSO_4 + Fe_2O_3 = BaO \cdot Fe_2O_3 + SO_2 + \frac{1}{2}O_2 \tag{5-40}$$

$$BaSO_4 + SiO_2 = BaO \cdot SiO_2 + SO_2 + \frac{1}{2}O_2 \tag{5-41}$$

硫酸盐的分解要吸收大量的热，其必要条件是高温。

5.7.1.4 影响去硫的因素

由去硫反应可知，以硫化物形态存在的硫，主要靠氧化去除，以硫酸盐形态存在的硫，主要靠高温分解去除，又都属气－固两相间的反应。因此，凡是影响反应表面积、气相气氛性质与扩散条件、烧结温度水平的因素，都将影响去硫效果。

A 矿粉粒度及性质

矿粉粒度主要影响料层透气性，从而影响O_2及SO_2等的扩散条件，还影响去硫反应的表面积。粒度较小时，内扩散半径小，硫化物分解或氧化的比表面积大，有利于去硫反应；但粒度过细或造球不好，严重恶化料层透气性，空气抽入量减少，不利于O_2的供应和SO_2等产物及时排出，同时造成烧结不均，产生很多夹生料；粒度过大，外扩散条件虽改善，但内扩散和传热条件变坏，反应比表面积减小，均不利于去硫。矿粉粒度对去硫效果的影响，见图5-17。适宜的矿粉粒度介于1～0mm和6～0mm之间。考虑到破碎筛分的经济合理性，采用6～0mm或

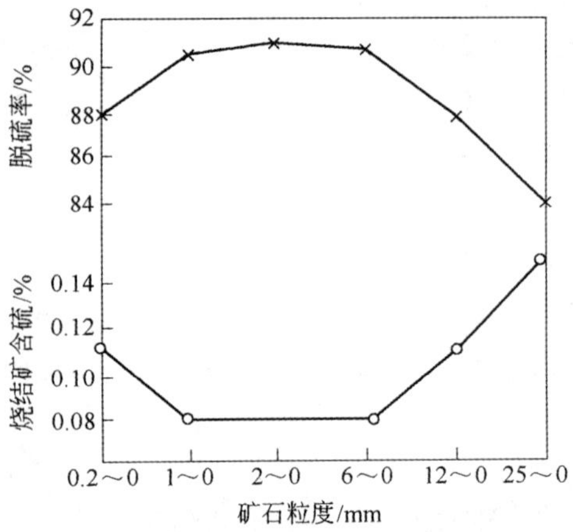

图 5-17　矿石粒度对脱硫的影响
（烧结矿碱度为 1.25；碳的用量为 4%）

8～0mm 的粒度较为合适，硫高的以不大于 6mm 为宜。

矿粉性质主要指品位、脉石含量、硫含量与存在形态。矿粉品位高、脉石少的，一般软熔温度较高，要采取较高的烧结温度，有利于去硫。矿石中的硫以硫化物形态存在时因易于去除，故生产普通烧结矿时，去硫率可达 90%～98%；而以硫酸盐形态存在时，因去除困难，即使在较好的条件下，去硫率也只能达 80%～85%。矿粉含硫量升高，增大了反应物浓度，去硫率可提高，但烧结矿含硫的绝对量增大。

B　燃料用量

燃料用量直接关系着烧结的温度水平和气氛性质，是影响去硫的主要因素。燃料用量不足时，烧结温度低，于分解去硫不利；随燃料用量增加，料层温度提高，有利于硫化物、硫酸盐的分解；但燃料配比超过一定范围，则因温度太高或还原性气氛增强，使液相和 FeO 增多，而 FeS 在有 FeO 存在时，组成易熔共晶 FeO－FeS，其熔化温度从 1170～1190℃降至 940℃，表面渣化。这样既因 O_2 浓度降低不利于硫的氧化，又使 O_2 和 SO_2 的扩散条件变坏，均恶化去硫条件，导致脱硫率降低。燃料用量对烧结气氛中 O_2 的浓度、去硫效果的影响如图 5-18 所示。

适宜的燃料用量与原料含硫量、硫的存在形态、烧结矿碱度、铁料的烧结性能等因素有关，应通过试验确定。从去硫的角度考虑，首先应了解原料中硫的主要存在形态。若以硫化物为主，则温度不宜过高，氧化性气氛应很强，适宜的燃料配比就较低。因为硫化物氧化是放热反应，本身就节约燃料消耗，1kg 黄铁矿约相当于 0.3kg 燃料。若以硫酸盐为主，则应有高的烧结温度和中性或弱还原性气氛，燃料配比相应较高。

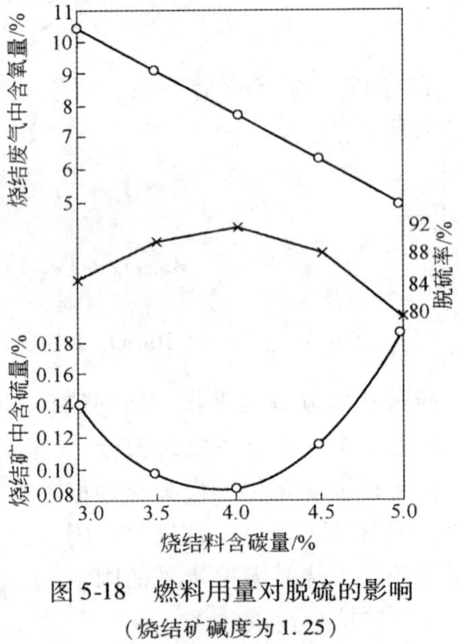

图 5-18　燃料用量对脱硫的影响
（烧结矿碱度为 1.25）

C　烧结矿碱度和添加物的性质

随烧结矿碱度的提高，脱硫效果明显降低，如图 5－19所示。其原因是烧结矿中添加熔剂后，由于生成低熔点物质，熔化温度降低，液相数量增多，恶化了扩散条件；在相同的燃料配比下，烧结温度降低，不利于去硫反应；碱度提高，熔剂分解后透气性改善，烧结速度加快，高温持续时间缩短，也于去硫不利；高温下，CaO 和 $CaCO_3$ 都有很强的吸硫能力，生成 CaS 残留于烧结矿中，从而使烧结矿含硫量升高。矿粉品位愈低，烧结矿碱度愈高，加入的熔剂愈多，对脱硫影响愈大。如某厂曾用低铁高硅矿粉生产高碱度烧结矿，当碱度由 1.49 提高到 2.48 时，其脱硫率由 42% 降到 30%。因此，生产高碱度烧结矿时最好多配用低硫矿粉。

D　添加物性质对去硫率的影响

在碱度相同时，添加消石灰和生石灰，因其粒度极细，比表面积很大，吸收 S、SO_2、SO_3 的能力更强，对脱硫率的影响更大；而添加石灰石、白云石时，因粒度较粗，比表面积较小，特别是在预热带分解放出 CO_2，阻碍了气流中硫的吸收，且 MgO 能与烧结料中的某些组分形成较难熔的矿物，使烧结料的软化温度升高，因而比前两种添加物对去硫的影响小。

试验表明，添加铸铁屑对加速硫酸盐中硫的去除有显著效果。添加10%的铸铁屑烧结 3min 后，其脱硫率为未加铸铁屑的2.7倍。

$$BaSO_4 + 4Fe = BaO + FeS + 3FeO \quad (5\text{-}42)$$

E 操作因素

良好的烧结操作制度是提高烧结去硫率的保证条件。主要应考虑布料平整，厚度适宜，使透气性均匀；控制好机速，保证烧好烧透。

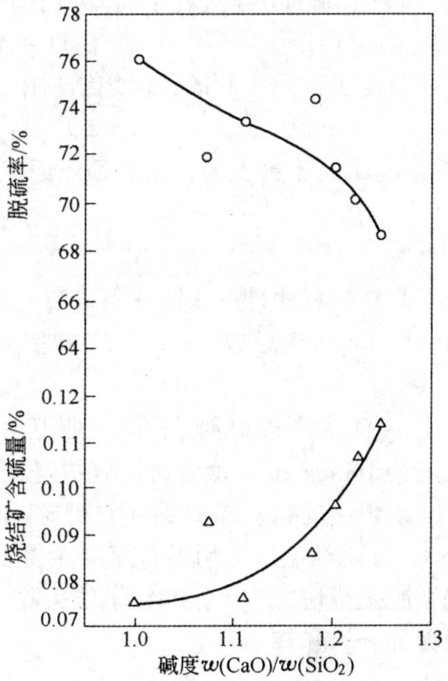

图 5-19 烧结矿碱度和去硫率的关系

5.7.2 氟、砷、铅、锌的去除

我国包头白云鄂博矿含氟较高，它在矿石中以萤石(CaF_2)的形态存在。烧结过程中的去氟反应为：

$$2CaF_2 + SiO_2 = 2CaO + SiF_4\uparrow \quad (5\text{-}43)$$

生成的 SiF_4 很易挥发，进入废气中，但在下部料层中又部分地被烧结料吸收。

当 SiF_4 遇到废气中的水气时，会按下式分解：

$$SiF_4 + 4H_2O_{(g)} = H_4SiO_4 + 4HF\uparrow \quad (5\text{-}44)$$

水蒸气还可直接与 CaF_2 发生下列反应：

$$CaF_2 + H_2O_{(g)} = CaO + 2HF\uparrow \quad (5\text{-}45)$$

生成的 HF 也进入废气中。

由此可见，生产熔剂性烧结矿，加入 CaO 对去氟不利；而增加 SiO_4 是有利于去氟的。往烧结料中通入一定的蒸汽，生成挥发性的 HF，可提高去氟效果。一般烧结过程中氟的去除率可达10%～15%，操作正常时可达40%。

含氟废气既危害人体健康，又腐蚀设备，故应回收。

含砷矿石存在形态可能有：毒砂(砷黄铁矿 FeAsS)，斜方砷矿($FeAsS_2$)，臭葱石(含水砷酸铁 $FeAsO_4 \cdot 2H_2O$)等。

在500℃左右的氧化性气氛中，砷黄铁矿和斜方砷铁矿可被部分氧化成 As_2O_3：

$$2FeAsS + 5O_2 = Fe_2O_3 + As_2O_3 + 2SO_2 \quad (5\text{-}46)$$

$$2FeAsS_2 + 7O_2 = As_2O_3 + Fe_2O_3 + 4SO_2 \quad (5\text{-}47)$$

含水砷酸铁脱水和分解后，可以转化为 As_2O_3。它在200～300℃分解失去一个 H_2O，到400～500℃再次分解变为无水砷酸铁，在高于1000℃时剧烈分解：

$$4FeAsO_4 = 2Fe_2O_3 + 2As_2O_3 + 2O_2 \quad (5\text{-}48)$$

在600℃左右时，可按下述方式被还原：

$$4FeAsO_4 + 2C = 2Fe_2O_3 + 2As_2O_3 + 2CO_2 \quad (5\text{-}49)$$

$$4FeAsO_4 + 4CO = 2Fe_2O_3 + 2As_2O_3 + 4CO_2 \quad (5\text{-}50)$$

生成的 As_2O_3 进入废气中，然后部分冷凝在下部料层中。当生产熔剂性烧结矿时，大部分

As_2O_3在生成和升华过程中与 CaO 作用，生成稳定的砷酸钙：

$$CaO + As_2O_3 + O_2 = CaO \cdot As_2O_3 \tag{5-51}$$

这对去砷是不利的，但烧结料中有 SiO_2存在，可以削弱 CaO 的有害影响，反应为：

$$CaO \cdot As_2O_5 + SiO_2 = CaO \cdot SiO_2 + As_2O_3 \tag{5-52}$$

As_2O_5是不挥发的，它必须还原成挥发的 As_2O_3才能从烧结料中去除，反应是：

$$As_2O_5 + 2CO = As_2O_3 + 2CO_2 \tag{5-53}$$

$$As_2O_5 + 2C = As_2O_3 + 2CO \tag{5-54}$$

烧结过程中砷的去除率不高，一般为30% ~40%。要求配用较高的燃料，形成强还原性气氛，将 As_2O_5还原成 As_2O_3，去砷率才可进一步提高，这与烧结生产氧化气氛的要求有一定矛盾。

As_2O_3为剧毒物质，我国工业卫生标准规定，烟气含砷不得大于0.3mg/m³，烟气允许排放浓度为160mg/m³。故含砷废气应经精细除尘处理方可放散。

矿粉中的铅、锌主要以方铅矿(PbS)和闪锌矿(ZnS)形态存在，它们的氧化物为 PbO 和 ZnO，在烧结温度下均系非挥发性物质，只有还原成金属 Pb 和 Zn 时，才能挥发。所以在一般烧结配碳量情况下，铅和锌不能去除。但在加入氯化剂(如2% ~3%的 $CaCl_2$)的情况下，可去除大部分铅和锌。

5.8 烧结料层中的气流运动

烧结过程必须向料层送风，固体燃料的燃烧反应才能进行，混合料层才能获得必要的高温，物料烧结才能顺利实现。气体在烧结料层内的流动状况及变化规律，关系到烧结过程的传质、传热和物理化学反应的过程，因而对烧结矿的产、质量及其能耗都有很大的影响。

5.8.1 烧结抽风量与烧结生产率的关系

通过烧结料层风量的大小是决定烧结机生产能力的重要因素。根据烧结机生产率的计算式：

$$q = 60Fk\gamma v \tag{5-55}$$

式中 q——烧结机的生产率，t/(台·h)；

k——烧结矿的成品率，%；

γ——烧结矿的堆密度，t/m³；

v——垂直烧结速度，mm/min；

F——烧结机的有效抽风面积，m²。

某烧结机烧结某种烧结料时，上式中 F、k 和 γ 值基本为定值。因此，烧结机的生产率主要就取决于垂直烧结速度 v。在一定范围内提高垂直烧结速度，可保持成品率 k 基本不变，从而提高烧结机的生产率。

研究认为，垂直烧结速度与单位时间、单位烧结面积上所通过的风量近乎成直线关系。

在烧结料层气流通道面积一定的情况下，风量可用风速表示，所以通常把垂直烧结速度表示为与风速的关系：

$$c = k'\omega_0^n$$

式中 ω_0^n——气流速度，m/s；

k'——决定于原料性质的系数；

n——系数，为0.8 ~1.0。

因此，提高通过料层的空气量，就能使烧结机的生产率增大。在抽风机能力一定的情况下，要增加通过料层的空气量，就必须设法减小气流通过物料的阻力，即改善烧结料层的透气性。

5.8.2 料层透气性及其影响因素

透气性是指固体散料层允许气体通过的难易程度，也是衡量混合料孔隙率的标志。其表示方法常用的有两种：

（1）在料层厚度和真空度一定的情况下，用单位时间内通过单位烧结面积的气体流量表示：

$$G = \frac{Q}{tF} \tag{5-56}$$

式中 G——透气性，$m^3/(m^2 \cdot min)$；

Q——气体量，m^3；

t——时间，min；

F——抽风面积，m^2。

显然，当抽风面积和料层高度一定时，单位时间内通过料层的空气量愈大，则表明烧结料层的透气性愈好。

（2）在料层厚度、抽风面积和抽风量一定的条件下，用气流通过料层时的压头损失，即用真空度的大小表示。真空度愈高，表示料层透气性愈差，反之亦然。

烧结料层透气性好，既可增大抽风量，提高气流速度，加快垂直烧结速度，增加生产率；还可使烧结均匀，增强料层的氧化性气氛，对提高烧结矿的氧化度和去硫效果均有利；此外，由于抽风能耗减少，促使成本降低。所以，料层透气性与烧结生产的关系极大。

表达料层透气性指数应用较广的是 E. W. Voice 等人在试验的基础上提出的 Voice 公式。它表示透气性指数、料层厚度、抽风量、抽风面积及抽风负压间相互制约的关系：

$$p = \frac{Q}{F}\left(\frac{h^m}{\Delta p^n}\right) \tag{5-57}$$

式中 P——料层透气性指数；

Q——单位时间内通过料层的风量，m^3/min；

F——抽风面积，m^2；

h——料层高度，mm；

Δp——负压，Pa；

m，n——与烧结料性质和烧结过程有关的系数。

试验表明，m 和 n 随烧结料粒度、水分等性质和烧结过程的不同时期而变化，在某些情况下两者很接近，有的试验结果确定为0.6左右，为方便起见，均取为0.6，于是近似得出透气性指数的通式为：

$$p = \frac{Q}{F}\left(\frac{h}{\Delta p}\right)^{0.6} \tag{5-58}$$

其他条件一定时，若要提高烧结料层厚度 h，就必须相应地增加透气性指数 P；若维持 P 值不变，提高料层 h 时，或者风量 Q 将减小，或者抽风负压 Δp 将升高。

E. W. Voice 公式能基本反映出烧结过程中主要工艺参数的相互关系，计算方便，形式简单。该公式已广泛用于烧结机的设计与烧结生产过程的分析。

D. W. Mitchell 从控制散料层气流的最基本因素考虑它们之间的关系，将 Carman 阻力因素及雷诺数的经验公式进行推算。Carman 的形式为：

$$\varphi = \frac{5}{Re} + \frac{0.4}{Re^{0.1}} \tag{5-59}$$

而

$$\varphi = \frac{\Delta p g \varepsilon^3}{h\rho\omega_0^2(S + S_\omega)} \tag{5-60}$$

$$Re = \frac{\rho\omega_0}{\eta S}$$

式中 g——重力加速度；

ε——料层孔隙度；

ρ——气体密度；

S——料粒比表面积；

S_ω——器壁的表面积；

η——气体的黏度系数；

h——料层高度；

ω_0——气流速度；

Δp——负压。

式(5－59)的计算数据与气体或液体通过各种物料时的阻力损失试验数据较吻合，Re 在 0.01～10000 间都是有效的。在烧结料层中，$S_\omega \ll S$，S_ω可忽略不计。

在层流的情况下，Re 很小，式(5－59)中第二项可忽略不计；在紊流时，Re 很大，该式中第一项可忽略不计，于是便得出以下近似公式：

层流时

$$\varphi = \frac{\Delta p g \varepsilon^3}{h\rho\omega_0^2 S} = \frac{5\eta S}{\rho\omega_0}$$

紊流时

$$\varphi = \frac{\Delta p g \varepsilon^3}{h\rho\omega_0^2 S} = 0.4\left(\frac{5\eta S}{\rho\omega_0}\right)^{0.1}$$

将 $\omega_0 = Q/F$ 代入，整理得：

层流时

$$\frac{g\varepsilon^3}{5\eta S^2} = \frac{Q}{F}\left(\frac{h}{\Delta p}\right)^{1.0} \tag{5-61}$$

紊流时

$$\frac{g^{0.526}\varepsilon^{1.38}}{0.62\eta^{0.053}S^{0.579}\rho^{0.474}} = \frac{Q}{F}\left(\frac{h}{\Delta p}\right)^{0.526} \tag{5-62}$$

对烧结料层气体流动的雷诺数 Re 计算表明，气流的运动状态处于层流与紊流之间。D. W. 密切尔逐项计算了上述参数后证明与实践完全符合，说明上式是适用于烧结过程的气流运动的。

式(5－61)与式(5－62)左边项实际就是式(5－57)的透气性指数，用 P 代之，则两式可简化为：

$$P = \frac{Q}{F}\left(\frac{h}{\Delta p}\right)^n$$

n 在 0.526～1.0 之间。层流时，$n = 1.0$；紊流时，$n = 0.526$。这与 E. W. 沃伊斯公式完全一致，并赋予了沃氏公式中 P 的内涵，利用式(5－61)和式(5－62)可以看出影响料层透气性指数的因素及其改善的措施。

层流时

$$P = \frac{g\varepsilon^3}{5\eta S^2} \tag{5-63}$$

紊流时

$$P = \frac{g^{0.526}\varepsilon^{1.38}}{0.62\eta^{0.053}S^{0.579}\rho^{0.474}} \tag{5-64}$$

料层透气性指数主要取决于料层的孔隙度 ε 及料粒的比表面积 S。因此，提高料层透气性的途径有：

（1）提高料层孔隙度 ε。由于 $P \propto \varepsilon^{1.38 \sim 3.0}$，所以改善料层的孔隙度至关重要。其措施有：加强烧结料准备，控制烧结料粒度，尤其是减少物料中小于0.5～1mm部分的含量，细精矿粉烧结时，可配加生石灰或消石灰作黏结剂，并延长混料时间，控制好混合料水分，以强化制粒，条件允许时，可配入部分富矿粉和钢渣，改善粒度组成；采取预热措施，将烧结料温提高到露点以上，避免水分凝结；改善烧结工艺，如加铺底料，保证布料平整，松紧适度，厚料层烧结时，加松料器；根据烧结情况，调节燃料配比，切忌出现过熔和夹生料；控制好点火温度和点火器下风箱的负压以及台车运行速度，保证烧好烧透，确保返矿质量等。

（2）降低料层物料的比表面积 S。上述两公式中，$P \propto \frac{1}{S^{0.579 \sim 2.0}}$，减小烧结料的比表面积，是提高料层透气性的又一重要途径。要避免物料过粉碎并加强造球，增大料粒的平均直径。因为，比表面积与料粒的直径成反比，粒径越小，比表面积越大，气流通过时的摩擦阻力越大，透气性越差。

5.9 烧结成矿机理

铁矿粉烧结成矿机理包括固相反应、液相形成及其冷凝结晶三个过程。

5.9.1 固相反应

固相反应是指烧结混合料某些组分在烧结过程中被加热到熔融之前发生反应，生成新的低熔点的化合物或共熔体的过程。固相反应是液相生成的基础，其反应机理是离子扩散。

烧结料中的氧化物，如 Fe_2O_3、CaO、MgO、SiO_2 等，都属离子型晶格构造，其粉末晶体表面未被电性相反的离子包围而处于力的不平衡状态。随着温度升高，获得能量，剧烈运动，温度愈高，质点愈易取得位移所必需的活化能，当温度达到某一临界值，这些离子具有足够的能量时，它们即可克服自身内部离子的束缚，而向附近紧密接触的固体表面扩散，并进入其他晶体的晶格内，进行化学反应，这就导致了固相反应的发生。固相反应有以下特点：

（1）开始进行固相反应的温度远低于反应物的熔点或它们的低共熔点，但这一温度与反应物的熔点间的关系如下：

金属：　$T_{始} = (0.3 \sim 0.4)T_{熔化}$

盐类：　$T_{始} = 0.57T_{熔化}$

硅酸盐：　$T_{始} = (0.8 \sim 0.9)T_{熔化}$

通常把固相反应的开始温度 $T_{始}$ 称为临界温度 $T_{临}$，它是指反应物之一，开始呈现显著扩散的温度，即固体质点开始位移的温度；$T_{熔化}$ 为某物质熔点的绝对温度。

（2）固相反应只能是放热的化学反应。当反应物加热到固相反应开始的温度，并且周围也达到相同的温度时，反应放出热量，由于不能向外扩散，而使其本身的温度升高，这就加快了固相反应的速度。因此，固相反应一旦开始，它们的速度就会加快，直到由于反应物的形成，反应物的扩散速度控制反应速度为止。

(3) 两种物质间反应的最初产物，无论其反应物的分子数之比如何，只能是一种化合物，而且是结晶构造最简单的化合物，即生成物的组成常不与反应物的浓度相一致。要想得到其组成与反应物质量相当的最终产物，大都需要很长的时间，在烧结条件下一般难以满足。因此，对于烧结生产更有实际意义的是有关固相反应开始的温度和最初形成的产物。

将 CaO 和 SiO_2 的混合物，在空气中加热至1000℃，其中有过剩的 SiO_2。它们的反应进程，如图 5-20 所示。在 CaO 与 SiO_2 接触处，最初反应产物是正硅酸钙($2CaO \cdot SiO_2$)继之沿着 $2CaO \cdot SiO_2$-CaO接触处，进一步形成一层 $3CaO \cdot SiO_2$，而沿着 $2CaO \cdot SiO_2$ 与 SiO_2 的接触处形成一层 $3CaO \cdot 2SiO_2$，在整个过程的最后阶段才完全形成 $CaO \cdot SiO_2$(硅灰石)。

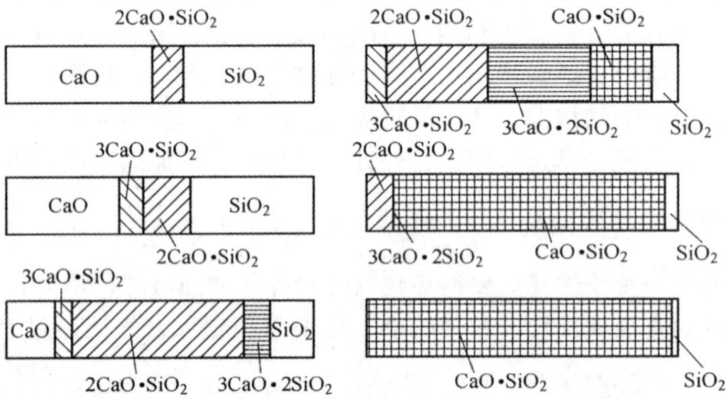

图 5-20　CaO 与 SiO_2 接触带固相反应结构简图

表 5-6 列出了混合物中不同配合比例时，固相反应首先出现的反应产物的实验数据。表 5-7汇集了烧结过程中可能生成的某些固相反应产物开始出现的温度的实验数据。

表 5-6　反应物不同配比时固相反应的最初产物

反应物质	混合物中摩尔比例	反应的最初产物
CaO-SiO_2	3:1，2:1，3:2，1:1	$2CaO \cdot SiO_2$
MgO-SiO_2	2:1，1:1	$2MgO \cdot SiO_2$
CaO-Fe_2O_3	2:1，1:1	$CaO \cdot Fe_2O_3$
CaO-Al_2O_3	3:1，5:3，1:1，1:2，1:6	$CaO \cdot Al_2O_3$
MgO-Al_2O_3	1:1，1:6	$MgO \cdot Al_2O_3$

烧结原料中存在的主要矿物有赤铁矿(Fe_2O_3)、磁铁矿(Fe_3O_4)、石英(SiO_2)等，生产熔剂性烧结矿时，加入较多的熔剂，还有 $CaCO_3$ 及其分解产物 CaO。烧结条件下，它们之间可能发生的反应及其产物见图 5-21。

固相之间进行反应的情况是复杂的，在燃料用量正常或稍高的条件下，随矿石类型和烧结料性质的不同，烧结料中固相反应产物的形成过程可用图 5-22 ~ 图 5-25 表示。

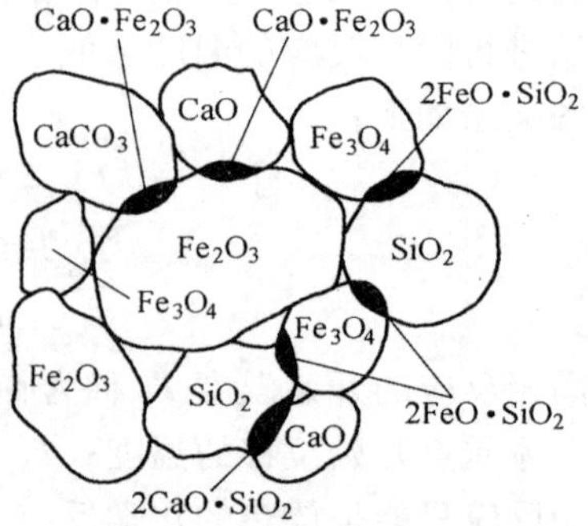

图 5-21　烧结混合料中各组分相互作用示意图

表 5-7 固相反应产物开始出现的温度

反应物	固相反应产物	反应产物开始出现的温度/℃
$SiO_2 + Fe_2O_3$	Fe_2O_3 在 SiO_2 中的固溶体	575
$CaO + SiO_2$	$2CaO \cdot SiO_2$	500，600，690①
$MgO + SiO_2$	$2MgO \cdot SiO_2$	680
$MgO + Fe_2O_3$	$MgO \cdot Fe_2O_3$	600
$CaO + Fe_2O_3$	$CaO \cdot Fe_2O_3$	500，520，600，610，650，675①
$CaO + Fe_2O_3$	$2CaO \cdot Fe_2O_3$	400
$CaCO_3 + Fe_2O_3$	$CaO \cdot Fe_2O_3$	590
（MgO，CaO，MnO，NiO）$+ Fe_2O_3$	磁铁矿固溶体	800
$MgO + PeO$	镁浮士体	700
$MgO + Al_2O_3$	$MgO + Al_2O_3$	920，1000①
$FeO + Al_2O_3$	$FeO \cdot Al_2O_3$	1100
$MnO + Al_2O_3$	$MnO \cdot Al_2O_3$	1000
$MnO + Fe_2O_3$	$MnO \cdot Fe_2O_3$	900
$CaO + MgCO_3$	$CaCO_3 + MgO$	525
$CaO + MgSiO_3$	$CaSiO_3 + MeO$	560
$CaO + MnSiO_3$	$CaSiO_3 + MnO$	565
$CaO + Al_2O_3 \cdot SiO_2$	$CaSiO_3 + Al_2O_3$	530
（Fe_3O_4，Fe_xO）$+ SiO_2$（石英）	$2FeO \cdot SiO_2$（微粒的硅石）	800，950①
$Fe_3O_4 + SiO_2$（石英）	$2FeO \cdot SiO_2$	990，1100①

① 不同研究者所得的数据。

（1）用赤铁矿粉烧结非熔性烧结矿时，赤铁矿被分解，还原为 Fe_3O_4 和 FeO，它们与 SiO_2 在固相反应中形成铁橄榄石（$2FeO \cdot SiO_2$）。其熔化后熔解大部分的 Fe_3O_4 和 FeO，烧结料中未参与上述反应的 SiO_2 也转入熔融物中。

（2）烧结赤铁矿熔剂性烧结矿时，除存在上述过程外，CaO 与 SiO_2 固相反应形成正硅酸钙（$2CaO \cdot SiO_2$），与 Fe_2O_3 反应形成铁酸一钙（$CaO \cdot Fe_2O_3$），它们熔融后形成多种分解产物，冷凝时结晶方式也就变得更为复杂。

（3）烧结磁铁矿非熔剂性烧结矿时，与赤铁矿烧结所不同的是，过程中存在着部分 Fe_3O_4 的氧化、还原和分解。

（4）烧结磁铁矿熔剂性烧结矿时，由于有 CaO 存在和 Fe_3O_4 的变化，固相反应过程比以上几种都复杂。

实际烧结过程中，因烧结料中还有其他矿物成分，如 Al_2O_3、MgO 等，它们也要参与反应，所以固相产物生成过程还要复杂。

烧结料层中，虽然混合料间由于空隙较大，颗粒接触条件较差，以及烧结速度快，高温停留时间短，固相反应不可能得到充分的发展，因而不能仅仅依靠固相反应来实现烧结料的固结。但是，固相反应促进了在原始烧结料中所没有的低熔点物质的形成，而且随着这些低熔点物质开始熔化出现液相，固相反应的速度必将加快，这就为液相的产生奠定了基础。因此，应创造条件促进固相反应进行。烧结过程中，固相反应受温度、气氛性质和烧结料粒度等因素的影响。而温度和气氛性质皆取决于配碳量的高低，配碳量高，烧结料层温度高，还原性气氛强。烧结不同性质的烧结料，要求是不同的。

烧结赤铁矿非熔剂性烧结料时，由于 Fe_2O_3 不能与 SiO_2 互相作用生成化合物(从表 5-7 可见，到 575℃开始，仅能形成有限的 Fe_2O_3 溶于 SiO_2 中的固溶体)，因而当配碳量低时，不可能获得低熔点的固相反应产物。只有增加配碳量，使料层温度和气氛达到 Fe_2O_3 分解和还原的要求，让 Fe_2O_3 先转化为 Fe_3O_4，然后在高于 1000 ~ 1100℃及还原气氛下开始与 SiO_2 按下式反应形成铁橄榄石。

$$2Fe_3O_4 + 3SiO_2 + 2CO = 3(2FeO \cdot SiO_2) + 2CO_2 \tag{5-65}$$

对于熔剂性烧结料的烧结，则要求较低的烧结温度和较强的氧化性气氛，以促使铁酸钙固相反应产物的生成。因为该固相反应的开始温度较低，而且铁氧化物必须以 Fe_2O_3 形态存在。在较低的温度和较强的氧化气氛条件下，不仅赤铁矿粉的 Fe_2O_3 可保持下来，而且磁铁矿粉中的 Fe_3O_4 被氧化为 Fe_2O_3，它们与 CaO 或 $CaCO_3$ 接触良好，可在 500 ~ 700℃下开始按下述反应形成铁酸盐化合物：

$$CaO + Fe_2O_3 = CaO \cdot Fe_2O_3 \tag{5-66}$$

$$CaCO_3 + Fe_2O_3 = CaO \cdot Fe_2O_3 + CO_2 \tag{5-67}$$

因此，对这种烧结料，配碳量应低些，否则，不仅磁铁矿不可能被氧化，赤铁矿还会被还原和分解，失去了形成上述反应的条件。

在烧结熔剂性烧结料时，虽然 CaO 与 SiO_2 从 500 ~ 600℃开始能反应生成正硅酸钙($2CaO \cdot SiO_2$)固相产物，但由于烧结料中，CaO 与 SiO_2 接触的机会少于 CaO 与 Fe_2O_3 间的接触机会，故优先生成的固相反应产物，主要是铁酸钙而不是正硅酸。只有当碱度高 CaO 过剩或配碳量高时，才会较多地形成后一种产物。

烧结料的粒度大小决定着固体物质晶格遭受破坏的程度、固相反应表面积的大小以及反应物间接触条件的好坏，是影响反应速度的重要因素。物料粒度小，比表面大，相互间接触紧密，特别是固体晶格所受到的破坏程度高。而遭受破坏的晶格具有严重的缺陷和很大的表面自由能，因而质点处于活化状态，很不稳定，具有很强的降低其能量的趋向，它们都力图夺取相邻固体晶格的质点，使之变为活性较低的稳定晶格，呈现出强烈的位移作用，这种位移作用，促进固相反应速度的加快。研究表明，固相反应的速度常数 K 与物料颗粒半径 r 的平方成反比，即 $K = cr^{-2}$(c 为比例系数)。可见，物料粒度细，则反应速度快。

5.9.2 液相的形成

由于固相反应产生了某些低熔点物质，当烧结料加热到一定温度时，这些新生的低熔点物质之间，以及低熔点物质与原烧结料的各组分之间还会进一步发生反应，生成低熔点化合物或共熔体，使得在较低的烧结温度下发生软化熔融，生成部分液相，成为烧结料固结的基础。而液相数量及性质如何，将在较大程度上决定着烧结矿的矿物组成和构造，从而影响烧结矿质量。

5.9.2.1 铁—氧体系

铁矿石或精矿主要成分为铁的氧化物，因此，烧结过程中液相生成的条件在某种程度上可以由铁—氧体系的状态图表示(见图 5-22)。从图中可以看出，在 $w(Fe) = 72.5\% \sim 78\%$ 时，即 FeO 和 Fe_3O_4 组成的浮氏体区间内，形成液相最低共熔组成 N(45% 的 FeO 和 55% 的 Fe_3O_4)，它们的熔点很低，为 1150 ~ 1220℃，可是纯磁铁矿和纯赤铁矿的熔点温度均高于 1500℃。在 1220℃时纯磁铁矿的液相数量等于零，但当磁铁矿还原时，液相很快地增加，并且在点 N 达到 100%。氧化物部分分解或还原成氧化亚铁就使得液相易于形成，这说明在矿石中缺乏造渣物质时，如烧结纯磁铁矿时，在一般烧结温度(1300 ~ 1350℃)下，由于靠近燃料颗粒附近区域中铁的氧化物部分还原成 FeO，为液相的形成提供了可能。

5.9.2.2 硅酸铁体系

铁氧化物还原或分解产生 Fe_3O_4 和 FeO，与烧结料中的 SiO_2 在 1000℃ 左右便可发生固相反应而形成硅酸铁。图 5-23 是硅酸铁体系的状态图。该体系有一个稳定的低熔点化合物——铁橄榄石（$2FeO \cdot SiO_2$），其成分为 FeO（70.5%），SiO_2（29.5%），熔化温度为 1205℃。$2FeO \cdot SiO_2$ 可分别与 SiO_2 和 FeO 形成熔化温度更低的共晶体 $2FeO \cdot SiO_2$-SiO_2 和 $2FeO \cdot SiO_2$-FeO，前者 FeO 为 62%，SiO_2 为 38%，熔点 1178℃。后者 FeO 为 76%，SiO_2 为 24%，熔点 1177℃。

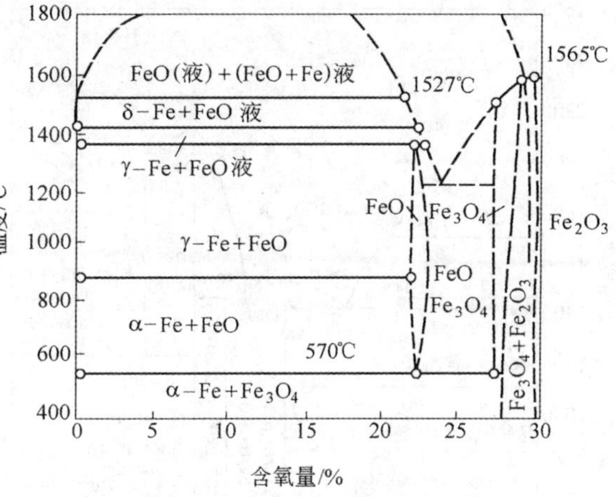

图 5-22 铁—氧体系的状态图

$2FeO \cdot SiO_2$ 还可与 Fe_3O_4 组成低熔点共晶混合物 p，其成分为 $2FeO \cdot SiO_2$（83%），Fe_3O_4（17%），熔点仅 1142℃，比铁橄榄石更低（图 5-24 为该体系状态图），它在烧结过程中首先形成液相。随着物料中的 Fe_3O_4 逐渐溶入液相，液相的熔点逐步上升，当液相达到阴影部分时，70% 左右的 Fe_3O_4 可溶入液相。因此，在烧结酸性烧结料时，要使 Fe_3O_4 较多地溶入液相，需要加热到很高的温度，即配碳量要高。

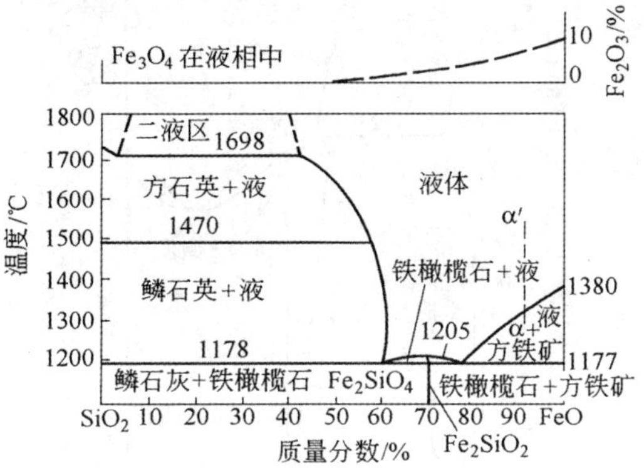

图 5-23 FeO-SiO_2 体系状态图

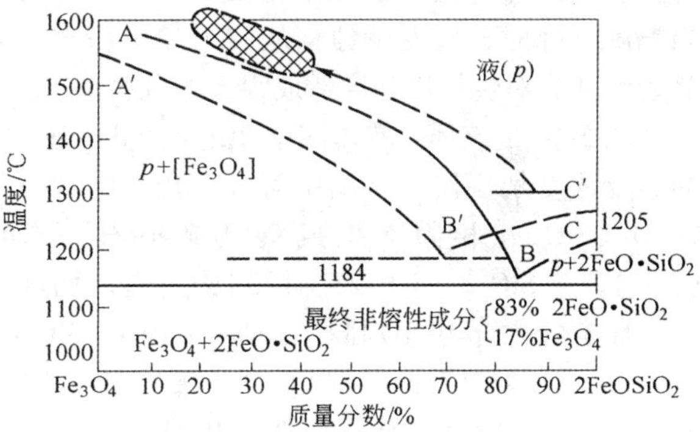

图 5-24 Fe_3O_4-$2FeO \cdot SiO_2$ 体系图

硅酸铁体系是生产非熔剂性烧结矿的主要黏结相。其生成条件是较高的烧结温度和还原性气氛，以保证形成必要的 Fe_3O_4 或 FeO，且矿粉中含有较多的 SiO_2，液相数量与此密切相关。形成足够数量的硅酸铁体系液相，是非熔剂性烧结矿获得良好强度的前提，这就要求有较高的燃料配比。但燃料不宜过多，否则液相生成过多，导致烧结矿还原性降低，并由于薄壁粗孔结构的出现，烧结矿有变脆的趋向。

5.9.2.3 硅酸钙（CaO-SiO_2）体系

生产熔剂性烧结矿，烧结料中加入较多的石灰石或生石灰时，它们与矿粉中的 SiO_2 作用，可形成硅酸钙体系的液相。图 5-25 为该体系状态图。

该体系有硅灰石（$CaO \cdot SiO_2$），熔点为 1544℃，硅钙石（$3CaO \cdot 2SiO_2$），熔点为 1478℃，

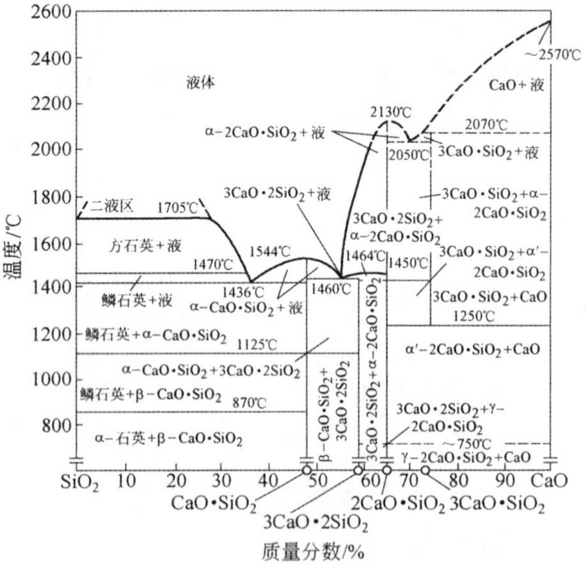

图 5-25　CaO-SiO_2体系状态图

正硅酸钙($2CaO \cdot SiO_2$)，熔点 2130℃，硅酸三钙($3CaO \cdot SiO_2$)，熔点 1900℃。其中 $CaO \cdot SiO_2$(CS)和 $2CaO \cdot SiO_2$(C_2S)为同分熔点化合物，属稳定型化合物，而 $3CaO \cdot SiO_2$(C_3S_2)和 $3CaO \cdot SiO_2$(C_3S)为异分熔点化合物，属不稳定型化合物。$3CaO \cdot 2SiO_2$的分解温度为 1460℃，分解产物为 $2CaO \cdot SiO_2$ + 液相；$3CaO \cdot SiO_2$则只有在 1250 ~ 2070℃之间能稳定存在，1250℃以下分解为 CaO 和 $2CaO \cdot SiO_2$，2070℃开始熔融。另外，该体系还有三个共晶混合物：$CaO \cdot SiO_2$-SiO_2，$CaO \cdot SiO_2$-$3CaO \cdot 2SiO_2$ 和 α-$2CaO \cdot SiO_2$-CaO，其共晶温度分别为 1436℃，1460℃和 2065℃。

该体系的化合物或共晶混合物的熔化温度都很高，最低也在 1436℃以上，在烧结条件下不可能熔化形成一定数量的液相，故不能成为烧结料的主要黏结相；其中 $2CaO \cdot SiO_2$熔化温度虽然很高，但它是该体系中固相反应的最初产物，在 500 ~ 600℃下即开始出现，转入熔体中后不分解，并与 $2FeO \cdot SiO_2$形成低熔点共晶混合物和固溶体存在于烧结矿的胶结相中(见图 5-26)，当温度下降时，又以单独相从胶结相中析出，并发生晶型转变，对烧结矿强度造成很大的危害。

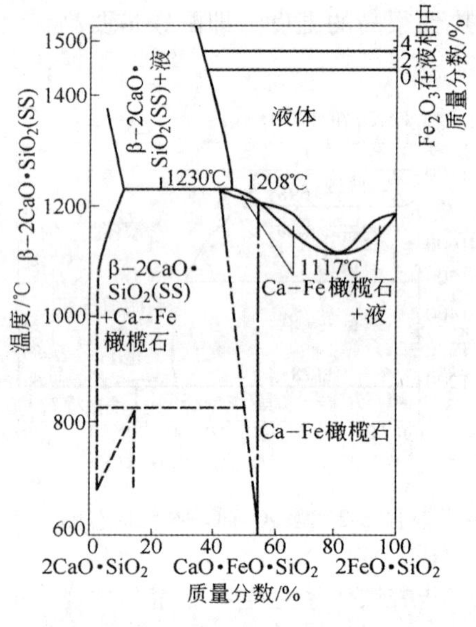

图 5-26　$2CaO \cdot SiO_2$-$2FeO \cdot SiO_2$ 体系状态图

图 5-26 是该体系状态图中 $2CaO \cdot SiO_2$-$2FeO \cdot SiO_2$ 的温度浓度切面图。从图中可以看出，$2CaO \cdot SiO_2$与 $2FeO \cdot SiO_2$ 互相固溶生成钙铁橄榄石[$(CaO)_x \cdot (FeO)_{2-x} \cdot SiO_2$，$x = 0.25 \sim 1.0$]的过程。两者可形成一个稳定的化合物钙铁橄榄石 $CaO \cdot FeO \cdot SiO_2$(CFS)，另外形成三种固溶体，其中 $CaO \cdot FeO \cdot SiO_2$与 $2FeO \cdot SiO_2$形成的连续固溶体，最低熔化温度为 1117℃。这就是说，虽然钙铁橄榄石的生成条件与铁橄榄石相似，都需要高温和还原性气氛，但钙铁硅酸盐体系的熔化温度比铁橄榄石体系的低，且液相的黏度较小，从而使得烧结熔剂性烧结矿时，气流阻力比烧结非熔剂性烧结矿时要小，故能改善透气性，强化烧结过程。缺点是液相流动性过好，易形成薄壁大孔结构，使烧结矿变脆。

正硅酸钙随温度变化有四种变体，多晶转变示于图 5-27。由图 5-27 可见，C_2S 在冷却时晶型转变的顺序是：α→α′→β→γ。β-C_2S 为介稳定型，具有对 γ-C_2S 的单变性。当烧结矿从高温往下冷却时，到 1450℃，α-C_2S 很快转变成α′-C_2S,到 850℃时，α′-C_2S 转变为 γ-C_2S；675℃时，α′-C_2S 转变为 β-C_2S；温度继续降止525 ~ 20℃之间，β-C_2S 可转变为 γ-C_2S，而在温度升高时，γ-CS 不能转变为 β-C_2S。

由表5-8正硅酸稳定的变形特性可见，对烧结矿强度影响最大的是 α′→γ 型转变和 β→γ 型转变，由于晶型转变后密度减小，前者使体积增大1.2%，后者体积增大10%，结果在烧结矿内引起很大的内应力，导致烧结矿的粉碎。因此，在烧结过程中应尽量避免正硅酸钙的生成，并采取有效措施阻止其晶型转变。实践表明，当烧结矿碱度很高(超过2.0)时，可形成3CaO·SiO_2，并代替2CaO·SiO_2。由于烧结过程冷却很快，它来不及分解，仍出现在烧结矿中，它无晶型转变特性，故对烧结矿的强度是有利的。

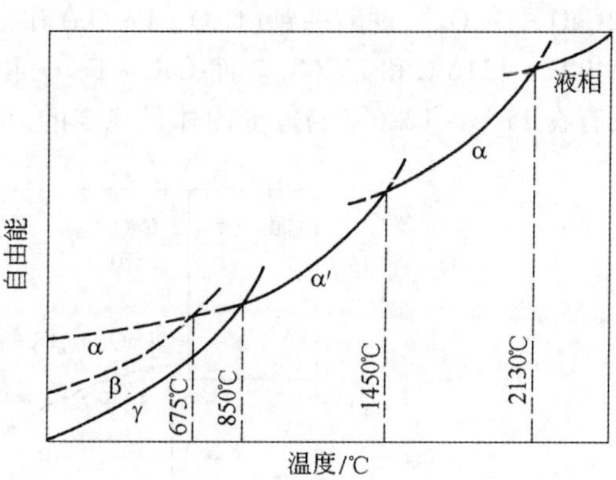

图5-27 2CaO·SiO_2变体的稳定关系图

表5-8 正硅钙稳定的变形特性

变 形	α-CaO·SiO_2 高温型	α′-2CaO·SiO_2 中温型	γ-2CaO·SiO_2 低温型	β-2CaO·SiO_2 单变型
晶 系	六 方	斜 方	斜 方	单 斜
密度/g·cm^{-3}	3.07(1500℃)	3.31(700℃)	2.97	3.28
熔 点	2130℃	1438℃以上	850℃以下	675℃以下
稳定温度范围	1438℃以上稳定	850℃以上稳定	273℃以上稳定	介稳定型

5.9.2.4 钙铁橄榄石(CaO·FeO·SiO_2)体系

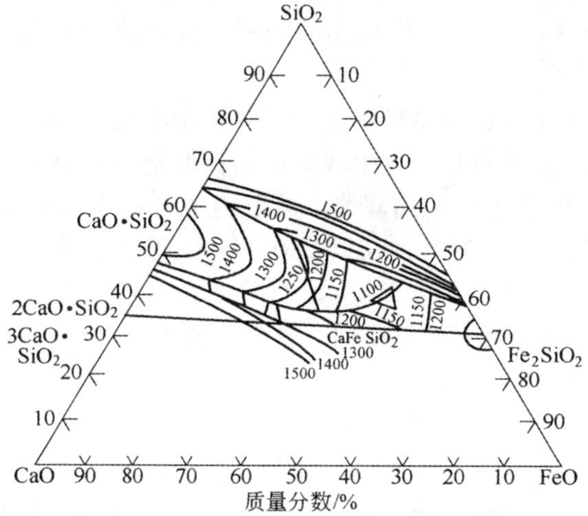

图5-28 CaO·FeO·SiO_2体系等温线状态图

烧结熔剂性烧结料，当燃料配用较多，烧结温度高，还原性气氛强时，引起铁氧化物的分解、还原，产生FeO，在此情况下，可形成钙铁橄榄石体系的液相成分，其状态图见图5-28。该体系的主要化合物有钙铁橄榄石(CaO·FeO·SiO_2)，铁黄长石(2CaO·FeO·SiO_2)，钙铁辉石(CaO·FeO·2SiO_2)和钙铁方柱石(2CaO·FeO·2SiO_2)，其熔化温度依次为1208℃，1280℃，1150℃，1190℃。这些化合物的特点是，能够形成一系列的固溶体，并在固相中产生复杂的化学变化和分解作用。

由图5-28可见，加入少量CaO到FeO的硅酸盐中，熔化温度大为降低。例如，当 $w(SiO_2):w(FeO)=1:1$，$w(CaO)=10\%$ 的易熔体，熔化温度仅1030℃，围绕这一点的宽广区域(CaO含量为10%～20%)熔化温度大都在1150℃以内。

5.9.2.5 铁酸钙(CaO-Fe_2O_3)体系

铁酸钙是一种强度高还原性好的黏结相。在生产熔剂性烧结矿时，都有可能产生这个体系的化合物，特别是高铁低硅矿粉生产的高碱度烧结矿主要依靠铁酸钙作为黏结相。

从CaO-Fe_2O_3体系状态图(图5-29)中可看出，这个体系中的化合物有铁酸二钙

($2CaO \cdot Fe_2O_3$)，铁酸一钙($CaO \cdot Fe_2O_3$)和二铁酸钙($CaO \cdot 2Fe_2O_3$)。它们的熔化温度分别为1449℃，1216℃和1226℃。而 $CaO \cdot Fe_2O_3$ 和 $CaO \cdot 2Fe_2O_3$ 的共熔点是1195℃，但 $CaO \cdot Fe_2O_3$ 只有在1155～1226℃的范围内才是稳定的。

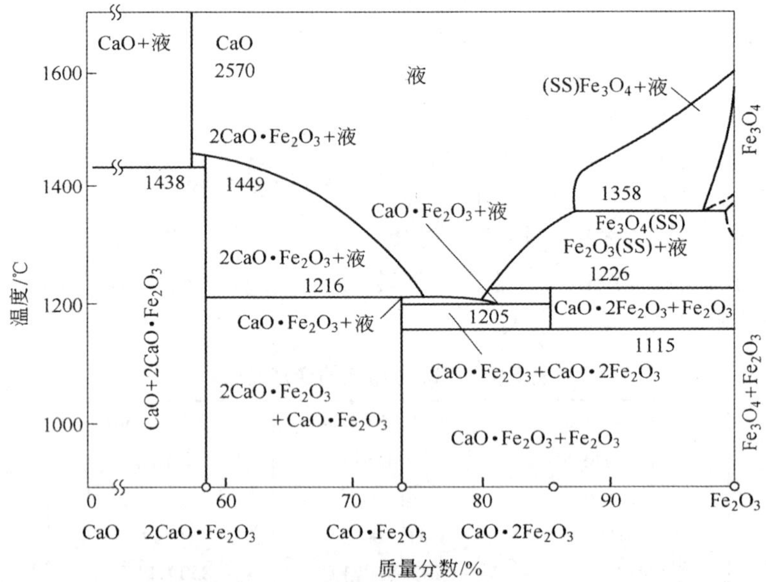

图5-29　$CaO-Fe_2O_3$ 体系状态图

这个体系中化合物的熔点比较低。正如前面所指出的它是固相反应的最初产物，从500～700℃开始，Fe_2O_3 和 CaO 形成铁酸钙，温度升高，反应速度大大加快。因而有人认为烧结过程形成 $CaO \cdot Fe_2O_3$ 体系的液相不需要高温和多耗燃料，就能获得足够的液相，改善烧结矿强度和还原性，这就是所谓“铁酸钙理论”。

在生产实践中，当燃料用量适宜时，碱度小于1.0的烧结矿中几乎不存在铁酸钙。这是因为虽然 CaO 在较低温度下可以较高的速度与 Fe_2O_3 发生固相反应生成铁酸钙，但是一旦烧结料中出现了熔融液相，烧结矿的最终成分即取决于熔融相的结晶规律。熔融物中 CaO 与 SiO_2 和 FeO 的结合能力(亲和力)比与 Fe_2O_3 的亲和力大得多，此时，最初以 $CaO \cdot Fe_2O_3$ 形式进入熔体中的 Fe_2O_3 将析出，甚至被还原成 FeO。只有 CaO 含量大，与 SiO_2、FeO 等结合后还有多余的 CaO 时，才会出现较多的铁酸钙晶体。因此在生产高碱度烧结矿时，铁酸钙液相才能起主要作用。

5.9.2.6　钙镁橄榄石($CaO-MgO-SiO_2$)体系

烧结料中含有 MgO，烧结熔剂性烧结矿时，除配加石灰石外，还常加入白云石，因此，可出现钙镁橄榄石体系的液相成分。其主要化合物有：钙镁橄榄石($CaO \cdot MgO \cdot SiO_2$)，熔点1490℃；镁黄长石($2CaO \cdot MgO \cdot 2SiO_2$)，熔点1454℃；镁蔷薇辉石($3CaO \cdot MgO \cdot 2SiO_2$)，熔点1570℃；透辉石($CaO \cdot MgO \cdot 2SiO_2$)，熔点1391℃；其混合物的熔点在1400℃左右。此外，还有二元系化合物镁橄榄石($2MgO \cdot SiO_2$)，熔点1890℃，偏硅酸镁($MgO \cdot SiO_2$)，熔点1557℃，铁酸镁($MgO \cdot Fe_2O_3$)等。

在熔剂性烧结料中加入适量的 MgO 时，可使硅酸盐的熔化温度降低，在烧结温度下，其低熔点混合物及透辉石、镁黄长石可以完全熔融，有的可部分熔融，这就增加了烧结料层中的液相数量；同时，因 MgO 的存在，生成镁黄长石和钙镁橄榄石，就减少了正硅酸钙和难还原的铁橄榄石、钙铁橄榄石生成的机会；此外，MgO 有稳定 β-C_2S 的作用；不能熔化的部分高熔点钙镁橄榄石矿物，在冷却时成为液相结晶的核心，可减少玻璃质的形成等。这些，均有助于提高烧结矿的机械强度，减少粉化率，改善还原性。因此，生产熔剂性烧结矿时，添加适量白云石是有利的。

因烧结混合料成分复杂，烧结工艺因素多变，故烧结过程中，可能出现的液相成分还要复杂多样。在烧结生产中，应积极创造条件，促进有利于改善烧结矿强度与还原性的液相成分生成，而采取抑制措施，尽量减少或避免有损烧结矿质量的液相成分出现。

5.9.3 液相的冷凝与结晶

燃烧带燃料燃烧完毕后，高温下形成的液相熔融物在抽风的作用下冷却、凝结，并伴随着矿物晶体的析出和晶型转变，这一过程对烧结矿的质量也有影响，应加以控制。

5.9.3.1 冷却

冷却速度是影响冷却过程的主要因素。料层中不同部位的冷却速度差别很大，烧结矿表层温度下降快，一般每分钟为 120 ~ 130℃，下层每分钟为 40 ~ 50℃。若冷却速度太快，一则液相来不及冷凝结晶，产生脆性玻璃质；再则结晶不完全，造成很大内应力，致使烧结矿强度降低，表层烧结矿就属这种情况。研究表明，在 800℃ 以上，若能降低冷却速度至每分钟 10 ~ 15℃（如采用热风烧结和点火保温炉等措施），就能促进结晶完全，烧结矿强度得到改善。但在 800℃ 以下缓冷，则会给 β-C_2S 的晶型转变造成好的条件，这是不利的。当然，冷却速度过慢，即烧结速度过慢，又将影响生产率。

冷却速度受料层透气性和抽风量的影响，料层透气性好，抽风量大，冷却速度就快。解决冷却速度与烧结矿强度矛盾的现实而有效途径是，既改善料层透气性，又增加料层厚度，这样既可维持烧结速度，又使表层强度差的烧结矿比例减小，产质量都得到保证。

5.9.3.2 凝固和结晶

随着冷却过程的进行，液相逐渐冷凝，同时多种矿物开始析出晶体。未转入熔体的组分，如赤铁矿、磁铁矿和其他高熔点矿物，以及被气流从上层带入的结晶碎片，粉尘粒子等成为晶核，围绕晶核，依各种矿物的熔点高低和结晶难易程度，先后析出，晶体，然后沿着传热方向，呈针状、片状、长条状、长板状、树枝状等形态不断结晶长大，从而将烧结料固结起来，成为具有一定强度的烧结矿。由于冷却速度快和结晶能力弱的组分来不及结晶，便冷凝成无定形的玻璃体。此过程大约在 1000 ~ 1100℃ 的温度下完成。此间，因液相凝固和多种矿物晶体的膨胀系数不同，在冷却过快时，产生的晶间应力不易消除，而在烧结矿内形成微细裂纹，将降低烧结矿的强度。

5.10 烧结矿的矿物组成与结构及其对质量的影响

烧结矿是由多种矿物按一定结构方式组成的多孔块状集合体。因此，它的矿物组成及其结构特征与烧结矿的冶金性能有着密切的关系。通过研究，弄清其内在联系，并了解影响的因素，便能更有效地采取相应措施加以控制，以达到提高烧结矿质量的目的。

5.10.1 烧结矿的矿物组成与结构

5.10.1.1 烧结矿矿物组成

烧结矿是由含铁矿物及脉石矿物形成的液相黏结而成的，其矿物组成随原料及烧结工艺条件不同而变化，主要受碱度和燃料用量的影响。对于普通矿粉生产的烧结矿，当碱度在0.5～5.0范围时，其主要矿物组成有：含铁矿物为磁铁矿（Fe_3O_4）、赤铁矿（Fe_2O_3）、浮士体（Fe_xO）；黏结相矿物较复杂，主要有铁橄榄石[（$2FeO \cdot SiO_2$）]、钙铁橄榄石[（$(CaO)_x \cdot (FeO)_{2-x} \cdot SiO_2$，$x=0.25 \sim 1.5$]、硅灰石（$CaO \cdot SiO_2$）、硅钙石（$3CaO \cdot 2SiO_2$、正硅酸钙（$\gamma$-$2CaO \cdot SiO$，$\beta$-$2CaO \cdot SiO_2$）、硅酸三钙（$3CaO \cdot SiO_2$）、铁酸钙（$CaO \cdot Fe_2O_3$，$2CaO \cdot Fe_2O_3$，$CaO \cdot 2Fe_2O_3$）、钙铁辉石（$CaO \cdot FeO \cdot 2SiO_2$）以及硅酸盐玻璃质等；当脉石中含有较高的$Al_2O_3$时，烧结矿中则出现铝黄长石（$2CaO \cdot Al_2O_3 \cdot SiO_2$）、铁铝酸四钙（$4CaO \cdot Al_2O_3 \cdot Fe_2O_3$）、铁黄长石（$2CaO \cdot Fe_2O_3 \cdot SiO_2$）以及钙铁榴石（$3CaO \cdot Fe_2O_3 \cdot 3SiO_2$）；当MgO含量较多时，则可出现钙镁橄榄石（$CaO \cdot MgO \cdot SiO_2$）、镁黄长石（$2CaO \cdot MgO \cdot 2SiO_2$）及镁蔷薇辉石（$3CaO \cdot MgO \cdot 2SiO_2$）等；当脉石中含有少量磷酸盐时，可能出现磷酸钙（$3CaO \cdot P_2O_5$）、斯氏体[$3.3(3CaO \cdot P_2O_5) \cdot 2CaO \cdot SiO_2 \cdot 2CaO$]。此外，还有少量反应不完全的游离石英（$SiO_2$）和游离石灰（CaO）等。以上矿物中，磁铁矿是最主要的矿物组成，并最早从熔体中结晶出来，有较完好的结晶形态，浮士体含量则随烧结料中配碳比增高而增加。

5.10.1.2　*烧结矿的结构*

烧结矿的结构包括宏观结构和微观结构两个方面。前者系指烧结矿的外观特征，它主要受液相数量和黏度的影响，可分为三种结构。当燃料用量和烧结温度适宜，液相生成量适度，黏度较大时，形成微孔海绵状结构，这种烧结矿还原性好，强度高；当燃料配比多，烧结温度高，液相生成多且黏度小时，形成粗孔蜂窝状结构，烧结矿表面和孔壁显得熔融光滑，其强度和还原性均较差；燃料配比更多，烧结温度过高时，产生过熔现象，结果形成板结的石头状结构，孔隙度很低，其强度尚好，但还原性很差。

烧结矿的微观结构一般是指在显微镜下观察所见到的烧结矿矿物结晶颗粒的形状、相对大小及它们相互结合排列的关系。就矿物的结晶形态而言，按结晶的完善程度可分为自形晶、半自形晶和他形晶三种。熔化温度高，比周围其他矿物结晶进行早或结晶生长能力强的矿物形成自形晶，它具有完好的结晶外形；没有适宜的结晶环境的形成半自形晶，它只有部分结晶面完好；结晶进行较晚，结晶环境更差，或充填于结晶完好的矿物空隙中者，形成形状不规整且没有任何良好晶面的他形晶。烧结矿组分中，含量最多的磁铁矿基本上以自形晶或半自形晶存在，这是由于温度升高时，磁铁矿较早地再结晶长大，液相冷却时或者作为结晶核心，或者最先从熔融物析出晶体，结晶环境较好。其他黏结液相成分，冷却时开始结晶，并按其结晶能力强弱以不同自形程度填充在磁铁矿间，来不及结晶的则呈玻璃相存在，成为磁铁矿的胶结物。

由于生产工艺条件不同，烧结矿的显微结构有明显差异，其常见的有以下几种结构：

（1）粒状结构。烧结矿中首先结晶出的磁铁矿晶粒，由于冷却速度较快，多呈半自形晶或他形晶与黏结相矿物相互结合成粒状结构。

（2）斑状结构。烧结矿中自形晶程度较强的磁铁矿斑状晶体与较细粒的黏结相矿物互相结合成斑状结构。

（3）骸晶结构。烧结矿中早期结晶的磁铁矿呈骨架状的自形晶，其内部常为硅酸盐黏结相矿物充填，但仍大致保持磁铁矿原来的结晶外形和边缘部分，形成骸晶结构。

（4）圆点状或树枝状共晶结构。磁铁矿呈圆点状或树枝状分布于橄榄石的晶体中。磁铁矿圆点状晶体是Fe_3O_4-$Ca_x \cdot Fe_{2-x} \cdot SiO_4$体系中共晶部分形成的。也有赤铁矿呈圆点状晶体分布在硅酸盐晶体中，它是Fe_3O_4-$Ca_x \cdot Fe_{2-x} \cdot SiO_4$体系中共晶体被氧化而形成的。

（5）熔蚀结构。在高碱度烧结矿中，磁铁矿多为溶蚀残余他形晶，晶粒较小，多呈浑圆状，与铁酸钙形成熔蚀结构。这是高碱度烧结矿的结构特点。

5.10.2 烧结矿的矿物组成与结构对其性能的影响

烧结矿的机械强度和还原性，除受宏观结构的影响外，还与组成它的矿物性质、含量、晶粒大小及相互结合排列关系情况直接相关。

5.10.2.1 *烧结矿的矿物组成与显微结构对其机械强度的影响*

不同的矿物组成其机械强度和还原性是各不相同的，见表5-9和表5-10。矿物组成的差异是影响烧结矿冶金性质的重要因素。

由表5-9可见，烧结矿中的磁铁矿、赤铁矿、铁酸一钙、铁橄榄石有较高的抗压强度，其次为钙铁橄榄石及铁酸二钙。在钙铁橄榄石中，当 $x \leq 1.0$ 时，其抗压性、耐磨性及脆性指标均接近或超过前一类，当 $x = 1.5$ 时，强度很低，且易产生裂纹，强度最差的是玻璃质。表中显示铁黄长石、镁黄长石和镁蔷薇辉石的抗压强度较高。烧结矿中高强度的黏结相多，烧结矿的强度就好；反之，若以强度差的组分为主要黏结相，烧结矿的强度就低。

表5-9 烧结矿中主要矿物的机械强度及还原性

矿物名称	瞬时抗压强度/MPa	球磨机试验后的筛级/%		在荷重条件下未裂前的印痕数①/%		还原度②/%
		>5mm	<1mm	20g	50g	
赤铁矿	267	—	—			49.9
磁铁矿	369	—	—			26.7
铁橄榄石与磁铁矿共晶	260					13.2
钙铁橄榄石 $(CaO)_x \cdot (FeO)_{2-x} \cdot SiO_2$						
$x=0$	202.6	68.0	10.0	13	0	1.0
$x=0.25$	265	—	—	—	—	2.1
$x=0.5$	566	77	4.0	50	0	2.7
$x=1.0$	233	55	14.0	18	0	6.6
$x=1.0$(玻璃)	46	—	—	8	0	3.1
$x=1.5$	102	81.0	—	8	0	4.2
铁酸一钙	370	45.0	4.0	41	33	40.1
铁酸二钙	142		22.0	18	8	28.5

① 将合成的单体矿物磨制成边长10mm的立方体，在万能试验机上试验结果。

② 将1g试样(0.01mm)在700℃的发生炉中用1.8L煤气还原15min。

表5-10 烧结矿中常见硅酸盐矿物的抗压强度

矿物名称	抗压强度/MPa	矿物名称	抗压强度/MPa
亚铁黄长石	298.77	铝黄长石	129.63
镁黄长石	238.27	钙长石	123.46
镁蔷薇辉石	198.15	钙铁辉石	118.82
钙铁橄榄石	194.44	硅灰石	113.58
钙镁橄榄石	162.04	枪晶石	67.28

注：样品为合成单矿物制成边长18mm的立方体，在30万吨材料试验机上试验结果。

矿物组成对烧结矿强度的影响，不仅表现在烧结矿中结晶个体或玻璃质的作用上，而且还表现在不同矿物具有不同的热膨胀系数上。表5-11是某些矿物的体积膨胀系数。

表 5-11　一些矿物晶体的体积膨胀系数

矿物名称	系　数	矿物名称	系　数
磁铁矿(结晶)	291×10^5	霞石(玻璃)	305.5×10^5
铁橄榄石(结晶)	275×10^5	长石(玻璃)	177.0×10^5
透辉石(结晶)	260×10^5	钙长石(玻璃)	147.6×10^5
辉石(结晶)	180×10^5	β 石英(结晶)	277×10^5
钙长石(结晶)	121×10^5	方镁石(结晶)	141×10^5

因膨胀系数不同，烧结矿在冷却或加热时，互相接触的矿物相间产生内应力而导致烧结矿产生裂纹而使强度降低。由于熔剂性(高碱度除外)烧结矿的矿物组成较复杂，因而这种影响更为突出。

矿物组分的多少对其强度也有影响。非熔剂性烧结矿矿物组分比较少，其显微结构为斑状或共晶结构，其中的磁铁矿斑晶被铁橄榄石和少量玻璃质所固结，因而强度良好；熔剂性烧结矿矿物组分较多，其显微结构为斑晶或斑晶玻璃状结构，其中的磁铁矿斑晶或晶粒被钙铁橄榄石、玻璃质以及少量的硅酸钙和铁酸钙等所固结，强度较差；高碱度烧结矿矿物组分也较少，显微结构为熔蚀或共晶结构，其中的磁铁矿与铁酸钙等黏结相矿物具有较高强度。

5.10.2.2　烧结矿的矿物组成和显微结构对其还原性的影响

表 5-12 列出了不同试验条件下单矿物的相对还原性。

表 5-12　烧结矿中不同矿物的相对还原性

矿 物 名 称	还原度/%			
	粒度 0.5 ~ 1mm，在氢气中还原 20min			在 CO 气体中还原 40min
	700℃	800℃	900℃	850℃
赤铁矿	91.5	—	—	49.4
磁铁矿	95.5	—	—	25.5
铁橄榄石	2.7	3.7	14.0	5.0
钙铁橄榄石($CaO_x\cdot FeO_{2-x}\cdot SiO_2$)				
$x=0.30$	—	—	—	11.2
$x=0.60$	—	—	—	11.4
$x=0.80$				12.3
$x=1.00$	3.9	7.7	14.9	12.8
$x=1.20$	—	—	—	12.1
$x=1.30$	—	—	—	9.4
$(Ca, Mg)O\cdot FeO\cdot SiO_2$				
$w(CaO)/w(MgO)=3.5$	4.8	6.2	14.1	—
$w(CaO)/w(MgO)=5.0$	5.5	10.0	18.4	
钙铁辉石				
$CaO\cdot FeO\cdot 2SiO_2$	0	0	0	—
$CaO\cdot 2Fe_2O_3$				58.4
$CaO\cdot Fe_2O_3$	76.4	96.4	100	49.2
$2CaO\cdot Fe_2O_3$	20.6	83.7	95.8	25.5
$3CaO\cdot FeO\cdot 7Fe_2O_3$	—	—	—	59.6
$CaO\cdot FeO\cdot Fe_2O_3$				51.4
$CaO\cdot Al_2O_3\cdot 2Fe_2O_3$				57.3
$4CaO\cdot Al_2O_3\cdot Fe_2O_3$				23.4

赤铁矿、二铁酸钙、铁酸一钙及磁铁矿容易还原，铁酸二钙、铁铝酸四钙还原性稍差，而玻璃质、钙铁橄榄石、钙铁辉石，特别是铁橄榄石还原性很差。非熔剂性烧结矿的气孔壁大部分是由铁橄榄石与玻璃质组成的，而自熔性烧结矿的气孔壁则由钙铁橄榄石、玻璃质及铁酸钙等所组成，其还原性要比自熔性烧结矿差。加之铁橄榄石及其共晶体的熔化温度低，在高炉内过早熔化，引起气孔度降低，更造成非熔剂性烧结矿还原的困难。

生产自熔性烧结矿时，难还原的铁橄榄石被钙铁橄榄石所取代，加之烧结矿气孔率的增加，其还原性得到改善，但强度较差。

高碱度烧结矿液相矿物主要有铁酸钙、铁酸二钙，因而具有较好的强度与还原性。

烧结矿中部分黏结相矿物的强度与还原性之间有一定的矛盾，如铁橄榄石及 $x \leqslant 1.0$ 的钙铁橄榄石，虽然机械强度较好，但还原性却很差。唯有铁酸钙，尤其是铁酸一钙，强度和还原性都好。因此，生产高碱度烧结矿促进铁酸钙液相体系的生成，对改善烧结矿的强度与还原性有重要意义。

5.10.3 影响烧结矿矿物组成与结构的因素

5.10.3.1 *矿石中脉石成分与数量*

铁矿石中脉石多为酸性的，以 SiO_2 为主。SiO_2 对烧结矿的矿物组成与结构有明显影响。

由于国产矿生产停止不前，近几年进口矿数量猛增，沿海、沿江的大中型企业多数已经从以国产矿为主、进口矿为辅的原料结构变化为以进口矿为主，甚至全进口矿烧结。进口矿粉含铁品位高、SiO_2 低，导致低硅烧结，固然提高高炉入炉品位，减少渣量，提高高炉利用系数。但由于 SiO_2 偏低使得烧结矿强度降低，不仅成品率低，而且高炉槽下返矿量和入炉粉末增加，不利于高炉顺行。近几年烧结工作者潜心研究低硅烧结技术，较成功地解决了低硅烧结矿强度低的技术质量问题。经研究认为低硅烧结时，虽硅酸盐液相减少，但只要采取相应的措施，促进铁酸钙的生成，使黏结相主体从硅酸盐过度为铁酸钙，就能保证烧结矿强度和生产率不降低。在降低烧结矿 SiO_2 方面，不可将 SiO_2 降得太低，如宝钢、莱钢在 $R = 1.8 \sim 2.2$ 情况下，烧结矿 SiO_2 含量控制在 4.5% ~4.8% 为宜。

5.10.3.2 *烧结矿碱度*

由于我国大多数铁精矿的粒度较粗，适宜生产烧结矿。高碱度烧结矿（碱度在 1.8 ~2.0）具有优良的冶金性能。高碱度烧结矿的优点是：有良好的还原性；较好的冷强度和低的还原粉化率；较高的荷重软化温度；好的高温还原性和熔滴性；使用高碱度烧结矿，高炉炼铁就不加生石灰，避免了高炉结瘤。

自熔性烧结矿（碱度在 1.1 ~1.3）强度差、还原性能一般、软熔温度低；当进行冷却、整粒处理时，粉末多、粒度小。高品位自熔性烧结矿，在含钒、钛、氟等元素之后，其烧结和高炉的技术经济指标就更差。近 20 年自熔性烧结矿在我国已被逐步淘汰。

酸性烧结矿（碱度在 0.3 左右）在强度上好于自熔性烧结矿，但还原性能较差，垂直烧结速度慢、燃料消耗高。现只有天铁等少数企业在用。如酸性烧结矿配比升高，会影响高炉炼铁技术经济指标。

低 SiO_2 含量、高铁品位的矿石适宜生产高碱度烧结矿，对高炉炼铁有好的效益。宝钢、太钢、鞍钢、莱钢、本钢等企业已有这方面经验。多配（约 35%）价格低的进口褐铁矿，采取控制混合料水分，加强点火、控制料层厚度等措施，可以生产出高质量、低成本的烧结矿。

5.10.3.3 *烧结料中的配碳量*

配碳量决定烧结的温度、气氛性质和烧结速度，因而对烧结矿的矿物组成和结构影响也是很大的。图 5-30 所示为用迁安精矿在不同配碳量下烧成的烧结矿（碱度为 1.25）矿物组成的变化。由该图可见，低配碳量的烧结矿中，含赤铁矿和铁酸钙较多，浮士体极少或没有，正硅酸钙和其他硅酸盐矿物也较少，烧结矿不粉化。但由于硅酸盐黏结相相对较少，故烧结矿强度差，如图 5-31 所示。

随着配碳量的增加，烧结矿中浮士体明显增加，硅酸盐黏结相矿物也有所增加，但赤铁矿及铁酸钙则显著下降，烧结矿的转鼓强度提高。当配碳量增加到 11% 时，烧结矿中的铁酸钙近于消失，硅酸盐黏结相矿物相对增加，β-C_2S 稍有下降，这是由于部分 CaO 固溶于浮士体中所致。

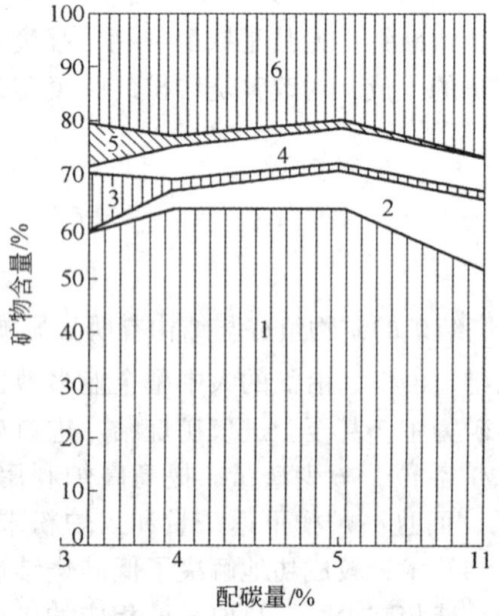

图 5-30　不同配碳量对烧结矿矿物组成的影响

1—磁铁矿；2—浮士体；3—赤铁矿；4—β-C_2S；5—铁酸钙；6—钙铁橄榄石及其他硅酸盐矿物

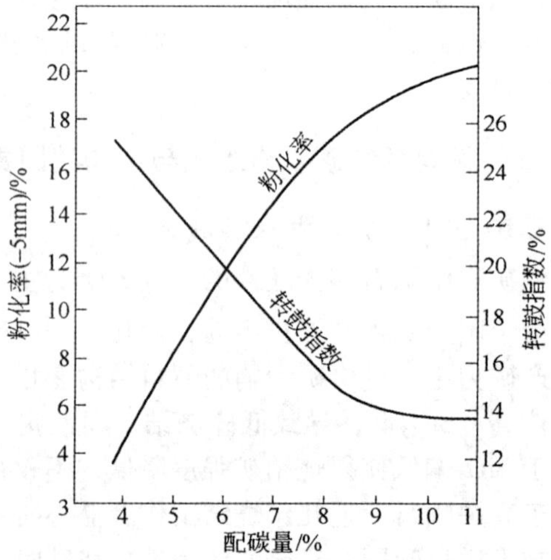

图 5-31　不同配碳量对烧结矿的强度和粉化率的影响

随配碳量升高，烧结矿的粉化率也升高。这是由于配碳量增加，烧结温度升高，还原性气氛加强，容易形成浮士体而不利于赤铁矿和铁酸钙的生成，并促进了 CaO 与 SiO_2 作用生成 $2CaO \cdot SiO_2$ 及其晶型转变。而在配碳量较低的低位氧化性气氛下烧结时，有利于赤铁矿和铁酸钙的形成，不利于 $2CaO \cdot SiO_2$ 的形成，故可减少粉化现象。

5.10.3.4　MgO 的影响

在 MgO 存在时，将出现新的矿物：镁橄榄石（$MgO \cdot SiO_2$）、钙镁橄榄石（$CaO \cdot MgO \cdot SiO_2$）、镁蔷薇辉石（$3CaO \cdot MgO \cdot 2SiO_2$）及镁黄长石（$2CaO \cdot MgO \cdot SiO_2$），其混合物在 1400℃左右即可熔融。这些矿物对烧结矿成品率、烧结矿的冷强度有一些不利影响，从而引起烧结燃料消耗的增加和利用系数的下降，但对改善烧结矿的低温还原粉化率以及冶炼时的软化熔融特性却非常显著，经研究分析得出，MgO 的限值应不超过 2%。日本烧结矿 MgO 含量一般为0.8% ~1.0%。

5.10.3.5　Al_2O_3 的影响

Al_2O_3 能降低烧结料熔化温度，生成铝酸钙和铁酸钙的固溶体（$CaO \cdot Al_2O_3$-$CaO \cdot Fe_2O_3$），

同时 Al_2O_3增加表面张力，降低烧结液相黏度，促进氧离子扩散，有利于烧结矿的氧化，促进生成较多的铁酸钙。但烧结矿中 Al_2O_3会引起烧结矿还原粉化性能恶化，使高炉透气性变差，炉渣黏度增加，放渣困难，故一般控制高炉炉渣 Al_2O_3 含量为 12% ~15%，以保证炉渣流动性，故烧结矿中的 Al_2O_3含量应小于 2.1%。

复习思考题

5-1 烧结生产主要技术经济指标有哪些?

5-2 简述抽风带式烧结机的烧结过程(包括五层的变化)。

5-3 烧结过程主要的物理、化学变化有哪些?

5-4 烧结矿是怎样固结的，固相反应对烧结有什么意义?

5-5 强化烧结生产的目的是什么，如何强化?

5-6 液相体系中哪一种液相黏结的烧结矿还原性和强度都比较好?

5-7 烧结矿中 FeO 含量对烧结矿质量有什么影响，如何控制?

5-8 高碱度烧结矿有什么优点?

6 烧结生产工艺

烧结生产必须依据具体原料、设备条件以及对产品质量的要求，按照烧结过程的内在规律，合理确定生产工艺流程和操作制度，并充分利用现代科学技术成果，采用新工艺新技术，强化烧结生产过程，提高技术经济指标，实现高产、优质、低耗、长寿。

太原钢铁公司总结20字技术操作方针是：“精心备料、稳定水碳、减少漏风、低碳厚料、烧透筛尽”。“精心备料”包括原、燃料的质量及其加工准备，以及配料、混合、造球等方面，“精心备料”是烧结生产的前提条件；“稳定水碳”是指烧结料的水分、固定碳含量要符合烧结机的要求，且波动要小，“稳定水碳”是稳定生产的关键性措施；“减少漏风”对抽风系统而言就是减少漏风，提高有效抽风量，充分利用主风机能力，是烧结强化的保证；“低碳厚料”、“烧透筛尽”是生产优质、高产、低耗烧结矿的途径。

烧结生产流程由原料的接收、贮存与中和，熔剂、燃料的破碎、筛分，配料及混合料制备，烧结和产品处理等环节组成，见图6-1。通过原料的中和混匀，将多品种的粉矿和精矿经配料及混匀作业，将化学成分稳定、粒度组成均匀的混合矿送往烧结机点火烧结；烧结产品经

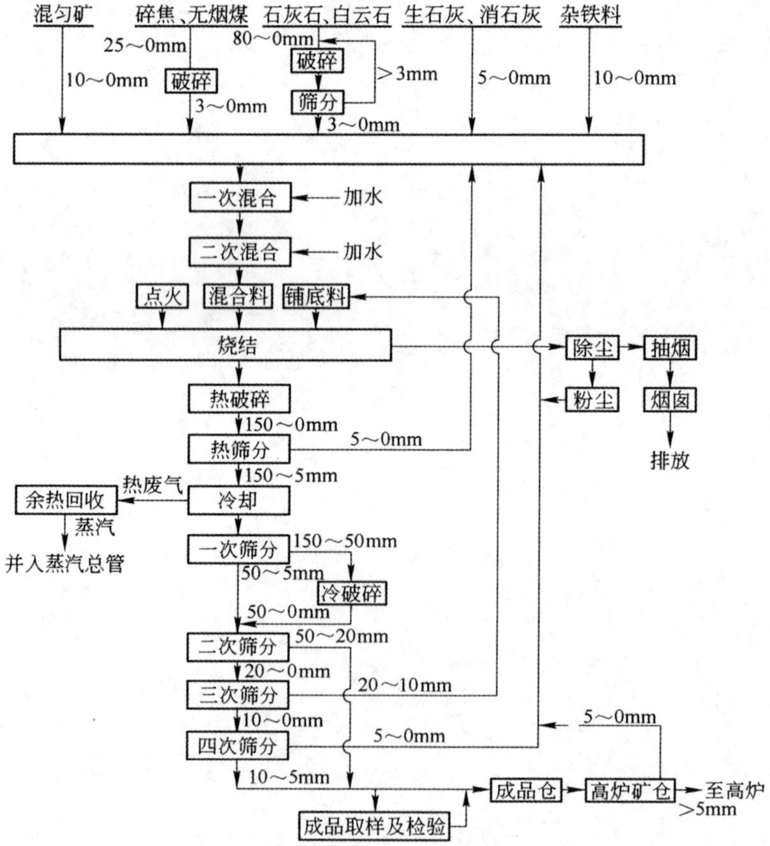

图6-1　烧结生产流程

冷却后整粒，筛除粉末并使成品烧结粒度上限控制在50mm以内，达到较理想的粒度组成。

目前，许多实施小球烧结(精粉率高的烧结生产)的烧结车间设计有三段混合，一段混合目的是加水润湿混匀；二段混合主要是制粒；三段混合主要完成混合料外裹煤即燃料分加，此段不加水。

6.1 烧结原料的准备与处理

烧结原料数量大，品种繁多，粒度及化学成分极不均一。为保证获得高产、优质烧结矿，精心准备烧结原料是一个十分重要的环节。原料准备一般包括：接受、贮存、中和混匀、破碎、筛分等作业。

6.1.1 原料的接受、贮存和中和

根据其运输方式、生产规模和原料性质的不同，原料的接受方式可以分为火车运输、船舶运输、汽车运输。

进厂原料必须进行验收，如原料的品种、品名、产地、数量、理化性能等。只有验收合格的原料才能入厂和卸料；对存质疑的原料应按取样方法取样检验。

接受进厂的烧结料通常在原料场或原料仓库贮存一定时间以缓冲来料和用料不均衡的矛盾，并进行必要的中和，以确保理化性质稳定。至于采用何种设施贮存，主要根据来料远近、数量与种类等情况而定。原料种类多、数量大，仓库容纳不下；来料零散，成分复杂，需贮存到一定数量后集中使用；原料基地远、受运输条件限制，不能按期运来，需要有连续生产的备用料时，均应设置原料场。目前我国新建烧结厂都设置了原料场。为提高投资效益，应考虑烧结厂原料场与整个钢铁厂原料场合用。

烧结料化学成分以及物理性能的波动都会引起烧结矿质量的差异。矿粉品位波动1%，则烧结矿品位波动1%～1.4%；矿粉中SiO_2和熔剂中CaO的变化会引起烧结矿碱度的波动；燃料中固定碳波动将引起烧结速度和烧结矿强度与还原性的变化；不同的矿粉具有不同的矿物组成，其软化温度有差别，软化温度高的矿粉烧结需要较多的燃料，这势必降低烧结矿的产量与还原性。因此烧结前必须对原料进行中和。

我国主要大中型烧结厂，精矿品位波动在±0.5%～1%，有的达±1%～2%；大部分小型烧结厂，铁料来源更为复杂，品位及其他成分波动幅度更大。国内外普遍采用的中和方法是：将各种不同品种或同品种不同质量的原料，按一定的比例借助各种机械进行混合，使化学成分和物理性质趋近均一。中和作业可在原料场和原料仓库进行。

图6-2所示为上海宝钢原料场的堆放、中和和混匀作业示意图，它主要包括如下作业：

(1) 设有一次堆料场。各种物料从原料码头卸下后，直接用皮带运往一次料场，按品种、成分不同分别堆放并初步混匀。

(2) 设有中和料槽。由取料机并通过皮带运输机将一次料场中的各种原料送入中和料槽，起贮存、配料、控制送料量提高混匀作业的效果。

(3) 设有混匀料场。通过配料槽进行中和作业的混合料，送往混匀料场，由堆料机沿料场的长度方向进行平铺堆积。然后沿料堆垂直面，用取样机切取。料堆成对配制，一个在铺堆时，另一堆取样送烧结厂配矿槽。

设置原料场，可以简化烧结厂的贮矿设施及给料系统，也取消了单品种料仓，使场地和设备的利用率得到改善。

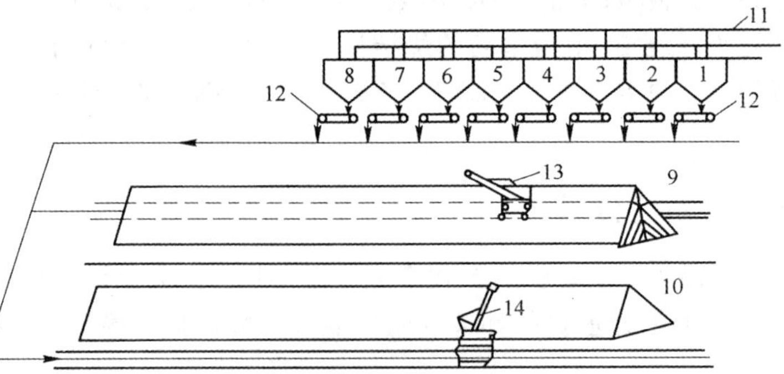

图 6-2　宝钢原料场中和混匀示意图

1～8—配料槽；9，10—中和混匀矿堆场；11—入槽皮带系统；
12—定量给料装置；13，14—堆料机

6.1.2　烧结原料的粒度要求

烧结所有各种原料粒度对烧结过程和烧结矿产质量均有很大影响。

（1）矿粉粒度　精矿粉粒度取决于选矿工艺的需要。由于精矿粉粒度均较细，不利于改善料层透气性。应强化精矿粉造球作业，以获得粒度组成良好的混合料。矿粉粒度适当增大，有利于改善烧结料透气性。但粒度不宜过大：

1）在较短的高温作用时间内，矿粒不易熔融黏结，烧结矿强度降低；

2）垂直烧结速度过快，出现"夹生"现象，返矿率增大，产量下降；

3）布料时易引起粒度偏析，使烧结不均匀；

4）不利于硫的分解和氧化，影响去硫效果。

一般矿粉粒度应限制在 8～10mm 以下。对于生产高碱度烧结矿和烧结高硫矿粉，为有利于铁酸钙系液相的生成和硫的去除，矿粉粒度应不大于 6～8mm。

（2）熔剂粒度　石灰石和白云石粒度应小于 3mm，以保证在烧结过程中能充分分解和矿化。粒度过粗，矿化不完全，在烧结矿中残存游离 CaO"白点"，在贮存过程中吸水消化生成 $Ca(OH)_2$，体积膨胀，引起烧结矿粉化。此外，石灰石粒度粗大，还容易生成正硅酸钙。为加强烧结料造球而配加的生石灰或消石灰，其粒度应小于 5mm 和 3mm，以利加水消化与混匀。

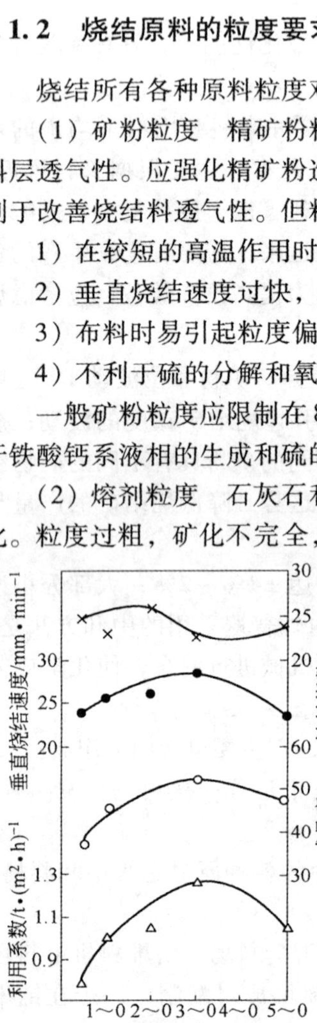

图 6-3　燃料粒度对烧结指标的影响

（3）燃料粒度　燃料粒度直接影响燃烧速度、高温区的温度水平和厚度，以及料层的气氛性质、透气性、烧结的均匀性，从而对烧结矿产质量产生重大影响，如图 6-3 所示。

燃料粒度大，比表面积小，使燃烧速度变慢，燃烧层厚度增加，透气性降低，垂直烧结速度下降，生产率降低。同时，燃料粒度大，烧结料层中燃料分布相对稀疏，在粗燃料颗粒周围，温度高，还原性气氛强，液相过多且流动性好，形成难还原的薄壁粗孔结构，强度亦降低。反之，在远离燃料颗粒的区域，温度低，烧结不均匀出现夹生料，强度差。此外，大颗粒燃料在布料时易产生自然偏析，使下层燃料多，温度过高，容易过熔和黏结炉箅，结果返矿增多。

燃料粒度过细对烧结也不利，它使燃烧速度过快，燃烧层过窄，温度降低，高温反应来不及进行，导致烧结矿强度变坏，返矿增加，生产率降低。

适宜的燃料粒度应使燃烧速度与传热速度"同步"，以尽可能减少燃料用量并获得所需要的燃料层温度水平与厚度，应根据烧结料特性通过试验确定。一般认为燃料粒度最好为0.5～3mm，但在工业生产中，只能控制其上限。此外，燃料种类不同，适宜的粒度可能会有差别。如攀钢烧结试验指出，获得相同的生产指标，无烟煤的粒度稍大于焦粉粒度，其最佳粒度范围，两者分别为0.5～1.0mm和0.5～4.0mm。

（4）返矿粒度　返矿是筛分烧结矿的筛下物，由强度差的小块烧结矿和未烧透及未烧结的烧结料组成。由于返矿粒度较大，孔隙较多，故加入烧结料后可改善料层透气性，提高垂直烧结速度。对于细精矿粉烧结，返矿可成为造球核心及料层骨架料；加之返矿已烧结过一次，含有低熔点物质，有助于烧结过程中液相的生成，热返矿还可预热烧结料，消除或减轻过湿层的影响。这些均有利于提高烧结矿的产量与质量。因此，配加一定数量合格的返矿可强化烧结过程。

返矿粒度过大，在烧结料加水混匀过程中难于冷却和润湿，对成球很不利。在料层内，大颗粒返矿周围成形条件变坏，烧结时很难结成一体，会降低烧结矿强度；返矿颗粒过大，势必降低烧结矿的成品率和产量。相反粒度过小，特别是小于1～0mm的粒级比例过大，则会降低烧结料层的透气性。因此，保证烧好、烧透是获得良好返矿的重要条件，而良好的返矿质量，又为烧好烧透奠定了基础，两者是相辅相成的。实践表明，返矿粒度在5～0mm或10～0mm时烧结指标最好。故应将返矿粒度上限控制在5～6mm。

（5）其他烧结物料粒度　其他烧结附加料，如炉尘、轧钢皮、水淬钢渣等，一般粒度都不大，但往往会有砖石等夹杂物，在入厂前应筛除干净，使之小于10mm，以利配料操作和混匀。

6.2 烧结配料

烧结配料是将各种准备好的烧结料，按配料计算所确定的配比和烧结机所需要的给料量，准确地进行配料的作业过程。它是整个烧结工艺中的一个重要环节，与烧结产品质量有密切关系。

6.2.1 配料要求与方法

配料的基本要求是按照计算所确定的配比，连续稳定地配料，把实际下料的波动值控制在允许的范围内。实践表明，当燃料配入量波动±0.2%时，就足以引起烧结矿强度和还原性的变化；当矿粉或熔剂配入量发生变化时，烧结矿的铁量和碱度即随之变化。烧结矿化学成分的变化都可能导致高炉炉温、渣碱度的变化，不利炉况的稳定顺行。

目前常用的配料方法为容积配料法、重量配料法和化学成分配料法。

容积配料是基于物料具有一定的堆密度，借助给料设备对添加料的容积进行控制，以达到混合料所要求的添加比例的一种方法。调节圆盘给矿机的闸门开口度的大小，就可以控制料流的体积即物料的重量。现在国内中小型烧结厂大多数采用这种配料方法。为了提高这种配料方法的精度，常配以重量检查。也就是用一个0.5m长的长方形料盘，在圆盘给料机下通过同一直径的两个端点，称量所接物料，看它是否符合按配料计算应配的重量，若不符就应进行调整。

重量配料法是按原料的重量进行配料的一种方法，通常称为连续重量配料法。这种方法是借助于电子皮带秤和定量给料自动调节系统来实现自动配料的。电子皮带秤给出称量皮带的瞬时送料量信号，而后信号输入给料机自动调节系统的调节部分，调节部分根据给定值和电子皮带秤测量值的信号偏差，自动调节圆盘转速，以达到给定的给料量。重量配料系统如图6-4所示。

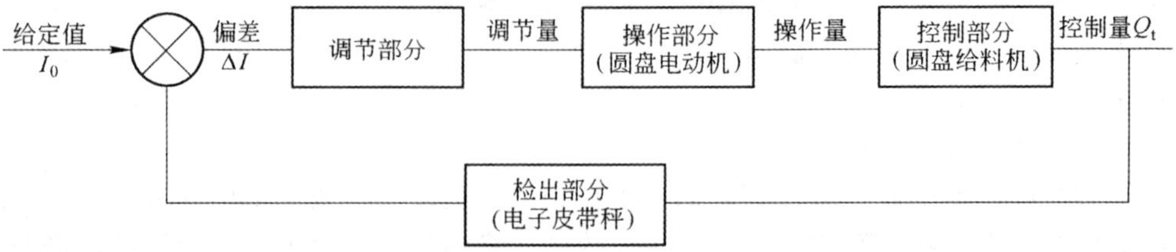

图6-4　重量配料系统

重量配料法能提高配料的精确性，对配比少的原料，如燃料和生石灰，更能显示出其优越性。用此法可实现配料的自动化，便于电子计算机集中控制与管理，配料的动态精度可高达0.5%～1%，为稳定烧结作业和产品成分创造了良好条件。我国新建和技术改造后的烧结厂基本都采用这种配料法。

在国外有的烧结厂开始采用X射线荧光分析仪分析混合料中的各种化学组成，并且通过电子计算机控制混合料化学成分的波动，实现烧结厂较为理想的按原料化学成分配料的方法。

6.2.2　影响配料准确性的因素分析

影响烧结配料准确性的因素可归纳为以下三个方面：

（1）原料条件。包括原料条件的稳定性、原料粒度和水分等，对配料的准确性都有不同程度的影响。烧结用料品种多、来源广、成分杂，若事先未经很好混匀，其成分波动是很大的。原料粒度的变化使堆积密度发生变化，特别是当原料粒度范围大时，会使圆盘给料机在不同时间的下料量出现偏差。当采用容积配料时，影响更大。原料水分的波动，不仅影响堆积密度，还影响圆盘给料的均匀性，使配料的准确性变差。

（2）设备状况。安装给料机时，如果圆盘中心与料仓中心不吻合或盘面不水平会使圆盘各个方向下料不均匀；盘面的粗糙程度将影响其与物料间的摩擦力，盘面光滑时会出现物料打滑现象，下料时有时无，特别是物料含水分高时，其摩擦系数更小，配料的误差更大。

（3）操作因素。矿槽料位不断变化，引起物料静压力变化。随着物料静压力的下降，物料给出量减少；当原料中有大块物料或杂物时，会使料流不畅，以至堵塞圆盘的出料闸门。所以，在料槽中装设料位计，料线低时就发出信号，指挥进料系统自动进料，以保持料位的稳定。此外，配料操作人员的技术水平对配料准确性的影响就更大了。

6.2.3　烧结配料计算

烧结配料计算的目的是在已知的供料条件下，按照高炉冶炼对烧结矿质量指标的要求，正确地确定各种原料的配比。烧结配料计算的方法有几种，可根据用途和对计算所要求的精确程度选择。常用的有简易理论计算法和现场经验计算法。这里只介绍简易理论法。

简易理论计算的基本原则是，根据“物质守恒”原理，按照对烧结矿主要化学成分的要求，列出相应的平衡方程式，然后求解。为此，须具备下述基本条件：

（1）计算所使用的原燃料要有准确的化学全分析，并将其中的元素分析按其存在形态折算成相应的化合物含量；各化合物含量要调整为100%；

(2) 有烧结试验或生产实践所提供的有关经验数据(如燃料配比和烧结脱硫率等);

(3) 给出产品烧结矿质量指标。

根据这些参数和原料条件及要求可分别列出下列方程。

按 Fe 的平衡列方程(以单位质量的烧结矿计):

$$w(\mathrm{Fe})_{烧} = \Sigma w(\mathrm{Fe})_{i} \times i$$

按 FeO 的平衡列方程:

$$\Sigma a_{i} \times i - 1 = \frac{1}{9}[w(\mathrm{FeO})_{烧} - \Sigma w(\mathrm{FeO})_{i} \times i]$$

按碱度平衡列方程:

$$R_{烧} \times \Sigma w(\mathrm{SiO_2})_{i} \times i = \Sigma w(\mathrm{CaO})_{i} \times i$$

按 MgO 平衡列方程:

$$w(\mathrm{MgO})_{烧} = \Sigma w(\mathrm{MgO})_{i} \times i$$

式中 $w(\mathrm{Fe})_{烧}$,$w(\mathrm{FeO})_{烧}$,$w(\mathrm{MgO})_{烧}$——烧结矿中所要求的 Fe、FeO 和 MgO 含量;

$R_{烧}$——要求的烧结矿碱度;

i——单位质量烧结矿的有关原料用量(如矿粉、石灰石、白云石及燃料等);

$w(\mathrm{Fe})_{i}$,$w(\mathrm{CaO})_{i}$,$w(\mathrm{SiO_2})_{i}$,$w(\mathrm{FeO})_{i}$——各原料中相应成分的含量;

a_{i}——各有关原料的残存量(不包括还原和氧化而引起氧的变化的残存量)。

列出的方程式数应与要求解的未知数相等。为了简化计算,有些原料的用量可根据经验或简单的计算预先确定(如燃料、白云石等)。现举例说明如下:

(1)已知条件:原燃料成分及粒度见表 6-1、6-2,要求生产 $w(\mathrm{TFe}) = 55\%$,$w(\mathrm{CaO})/w(\mathrm{SiO_2}) = 1.8$,$w(\mathrm{FeO}) = 8\%$ 的烧结矿,脱硫率为 60%,$w(\mathrm{MgO}) = 2.5\% \sim 3.5\%$。

表 6-1 原燃料的化学成分(w/%)

原料名称	TFe	Mn	P	S	Fe_2O_3	FeO	SiO_2	Al_2O_3
矿粉一	62.36	0.54	0.09	0.16	83.20	5.30	2.30	0.90
矿粉二	57.77	0.23	0.07	0.13	75.30	6.50	6.83	2.50
矿粉三	55.11	0.46	0.06	0.67	73.50	4.70	7.37	2.95
石灰石	1.08			0.064	1.54		1.44	0.57
白云石	2.87			0.048	4.10		5.74	1.45
燃料灰分	5.74				8.20		56.40	26.10

原料名称	CaO	MgO	MnO	P_2O_5	FeS_2	SO_3	烧损	Σ	水分
矿粉一	1.00	0.90	0.70	0.20	0.30		5.20	100	6
矿粉二	1.90	0.70	0.30	0.17	0.25		5.55	100	7
矿粉三	2.50	1.00	0.60	0.13	1.25		6.00	100	5
石灰石	52.48	2.12				0.16	41.69	100	3
白云石	30.92	17.19				0.12	40.48	100	3
燃料灰分	7.30	2.00						100	

表 6-2　燃料工业分析(%)

燃料名称	固定碳	灰　分	挥发分	全　硫	水　分
燃　料	82.98	13.59	2.50	0.93	15

(2)确定原料(干料)用量：以 100kg 烧结矿为计算单位，根据原料供应情况或生产经验，规定矿粉三用量 20kg，白云石 10kg，燃料 6kg。假设混矿粉一用量为 $x$kg，矿粉二为 $y$kg，石灰石为 $z$kg。

首先计算各种原料在烧结过程中的残存量(即进入烧结矿的百分数，计算考虑了脱硫率，未考虑因还原或氧化反应而损失或增加的氧量)。

矿粉一 $=100-(5.20+0.16\times0.6)=94.70\%$

矿粉二 $=100-(5.55+0.13\times0.6)=94.37\%$

矿粉三 $=100-(6.00+0.67\times0.6)=93.60\%$

石灰石 $=100-(41.69+0.064\times0.6)=58.27\%$

白云石 $=100-(40.48+0.048\times0.6)=59.49\%$

燃料 $=13.59+0.93\times0.4=13.96\%$

再按烧结矿的质量要求列方程。

①按铁平衡列方程：

$$\frac{1}{100}(62.36x+57.77y+55.11\times20+2.87\times10+5.74\times0.1359\times6+1.08z)=55$$

整理得：

$$0.6236x+0.5777y+1.08z=43.64 \tag{6-1}$$

②按碱度平衡列方程：

$$\frac{1.00x+1.90y+2.5\times20+7.3\times0.1359\times6+30.92\times10+52.48z}{2.3x+6.83y+7.37\times20+56.4\times0.1359\times6+5.74\times10+1.44z}=1.8$$

整理得：

$$-3.14x-10.398.77y+49.89z=86.27 \tag{6-2}$$

③按 FeO 平衡列方程：烧结过程中 FeO 的变化是由氧的得失引起的。氧的得失可从两个方面考虑。一方面考虑到烧结过程中铁氧化物的还原或分解时，生产 100kg 烧结矿氧的损失应该为：

$$\frac{1}{100}(94.70x+94.37y+93.6\times20+13.96\times6+58.27z+59.49\times10)-100$$

$$=0.947x+0.9437y+0.5827z-74.49 \tag{6-3}$$

另一方面，根据各种原料带入的 FeO 量与烧结矿要求的 FeO 含量计算其氧的损失。分析如下：Fe_2O_3 还原成 FeO 时，损失的含量根据以下反应式计算：

$$Fe_2O_3 = 2FeO+\frac{1}{2}O_2$$

即对于 1kg 的 FeO，损失 $\frac{16}{72\times2}=\frac{1}{9}$kg 氧。按要求烧结矿中 FeO 为 8%，则损失的氧量为：

$$8\times\frac{1}{9}\ \text{kg/100kg 烧结矿}$$

但原料中含有一部分 FeO，因此实际损失的氧为：

$$\frac{1}{9}\left(8.0-x\frac{5.3}{100}-y\frac{6.5}{100}-20\times\frac{4.7}{100}\right)=0.78-0.0059x-0.0072y \tag{6-4}$$

显然，式(6-3)与式(6-4)相等，所以根据氧的平衡得到方程：

$$0.9529x + 0.9509y + 0.5827z = 75.27 \tag{6-5}$$

将式(6-1)，式(6-2)，式(6-5)联立求解得：

$$x = 38.8\text{kg}$$
$$y = 33.45\text{kg}$$
$$z = 11.14\text{kg}$$

(3)计算烧结矿成分(见表6-3)，并校核有关指标。

表6-3　烧结矿成分计算表

原料名称	用量/kg	TFe		Mn		P		S		Fe_2O_3	FeO
		%	kg	%	kg	%	kg	%	kg	kg	
矿粉一	38.8	62.36	24.2	0.54	0.21	0.09	0.04	0.16	0.06		
矿粉二	33.45	57.77	19.32	0.23	0.077	0.07	0.02	0.13	0.04		
矿粉三	20	55.11	11.02	0.46	0.092	0.06	0.01	0.67	0.13		
石灰石	11.14	1.08	0.12					0.064	0.01		
白云石	10	2.87	0.29					0.048	0.01		
燃料灰分	6	0.78	0.05						0.06		
合计	119.39	55		0.379		0.07		0.12		69.68	8

原料名称	用量/kg	CaO		MgO		SiO_2		Al_2O_3		MnO	P_2O_5	S/2
		%	kg	%	kg	%	kg	%	kg	kg	kg	kg
矿粉一	38.8	1.00	0.39	0.90	0.35	2.30	0.89	0.90	0.35			
矿粉二	33.45	1.90	0.64	0.70	0.23	6.83	2.29	2.50	0.84			
矿粉三	20	2.50	0.5	1.00	0.20	7.37	1.47	2.95	0.59			
石灰石	11.14	52.48	5.85	2.12	0.24	1.44	0.16	0.57	0.06			
白云石	10	30.92	3.09	17.19	1.72	5.74	0.57	1.45	0.15			
燃料灰分	6	7.30	0.06	2.00	0.02	56.40	0.46	26.10	0.21			
合计	119.39	10.53		2.76		5.84		2.26		0.5	0.16	0.06

① 脱硫率为60%

② $w(Fe_2O_3) = [w(TFe) - w(FeO)_{FeO}] \times \frac{160}{112} = \left(55.0 - \frac{8.0 \times 56}{72}\right) \times \frac{160}{112} = 69.68(\text{kg})$

③ $w(P_2O_5) = 0.07 \times \frac{142}{62} = 0.16(\text{kg})$

④ $w(MnO) = 0.379 \times \frac{71}{55} = 0.5(\text{kg})$

校核：烧结矿碱度 $R = \frac{w(CaO)}{w(SiO_2)} = \frac{10.53}{5.84} = 1.8$

$w(TFe) = 55\%$

$w(MgO) = 2.76\%$

烧结矿质量 = 99.83kg

以上数据表明计算正确。

(4)配料皮带上料量的计算：已知两台105m^2烧结机，利用系数1.5t/(m^2·h)，作业率90%，配料皮带速度为95m/min。

由配料计算结果和原料水分含量可求得生产100kg烧结矿的湿料质量为：

$$\frac{38.8}{1-0.06}+\frac{33.45}{1-0.07}+\frac{20}{1-0.05}+\frac{11.14}{1-0.03}+\frac{10}{1-0.03}+\frac{6}{1-0.14}$$

$$=41.277+35.9677+21.05+11.4845+10.31+6.98=127.0692\text{kg}$$

两台烧结机每小时需湿料量为：

$$1.5\times105\times2\times0.9\times127.0692\times1000/100=360241.182\text{kg}$$

所以每米配料皮带的上料量为：

$$\frac{360241.182}{60\times95}=63.2\text{kg}$$

每米皮带各种物料的上料量为：

矿粉一 $=63.2\times41.277/127.0692=20.53(\text{kg})$　或　32.5%

矿粉二 $=63.2\times35.9677/127.0692=17.89(\text{kg})$　或　28.3%

矿粉三 $=63.2\times21.05/127.0692=10.47(\text{kg})$　或　16.6%

石灰石 $=63.2\times11.4845/127.0692=5.71(\text{kg})$　或　9.0%

白云石 $=63.2\times10.31/127.0692=5.13(\text{kg})$　或　8.14%

燃料 $=61.2\times6.98/127.0692=3.36(\text{kg})$　或　5.3%

6.3　混合料制备

6.3.1　配合料混合的目的与要求

配合料混合的主要目的是使各组分分布均匀，以利烧结并保证烧结矿成分的均一稳定。在物料搅拌混合的同时，加水润湿和制粒，有时还通入蒸汽预热，改善烧结料的透气性，促使烧结顺利进行。

为获得良好的混匀与制粒效果，要求根据原料性质合理选择混合段数。目前生产中采用的有一段混合和两段混合，有的还有三段混合。一段混合混匀、加水润湿和粉料成球在同一混料机中完成，由于时间短、工艺参数难以合理控制，特别在使用热返矿的情况下，制粒效果很差。而且我国是以细精矿为主，对混匀与制粒的要求都很高，一段混合不能满足要求。因此，大中型烧结厂均采用两段混匀流程和三段混合流程：一段混合主要是加水润湿、混匀，使混合料的水分、粒度和料中各组分均匀分布；当使用热返矿时，可以将物料预热；当加生石灰时，可使 CaO 消化。二段混合除继续混匀外，主要作用是制粒，还可通蒸汽补充预热，提高混合料温度；三段混合主要进行外裹煤。

6.3.2　影响混匀与制粒的因素

混匀与制粒均在圆筒混合机中进行。配合料进入混合机后，物料随混合机旋转，在离心力、摩擦力和重力等作用下运动，各组分互相掺和混匀；与此同时，喷洒适量水分使混合料润湿，在水的表面张力作用下，细粒物料聚集成团粒，并随混合机转动而受到各种机械力的作用，团粒在不断的滚动中被压密和长大，最后成为具有一定粒度的混合料。

6.3.2.1　原料性质的影响

物料的黏结性、粒度和密度都影响混匀与制粒效果。黏结性大和亲水性强的物料易于制粒，但难于混匀。一般褐铁矿与赤铁矿粉比磁铁矿粉制粒要容易些，粒度差别大的物料，在混合时易产生偏析，故难于混匀，也难于制粒。在粒度相同的情况下，多棱角和形状不规则的物料比圆滑的物料易于制粒。物料中各组分间密度相差悬殊时，由于随混合机回转被带到的高度不同，密度大的物料上升高度小，密度小的物料则相反，在混合时就会因密度差异而形成层状分布，因而也不利于混匀和制粒。

6.3.2.2 加水量和加水方法

混合料的适宜水分值与原料亲水性、粒度及孔隙率的大小有关。一般情况下，磁铁矿最小，约6%～10%，赤铁矿居中，为8%～12%，褐铁矿最高，可达24%～28%。当配合料粒度小，又配加高炉灰、生石灰时，水分可大一些。反之则应偏低一些。如图6-5所示，水分的波动范围应严格控制在±3%以内。

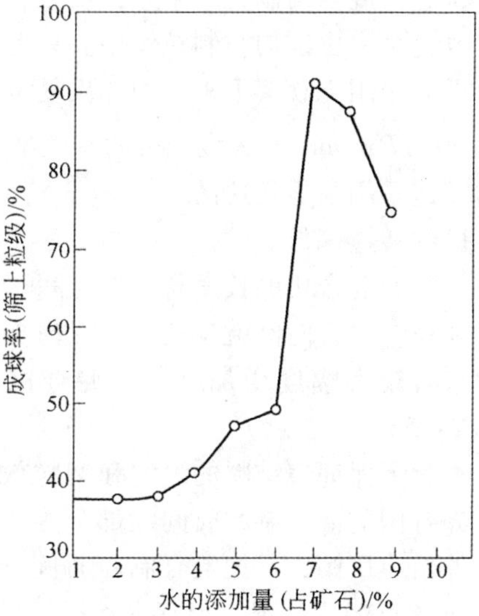

图6-5 物料成球性与含水量的关系

混合料加水方式与加水地点是改善混合料混匀效果与制粒效果的重要措施之一。混合机加水必须均匀，注意将水直接喷在料面上，如喷在混合机壁或筒底上，将造成混合料水分不均匀，且筒壁黏料。加水方式由柱状改为雾化加水，加大加水面积，有利于均匀加水，有利于母球长大。

加水方法对混匀与制粒的影响也很大。应遵循尽早往烧结料加水的原则，使物料的内部充分润湿，增加内部水分，这对成球有利。目前采用热返矿和两段混合，加水常分三段：

(1) 返矿打水。返矿打水的目的是降低返矿温度，稳定混合料水分，有利于提高混匀与制粒效果，促进热交换。往返矿中打水，可在两个位置选择。从有利于制粒考虑，宜在返矿皮带上打水，使高温返矿不直接进入一次混合机，使返矿得到充分润湿，为制粒创造了良好条件；也可在返矿进入一段混合机的漏斗前打水，返矿的热量能得到较充分利用，有利于提高混合料温度，劳动条件比前者要好。但因返矿温度降低和润湿程度均较差，混合料成球后，会引起水分剧烈蒸发而使小球碎裂。

(2) 一段混合机中加水。其目的是使混合料得到充分润湿，接近于造球的适宜水分，为二段混合机造球做准备。

(3) 二段混合机中加水。此处只是根据混合料水分的多少进行调节、补充加水，以保证有更好的成球条件，并促进小球在一定程度上长大。补加水分一般不超过总水量的20%。

另外，应在混合机进料端加水，并力求均匀稳定，将水直接喷在料面上，以利于更好成球，避免圆筒内壁黏料，破坏料的运动轨迹。

6.3.2.3 返矿质量与数量

返矿粒度较粗，具有疏松多孔的结构，可成为混合料的造球核心。在细精矿混合时，上述作用尤为突出。返矿粒度过大，易产生粒度偏析而影响混匀和制粒，适宜的返矿粒度上限，应控制在5～6mm；返矿粒度过小，往往是未烧透的生料，起不了造球核心的作用。返矿温度高，有利于混合料预热，但不利于制粒，适量的返矿量对混匀和造球都有利。

6.3.2.4 圆筒混合机工艺参数

主要工艺参数有：

(1) 混合机的倾角。此倾角决定物料在混合机中的停留时间。倾角越大，物料混匀与制粒效果越差。一般用于一段混合的倾角应小于2°，用于二段混合的倾角应不小于1.5°。

（2）混合机的转速。混合机的转速决定着物料在圆筒中的运动状况，而物料的运动状况也影响混匀与制粒效果。转速过小，筒体所产生的离心力较小，物料带不到一定的高度，形成堆积状态，混匀与制粒效果差；反之，若转速过大，产生的离心力太大，使物料紧贴于筒壁上，以致完全失去混匀与制粒作用。只有转速适当，物料在离心力作用下带到一定高度，而后在自身重力作用下跌落下来，如此反复滚动，才能达到最佳的混匀与制粒效果。混合机的临界转速为 $30/\sqrt{R}$ r/min（R 为混合机的有效半径，m；有效半径 = 实际半径 - 0.05m）。一般一段混合机的转速采用临界转速的0.2～0.3倍，二段混合机采用临界转速的0.25～0.35倍。目前我国混合机的转速偏低。

（3）混合机的长度与制粒时间。混合机的长度与倾角共同决定混合时间。倾角一定，混合机加长，混合时间就延长，对混匀与制粒有利。目前新建烧结厂和老厂改造后，混合机长度比原来有较大幅度增加。一段混合机长度达9～14m，二段达12～18m，宝钢分别达到17m和24.5m。

为了保证烧结料的混匀和制粒效果，混合过程应有足够的时间。20世纪70年代初以前，世界各国的混合制粒时间大部分为2.5～3.5min，即一段混合1min，二段混合1.5～2min。国内外新建厂则大都把混合制粒时间延长至4.5～5min或更长。生产实践证明混合制粒时间在5min之前效果明显。但日本釜石厂的混合制粒时间达9min。

（4）混合机的填充系数。填充系数是指圆筒混合机内物料所占圆筒体积的百分率。当混合时间不变，而填充系数增大时，可提高混合机的产量，但由于料层增厚，物料运动受到限制和破坏，因而对混匀制粒不利；填充系数过小，不仅生产率低，而且物料间相互作用小，对制粒也不利。一般认为，一段混合的填充系数为15%左右，二段混合比一段混合低些。

6.3.3　强化混匀与制粒的措施

国外烧结厂都相当重视混合造球作业，也进行了相当多的研究工作。这是因为只有将所烧结的原料制成具有足够强度的小球，才能促进固体燃料充分燃烧并使各种原料参与反应，使烧结矿产量高、质量好、能耗低，且环保又能得到改善。因此，加强混合料的混合造球作业是改善烧结过程的一项强有力的措施。

国外烧结厂都相当重视混合造球作业，也进行了相当多的研究工作。这是因为只有将所烧结的原料制成具有足够强度的小球，才能促进固体燃料充分燃烧并使各种原料参与反应，使烧结矿产量高、质量好、能耗低，且环保又能得到改善。因此，加强混合料的混合造球作业是改善烧结过程的一项强有力的措施。

6.3.3.1　延长混合造球时间

20世纪70年代初以前，无论是日本还是其他国家，所采用的混合造球时间大部分为2.5～3.5min，有的甚至只有30～40s。而国外最近新建的厂，无论是采用一、二段混合合并型还是一、二段混合分开型，比如日本的室兰6号机、大分2号机、君津3号机、若松1号机以及澳大利亚堪培拉港3号机，混合造球时间都增加至5min左右（分开型为：一段混合2min，二段混合3min）；英国的雷文斯克雷格3号机及德国的施韦尔根2号机增加至4.5min。之所以这样，是因为混合造球效果在5min之前最显著。

与此同时，澳大利亚、前苏联一些厂在研究提高现有圆筒混合机的转速、充填率方面取得了一些成果，使成球率和料层透气性得到提高。此外，也有一些厂采用变速电动机调整圆筒混合机的转速。

6.3.3.2 寻求高效率的混合机

为了寻求高效率的混合机，前苏联一些烧结厂还在研制和试验其他结构形式的造球机，如水平圆盘式造球机、“套筒式”圆筒造球机等。前捷克斯洛伐克进行了混合料振动造球的研究。而法国席尔斯厂新建的393m^2 的机上冷却烧结机，采用了两台同轴圆筒混合机串联安装，倾角为3°。

6.3.3.3 控制添加水量，改进加水方式

添加到混合料中的水量对混合料的成球质量及其透气性有很大的影响。不同混合料其加水量也不一样。关键是把水量限制在一个最佳的范围内。铁矿粉烧结，混合料最佳水分量一般大约为混合料最大透气性时水分量的90%。因此，或按照接近最佳混合料水分量生产，烧结矿既能增产，质量也会得到改善。据报道，英国钢铁公司康塞特(Consett)烧结厂，控制混合料的水分增产约40%，且烧结矿质量也有所提高。因此，近年国外很多厂都对一、二混合加水量进行自动控制，以保证烧结混合料的最佳水分。

6.3.3.4 预先制粒法

改善以细粒级原料为主的烧结混合料透气性的方法之一，是将细粒组分预先制粒，然后再将其与粗粒组分混合。日本许多厂将高炉灰、烧结粉尘或与细粒精矿添加大约3%的皂土，制成2~8mm的小球送至二次混合机。烧结机利用系数提高10%左右，固体燃耗减少。前苏联研究了一种细粒精矿添加生石灰预先制粒的方法，应用于600mm的料层厚度烧结中，烧结机利用系数可达1.83t/(m^2·h)，燃耗降低15%~20%，小于5mm粉末减少10%~20%。

6.3.3.5 添加黏结剂

在细精矿烧结时，添加适量的黏结性物料，如消石灰、生石灰，这些黏结剂粒度细，比表面大，亲水性好，黏结性强，能大大改善烧结料的成球性能，既可加快造球速度，又能提高干、湿球的强度与热稳定性。生石灰遇水消化成为消石灰$Ca(OH)_2$后，不仅能形成胶体溶液，而且还有凝聚作用，使细粒物料向其靠拢，形成球核，在混合中经反复滚动压密，球粒不断长大并且有一定的强度。

6.3.3.6 采用磁化水润湿混合料

水经过适当强化的磁场磁化处理后，其黏度减小，表面张力下降，而有利于混合料的润湿和成球。在此条件下，加于物料中的水分子能够迅速地分散并附着在物料颗粒表面，表现出良好的润湿性能，在机械外力的作用下，被水分子包围的颗粒与未被水分子润湿的干颗粒之间的距离缩小，水分子的氢键把它们紧紧地连接在一起，强化造球。

6.3.4 混匀效果

混匀效果表示混匀前后混合料中各组分波动幅度的变化结果，波动越小，效果越好。衡量混匀效果有两种方法。

(1) 混匀效率：

$$\eta = \frac{K_{最小}}{K_{最大}} \times 100\% \tag{6-6}$$

式中 $K_{最小}$，$K_{最大}$——分别表示所取试样均匀系数的最小值与最大值；

η——混匀效率，此值愈接近100%，表示混匀效果越好。

K值可用下式求出：

$$K_1 = \frac{C_1}{C};K_2 = \frac{C_2}{C};K_3 = \frac{C_3}{C}\cdots K_n = \frac{C_n}{C} \tag{6-7}$$

式中　K_1，K_2，…，K_n——各试样的均匀系数；

C_1，C_2，…，C_n——某一测定项目在所取试样中的含量，%；

C——某一测定项目在此组试样中的平均含量，%。

$$C = \left(\frac{C_1 + C_2 + \cdots + C_n}{n}\right)（n 为取样数目）$$

（2）平均均匀系数：

$$K' = \frac{\Sigma(K_d - 1) + \Sigma(1 - K_s)}{n} \tag{6-8}$$

式中　K'——平均均匀系数，此值愈接近于零，表示混匀效果越好；

K_d——各试样均匀系数中大于1.0的值；

K_s——各试样均匀系数中小于1.0的值；

n——试样数目。

先按式(6-7)计算出各种试样的均匀系数，然后再按式(6-8)计算一组试样的平均均匀系数。

前一种方法是对一组试样中最大偏差与最小偏差进行比较，因而不能全部说明试样情况，欠准确；后者是一组试样中所有的分析结果均参加计算，故更为全面、准确。

应当指出，混匀效果与混合前物料的均匀程度有关。以上两种方法是用于检查混合料混匀效果的质量指数，通常用于评价混合料中的铁、固定碳、氧化钙、二氧化硅、水分、粒度的混匀效果。

6.4　烧结操作制度

烧结操作制度主要包括布料、点火、抽风及烧结终点控制等内容。

6.4.1　布料要求与方法

从满足工艺要求考虑，布料包括布铺底料和布混合料两道工序。

6.4.1.1　布铺底料

在烧结台车炉箅上先布上一层厚20～40mm、粒径10～20mm、基本不含燃料的烧结料，称为铺底料。它的作用是将混合料与炉箅隔开，防止烧结时燃烧带与炉箅直接接触，既可保证烧好烧透，又能保护炉箅，延长其使用寿命，提高作业率。另外，铺底料组成过滤层，防止粉料从炉箅缝抽走，使废气含尘量大大减小，降低除尘负荷，提高风机转子寿命。铺底料还可防止细粒料或烧结矿堵塞与黏结箅条，保持炉箅的有效抽风面积不变，使气流分布均匀，减少抽风阻力，加速烧结过程。

铺底料一般从成品烧结矿中筛分出来，通过皮带运输机送到混合料仓前专设的铺底料仓，再布到台车上。因此，铺底料工艺只有采用冷矿流程才能实现。

6.4.1.2　布混合料

铺底料之后随即布混合料：

（1）按规定的料层厚度，沿台车长度和宽度方向布料，并使料面平整，无大的波浪和拉沟现象，特别是在台车拦板附近，应避免因布料不满而形成斜坡，加重气流的边缘效应，造成风的不合理分布和浪费。

（2）沿台车高度方向，混合料粒度、成分分布合理，能适应烧结过程的内在规律。理想的布料是：自上而下粒度逐渐变粗，含碳量逐渐减少，从而有利于增加料层透气性，并改善烧结矿质量，双层布料法就是据此提出来的。采用一般布料方法，只要合理控制反射板上料的堆积高度或由圆辊落到多辊布料器上的落料点，有助于产生自然偏析，也能收到一定效果。

(3) 保证布到台车上的物料具有一定的松散性，防止产生堆积和紧压。但在烧结疏松多孔、粒度粗大、堆积密度小的烧结料，如褐铁矿粉、锰矿粉和高碱度烧结矿时，可适当压料，以免透气性过好，烧结和冷却速度过快而影响成形条件和强度。

布料的均匀合理性，既受混合料槽内料位高度、料的分布状态、混合料水分、粒度组成和各组分堆积密度差异的影响，又与布料方式密切相关。

当缓冲料槽内料面平坦而料位高度随时波动时，因物料出口压力变化，使布于台车上的料时多时少，若混合料水分也发生大的波动，这种状况更为突出，结果沿烧结机长度方向形成波浪形料面；当混合料是定点卸于缓冲料槽形成堆尖时，则因堆尖处料多且细，四周料少且粗，不仅加重纵向布料的不均匀性，也使台车宽度方向布料不均。在料层高度方向，因混合料中不同组分的粒度和堆积密度有差异，以及水分的变化，布料操作的影响，会产生粒度、成分偏析，从而使烧结矿内上、中、下各层成分和质量很不均一，见表6-4。

表6-4 沿料层高度方向烧结矿质量的变化

部　位	台车取样深度/mm	烧结矿成分 $w/\%$					
		TFe	FeO	SiO_2	CaO	S	CaO/SiO_2
上　层	0～80	34.20	13.94	18.36	25.00	0.156	1.36
中　层	80～160	32.70	17.03	16.90	28.40	0.150	1.64
下　层	160～240	33.30	21.83	17.70	27.68	0.230	1.52

为了克服上述弊病，实现较理想的布料，应改进布料操作和方式。首先，要保持缓冲料槽内料位高度稳定和料面平坦，一般要求保持在1/2～2/3的料槽高度上。措施是：烧结机为多台布置时，必须保证每台的料槽能均衡进料，最好安装料位计，实现料位的自动控制。为避免机速变化时布料时松时紧，机速和布料机转速应实行联锁控制。在布料方式上，目前普遍采用的有圆辊布料机-反射板或多辊布料器、梭式布料机-圆辊布料机-反射板或多辊布料器两种。前者工艺简单，设备运行可靠，但因料槽料面不平坦，沿台车宽度方向布料的不均匀性难以克服，台车越宽，偏差越大，故只适用于中小型烧结机的布料。对于较大和新建烧结机，采用后一种布料方式的越来越多。梭式布料机把向缓冲料槽的定点给料变为沿宽度方向的往复直线给料，消除料槽中料面的不平和粒度偏析现象，从而大大改善台车宽度方向布料的不均匀性。表6-5、表6-6和图6-6反映不同布料方式的布料效果。本钢烧结厂生产表明，在梭式布料器运转时，台时产量提高3.4%。

表6-5 不同布料方式台车上混合料粒度的分布

取 样 位 置		左	中	右
大于10mm/%	梭式布料器固定	6.26	3.91	9.85
	梭式布料器运转	8.14	7.59	7.66
1～0mm/%	梭式布料器固定	45.01	41.61	40.70
	梭式布料器运转	46.62	45.13	47.87

表6-6 台车上混合料中碳含量的分布(%)

梭式布料器运转情况	台车上的位置			在料层中的位置		
	左	中	右	上	中	下
梭式固定	4.47	4.15	4.32	4.5	4.36	4.06
梭式运转	4.17	4.12	4.17	4.30	4.22	4.07

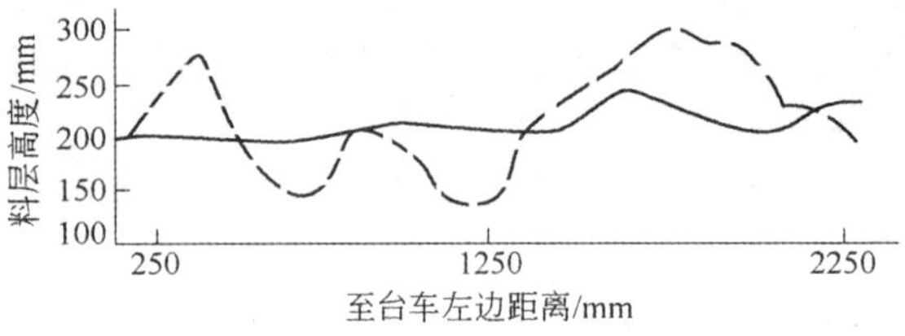

图6-6　不同布料方式的料面形状
——梭式布料器运行；-----梭式布料器固定

厚料层烧结时，在反射板或多辊布料器前安装一松料器（埋置于料层中），使下滑物料在松料器上受到阻挡，减轻料层的压实程度，对改善透气性有良好作用。

为了进一步改善布料效果，国外采用了一些新的布料方式，如乌克兰扎波罗什烧结厂使用电振动布料器，该布料器由带有齿形分流器的电振给料机和装料溜槽组成，既能使烧结料沿台车宽度方向均匀分布，又能使烧结料粒度和含碳量沿料层高度方向产生较大程度的偏析，从而实现较为理想的布料（见表6-7），不仅改善料层的透气性，还解决烧结料层上部热量不足，下部热量过剩的问题，使温度控制更加合理，烧结矿强度、利用系数得以提高，还原性改善。

表6-7　振动布料器布料烧结料层中碳含量与粒度分布

布料方式	含碳量/%						大于6mm粗粒级含量
	Ⅰ	Ⅱ	Ⅲ	Ⅳ	Ⅴ	Ⅵ	
振动布料	5.21	4.93	4.41	3.99	3.47	2.53	上层为5.5%，下层为61.3%
圆辊布料	4.52	4.46	4.27	4.18	3.77	3.47	上下层粗粒级含量相差20%

注：料层厚度为400mm，Ⅰ～Ⅵ为自上而下分层。

还有一种叫磁性圆辊布料机，它是在圆辊布料机内安装一固定的、由若干个交变极性的永久磁铁组成的磁性系统，它对烧结磁铁矿粉的布料很有效。与普通圆辊布料机相比，所获得的料层含碳量更接近于理想状态。

6.4.2　点火操作

烧结点火一是将表层混合料中的燃料点燃，并在抽风的作用下继续往下燃烧产生高温，使烧结过程得以正常进行；二是向烧结料层表面补充一定热量，以利于产生熔融液相而黏结成具有一定强度的烧结矿。

6.4.2.1　点火参数

点火参数主要包括点火温度和点火时间。点火温度既影响表层烧结矿强度，还关系到烧结过程能否正常进行。点火温度太低，表层烧结料得不到足够的热量，既使表层不能固结，下层着火也不好，料层温度低，结果烧结矿强度很差；点火温度过高，表层烧结料过度熔化，形成不透气的外壳，使垂直烧结速度降低，烧结矿还原性变坏，表层矿变脆。

点火温度的高低，主要取决于烧结生成物的熔融温度。虽然混合料的化学组成不同，烧结生成物的种类和数量也各异，但由于烧结过程总是形成多种生成物，因而烧结生产中点火温度一般差别不大。在厚料层操作条件下，点火温度在1000～1200℃之间，点火装置设保温炉并通废气保温时，可减少表层烧结矿因急冷而使强度下降的不利因素。

在点火温度一定时，点火时间长，点火器传给烧结料的热量多，可改善点火质量，提高表层烧结矿强度和成品率；点火时间不足，为确保表层烧结势必提高点火温度；点火时间过长，不仅表面易于过熔，还使点火料层表面处废气含氧量降低，不利于烧结。

点火时间与点火温度有关，即与点火供给的总热量有关，点火时间1min左右为宜，保温时间按 1 ~ 2min 选取。但随着烧结料层厚度的提高，机速减慢，为减少燃料消耗，有的烧结机已停用保温段。

6.4.2.2 点火燃料

烧结生产多用气体燃料，常用的气体燃料有焦炉煤气及高炉煤气与焦炉煤气的混合煤气。高炉煤气由于发热值较低，一般不单独使用，天然气可以用作点火燃料，极个别厂无气体燃料采用重油或煤作为点火燃料。为适应烧结点火燃料自动控制技术的要求，供烧结点火用的煤气热值和压力要尽可能稳定。

6.4.2.3 点火燃料需要量

烧结点火所需消耗的燃料与烧结混合料的性质、烧结机的设备状况以及点火热效率等有关。点火燃料需要量一般用下式计算：

$$Q = A_{效} q_{利} q \tag{6-9}$$

式中 Q——点火燃料需要量，kJ/h；

$A_{效}$——有效烧结面积，m^2；

$q_{利}$——烧结机利用系数，$t/(m^2 \cdot h)$；

q——每吨烧结矿的点火热耗，kJ/t。

此外，还可用混合料点火强度的经验值来计算点火燃料需要量。混合料点火强度是指烧结机单位面积的混合料在点火过程中所供给的热量。当选定点火强度后，即可按下式计算点火燃料需要的热量 $Q_{热}$：

$$Q_{热} = 60JvB_{顶} \tag{6-10}$$

式中 J——点火强度，kJ/m^2；

v——烧结机正常机速，m/min；

$B_{顶}$——台车顶部宽度，m。

计算得出点火所需热量 $Q_{热}$ 值后，用下式计算点火燃料需要量 $Q(m^3/h)$：

$$Q = \frac{Q_{热}}{H_{低}} \tag{6-11}$$

式中 $H_{低}$——点火燃料低发热值，kJ/m^3。

6.4.2.4 空气需要量

根据确定的实际点火温度 t 按下式求出理论燃烧温度 t_0：

$$t_0 = \frac{t}{\eta} \tag{6-12}$$

式中 η——高温系数，按 0.75 ~ 0.8 选取。

由点火燃料发热量 $H_{低}$ 和上式求得的理论燃烧温度 t_0，用燃烧计算图表查得对应的过剩空气系数 α，再根据 α 查出单位燃料燃烧的空气需要量 q_α，然后按下式计算出每小时空气需要量 Q_α：

$$Q_\alpha = Qq_\alpha \tag{6-13}$$

6.4.2.5 点火装置

点火装置的作用是使台车表层一定厚度的混合料被干燥、预热、点火和保温，一般点火装置可分为点火炉、点火保温炉及预热炉三种。目前新型点火炉配合使用的烧嘴有线式烧嘴、面式烧嘴和多缝式烧嘴及双斜式烧嘴等。

6.4.3　烧结过程的判断和调节

为保证烧结过程正常进行，要根据不断变化的情况，正确判断烧结作业，及时调节。其主要对象是点火温度、混合料水分、混合料固定碳含量及烧结终点。

6.4.3.1　点火温度的判断和调节

点火温度适当与否，可从点火料面状况等加以判断。点火温度过高(或点火时间过长)，料层表面过熔，呈现气泡，风箱负压升高，总烟道废气量减少；点火温度过低(或点火时间过短)，料层表面呈棕褐色或有花痕，出现浮灰，烧结矿强度变坏，返矿量增大。点火正常的特征：料层表面呈黑亮色，成品层表面已熔结成坚实的烧结矿。

点火温度主要取决于煤气热值和煤气空气比例是否适当。在煤气发热值基本稳定条件下，点火温度的调节是通过改变煤气空气配比来实现的。一般纯焦炉煤气与空气的比例为1:4～1:6;混合煤气与空气的比例，则视煤气成分而定。煤气空气比例适当时，点火器燃烧火焰呈黄白亮色；空气过剩呈暗红色；煤气过剩则为蓝色。

6.4.3.2　混合料水分和碳含量的判断与调节

混合料水分、混合料固定碳含量的稳定，是烧好烧透的前提条件。

混合料水分变化可从机头布料处直接观察，也可在检测仪表和料层上反映出来。水分过大时，圆辊布料机下料不畅，料层会自动减薄，料面出现鳞片状；点火时火焰发暗，外喷，料面有黑斑，负压升高；机尾烧结矿层断面红火层变暗，烧不透，强度差。水分过小时，点火火焰同样外喷，且料面出现浮灰，总管负压也升高，机尾断面出现“花脸”，烧不透，烧结矿疏散，返矿多。

燃料多少可从点火和机尾矿层断面判断。燃料多时，点火器后表层发红的台车数增多，即使点火温度正常，料面也会过熔发亮。燃料少时，点火器处料发暗，很快变黑；点火温度正常时，虽然表层有部分熔化，但结不成块，一捅即碎。机尾观察情况是：燃料多时，红层变厚发亮，冒蓝色火苗，烧结矿成薄壁结构，返矿少，炉箅有较严重的黏结现象。燃料过少时，红层薄且发暗，断面疏松，烧结矿气孔小，灰尘大，返矿多。从仪表上看，燃料多时，机尾段风箱废气温度升高，总管负压、终点温度都升高；燃料少时，废气温度下降，负压变化则不大。

当水分、碳量适当时，点火火焰能顺利抽入料层；台车离开点火器后，表层红至4号～5号风箱；机尾矿层断面整齐，结构均匀，无夹生料，红色层约占断面的1/2，台车卸矿顺利，不黏料，矿块强度好，粉末少。在料层厚度稳定的情况下，风箱及总管废气温度、负压只在很窄的范围内波动，烧结终点稳定。

当发现混合料水、碳量发生大的变化而影响正常烧结作业时，应与混料和配料岗位联系，对水分或燃料量进行调整。同时应考虑到调节的滞后过程，可临时采取调节料层厚度、点火温度和机速的措施与之大体适应。

6.4.3.3　烧结终点的判断与控制

烧结终点是烧结结束的时间点。正确而严格控制终点可充分利用烧结面积，提高产量，降低燃耗；还可保证获得优质的烧结矿和好的返矿。

烧结终点可根据以下反映判断：

(1) 机尾末端三个风箱及总管的废气温度、负压水平。当终点正常时，上述参数稳定在一个正常波动范围内。一般总管废气温度控制在110～150℃；三个风箱的废气温度、负压则有明显特征：在终点处，废气温度最高，一般可达350～400℃，前后相邻风箱的废气温度要低

20～40℃；负压则由前而后逐步下降，与前一个风箱比，依次约低1000Pa左右。这是由于终点前的风箱上料层还未烧透，而终点后的风箱上烧结矿已处于冷却状态了。所以，若总管废气温度降低，负压升高，倒数2号、3号风箱废气温度降低，最后一个风箱温度升高，3个风箱废气温度及负压均升高，则表示终点延后；反之，总管温度升高，负压下降，倒数第2号、1号风箱温度下降，三个风箱的负压都下降，表明终点提前。

（2）从机尾矿层断面看：终点正常时，燃烧层已抵达铺底料，无火苗冒出，上面黑色和红色矿层各约占2/3和1/3左右。终点提前时，黑色层变厚，红矿层变薄；终点延后则相反，且红层下沿冒火苗，还有未烧透的生料。

（3）从成品和返矿的残碳看：终点正常时，两者残碳都低而稳定；终点延后，则残碳升高，以至超出规定指标。

烧结终点控制是在保证料层不变的前提下，主要通过控制机速来实现。若终点提前，适当加快机速，终点滞后则减慢机速。机速调节幅度不宜过大，宜控制在±0.2m/min，机速调整间隔时间应大于20min。

6.5　烧结矿的处理

从烧结机尾台车上卸下的烧结矿块度较大（可达300～500mm），粒度很不均匀，大块中还夹杂着粉末或生料，温度高达750～800℃，不便运输贮存，不能满足高炉冶炼的要求，需将其冷却到150℃以下，并将大块破碎、粉末筛除，使粒度适宜。

6.5.1　烧结矿处理流程

现在普遍采用的是冷矿处理流程，并且在热烧结矿冷却后，再一次冷破碎和多段冷筛分，进一步整粒，图6-7和图6-8分别是武钢三烧整粒流程和宝钢烧结矿整粒流程图。

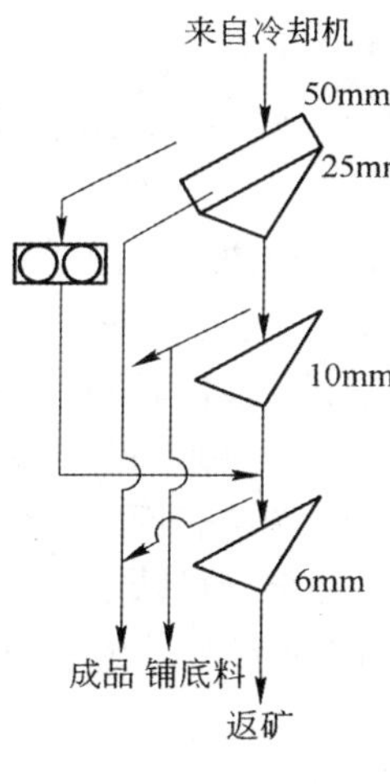

图6-7　武钢三烧整粒流程图

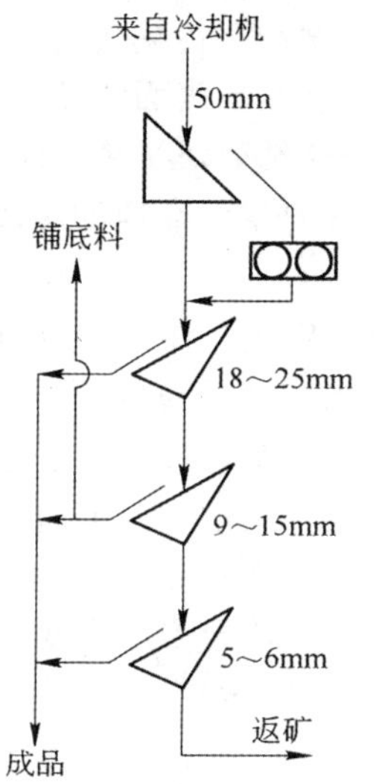

图6-8　宝钢烧结矿整粒流程图

6.5.2　烧结矿冷却的目的和要求

将机尾台车卸下的热烧结矿由卸矿温度强制冷却到低于130～150℃的冷烧结矿，其目的是：

（1）便于进一步对烧结矿破碎筛分、整粒，达到“小、净、匀”的要求。

（2）高炉使用经过整粒的冷烧结矿，炉顶温度降低，炉尘吹损减少，有利于炉顶设备的维护，延长使用寿命，为提高炉顶煤气压力、实现高压操作提供了有利条件。

（3）冷矿通过整粒便于分出粒度适宜的铺底料，实现较为理想的铺底料工艺。

（4）冷烧结矿可直接用皮带运输机运输，取消机车和运输车辆，免建铁路线，占地面积减少，厂区布置紧凑，节省大量设备和投资；烧结矿用胶带运输和向炉顶供料时，易于实现自动化，增大输送能力，更能适应高炉大型化的要求。

从工艺角度考虑，既要加快冷却速度，节省设备投资，提高烧结生产率，又要保证烧结矿强度不受影响，尽可能减少粉化现象。

从冷却介质来看，自然风冷和水冷都不可取。前者冷却速度太慢，冷却周期长，占地面积大，环境条件恶劣，现代化生产根本无法采用；后者冷却强度大，效率高，成本低，但因急冷使强度大大降低，尤其对熔剂性烧结矿，遇水产生粉化的情况更为严重，并且难于再行筛分。现在均采用强制风冷方式。为提高强制风冷的冷却效率，需从冷却机理着手分析，以便采取相应的工艺措施。

烧结矿的冷却有三种传热方式。在烧结矿表面，热量以传导、对流和辐射的方式传递给强制通过料层的空气，使表面温度降低；在内外温差的推动下，烧结矿块内部的热量又以传导的方式传递到表面。在烧结矿冷却条件下，对流传热和传导传热是主要的。

$$Q_{对} = \alpha F(t_{表} - t_{空}) \tag{6-14}$$

$$Q_{传} = \lambda F(t_{内} - t_{表})/d \tag{6-15}$$

式中　$Q_{对}$，$Q_{传}$——分别为对流和传导传热的传热量，kJ/h；

α，λ——分别为对流和传导传热的传热系数，kJ/(h·℃)；

F——烧结矿传热表面积，m^2；

$t_{表}$，$t_{内}$——烧结矿表面温度和内部温度，℃；

d——烧结矿块半径，m。

对流传热系数α是空气流速的函数，当烧结矿层孔隙率一定时，风量愈大，流速愈高，α也愈大。

当烧结矿温度一定时，在一定冷却时间内，冷却效果主要取决于烧结矿粒度、粒度组成和冷却风量与风速。当烧结矿粒度小、风量大、风速高时，矿块内部的热量能很快传到矿块表面；矿块表面的热量又及时被气流带走，不致引起内部传热的延迟和停滞。根据传热量计算，每吨烧结矿所需的冷却风量，对于抽风冷却和鼓风冷却分别接近4000m^3和3000m^3。风量一定时，烧结矿粒度显得更为重要。因为在足够的风量条件下，烧结矿表面的热量很容易被冷却气流带走，但由于烧结矿传导传热速度很慢，矿块内部热量不易传到矿块表面来，就会延长冷却时间，降低生产率。研究表明，烧结矿由750℃冷至100℃时所需的最少时间可按以下经验公式计算：

$$\tau = 0.15kd$$

式中　τ——冷却时间，min；

k——系数，根据筛分效率高低可取1.0～1.2；

d——烧结矿粒度上限，mm。

按上式计算结果，不同粒度的烧结矿所需的最少冷却时间为：

烧结矿粒度/mm	150	100	50
最少冷却时间/mim	23 ~ 30	15 ~ 23	7 ~ 10

因此，冷却前对大块烧结矿破碎是很必要的。为使烧结矿在 20 ~ 30mim 内从卸矿温度冷却至规定温度，烧结矿应该破碎到 150mm 以下，并使冷却机上布料均匀。

6.5.3 烧结矿的整粒

为改善烧结矿还原性和高炉料柱透气性，必须将烧结矿粒度上限控制到一个适当的水平，这与高炉大小有关。通常大中型高炉为 40 ~ 50mm，小型高炉 30 ~ 40mm。同时要严格控制粒度下限，对小于 5mm 的粉末，其含量越低越好，一般应低于 5%。其次，从改善铺底料质量，完善铺底料工艺出发，应在整粒过程中，分出适宜粒度的一部分成品烧结矿作为铺底料，其粒度范围一般在 10 ~ 20mm，虽然表面看来减少了入炉成品矿量，但由于铺底料在烧结过程中发挥的良好作用，反而促进了烧结矿产品质量的提高，最终为高炉提供了更好的条件。

基于上述要求，烧结矿一般在热破碎、冷却的基础上，还应再进行一次(国外有的厂进行两次)冷破碎和 3 ~ 4 次冷筛分，整粒流程如图 6-8 所示。我国宝钢等新建大中型烧结厂大体上都采用类似流程，只是各级粒度有些差异。基本过程是：首先将来自冷却机的烧结矿经一次筛分，分出大于 50mm 的大块，将其送入齿面对辊破碎机进行冷破碎。小于 50mm 的粒级再经多次筛分，分出成品、铺底料和返矿。冷破碎后的产品也并入一次筛分分出的小于 50mm 的烧结矿进入整粒系统。

为尽可能消除成品矿在最后贮存、转运过程中产生的粉末，在高炉槽下再进行一次筛分，筛下物返回烧结参加配料。

6.6 烧结工艺的进步及烧结新技术

6.6.1 烧结精料

高质量的烧结矿是高炉炼铁精料的保证。近些年来，烧结工作者改变了以往有什么料用什么料的传统做法，而是精心备料，对提高烧结矿质量起了重要作用。

(1) 适量进口富矿粉　根据各企业的具体情况，适量进口不同性质、不同价格的粉矿，不但可以提高烧结矿品位，还可以改善混合料粒度组成和成球性，为厚料层、低温烧结创造条件。

几种进口烧结用富矿粉的成分见表 6-8。

表 6-8　几种进口烧结用富矿粉性能

名　称	化学成分 w/%										
	Fe	SiO_2	Al_2O_3	CaO	MgO	TiO_2	Mn	P	S	K_2O+Na_2O	烧损	H_2O
澳哈粉	63.6	3.45	2.0	0.04	0.08	0.12	0.19	0.072	0.017	0.042	3.2	
巴西 SSF	64.2	5.10	1.0	0.02	0.03	0.08	0.20	0.045	0.007	0.013	1.5	
巴西高硅粉	60.0	12.0	0.80	0.02	0.02	0.04	0.10	0.035	0.004	0.011	1.0	
巴西 CJF	67.2	0.60	0.94	0.01	0.02	0.03	0.45	0.037	0.01	0.020	1.5	
澳 BHP 纽曼山粉	63.4	4.2	2.35	0.06	0.10	0.10	0.06	0.069	0.015	0.030	2.4	5.2
澳 BHP 哥粉	64.6	4.7	1.60	0.03	0.03	0.09	0.03	0.040	0.006	0.080	1.2	4.9
澳 BHP 扬迪粉	58.5	4.9	1.30	0.05	0.07	0.06	0.03	0.041	0.012	0.012	9.9	7.8
澳 BHP 混粉(70% 扬迪，30% 纽曼山)	60.0	4.7	1.61	0.06	0.08	0.07	0.05	0.049	0.013	0.020	7.4	7.0

续表 6-8

名　称	化学成分 w/%											
	Fe	SiO_2	Al_2O_3	CaO	MgO	TiO_2	Mn	P	S	K_2O+Na_2O	烧损	H_2O
印度果阿粉Ⅰ	67	1.2	0.9					0.05	0.010		—	8.0
印度果阿粉Ⅱ	65 ~ 66	2 ~ 2.5	2 ~ 2.5					0.06	0.020		—	6.0
印度果阿粉	62 ~ 65	3.0 ~ 3.5	3.0					0.05 ~ 0.06	0.02		—	6.0 ~ 8.0
印度果阿粉Ⅳ	56 ~ 58	6.0 ~ 7.0	5.0					0.05 ~ 0.08	0.02		—	8.0
南非 ISCOR 粉Ⅰ	65.72	3.39	1.23	0.102	0.04	0.051	0.03	0.050	0.012	0.22	—	<1.5
南非 ISCOR 粉Ⅱ	65.47	3.34	1.45	0.102	0.04	0.051	0.03	0.053	0.012	0.18	—	1.98

（2）优化烧结原料结构　优化烧结原料结构，实行物理性能、化学成分和烧结性能的合理配矿，淘汰质量差、价格高的品种，实现优质、高产、低成本。如宝钢提高南非粉矿配比，减少巴西粉矿，在保证烧结矿质量的基础上，大幅度降低了原料成本。南京钢铁公司等企业，部分使用从澳大利亚进口的罗布河褐铁矿粉做原料，实现了低温烧结新工艺。

（3）稳定原料化学成分和粒度组成　强调含铁原料入厂时化学成分的稳定性和粒度组成等质量指标。对外购铁精矿品位上限也应有一定要求，降低铁的标准偏差，稳定烧结矿化学成分。

（4）选择优质燃料和熔剂　使用含固定碳高，灰分、挥发分和硫含量低的煤做烧结燃料，可提高烧结矿品位和强度，并降低硫含量，还可减少烧结废气的排硫量，改善环境。强调生石灰的活性度和粒度，提高生石灰的强化制粒效果。

6.6.2　原料中和混匀与配矿自动化

以往只利用一次料场或精矿槽进行一些简单的混匀作业，混匀效果较差。自 1984 年 6 月马钢一烧建有堆取料机的混匀料场竣工之后，宝钢、唐钢、广钢、鞍钢、武钢等 20 多家企业又相继建成现代化混匀料场。

为提高混匀效率，采取了分小条多层堆料方式与分块(Block)堆料法；加强一次料场的管理，进行预配料并稳定预配料比例；减少端料并将端料返回重铺；保证铺料层数达 600 层以上；用滚筒式取料机或双斗轮取料机截取；对原料和混匀料进行机械化取样化验；用计算机进行控制等措施。中和混匀料的质量达到了较高的水平。

宝钢混匀矿堆 A39 与 B40 两堆中和料，铁的标准偏差为 0.384 ~ 0.442，SiO_2 标准偏差为 0.293 ~ 0.373。其生产的烧结矿，铁的标准偏差为 0.232 ~ 0.237，SiO_2 标准偏差为 0.082 ~ 0.084。1988 与 1989 年烧结矿质量指标见表 6-9。

表 6-9　宝钢烧结矿质量指标

年份	合格率/%	一级品率/%	稳定率/%			烧结矿化学成分 w/%							
			w(TFe) (±0.5)	$\frac{w(CaO)}{w(SiO_2)}$ (±0.05)	w(FeO) (±1)	TFe		FeO		SiO_2		(CaO)/(SiO_2)	
						$\bar{x}$	σ_{n-1}	$\bar{x}$	σ_{n-1}	$\bar{x}$	σ_{n-1}	$\bar{x}$	σ_{n-1}
1988	99.32	88.60	94.79	92.74	97.68	56.61	0.245	6.80	0.353	5.70	0.095	1.65	0.028
1989	99.69	91.18	95.53	94.83	97.20	56.40	0.256	6.41	0.355	5.67	0.087	1.70	0.029

配料工序是稳定烧结矿化学成分、提高质量的又一个重要环节。现各企业基本上实现了以电子秤或核子秤进行重量配料，配料误差从过去的5% ~10%降至1% ~2%，如果设备选型合理，加强维护和实物校对，其误差还可小于1%。在重量配料的基础上，不少企业又实现微机自动控制，使烧结矿成分进一步稳定。太钢实行自动配料后，烧结矿一级品率由50%提高到75%。

鞍钢新烧分厂采用德国生产的热返矿冲击秤，配合热返矿称量矿槽，对于控制和稳定热返矿量、稳定混合料水分和固定碳及烧结矿化学成分也起着重要的作用。

自采用冷却整粒工艺后，从配料到烧结矿成品取样化验，需要4 ~5h，给及时调整化学成分带来困难。为此，中南工业大学采用系统辨识法建立烧结矿化学成分预测模型，超前2h进行成分预报，其预报的命中率可达85% ~90%，为烧结化学成分的前馈控制建立了基础，并开发了自适应预报的以碱度为中心的智能控制系统，给出智能调整措施。东北大学利用前馈神经网络，建立了烧结矿化学成分超前预报模型，通过对现场实际运行数据分析表明，碱度的预测值与实际值比较，最大偏差值为0.1915，最小偏差值为0.0033，10级偏差数平均值为0.0723；对铁和氧化亚铁的预报偏差也较小，预报模型具有很好的预报结果和实际应用前景。

6.6.3 提高料层透气性，采用厚料层烧结

我国烧结原料以细粒精矿为主，料层透气性差，料层厚度较薄，烧结矿粉末多，强度低，还原性差，能耗高。自1978年起，首钢、本钢、鞍钢率先将料层厚度提高到300mm、340mm、375mm以后，全国各企业均相应采取措施，逐年提高料层，取得了明显的技术经济效果。到目前为止，年平均料层厚度超过500mm的有宝钢、首钢、鞍钢新烧、唐钢、太钢、重钢三烧、柳钢、济钢等企业，其中宝钢、太钢、柳钢、济钢等超过600mm。

提高料层厚度所采取的技术措施主要有：

(1) 优化原料品种结构，适量增加富矿粉，配用成球性好的原料。

(2) 使用生石灰、消石灰、轻烧白云石粉等强化剂；改善生石灰粒度，提高生石灰活性度，使用生石灰配消器，采用热水消化生石灰。

(3) 加强燃料的破碎，采用燃料分加工艺，减少下层燃料量。

(4) 改变混合机参数和结构，延长混料造球时间，提高成球率。

(5) 稳定混合料水分和碳含量，并采用低水、低碳操作。

(6) 采用橡胶衬板或含油稀土尼龙衬板做混合机内衬；采用雾化水、有机黏结剂(如丙烯酸酯等)等，强化混合料成球。

(7) 采用蒸汽预热混合料技术。

(8) 改善布料条件，松散混合料，采用松料器；加强燃料的合理偏析；减少表层的压料量；保证料层铺平铺满，减轻边缘效应。

(9) 适当降低1 ~4号风箱负压；加强表面点火和上部供热。

(10) 提高风机负压；减少烧结抽风系统的阻力损失；降低抽风系统的漏风率；采用合理的抽风制度。

(11) 严格控制烧结终点，稳定与提高冷、热返矿的质量。

(12) 降低事故率，采用各种自动化工艺，创造一个稳定生产的良好环境。

对于原料条件较差、装备水平较低且烧结机面积较小的中小企业来说，采用厚料层烧结的难度更大一些。以柳钢二烧2台50m^{2}烧结机为例，在短短的一年多时间里，采取许多技术和管理措施，把烧结料层厚度从1996年7 ~12月份的460mm提高到1998年1 ~9月份的598mm，

在保持垂直烧结速度基本不变的情况下，由于提高成品率而使烧结机利用系数提高0.194t/(m^2·h)，达到了1.626t/(m^2·h)，即提高13.5%；烧结矿FeO含量从11.40%降低到8.27%，还原性能大幅度改善；高炉返矿率从15.04%降低到12.34%；烧结矿燃料消耗、点火煤气消耗、电耗分别降低了12.14kg/t、29.0%、14.89kW/(h·t)；烧结厂环境大为改善；烧结与高炉冶炼年经济效益达3480万元。2000年6月在进一步强化混合料制粒和降低烧结机漏风率的情况下，结合采用预热—点火—热风烧结新工艺，将料层厚度稳定地提高到800mm以上，并获得了更好的技术经济效益。

6.6.4　均匀烧结

均匀烧结就是指台车上整个烧结饼纵截面左中右、上中下各部位的温度趋于均匀，最大限度地减少返矿和提高成品烧结矿质量。

左中右的不均匀性问题是混合料在矿槽内偏析造成的，主要依靠梭式布料器来解决。而上中下层的不均匀性则是由烧结过程的特点决定的。上层料层温度低，高温带窄，黏结相量不足，冷却快，玻璃质含量高，因而强度差、粉末多。下层则由于自动蓄热作用，料层温度高，高温带宽，烧结饼过熔化，氧化亚铁含量高，气孔度低，微气孔少，故还原性能差；有时甚至大量生成正硅酸钙，在冷却过程中由β-2CaO-SiO_2转变成γ-2CaO·SiO_2，体积膨胀10%，而造成烧结矿粉化。

处理上中下层温度差异的主要措施是在布料时让混合料产生合理偏析，即下层的粒度大于上层，而下层的碳含量低于上层，控制偏析的程度，即可达到均匀烧结的目的。在以往采用反射板，辊式布料器产生自然偏析的基础上，国外又开发出条筛溜槽布料、反吹风偏析布料、料流稳定器布料、电振布料、磁辊布料与强化筛分布料(ISF布料)等多种布料法。ISF布料装置已推广应用于日本新日铁，我国攀钢也引进了该技术。以日本广畑3号机为例，该装置为1台电动机通过挠性轴和齿轮驱动220根棒条转动，由于棒条筛的松散和分级作用，提高了料层透气性并增强了混合料粒度和碳的偏析。ISF与溜槽布料比较，透气性指数提高13.4%，火焰前沿速度加快3.1mm/min，各层烧结反应都处于较佳状态，成品率提高3.3%～3.8%，焦粉用量减少2.2～2.3kg/t，电耗降低1.6kW/(h·t)，还可减少废气中NO_x含量。

6.6.5　低温烧结法

低温烧结就是指控制烧结温度在1250～1300℃的范围内，适当增宽高温带，确保生成足够的黏结相的一种烧结新工艺。低温烧结矿中铁矿物以赤铁矿为主，且多呈原生颗粒状；黏结相以铁状交织结构的四元系铁酸钙(SFCA)为主，SFCA的一般结构式为$Ca_5Si_2(Fe, Al)_{18}O_{36}$。与普通熔融型(烧结温度大于1300℃)烧结矿比较，低温烧结矿具有强度高、还原性能好、低温还原粉化率低等特点，是一种优质的高炉炉料。

实现低温烧结需采取以下措施：

(1) 原燃料粒度要细，富矿粉粒度最好小于6mm，石灰石粉粒度最好小于2mm。

(2) 尽量提高优质赤铁富矿粉的配比。

(3) 烧结矿碱度以1.8～2.0较为适宜，SiO_2含量不低于4.0%、$w(Al_2O_3)/w(SiO_2)$为0.1～0.35。

(4) 在混合料充分混匀和强化造球的情况下，采用低碳厚料层操作工艺。

(5) 适当降低点火温度和垂直烧结速度。

北京钢铁研究总院与天津铁厂合作，进行了低温烧结工业试验结果如表6-10，烧结矿质量改善，高炉产量提高4%～9%，焦比降低6～15kg/t。

北京科技大学研究用100%的磁铁精矿进行低温烧结，当采取强化混合料制粒、燃料分加、低碳厚料层操作等技术措施，生产碱度为2.0的高碱度烧结矿时，虽然烧结矿FeO含量偏高，为9.4%(主要存在于磁铁矿中)，烧结矿中赤铁矿含量20%～25%，铁酸钙含量35%；转鼓指数(±6.3mm)达69%，还原度92.06%，低温还原粉化率(－3.15mm)23.8%；利用系数达1.8t/(m^2·h)，燃耗(标煤)降到37kg/t，取得了较好的技术经济指标。

表6-10 低温烧结工业试验结果

项目	料层厚度/mm	烧结层温度/℃	料层中1100℃以上保持时间/min	焦粉消耗/kg·t^{-1}	垂直烧结速度/mm·min^{-1}
低温烧结	380～400	1245～1276	5～7	49.36～50.4	16.63～16.93
普通烧结	350	1300～1337	4.7	58.24	18.36

项目	利用系数/t·(m^2·h)	烧结矿			
		w(TFe)/%	w(FeO)/%	$\frac{w(CaO)}{w(SiO_2)}$	转鼓指数(+5mm)/%
低温烧结	1.209～1.326	51.9～51.92	8.85～9.12	1.78	80.07～80.17
普通烧结	1.244	52.15	10.5	1.73	80.30

项目	烧结矿						
	筛分(－5mm)/%		矿物组成(体积)/%			低温还原粉化率(－3mm)/%	还原度/%
	出厂	沟下	赤铁矿	铁酸钙	硅酸盐		
低温烧结	4.86～6.61	7.76～7.83	7.0	43.5	11.0	7.60	73.43～85.51
普通烧结	7.08	7.89	2.0	14.0	23.0	7.37	69.20

6.6.6 热风烧结

热风烧结就是在烧结机点火器后面，装上保温炉或热风罩，往料层表面供给热废气或热空气来进行烧结的一种新工艺。热废气温度可高达600～800℃，也有使用200～250℃的低温热风烧结。热废气来源有煤气燃烧的热废气、烧结机尾部风箱或冷却机的热废气，也有用热风炉的预热空气。热风罩的长度可达烧结机有效长度的三分之一。

采用热风烧结工艺可增加料层上部的供热量，提高上层烧结温度，增宽上层的高温带宽度，减慢烧结饼的冷却速度，提高硅酸盐的结晶程度，减少玻璃质的含量和微裂纹，减轻相间应力，提高成品率和烧结矿强度。在相应减少固体燃料用量的同时，可提高烧结废气的氧位，消除料层下部的过熔现象，改善磁铁矿的再氧化条件，可降低烧结矿氧化亚铁含量，改善烧结矿还原性能。当烧结矿总热耗量基本不变时，重点是提高烧结矿强度，但料层阻力有所增加，需依靠提高成品率来维持烧结机利用系数不致降低。当适当降低总热消耗量时，可在保证强度不变的情况下，降低烧结矿氧化亚铁含量，改善烧结矿还原性能，且大量节省固体燃料用量，降低烧结矿成本和少量提高烧结矿品位。

鞍钢新烧分厂2台265m^2烧结机，采用鼓风环冷机二段的热废气进行烧结(一段350℃的高温热废气用于余热锅炉产生蒸汽)，原始热废气平均温度309℃，经掺入冷风调整与稳定后的热废气温度为252.5℃，热风用量为219400m^3/h。结果表明，由于大幅度降低了烧结矿固体燃料消耗，在保证烧结矿强度和返矿率基本不变的情况下，烧结矿FeO含量降低了1.2%，还原度提高了3.0%。

6.6.7 小球烧结与球团烧结法

我国大多数烧结厂都以细精矿物质为主要原料，鞍钢、本钢、包钢、太钢、酒钢、首钢等企业的部分烧结厂精矿粉率达80%以上，因而强化造球、提高烧结矿产质量尤为重要。

小球烧结和球团烧结法就是将烧结混合料用改进后的圆筒混合机或圆盘造球机制造出粒度为3～8mm或5～10mm小球，然后在小球表面再滚上部分固体燃料，布于烧结台车上点火烧结。由于料层透气性好，可大幅度提高料层厚度，再加燃料分布合理及燃烧条件的改善，可降低固体燃料消耗。烧结矿呈轻度熔融小球黏结的葡萄状结构，还原性能改善、强度提高，烧结机利用系数高，能耗低，经济效益显著。

该技术的关键是选择合适的造球设备和参数，确保足够的造球时间；控制好混合料水分，制造出粒度合格的小球；添加生石灰等强化剂，提高小球的强度以及采用合理的运输与布料设备，保证小球不被破坏并形成粒度与碳的合理偏析。

用该技术生产自熔性或高碱度烧结矿，都可以取得良好的技术经济效果。特别是生产酸性球团烧结矿，利用系数、强度与还原性能等指标较普通酸性烧结矿有较大改善，为高炉提供一种新型的酸性炉料。不同碱度球团烧结矿冶金性能见表6-11。

表6-11 不同碱度球团烧结矿冶金性能

碱 度	0.27	0.36	0.52	0.61	0.69
900℃还原度/%	48.5	56.8	69.3	78.8	69.0
低温还原粉化率(-3.15mm)/%	4.5	4.3	35.3	19.8	11.8
还原软化开始温度/℃	1088	1041	1043	1045	1058
还原软化终了温度/℃	1152	1156	1164	1176	1188

日本福山5号机采用球团烧结法(HPS法)主要是为了在烧结料中增加价格便宜、品位高、SiO_2含量低的细粒精矿的用量，最高配比可达40%～60%。混合料用直径为7.5m的圆盘造球机造出5～10mm的小球，经外滚焦粉后，在烧结机上预热干燥、点火和烧结，取得了提高烧结矿品位达58.22%、降低SiO_2含量至4.21%、提高还原度6.4%及降低成本的显著效果。

6.6.8 双层布料、双碱度料烧结与双球烧结

双层布料技术最早是作为均匀上下层烧结矿质量、降低能耗的一项重要措施，让上层的燃烧量高于下层。有时也将某些难烧的矿粉配入下层的混合料中以提高烧结矿产质量。后来又发展成为不同碱度的双层布料烧结，将高、低两种碱度(碱度为0.9和1.8)的混合料，分层布料，点火烧结，经过破碎、筛分后的烧结矿是高低两种碱度烧结矿的混合物，可以在一台设备上实现炉料结构的优化。该技术也曾用来处理高硫原料，提高烧结过程中的脱硫率，即将高硫原料配入低碱度烧结料中，布于下层，大幅度提高脱硫率，降低整个产物的含硫量。

日本鹿岛厂曾研究氧化钙分别制粒法，即双碱度料烧结。在2号烧结机增加一条配料造球生产线，用石灰石粉、澳大利亚富矿粉和轧钢皮配成高氧化钙料，经混合—圆筒造球后，以20%的比例与配入返矿和焦粉的80%的低氧化钙料混合进行烧结。1987年进行了工业试验与生产，工业试验得出，料层透气性改善，烧结负压降低0.45kPa，利用系数提高1.6%，低温还原粉化率(-3mm)从34.4%降低到28.7%，焦粉消耗降低0.3kg/t。1987年1～5月工业生

产指标与1986年9～11月比较，料层厚度从450mm提高到480mm，焦粉消耗降低4kg/t，JIS转鼓指数(+10mm)提高2%，JIS还原度提高2%，低温还原粉化率(-3mm)降低1%，高炉冶炼有一定效果。

1982年鞍钢钢研所开发了双球烧结新工艺。针对鞍钢东鞍山浮选精矿细而难以烧结的特点，结合鞍钢新开发出来的高碱度烧结矿加酸性氧化镁球团矿的新型炉料结构，采取合二为一的方法，在一台烧结机上将酸、碱两种小球混合烧结。工业试验结果证明，双球烧结矿具有高碱度烧结矿、自熔性烧结矿和酸性氧化镁球团矿三种微观结构，与普通自熔性烧结矿比较，具有产量高、能耗低、冶金性能优良等特点。

双球烧结的关键是碱性料中的石灰石粉和酸性料中的菱镁石粉必须细磨至小于0.5mm，最大限度地提高酸、碱球的成球率，减少-3mm部分，提高酸、碱球的强度，重点提高酸性球的强度，确保两种球在贮存、配料、外滚燃料和返矿以及运输布料过程中的破坏率最小；大量减少返矿。

6.6.9 改善烧结矿粒度组成的措施

（1）提高烧结矿强度，改善烧结矿粒度组成。采取优化烧结原料结构、稳定烧结操作指标、选择合理热工制度、生产高碱度烧结矿，实现厚料层烧结工艺等措施，减少烧结总产物中0～5mm与5～10mm部分。

（2）加强烧结矿的冷却与整粒。避免在冷却机后的皮带上打水，适当加大双齿辊破碎机的开口度，提高冷矿筛的筛分效率。

（3）减轻烧结矿从出厂到高炉矿槽的破碎。生产实践表明，转运过程增加的粉末(-5mm部分)量为2.6%～10.3%，高炉矿槽贮存增加的粉末量为3.3%～4.2%。因此，提高烧结矿强度、减少转运次数、降低转运落差、改进皮带漏嘴的形式和内衬等都可减少高炉槽下筛分前烧结矿粉末的含量。

（4）尽量避免建设烧结矿缓冲矿槽。武钢三烧与高炉矿槽之间有一个贮存量为3400t，贮存时间为7.5h的矿槽。由于增加转运次数，矿槽内落差高，烧结矿滚动挤压与自然风化，贮存3天后烧结矿粉末(-5mm)增加8.9%，贮存5天增加9.8%。高炉使用贮存矿明显减产。最好是加大高炉栈桥矿槽，而不专门设置缓冲矿槽。如必须设置缓冲槽，则应增设筛分装置。宝钢落地后的烧结矿取用时，其筛出的返矿量达25%左右。

（5）提高槽下振动筛筛分效率。槽下未经过筛分的烧结矿粉末(-5mm)量达10%以上，不宜直接入炉，因此大部分高炉槽下都设置有振动筛。筛分效率较高的振动筛有三轴传动的椭圆等厚筛和双层振动筛等。筛孔尺寸一般在4.5～7.0mm之间，选择较大的筛孔可以提高0～5mm部分的筛分效率，但将造成小粒烧结矿的损失，鞍钢10号高炉槽下振动筛筛缝为6.3mm，高炉返矿中+5mm部分达35%左右。

6.6.10 降低烧结矿低温还原粉化率的措施

烧结矿低温还原粉化率是影响高炉生产的重要因素，以往为了控制和降低烧结矿的低温还原粉化率，通常采取提高烧结矿中的FeO的含量和改变烧结原料组成等措施。但这些措施一方面受到资源等条件的限制；另一方面对烧结矿质量和品位有一定影响，使烧结生产和高炉生产燃耗增加。

烧结矿在低温条件下(500～550℃)还原之所以会产生粉化，其基本原因是在500℃左右时其中的赤铁矿还原成磁铁矿，体积发生变化，在烧结矿内产生内应力，进而形成裂纹，导致强度的减弱，在机械力的作用下产生粉化。烧结矿低温粉化的机理如下：

（1）初始还原与初始裂纹的形成　随着低温还原粉化试验的开展，向烧结矿料层通入还原气体时，那些可接触到还原气体的赤铁矿颗粒先被还原，造成体积膨胀，产生内应力。当产生的应力超过周围黏结相的断裂韧性时就会在黏结相内形成裂纹。

（2）裂纹扩展与进一步还原　裂纹的形成又促进了还原过程，因为还原气体可以通过裂纹到达其他相中新的赤铁矿颗粒，使它还原，即烧结矿得到进一步还原。而进一步还原又为裂纹的进一步扩展提供了能量。另外，由于在烧结工艺的冷却过程中，不同的矿相在不同的时间结晶，其热收缩系数大不相同，也有可能在烧结矿中产生残余应力，这种残余应力又会促使分支裂纹的扩展。在还原末期，尽管烧结矿的外形可能完整无缺，但其内部的龟裂程度却十分严重。

我国宝钢、攀钢、武钢等部分企业生产的烧结矿低温还原粉化率较高，一般小 3. 15mm 达 30% ~40%，接近日本全国的平均水平（ -3mm 部分为 36. 3%）。

宝钢对可能影响低温还原粉化率的 10 多个因素进行了两组多元线性回归分析，结果指出，在波动范围内，烧结矿的 Al_2O_3、TiO_2、MgO 含量、烧结机机速及烧结矿 SiO_2 含量、碱度等 6 项与低温还原粉化率有较强的相关关系。前四项是正相关，后两项是负相关。对烧结矿低温还原粉化率影响最大的因素是烧结矿 SiO_2、FeO 含量、点火煤气消耗和烧结机机速，其他的因素影响较小。降低烧结矿低温还原粉化率的措施是严格控制混匀矿中 TiO_2 和 Al_2O_3 的含量；提高烧结矿中 SiO_2 和 FeO 含量；适当提高机速，在保证烧好的前提下，使烧结终点后移；提高点火强度和提高机头、机尾风箱负压等。通过试验，将烧结料中蛇纹石的平均粒度从 2. 68mm 降到 1. 20mm，可使低温还原粉化率从 41. 4% 降到 35. 9%。

武钢二烧烧结矿 FeO 含量为 8% 左右时，其低温还原粉化率为 40. 15% ~43. 5%，给高炉冶炼带来影响。武钢开发了往烧结矿表面喷洒氯化钙溶液的新工艺，在成品皮带的头部安装可调张角的喷嘴，对喷嘴的数量、形式、张角和安装位置以及 $CaCl_2$ 溶液的浓度、数量和喷洒方式等进行了全面研究，1991 年转入正式生产。当喷洒浓度 3% 的 $CaCl_2$ 溶液时，低温还原粉化率平均降低 10. 78%，取样测定烧结矿水分仅为 0. 2%，高炉槽下烧结矿粒度组成无明显变化。攀钢、柳钢等企业也进行了喷洒 $CaCl_2$ 溶液的试验与生产。柳钢生产得出，烧结矿低温还原粉化率从 15% ~20% 降至 3% 以下，高炉增产 4. 6%，焦比降低 15. 3kg/t。

喷洒 $CaCl_2$ 时烧结矿是有一定温度的（100℃ 左右），此时喷上去的 $CaCl_2$ 溶液中的水分被蒸发，$CaCl_2$ 结晶成晶体吸附在烧结矿表面，形成一层薄膜。由于烧结矿为一种多孔状结构，其表面气孔很多，这些气孔恰是还原气体进入烧结矿内部还原其中 Fe_2O_3 的通道，黏附在烧结矿表面的 $CaCl_2$ 薄膜一方面阻碍了还原气体与烧结矿表面的接触，从而抑制了烧结矿表面的还原；另一方面 $CaCl_2$ 薄膜堵塞了还原气体进入烧结矿的通道，阻碍了烧结矿内部的继续还原，减缓了烧结矿的还原速度，从而降低了还原粉化率。研究表明，喷洒 $CaCl_2$ 只是吸附在烧结矿的表面，并没有发生化学反应，烧结矿在高炉内进入 600℃ 以上温度区时，$CaCl_2$ 便开始挥发，至 900℃ 时已全部挥发，所以对烧结矿的还原速度不会产生影响。

目前除采取以上十个方面的技术措施外，国内外还采用烧结使用复合熔剂；熔剂分加技术；混合料预压烧结；煤气无焰烧结；富氧点火；富氧烧结与富氧双层烧结等。

2005 年我国重点企业与典型地方骨干企业烧结矿产质量及主要技术经济指标列于表 6-12 与表 6-13。

表 6-12　不同企业 2005 年度烧结矿指标

钢　厂	烧结机台数×面积 /m^2	年产量 /t	利用系数 /$t\cdot(m^2\cdot h)^{-1}$	日历作业率 /%	成品率 /%	合格率 /%	料层 /mm	精粉率 /%	固体燃料消耗（标煤） /$kg\cdot t^{-1}$	点火煤气热值 /$GJ\cdot t^{-1}$
宝钢炼铁厂	3×495	17095242	1.371	96.40	74.70	100	710		47.64	0.0760
宝钢不锈炼铁厂	3×130	4123000	1.320	91.41	85.00	99.76	620	7.69	53.01	
鞍钢炼铁总厂	1×360	3657540	1.286	90.22		91.40	600	64.60	38.28	0.101
	2×265	5367800	1.311	88.17		91.62	650	57.06	38.13	0.0910
	4×90	2690800	1.127	75.70		90.83	600	63.88	40.16	0.109
鞍钢集团东鞍山	1×360	3678182	1.308	89.20		87.03	600	86.08	47.03	0.115
首钢炼铁厂	4×90	4073536	1.334	96.52	92.44	99.93	550	13.72	34.35	0.104
首钢矿业公司	6×97.5	7471820	1.586	91.95	75.08	99.59	647	63.62	40.00	6.24
武　钢	4×75	772742	1.193	42.42	86.23	97.06	600	13.71	44.99	0.0581
	1×360	3773568	1.324	90.34	86.59	98.23	696	11.56	47.16	0.0530
	2×435	7686397	1.2605	83.58	86.39	95.84	665	2.02	43.99	0.0607
马　钢	2×90	2520467	1.745	91.70	88.39	90.42		4.92	40.47	0.0790
	1×105	1494572	1.725	94.11	88.39	88.94	672	4.92	40.47	0.0790
	2×300	6490018	1.361	91.50	68.79	95.74	692	7.19	56.35	0.0600
攀　钢	1×167.3	7810674	1.241	87.19	74.67	99.99	585	51.09	48.30	0.0858
包　钢	4×90	4301400	1.445	94.38		80.00	600	60.04	65.28	
	2×180	3343900	1.126	94.14		76.80	600	61.44	66.64	
	1×265	2185700	1.073	96.25		69.00	650	69.59	68.84	
江苏沙钢	1×360	2570000	1.300	86.50	68.00	95.46	600	8.00	54.55	0.0729
	1×360	3820000	1.330	90.82	68.00	96.06	600	8.00	55.01	0.0731
	1×174	1630000	1.380	83.21	68.00	96.81	550	8.00	54.09	0.0748
	1×150	1480000	1.470	84.06	68.00	97.23	550	8.00	54.53	0.0759
唐钢炼钢厂	1×180	1878992	1.282	92.95	81.38	100	672	35.13	55.06	0.151
	1×210	1985736	1.298	96.98	81.38	100	650	34.78	55.01	0.151
	1×265	2989462	1.318	97.71	77.32	100	599	34.75	55.00	0.151
莱　钢	2×265	4564000	1.130	90.83	88.30	91.01	750	15.20	52.62	0.103
	3×105	4082000	1.538	97.40	88.65	95.49	700	11.52	54.73	0.053
本　钢	2×265	4451885		81.29	86.00	99.12	497	68.78	60.00	0.128
	1×360	3515025	1.318	84.59	86.26	97.47	557	68.23	58.00	0.117
邯　钢	1×400	3660588	1.143	91.46	89.39	92.84	585	27.60	51.39	0.114
	2×90	2237448	1.524	93.07	90.53	92.74	596	27.60	45.88	0.133

续表 6-12

钢　厂	烧结机台数×面积/m²	年产量/t	利用系数/t·(m²·h)⁻¹	日历作业率/%	成品率/%	合格率/%	料层/mm	精粉率/%	固体燃料消耗(标煤)/kg·t⁻¹	点火煤气热值/GJ·t⁻¹
安钢1×90	1×105	2183108	1.520	83.96		82.56	604	42.57	39.27	0.132
柳　钢	1×110	1492300	1.727	90.12		99.43	653	5.48	44.28	0.061
	1×265	2234100	1.418	91.62		97.89	694	7.09	46.29	0.081
湘钢2×90	1×180	5871556	1.700	96.26	90.77	92.11	618	20.03	43.37	0.089
济　钢	2×120	3872071	1.987	92.71		94.49	640	13.83	35.00	0.089
梅　山	2×130	3428600	1.620	92.95		99.21	473	28.90		0.0771
	1×180	1927400	1.332	91.77		98.94	634	28.90		0.0681
南　京	1×180	2246975	1.537	92.71	82.74	96.24	620		44.86	
新　余	1×115	1440516	1.472	97.11		97.31	620	38.09	32.33	0.0810
	1×180	2074284	1.360	96.72		97.31	650	38.09	32.33	0.0810
酒　钢	2×130	3385611	1.550	91.54	86.43	98.14	716	60.17	44.08	0.0519
天　铁	1×132	1451330	1.317	95.32	89.38	83.48	608	34.68	48.08	0.130
	1×126	1219458	1.164	94.94	89.13	83.51	525	33.92	48.11	0.145
涟钢1×130	1×180	3496200	1.400	91.93		93.70	725	26.97	48.68	0.140
太　钢	2×90	2219315	1.536	96.66		99.95	580	81.72	39.23	0.0650
	2×100	216085	1.299	97.19		99.95	700	74.92	39.05	0.0660
韶　钢	1×105	920663	1.529	68.93	90.68	87.21	600	24.04	54.23	0.119
	1×360	3026821	1.219	92.40	91.81	92.35	700	24.47	47.41	0.0720
昆　钢	3×130	2788681	1.310	93.72	81.70	98.74	600	15.95	60.86	0.129
邢　钢	1×180	2398243	1.572	96.74		98.93	600	45.50	47.60	0.0800
青　钢	1×105	1649000	1.858	98.69	90.80		700		49.67	0.161
三　明	1×130	1690236	1.550	97.09	92.06	98.38	580	41.19	42.49	0.110
重　钢	1×240	1918719	1.478	75.37	75.15	85.89	648	21.68	52.00	0.0840
	2×105	1428238	1.451	53.52	72.13	92.35	600	21.87	60.00	0.0670
长　钢	1×198	2103800	1.360	89.54	86.34	92.14	693	37.61	42.04	0.0701
鄂钢2×75	1×90	2515156	1.364	87.68	83.76	87.48	650	22.30		
承　钢	1×150	1099100	0.995	73.57		76.74	600	65.29	50.76	0.158
	2×150	1211900	0.878	66.41		64.74	600	64.38	61.50	0.216
山西海鑫	1×198	2071495	1.250	95.74	68.05	72.88	680	18.22	51.09	
南　昌	1×130	1631720	1.488	96.28	86.86	90.87	611	30.67	57.00	0.0860

表 6-13 不同企业 2005 年烧结矿主要成分及技术指标

钢 厂	电 耗 /kW·h·t^{-1}	工序能耗（标煤）/kg·t^{-1}	w(TFe) /%	w(FeO) /%	$w(SiO_2)$ /%	R $\frac{w(CaO)}{w(SiO_2)}$	$R\pm0.08$ 稳定率/%	w(TFe) ±0.5 稳定率/%	转鼓 (ISO) /%	出厂粉率 (−5mm)/%
宝钢炼铁厂	37.46	60.59	58.39	7.29	4.63	1.84	99.38	99.44	82.13	3.77
宝钢不锈炼铁厂	36.63	70.51	58.60	7.63	4.79	1.81	96.61	99.09	78.50	3.24
鞍钢炼铁总厂	40.46	59.05	58.07	8.03	4.90	2.04	84.74	90.10	78.97	4.87
	41.99	58.95	57.88	8.12	4.78	2.08	87.01	93.47	79.44	3.98
	46.01	62.66	57.99	7.97	4.87	2.07	82.48	89.46	80.12	3.62
鞍钢集团东鞍山	34.34	66.52	54.91	8.10	6.25	2.05	($R\pm0.05$)70.42	91.99	78.16	6.74（炼铁槽下筛分）
首钢炼铁厂	44.10	57.56	57.06	9.36		1.87	($R\pm0.05$)99.04	96.12	77.97	1.27
首钢矿业公司	32.81	61.15	57.09	6.90	5.46	1.86	96.22	99.26	74.26	7.60
武 钢	36.80	62.44	57.02	8.16	5.16	1.90	86.08	98.97	76.76	4.35
	34.08	62.17	57.72	7.30	4.78	1.89	84.69	91.99	76.78	5.41
	42.56	62.71	57.55	7.18	4.79	1.88	80.17	96.46	77.09	5.98
马 钢	30.86	50.64	56.41	8.13	4.87	2.17	74.70	89.79	73.21	10.63
	30.86	50.64	56.47	8.11	4.86	2.17	74.71	87.26	71.97	8.81
		75.00	56.92	8.19	4.77	2.20	86.80	71.39	81.60	5.49
攀 钢	27.94	62.66	49.23	7.54	5.23	2.16	($R\pm0.05$)96.78	99.96	71.32	14.58
包 钢	47.68	85.40	55.75	7.67	5.22	1.85	78.36	92.90	71.47	8.40
	51.15	87.58	56.02	9.39	5.11	1.95	76.33	90.90	72.32	6.71
	62.76	62.76	55.57	8.90	5.08	1.94	70.27	87.70	74.39	7.24
江苏沙钢	42.00	63.10	56.90	9.01	5.23	1.92	84.60	88.00	78.17	4.25
	37.00	63.40	56.61	8.75	5.36	1.89	83.10	87.90	77.54	4.35

续表 6-13

钢　厂	电　耗 /kW·h·t⁻¹	工序能耗（标煤）/kg·t⁻¹	w(TFe) /%	w(FeO) /%	$w(SiO_2)$ /%	R $\frac{w(CaO)}{w(SiO_2)}$	$R\pm0.08$ 稳定率/%	w(TFe) ±0.5 稳定率/%	转鼓(ISO) /%	出厂粉率(-5mm)/%
江苏沙钢	51.00	64.60	56.85	8.98	5.32	1.87	82.21	87.51	76.90	5.77
	50.50	66.70	56.77	8.90	5.29	1.85	80.60	87.40	76.91	4.16
唐　钢	35.72	64.30	56.34	9.07		1.99	100	99.21	81.13	4.13
	37.74	64.30	56.35	8.93		1.99	100	97.40	81.15	4.12
	34.03	64.30	56.35	8.91		1.99	100	97.71	81.14	3.99
	44.37	69.61	56.96	8.44	4.75	2.05			79.45	5.17
	40.84	70.50	57.05	9.12	4.79	2.00			76.89	5.55
本　钢	45.82	82.50	56.93	8.50		1.97	98.28	91.63	81.01	
	43.43	69.00	57.11	7.53		1.98	90.93	90.35	79.80	
邯　钢	29.86	65.20	57.05	8378	4.65	2.08	($R\pm0.12$)93.87	(TFe ±1.0)98.94	78.28	1.79
	31.08	63.24	57.11	8.52	4.64	2.07	94.20	98.64	77.19	1.65
安　钢	38.95	58.57	58.04	8.52	44.49	1.94	71.09	64.81	71.93	
柳　钢	33.28	59.88	54.27	7.34	5.64	1.94	($R\pm0.05$)76.08	(TFe ±0.8)99.87	73.24	14.33
	39.10	64.76	54.52	7.44	5.56	1.92	73.80	99.85	73.64	14.18
湘　钢	31.02	60.29		8.65	4.91	2.04	83.19	92.98	74.18	15.56
济　钢	25.89	48.98	54.50	8.31	5.23	2.24	($R\pm0.05$)71.99	(TFe ±0.4)65.92	79.35	6.66
梅　山	21.62	57.85	58.03	9.17	4.85	1.72	95.82	97.40	80.08	
	42.08	76.71	58.07	8.54	4.84	1.72	94.47	96.04	82.89	
南　京	32.12	70.99	56.51	9.99	7.36	1.86	78.21		78.30	5.18
新　余	34.94	48.85	55.11	8.04	5.82	1.94	93.12	91.22	74.63	2.01
	34.94	48.85	55.11	8.04	5.82	1.94	93.12	91.22	74.63	2.01

续表6-13

钢厂	电耗 /kW·h·t^{-1}	工序能耗（标煤）/kg·t^{-1}	w(TFe) /%	w(FeO) /%	w(SiO_2) /%	R $\frac{w(CaO)}{w(SiO_2)}$	$R\pm0.08$ 稳定率/%	w(TFe) ±0.5 稳定率/%	转鼓（ISO）/%	出厂粉率（-5mm）/%
酒钢	25.84	53.87	47.80	9.48	9.02	1.89	97.05	97.52	81.90	13.53
天铁	38.79	71.60	57.48	11.07	5.45	1.55	81.79	79.67	73.25	7.73
	48.90	76.03	57.78	11.11	5.42	1.56	80.53	76.38	72.26	7.73
涟钢	39.74	69.58	55.48	6.93	4.89	2.45	($R\pm0.05$)68.21	76.52	76.08	12.00
太钢	27.80	53.21	58.77	9.94	4.78	1.87	($R\pm0.08$)97.10	96.47	70.76	3.36
	35.44	56.13	58.32	9.31	5.05	1.85	97.30	96.19	75.62	5.82
韶钢	49.67	76.51	56.18	10.29	5.07	1.86	($R\pm0.05$)53.84	82.82	70.66	11.32
	35.05	64.24	56.82	9.19	4.88	1.82	($R\pm0.05$)54.42	87.64	73.24	10.26
昆钢	36.23	79.67	55.22	8.72	5.36	2.01	74.71	94.11	76.35	7.21
邢钢	35.45	63.57	56.96	9.59	5.17	1.93	85.33	78.42	77.53	15.77
青钢	36.30	60.31	56.20	9.00	5.28	1.90	99.81	99.93	74.14	8.44
三明	36.15	60.84	57.33	8.69	5.96	1.67	($R\pm0.06$)92.75	91.84	70.37	15.47
重钢	35.73	69.00	54.54	7.32	5.79	1.89	($R\pm0.05$)61.63	75.24	75.10	6.37
	34.24	75.00	52.21	8.24	6.20	2.15	61.10	86.95	76.68	6.72
长钢	50.10	68.29	54.17	7.78	6.80	1.59	58.41	79.30	74.70	8.58
鄂钢2×75		77.00	55.40	8.36	5.41	2.01	93.92		74.45	4.64
承钢	64.91	83.17	54.70	8.13		1.86	81.35	79.76	80.66	7.04
	73.13	110.66	54.89	8.51		1.84	72.75	67.20	80.82	0.024
山西海鑫	43.65	82.87	53.75	9.57	6.71	1.74	86.45	(TFe±1.0)84.79	73.12	13.36(-6mm)
南昌	43.75	74.00	55.29	8.91		1.95	91.09	(TFe±0.5)80.72	76.90	16.21

复习思考题

6-1　烧结工艺包括哪些生产环节，各环节的主要任务和要求是什么？

6-2　当前烧结生产采用的新工艺、新技术主要有哪些？

6-3　烧结各环节主要设备有哪些？

7 球团矿生产

7.1 概述

7.1.1 球团生产的意义及存在的问题

随着钢铁工业的发展，铁矿石需求量愈来愈大，而可供直接入炉的富块矿却愈来愈少。全球铁矿资源中，已探明品位大于40%的铁矿石约为8500亿t。我国铁矿中含铁50%以上的富矿却仅占已探明储量的4%左右，绝大部分为含有害杂质(P、S、Pb、Zn、As)的贫矿。这类矿石须细磨精选后造块才能入炉冶炼。

欧美等国铁矿石的入选比为83%~93%，而我国高达95%以上的铁矿石须进行预先选矿。因此，人造块矿产量及高炉熟料率呈逐年上升趋势。20世纪70年代以来，我国重点钢铁企业的熟料入炉率逐渐提高，已达90%以上，总之，铁矿资源的变化，人造块矿的优越性，极大地促进了球团、烧结技术的不断发展。

球团矿因其良好的冶金性能，产量生产技术都有很大提高。有专家预测21世纪球团法将与烧结法的产量会各占半壁江山。球团法和烧结法有其各自的适用范围，它们之间并不存在竞争，而是一种相辅相成的互补关系。其共同目的都是使粉料块矿化。对高炉冶炼而言，球团矿和烧结矿的搭配使用是合理可行的。

试验表明，球团矿和烧结矿在加热还原时都因体积膨胀而强度降低，产生破碎和粉化。许多试验证实球团矿比烧结矿碎裂严重。球团矿产生热膨胀与球团含有Fe_2O_3有关。球团矿膨胀通常分为两步：第一步发生在赤铁矿还原为磁铁矿阶段，膨胀率在20%以下。一般解释为赤铁矿的六面体结构转变为磁铁矿的立方体结构，氧化铁晶体结构破裂，造成体积膨胀。最大膨胀率出现在还原度为30%~40%之间，此种膨胀对于高炉操作影响并不很大。对于磁铁矿制成的冷黏结球团，则没有这一步膨胀。第二步发生在浮士体转变为铁时，膨胀十分显著，称之为异常膨胀，体积可增加100%，严重时达300%~400%。异常膨胀时铁晶粒自浮士体表面直接向外长出晶须(或称“铁须”)。此晶须的生长造成很大拉力，使铁的结构疏松从而产生膨胀，造成球团的高温还原粉化。

当高炉确定使用球团矿时，必须进行高温还原强度和热膨胀试验。如果试验证实确有异常膨胀产生时，必须采取有效措施，使之控制在规定的标准之内，否则这种异常膨胀会给高炉带来透气性恶化、悬料等不利影响。

尽管球团矿的许多指标优于烧结矿，但其热膨胀问题在相当程度上影响了它的冶金性能因而往往不得不限定其入炉配比，不少国家的质量标准都将球团矿的膨胀率规定在20%以内，以确保高炉顺行。为了改善球团矿的高温冶金性能，国内外不少学者致力于研究解决球团热膨胀问题，主要有以下几个方面的措施：

(1) 适当提高球团的SiO_2含量。SiO_2含量较高的球团有利于形成较多的渣键，可以适当抑制球团膨胀和抵制晶须的成长。有人认为北美球团很少异常膨胀，入炉比可以达到100%，这与它的SiO_2含量达到4%~6%有关。

(2) 确定适当的球团碱度。理论研究指出，CaO 在浮士体中分布不均匀是形成晶须的重要原因。解决 CaO 的均匀分布，将涉及球团的碱度问题，试验指出，当用 SiO_2 含量 1% ~10% 的铁矿粉生产时，碱度为 0.3 ~0.4 的球团，体积膨胀最大，继续增大碱度至 0.7 ~0.8 时，膨胀率大大降低。热还原强度最好的球团碱度只有通过试验才能确定。

(3) 提高球团焙烧温度。在设备条件允许和料层表面不发生过熔的情况下，适当提高焙烧温度不仅可以提高球团冷态强度，而且可以提高其热还原强度。这是由于高的温度可以增加渣键的固结，有利于 Ca^{2+} 扩散，达到均匀分布以及改善赤铁矿结晶条件的原因所致。在提高焙烧温度的同时，还应使球团上下层焙烧均匀。目前国内外已把提高焙烧温度发展渣键固结作为改善球团高温冶金性能的重要途径之一。

另外，适当增大原料粒级下限的比例，降低原料中 Fe_2O_3 含量等也都将收到一定的抑制球团热膨胀的效果。

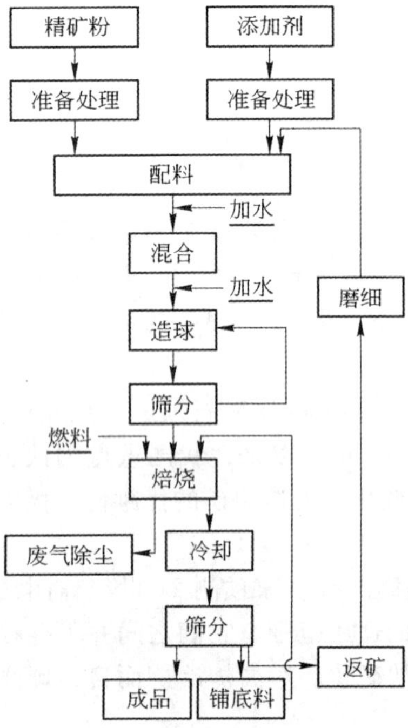

图 7-1　球团矿生产工艺流程图

7.1.2　工艺流程

球团矿生产的工艺流程，如图 7-1 所示。

为稳定球团矿的化学成分及有利于造球，其所用原料应混匀；添加剂(皂土、生石灰、白云石等)要破碎到要求的粒度，精矿粉粒度粗时，要细磨到适合于造球的粒度；矿粉过湿还需经干燥处理。准备及配合好的混合料，要在混合机中加水润湿和混匀，再经造球机滚动成为适宜尺寸的生球，并筛除粉末。合格的生球通过布料器布于焙烧设备上依次进行干燥、预热和高温焙烧固结，然后冷却至 150℃ 以下，筛除小于 5mm 的粉末，分出 5 ~10mm 的铺底料(用带式焙烧机焙烧时)，得到具有足够常温强度和良好冶金性能的成品球团矿。

7.2　造球理论

细磨物料的成球是细磨物料在造球设备中被水润湿并在机械力及毛细力作用下的连续过程。由于毛细压力、颗粒间摩擦力及分子引力等使生球具有一定的机械强度。各种物料成球性能的好坏不尽相同，它主要与物料表面性质和与水的亲和能力有关。

7.2.1　细磨物料的表面特性及水的形态

用于造球的固体原料均为细磨物料，其分散度和比表面积较大。所谓比表面积是指单位重量或单位体积的固体物料所具有的表面积。矿物从大块破碎至小块，其比表面积逐渐增大，因此也就具有较大的表面能。当表面分子处于不均衡的力场中时，由于表面存在过剩的能量，当它们与周围介质(气体或液体)接触时，颗粒表面即会显示出电荷。由于水分子具有偶极构造，在电场作用下发生极化，被极化的水分子和水化离子与细磨物料之间因静电引力而相互吸引。这样造球矿粉表面形成吸附水膜，它由吸附水和薄膜水组成，称为分子结合水，在外力作用下与颗粒一起变形，这种分子水膜能使颗粒彼此黏结，它是矿粉成球后具有一定机械强度的原因之一。大量研究表明，铁矿粉加水成球是在颗粒间出现毛细水后才开始的。

当细磨物料继续被润湿到超过薄膜水时，物料层中形成毛细水。它是电分子引力作用范围以外的水分。毛细水的形成是由于表面张力作用所致。细粒矿物层中存在着很多大小不一的连通的微小孔隙，组成了错综复杂的通道，当水与这些矿粒接触后，引起毛细现象。

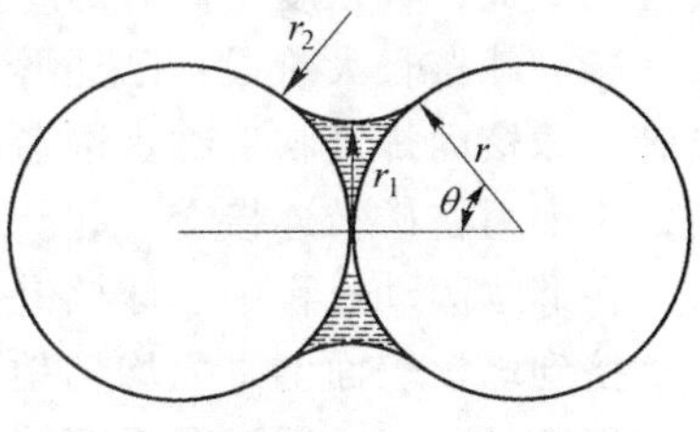

图 7-2 球形颗粒间的触点水连接
r_1—触点水环半径；r_2—弯月面曲率半径；r—球形颗粒半径；θ—弯月面所对半角

在细磨物料层和生球中存在的毛细水可分为：触点状毛细水、蜂窝状毛细水、饱和毛细水。

(1)触点状毛细水：它是指仅仅存在于颗粒接触点周围的水。当水分加入细磨矿粒层时，在颗粒接触点上即出现触点状毛细水，见图 7-2，颗粒接触点的周围，形成一个双凹透镜形的水体，它的侧面是凹凸的，具有两种曲率。以 r_1 和 r_2 分别表示凸、凹面的曲率半径。在该表面的附加压强促使水环(接触点)靠近颗粒接触点附近并得到保持，这样就使得两个或几个矿粒粘在一起。

(2) 蜂窝状毛细水：当矿粒层中出现触点状毛细水后，继续增加水分便出现蜂窝状毛细水。此时，一些空隙被水充满，水开始具有连续性，能在毛细管内迁移，并能传递静水压力和呈现毛细压力，如图 7-3 所示。在生球内颗粒间的毛细压力作用下，颗粒彼此粘在一起并产生强度。

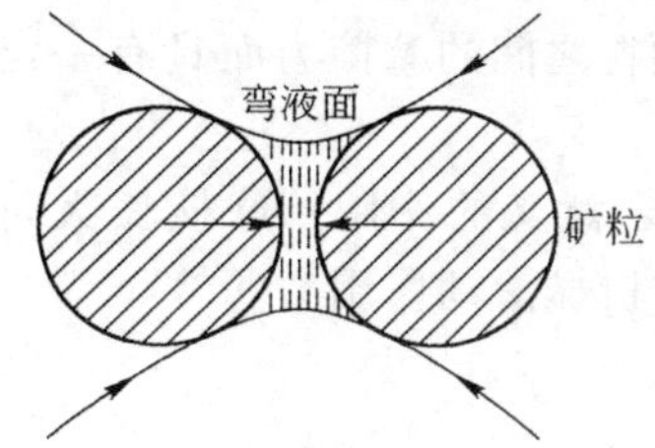

图 7-3 毛细压力示意图

(3) 饱和毛细水：当料层孔隙完全被水充满时，则出现饱和毛细水。即毛细水达到最大含量。

造球时最适宜的水介于触点状和蜂窝状毛细水之间。毛细水能够在毛细压力的作用下和在引起毛细管形状及尺寸改变的外力作用下发生迁移。物料成球速度取决于毛细水的迁移速度，表面亲水性物料的毛细水迁移速度较之表面疏水性物料的毛细水迁移速度快。

在成球过程中，毛细水起主导作用。当物料润湿到毛细水阶段时，成球过程才明显得到发展。

7.2.2 细磨物料的成球过程

细磨物料造球有连续造球和批料造球两种工艺。造球的方法不同成球过程也有差别，大致分为三个阶段，即成核阶段(母球的形成阶段)、球核长大和生球紧密阶段。

(1) 成核阶段(母球的形成阶段)：当细磨物料表面达到最大分子结合水后，继续加水润湿，则在颗粒表面上裹上一层水膜，见图 7-4(A)。颗粒物料彼此有许多接触点，由于水膜的表面张力作用，在两颗矿粒之间便形成液体连接桥，使颗粒连接在一起，见图 7-4(B)。矿石颗粒在造球机内通过运动，含有两颗或数颗矿粒的各个小水珠相互结合，形成最初的聚集体，见图 7-4(C)。这种聚集体靠液体连接桥使各个颗粒呈网状地连接在一起，此时液体填充率仅 20% 左右，但聚集体是疏松的。

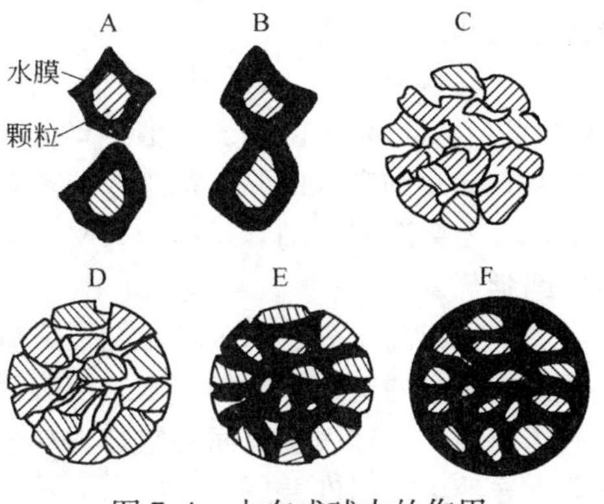

图 7-4 水在成球中的作用

在机械力的作用和增加水分的情况下，聚集体的粒子发生重新排列，部分孔隙被水充填，液体倾向融合，形成连续的水网。这时的聚集体为蜂窝状毛细水所连接，见图 7-4(D)，当其中孔隙体积变小，形成稳定的球核(又称母球)。成核的速度与原料的比表面积和水分有关。球核由固、液、气三相组成，其强度不高。

(2) 球核长大阶段：已经形成的球核，在机械力的作用下，颗粒彼此靠拢，所有孔隙被水充满，球核内蜂窝状毛细水逐渐过渡到毛细管水，见图 7-4(E)。在球核表面孔隙中形成弯液面，毛细力将矿粒连接在一起。

在继续滚动过程中、球核进一步被压密，引起毛细管形状和尺寸的改变从而使过剩的毛细水被挤到球核表面上来而均匀地裹住球核，见图 7-4(F)。这样表面过湿的球核，在滚动过程中就很容易黏上一层润湿程度较低的物料，使核长大。

球核的这种长大过程是多次重复的，一直到球中颗粒间的摩擦力比滚动成形时的机械压密作用力大时为止。为使球继续长大，必须往球的表面喷水，使表面充分润湿。球主要以成层方式长大。

(3) 生球紧密阶段：生球长大的同时伴随着紧密，这一阶段应该停止润湿，让生球中挤出来的多余水分为未充分润湿的物料层所吸收。球在滚动、搓揉和挤压情况下，内部颗粒发生选择性排列，即以最大接触面排列。颗粒彼此靠紧，使薄膜水相接触，并沿颗粒表面移动，促使几个颗粒共同被薄膜水包围。生球由于具有毛细力、分子引力和颗粒之间的摩擦力而具有一定的机械强度。这些作用力愈大，生球的机械强度就愈高。

在造球过程中，加水润湿至毛细力的形成在成核阶段具有决定意义的作用；球核长大阶段，毛细效应和机械滚动也都起着重要作用；生球紧密阶段主要靠机械滚动作用力。

7.2.3 影响矿粉成球的因素

7.2.3.1 原料性质的影响

(1) 原料的性质：颗粒表面的亲水性愈强，水与固体颗粒的润湿接触角愈小，矿粒就易于被润湿，薄膜水和毛细水的含量愈高，毛细水作用力愈强，成球性愈好。矿物颗粒的形状决定了生球中物料颗粒接触表面积的大小。接触表面积越大，生球的强度越高。矿物晶体颗粒呈针状、片状，表面粗糙的，具有较大的接触面积，成球性好；而呈矩形或多角形，且表面光滑的，接触面积小，成球性差。

铁矿粉中褐铁矿的成球性最好，磁铁矿最差，褐铁矿具很强的亲水性，其颗粒呈片状或针状；磁铁矿的亲水性差，颗粒表面光滑，多呈矩形或多角形。

(2) 原料粒度及粒度组成：粒度小、组成不均匀的物料成球性好，生球长大快，生球强度高。这是因为粒度细小的矿粉比表面积大；粒度组成不均匀，小颗粒嵌入大颗粒间的空隙中，颗粒排列紧密，毛细管直径小。有利于提高毛细水的迁移速度，增强颗粒间的分子黏结力、毛细黏结力和内摩擦力。

各种物料应具有适宜的粒度及粒度组成。一般磁铁矿的粒度上限应不大于 0.2mm，而小于 200 目的应大于 80%；赤铁矿小于 200 目的应大于 70%。若进厂原料粒度较粗，可先再进行一次细磨，或添加有效的黏结剂来改善造球。粒度并非愈细愈好，因为它除增加磨矿电耗、增加成本外，还会造成毛细管过小，其阻力增大，导致毛细水的迁移速度降低，成球速度变慢，造球时间延长。

(3) 原料的水分：水分不足会造成母球长大慢，结构不稳定。因为母球在滚动过程中，若内部没有多余的毛细水被挤压出来使表面润湿，就不能很好黏附新料使母球不断长大；同时，在造球初期，母球内颗粒间的空隙因缺少毛细水而被空气占据着，使颗粒接触不紧密，结合力减弱，导致生球强度差。

适宜的造球水分随原料不同而异，应通过试验确定。一般磁铁精矿和赤铁精矿粉的造球水分为8% ~10%，褐铁矿粉的造球水分为14% ~28%。为有利于造球作业，理想的造球料水分应比适宜水分值稍低(圆盘造球机约低0.5%左右)，在造球过程中可补加少量水分，对加速母球的形成和长大均有利，还可控制生球粒度，提高生球强度。

(4) 添加物的影响：在造球物料中配加某些添加物，可以改善物料的成球性。常用的添加物有消石灰、石灰石和皂土等。

消石灰是生产熔剂性球团矿常用的添加剂。它的颗粒细，比表面大，表面带负电荷，可吸附具有偶极构造的水分子，持有水分的能力很强，具有天然的胶结性，因而可改善物料的成球性能。不过，因消石灰体积密度小，配比不能过多，否则使毛细水迁移速度降低，影响成球速度。消石灰的粒度应小于1mm。

石灰石粉也是亲水性物料，且颗粒表面粗糙，配入造球物料后，可增大粒子间排列的紧密程度及内摩擦阻力，提高生球强度。另外，石灰石不像消石灰那样会显著降低物料的堆积密度。所以在生产熔剂性球团矿时，与消石灰配合使用对造球更为有利。石灰石必须细磨，一般小于200目的应大于80%。

皂土(膨润土)是造球物料最有效的添加剂。它属于含水的铝硅酸盐物质，理论化学式为$Al_2(Si_4O_{10})(OH)_2$，其吸水性很强，吸水后体积大大膨胀，具有很高的分散性，比表面积很大，亲水性很强，在水中泡涨最多能吸收600% ~700%的水分，具有很强的胶体性质。配入少量(一般为0.6% ~1.0%)皂土于造球精矿中，可显著改善其成球性，提高生球强度；提高生球干燥时的爆裂温度，加速生球的干燥速度，缩短干燥时间。

皂土含SiO_2高达60%以上，故不能添加过多。否则会降低球团矿品位，增加高炉冶炼的渣量。配加的皂土应细磨，粒度要求小于200目的达99%以上。

7.2.3.2 造球工艺条件的影响

造球工艺条件包括造球机的工艺参数和造球操作两个方面。

(1) 造球机工艺参数的影响：造球设备主要有圆盘造球机和圆筒造球机，我国和西欧国家球团矿常用的是圆盘造球机，如图7-5所示。圆盘造球机的工艺参数主要包括倾角、转速和边高等。三者相互制约，必须配合得当，才能使造球机高产、优质。

圆盘造球机倾角α一般为45°~50°，它与造球机的转速有关，转速一般可用圆周速度(简称周速)表示。倾角较大，为使物料能被带到规定的高度，则要求较高的周速；若周速一定，则倾角的适宜值就一定。当小于适宜倾角时，物料的滚动性能变坏，盘内料会全被甩到盘边，造成盘心“空料”，因而滚动成形条件恶化；当大于适宜倾角时，盘内料带不到母球形成区，造成圆盘有效工作面积缩小。在一定的范围内适当增大倾角，可提高生球的滚动速度和向下滚落的动能，对生球的紧密是有利的。

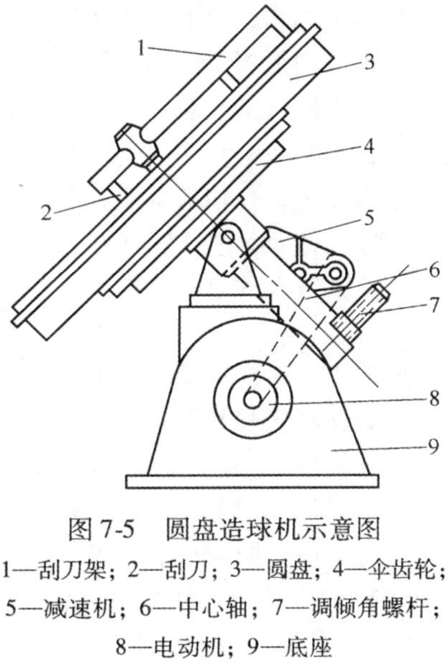

图7-5 圆盘造球机示意图

1—刮刀架；2—刮刀；3—圆盘；4—伞齿轮；5—减速机；6—中心轴；7—调倾角螺杆；8—电动机；9—底座

圆盘造球机的直径和倾角一定时，周速只能在一定范围内变动。若周速过小，产生的离心力也小，物料不能被带到圆盘的顶点，会造成母球形成区间“空料”，同时母球下滚时，由于滚动路径较短和积蓄的能量较小，因而压密作用减小，生球强度降低；若周速过大，离心力也大，盘内物料就会被甩到盘边，造成盘心“空料”，使物料与母球不能按粒度分开，甚至导致母球滚动成形过程停止。如用刮板强迫物料下降，则会产生急速而狭窄的料流，严重恶化滚动成形的特性。所以，只有周速适宜，才能使物料沿圆盘最大工作面强烈而有规则的滚动，并按粒度分开。圆盘造球机的适宜周速随物料特性和圆盘倾角而异，一般在 1.0～2.0m/s 之间。若物料与盘底的摩擦系数大，则周速可选低一些；反之周速则应偏高。

圆盘造球机的边高与其直径和造球料的性质有关，可按圆盘直径的 0.1～0.12 倍考虑。若物料粒度粗，黏性大，盘边可高一些；而粒度细，黏性小，盘边就应低一些。边高影响造球机的容积填充率。边高愈大，倾角愈小，则容积填充率愈大；在给料量一定的条件下，填充率愈大，物料在造球盘中停留的时间愈长，有利于提高生球的强度。一般容积填充率为10%～20%。

（2）底料状态和刮板位置：在滚动成球过程中，造球圆盘底面常黏有一层造球料，称为底料。生球在底料上不断滚动使底料就变得紧密和潮湿，容易黏附新的原料，降低母球长大速度，并使底料逐渐增厚，加大造球机负荷，尤其在原料粒度细、水分高时更为严重。当底料增加到一定厚度时，会大块脱落，影响造球机正常工作。

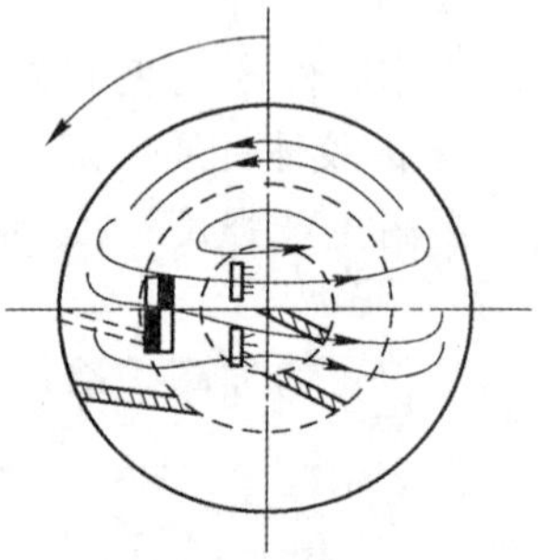

图 7-6　圆盘刮板配置

为使底料保持疏松和一定的厚度，在离盘一定距离上安置刮板。刮板的合理配置，还可控制造球料在圆盘造球机上的运动路径，有助于提高成球速度和生球强度。要求刮板能刮到整个盘面和周边，保证造球机不堆积料，但刮板所划圆环不要重复，以减少刮板对造球机的阻力和磨损；刮板应有利于最大限度地增加圆盘的有效工作面，不能干扰母球的运动轨迹，故在母球长大区一般不设刮板。当母球的形成速度大大超过母球的长大速度时，可在母球长大区设一辅助刮板，把较大的母球刮到长大区，促使其加速长大，如图 7-6 所示。

（3）加水加料方法：在一定的原料条件下，造球机的倾角、转速一般是相对固定的，而造球过程中加水加料方法，则可根据造球需要灵活加以控制，从而提高造球机的生产率和生球质量。造球物料的水分最好略低于生球的适宜水分，而在造球过程中补充少量的水，这有利于控制生球粒度，加速母球的形成、长大和紧密。

加水应遵循“滴水成球，雾水长大，无水紧密”的操作原则，即将大部分的补充水成滴状加在母球形成区的物料流上，这时在水滴的周围，由于毛细力和机械力的作用，散料能很快形成母球；其余少量的补充水则以喷雾状加在母球长大区的母球表面上，促使母球迅速长大。在生球紧密区，长大了的生球在滚动和受搓压的过程中，毛细水从内部被挤出，会使生球表面过湿，应禁止加水，以防生球黏结和强度降低。

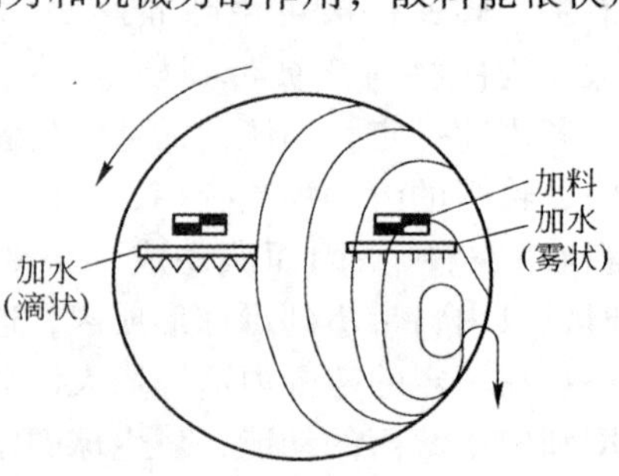

图 7-7　加料加水方法示意图

加料方法也应遵循“球核形成区少加，球核长大区多加，生球紧密区禁料”的原则。因为球核长大所需要的物料多于球核形成所需的物料。在造球机转动过程中，一部分未成球的散料会被带到紧密区，吸收生球表面的多余水分。为了最大限度地利用圆盘造球机的面积，物料和水最好能从圆盘两边同时加入，或以“面布料”的方式，将松散的物料布到整个盘面上，有利于母球的形成和长大。加料和加水方法如图 7-7 所示。

7.3　生球的干燥和焙烧固结

生球干燥是为了使球团能够安全承受预热阶段的温度应力。生球一般含有较多水分，这些水分一方面可导致生球塑性变形；另一方面由于受生球“破裂温度”(一般 400～450℃)的影响，而使其在预热阶段(预热温度高于 900℃)产生裂纹或“爆裂”。破裂温度是球团结构遭到破坏的温度。球团破裂原因有两种情况，即干燥初期的低温表面裂纹和干燥末期的高温爆裂。球团在进入预热和焙烧阶段之前必须预先进行干燥。

干燥中出现部分球团的爆裂会使球层透气性变坏，给预热、焙烧带来困难，最终导致设备生产率下降，成品球团矿质量不均，废品率上升等；球团表面所产生的裂纹亦会使焙烧后的球团矿强度降低。因此，必须建立适宜的干燥制度，以获得优质球团。

目前普遍采用的焙烧固结球团，整个焙烧固结过程包括生球干燥、高温焙烧固结和冷却三个阶段，其中焙烧固结阶段又分为预热、焙烧和均热三部分，其温度和各阶段的主要变化情况近似地表示于图 7-8。

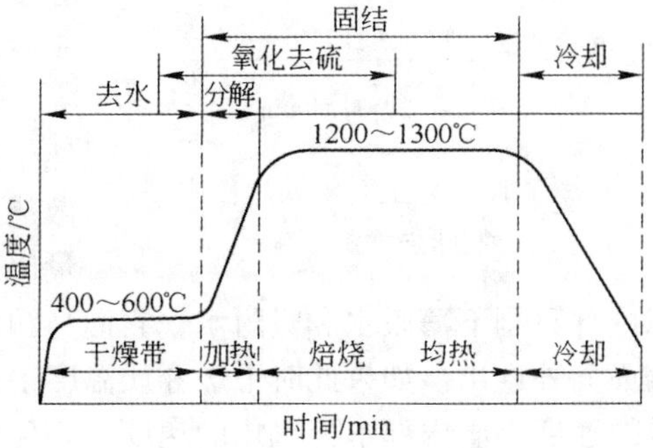

图 7-8　球团焙烧阶段及主要变化示意图

7.3.1　生球的干燥

生球中含有较多的水分，在预热和焙烧之前干燥，可提高设备生产率，改善球团矿的焙烧质量。因为未经干燥的生球往往具有一定的可塑性，在料层中受到挤压时，易产生塑性变形和裂纹，特别是高温下水分剧烈蒸发，导致生球的爆裂，将严重恶化料层透气性，从而降低焙烧速度，使焙烧不均匀。干燥的生球能承受预热阶段的温度应力，避免在高温下发生破裂。对于磁铁精矿或高硫矿粉球团，预先干燥可避免大量水分在预热段蒸发而阻碍 Fe_3O_4 和硫化物的氧化作用，有利于改善球团矿的还原性，提高固结强度，降低热量消耗和球团矿含硫量。

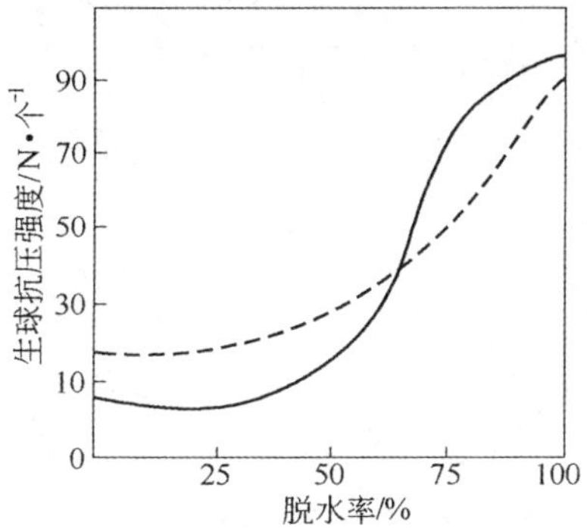

图 7-9　干燥过程中生球强度的变化

随着干燥过程的进行，毛细水减少，毛细管收缩，毛细力增加，颗粒间的黏结力增强，从而使生球的抗压强度逐渐提高。水分进一步蒸发，毛细水消失，毛细黏结力随之消失，生球强度理应降低。但由于收缩使颗粒靠拢，增加了颗粒之间的分子作用力和摩擦阻力，生球的强度反而提高，图 7-9 是现场取样测试结果。

干燥后生球的强度与造球原料的性质和粒度组成有关。对于细精矿并含有胶体颗粒的生球，由于胶体颗粒分散度大，填充在颗粒之间，形成直径小而分布均匀的毛细管，干燥后，体积收缩，颗粒间接触紧密，内摩擦力增加，生球可达很高的抗压强度。但未加黏结剂的铁精矿或粗粒度矿粉制成的生球，干燥后由于失去毛细黏结力，强度则降低。图 7-10 表示了添加不同皂土造球时，生球干燥强度的变化情况。需要指出的是，生球干燥后虽然抗压强度提高，但由于失去了在颗粒间起缓冲作用的毛细水，生球落下强度有所降低。

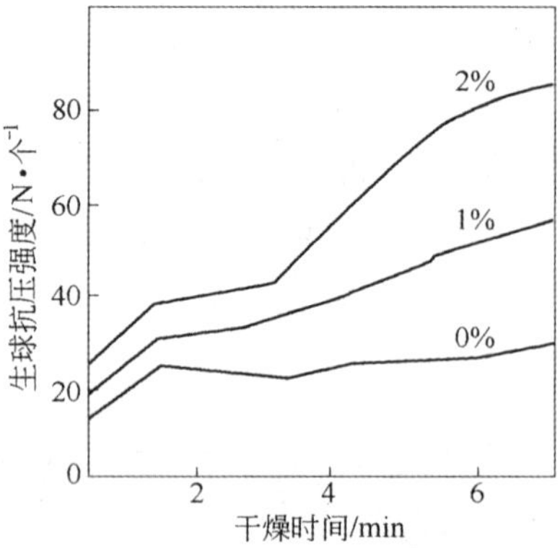

图 7-10　皂土对干燥过程中生球强度的影响

生球在干燥过程中收缩，虽增加了粒子间的结合力，但由于收缩不均匀，产生内应力，则可能导致生球开裂以至爆裂，影响焙烧过程的质量。这是因为生球外层干燥较快，湿度较高，收缩量就较大，而中心则相反。前者大于平均收缩量，产生拉应力，并在受拉45°方向产生剪切应力；后者小于平均收缩量，受压应力作用。若生球表层所受的拉应力或剪应力超过其抗拉、抗剪的极限强度时，生球便开裂。为避免或减弱这种影响，必须采取合理的干燥制度。

干燥过程的最后阶段，一方面由于水分的不断减少，使生球内部与表层的湿度差减小，水分从内部向表层的扩散速度小于表层水分汽化的速度，因而表层温度升高，热量向内部传递，水分的汽化面也向内推进；另一方面，生球内部只剩下薄膜水和吸附水，它们与颗粒的结合力非常之强，只能变成水蒸气才能脱离粒子表面向外逸出。如果此时干燥介质温度很高，使球内水分剧烈汽化又来不及排出(蒸汽向外扩散的速度小于内部水分汽化的速度)，必然导致球内水蒸气积累，蒸汽压力升高，一旦此压力超过表层的强度极限，生球爆裂，产生粉末，又严重恶化球层的透气性。

7.3.2　球团矿的焙烧固结机理

球团的焙烧过程中有受热而产生的物理过程，如水分蒸发、矿物软化及冷却等，也有化学过程，如水化物、碳酸盐、硫化物和氧化物的分解及氧化和成矿作用等。它们与球团的热物理性质(比热容、导热性、导湿性)、加热介质特性(温度、流量、气氛)、热交换强度和控制的升温速度等有关。其变化与物料的化学组成和矿物组成有关，但现象基本一致。

7.3.2.1　球团预热

生球干燥后、焙烧前属预热阶段。预热阶段的温度范围为300～1000℃。在预热过程，各种不同的反应是平行进行或者是依次连续进行的，如磁铁矿转变为赤铁矿、结晶水蒸发、水合物和碳酸盐的分解及硫化物的煅烧等。这类反应对成品球的质量和产量都有重要的影响。因此，在预热阶段内，预热速度应同化合物的分解和氧化协调一致。

就磁铁矿而言，氧化对于球团矿的机械强度和还原性能具有决定性的影响。

A　磁铁矿球团的氧化机理

焙烧磁铁矿球团通常在氧化气氛中进行，并力求使磁铁矿达到最大限度的氧化。氧化是从球表面开始的，最初表面氧化生成赤铁矿晶粒，而后形成双层结构，即赤铁矿的外壳和磁铁矿核，氧穿透球的表层向内扩散，使内部进行氧化。氧化速度是随温度增加而增加的。在时间相同的情况下，随温度升高，氧化度增加，如图7-11所示。为了保持球壳有适当的透气性，必须严格控制升温速度。升温速度过快，在球团未完全氧化之前就发生再结晶，球壳变

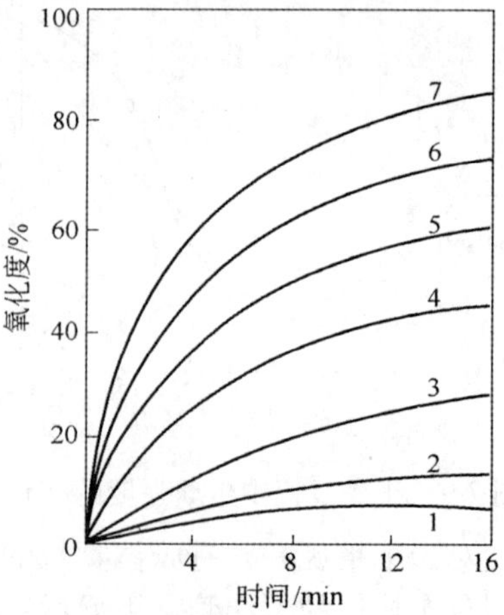

图 7-11　非熔剂性球团氧化特性
1—300℃；2—400℃；3—500℃；4—600℃；5—700℃；6—800℃；7—900℃

得致密，使核心氧化速度下降。温度高于900℃时，磁铁矿发生再结晶或形成液相，导致氧化速度进一步下降。因此必须选择球团完全氧化的最佳温度和升温速度。

磁铁矿的氧化从200℃开始，至1000℃左右结束，经过一系列的变化而最后完全氧化成$\alpha\text{-}Fe_2O_3$。根据已有的认识，这一氧化反应过程分为两个连续的阶段进行。

第一阶段：

$$4Fe_3O_4 + O_2 \xrightarrow{>200℃} 6\gamma\text{-}Fe_2O_3 \tag{7-1}$$

在这一阶段，化学过程占优势，不发生晶型转变($4Fe_3O_4$ 和 $\gamma\text{-}Fe_2O_3$ 都属立方晶系)，只是由 $4Fe_3O_4$ 生成了 $\gamma\text{-}Fe_2O_3$，即生成有磁性的赤铁矿。但是，$\gamma\text{-}Fe_2O_3$ 不是稳定相。

第二阶段：

$$\gamma\text{-}Fe_2O_3 \xrightarrow{>400℃} \alpha\text{-}Fe_2O_3 \tag{7-2}$$

由于 $\gamma\text{-}Fe_2O_3$ 不是稳定相，在较高的温度下，晶体会重新排列，而且氧离子可能穿过表层直接扩散，进行氧化的第二阶段。这个阶段晶型转变占优势，从立方晶系转变为斜方晶系，$\gamma\text{-}Fe_2O_3$ 氧化成 $\alpha\text{-}Fe_2O_3$，磁性也随之消失。但是此阶段的温度范围和第一阶段的产物，随磁铁矿的类型不同而异。

B 磁铁矿氧化对球团强度的影响

磁铁矿球团在预热阶段氧化时重量增加，氧化过程于1000℃左右结束，此时达到恒重状态。在氧化过程中，球团抗压强度持续增大。在1100℃时，单球抗压强度达1100N。但在同样条件下，赤铁矿球团重量却无变化，单球抗压强度仅为200N。原因在于磁铁矿球团在空气中焙烧时，在较低温度下，矿石颗粒和晶体的棱边和表面就已生成赤铁矿初晶，这些新生的晶体活性较大，它们在相互接触的颗粒之间扩散，形成初期桥键，促进球团强度提高。

焙烧的球团有时出现同心裂纹，这是导致球团强度下降的一个主要原因。同心裂纹产生在氧化的外壳和未氧化的磁铁矿之间。这是因为氧化发生在已氧化的外壳和未氧化的磁铁矿之间，并沿着同心圆向核心推进。当温度过高时，外壳致密，氧难以扩散进去，内部磁铁矿再结晶，渣相熔融收缩离开外壳，使两种不同的物质间形成同心裂纹。

磁铁矿氧化属放热反应，热值约为260kJ/mo1。这一补充热源应当在预热和焙烧过程中加以考虑和利用。由于产生氧化热，球核的温度高于表面，如果氧化速度过快，将使球核过烧，甚至熔化。

7.3.2.2 球团焙烧的固结机理

普遍认为球团是在高温下通过单元系颗粒的固相扩散，或多元系通过固体扩散形成化合物或固溶体来固结。这些过程通常发生在低于其熔化温度的情况下，没有或很少产生液相(一般不超过5%～10%)，就使球团矿固结起来，并具有足够的强度。如果生成的液相较多，反而使球团矿的质量降低。

固相固结是球团内的矿粒在低于其熔点的温度下的互相黏结，并使颗粒之间连接强度增大。在生球内颗粒之间的接触点上很难达到引力作用范围。但在高温下，晶格内的质点(离子、原子)在获得一定能量时，可以克服晶格中质点的引力，而在晶格内部进行扩散。一旦温度高到质点的扩散不仅限于晶格内，而且可以扩散到晶格的表面，并进而扩散到与之相邻的晶格内时，颗粒之间便产生黏结。

固态下固结反应的原动力是系统自由能的降低。依据热力学平衡的趋向，具有较大界面能的微细颗粒落在较粗的颗粒上，同时表面能减小。在有充足的反应时间、足够的温度以及界面能继续减小的条件下，这些颗粒便聚结，进一步成为晶粒的聚集体。生球中的精矿具有极高的分散性，这种高度分散的晶体粉末具有严重的缺陷，并有极大的表面自由能，因而处于不稳定状态，具有很强的降低其能量的趋势，当达到某一温度后，便呈现出强烈的扩散位移作用，其结果是使结晶缺陷逐渐地得到校正，微小的晶体粉末也将聚集成较大的晶体颗粒，从而变成活性较低的、较为稳定的晶体。

造球的铁精矿本身均含有一定脉石，有时为了生产或冶炼的需要，还要加入添加剂，如膨润土、消石灰、石灰石、白云石或橄榄石等。在焙烧时，这些物质和铁氧化物或脉石发生固相反应，生成新的化合物。其熔点较之单体矿物的熔点低。而固相反应的原因则是由于矿物晶体中质点扩散的结果。

7.3.2.3　铁矿球团固结的形式

球团矿的固结方式随原料条件和焙烧制度不同而异。铁矿球团固结的形式可分为磁铁矿、赤铁矿和熔剂性球团矿三种类型。

A　磁铁矿球团固结形式

（1）Fe_2O_3 微晶键连接：磁铁矿球团在氧化气氛中焙烧。氧化过程在 200 ~ 300℃时开始，并随温度升高氧化加速。氧化首先在磁铁矿颗粒表面和裂缝中进行。当温度达 800℃时，颗粒表面基本上已氧化成 Fe_2O_3。在晶格转变时，新生的赤铁矿晶格中，原子具有很大的活性，不仅能在晶体内发生扩散，并且毗邻的氧化物晶体也发生扩散迁移，在颗粒之间产生连接桥（即连接颈）。这种连接称为微晶键连接（见图 7-12a），是指赤铁矿晶体保持了原有细小晶粒。

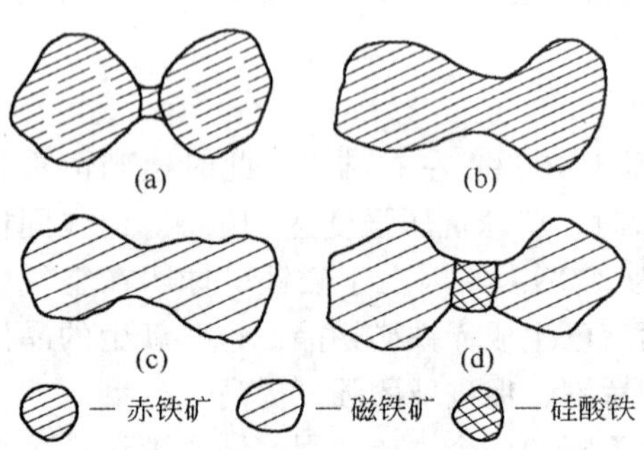

图 7-12　磁铁矿生球焙烧时颗粒间所发生的各种连接形式

颗粒之间产生的微晶键使球团强度比生球和干球有所提高，但仍较弱。

（2）Fe_2O_3 再结晶连接：Fe_2O_3 再结晶连接是铁精矿氧化球团固相固结的主要形式。是第一种固结形式的发展。当磁铁矿球团在氧化气氛中焙烧时，氧化过程由球的表面沿同心球面向内推进，氧化预热温度达 1000℃时，约 95% 的磁铁矿氧化成新生的 Fe_2O_3，并形成微晶键。在最佳焙烧制度下，一方面残存的磁铁矿继续氧化，另一方面赤铁矿晶粒扩散增强，并产生再结晶和聚晶长大，颗粒之间的孔隙变圆，孔隙率下降，球体积收缩，球内各颗粒连接成一个致密的整体，因而球的强度大大提高，见图 7-12b。

（3）再结晶固结：在焙烧磁铁矿球团时，若为中性气氛或氧化不完全，内部磁铁矿在 900℃即开始发生再结晶，使球内各颗粒连接，见图 7-12c。Fe_3O_4 再结晶的速度比 Fe_2O_3 再结晶的速度慢，因而反映出，随温度升高以 Fe_3O_4 再结晶固结的球团，其强度比 Fe_2O_3 再结晶固结的低。

（4）渣键连接：磁铁矿生球中含有一定数量 SiO_2 时，若焙烧在还原气氛或中性气氛中进行，或 Fe_3O_4 氧化不完全，那么在焙烧温度 1000℃时即能形成 $2FeO \cdot SiO_2$，其反应式如下：

$$2Fe_3O_4 + 3SiO_2 + 2CO \xlongequal{} 3Fe_2SiO_4 + 2CO_2 \tag{7-3}$$

$$2FeO + SiO_2 \xlongequal{} Fe_2SiO_4 \tag{7-4}$$

$2FeO \cdot SiO_2$ 熔点低，且极易与 FeO 及 SiO_2 再生成熔化温度更低的低熔体。因此，在冷却过程中，因液相的凝固而使球团固结，见图 7-12d。

此外，如果焙烧温度高于 1350℃，即使在氧化气氛中焙烧，Fe_2O_3 也将发生部分分解，形成 Fe_3O_4，同样会与 SiO_2 作用产生 $2FeO \cdot SiO_2$。$2FeO \cdot SiO_2$ 在冷却过程中很难结晶，常成玻璃质，性脆，强度低，且高炉冶炼中难以还原，因此渣键连接不是一种良好的固结形式。

B　赤铁矿球团固结形式

赤铁矿粉矿和精矿越来越多地被用于球团生产之中。其主要固结形式如下：

（1）较纯赤铁矿精矿球团的高温再结晶固结形式：该类赤铁矿精矿球团的固结机理，有人认为是一种简单的高温再结晶过程。用 Fe_2O_3 含量为99.70%的赤铁矿球团进行试验，在氧化气氛中焙烧时发现，赤铁矿颗粒在1300℃时才结晶，且过程进行缓慢，在1300～1400℃温度范围内，颗粒迅速长大。焙烧30min，赤铁矿晶粒尺寸由20μm增至400μm。因此得出较纯的赤铁矿球团的固结机理是一种简单的高温再结晶过程（见图7-13）。

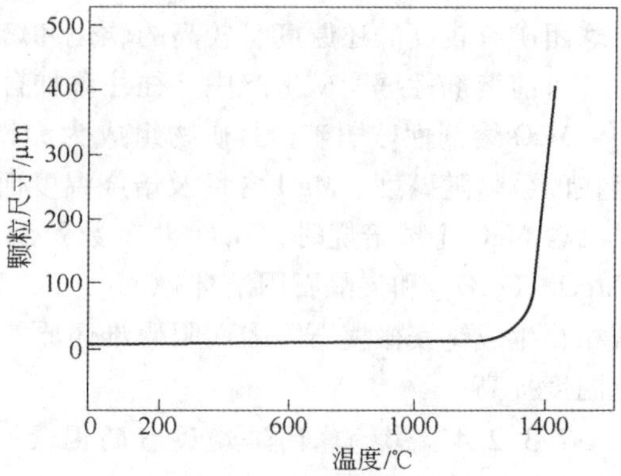

图7-13　焙烧温度对赤铁矿颗粒尺寸的影响

（2）较纯赤铁矿精矿球团的双重固结形式：对较纯赤铁矿精矿球团固结形式的另外一种观点是双重固结形式。这种观点认为，当生球加热至1300℃以上时，赤铁矿分解生成磁铁矿，而后铁矿颗粒再结晶长大，此为一次固结。当进入冷却阶段时，磁铁矿则被重新氧化，球团内各颗粒会发生 Fe_2O_3 再结晶和相互连接而受到一次附加固结，即所谓的二次固结。

（3）较高脉石含量的赤铁矿精矿球团的再结晶渣相固结形式：这类赤铁矿精矿球团的固结形式被认为不是简单的高温再结晶过程。研究发现，当温度为1100℃时，开始出现 Fe_2O_3 再结晶，1200℃时赤铁矿结晶明显得到发展，即产生高温再结晶固结。这种 Fe_2O_3 再结晶一直发展到1260℃以上的高温区。当焙烧温度大于1350℃时，Fe_2O_3 部分又被分解成 Fe_3O_4，Fe_3O_4 与 SiO_2 生成铁橄榄石 $FeO \cdot SiO_2$，并形成渣相固结。

在还原气氛中焙烧赤铁矿生球时，由于赤铁矿颗粒被还原成磁铁矿和FeO，因此900℃以上时，即产生 Fe_3O_4 再结晶而使生球固结，当生球中含一定量的 SiO_2 时，在高于1000℃的温度下将出现 Fe_2SiO_4 的液相产物，使生球得到固结。但这种焙烧制度下所得到的球团还原性差且强度低。

生产赤铁矿球团时往往加入石灰石等添加物，生球在氧化气氛焙烧时主要依靠形成 $CaO \cdot Fe_2O_3$ 或 $CaO \cdot SiO_2$ 而使生球固结。温度达到1000～1200℃时此类化合物的生成已经完成。继续加热生球，最初使铁酸钙的熔化（1216℃），此后是二铁酸钙的熔化（1230℃），最后是硅酸钙的熔化（约1540℃）。这些液相润湿赤铁矿颗粒并固结球团。

C　熔剂性球团固结形式

在造球原料中添加一部分含CaO的熔剂，其目的在于提高球团矿的强度。焙烧时CaO与 Fe_2O_3 反应，生成各种铁酸钙，铁酸钙可显著加快晶体长大。在1300℃以后，晶体长大更加明显，原因是铁酸钙的熔融加速了单个结晶离子的扩散，使晶体长大速度加快。

生产中熔剂的添加量有增加的趋势，其目的不单纯是为了提高球团矿强度，更重要的是为了改善球团矿的冶金性能。熔剂性球团矿在高炉中还原时，还原度高。但含CaO的熔剂性球团，在焙烧时往往难以控制，因为生成的铁酸钙化合物熔点低，极易生成液相。当精矿含 SiO_2 较高时，生产熔剂性球团矿则必须添加较多的CaO。对于焙烧磁铁矿球团，液相的数量不仅与CaO的添加量有关，还与磁铁矿的氧化程度有关，如果氧化不完全，则有可能形成CaO-FeO-SiO_2 体系的固溶体。$FeO \cdot CaO \cdot SiO_2$ 与 $2FeO \cdot SiO_2$ 的熔化温度比较接近。在铁橄榄石中，在一定范围内增加CaO的含量，使得熔化温度有所降低，它的最低熔化温度为1117℃（图5-26）。

含 CaO 熔剂性球团矿在高炉冶炼时，虽然还原度高，但其熔化和软化温度低，在球团核心部分产生一种低熔点的液态富 FeO 渣。当这些液态渣把球团矿的孔隙充满后，又通过这些孔隙渗到表面，在表面形成一层密实的金属外壳，阻碍气体向内部渗透。

要改善熔剂性球团矿的冶金性能须提高浮士体和液相渣的熔点。研究表明，含 MgO 熔剂性球团矿有较高的还原度、较高的软化和熔融温度。

目前熔剂性球团矿生产中，往往添加含 MgO 的物质，如白云石、蛇纹石和橄榄石等。

MgO 熔剂性球团矿，其矿物组成为赤铁矿（部分磁铁矿）、铁酸钙、铁酸镁和渣相，各相存在的数量随碱度、MgO 含量及焙烧温度而变化。

含 MgO 生球焙烧时，MgO 大多数赋存于铁相中，少量赋存于渣相。因此，形成镁铁矿（$MgO \cdot Fe_2O_3$）和尖晶石固溶体[（Mg，Fe）O · Fe_2O_3]在碱度和焙烧温度很高时，MgO 易进入渣相，生成钙镁橄榄石，因而阻碍难还原的铁橄榄石和钙铁橄榄石的形成。同时球团焙烧时软化温度提高。

7.3.2.4 影响球团焙烧过程的因素

影响球团焙烧过程的因素较多，主要有焙烧温度、加热速度、高温焙烧时间、焙烧气氛、燃料性质、冷却方法、生球尺寸、孔隙率等。

（1）焙烧温度：球团的焙烧制度应保证在焙烧装置最大生产率和最适宜的气(液)体燃料耗量的前提下达到尽可能高的氧化、固结和脱硫效果。

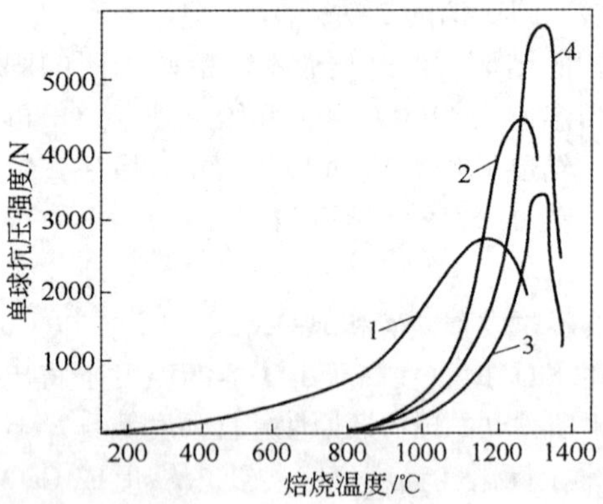

图 7-14 焙烧温度对球团矿抗压强度的影响
1—磁铁矿；2—磁铁矿为主；3—低品位赤铁矿；4—高品位镜赤铁矿

焙烧温度对球团焙烧过程影响较大。若温度偏低则各种物理化学反应进行缓慢，以致难以达到焙烧固结效果。随温度逐渐升高，焙烧固结的效果亦逐渐显著。

在球团焙烧过程中，强度的变化更能反映出本质的变化。图 7-14 给出在氧化气氛中焙烧时，焙烧温度对各种球团矿强度的影响。磁铁矿球团在氧化过程中抗压强度持续增大，但最大抗压强度低。赤铁矿球团由于含有微量 FeO，低温时强度也有上升的倾向。对纯赤铁矿球团来说，镜赤铁矿球团由于 Fe_2O_3 有力的扩散固结，其强度较高。低品位赤铁矿球团强度较低。

对于熔剂性磁铁矿球团，由于石灰石在预热阶段的分解，球团的气孔增加，故较难达到所需要的强度。但只要适当地选择焙烧温度，就能达到最大强度。在球团焙烧过程中，选择适宜的焙烧温度通常应兼顾下述两个方面：

① 为提高质量和产量，应尽可能选择较高温度。在较高温度下能够提高球团矿的强度，缩短焙烧时间，增加设备的生产能力。但若超过最适宜值，则会使球团抗压强度迅速下降，严重时有可能造成球团熔融黏结。

② 为提高设备使用寿命、降低燃料与电力消耗，应尽可能选择较低的焙烧温度。高温焙烧设备的投资与能耗巨大，所以尽可能降低焙烧温度。但焙烧的最低温度应足以在生球的各颗粒之间形成牢固的连接桥为限度。

（2）加热速度：球团焙烧时的加热速度一般为 57 ~ 120℃/min。它对球团的氧化、结构、常温强度和还原后的强度均能产生重大影响。球团加热过快将导致以下不良后果：

①升温过快会使氧化反应难以进行或氧化不完全。快速加热时，生球中磁铁矿颗粒来不及全部氧化就达到软化或产生液相。在温度大于1000℃时，若精矿中 SiO_2 含量偏高，未氧化的 Fe_3O_4 和 FeO 会与 $2FeO \cdot SiO_2$ 产生共熔混合物，引起球核熔化，使磁铁矿被液相所润湿，隔绝了与氧的接触，使球团内部的氧化作用减弱或者停止。此类球团矿往往为层状结构。

②升温过快会使球团产生差异膨胀。由于球团导热性较差，升温过快会使球团各层温度梯度增大，从而产生差异膨胀并引起裂纹。

快速加热形成的层状结构球团，在受热冲击和断裂热应力而产生的粗大或微小裂缝，往往以最高焙烧温度长时间保温(24～27min)，也不能将其消除。因此加热速度过快，球团强度变差。

(3) 高温焙烧时间：图7-15示出了赤铁矿球团各种温度水平下焙烧时间与抗压强度关系。

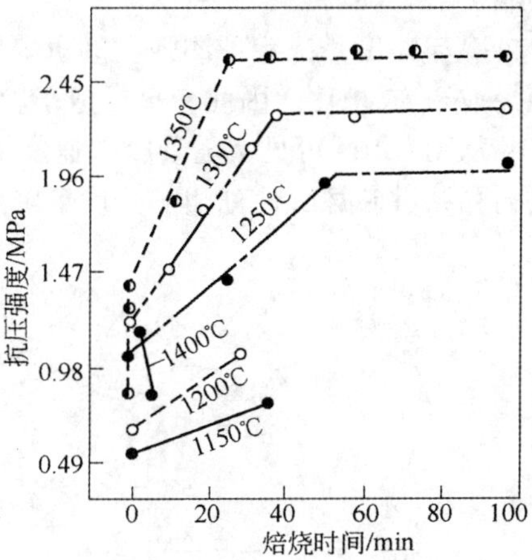

图7-15 焙烧时间对赤铁矿球团抗压强度的影响

当温度小于1350℃时，随着焙烧时间的延长，球团抗压强度升高，超过一定时间后强度则保持一定值，说明存在一个使抗压强度保持一定水平的临界时间。通常在临界温度以内，焙烧温度越高，临界时间越短，抗压强度亦越大。然而若达不到最适宜焙烧温度，即使长时间加热，也达不到最高抗压强度。

(4) 焙烧气氛：对于磁铁矿球团，气氛的氧化性对球团强度影响很大。当焙烧气氛中的氧含量为3%～12%时，球团形成双重结构，强度有降低趋势。有些磁铁矿(如Fe含量为64.84%，FeO含量为8.92%，SiO_2 含量为3.6%)球团，氧含量为12%时，其强度具有极大值。分析FeO后可知，球团内不残留未氧化的核，这可被认为是强度在氧含量较高时的降低是由于孔隙率增高的缘故。此外，天然磁铁矿球团在大于1100～1200℃的氮气中焙烧时，其强度较之在氧化气氛中高，而人造磁铁矿球团在氮气中焙烧时则相反，其强度较低。

对于赤铁矿球团，不同焙烧气氛对球团强度影响不大。

对于褐铁矿球团，在氮气、水蒸气、二氧化碳气氛中焙烧均能获得较高强度。随着氧含量的加大，球团强度反而降低，气孔率也随氧含量增大而增大，从而影响球团强度。

随着气氛中氧含量的增高，球团气孔率有增大倾向。

(5) 燃料性质：球团焙烧燃料有重油、煤气和煤粉(无烟煤或贫煤甚至焦粉)。不同的燃料种类，对焙烧过程具有不同的影响。

使用液体或气体燃料时，由于加热速度、焙烧温度、废气速度和废气中氧含量等易于调节，焙烧可以控制在氧化气氛中进行。因此，与固体燃料相比，可得到最好焙烧效果。

当重油和煤气的使用上受到制约时，可采用部分或全部固体燃料，如磨碎的无烟煤或贫煤及焦粉。焦粉作为固体燃料，除了着火温度比煤粉高之外，燃烧时同样会妨碍磁铁矿颗粒的氧化，甚至停止。若焦粉周围氧含量不足时，其燃烧反应将十分缓慢，单位时间内释放的热量较低，以致在较多焦粉用量时仍不能达到所需温度。如果抽风速度过大，焦粉燃烧快，球团迅速熔化黏结或者焦粉被废气带走。同时，热量的散失亦很大，球团表面急剧冷却，影响球团强度。

固体燃料尽管价廉易得，但对焙烧过程危害严重。通常情况下，对于大型球团厂，改用固体燃料进行氧化焙烧，无论从理论和实践上都是不可取的。对于中小型球团厂，由于对球团矿质量要求相对较低，在不得不采用固体燃料时，也需要采取相应的补救措施。如加强细磨，降低固体燃料粒度；加强混匀，尽量避免固体燃料集中燃烧等。

（6）冷却制度：炽热的球团矿必然造成劳动条件恶劣、运输和储存困难以及设备的先期烧损等，高炉冶炼也希望采用冷球团矿，故必须将其冷却。同时，球团矿冷却能有效地利用废气热能、节省燃料。

冷却速度是决定球团强度的重要因素。球团的冷却速度与球的直径有关，研究证明与球团直径 $D^{-1.4}$ 成正比。因此，直径愈小冷却愈快。

从图 7-16a 可见：随着冷却速度增加，球团矿的破坏应力随之增加，引起焙烧过程中所形成的黏结键破坏，使球团矿强度下降；球团矿总孔隙率随冷却速度的增加而增加。

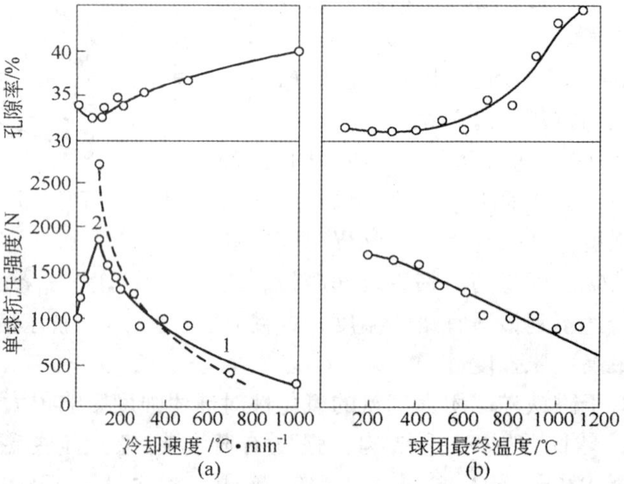

图 7-16　冷却速度(a)和最终冷却温度(b)对焙烧球团强度的影响

1—实验室试验；2—工业试验

球团矿的强度还与球团冷却的最终温度和冷却介质有关。随球团冷却的最终温度降低，强度升高，在空气中冷却比在水中冷却的强度好，见图 7-16b。为了获得高强度的球团，应以 100℃/min 的速度冷却到尽可能低的温度，进一步的冷却应该在自然条件下进行，严禁用水或用蒸气冷却。

（7）生球尺寸：球团焙烧时，生球的氧化和固结速度与生球的尺寸有关。赤铁矿生球焙烧的全部热量均需外部提供，因生球的导热性较差，故生球尺寸不宜过大。尤其是在带式焙烧机上焙烧时，生球的尺寸显得更为重要，由于生球导热性小，若在较大的风速下进行焙烧，将导致大部分热量随抽过的废气带走而损失掉。其次，生球尺寸愈大，氧气愈难进入球团内部，致使球团的氧化和固结进行得愈慢愈不完全。研究结果表明：球团的氧化和还原时间与球团直径的平方成正比。带式机焙烧时，生球尺寸一般不应大于 16mm，下限一般不小于 8～9mm。生球尺寸的减小，无论对造球还是焙烧都是有利的。

（8）孔隙率：孔隙率大小是球团常温性能指标之一。球团矿的强度因焙烧的类型而异，若固结形式相同，则首先取决于固相与孔隙的分布（即孔隙率、平均孔隙尺寸、孔隙的分布情况、矿粒结晶尺寸等），其次取决于固相本身强度。因此，孔隙的大小及分布特性与球团的强度有密切关系。随着孔隙率的减小和晶粒半径的缩小，球团强度提高。通常，采用提高焙烧温度的办法以减小孔隙率，采用降低原料粒度的办法减小晶粒尺寸。

7.4 球团矿的矿物组成与显微结构

球团矿的矿物组成比较简单，因为生产球团矿的含铁原料品位高、杂质少，而且混合料的组分比较简单，一般只包含有一种或两种铁精矿，再配加少量的黏结剂。只有生产熔剂性球团矿时，才配加熔剂。

酸性球团矿的矿物成分中，95%以上为赤铁矿。由于在氧化气氛中石英与赤铁矿不参与反应，一般可看到独立的石英颗粒存在，赤铁矿经过再结晶和晶粒长大连接。由于球团矿的固结以赤铁矿单一固相反应为主，液相数量极少，其气孔呈不规则形状，多为连通气孔，全气孔率与开口气孔率的差别不大。该类球团矿具有相当高的抗压强度和良好的中低温还原性。目前国内外大多数球团矿属于这一类。

用磁铁精矿生产球团矿，如果氧化不充分，其显微结构将内外不一致，沿半径方向可分三个区域：

（1）球团表层和酸性球团矿一样氧化较充分。赤铁矿经过再结晶和晶粒长大后连接成片，少量未熔化的脉石以及少量熔化了的硅酸盐矿物夹在赤铁矿晶粒之间。

（2）中间过渡带的主要矿物仍为赤铁矿。赤铁矿连晶之间，被硅酸铁和玻璃质硅酸盐充填，在这个区域里仍有未被氧化的磁铁矿。

（3）中心磁铁矿带，未被氧化的磁铁矿在高温下重新结晶，并被硅酸铁和玻璃质硅酸盐液相黏结，气孔多为圆形大气孔。具有这样显微结构的球团矿，一般抗压强度低，因为中心液相较多，冷凝时体积收缩，形成同心裂纹，使球团矿具有双层结构，即以赤铁矿为主的多孔外壳，以及以磁铁矿和硅酸盐液相为主的坚实核心，中间被裂缝隔开。因此用磁铁矿生产球团矿时，必须使它充分氧化。

对于自熔性球团矿，正常情况下，主要矿物是赤铁矿。铁酸钙的数量随碱度不同而异。此外还有少量硅酸钙。含 MgO 较高的球团矿中，还有铁酸镁，由于 FeO 可置换 MgO，实际上为镁铁矿，可以写成$(Mg \cdot Fe)O \cdot Fe_2O_3$。

自熔性球团矿在焙烧温度较低、在此温度下停留时间较短时，它的显微结构为赤铁矿连晶，以及局部由固体扩散而生成的铁酸钙。当焙烧温度较高且在高温下停留时间较长时，则形成赤铁矿和铁酸钙的交织结构。因为铁酸钙在焙烧温度下可以形成液相，故气孔呈圆形。

实验证明，当有硅酸盐同时存在的情况下，铁酸盐只能在较低温度下才能稳定。1200℃时，铁酸盐在相应的硅酸盐中固溶，超过1250℃，铁酸盐发生下列反应：

$$CaO \cdot Fe_2O_3 + SiO_2 \longrightarrow CaSiO_4 + Fe_2O_3 \tag{7-5}$$

Fe_2O_3 再结晶析出，铁酸盐消失，球团矿中会出现玻璃质硅酸盐。

自熔性球团矿与酸性球团矿相比，其矿物组成较复杂。除赤铁矿为主外，还有铁酸钙、硅酸钙、钙铁橄榄石等。焙烧过程中产生的液相量较多，故气孔呈圆形大气孔，其平均抗压强度较酸性球团矿低。

可以看出，影响球团矿矿物组成和显微结构的因素有二：一为原料的种类和组成；二为焙烧工艺条件，主要是焙烧温度、气氛以及在高温下保持的时间。球团矿的矿物组成和矿物结构，对其冶金性能影响极大。

7.5 球团工艺过程

球团造块工艺与烧结生产工艺相比，有下述特点：

(1) 对原料要求严格，都是细磨精矿且品种较单一。水分应低于适宜造球水分，SiO_2 不能太高。

(2) 由于生球结构较紧密，且含水分较高，在突然遇高温时会产生破裂甚至爆裂，因此高温焙烧前必须设置干燥和预热工序。

(3) 球团形状一致，粒度均匀，料层透气性好，因此采用带式焙烧机或链箅机—回转窑生产球团矿时，一般可使用低负压风机。

(4) 大多数球团料中不含固体燃料，焙烧球团矿所需要的热量由液体或气体燃料燃烧后的热废气通过料层供热，热废气在球团料层中循环使用，热利用率较高。

7.5.1　原料准备

球团原料的粒度和粒度组成、适宜的水分及均匀的化学成分是原料准备阶段的三个重要参数。

球团原料最佳粒度范围一般用比表面积表示。比表面积为 1500 ~ 1900cm^2/g 的精矿，成球性能良好。使用富矿粉的球团厂一般设有磨矿工艺，所采用的磨矿设备为圆筒磨矿机，多以钢球作介质。磨矿方法一般采用湿磨。

原料最佳水分与造球物料的物理性质(包括粒度、亲水性、密度、颗粒孔隙率等)、造球机生产率及成球条件等有关。一般磁铁矿和赤铁矿适宜水分范围为 7.5% ~10.5%。黄铁矿烧渣和焙烧磁选精矿，由于颗粒有孔隙结构，其水分可达 12% ~15%，褐铁矿适宜水分高达 17%。造球前的原料水分应低于适宜的生球水分。

原料化学成分要求均匀。国外对含铁原料的中和极为重视，许多球团厂专门设置有现代化的中和设备。矿石中和方法有带卸料小车的固定皮带机和电铲法及堆料机和取料机法。堆料机和取料机法中和效果和经济效果较好。

7.5.2　配料、混合和造球

球团所用原料种类较少，故配料、混合工艺较简单。精矿和熔剂大多数采用圆盘给料机给料和控制下料量，并由皮带秤(或电子皮带秤)按预定配料比称量。黏结剂的配入量则由精矿皮带秤发出信号，调控黏结剂配料设备的转速进行控制。膨润土配料设备以螺旋给料机为宜，它的优点是封闭性好、生产能力可调。本钢 16m^2 竖炉即采用封闭型圆盘给料机(ϕ480mm)和螺旋输送机，通过手动调整圆盘给料机速度来改变给料量，给料效果较好。

我国球团配合料过去大多数采用类似于烧结厂混合机的一段圆筒混合机混合。20 世纪 80 年代建成的本钢 16m^2 竖炉则采用一段强力混合机。这种混合机的优点是混合效果好。鞍钢 200 万 t 带式球团车间采用两段混合工艺，第一段用轮式混合机，第二段用美国 Lit1eford 公司设计的 ϕ(1800 ~ 5000) mm 强力混合机。

生产非自熔性球团矿时，采用一段混合流程是可行的；而生产自熔性球团矿时，则必须采用二段或三段混合流程，第一段用轮式混合机，第二段用圆筒混合机，第三段再采用轮式混合机。第三段的轮式混合机可以捣碎第二段混合机中形成的母球。

配合料经混合后进入造球工序。目前国内外广泛采用圆盘造球机和圆筒造球机。据不完全统计，国外造球设备中，使用圆筒造球机的约占 66.7%，使用圆盘造球机的约占 29%，使用圆锥造球机的则仅为 4.3%。当前我国球团厂仍主要采用圆盘造球机。表 7-1 示出了三种不同直径的圆盘造球机性能。

表 7-1 三种圆盘造球机性能

圆盘直径/m	5.5	7.0	7.5
单台产量/$t \cdot h^{-1}$	30~40	80~90	130
圆盘边高/mm	800	800	650
圆盘转速/$r \cdot min^{-1}$	6~9	3.6~6.5	4~7
电动机功率/kW	95	120	75/100
圆盘倾角调节范围/(°)	45~55	45~60	45~55
总重(包括电机)/t	39.84	57.20	56.00

7.5.3 焙烧设备

球团生产中采用较广的三种球团焙烧方法即竖炉法、带式焙烧机法、链算机—回转窑法比较见表7-2。

表 7-2 三种焙烧法比较

工艺名称	优、缺点	生产能力	基建投资	管理费用	耗电量	球团矿质量
竖炉球团法	优点：结构简单，维护检修方便，无须特殊材料，炉内热效率高 缺点：均匀加热困难，单炉生产能力受限制，当焙烧放热效率低的球团时，产量较低。仅限于处理磁铁矿精矿球团或赤、磁铁矿混合精矿球团	最大单炉产量：2000t/d，适用于中、小型企业	低	低	高	一般
带式焙烧机法	优点：操作简单、控制方便，处理事故及时，焙烧周期比竖炉短，可处理各种矿石 缺点：球团矿上下层质量不均，台车易烧损，需要高温耐热合金材料，需铺底、边料，流程较复杂	单机生产能力大，最大单机产量：6000~6500t/d，适于大型生产	中	高	中	良好
链算机—回转窑法	优点：设备简单，可生产质量均匀的普通球团矿，亦能生产熔剂性球团矿，可处理各种铁矿石，无须耐热合金材料 缺点：操作不当时，回转窑"结圈"	单机生产能力大，最大单机产量：6500~12000t/d，适于大型生产	高	中	低	好

7.6 其他球团法

球团方法分类中，除高温氧化焙烧球团法即上述三种焙烧方法之外，其他所有方法均属特殊球团法。主要有金属化球团法、水硬性球团法、碳酸化固结球团法等。

7.6.1　金属化球团矿

金属化球团矿（或称预还原球团矿）的生产已得到较大发展。该法在球团矿生产中表现出了强大的生命力。金属化球团矿的应用，是钢铁冶金的一项重要技术革新。

将生球或经氧化焙烧后的球团矿，在还原装置中用还原剂（固体和气体）进行预还原，除去铁矿石中铁氧化物的含氧量，从而可得到有一部分或绝大部分氧化铁转变为金属铁的球团矿。高炉每使用 100kg/t 铁的铁热压块（HBI：Hot Briquetted Iron）可降低焦比 27kg/t；使用 100% 金属化率为 65% 的球团矿，燃料比可降到 364kg/t 的水平。虽然生产金属化炉料也要耗能，但一般使用的是非焦煤，而且包括高炉在内的总能耗不一定增加。佐藤等的研究表明，使用 100% 预还原度 40% 的炉料，总燃料比可降低 1%；将预还原度提高到 70%，总燃料比可降低 11.5%。还可以利用高炉粉尘中的碳和铁制备还原球团，在高炉中每使用 30kg 这种还原球团可节约 7kg 还原剂。

球团矿的金属化程度或称金属化率，以已还原出来的金属铁对球团矿内全铁数量之比的百分数来表示，即

$$\text{球团矿金属化率} = \frac{w(\mathrm{MFe})}{w(\mathrm{TFe})} \times 100\%$$

式中　$w(\mathrm{MFe})$——已还原出的金属铁量，%；

$w(\mathrm{TFe})$——球团矿内的全铁量，%。

金属化程度的高低直接与还原剂的种类和数量、矿物的反应性能和粒度、球团矿的物理化学性能（直径和孔隙度），以及还原焙烧制度（温度、时间和气氛）等有关。

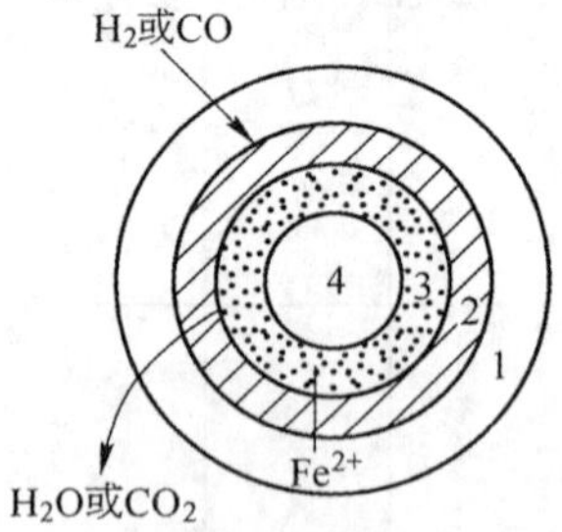

图 7-17　Fe_2O_3 还原过程示意图

1—Fe；2—Fe_xO；3—Fe_3O_4；4—Fe_2O_3

金属化球团矿是由氧化球团矿在还原剂作用下，使氧化铁还原成金属铁。氧化铁还原按照 $Fe_2O_3 \rightarrow Fe_3O_4 \rightarrow FeO \rightarrow Fe$（570℃以上）或 $Fe_2O_3 \rightarrow Fe_3O_4 \rightarrow Fe$（570℃以下）逐级进行。图 7-17 所示，中心是未还原的最高价氧化铁，最外层则是金属铁。

随着还原反应向球团中心推移，外层的金属铁层及次层低价氧化铁层的厚度不断增加，而内层的较高价氧化铁层则依次缩小。但是当球团较小时及气体还原剂能自由穿透整个球团，或者球团内配有固体还原剂时，还原仅具有逐段性，而没有明显的呈带性。

对于气体还原剂，氧化铁的还原有两种机理起决定性作用：

（1）在固体与气体间的相界上产生相界反应；

（2）在固体反应剂相界及其内部，由于金属铁向较高含氧量区域扩散而产生固相反应。

当还原速度较快时，外表形成一层多孔的金属铁，还原气体可以在固相层内扩散，在界面上，浮士体被还原为金属铁，其反应式如下：

$$Fe_xO + CO(H_2) \longrightarrow Fe + CO_2(H_2O) \tag{7-6}$$

铁离子向被还原的铁氧化物内扩散，使较高级铁氧化物转变为较低级的铁氧化物，其反应式如下：

$$Fe_3O_4 + Fe^{2+} + 2e \longrightarrow 4Fe_xO \tag{7-7}$$

$$Fe_2O_3 + Fe^{2+} + 2e \longrightarrow 3Fe_3O_4 \tag{7-8}$$

当外表面形成一层比较致密的金属铁层时，还原气体无法进入到球团矿内部，只能发生由球团表面除去氧的反应。而氧化铁的还原则是通过 Fe^{2+}（Fe^{3+}）和 O^{2-} 在固相产物层晶格内的扩

散进行的，反应速度受这些离子扩散的影响。

当还原剂为固体燃料时，在不与铁矿物混合制成球团矿，而以单独的方式喷射入还原设备的高温区内(回转窑)，则煤粉燃料将受高温作用而氧化成煤气，此时的还原过程基本上与上述相同。若将固体还原剂经细磨后，混匀到球团内部，呈均匀分布，还原过程则是氧化铁与碳直接发生反应，其反应式如下：

$$3Fe_2O_3 + C = 2Fe_3O_4 + CO \quad (7\text{-}9)$$

$$Fe_3O_4 + C = 3FeO + CO \quad (7\text{-}10)$$

$$FeO + C = Fe + CO \quad (7\text{-}11)$$

$$Fe_3O_4 + 4C = 3Fe + 4CO \quad (7\text{-}12)$$

7.6.2 水硬性球团矿

硅酸盐水泥(或无石膏的水泥熟料)、矿渣水泥、火山灰、硅藻土和蛋白石等水硬性材料均可作为球团矿固结的黏结剂而得到水硬性球团矿。该方法不经高温焙烧固结，故又称为冷固球团。该法基建投资少，设备简单、建设快，易于管理和维修。但不能除去硫、砷等有害杂质，不宜处理高硫、砷矿石。

水泥黏结剂属于结晶硬化和胶体硬化反应，其中各组分在水溶液中与水作用生成凝胶：

$$3CaO \cdot SiO_2 + mH_2O = xCaO \cdot SiO_2 \cdot nH_2O + (3-x)Ca(OH)_2 \quad (7\text{-}13)$$

$$2CaO \cdot SiO_2 + H_2O = 2CaO \cdot SiO_2 \cdot H_2O \quad (7\text{-}14)$$

$$3CaO \cdot Al_2O_3 + 6H_2O = 3CaO \cdot Al_2O_3 \cdot 6H_2O \quad (7\text{-}15)$$

$$4CaO \cdot Al_2O_3 \cdot Fe_2O_3 + 7H_2O = 3CaO \cdot Al_2O_3 \cdot 6H_2O + CaO \cdot Fe_2O_3 \cdot H_2O \quad (7\text{-}16)$$

这些凝胶中一些能在水中溶解并再结晶，如氢氧化钙凝胶和水化铝酸钙凝胶。而另一些在水中的可溶性极小，不易于再结晶，长时期内保持胶体状态，如水化硅酸钙和水化铁酸钙凝胶。易于结晶的先结晶，并以它们的晶体贯穿于含水硅酸钙和含水铁酸钙以及矿粒的空隙中，这是硬化的初期。这时整个凝胶还是松而不紧密的，相互的黏结能力较弱。只有经过较长的时间，水化反应逐渐向颗粒内部扩散，凝胶的水分减少，粒子互相接近，球团矿才具有一定的强度。

7.6.3 碳酸化固结球团矿

碳酸化固结方法不同于高温下的焙烧方法，其基本原理是将球团矿放在 CO_2 的气流中，使球团矿中的石灰碳酸化而固结。球团矿中石灰的碳酸化，包括下列两个过程：

(1) 物理水分的蒸发，$Ca(OH)_2$ 从饱和溶液中逐渐结晶出来；

(2) $Ca(OH)_2$ 从 CO_2 的气体介质中(如石灰窑废气、高炉煤气的燃烧产物等)吸收 CO_2，进行碳酸化反应，生成 $CaCO_3$，其反应如下：

$$Ca(OH)_2 + CO_2 + nH_2O = CaCO_3 + (n+1)H_2O \quad (7\text{-}17)$$

实验证明，碳酸化反应，只是在有水存在的情况下方能进行，当用干燥的 CO_2 作用于干燥的 $Ca(OH)_2$ 时，并不能碳酸盐化。

碳酸化反应在空气中进行得十分缓慢，因为空气中 CO_2 的含量较低(约为 0.03%)，而且当球团表面生成一层 $CaCO_3$ 薄膜后，CO_2 不容易进到里面，因而碳酸化过程大大减慢，所以通常碳酸化固结均在含 CO_2 浓度较高的气氛中进行。为了加速碳酸化过程的反应，需要加入某些化学催化剂。

精矿与消石灰混合料造成的生球，由于水分的逐步蒸发，水的表面张力产生的毛细管压力，使粒子紧密而得到附加的强度。同时，由于水的蒸发使得溶液过饱和，促进 $Ca(OH)_2$ 的结晶，使球团获得初步强度。$Ca(OH)_2$ 从空气中吸收 CO_2 生成 $CaCO_3$，此时，固相体积增大，使硬化石灰进一步紧密和坚固。这一反应过程按以下步骤进行：首先是气体介质中的 CO_2 扩散到球团表层气液界面上，与溶解在液相(水)中的 $Ca(OH)_2$ 作用形成致密的 $CaCO_3$ 薄膜，随后在水分和 CO_2 存在条件下球团表层生成的 $CaCO_3$ 薄膜被溶解，生成溶解度较大的碳酸氢钙，其反应如下：

$$CaCO_3 + CO_2 + H_2O \rightleftharpoons Ca(HCO_3)_2 \tag{7-18}$$

$Ca(HCO_3)_2$ 的生成具有重要意义，溶解于水中的 $Ca(HCO_3)_2$ 向球团内部扩散渗透，并与内部 $Ca(OH)_2$ 反应生成新的 $CaCO_3$ 沉淀。其反应为：

$$Ca(HCO_3)_2 + Ca(OH)_2 \rightleftharpoons 2CaCO_3 + 2H_2O \tag{7-19}$$

因为碳酸化球团矿的固结过程正是高炉中碳酸盐分解的逆过程，所以使用这种球团矿在高炉低于800℃的温度区域，主要是依靠球团矿中碳酸钙所形成的坚实骨架和被还原的低价铁氧化物的网状结晶结构所保持。800～900℃之间，随着固相反应的发生与发展，物料开始黏结，海绵铁的逐渐生成也起着相当大的作用。到900℃以上的区域，球团矿逐渐软化，并开始烧结和形成初渣，加上已生成的大量海绵铁的作用，仍能保持球团矿具有一定的热强度。

复习思考题

7-1　在圆盘造球机中，生球是怎样形成、长大和紧密的？

7-2　球团矿的焙烧分哪几个阶段，其干燥和焙烧的目的是什么？

7-3　磁铁矿与赤铁矿球团在焙烧中有哪几种固结形式，为什么磁铁矿球团比赤铁矿球团容易焙烧？

7-4　常用的球团焙烧设备有哪几种，各有何优缺点？

7-5　比较球团与烧结两种造块方法的特点。

7-6　何谓金属化球团矿，发展金属化球团矿有何意义？

8 铁矿石的还原反应

炉料自炉顶加入炉内，在下降过程中与上升煤气相遇，受热和还原剂的作用，一些物质被挥发和分解，铁及某些元素的氧化物被还原，被还原出来的铁经渗碳作用及其他元素的加入，形成液体生铁，未被还原部分和脉石生成炉渣，最后将液体渣、铁放出炉外。已用去大部分能量的煤气则从炉顶排出。整个冶炼过程中发生的物理化学变化是复杂交错、互相影响的。这些变化的发展方向、反应速度和进行程度，影响高炉生产的效率、产品质量和物质消耗，特别是燃料消耗。过去，对高炉内发生的一系列变化，无法直接观察和判断，主要依靠仪表和实践经验来操纵高炉。从20世纪60年代末70年代初开始进行了一系列高炉解体研究，取得了巨大成果，对高炉炼铁理论有重大突破，对高炉生产有很大的促进作用，为强化冶炼，降低消耗，炼低硅生铁，延长高炉寿命等提供了新的依据。

8.1 高炉解剖研究概况

8.1.1 高炉解剖研究的意义与状况

高炉冶炼过程是在高温条件下进行的复杂的物理化学反应，并充满了动量、热量与质量传输过程等复杂现象，而这些复杂现象又直接关系到高炉内的还原反应。为了确定能够正确处理这些现象的操作技术，就必须正确掌握炉内情况的变化。但要准确地、及时地判断炉内发生的情况是困难的，因为高炉是一个密闭的、连续的逆流反应器，对反应过程的变化要进行直接的观察与测试都难以进行，人们主要依靠间接的仪表反应与实践的经验来进行操作。为了搞清楚高炉内的变化规律，以往的冶金工作者采取了很多办法，例如各个部位的测温、取样以及模拟实验等一系列的手段，取得了很多成果，从而丰富了人们对高炉内部状况的了解。但是仍不能十分确切地描述炉内变化状况，而最直接和最有效的办法就是对高炉进行解剖研究。

8.1.2 国内外高炉解剖研究的状况

高炉解剖是将正在进行冶炼中的高炉，突然停止鼓风，并且急速降温以保持炉内原状，然后将高炉剖开，进行全过程的观察、录像、分析化验等各个项目的研究考察，人们将此项工作称作高炉解体研究。

早在1930年前后，在斯德哥尔摩就开始了解剖高炉的工作，为了研究生产高炉的内部状况，日本进行了大量的高炉解体研究，并取得了新的研究成果，为研究高炉冶炼过程提供了新的依据。日本于1968年首先解剖了一座646m^{3}高炉，1970年又解剖了一座1407m^{3}高炉。据统计，从那时开始，日本和苏联对在生产高炉进行解剖研究达10次以上。我国也于1979年10月对首钢018实验高炉进行了解剖研究。从高炉解剖调查过程中获得高炉中的分层情况及各层的化学反应与热工特点，特别是软熔带的形成与其对高炉冶炼过程的影响。

解剖后得到的高炉内分层情况示意于图8-1，它表示了固体炉料形态的变化。煤气上升过程中，其成分、温度和压力都有很大改变。成分中首先是由于直接还原使CO提高，而后由于间接还原使CO降低，CO_2开始出现并逐渐增多。煤气温度则由于与炉料的热交换及热损失而逐步降低，压力也由于阻力损失而减少，其变化过程如图8-2所示。

图 8-1　高炉内固体炉料形态变化示意图

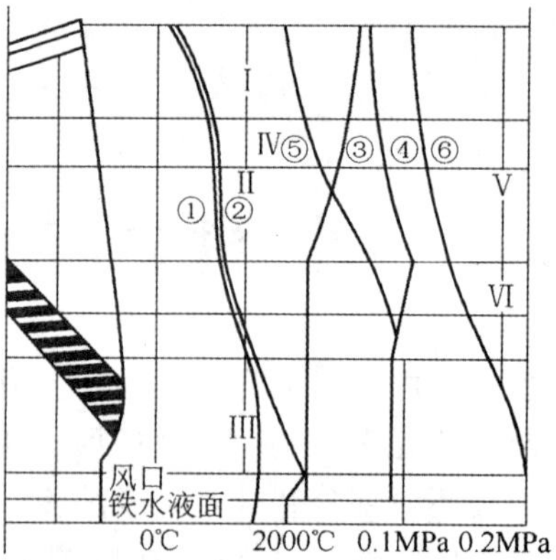

图 8-2　高炉内煤气压力的温度与成分变化示意图

Ⅰ—上部热交换区；Ⅱ—空区；Ⅲ—下部热交换区；Ⅳ—化学稳定区；Ⅴ—间接还原区；Ⅵ—直接还原区；①，②—分别表示固体液体温度和气体温度(℃)；③—CO_2浓度(%)；④—CO 浓度(%)；⑤—还原度(%)；⑥—压力(MPa)

8.1.3　炉料下降过程的层状分布现象

解剖调查初步肯定了高炉的冶炼过程可分为五个主要区域，在炉料与煤气流逆向运动过程中，热交换、还原、熔化与成渣等反应依次在五个区域中进行，这五个区域一般称为五带或五层，现分述如下。

(1) 块料带：炉内料柱的上部，矿石与焦炭始终保持着明显的固态的层次缓缓下降，但层状逐渐趋于水平，而且厚度也逐渐变薄。

(2) 软熔带：它由许多固态焦炭层和黏结在一起的半熔融的矿石层组成，焦炭矿石相间，层次分明，由于矿石呈软熔状，透气性极差，煤气主要从焦炭层通过，像窗口一样，因此称为“焦窗”。软熔带的上沿是软化线，下沿是熔化线，它和矿石的软熔温度区间相一致，其最高部分称为软熔带顶部，其最低部分与炉墙相连接，称为软熔带的根部，如图8-3所示。随着原料条件与操作条件的变化，软熔带的形状与位置也随之改变。

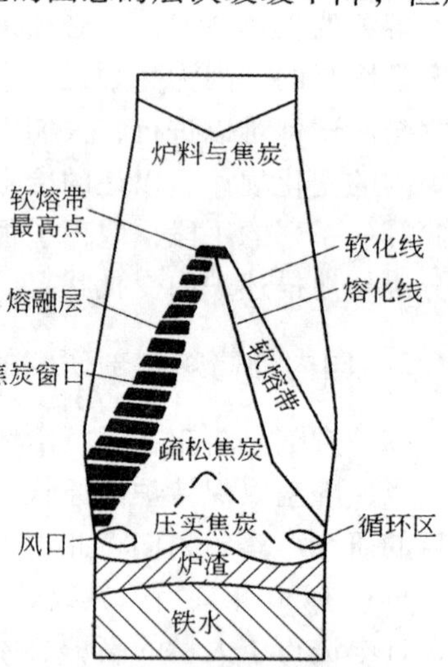

图 8-3　软熔带示意图

(3) 滴落带：它位于软熔带之下，熔化后的渣铁像雨滴一样穿过固态焦炭层而滴落。

(4) 风口带：焦炭在风口前，由于鼓风动能的作用在剧烈地回旋运动中燃烧，形成一个半空状态的焦炭回旋区。这个小区域是高炉中唯一存在的氧化性区域。

(5) 渣铁带：它在炉缸下部，主要是液态渣铁以及浸入其中的焦炭，铁滴穿过渣层以及渣铁界面时最终完成必要的渣铁反应，得到合格的生铁。

8.2　炉料的蒸发、分解与气化反应

8.2.1　水分的蒸发

炉料中的水以吸附水和化合水两种形式存在。吸附水存在于热烧结矿以外的一切炉料中，

吸附水一般在105℃以下蒸发。吸附水蒸发对高炉冶炼并无坏处，因为炉喉煤气温度通常大于200℃，流速也很高，炉料中的吸附水在炉料入炉后，下降不大的距离就会蒸发完，水的蒸发仅仅利用了煤气的余热，不会增加焦炭的消耗；同时因水分的蒸发吸热，降低了煤气温度，对装料设备和炉顶金属结构的维护还带来好处。此外，煤气温度降低，体积减小，流速也因之降低，炉尘吹出量随之减少，在实际生产中，往往因炉顶温度过高，而向炉料或炉喉内打水以降低煤气温度。但在小高炉上，如果炉顶温度高，则不宜采取向炉料加水的方法来降低炉顶煤气温度，因为小高炉料柱短，高温区高，水分可能与碳直接发生反应，从而增大焦炭消耗。

炉料中的化合水又称结晶水，以化合物的状态存在。褐铁矿($n Fe_2O_3 \cdot m H_2O$)化合水最多，高岭土($Al_2O_3 \cdot 2SiO_2 \cdot 2H_2O$)也含部分化合水。化合水只有在水化物分解后，水分才会蒸发。

褐铁矿在200℃左右开始分解释放出水分，到400~500℃分解速度最大，水分大量分解逸出。高岭土大约400℃开始分解，但速度很小，在500~600℃时才迅速分解。

化合水分解与矿石粒度、气孔度(率)等有很大关系，只有当料块中心温度达到该水化物强烈分解的温度时，才能认为分解完毕。因此有的化合水可能在高温下才能分解出来。

在较高温度下分解出来的水成为蒸汽，可与CO或固定碳反应：

$$H_2O + CO = H_2 + CO_2 \qquad \Delta_r H_m^{\ominus} = -41323.72kJ \tag{8-1}$$

$$2H_2O + C = 2H_2 + CO_2 \qquad \Delta_r H_m^{\ominus} = +83149.85kJ \tag{8-2}$$

$$H_2O + C = H_2 + CO \qquad \Delta_r H_m^{\ominus} = +124473.6kJ \tag{8-3}$$

反应(8-1)约在500℃开始进行，反应(8-2)开始进行温度大于500℃，反应(8-3)开始进行的温度大于800℃。在高温下H_2O与C发生反应既吸热又耗碳，尤其是在高炉下部进行这些反应时，将使炉温降低，对高炉生产不利，甚至带来严重后果。

化合水分解后被碳还原，其还原率一般为30%~50%。如果炉料中化合水少，则可不考虑水被还原的影响。

8.2.2 燃料中挥发分的挥发

燃料中挥发分存在于焦炭及煤粉中，焦炭含挥发分少，一般为0.7%~1.3%。焦炭下降到风口前已被加热到1400℃以上，所含挥发分已全部放出，由于数量少(焦炭燃烧生成的煤气中，挥发分仅占0.2%~0.25%)，对煤气成分和冶炼过程影响不大。但在喷吹煤粉时，煤粉中若含挥发分高，喷吹量又大，则将引起炉缸煤气成分明显变化，这对还原反应的影响是不能忽视的。

8.2.3 碳酸盐的分解

炉料中碳酸盐主要来自石灰石($CaCO_3$)、白云石($MgCO_3$)，有时也来自碳酸铁($FeCO_3$)或碳酸锰($MnCO_3$)。

8.2.3.1 碳酸盐加热的分解

当炉料加热时，碳酸盐按$FeCO_3$、$MnCO_3$、$MgCO_3$、$CaCO_3$的顺序依次分解，如图8-4所示。碳酸盐分解反应通式可写成：

$$MeCO_3 \rightleftharpoons MeO + CO_2 - Q \tag{8-4}$$

反应式中Me代表Ca、Mg、Fe及Mn等元素。

碳酸盐的分解反应是可逆的，随温度升高，其分解压力升高，即有利于碳酸盐的分解。

高炉冶炼最常见的碳酸盐是作为熔剂用的石灰石。石灰石的分解反应为：

$$CaCO_3 = CaO + CO_2 \qquad \Delta_r H_m^{\ominus} = +177939kJ \tag{8-5}$$

反应(8-5)发生的条件是：当碳酸钙的分解压力(分压)p_{CO_2}大于气氛中CO_2的分压p'_{CO_2}时，

该反应才进行。大气中 CO_2平均含量为 0.03% 时，即 p'_{CO_2} = 0.00003MPa，$CaCO_3$开始分解的温度为 530℃，(此时 $p_{CO_2} = p'_{CO_2}$)；而 p_{CO_2}达到 0.1MPa 时，此时对应的温度为 900 ~ 921℃，即为 $CaCO_3$强烈分解的温度，常称为化学沸腾温度。

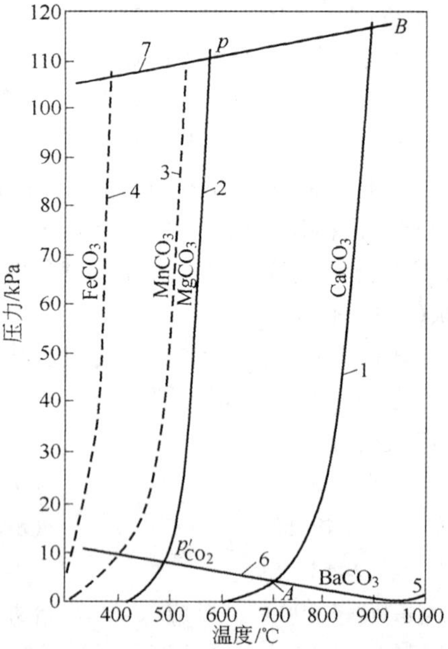

图 8-4　碳酸盐分解压力与温度的关系

$CaCO_3$在高炉内的分解温度与炉内总压力和煤气中 CO_2分压有关，如图 8-4 所示，曲线 1 为 $CaCO_3$的分解压力(p_{CO_2})，曲线 6 为煤气中 CO_2 的分压(p'_{CO_2})，当 $p_{CO_2} = p'_{CO_2}$时，两曲线交于 A，交点 A 对应的温度约 700℃，此温度即为 $CaCO_3$在高炉内开始分解的温度。随着温度升高，$CaCO_3$的分解压力逐渐增大，$CaCO_3$的分解加速进行。当温度继续升高，$CaCO_3$的分解压力和炉内煤气总压力(曲线 7)相等时，即曲线 1 和曲线 7 交于 B 点时，$CaCO_3$急剧分解，B 点对应的温度(约 910℃)即为 $CaCO_3$在高炉内的化学沸腾温度。据测定表明，石灰石在高炉内加热到 700 ~ 800℃ 开始分解，900 ~ 1000℃ 达到化学沸腾。

$CaCO_3$的结晶构造也影响其分解温度。在实验条件下测得，当气氛中 p'_{CO_2} = 0.1MPa 时，不同结晶构造的 $CaCO_3$ 分解温度如下(℃)：

石灰石	方解石	白垩	大理石
900	910	915	920

石灰石的分解速度和它的粒度有很大关系。因为 $CaCO_3$的分解是由表及里，分解一定时间后，在表面形成一层石灰(CaO)层，妨害继续分解生成的 CO_2穿过石灰层向外扩散，从而影响分解速度。当大粒度分成若干小块时，比表面积增加，在相同条件下，分解生成的石灰量增多，未分解部分减少，粉状的石灰石在 900℃ 左右即可分解完毕，而块状的要在更高的温度下才能完全分解。粒度愈大，分解结束的温度愈高。此外 CaO 层的导热性差，内部温度要比表面温度低；粒度愈大，温差愈大。因此，石灰石因粒度的影响，分解完成一直要到高温区域。前苏联马格尼托哥尔斯克钢厂高炉在温度大于 1100℃ 的炉腰部分取样表明，石灰石中还有 23.4% 的挥发物(分解度相当于 50%)；在风口取出的试样中，石灰石中心还有 7.1% 的挥发物。

8.2.3.2　碳酸盐分解对高炉冶炼的影响及其对策

碳酸盐在高炉内若能在较高部位分解，它仅仅消耗高炉上部多余的热量，但如前述 $CaCO_3$若在高温区分解，必然影响到燃料的过多消耗。其影响可按以下分析进行估量：

(1) $CaCO_3$分解是吸热反应，1kg $CaCO_3$分解吸热 1779.39kJ，或者每分解出 1kg CO_2 吸热 4044.449kJ。

(2) $CaCO_3$在高温区分解出的 CO_2，一般有 50% 以上与焦炭中的 C 发生气化(熔损)反应：

$$CO_2 + C = 2CO \qquad \Delta_r H_m^{\ominus} = +165.8\text{kJ/mol} \tag{8-6}$$

反应(9-6)既消耗 C 又消耗热量。因耗 C 而减少了风口前燃烧的 C 量，(两者在数量上是相当的)即减少了 C 燃烧的热量：

$$C + \frac{1}{2}O_2 = CO \qquad \Delta_r H_m^{\ominus} = -125.5\text{kJ/mol} \tag{8-7}$$

两项热量之和为 291.3kJ/mol。

(3) $CaCO_3$分解出的 CO_2冲淡还原气氛，影响高炉内间接还原。

综上分析，$CaCO_3$分解造成热能损失，又影响还原和焦炭强度。根据理论计算以及实践经验表明，每增加100kg石灰石，多消耗焦炭约30kg左右。

消除石灰石作熔剂的不良影响，可采取以下措施：

生产自熔性（特别是熔剂性）烧结矿或球团矿，使高炉少加或不加生熔剂。

8.2.4　其他物质的气化反应

高炉炉料中有一些蒸汽压大的物质，也能在高温下发生气化（升华或蒸发）反应，如被还原的K、Na、Zn、S、Si、Pb、As、Mn等元素，以及还原生成的中间产物如K_2O、Na_2O、SiO_2、PbO等，此外还有CaF_2等。

这些物质在高炉下部发生气化反应，随煤气上升到高炉上部，因温度降低而又重新凝结，再随炉料下降到高温区又气化上升，如此循环往复。其中只有一部分气化物质凝结成粉尘后被煤气带出炉外，或者进入渣铁从渣铁口排出，而剩余部分则在炉内循环富集，往往妨碍高炉正常冶炼。如ZnO、SiO在高炉上部凝结积累，将堵塞气流通道，增大压差，妨碍顺行；或者黏结在炉墙上导致结厚结瘤；Pb则沉降炉底渗入砖缝，将使砌砖浮起，使炉底遭受破坏；K、Na等碱金属更严重地破坏顺行，导致高炉结瘤。对碱金属的行为，将专门讨论。

减少和防止这些物质的危害，主要是增加煤气和炉渣对它们的排出量。如炉顶温度高，煤气流速大，可以提高气化物逸出炉外的数量；碱性炉渣容易吸收S、P和SiO，而酸性渣则能更多地吸收K和Na；渣量大则增加这些物质的排出量。

8.3　铁氧化物还原的热力学分析

高炉炼铁的主要目的，即是将铁矿石中铁和一些有用元素还原出来，所以还原过程是高炉冶炼最基本的物理化学反应。

8.3.1　铁氧化物还原条件

在铁矿石中，主要是含铁氧化物，也有少量非铁氧化物如硅、锰等氧化物。在高炉冶炼中，铁几乎能全部被还原，而硅、锰只能部分被还原，这主要决定于还原反应的平衡状态，即热力学条件；也受达到平衡状态难易程度的影响，即动力学条件。

所谓还原反应，是指利用还原剂夺取金属氧化物中的氧，使之变为金属或该金属的低价氧化物的反应。

还原反应可表示为：

$$MeO + B \longequal Me + BO \tag{8-8}$$

反应（8-8）得以进行，必须是还原剂B和氧的化学亲和力大于金属Me和氧的化学亲和力。

衡量金属或非金属与氧亲和力大小的尺度，可用元素与氧生成化合物时，系统中自由能ΔG变化的大小来区别。如ΔG负的绝对值越大，即自由能减少越多，该化合物越稳定。自由能随温度不同而变化，从图8-5可看出各种氧化物的生成自由能与温度的关系。在一定温度下，各种氧化物都有一定的生成自由能，其值愈小（即负的绝对值愈大），该氧化物中的金属与氧的亲和力愈大，此金属愈难还原；相反，氧化物的生成自由能愈大，该氧化物中的金属与氧的亲和力愈小，此金属则易还原。依此，Cu、Ni比Fe容易还原，而Mn、Si比Fe难还原。同时，与氧的亲和力大的金属，可以作为还原剂，还原与氧亲和力小的金属氧化物。例如Al就可作为还原剂还原Ti；而且生成自由能越小的氧化物中的金属，作为还原剂时其还原能力越强。随着温度的升高，各种氧化物的生成自由能变大，即各种元素与氧的亲和力变小，有利于元素的还原。

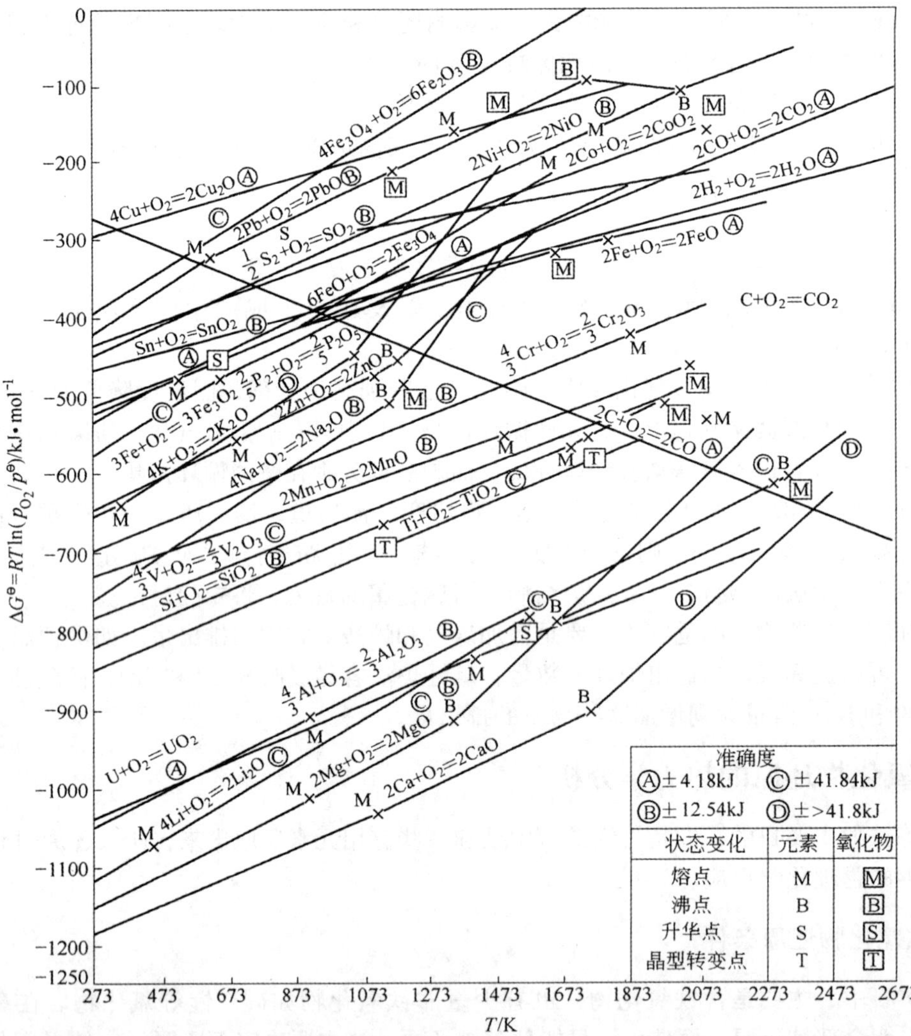

图 8-5　氧化物的标准生成自由能变化 $\Delta G^{\ominus}$（对 1mol O_2 而言）与温度的关系

高炉冶炼主要是以 CO 和 C 作为还原剂，还原区域的温度一般不大于 1500℃，在此条件下，CaO、Al_2O_3 和 MgO 在高炉冶炼过程中不可能被还原。

氧化物中的金属（或非金属）与氧的亲和力的大小，也可用氧化物的分解压力 $(p_{O_2})_{MeO}$ 大小来表示，即氧化物的分解压力越小，元素与氧的亲和力越大，该氧化物越稳定。高炉内常见氧化物的分解压力如表 8-1 及图 8-6 所示。

表 8-1　高炉内常见氧化物的热效应和不同温度下的分解压力

标准热效应/kJ	T(K)时分解压力($\lg p_{O_2}$)			
	500	1000	1500	2000
FeO　540097	-49.1	-20.8	-11.2	-6.9
MnO　779582	—	-20.8	-17.1	-11.8
SiO_2　870226	-81.7	-36.1	-20.9	-13.3
Al_2O_3 1097779	-103.8	-46.4	-27.3	-17.7
MgO　1223383	-116.3	-52.5	-31.3	-20.6
CaO　1270275	-121.7	-55.4	-33.3	-22.2

由表8-1及图8-6可知，铁氧化物的分解压力比其他一些氧化物大，FeO即比MnO和SiO_2易于还原，铁的高价氧化物分解压力更大，如Fe_2O_3在1375℃时的分解压力为0.021MPa，在此温度下，即使无还原剂，Fe_2O_3也能热分解，生成Fe_3O_4，而Fe_3O_4与FeO的分解压力比Fe_2O_3小得多，FeO要达到3487℃时才能分解，高炉内达不到这样高的温度，因此在高炉内不能靠加热分解以获得铁的低价氧化物直至金属铁，而需借助还原剂还原。

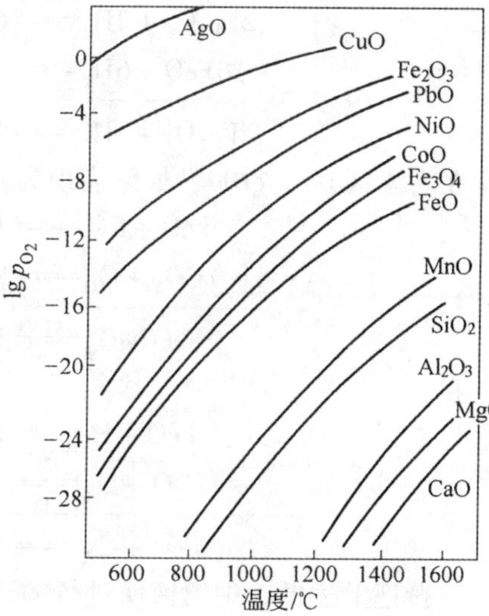

图8-6 氧化物的分解压力与温度的关系

8.3.2 铁氧化物还原顺序

铁的氧化物主要以三种形态存在，即Fe_2O_3(赤铁矿)、Fe_3O_4(磁铁矿)、FeO(浮士体)。赤铁矿中氧与铁原子比$\left(O/Fe=\frac{3}{2}\right)$为1.5，理论含氧量为30.6%。磁铁矿中氧与铁的原子比为1.33，理论含氧量27.64%。浮士体中氧与铁的原子比为1.0，理论含氧量22.28%。浮士体是一种缺位固溶体，即在食盐型的立方晶格中有部分Fe^{2+}离子缺位，为了电平衡，部分Fe^{2+}变为Fe^{3+}，所以浮士体也可以看作Fe_3O_4在FeO中的固溶体。浮士体的实际含氧量均大于理论含氧量，氧在23.15%～25.6%范围内变动。由于浮士体的含氧量是可变的，以致在一定温度下，其平衡气相成分也是可变的。

铁的低级(价)氧化物比高级氧化物稳定。因此，铁氧化物的分解顺序是从高价氧化物向低价氧化物转化。还原的顺序与分解的顺序是一致的，即从高价铁氧化物逐级还原成低价铁氧化物，最后获得金属铁。由此，其还原顺序为：

$$3Fe_2O_3 \longrightarrow 2Fe_3O_4 \longrightarrow 6FeO \longrightarrow 6Fe$$

失氧量 $\frac{1}{9}$(11.1%) $\frac{3}{9}$(33.3%) 1(100%)

FeO在低于570℃时是不稳定的，将分解成Fe_3O_4和Fe。它们的还原情况是：

当温度大于570℃时： $Fe_2O_3 \longrightarrow Fe_3O_4 \longrightarrow FeO \longrightarrow Fe$

当温度小于570℃时： $Fe_2O_3 \longrightarrow Fe_3O_4 \longrightarrow Fe$

8.3.3 铁氧化物的还原反应

在高炉不喷吹燃料时，煤气中含H_2很少(1%～3%)，还原剂主要是CO和C。喷吹燃料时，煤气中H_2含量显著增加(一般可达4%～10%)，H_2的还原作用不可忽视。

高炉中铁氧化物还原的基本反应如下。在低温区和中温区，570℃ $< t <$ 1000℃，用CO还原：

$$3Fe_2O_3 + CO = 2Fe_3O_4 + CO_2 \quad \Delta_r H^{\ominus}_{298} = -53.6\text{kJ/mol} \tag{8-9}$$

$$2Fe_3O_4 + 2CO = 6FeO + 2CO_2 \quad \Delta_r H^{\ominus}_{298} = 81.2\text{kJ/mol} \tag{8-10}$$

$$+)\ 6FeO + 6CO = 6Fe + 6CO_2 \quad \Delta_r H^{\ominus}_{298} = -113\text{kJ/mol} \tag{8-11}$$

$$Fe_2O_3 + 3CO = 2Fe + 3CO_2 \quad \Delta_r H^{\ominus}_{298} = -28.5\text{kJ/mol} \tag{8-12}$$

用H_2还原：

$$3Fe_2O_3 + H_2 = 2Fe_3O_4 + H_2O \quad \Delta_r H^{\ominus}_{298} = -12.1\text{kJ/mol} \tag{8-13}$$

$$2Fe_3O_4 + 2H_2 \xlongequal{} 6FeO + 2H_2O \qquad \Delta_r H^{\ominus}_{298} = 164\text{kJ/mol} \tag{8-14}$$

$$+)\,6FeO + 6H_2 \xlongequal{} 6Fe + 6H_2O \qquad \Delta_r H^{\ominus}_{298} = 135.6\text{kJ/mol} \tag{8-15}$$

$$Fe_2O_3 + 3H_2 \xlongequal{} 2Fe + 3H_2O \qquad \Delta_r H^{\ominus}_{298} = 95.8\text{kJ/mol} \tag{8-16}$$

在高温区，$t > 1100$℃最终表现为用固定碳作还原剂的还原反应：

$$FeO + CO \xlongequal{} Fe + CO_2 \qquad \Delta_r H^{\ominus}_{298} = -18.8\text{kJ/mol} \tag{8-17}$$

$$+)\,CO_2 + C_{焦} \xlongequal{} 2CO \qquad \Delta_r H^{\ominus}_{298} = 172.8\text{kJ/mol} \tag{8-18}$$

$$FeO + C_{焦} \xlongequal{} Fe + CO \qquad \Delta_r H^{\ominus}_{298} = 154\text{kJ/mol} \tag{8-19}$$

和

$$FeO + H_2 \xlongequal{} Fe + H_2O \qquad \Delta_r H^{\ominus}_{298} = 22.6\text{kJ/mol} \tag{8-20}$$

$$+)\,H_2O + C_{焦} \xlongequal{} H_2 + CO \qquad \Delta_r H^{\ominus}_{298} = 131.4\text{kJ/mol} \tag{8-21}$$

$$FeO + C_{焦} \xlongequal{} Fe + CO \qquad \Delta_r H^{\ominus}_{298} = 154\text{kJ/mol} \tag{8-22}$$

一般把上述低、中温区所进行的还原反应称为间接还原反应，而把高温区所进行的还原反应称为直接还原反应。

间接还原反应除 $Fe_2O_3 \longrightarrow Fe_3O_4$是不可逆外，其他均属可逆反应。反应进行的方向取决于平衡气相组成，即 $\varphi(CO)/\varphi(CO_2)$ 和 $\varphi(H_2)/\varphi(H_2O)$ 的比值。要使反应向生成物方向进行，一般需要有过量的 CO 和 H_2。因此，在高炉中 CO 和 H_2是不可能全部利用的，但必须尽可能充分利用，以最大限度地降低燃料消耗，节约能源。

一定温度和气相成分条件下，反应的方向可用图 8-7 和图 8-8 来判定。

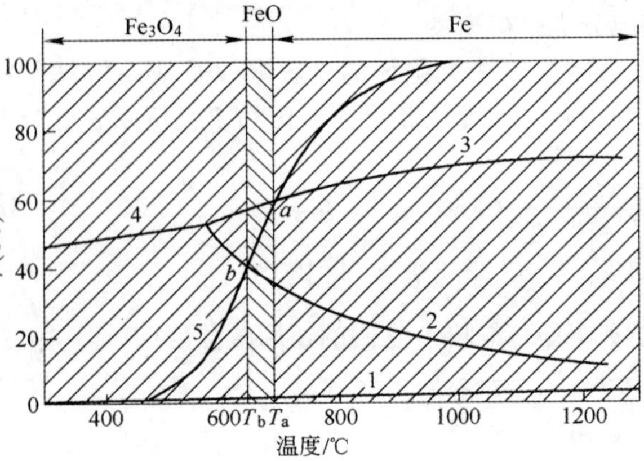

图 8-7　Fe-C-O 体系平衡气相组成

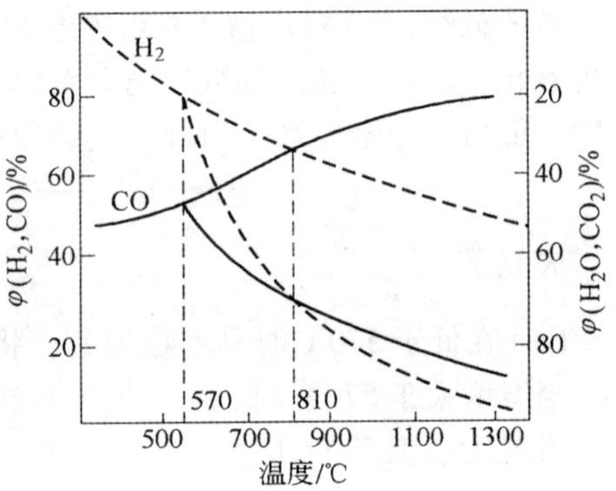

图 8-8　Fe-C-O 和 Fe-C-H 平衡气相比较

用 CO 还原时，各反应的平衡常数皆可表示为：

$$K_p = \frac{p_{CO_2}}{p_{CO}} = \frac{\varphi(CO_2)}{\varphi(CO)} \tag{8-23}$$

由于

$$\varphi(CO_2) + \varphi(CO) = 100\%$$

故

$$\varphi(CO) = \frac{100}{1 + K_p}\% = f(T) \tag{8-24}$$

用式(8-24)即可求出各反应在不同温度下的平衡气相组成 $\varphi(CO)$，而 $\varphi(CO_2) = 100\% - \varphi(CO)$。这样，便可得到图 8-7 中的各条曲线。用 H_2还原铁氧化物的情况类似(图 8-8)。

图 8-7 中，曲线 2、3、4 于 570℃时共同相交。温度大于 570℃时，在曲线 2 下方与曲线 1 之间的区域中任何一点，气相成分中 CO 含量均低于曲线 2 上平衡气相所需的 CO 含量，故反

应(8-10)只能向左进行，即 FeO 被氧化为 Fe_3O_4，故这个区域为 Fe_3O_4稳定区。在曲线3上方区域内任何一点，气相成分中 CO 含量均高于曲线3上平衡气相所需的 CO 含量，故反应(8-11)向右进行，即 FeO 被还原为 Fe，此区域即为 Fe 的稳定区。而在曲线2和曲线3之间则为 FeO 的稳定区。

高炉中的还原反应是在碳过剩的情况下进行的，而碳在较高的温度下会发生气化反应，使得最终气相组成总是力图按碳的气化反应(图8-7曲线5)建立平衡。因此 Fe_3O_4的稳定区、FeO 的稳定区、Fe 的稳定区应该由温度来确定。

实际上在高炉内温度低于685℃的上部区域已有金属铁还原出来。这主要是因为高炉内煤气流速极快，在炉内停留时间仅2~6s，在这种情况下，各反应均不可能达到平衡。此外，反应(9-18)一般要在1000℃以上才能较快进行，在较低温度下则进行很缓慢。实际高炉内 $\varphi(CO)/\varphi(CO_2)$远大于还原反应平衡气相中的 $\varphi(CO)/\varphi(CO_2)$，因而能满足还原反应的要求。

由图8-8看出，当 $t<810$℃时，CO 还原能力比 H_2强。当 $t>810$℃时，H_2还原能力比 CO 强。这说明 H_2的还原能力随着温度升高而增强。在高炉下部高温区 H_2激烈地参与还原，对碳的消耗起着积极作用。

在高温区的直接还原反应中，H_2与 CO 的还原产物 $H_2O_{(气)}$与 CO 还原 FeO 的产物 CO_2一样，立即与焦炭中的碳作用，又生成 H_2和 CO 去参与还原，最终都归结为消耗碳的直接还原反应。可见 H_2和 CO 在高温直接还原反应的条件下，起着中间媒介的作用，这种作用大大推动了碳的直接还原反应地进行。由于固态的铁氧化物与焦炭之间的直接反应、浸在渣中的焦炭与 FeO 的直接还原是有限的，因此消耗碳的直接还原反应实际上是通过气相的 CO 和 H_2来进行的。

在高炉条件下，CO 和 H_2等气体还原剂易于向矿石的孔隙内扩散，保证还原剂与铁矿石有良好的接触，并有效地夺取其中的氧。由于高炉中有固定碳存在，CO 和 H_2的还原能力可得到很大提高。

并非所有进入生铁中的铁都从游离的铁氧化物中还原，其中有一部分是从同铁氧化物以结合状态的化学化合物(如 $2FeO \cdot SiO_2$、$FeO \cdot TiO_2$)中还原的，这种还原比较困难。有一部分氧化铁在造渣和熔化前来不及还原而转入液态炉渣中，然后再从渣中还原(固—液—气反应)为铁。这种还原也比在游离氧化物中还原困难。

有的炉料中的铁不以氧化物形态存在(如 FeS)，但它们在高炉内会转变成氧化物而得到还原。

8.3.4 复杂化合物中铁氧化物的还原

高炉原料中的铁氧化物常与其他氧化物结合成复杂化合物，如烧结矿中的 Fe_2SiO_4、$CaO \cdot Fe_2O_3$，钒钛磁铁矿中的钛铁矿 $FeTiO_3$等。这类化合物的还原，长期以来均视为分两步进行，即先分解为游离的铁氧化物，然后铁氧化物再被还原剂还原。所以它们的还原较难，消耗燃料增多。

8.3.4.1 硅酸铁的还原

用 CO 作还原剂时，硅酸铁的还原反应为：

$$Fe_2SiO_4 = 2FeO + SiO_2 \qquad \Delta_r H_m^{\ominus} = +47520.18\text{kJ} \tag{8-25}$$

$$+)\ 2FeO + 2CO = 2Fe + 2CO_2 \qquad \Delta_r H_m^{\ominus} = -27214.2\text{kJ}$$

$$Fe_2SiO_4 + 2CO = 2Fe + SiO_2 + 2CO_2 \qquad \Delta_r H_m^{\ominus} = +20305.98\text{kJ} \tag{8-26}$$

从式(8-26)看出，硅酸铁分解吸收了大量热量，因而比游离的 FeO 难还原得多。从热力学理论计算：小于900℃，用CO还原FeO的平衡气相组成为33%的CO_2，67%的CO；而在相同温度下用CO还原Fe_2SiO_4，平衡气相组成为15%的CO_2，85%的CO。

高炉使用含Fe_2SiO_4的原料，如烧结矿、均热炉渣等都较致密，而且块度较大，不易被煤气所渗透；此外，Fe_2SiO_4的熔点低(1205℃)，未被还原的Fe_2SiO_4熔化后，很快穿过焦炭进入高炉下部高温区，最后以直接还原方式被还原：

$$Fe_2SiO_4 + 2CO = 2Fe + SiO_2 + 2CO_2 \qquad \Delta_r H_m^\ominus = +20305.98\text{kJ}$$
$$+)\ 2CO_2 + 2C = 4CO \qquad \Delta_r H_m^\ominus = +305217.7\text{kJ}$$
$$Fe_2SiO_4 + 2C = 2Fe + SiO_2 + 2CO \qquad \Delta_r H_m^\ominus = +351900.5\text{kJ} \tag{8-27}$$

由于硅酸铁是难还原的复杂化合物，用CO或H_2还原时，温度要大于800～900℃，且速度很慢，但在有CaO存在时，有助于Fe_2SiO_4还原。因为CaO与SiO_2的亲和力大于FeO和SiO_2的亲和力，能把FeO从$Fe_2SiO_4 + 2FeO$中置换出来，使其成为游离的FeO，并放出热量。其还原反应为：

$$Fe_2SiO_4 + 2CaO = Ca_2SiO_4 + 2FeO \qquad \Delta_r H_m^\ominus = -91858.39\text{kJ} \tag{8-28}$$
$$+)\ 2FeO + 2C = 2Fe + 2CO \qquad \Delta_r H_m^\ominus = +305217.7\text{kJ}$$
$$Fe_2SiO_4 + 2CaO + 2C = Ca_2SiO_4 + 2Fe + 2CO \qquad \Delta_r H_m^\ominus = +213359.3\text{kJ}$$

高炉原料中应尽量减少硅酸铁的含量(洗炉料不在此例)，以免过多增大炉缸热量和碳的消耗。在一些中小高炉，因风温不高，炉缸热储备少，炉料中硅酸铁高时，往往造成炉凉，生铁含硫高，炉况不顺行。在这种情况下，除了加强操作外，主要是改善入炉原料质量，如使用高碱度烧结矿、球团矿，以减少硅酸铁的含量。

8.3.4.2　钛磁铁矿中铁的还原

我国储量极其丰富的钒钛磁铁矿中，铁的氧化物以钛铁矿$FeTiO_3$、钛铁晶石$2FeO \cdot TiO_2$、钛磁铁矿$Fe_3O_4 \cdot TiO_2$等形态存在。钛磁铁矿很致密，较难还原。当温度在900℃以上时，可用CO、H_2和C还原。其反应为：

$$FeTiO_3 = FeO + TiO_2 \qquad \Delta_r H_m^\ominus = +33494.4\text{kJ} \tag{8-29}$$
$$FeO + CO = Fe + CO_2 \qquad \Delta_r H_m^\ominus = -13607.1\text{kJ}$$
$$+)\ CO_2 + C_{焦} = 2CO \qquad \Delta_r H_m^\ominus = +165797.3\text{kJ}$$
$$FeTiO_3 + C_{焦} = Fe + TiO_2 + CO \qquad \Delta_r H_m^\ominus = +185684.6\text{kJ} \tag{8-30}$$

或者：

$$FeTiO_3 = FeO + TiO_2 \qquad \Delta_r H_m^\ominus = +33494.4\text{kJ}$$
$$FeO + H_2 = Fe + H_2O \qquad \Delta_r H_m^\ominus = +27716.62\text{kJ}$$
$$+)\ H_2O + C_{焦} = H_2 + CO \qquad \Delta_r H_m^\ominus = +124473.6\text{kJ}$$
$$FeTiO_3 + C_{焦} = Fe + TiO_2 + CO \qquad \Delta_r H_m^\ominus = +185684.6\text{kJ}$$

为了充分利用资源，钒钛磁铁矿的综合利用受到国家高度重视。目前，一般通过选矿、烧结再进行冶炼提钒。

8.4　铁的直接还原和间接还原

高炉内铁氧化物用CO还原，生成CO_2，并主要为放热反应，这类还原反应称为间接还原；若以C还原，生成CO，并吸收大量热量，这类还原反应称为直接还原。H_2一部分取代CO参加还原，大部分代替C进行还原。总的说来，直接还原消耗还原剂少而耗热多，间接还原消耗还原剂多而耗热少甚至放热。

8.4.1 高炉内的直接还原和间接还原

高炉内进行直接还原或间接还原，取决于焦炭反应性的高低和沿高炉高度上的温度分布。焦炭反应性好，直接还原可在较低温度下进行，间接还原区就相对缩小；高炉高温区高，直接还原发生区域扩大，间接还原区也相对缩小。反之，则相反。

间接还原从炉料加入高炉内就开始进行，随着炉料下降，温度升高，间接还原也愈发展，直到1100℃或更高温度区域，反应 $CO_2 + C = 2CO$ 激烈进行，使气相中 CO_2 全部消失，则间接还原才终止；而直接还原则从碳的气化反应开始（约800℃），直到1100℃以上的高温区域才激烈进行，最终在炉缸内结束。

高炉直接和间接还原区，可用图8-9表示。在温度低于800℃的区域内，几乎全属于间接还原区；800～1100℃的区域内，为间接还原与直接还原同时并存区；高于1100℃的区域内几乎全为直接还原区。

总之，直接还原与间接还原区的分布，从实质上看主要决定于碳的气化反应开始和终结的区域，该反应开始进行的部位愈低，间接还原的区间就愈大；反之，则间接还原区间则缩小。风温水平高，煤气分布合理，都有利于扩大间接还原区。

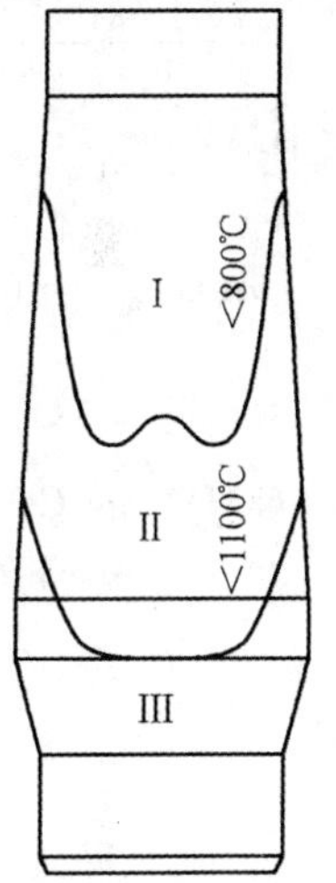

图8-9 高炉内还原区域分布示意图

8.4.2 直接还原度及其计算

直接还原度是评价直接还原发展程度的指标。直接还原度愈高，直接还原愈发展，高炉燃料消耗愈高。直接还原度包括两个概念，即高炉直接还原度和铁的直接还原度。

在高炉冶炼过程中，除铁的氧化物被还原外，还有其他元素的氧化物被还原（如Si、Mn、P等的氧化物）。这些元素的还原也主要是直接还原，如 $SiO_2 + 2C = Si + 2CO - Q$，$MnO + C = Mn + CO - Q$，$P_2O_5 + 5C = 2P + 5CO - Q$ 等。反应的共同点是吸热，消耗C，生成CO等。此外，碳的气化反应，C和 H_2O 的反应，在本质上都同铁的直接还原相似。如发生在高温区，吸热，消耗了碳而导致焦比升高等。因此，把衡量包括上述反应在内的所有直接还原综合发展程度的指标，称为高炉直接还原度。而仅限于评价铁氧化物直接还原发展程度的指标，则称为铁的直接还原度。在实际生产中，较少使用高炉直接还原度，得到广泛应用的是铁的直接还原度。

8.4.2.1 铁的直接还原度

铁的直接还原度 r_d 通常是按M. A. 巴甫洛夫建议的方法表示，即将高级铁氧化物还原成低级铁氧化物，全部作为间接还原；而直接还原则认为从FeO还原开始。因此，r_d 的定义是：由FeO直接还原的铁量与全部铁量之比，即：

$$r_d = \frac{m(Fe)_{直}}{m(Fe)_{生铁} - m(Fe)_{料}} \tag{8-31}$$

式中 $m(Fe)_{直}$——从FeO中直接还原的铁重，kg/t；

$m(Fe)_{生铁}$，$m(Fe)_{料}$——分别为生铁中的铁元素量和炉料带入的金属铁量，kg/t。

从 r_d 的定义看出，它没有考虑Si、Mn、P等元素的还原影响，也没有计算 Fe_2O_3 和 Fe_3O_4 参加直接还原的影响，但在高炉生产较稳定条件下，r_d 能比较灵敏地反映高炉内还原过程的变化。

8.4.2.2　铁的直接还原度的计算

前已论及，从 FeO 还原成铁$(Fe)_{还}$，其途径可由 C 直接还原$(Fe)_{Cd}$、CO 间接还原$(Fe)_{CO}$和 H_2还原$(Fe)_{H_2}$而来。由此可得：

$$m(Fe)_{还}=m(Fe)_{Cd}+m(Fe)_{CO}+m(Fe)_{H_2}$$

用 r_d、r_{CO}、r_{H_2}分别表示铁的直接还原度、CO 间接还原度和氢还原度，则得：

$$r_d=1-r_{CO}-r_{H_2}=1-\frac{m(Fe)_{CO}}{m(Fe)_{还}}-\frac{m(Fe)_{H_2}}{m(Fe)_{还}}=\frac{m(Fe)_{Cd}}{m(Fe)_{还}} \tag{8-32}$$

（1）r_{CO}的计算：

$$r_{CO}=\frac{\frac{56}{12}[(m(C)_{焦}+m(C)_{油}+m(C)_{煤}+m(C)_{料}+m(C)_{熔}+m(C)_{挥}-m(C)_{铁}-m(C)_{尘})\times\frac{\varphi(CO_2)}{\varphi(CO_2)+\varphi(CO)+\varphi(CH_4)}}{m(Fe)_{生}-m(Fe)_{料}}$$

$$\frac{-\frac{12m(CO_2)_{(熔+挥)}}{44}-\frac{12m(Fe_2O_3)}{160}-\frac{12m(MnO_2)}{87}]}{m(Fe)_{生}-m(Fe)_{料}} \tag{8-33}$$

式中　分子——从 FeO 中用 CO 间接还原的铁量，kg/t；

分母——还原出的总铁量，kg/t；

$m(C)_{焦}$，$m(C)_{油}$，$m(C)_{煤}$，$m(C)_{料}$，$m(C)_{熔}$，$m(C)_{挥}$，$m(C)_{铁}$，$m(C)_{尘}$——分别为冶炼 1t 生铁的焦炭、重油、煤粉、金属附加料、熔剂、挥发分、生铁、炉尘等带入（+）或带出（-）的碳量，kg/t；

$\varphi(CO_2)$，$\varphi(CO)$，$\varphi(CH_4)$——高炉炉顶煤气中相应成分的百分含量，%；

$m(CO_2)_{(熔+挥)}$——冶炼 1t 生铁所用熔剂，焦炭挥发分中的 CO_2重量，kg/t；

$m(Fe_2O_3)$——冶炼 1t 生铁的炉料带入的 Fe_2O_3重量（扣除被 H_2还原成 FeO 的部分），kg/t；

$m(MnO_2)$——冶炼 1t 生铁的炉料带入的 MnO_2重量，kg/t。

（2）r_{H_2}的计算：

$$r_{H_2}=\left(\frac{m(Fe)_{H_2}}{m(Fe)_{生}-m(Fe)_{料}}\right)a=\left(\frac{\frac{56}{2}m(H_2)_{还}}{m(Fe)_{生}-m(Fe)_{料}}\right)a \tag{8-34}$$

式中　a——在高炉下部参与还原 FeO 的 H_2的百分量（不包括 H_2还原 Fe_2O_3到 FeO 的百分量，此值一般为 0.85 ~ 1.0）；

$m(Fe)_{H_2}$——高炉内被 H_2还原的铁量，kg/t；

$m(H_2)_{还}$——参加还原反应的全部 H_2量，kg/t；

$$m(H_2)_{还}=m(H_2)_{全}-m(H_2)_{煤}$$

$m(H_2)_{全}$，$m(H_2)_{煤}$——分别为入炉全 H_2量和炉顶煤气中的 H_2量，kg/t。

当炉顶煤气成分等未知时，r_{H_2}可按下式计算：

$$r_{H_2}=\frac{\frac{56}{2}[m(H_2)_{燃}+\frac{2}{18}(m(H_2O)_{风}+m(H_2O)_{喷})]\times\eta_{H_2}}{m(Fe)_{生}-m(Fe)_{料}}\times a$$

式中　$m(H_2)_{燃}$——各种燃料带入的 H_2量，kg/t；

$m(H_2O)_{风}$，$m(H_2O)_{喷}$——鼓风及喷吹物含水量，kg/t；

η_{H_2}——在高炉内的利用率，一般为 30% ~50%。

（3）r_d的计算：

$$r_d = 1 - r_{CO} - r_{H_2}$$

$$= 1 - \frac{\frac{56}{12}[(m(C)_{焦} + m(C)_{油} + m(C)_{煤} + m(C)_{料} + m(C)_{熔} + m(C)_{挥} - m(C)_{铁} - m(C)_{尘}) \times \frac{CO_2}{CO_2 + CO + CH_4}}{m(Fe)_{生} - m(Fe)_{料}}$$

$$\frac{-\frac{12m(CO_2)_{(熔+挥)}}{44} - \frac{12m(Fe_2O_3)}{160} - \frac{12m(MnO_2)}{87}] + \frac{56}{2}m(H_2)_{还} \times a}{m(Fe)_{生} - m(Fe)_{料}} \tag{8-35}$$

r_d可用于配料计算，计算理论焦比等。对设计、生产都是很重要的。我国大部分高炉的 r_d 多在0.4~0.5 范围。

8.4.3 直接还原与间接还原比较

高炉冶炼中，降低碳耗一直是人们最关心的问题。法国冶金学家格留涅尔从直接还原耗热、间接还原放热的观点出发，认为100%的间接还原是高炉的理想行程。另一位英国冶金学家克利门茨则从直接还原少耗还原剂、间接还原要多耗还原剂出发，又认为100%直接还原是高炉的理想行程。前者只注意到间接还原时碳的热能利用，但忽视了化学能的消耗；相反，后者又只注意了碳的化学能利用，忽视了热能的消耗。因此，结论都难免失之偏颇。事实上焦炭燃烧既发热，又提供还原剂，而要完成冶炼过程，热能和化学能的消耗，或者说直接还原和间接还原的发展，在一定的冶炼条件下，有一个合适的比值，在此比值下，高炉冶炼需要的热能和化学能都能得到满足，从而可望获得最小的燃料消耗，这也就是最合适的高炉行程。这一认识，早就为巴甫洛夫所指出。

8.4.3.1 还原耗碳量计算

A 间接还原消耗碳量

用CO还原铁氧化物时，要保证还原反应能正向进行，必须有过量的CO以维持平衡时的 $\varphi(CO_2)/\varphi(CO)$ 比值。如FeO的还原：

$$FeO + n_1CO = Fe + CO_2 + (n_1 - 1)CO \tag{8-36}$$

式中 n_1称为过量系数，在平衡条件下：

$$K_{P_1} = \frac{\varphi(CO_2)}{\varphi(CO)} = \frac{1}{n_1 - 1}$$

所以

$$n_1 = \frac{1}{K_P} + 1 \tag{8-37}$$

又因：

$$\varphi(CO) + \varphi(CO_2) = 100\%$$

所以：

$$n_1 = \frac{100\%}{\varphi(CO_2)}$$

n_1随温度不同而变化。如在630℃平衡气相中，$\varphi(CO_2)$为43%，此时，$n_1 = 100/43 = 2.33$。即在630℃的平衡条件下，还原1千克分子Fe，需2.33千克分子CO。由此，从FeO中还原出1kg铁所需碳量为：

$$n_1 \times \frac{12}{56} = 0.214n_1 = 0.214 \times 2.33 = 0.4986\text{kg}$$

为了保证间接还原的进行，还原FeO后的气体产物$(n_1 - 1)CO + CO_2$，在上升过程中，必须满足Fe_3O_4还原成FeO所需的还原剂量，即由反应：

$$\frac{1}{3}Fe_3O_4 + (n_1 - 1)CO + CO_2 = FeO + \frac{4}{3}CO_2 + \left(n_1 - \frac{4}{3}\right)CO \tag{8-38}$$

得：
$$K_{P_2}=\frac{\varphi(CO_2)}{\varphi(CO)}=\frac{4/3}{n_1-\frac{4}{3}}\qquad 或\ n_2=\frac{4}{3}\left(\frac{1}{K_{P_2}}+1\right)\tag{8-39}$$

式(8-39)中，n_1改写成n_2，以示还原Fe_3O_4的过量系数，与还原FeO过量系数的区别。

当$n_1=n_2$时，FeO和Fe_3O_4的还原耗碳量均可得到满足。

按Fe-O-C体系平衡气相组成与温度关系，可求出铁氧化物间接还原所需的过量还原剂量n_1，n_2(表8-2)。

表8-2　不同温度下CO的过量系数

温度/℃	600	700	800	900	1000	1100	1200
$FeO\xrightarrow{CO}Fe\quad n_1$	2.12	2.50	2.88	3.17	3.52	3.82	4.12
$\frac{1}{3}Fe_3O_4\xrightarrow{CO}FeO\quad n_2$	2.42	2.06	1.85	1.72	1.62	1.55	1.50

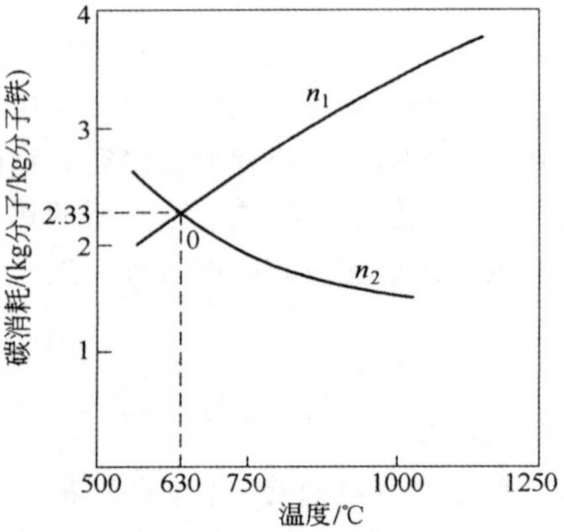

图8-10　铁氧化物还原的理论碳消耗与还原温度的关系

比较FeO和Fe_3O_4还原反应可知，FeO的还原反应是放热，所以n_1随温度升高而上升；而Fe_3O_4的还原反应是吸热，所以n_2随温度升高而下降。在两个反应所需还原剂都得到保证的条件下，还原剂过量系数取大值。还原剂的最小消耗量是$n_1=n_2=2.33$，对应的温度为630℃。图8-10是按$\varphi(CO)-t$平衡图，查出不同温度下FeO和Fe_3O_4还原反应的平衡常数K_{P_1}和K_{P_2}，分别代入式(8-37)和式(8-39)求出的n_1和n_2值。

确定过量系数n后，便可按$n\times\frac{12}{56}$计，算出全部用CO从铁氧化物中，还原出1kg铁的还原剂消耗。或者依下式计算间接还原耗碳量(若有H_2还原时，要扣除r_{H_2})：

$$m(C)_i=\frac{12}{56}n(1-r_d)\cdot(m(Fe)_{生}-m(Fe)_{料})\tag{8-40}$$

因$n=2.33$时为最低耗碳量，所以间接还原最低耗碳量为：

$$m(C)_i=\frac{12}{56}\times2.33(1-r_d)\cdot(m(Fe)_{生}-m(Fe)_{料})=0.4986(1-r_d)\cdot(m(Fe)_{生}-m(Fe)_{料})$$

B　直接还原耗碳

根据反应FeO + C ══ Fe + CO得知，直接还原耗碳为：

$$m(C)_d=\frac{12}{56}r_d m(Fe)_{全}=0.214r_d(m(Fe)_{生}-m(Fe)_{料})\tag{8-41}$$

比较$m(C)_i$和$m(C)_d$关系式，即可看出作为还原剂的碳耗，直接还原比间接还原少得多。

8.4.3.2　作为发热剂的碳耗

根据反应：

$$FeO+nCO=\!=\!=Fe+CO_2+(n-1)CO+13188.42kJ$$
$$FeO+C=\!=\!=Fe+CO-152608.9kJ$$

可知每还原1kg的铁(Fe)，若是间接还原则放热：13188.42/56 = 235.7168kJ/kg；若是直接还原则吸热152608.9/56 = −2725.607kJ/kg。所以每还原1kg铁，直接还原比间接还原多耗热2961.324kJ。

另外，也可从高炉热平衡推导出，还原铁的热量消耗所需的碳量：

$$m(\mathrm{C})_{热}=\frac{Q-23613(w[\mathrm{Fe}]-w(\mathrm{Fe}))\cdot(1.5-r_{\mathrm{d}})\times 0.214}{9797+q_{风}+q_{渣}} \tag{8-42}$$

式中 $m(\mathrm{C})_{热}$——还原 1kg 铁耗热需要的碳量，kg；

Q——单位生铁总热耗量，kJ/kg；

$w[\mathrm{Fe}]$——生铁中的铁含量,%；

$w(\mathrm{Fe})$——炉料中金属铁含量,%；

9797——每 1kg 碳燃烧生成 CO 时的发热量，kJ/kg；

23613——每 1kg 碳燃烧生成 CO_2 和生成 CO 时发热量的差值，kJ/kg；

$q_{风}$，$q_{渣}$——高炉中氧化 1kg 碳时，鼓风带入热和成渣热，kJ/kg。

由式(8-42)可知，当冶炼条件一定时，作为发热剂的碳的消耗量与直接还原度 r_{d} 成比例，r_{d} 愈高，消耗的碳量愈多。

8.4.3.3 降低碳耗分析

从以上比较可以看出，直接还原和间接还原各有其特点，还原出相同数量的铁，以消耗还原剂论，间接还原耗碳多于直接还原；从热效应看，直接还原又比间接还原多耗热(碳)。在什么情况下，可以获得最低的碳的消耗，即是以下讨论的中心问题。

在一定冶炼条件，由 $m(\mathrm{C})_{\mathrm{i}}$、$m(\mathrm{C})_{\mathrm{d}}$ 和 $m(\mathrm{C})_{热}$ 计算式，可以计算出全部间接还原、直接还原的碳耗，以及作为发热剂的碳耗总量，据此，可绘出直接还原度和碳消耗的关系图 8-11。

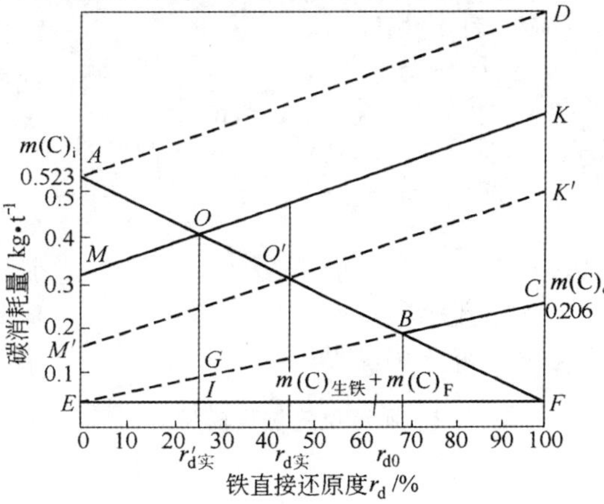

图 8-11 直接还原度和碳消耗的关系

横坐标表示直接还原度 r_{d}，而间接还原度 $r_{\mathrm{i}}=1-r_{\mathrm{d}}$，$r_{\mathrm{d}}+r_{\mathrm{i}}=1(100\%)$ 若考虑 H_2 还原时，应扣除 r_{H_2O}。纵坐标表示碳的消耗，以 *AOBF* 和 *CBGE* 线段分别表示间接还原和直接还原的碳消耗，*MOK* 线表示作为发热剂的碳消耗。*EF* 线以下为溶解于生铁和生成甲烷的碳量，这部分碳量基本上保持不变。

从图 8-11 可作出如下分析：

(1) 作为还原剂的碳耗　直接还原与间接还原的碳消耗线交于 *B* 点，在 *B* 点右侧，作为还原剂耗碳为 *BC* 线，是直接还原消耗的碳，在反应时生成的 *CO* 能满足间接还原需要；在 *B* 点左侧，还原剂耗碳为 *AOB* 线，如在 *O* 点对应的还原剂耗碳为 *OI*，其中直接还原耗碳为 *GI*，间接还原耗碳为 *OG*。总的还原剂碳耗为 *AOBC* 线。此时 *B* 点的还原剂碳耗即为最低碳耗；而对应的 r_{d} 即为碳消耗最低时的直接还原度。

(2) 同时满足还原和发热时的碳耗　高炉内碳的消耗不仅满足还原需要，也要满足发热需要。因此，总碳耗沿 *AOK* 线变化，低于此线的碳消耗不能完成冶炼过程。*O* 点右侧，*OK* 线以下表示供热不足；*O* 点左侧 *AO* 线以下，还原剂碳不足。*O* 点为理论最低碳消耗点，对应的直接还原度为适宜的直接还原度 r'_{d}。

(3) 热量消耗对 r'_{d} 的影响　热量消耗 *MOK* 线随单位生铁耗热多少而变动。当热量消耗增多时，*MOK* 线上移，热量消耗减少时，则 *MOK* 下移。而 *MOK* 线上移时，r'_{d} 向左挪动，若移到 *AD* 线的 *A* 点，则 $r'_{\mathrm{d}}=0$，即为 100% 间接还原，这时，碳耗为该条件下最低的，但仍然是很高的。当 *MOK* 线下移到 *M'O'K'* 线时，r'_{d} 增加，但碳耗却下降。因此，适宜的直接还原度升高或降低，并不能说明碳消耗的升高或降低，它还受到热量消耗的影响。目前，高炉生产实际的直接还原度，大于适宜的直接还原度 r'_d，在这种情况下，高炉焦比主要取决于热量消耗(严格地说取决于热量消耗的碳与直接还原所耗碳之和)，而不决定于间接还原的碳消耗量。因此，一切降低热量消耗的措施均能降低焦比。同时，由于 $r_d > r'_d$，所以高炉工作者奋斗目标仍然是降低 r_d，这是当前降低焦比的重要内容。

降低直接还原度，包括改善 CO 和 H_2的还原作用，主要措施有：改善矿石的还原性，控制高炉煤气的合理分布，采用综合喷吹技术(如富氧与喷吹燃料配合)，喷吹高温还原性气体等。

降低热量消耗的主要措施有：提高风温、提高矿石品位，降低焦炭灰分，减少渣量，使用熔剂性烧结矿、球团矿，基本做到高炉内不加或少加石灰石，增加生铁产量以减少单位生铁热量损失，采用合适的冷却制度，降低休风率等。

8.5　铁矿石还原动力学

8.5.1　铁矿石还原机理

铁矿石还原机理有多种，未反应核模型理论比较全面地解释铁氧化物的整个还原过程，是目前得到公认的理论。这种理论的要点是，铁氧化物从高价到低价逐级还原，当一个铁矿石颗粒还原到一定程度后，外部形成了多孔的还原产物——铁壳层，而内部尚有一个未反应的核心(图 8-12)。随着反应的推进，这个未反应核心逐渐缩小，直到完全消失。当矿石粒度较小或气孔率较大，还原气体及其产物可自由进出时，则分层性不明显。块矿还原反应过程主要由三个环节组成：

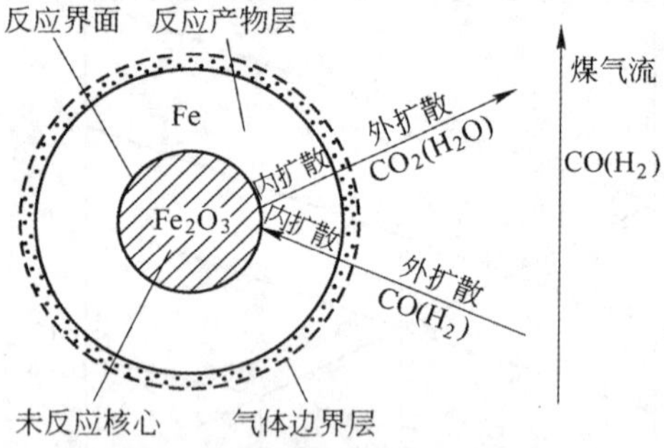

图 8-12　矿球反应过程模型

(1) 外扩散　即还原气体通过边界层向块矿表面或气体产物自块矿表面向边界层的扩散，包括空间对流传质和通过边界层的传质。

(2) 内扩散　即还原气体或气体产物通过块矿或固态还原产物层的大孔隙、微孔隙向反应界面或脱离反应界面而扩散。还有铁、氧离子在还原产物层晶格结点间及空位上的扩散。扩散是以分子、原子或离子迁移为基础的传质过程，它宏观表现为分子、原子或离子从高浓度区向低浓度区的转移。

(3) 反应界面的化学反应　包括还原气体(CO 或 H_2)在反应界面上的吸附，吸附的还原剂与矿石晶格上氧的结合，气体产物(CO_2或 H_2O)的脱附及固相还原产物的结晶化学变化及晶格的重建等。这一环节充分反映了还原反应的吸附、自动催化特性。由于新相 Fe 晶格本身的形成和长大起到催化剂的作用，大大加速了还原反应的进行。

还原反应速度决定于最慢环节的速度，此最慢环节称为限制步骤或限制性环节。一般在高炉中，煤气流速很快，边界层很薄，传质速度很快。由于气流速度已大大超过临界流速，而在临界流速下，气流速度的提高不再影响还原速度。这时边界层的厚度趋近于零，外扩散阻力消失。因而保证外扩散的顺利进行。外扩散一般不会成为高炉内铁矿还原的限制步骤。但在实验室条件下应予以考虑。

8.5.2　加速铁矿石还原的条件

高炉生产的主要任务是尽可能利用高炉煤气中的 CO(与少量的 H_2)的还原能力，使矿石在熔化前还原得好，减少氧化铁在高炉下部的直接还原。因此一般所指的还原速度都是在温度不高于 900 ~ 1000℃时矿石还原的速度。加速铁矿石在固态下的还原对降低直接还原度与燃料比，改善高炉技术经济指标具有重大意义。根据以上动力学分析，影响矿石还原速度主要取决于矿石的特性以及煤气流条件。

矿石特性主要是指提高矿石的还原性，包括粒度、气孔度和矿物组成等。煤气流条件是指煤气温度、压力、流速和成分以及煤气流性质和分布规律等。

8.5.2.1 *改善矿石性质*

(1) 提高矿石的孔隙度：提高矿石的孔隙度(气孔率 ε)特别是微气孔率，能改善气体内扩散条件，提高内扩散速度。同时微孔隙多，可增加还原气体同矿石的接触和吸附表面，有利于提高界面化学反应速度。同时内扩散往往成为还原反应限速步骤，所以孔隙度在很大程度上决定了矿石的还原性。但在高炉还原过程中，孔隙度及孔隙的大小、形式(开口或封闭)，会因一系列的原因如矿物组成及晶型转变、膨胀、软熔等而变化。如当矿石局部熔化时，初生的液相便可能堵塞使孔隙度降低，还原性差。因此，冷态孔隙度并不能完全决定矿石的还原性。应考虑冶炼过程中孔隙度变化的影响。

(2) 缩小矿石粒度：缩小矿石粒度(包含均匀性)，可增加还原气体同矿石的接触面积，减小还原产物层厚度，缩短还原气体到达未反应核界面和气体产物自内向外逸出的途径，有利于减小内扩散阻力；同时可加速传热，缩短未反应核达到还原反应所需温度的时间，加速还原进程。随着矿石粒度的减小，还原反应将由内扩散范围转入动力学范围，此时还原速度与粒度成反比。在内扩散范围时，还原速度与粒度的平方成反比。但矿石粒度不能过小，否则将恶化高炉内气体力学条件，影响煤气分布和高炉顺行，阻碍还原。同时将增加炉尘吹出量。

(3) 改善矿石矿物组成：减少组织致密，结构复杂而易熔的铁橄榄石(Fe_2SiO_4)类型难还原矿物，可加速矿石的还原。

8.5.2.2 *控制气流条件*

(1) 保证足够高的煤气温度是进行界面还原反应的必备条件：提高温度对改善扩散和加速还原反应，特别是在反应处于动力学范围时，效果十分显著。但在温度升高的过程中，有时会出现还原速度减慢的现象。如在400~600℃，由于CO的分解，($2CO = CO_2 + C_{黑}$)析出大量炭黑，附在矿石表面，阻塞气孔，恶化了煤气同矿石的接触条件，同时煤气中CO_2浓度升高，CO浓度降低，使还原减慢。在900~1000℃，由于矿石软化、熔融、造渣，液相阻塞了气孔，恶化了内扩散条件，使还原速度减慢。

(2) 控制煤气流速：在临界流速范围内，提高煤气流速，有利于边界层外扩散的进行，可促进还原，但若超过临界流速，此时不但不能加快还原速度，反而因煤气在炉内停留时间过短，降低煤气能量的利用。

(3) 控制煤气的压力：在动力学范围，提高压力可加速还原，并且在低压水平阶段时的效果较显著，但压力提高到一定程度后，还原速度几乎不再增加。因为低压阶段，还原气体的吸附覆盖率与压力成正比。在扩散范围，压力对还原速度没有影响。

(4) 提高煤气中还原性气体CO和H_2的浓度：这样可以增大边界层与化学反应界面的浓度差，从而加速还原气体向反应界面的扩散，提高还原速度。这一浓度差实际上是扩散传质过程的推动力。由于H_2的扩散能力比CO强，还原气体中少量H_2的存在，能大大提高CO的还原能力与还原速度。因为在H_2还原过程中能多次被利用，其还原气体产物H_2O又可按H_2O-C反应和水煤气反应再生为H_2，反复利用。用($CO + H_2$)混合气体时，还原速度随H_2含量的升高而增加。因此提高煤气含H_2量对加速高炉还原过程具有重要意义。

8.6 非铁元素的还原

根据氧化物生成自由能大小，可以看出，在高炉内除铁以外，铜、砷、钴、镍等元素也易还原；而锰、钒、硅、钛等元素则较难还易。

8.6.1 锰的还原

8.6.1.1 高炉内锰的分配

锰属于比铁难还原的元素，还原1kg锰的热耗为5225.13kJ，锰矿石或铁矿石中的锰不能完全还原进入生铁。按冶炼铁种的不同，锰在高炉内以不同比例分配于生铁、炉渣、煤气中，见表8-3。

表8-3 锰在高炉内的分配(%)

铁 种	生 铁	炉 渣	煤 气
炼钢生铁	40 ~ 50	<40	5 ~ 10
铸造生铁	50 ~ 60	<30	5 ~ 10
锰 铁	70 ~ 80	<10	8 ~ 20

由于锰难还原，冶炼高温生铁时，随着炉温升高，锰的还原率增加，但同时挥发到煤气中的锰也增加，损失于炉渣中的锰则相对较少。

大多数铁矿石中只含有少量的锰，一般炼钢生铁对锰含量不做规定。当要求生铁含锰时，需在高炉炉料中配加一定数量的锰矿，若冶炼锰铁，则必须专门加入锰矿石。

8.6.1.2 锰氧化物还原规律

锰氧化物在高炉内的还原与铁氧化物类似，也是从高价到低价逐级进行的。

$$MnO_2 \xrightarrow[H_2]{CO} Mn_2O_3 \xrightarrow[H_2]{CO} Mn_3O_4 \underset{H_2}{\overset{CO}{\rightleftharpoons}} MnO \overset{C}{\rightleftharpoons} Mn$$

从$MnO_2 \rightarrow MnO$，一般比较容易，用CO和H_2间接还原即可。特别是还原到Mn_2O_3和Mn_3O_4两步，比还原相应的铁氧化物还容易(图8-5)，反应是不可逆的。从$Mn_3O_4 \rightarrow MnO$是可逆反应，需要过量的CO才能保证反应的进行。从$MnO \rightarrow Mn$则比$FeO \rightarrow Fe$难还原得多，MnO的直接还原是吸热反应，还原1kg锰耗热4949kJ，比还原相同数量的铁要多消耗约一倍热量，所以高炉温是锰还原的重要条件，但高温下锰将挥发，在高炉上部又被氧化成Mn_3O_4细粒，随煤气逸出炉外，增加锰的损失。冶炼炼钢生铁时，Mn有5% ~ 10%被煤气带走，40% ~ 60%进入生铁，其余以MnO形态进入炉渣。

由于炼钢技术的进步，在冶炼炼钢铁时也不需要再加锰矿。但若高炉冶炼锰铁或镜铁时，则要注意增加锰的回收率，以节约贵重的锰矿资源，必须在高炉下部高温区用C进行直接还原，其反应为：

$$MnO + C \xlongequal{} Mn + CO$$

这一反应一般要在1400℃以上进行。由于要吸收大量的热(约为FeO直接还原的1.8倍)，因此温度愈高，愈有利于锰的还原。冶炼锰铁的焦比一般为1400 ~ 2000kg/t，比炼钢铁高1.5 ~ 2.0倍。

在高炉中，MnO常与SiO_2结合成低熔点(1291℃)的$MnSiO_3$，这种结合状的MnO比游离的MnO更难还原，因而最后进入炉渣。炉缸内，渣中的(MnO)被碳还原：

$$MnO + [C] \xlongequal{} [Mn] + CO \quad \Delta G^{\ominus} = 290300 - 173.2T \quad J/mol \tag{8-43}$$

$$\lg K = \lg \frac{\gamma_{Mn} \cdot x_{Mn} \cdot p_{CO}}{\gamma_{MnO} \cdot x_{MnO}} = -\frac{15090}{T} + 10.97 \tag{8-44}$$

温度升高，则K增大，有利于(MnO)的还原。炉渣碱度提高，则(MnO)的活度系数γ_{MnO}增大，有利于(MnO)的还原。还原出的Mn进入铁水，亦促进锰的还原。温度、碱度对锰在铁和渣中的分配比x_{Mn}/x_{MnO}(x为摩尔分数)的影响如表8-4所示。

表 8-4 温度、碱度与 Mn 分配比的关系

碱 度	x_{Mn}/x_{MnO}（实验值）		x_{Mn}/x_{MnO}（高炉中）	
	1500℃	1550℃	1500℃	1550℃
0.8	0.7	1.2		
1.0	0.9	1.6		1.0
1.2	1.2	2.1	0.8	1.7
1.4	1.5	2.8		2.2
1.5	1.6	3.0		

8.6.1.3 提高高炉锰还原的条件

（1）足够高的炉缸温度：最有效的措施是提高风温，采用富氧鼓风，并适当提高焦比，冶炼锰铁时，铁水温度应达 1560℃，而渣温应达 1600℃。但炉温过高则增加了锰的挥发损失。

（2）提高炉渣碱度，锰回收率增加：但随着碱度提高，炉渣黏度也升高，不利于高炉顺行。

（3）正确选择原料：所选锰矿石的含锰量要高，含铁量及 SiO_2 要低，含有害元素硫、磷要更低。

8.6.2 硅的还原

8.6.2.1 生铁对硅含量的要求

生铁中的硅主要来自矿石脉石和焦炭灰分中的 SiO_2。特殊情况下高炉也加入硅石，不同铁种对硅含量的要求也不同。硅比锰更难还原，还原 1kg 硅需热量 22441.25kJ，它比还原 1kg 铁的热耗(2725.61kJ)高 8 倍多，比还原 1kg 锰的热耗(5225.13kJ)，高 4 倍多，所以硅的还原是很困难的，还原硅需要消耗更多的热量。为了降低焦比，缩短炼钢时间，减少渣量，节省燃料，要求生铁硅含量小于 0.4%，甚至更低，以保证高炉冶炼和脱硫所需之最低炉温为原则。目前一些高炉冶炼炼钢生铁，其硅含量已降低到 0.2% ~0.3%，甚至 0.1% 或更低。对铸造生铁则要求含硅在 1.25% ~4.0%。对硅铁合金则要求含硅愈高愈好。但高炉冶炼条件下炼出的硅铁含硅一般不大于 20%。

8.6.2.2 硅还原规律

SiO_2 是较稳定的化合物，其分解压低，生成热很大，在高炉中比锰难还原。

$$Si + O_2 = SiO_2 \qquad \Delta_r H^{\ominus}_{m298} = -910\text{kJ/mol} \tag{8-45}$$

因此，硅也只能在高温下靠固定碳进行直接还原。其反应为：

$$SiO_2 + 2C = Si_{(l)} + 2CO \qquad \Delta G^{\ominus} = 727400 - 377.04T \quad \text{J/mol} \tag{8-46}$$

在高炉内，硅能溶解于铁中，大大有利于硅的还原：

$$Si_{(l)} = [Si] \qquad \Delta G^{\ominus} = -131000 - 17.24T \quad \text{J/mol} \tag{8-47}$$

由反应(8-46)和(8-47)得：

$$(SiO_2) + 2C = [Si] + 2CO \qquad \Delta G^{\ominus} = 596400 - 394.28T \quad \text{J/mol} \tag{8-48}$$

$$K = \frac{f_{Si} w[Si] \cdot p_{CO_2}}{a_C \cdot a_{SiO_2}} \tag{8-49}$$

由式(8-49)可以看到，温度升高，K 值增大，生铁中平衡[Si]浓度亦增大。同时，温度升高，(SiO_2) 还原速度亦增加。所以导致生铁中硅含量随温度升高而近似呈线性增加关系。

在高炉内的高温和强还原性的气氛下(p_{O_2} 约为 10^{-17}MPa)，矿石和渣中的 SiO_2 也能按下式

分解为气态 $SiO_{(g)}$：

$$(SiO_2) = SiO_{(g)} + \frac{1}{2}O_2 \qquad \Delta G^{\ominus} = 802000 - 258T \quad J/mol \tag{8-50}$$

气态 SiO 与碳接触良好，加速了硅的还原。这是高炉中硅还原的另一重要途径。

一部分未被还原的气态 SiO，随煤气上升，在高炉中上部分解 $2SiO_{(g)} = Si + SiO_2$，或被 CO_2 氧化为 SiO_2颗粒，部分随煤气逸出，造成煤气清洗的困难；部分则沉积于炉料孔隙中或料块之间，使料柱透气性恶化，造成高炉难行和悬料。由于这种悬料是在炉子过热状态下，SiO 大量挥发所引起的，故称为热悬料。其预防和消除的基本方法也就是避免或防止炉温过高，炉子过热，减少 SiO 挥发。

8.6.2.3　*硅还原途径*

根据风口取样分析，硅的还原在风口水平或渣层以上基本完成，这时铁中的硅已接近甚至超过终铁的硅。因此，从风口水平上升的 SiO 与下降的铁滴相遇，被铁水中的碳还原。还原出的硅很快溶于铁中：

$$SiO_{(g)} + [C] = [Si] + CO \tag{8-51}$$

上升的 SiO 与下降的焦炭有良好的接触而被还原：

$$SiO_{(g)} + C_{焦} = [Si] + CO \tag{8-52}$$

这两个反应，特别是前者的动力学条件很好，被认为是硅还原的主要方式。

高炉中气态 SiO 主要是在风口前燃烧带生成的。燃烧后灰分中的 SiO_2成自由状态，为 SiO_2 气化（$SiO_2 + C = SiO + CO$）提供了良好条件。

8.6.2.4　*改善及控制硅还原的条件*

（1）较高的炉缸温度和充足的热储备，或者说提高炉渣温度有利于 Si 的还原。研究表明，生铁中硅含量与炉渣温度呈线性关系，所以生产中常以生铁含硅高低来判断炉温水平。一般用[Si]的多少表示化学热的高低，但是不能完全代表炉缸的实际温度水平，如冶炼低硅生铁，往往是低硅高温（化学凉、物理热）。当然正常情况下，生铁含硅高，炉温也相应高。

提高风温、富氧鼓风都利于提高生铁含硅量，冶炼高硅铁采用这些措施，其效果是很明显的。因硅还原需要高温高热，故冶炼硅铁的焦比，一般为炼钢生铁的 2 ~ 2.5 倍；冶炼铸造铁的焦比，也比炼钢铁高 5% ~ 50%。

冶炼低硅生铁时，希望在炉缸有充沛的热量和保证脱硫条件下，炉温低一些较为适合，这样不仅可以减少 SiO 的挥发，也可使软熔带下移，从而缩小硅的还原区域，便于降低[Si]量。

冶炼炼钢铁时，一般进入生铁的硅仅为炉料带入硅量的 20% ~ 8%，92% ~ 80% 的硅以 SiO_2形式进入炉渣；冶炼铸造生铁时，约 10% ~ 20% 的硅进入生铁，约 5% 的硅挥发随煤气带出炉外，其余的硅转入炉渣中；若炼硅铁时，则有 40% ~ 50% 的硅进入硅铁，10% ~ 20% 的硅挥发，其余进入渣中。

（2）适宜的造渣制度。高熔点的炉渣可以提高高炉下部温度，促进硅的还原，但应防止炉渣黏稠；碱度低的炉渣，渣中 SiO_2的活度增加，也利于硅的还原。国内生产经验表明，冶炼铸造铁时，炉渣二元碱度要控制低些，特别是使用低硫原燃料时尤应如此，这样容易炼出高硅铁。中小高炉冶炼铸造铁时，有的使用高碱度渣操作，结果焦比高，并未获得高硅低硫效果，甚至低硅高硫，事与愿违。其原因是高碱度不利于 SiO_2还原，高焦比又增大了硫负荷。冶炼炼钢铁时，炉渣二元碱度可控制高一些（比铸造铁炉渣碱度高 0.05 ~ 0.1），以便于炼制低硅低硫生铁。

（3）注意原料选择。由前分析，Fe 能促进 Si 的还原，因此应尽可能选择铁矿物易还原，而脉石难熔化的矿石进行冶炼高硅铁或硅铁。

焦炭灰分高对冶炼硅铁也是合理的，因焦炭灰分所含 SiO_2 呈游离状态，有利于硅的还原。

8.6.3 磷的还原

高炉原料中的磷酸钙 $(CaO)_3 \cdot P_2O_5$ 是磷的主要来源。有时也有少量的蓝铁矿 $[(FeO) \cdot P_2O_5] \cdot 8H_2O$ 带来部分磷。

蓝铁矿的结晶水分解后，形成多微孔的结构，比较容易还原。900℃时，用CO(700℃时用 H_2)作还原剂，可以还原出P；温度到1100~1300℃时，磷的还原进行很完全。

$$2Fe_3(PO_4)_2 + 16H_2 = 3Fe_2P + P + 16H_2O \quad (8\text{-}53)$$

$$2Fe_3(PO_4)_2 + 16CO = 3Fe_2P + P + 16CO_2 \quad (8\text{-}54)$$

不过蓝铁矿中结晶水的分解，也将吸热和消耗焦炭。

磷酸钙是较稳定的化合物，在高温下只能用C直接还原。实验室研究表明1200~1500℃时，可发生如下反应：

$$(CaO)_3 \cdot P_2O_5 + 5C = 3CaO + 2P + 5CO \qquad \Delta_r H_m^{\ominus} = +1629084\text{kJ} \quad (8\text{-}55)$$

但在高炉冶炼条件下，存在磷酸钙还原的有利因素，如 SiO_2、Fe 皆能促进其还原：

$$2(CaO)_3 \cdot P_2O_5 + 3SiO_2 = 3(CaO)_2SiO_2 + 2P_2O_5 \qquad \Delta_r H_m^{\ominus} = -918081.5\text{kJ} \quad (8\text{-}56)$$

$$+)\ 2P_2O_5 + 10C = 4P + 10CO \qquad \Delta_r H_m^{\ominus} = +1922579\text{kJ}$$

$$2(CaO)_3 \cdot P_2O_5 + 3SiO_2 + 10C = 3(CaO)_2 \cdot SiO_2 + 4P - 10CO \quad \Delta_r H_m^{\ominus} = +2840660\text{kJ} \quad (8\text{-}57)$$

上述反应还原出的P与Fe结合，形成 Fe_2P、Fe_3P 而溶于铁中，从而降低了P的活度，并且放出热量，改善了P的还原条件。

冶炼普通生铁时，炉料中的P几乎全部还原进入生铁，所以对生铁中P的控制，只能控制入炉料的含P量。但当炉渣碱度高时，可生成少量 $(CaO)_3 \cdot P_2O_5$ 溶于渣中；炉温高时，也有少量P气化随煤气逸出炉外。据生产实践统计，冶炼高磷生铁时，约有5%~15%的P进入渣中；冶炼磷铁时，磷进入生铁约80%，被煤气带走约7%，余下部分进入渣中。冶炼磷锰铁时，锰可到50%左右，磷约15%。

8.6.4 钒和钛的还原

8.6.4.1 钒的还原

钒存在于钒钛磁铁矿中，钒与氧组成一系列氧化物如 V_2O_5、V_2O_4、V_2O_3、V_2O_2 等。我国钒钛磁铁矿资源丰富，以四川攀西地区为主，V和Ti共生，钒以尖晶石($FeO \cdot V_2O_3$)形态存在，经过选矿，钒富集于铁精矿中，含V量由0.17%提高到0.37%左右。

钒的还原类似锰。但比锰难还原。用 H_2 在1000℃还原钒的氧化物，能把 V_2O_5 还原到 V_2O_3，但不能还原成金属钒，甚至在1900℃时，也难以进一步还原。在 Fe_2O_3 存在的状况下，温度1530℃时用 H_2 还原1.5h就能得到钒和铁的合金。Fe_2O_3 愈高，钒愈易还原。此外，钒的低价氧化物略带碱性，所以炉渣碱度越高，钒还原越完全。

高炉内钒只能用碳直接还原：

$$V_2O_5 + 5C = 2[V] + 5CO \qquad \Delta_r H_m^{\ominus} = -100483.2\text{kJ} \quad (8\text{-}58)$$

$$\frac{2}{3}V_2O_3 + 2C \xlongequal{} \frac{4}{3}V + 2CO \tag{8-59}$$

钒的还原温度大于1500℃，故钒是以从液态渣中还原为主。

高炉冶炼条件下，80%以上的钒进入生铁，使生铁中钒含量接近0.4%。这种铁水经雾化提钒处理后，可得含V_2O_5约17%～25%的钒渣，回收率约75%～85%以上。吹钒后的铁水为半钢，再经冶炼成钢。

钒是稀有合金元素，能显著改善钢的性能，对原子能工业、航空航天工业、化学工业都有重要意义。

8.6.4.2　钛的还原

钛与氧组成一系列化合物，如TiO_2、Ti_3O_5、Ti_2O_3、TiO等。Ti的还原近似于Si，但比Si更难还原，其还原顺序逐级进行：

$$TiO_2 \longrightarrow Ti_3O_5 \longrightarrow Ti_2O_3 \longrightarrow TiO \longrightarrow Ti$$

用H_2还原TiO_2，在700～1000℃可得到Ti_3O_5；1300℃时可还原成Ti_2O_3；1500℃时可还原成TiO。用CO还原Ti的氧化物，比用H_2还原所需温度高。Ti的低价氧化物只能用C直接还原：

$$Ti_2O_3 + C \xlongequal{} 2TiO + CO \tag{8-60}$$

$$TiO + C \xlongequal{} Ti + CO \tag{8-61}$$

上述反应要在高温下才能进行。但Ti在高温下很活泼，能与N_2、C等化合，从而改善还原条件，如：

$$TiO_2 + 3C \xlongequal{} TiC + 2CO \tag{8-62}$$

$$Ti + C \xlongequal{} TiC \tag{8-63}$$

$$TiO_2 + 2C + \frac{1}{2}N_2 \xlongequal{} TiN + 2CO \tag{8-64}$$

$$Ti + \frac{1}{2}N_2 \xlongequal{} TiN \tag{8-65}$$

从高炉取样分析得知，炉腰处只有低价钛氧化物，而在炉腹渣样中发现焦炭周围有TiC，熔渣中有TiN。Ti的还原率：在炉腹部位平均为3.3%，风口区为20%，终渣中为12.16%。这一事实表明，Ti的氧化物大量还原在出现熔渣以后，主要在炉腹至风口区间，经风口有部分Ti再被氧化。

高温和提高炉渣碱度均利于Ti的还原。但还原出的Ti生成Ti(C、N)化合物，对高炉生产不利。因TiN、TiC的熔点高达2900～3000℃，在渣中实际上不能熔化，使炉渣黏度增大，流动性变差，渣中夹带铁，高炉难以操作。因此，冶炼钒钛磁铁矿要从顺行、脱硫和钒的回收等方面综合考虑，以选择合适的炉温。

从热力学分析，鉴于渣铁接触可能发生以下反应：

$$(SiO_2) + [Ti] \xlongequal{} [Si] + (TiO_2) \tag{8-66}$$

Ti和Si的还原速度有趋于相等的制约关系，即在一定温度下，控制了硅在渣铁间的分配比，就能控制钛的分配比。因此生产中通过抑制硅来抑制钛的还原。

在高炉温度下是不能熔化TiC、TiN的，但通过氧化性物质可以破坏TiC、TiN，从而使炉渣稀释，改善渣的流动性。

TiC、TiN 可以形成固溶体填充砖缝，起着保护炉墙的作用。所以目前对于普通矿冶炼的高炉，常采用钛渣护炉。

8.6.5 铌、镍、钴、铬、铜等的还原

8.6.5.1 铌的还原

铌有多种氧化物，其还原逐级进行：

$$Nb_2O_5 \longrightarrow NbO_2 \longrightarrow NbO \longrightarrow Nb$$

铌的高级氧化物可用气体还原剂进行还原，而低级氧化物只能靠 C 还原：

$$Nb_2O_5 + CO = 2NbO_2 + CO_2 \tag{8-67}$$

$$Nb_2O_3 + CO = 2NbO + CO_2 \tag{8-68}$$

或

$$NbO_2 + 2C = [Nb] + 2CO \tag{8-69}$$

$$NbO + C = [Nb] + CO \tag{8-70}$$

包头矿含有 0.1% 左右的铌，经高炉冶炼获得 Nb 含量为 0.3% 的生铁。含 Nb 生铁和 V 的综合利用相似、经过吹炼铌富集在渣中，再用铌渣冶炼铌铁。

8.6.5.2 铜的还原

铁矿石中的铜以氧化物或黄铜矿存在，如经过烧结则主要以氧化物形态进入高炉，如 CuO_2、CuO、Cu_2O 等。温度小于 375℃时，Cu_2O 不稳定，能分解成 CuO 和 Cu。铜的氧化物是很容易还原的，高炉冶炼过程中，Cu 全部还原进入生铁。

铜能降低钢的焊接性能，要求生铁中铜含量不超过 0.2%。考虑到 Cu 全部被还原，应把含铜高的铁矿与含铜低的搭配使用，以免超标。若矿石含 Cu 很高，则应先选出 Cu，再进行高炉冶炼。

8.6.5.3 镍、钴的还原

镍和钴是容易还原的元素，用 CO 还原 NiO 或 CoO 时，在 200℃就开始还原，至 400 ~ 500℃时还原激烈，到 900℃已全部还原。从硅酸盐中还原 Ni 和 CO 要稍难一些。高炉冶炼中 Ni 和 Co 全部进入生铁。

Ni 和 Co 都是比较贵重的金属。当矿石中含 Ni 到 1.0% 或 Co 到千分之几时，就将作为 Ni 矿、Co 矿使用，先要提取 Ni 和 Co，才能再送入高炉冶炼。

至于铬的还原则比铁的还原困难，在高炉中约有 45% 的铬，可以还原进入生铁。

综上所述，对一些难还原元素，如 Si、Mn、Ti、V、P 等的还原，有如下共同规律：

(1) 这些元素的还原都是以直接还原方式进行，而且主要是从液态渣中的复合化合物，如硅酸锰、硅酸钙、磷酸钙等中还原，所以还原所需温度，高于游离状态氧化物还原的温度。同时，炉渣的性质对这些元素的还原，与在渣铁间的分配有重大影响。

(2) 还原出的元素若能与其他元素生成化合物，如 Mn_3C、Fe_2Si、Fe_2P 等，并溶于生铁中，按化学平衡原理则有利于还原。

(3) 还原出的元素或其氧化物，如 P、P_2O_5、SiO_2、SiO 等容易气化时，由于热力学和动力学条件的改善，也将促进还原反应的进行。

(4) 因 Si、Mn、Ti、V 等元素共存于铁液中，它们在氧势图中大体位于 Si 的附近，所以一定温度下，它们在渣铁之间的分配比，与硅的分配比之间有关联，即相互间有制约关系，可利用硅分配比来判断或确定其他元素的分配比。表 8-5 列出了高炉中各元素的分配比。

表 8-5 各元素在高炉铁、渣和煤气中的分布

元素	生铁种类	分配率/%		
		铁中	渣中	煤气中
Fe	炼钢铁、铸造铁	>99	<1	0
	锰铁	96~98	2~4	0
Mn	炼钢铁	40~65	35~60	0
	铸造铁	65~75	25~35	0
	镜铁	75~80	25~15	5
	锰铁	75~82	10~15	5~15
Si	炼钢铁	2~8	92~98	0
	铸造铁	10~20	75~85	5
	硅铁	40~50	40~50	10~20
P	碱性转炉铁、磷铁	88~95	5~12	0
Ni	炼钢铁	95	0	5
Cr	炼钢铁	90~98	2~10	0
V	炼钢铁	75~85	15~25	0
Ti	炼钢铁	2~5	95~98	0
Cu	炼钢铁	100	0	0
Zn	炼钢铁	0	10	90
As	炼钢铁	≤80	0	≥20
S	炼钢铁	<5	85~90	0~10
	铸造铁	1~2	78~83	15~20
	镜铁	1~2	69~79	20~30
	锰铁	1~2	39~50	40~60

8.7 碱金属在炉内的危害

大量事实表明，碱金属对高炉生产危害很大。如碱金属能使焦炭强度大大降低甚至粉化，使炉墙结厚甚至结瘤，使风口大量烧坏等等，导致各项技术经济指标恶化。国内多数地区的矿石脉石和焦炭灰分中，均不同程度地含有碱金属，因此，研究碱金属在炉内的行为，并采取防治对策是十分必要的。

8.7.1 高炉内碱金属的循环

碱金属主要以硅酸盐形态存在于矿石的脉石和焦炭灰分中，比如 $2K_2O \cdot SiO_2$、$K_2O \cdot SiO_2$、$2Na_2O \cdot SiO_2$、$Na_2O \cdot SiO_2$ 等；也有少量 K_2O、Na_2O，K_2CO_3、Na_2CO_3 等存在于矿石脉石中。

以硅酸盐形式存在的碱金属，在低于1500℃时是很稳定的；而当温度高于1500℃时，且有碳存在的条件下，它能被 C 还原。以氧化物或碳酸盐存在的碱金属，能在较低温度下被 CO 还原。如：

$$K_2(Na_2)SiO_3 + 3C = 2K(Na)_{气} + Si + 3CO \quad (8\text{-}71)$$

$$K_2(Na_2)SiO_3 + C = 2K(Na)_{气} + SiO_2 + CO \quad (8\text{-}72)$$

$$K_2(Na_2)O + CO = 2K(Na)_{气} + CO_2 \quad (8\text{-}73)$$

$$K_2(Na_2)CO_3 + CO = 2K(Na)_{气} + 2CO_2 \quad (8\text{-}74)$$

被还原出的 K 在 766℃汽化，Na 在 890℃汽化，因此还原所得 K、Na 将迅速汽化。其平衡蒸气压和温度关系如表 8-6 所示。

表 8-6 碱金属的蒸气压(Pa)

温 度/℃	K	Na
900 ~ 1000	37	10
1000 ~ 2000	82	15

温度大于 1200℃时，K 的平衡蒸气压已经较大了，是很容易还原汽化的，Na 稍难一些。部分汽化的 K、Na 在高温下，将与 N_2和 C 反应生成氰化物：

$$2K(Na)_{气} + 2C + N_2 = 2K(Na)CN_{气} \quad (8\text{-}75)$$

KCN 和 NaCN 的熔点分别为 662℃和 562℃，沸点分别为 1625℃和 1530℃。由此可知，碱金属将以气态形式随煤气上升；而碱金属的氰化物多以雾状液体的形态随煤气向上运动。当这些气态或雾状液体上升至低于 800℃的温度区域时，就会为 CO_2氧化而以碳酸盐形态凝结在炉料表面：

$$2K(Na)_{气} + 2CO_2 = K_2(Na_2)CO_3 + CO \quad (8\text{-}76)$$

$$2K(Na)CN_{液} + 4CO_2 = K_2(Na_2)CO_3 + N_2 + 5CO \quad (8\text{-}77)$$

被冷凝下来的碱金属碳酸盐，一部分(大约 10%)随炉料中的粉末一起，被带出炉外，大部分则随炉料下降，降至高温区后又被还原生成碱蒸气，如同反应式(8-74)。

但是由于动力学条件限制，炉料中原有碱金属硅酸盐，及再生的碱金属碳酸盐，都将有一部分不能被还原而直接进入炉渣，并随炉渣排出炉外。

由此可见，炉料中带入的碱金属在炉内的分配是：少量被煤气带走和炉渣带走，而多数在炉内往复，循环富集，严重时炉内碱金属量高于入炉碱量的 10 倍以上，以致祸及高炉生产。

碱金属在炉内积累富集现象，被高炉解体所证实。如日本解体的广畑 1 号高炉，矿石和焦炭带入的碱量仅为 2.29kg/t，可是由于碱的循环积累，在软熔带和滴落带富集量已分别达到 10kg 以上。据解体的另一高炉计算，存在于炉内的全部碱量(附着在炉墙的碱除外)已达 5600 ~ 5900kg，相当于炉内焦炭和矿石在入炉时相对浓度(铁、固定碳的当量浓度)不变条件下，碱量(2000 ~ 2200kg)的2.2 ~ 2.7 倍。

此外，从碱类(K、Na)的分布来看，各类矿石、焦炭所含的碱金属量，都在 1000℃左右开始增多，矿石在熔化前的软熔层内含碱量出现最高值，再往下炉渣中的碱降低；焦炭含碱比矿石稍往下处出现最高值，在燃烧带附近降低，而炉芯部也有碱高的事例。

炉内物料中碱含量最高值在软融层下部附近，其分布状态与炉内温度分布和软融带形状相一致。即以气态上升的碱，来自燃烧带或滴落带。从 1000℃左右到风口平面的区域是碱循环区域，循环数量 1t 铁水达到 13 ~ 24kg($Na_2O + K_2O$)。对碱吸收的能力，一般酸性球团矿大于碱性烧结矿。

8.7.2 影响高炉内碱金属富集的因素

高炉内碱金属的富集主要取决于碱金属的挥发量，挥发量愈少，渣中碱量愈大，炉内总碱量将下降。

日本羽田等对高炉内碱金属的挥发作了系统的动力学实验研究，指出焦炭中碱金属 K 的挥发量，随时间的增长以一定的速度增大；同时，温度愈高，经过同一时间后的挥发量也愈多。由此，可将影响碱金属在炉内富集的因素归纳为以下几个方面：

（1）炉温影响炉料中碱金属的挥发，主要表现在焦炭灰分中碱的挥发，矿石中碱金属数量相对较小，且挥发速度较低，影响不大。焦炭中碱金属的挥发又主要是在高温区进行，特别是风口区焦炭进行激烈的燃烧反应区域，更是焦炭中碱金属大量挥发的部位。因此，降低下部高温区尤其是燃烧焦点温度，将使焦炭中碱金属挥发量降低，例如增加喷吹燃料量，增大鼓风湿度都是有效的。但最主要的是降低燃料比，可以收到双倍的效果，既降低燃烧温度，又减少炉料带入的碱量。

（2）冶炼强度也有影响。动力学实验研究表明，炉料在炉内停留的时间越长，碱金属挥发量越大，而炉料在炉内停留时间的长短，主要决定于冶炼周期，或者说冶炼强度的高低，提高冶炼强度则炉料停留时间缩短，有利于减少碱金属富集量。

（3）渣量影响碱金属在炉渣中的分配率可用下式表示：

$$Z = -0.115R_s + 7.19\times10^{-4}V_s - 3.83\times10^{-4}T_f + 0.996 \tag{8-78}$$

$$Z = B/A$$

式中　Z——碱金属在渣中的分配率,%；

V_s——1t 铁的渣量，kg/t；

R_s——炉渣碱度；

T_f——风口前理论燃烧温度,℃；

A——1t 铁炉内循环的碱量，kg/t；

B——1t 铁由炉渣排出的碱量，kg/t。

由此可知，增大渣量时，碱金属在炉渣中的分配率将提高，炉渣排碱量增多，而炉内循环的碱量将减少。

（4）炉渣碱度影响由式(8－78)可知，炉渣碱度提高时，渣中碱的分配率降低，即由炉渣排出的碱量将减少，相应地将增加炉内循环富集的碱量。显然采用酸渣对排碱有利。但是近年来国内外许多高炉，为降低软熔带高度而使用较高碱度炉渣操作，以获得低硅、低硫、低燃料比。所以对含碱金属炉料的高炉，应全面衡量加以决策。

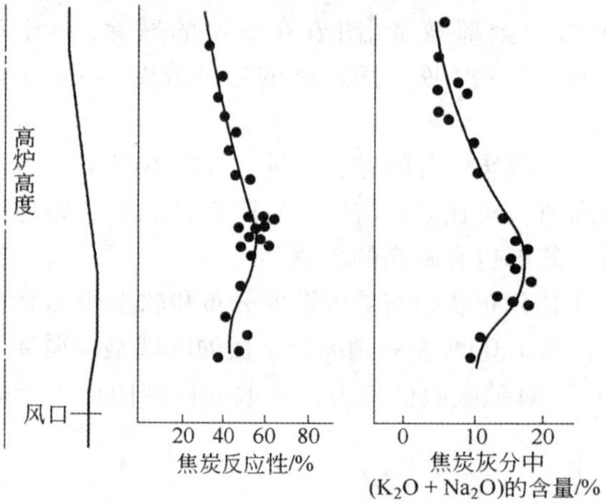

图 8-13　焦炭灰分中碱金属量与焦炭反应性沿高炉高度的变化

8.7.3　碱金属对高炉冶炼的危害及其对策

8.7.3.1　碱金属对高炉冶炼的危害

（1）碱金属是碳气化反应的催化剂：实验表明，当焦炭中碱金属量增大时，焦炭气化反应速度增加，而且对反应性愈低的焦炭，碱金属对加速气化反应速度的影响愈大。

碱金属对加快焦炭气化反应速度的影响，在高炉解体研究中亦得到证实。图 8-13 是对解体高炉实测的结果。焦炭的反应性，与其灰分中碱量的变化趋势完全一致。碱金属含量出现最大值的地方，也是焦炭反应性最大值之处，这是碱金属对焦炭气化反应起了催化作用，促进反应加快进行的结果。碱金属的催化作用，必然使焦炭气化反应开始温度降低，即气化反应在高炉内开始反应的位置上移，从而使高炉内直接还原区扩大，间接还原区相应缩小，在其他条件不变时，铁的直接还原度增大，高炉的技术经济指标因之变差。

（2）降低焦炭强度：

1）因碱金属促进焦炭气化反应发展，以及氰化物的形成，其结果必然使焦炭的基质变弱，在料柱压力作用和风口回旋区高速气流的冲击下，焦炭将碎裂，碎焦增多，平均粒度减小。

2）碱金属蒸气渗入焦炭孔隙内，促进焦炭的不均匀膨胀而产生局部应力，造成焦炭的宏观龟裂和粉化。

高炉解体实测了焦炭中碱金属含量与焦炭强度变化的关系，从表8-7可以看出焦炭灰分中碱含量愈高，其强度下降愈多，即粉焦量愈大，炉内料柱透气性愈差。

表8-7 焦炭碱金属含量与其强度关系实测值

取样项目 \ 高炉编号	Ⅰ	Ⅱ	Ⅲ
焦炭灰分中碱金属含量/%	~2	5~7	12~15
焦炭粒度（<10mm）/%	1.0	5.1	17.2
焦炭平均直径/mm	18.2	14.2	9.3
透气阻力系数	1075	1805	4701
碱金属气化总量/%	9.5	17.6	44.1

（3）恶化原料冶金性能：球团矿含碱金属在还原过程中将产生异常膨胀，烧结矿含碱金属将加剧还原粉化，结果造成块状带透气性变差，严重时将产生上部悬料。

（4）促使炉墙结厚甚至结瘤。碱金属蒸气在低温区冷凝，除吸附于炉料外，一部分凝结在炉墙表面，若炉料粉末多，就可能一齐黏结在炉墙表面逐渐结厚，严重时形成炉瘤。因钾挥发量大于钠，故钾的危害更大。

8.7.3.2 防治碱金属危害的措施

（1）减少和控制入炉碱金属量。如碱金属以芒硝形态存在，则可经破碎、水洗而去除大部分。马钢、武钢等厂纯铁炉料碱负荷曾经达到5~7kg/t，碱金属量入炉上限规定，应根据本厂实际，制订企业炉料含碱标准，以加强碱害的防范工作。

（2）借助炉渣排碱是最具实际意义和有效的途径。方法是降低炉渣碱度，采用酸性渣操作。根据钾钠化合物的稳定性可知：在高炉低温区，以 Na_2CO_3、K_2CO_3 最稳定，K_2SiO_3、Na_2SiO_3 次之；在中温区，以 K_2SiO_3、Na_2SiO_3 最稳定，KCN、NaCN 次之，K_2O、Na_2O 最不稳定；在高温区，只有钾钠硅酸盐和钠氰化物能够存在，但不稳定（硅酸盐要相对稳定一些）。所以降低炉渣碱度，增加渣中 SiO_2 活度，以增加碱金属硅酸盐稳定存在的条件，从而提高炉渣排碱量。基于上述原因，使用含碱高的炉料时，采用酸性渣冶炼以促进炉渣排碱，降焦顺行；而脱硫则靠炉外进行是有意义的。

（3）从反应（8-71、8-72、8-74）可知，增加压力有利于反应向左进行，减少碱金属的气化量。

（4）适当降低燃烧带温度，可以减少 K、Na 的还原数量。

（5）提高冶炼强度，缩短炉料在炉内的停留时间，可以减少炉内碱金属的富集量。

（6）对受碱害的高炉，可定期采用酸料洗炉，以减少炉内碱金属的积累量。

8.8　渗碳及生铁的形成

生铁的形成，主要是渗碳和其他已还原的元素进入生铁中，最后得到含 Fe、C、Si、Mn、S、P 等元素的生铁。

矿石从加入高炉后即开始还原，在炉身部位就已有部分铁氧化物在固态下还原成金属铁。这种铁叫海绵铁，含碳很低，但它是 CO 分解反应的催化剂。海绵铁在低温时以 α-Fe 形式存在，溶解碳的能力很小，含 C 最多才 0.022%。温度升高到 723℃以上，铁向 γ-Fe（奥氏体）转变，溶解碳的能力大大提高。

海绵铁的渗 C 过程，可能是它与 CO 接触，并促使 CO 分解，分解出的 C 黑附在海绵铁上，形成碳化物的结果。如：

$$2CO = CO_2 + C$$

$$+)\ 3Fe + C = Fe_3C$$

$$3Fe + 2CO = Fe_3C + CO_2 \quad (8\text{-}79)$$

450～600℃时，最有利于 CO 分解，所以炉身上部就有可能有渗 C 反应。但固态下的渗 C 作用，只能在碳接触的表面上进行，反应较为缓慢。只有当海绵铁熔化成液体后，黏附在焦炭表面，改善了反应条件，渗 C 作用才能很好进行。

$$3Fe_{液} + C = Fe_3C_{液} \quad (8\text{-}80)$$

从高炉解体分析，矿石降到软熔带后，铁的还原有的已达到 70%，出现致密的金属铁层与炉渣熔结在一起。温度再升高，高 FeO 渣分离出去，在焦炭空隙间出现金属铁柱。金属铁（γ－Fe）含碳约 0.3%～1.0%，Si 还原量极少。此时，金属铁仍以固态存在。温度继续升高到大于 1400℃区域，铁经焦炭固相渗碳，才降低熔点变成熔融的金属铁滴，穿过焦炭层落入炉缸。炉腹处发现金属铁含碳已达 4% 左右。这说明炉腹部分的渗碳作用是强烈的。

生铁在渗碳过程中，还溶入 Si、Mn、P 等元素，它们进一步降低生铁的熔点。在风口区的氧化气氛中，这些元素可能被氧化，但进到炉缸内会再次被还原，获得最终成分的生铁。

生铁最终含碳量在高炉内是无法控制的。并且含碳多少与温度及其他元素的含量有关，凡能与碳形成化合物的元素如 Mn、Cr、V、Ti 等，都有利于生铁的渗碳。因为 Mn、Cr 等元素能生成很稳定的碳化物，并溶解在生铁中，从而使生铁含碳增加，冶炼 Mn 含量为 15%～20% 的镜铁，含碳可达 5%～5.5%；含 Mn 量 80% 的锰铁，含碳量可达 7%。而共晶生铁含碳仅 4.3%，一般生铁含碳 4% 左右。

相反，能促使碳化物分解的元素如 Si、P、S 等，则将阻碍生铁的渗碳。因为 Si 和 P 的碳化物极不稳定，同时它们本身又极易和铁生成稳定的化合物，破坏铁同碳的结合，使 Fe_3C 分解，析出游离的石墨碳。如含硅高的铸造铁，含碳不超过 3.5%～4.0%；硅铁中含碳更低到 2% 左右；高磷生铁碳不大于 3.2%。此外，炉渣中 FeO 高时，生铁中的碳可能被氧化，也将降低生铁含碳量。

$$(FeO) + [C] = Fe + CO \quad (8\text{-}81)$$

碳在生铁中的存在形式有化合碳和石墨碳两种。呈化合碳如 Fe_3C、Mn_3C 形态的生铁，断口为银白色，常称白口铁；若碳以大量的石墨碳形态存在，则生铁的断口呈暗灰色，常称灰口铁。由于硅可以促使碳石墨化，所以含硅较高的铸造铁断口多是灰色的。冷却速度也影响生铁中碳的最终形态，冷却速度慢有利于石墨碳析出。

生产中对生铁成分的常规分析，通常不化验碳的含量，此时，可用经验公式估计生铁含碳量：

$$w[C]=4.3-0.27w[Si]-0.32w[P]+0.3w[Mn]-0.032w[S] \quad (8\text{-}82)$$

或者如下式计算：

$$w[C]=1.28+0.00142t+0.024w[Mn]-0.304w[Si]-0.31w[P]-0.37w[S] \quad (8\text{-}83)$$

式中 $w[C]$，$w[Si]$，$w[P]$，$w[Mn]$，$w[S]$——生铁中该成分的百分含量，%；

t——生铁温度，K。

生铁渗碳后熔点降低逐渐熔融成液态，下降过程中不断溶入其他元素。从取样分析得知，在炉腰的生铁中已有硅但含量不高。硅主要是在炉腹和炉缸内，从液态炉渣或 SiO 的蒸气中还原进入生铁；在炉腰处就有部分锰进入生铁但数量也少，锰剧烈还原是在炉腹、炉缸内进行；磷主要是在炉腹部位还原进入生铁；硫在炉腰处就大量进入生铁中，但铁水穿过渣层时进行脱硫反应，生铁含硫量降低；用普通矿冶炼时，生铁最终组成为 Fe、C、Si、Mn、P、S；用钒钛磁铁矿冶炼时，还含有 V、Ti 等成分。

复习思考题

8-1 高炉炉料中水分的蒸发和碳酸盐的分解，对高炉生产有何影响？

8-2 铁的氧化物还原有何规律，铁及其氧化物稳定存在区域怎样化分，在温度 900℃时，若煤气中 CO 含量 55%（CO 和 CO_2 含量为 100%），试问在此条件下 FeO 能否稳定存在？

8-3 从铁氧化物中还原铁和从复杂化合物中还原铁有什么区别？

8-4 CO 与 H_2 作为还原剂有何差异，它们的利用率如何表示？

8-5 $CO_2+C=2CO$ 一般叫什么反应，对高炉冶炼过程有哪些影响？

8-6 碳的气化反应对铁的氧化物还原有何影响，若压力改变又将带来什么变化？

8-7 为什么 100% 直接还原与 100% 间接还原都不是高炉冶炼最理想过程？

8-8 何谓直接还原、间接还原，二者对高炉生产的影响有何不同？

8-9 直接还原与间接还原反应，在热量消耗，碳的消耗，温度与压力等四个方面有什么不同？

8-10 为什么通常用生铁中的含 Si 量来表示炉温？

8-11 在高炉冶炼过程中铁水的含磷(P)、含铜(Cu)量能否控制，为什么？

8-12 矿石中铅含量高对高炉冶炼有何影响？

8-13 简述碱金属在炉内的行为，怎样防治碱害？

8-14 铁矿石中氟(F)含量高对高炉冶炼有何影响？

8-15 矿石中 K、Na 含量高对高炉冶炼有何影响？

8-16 矿石中 V、Ti 含量高对高炉冶炼有何影响？

8-17 高炉条件下，铁的还原反应限制性环节是什么？就此分析降焦的途径。

8-18 概述生铁的形成过程，从中分析怎样调控生铁的成分。

9 造渣与脱硫

高炉造渣是用熔剂的碱性物质中和矿石中的酸性脉石及焦炭中的酸性灰分，发生化学反应生成低熔点的炉渣在高炉内熔化，低熔点的渣与铁水良好地分离，能顺利从炉内流出，冶炼出合格的生铁。炉渣的物理性能与化学成分，对冶炼过程影响极大。

9.1 高炉内的造渣过程

9.1.1 造渣过程概述

高炉冶炼过程，不仅要求从铁矿石中还原出金属铁，而且要求铁与未还原的脉石能熔化，从而利用它们的密度不同使之分离，铁经渗碳而成为液体生铁，熔化的脉石等即成为液态炉渣。就宏观而言，高炉内一切非金属的液相都可称为炉渣。

矿石脉石和焦炭(燃料)灰分是炉渣的组成物。当这些氧化物为纯物质时，熔点都很高，如 SiO_2的熔点为1713℃，Al_2O_3的熔点为2050℃，在高炉条件下是难以完全熔化的，即使能形成熔点较低的化合物，也很黏稠，流动性很差，不能顺利地从炉内排出，更起不到炉渣脱硫等作用。但是在加入一定量的熔剂如 CaO、MgO 以后，尽管这些物质本身熔点也很高，(CaO 熔点2570℃，MgO 熔点2800℃)但是它们能与 SiO_2、Al_2O_3组成一系列低熔点化合物，并具有良好的物理化学性能，可以满足高炉冶炼的需要。造渣是加入熔剂同脉石和灰分相互作用，并将不进入生铁的物质溶解、汇集成渣的过程，而所造的渣应具有熔点低、密度小和不溶于铁水的特点，使渣与铁能有效分离并能获得纯净的生铁，这就是高炉造渣的目的及作用。

在冶炼过程中，高炉渣应满足以下要求：

(1) 炉渣应具有合适的化学成分，良好的物理性质，在高炉内能熔融成液体并与金属分离，还能够顺利地从炉内流出；

(2) 具有较强的脱硫能力，保证炼出合格优质生铁；

(3) 有利于炉况顺行，能够获得良好的冶炼技术经济指标；

(4) 炉渣成分要有利于一些有益元素的还原，抑制另一些有害元素的还原，即具有调整生铁成分的作用；

(5) 有利于保护炉衬，使高炉长寿。

炉渣按其形成过程可分为初渣、中间渣和终渣。初渣是指在炉身下部或炉腰处刚开始出现的液相炉渣。中间渣是指处于下降过程中，成分和温度都在不断变化的炉渣。终渣则是指已经下降到炉缸从渣口，铁口排出的炉渣。终渣又有上渣、下渣之分，从渣口放出的炉渣为上渣，从铁口放出的炉渣为下渣。通常所说的高炉炉渣指的是终渣。

炉渣对高炉生产的重要影响主要表现在下述方面：

初渣形成早，数量多时，料柱透气性差，并使直接还原区扩大；初渣中 FeO 高，对炉衬有严重侵蚀作用。中间渣中的 FeO 在下降过程中逐渐被还原，炉渣熔点随之升高，在一定条件下，已熔化的炉渣可能重新凝固，将造成难行、悬料，甚至结瘤。终渣的性质如难熔性、黏度、脱硫能力等，对调整生铁成分有重要作用，并且对炉缸以及风口、渣口的维护也有影响。

总的来说，炉渣起到渣铁分离、脱硫、调整生铁成分，影响炉温，促进顺行和保护炉衬等作用。

使用普通矿冶炼时，炉渣主要由 CaO、SiO_2、Al_2O_3、MgO、FeO、MnO 和 CaS 组成，有时还有 K、Na 的化合物。当使用复合共生矿时，如钒钛磁铁矿则渣中还含有 V_2O_5、TiO_2；含氟矿则渣中有 CaF_2、R_xO_y、Nb_2O_5等。一般情况下，渣中 CaO、SiO_2、Al_2O_3和 MgO 四种组分占 90% 以上。

按以上炉渣组成，可分为碱性和酸性两类炉渣。在液态渣中，能提供 O^{2-} 的氧化物是碱性物质，如 CaO；反之，吸收 O^{2-} 形成复杂阴(负)离子团的氧化物是酸性物质，如 SiO_2。有些氧化物在不同情况既可提供 O^{2-}，也可吸收 O^{2-}，则为中性物质，如 Al_2O_3。按碱性由强到弱，酸性由弱到强，依次序排列是：K_2O、Na_2O、BaO、PbO、CaO、MnO、FeO、ZnO、MgO、CaF_2、Fe_2O_3、Al_2O_3、TiO_2、SiO_2、P_2O_5。

在 CaF_2之前的氧化物，可视为碱性氧化物，Fe_2O_3和 Al_2O_3为中性氧化物，TiO_2、SiO_2和 P_2O_5为酸性氧化物。炉渣的脱硫、脱磷、排碱等能力，及其他一些物理特性，都与炉渣中酸性及碱性物质相对含量有关。

炉渣主要组成物之间的关系，常以炉渣碱度表示：

二元碱度 $R = \dfrac{w(CaO)}{w(SiO_2)}$；三元碱度(或总碱度) $R = \dfrac{w(CaO) + w(MgO)}{w(SiO_2)}$；

四元碱度(或全碱度) $R = \dfrac{w(CaO) + w(MgO)}{w(SiO_2) + w(Al_2O_3)}$

日常生产中，多以二元碱度表示。

炉渣成分决定了炉渣的熔化温度、黏度等一系列物理特征，也决定了各种组成成分的活度特性。从控制高炉操作而言，选定恰当的终渣成分与碱度，是首先要考虑的问题。

总之，高炉造渣过程是一项非常重要，同时也是非常复杂的过程。而炉渣的物理化学性能，又密切关系着高炉生产的好坏。高炉生产中，自然希望炉渣愈少愈好，但完全没有炉渣是不可能的，也是不行的。

在一定的矿石和燃料条件下，选定熔剂的种类和数量，配出合理的炉渣成分，满足高炉冶炼的要求，以获得最好的经济指标。

9.1.2 造渣过程

炉渣的形成过程，可分为固相反应、矿石软化和炉渣形成几个环节。

现代高炉多用熔剂性熟料冶炼，一般不直接向高炉加入熔剂。由于在烧结(或球团)生产过程中熔剂已先矿化成渣，大大改善了高炉内的造渣过程。高炉渣从开始形成到最后排出，经历了一段相当长的过程。开始形成的渣称为“初渣”，最后排出炉外的渣称“终渣”。从初渣到终渣之间，其化学成分和物理性质处于不断变化过程的渣称“中间渣”。

9.1.2.1 *初渣的生成*

初渣的形成过程，分为固相反应，矿石软化、熔融和炉渣形成几个阶段。

(1) 固相反应。在高炉上部的块状带发生游离水的蒸发、结晶水或菱铁矿的分解，矿石产生间接还原(还原度可达 30% ~40%)。同时，在这个区域发生各物质的固相反应，形成部分低熔点化合物。固相反应主要是在脉石与熔剂之间或脉石与铁氧化物之间进行，形成 FeO—SiO_2、CaO—SiO_2、CaO—Fe_2O_3等低熔点化合物。当高炉使用自熔性烧结矿(或自熔性球团矿)时，固相反应主要在矿块内部脉石之间进行。

（2）矿石软化。随着炉料的下降，炉内温度升高，固相反应生成的低熔点化合物首先出现微小的局部熔化，这就是软化的开始。液相的出现改善了各种矿物的接触条件，继续下降和升温，使液相不断增多，最终软化下来变成了熔融、流动状态。可见软化是矿石从固态变成液态的一个过渡阶段，是造渣过程中对高炉顺行很有影响的一个环节。

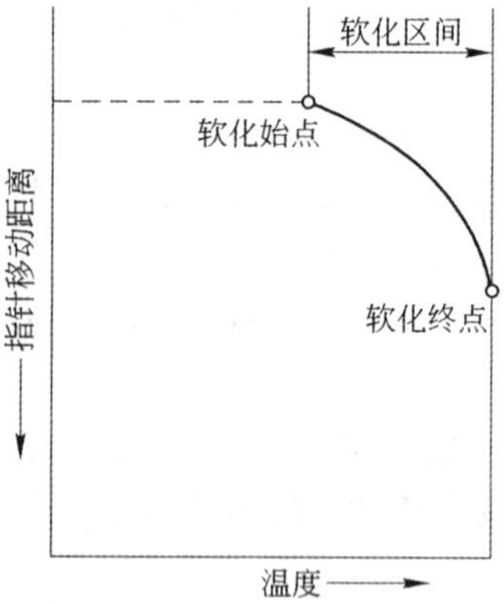

图 9-1　矿石的软化性能

各种矿石有着不同的软化性能。它主要表现在两方面：一是开始软化温度，二是软化温度区间。矿石在高炉内从开始软化到熔化滴落，需要一段时间和空间（升温），这就是所谓软化温度区间（见图 9-1）。处于这段空间，即相当于软熔带内的矿石，软化、熔融成黏稠状，形成软熔层（或熔融层），并受到上部炉料的压力，因而矿石之间的空隙度和矿石本身的气孔率大大降低，透气性变差，对气流的阻力很大。显然，矿石开始软化温度愈低，初渣出现得愈早，软熔带位置就愈高；而软化温度区间愈大，则软熔层愈宽，对气流的阻力愈大，对高炉顺行不利。所以一般希望矿石的开始软化温度要高，软化区间要窄。这样软熔带位置较低，软熔层较窄，对高炉顺行有利。一般说来矿石软化温度在 700～1200℃之间。

（3）初渣生成。从矿石软化到熔融滴落，就形成初渣。由于矿石还原得到的 FeO 易与 SiO_2 结合成低熔点的硅酸铁，所以初渣中总是含有较高的 FeO，矿石越难还原，初渣中 FeO 就越高，这是初渣与终渣在化学成分上的最大差别。初渣形成的早晚、位置的高低，对高炉的顺行影响很大。

9.1.2.2　中间渣的变化

形成的初渣在滴落下降过程中的渣称中间渣，中间渣在下降过程中随着温度升高，炉渣的成分与特性都是在不断变化，例如 FeO，MnO 不断减少，CaO、SiO_2 等不断增加，而流动性随温度升高而增加。实际上，中间渣就是在风口水平以上、软熔带以下、正在滴落过程中的炉腹渣。

中间渣能否顺利落下，取决于原料成分和炉温的稳定。矿石成分不稳定，往往造成炉温和中渣成分的激烈波动，导致黏度的剧变，使高炉不顺。使用热态强度高的焦炭，保证气流正常分布是中间渣顺利滴落的基本条件。

9.1.2.3　终渣的形成

中间渣经过风口区域后，其成分与性能再次的变化，碱度和黏度降低后趋于稳定。在风口区、焦炭和喷吹煤粉燃烧后的灰分参与造渣，使渣中 Al_2O_3 和 SiO_2 明显升高，CaO 和 MgO 成分比初、中渣相对降低。这样的炉渣流入炉缸铁渣聚集带内，形成终渣。其成分和性质基本稳定，变化不大。经风口区再氧化的铁及其他元素在这里又可能还原到铁水中，使渣中 FeO 含量降低。铁水穿过渣层和渣铁界面发生的脱硫反应使渣中 CaS 有所增加。一般所说的高炉渣系指终渣。终渣对控制生铁成分，保证生铁质量有重要影响。

9.2　炉渣性质

炉渣的性质与其化学成分密切相关，其中碱度对渣的性质有很大影响。直接影响高炉冶炼的炉渣性质有熔化温度、熔化性温度、黏度、稳定性和脱硫性能等。要求高炉渣具有适宜的熔化性温度，较小的黏度，良好的稳定性和较高的脱硫能力。

9.2.1 炉渣的熔化性

熔化性表示炉渣熔化难易的程度。表示熔化性的方法有多种，通常以熔化温度及熔化性温度表示。前者是指炉渣熔化过程中的液相线温度；后者是指炉渣开始自由流动的温度。比较起来，高炉生产者最关注的是熔化性温度。

高炉渣主要成分为 CaO、SiO_2、Al_2O_3和 MgO，其等熔化温度曲线，采用 Al_2O_3固定为 5%、10%、15% 和 20% 时的三元相图表示，坐标轴上的刻度值没有标示 Al_2O_3的含量。

图 9-2 是范围经过缩小，但仍包括了所有高炉渣成分的四元系等熔化温度图。由该图可以看出，炉渣的熔化温度与其组成有关。在此渣系内，$w(Al_2O_3) = 5\% \sim 20\%$，$w(MgO) \leqslant 20\%$，$w(CaO)/w(SiO_2) \approx 1$ 的组成范围内，炉渣有较低的熔化温度。当 Al_2O_3 含量低时，随着碱度的增加，熔化温度增加较快；$w(Al_2O_3) > 10\%$ 以后，碱度增加时，熔化温度增加较慢，低熔化区扩大了，炉渣稳定性增加了。原因是 Al_2O_3显酸性，削弱了碱度变化的影响。

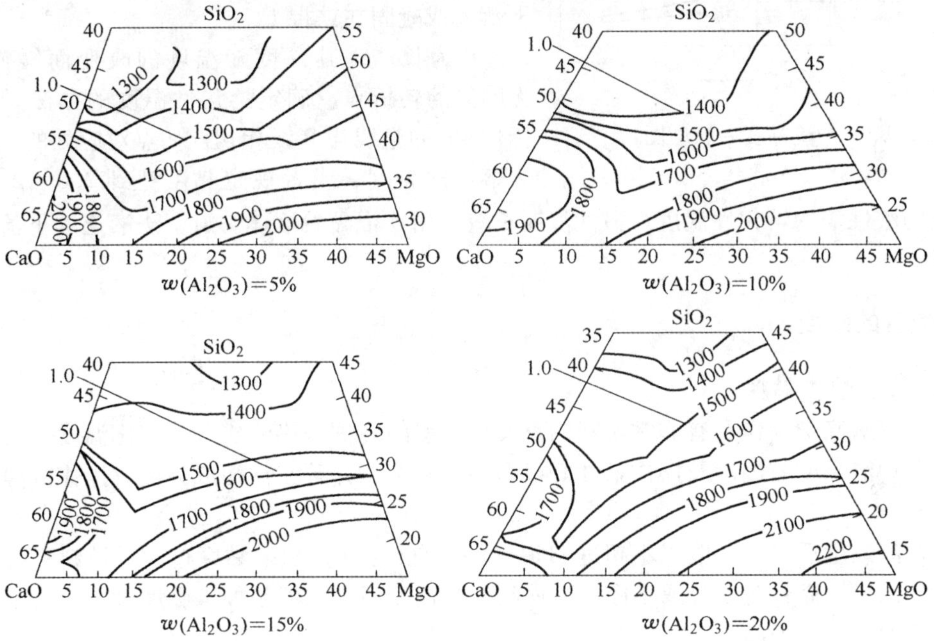

图 9-2 CaO-SiO_2-Al_2O_3-MgO 四元系等熔化温度图

实际上高炉渣除四元组成之外，还有其他成分。对此处理办法有二：一是只取 SiO_2、CaO、MgO 和 Al_2O_3四组元，折算成 100% 后查图，不计其他成分；二是把性质相近的成分进行合并，如 MnO、FeO 合并入 MgO 中，再查四元系状态图，查出的熔化温度，比实际炉渣成分完全熔化的液相线温度高 100 ~ 200℃，而与炉渣的出炉温度大致相近。因为出炉的炉渣要过热，较液相线温度高 100 ~ 200℃。

渣中 MnO 能降低熔化温度，此外，在特殊矿石中存在的 CaF_2、TiO_2对炉渣的熔化温度也有一定影响。CaF_2能显著降低炉渣的熔化温度，渣中 TiO_2在 25% ~ 30% 范围内、碱度0.9 ~ 1.2 时，炉渣的熔化温度在 1400℃左右，较一般高炉渣高出 100℃左右。

熔化温度是炉渣的重要性质之一，熔化温度高于 1450 ~ 1500℃的炉渣成分不能采用，因为这种组成的炉渣，在炉缸温度下不能完全熔化。

因熔化温度只表示炉渣加热时晶体完全消失的温度，此温度下炉渣变成均匀的液相，但并不能表示炉渣的流动性能。有的炉渣达到熔化温度，但仍很黏稠，没有良好的流动性。因此，使用熔化温度指标有很大局限性。

9.2.2　炉渣熔化性温度

熔化性温度是指炉渣黏度－温度曲线的转折点温度。它是能较确切地表示炉渣由不能流动变为自由流动时的温度值，是把熔化温度和流动性两者统一起来的一项指标。

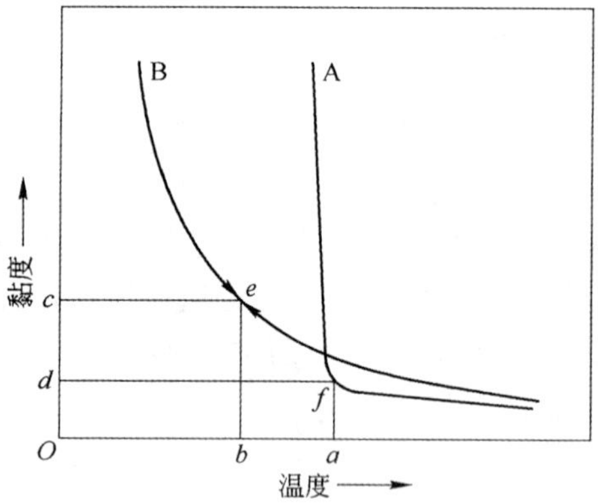

图 9-3　炉渣黏度－温度图

图 9-3 是炉渣黏度－温度曲线。图中 A 为短渣，其特点是在熔化性温度 a 处，固液相剧变，炉渣黏度也急速变化。这种炉渣冷却时，能在很窄的温度范围内，由自由流动而变为凝固，故称短渣。生产中用铁棍黏液体熔渣，短渣不能拉长丝，而成滴状下落，或凝固在铁棍上。

B 为长渣，其黏度随温度的改变而缓慢变化，无明显的转折点。确定熔化性温度的办法是依横坐标作 45°的直线与 B 线相切，切点对应处的温度，即为熔化性温度。或者规定黏度达到 2.0～2.5Pa·s 时的温度为酸性渣的熔化性温度。酸性渣属长渣，用铁棍黏着液体炉渣，渣液连续下流，最后拉成长丝。

9.2.3　炉渣的黏度

9.2.3.1　*炉渣黏度*

炉渣黏度对高炉操作具有非常实际的意义，一般的高炉渣终渣成分及熔化温度可由配料计算确定，而炉渣黏度与温度及操作条件等很多因素有关，并且又往往成为造成操作故障的重要原因。

高炉炉渣黏度适当，一般以不超过 1Pa·s(10 泊)为好，如果黏度过大，炉料下降或煤气上升均发生困难，而且渣铁分离不净，渣铁间反应速度降低，但是如果黏度过小，容易侵蚀炉衬，炉缸温度也不易提高。

液体的流动速度不同时，两相邻液层之间产生的内摩擦系数称为黏度。

如果设一层液体的流速为 v，另一层的流速为 $v+\mathrm{d}v$，两液层间的接触表面为 S，两液层的距离为 $\mathrm{d}x$，内摩擦系数 F，则可得出下列关系：

$$F = \eta S \frac{\mathrm{d}v}{\mathrm{d}x} \tag{9-1}$$

式中　η——内摩擦系数；

S——接触面积；

$\frac{\mathrm{d}v}{\mathrm{d}x}$——速度梯度；

F——内摩擦力。

当 $F=10^{-5}$N，$S=1\mathrm{cm}^3$，$\mathrm{d}x=1$cm，$\mathrm{d}v=1$cm/s 时：$\eta=0.1$Pa·s。

上式说明，黏度 η 实际上就是内摩擦系数，它的倒数值为流动性，影响炉渣黏度的主要因素有温度及炉渣成分。

9.2.3.2 温度和炉渣成分对炉渣黏度的影响

一般炉渣黏度总是随温度升高而降低的，其关系式为 Arrhe-nius 定律形式

$$\eta = A_\eta \exp\left(-\frac{E_\eta}{RT}\right) \tag{9-2}$$

式中 A_η——系数，随不同炉渣成分而定；

E_η——黏流活化能，表示黏度随温度升高而下降趋势的大小。

常见液体在不同温度下的黏度见表 9-1。

表 9-1 几种常见液体的黏度

名 称	温度/℃	黏度/Pa·s	名 称	温度/℃	黏度/Pa·s
水	20	0.001	钢 水	1600	0.002~0.003
甘 油	25	0.5	铁水(4%的C)	1400	0.0015
蓖麻油	20	0.95			

黏度和流动性成倒数关系。黏度大则流动性小；反之，黏度小则流动性大。要求高炉渣黏度适当，通常不大于 1Pa·s。如果黏度过大，炉渣黏稠，阻损很大，将造成炉料下降或煤气上升的困难，渣铁分离不好，渣铁间的反应速度降低；但是黏度过小时，炉衬容易受侵蚀。因此炉渣黏度对高炉操作具有重要意义。炉渣的黏度与温度和炉渣成分有关，其相互间的关系可参见图 9-4。

9.2.4 炉渣的稳定性

炉渣的稳定性是指当化学成分或温度改变时，对炉渣物理性质影响的程度。炉渣在成分波动条件下保持稳定的能力，称为化学稳定性；而在温度波动条件下炉渣保持稳定的能力，则称为热稳定性。

判断炉渣的热稳定性，一般可根据炉渣的黏度－温度曲线的形状来判断，短渣转折点急，热稳定性差；长渣则热稳定性好些。此外，若炉渣的熔化性温度低于实际炉缸温度较多，在炉温一般波动情况下，仍能保持良好流动性，此渣的热稳定性也较好；与此相反，炉渣的熔化性温度与实际炉温接近，经不起温度的波动，此渣的稳定性则视为较差。

炉渣化学稳定性可根据四元系的等熔化温度和等黏度图判断。图中等熔化温度线密的区域和等黏度线密的区域是不稳定的，在此区域内炉渣成分的波动，将引起温度和黏度的较大波动；相反，在图中曲线稀疏的地方，则化学稳定性较好。

通常碱度在 1.0~1.2 的炉渣都是比较稳定的。碱度低于 0.9 的炉渣，虽然稳定性也好，但脱硫能力差，若不使用炉外脱硫工艺，则不宜选用。渣中适量的 MgO(8%~13%)和 Al_2O_3(12%~15%)，都有助于提高炉渣的稳定性。

实际生产过程中，炉渣成分和温度都不可避免地要发生波动，要求选择的炉渣具有良好的稳定性，这样高炉的行程才能稳定，生铁的成分也不会有过大的波动。

9.2.5 炉渣表面性质

炉渣的表面性质如表面张力、表面黏度等，对特殊矿冶炼有较大影响。TiO_2 含量较高的渣，由于表面张力小，表面黏度大，容易形成泡沫渣。泡沫渣在炉内易造成液泛现象，降低料柱透气性，在炉外，渣罐、渣沟容易溢流，酿成事故。

形成泡沫渣也与渣中表面活性物质有关。当渣中存在的气体被分散成许多小气泡时，这些

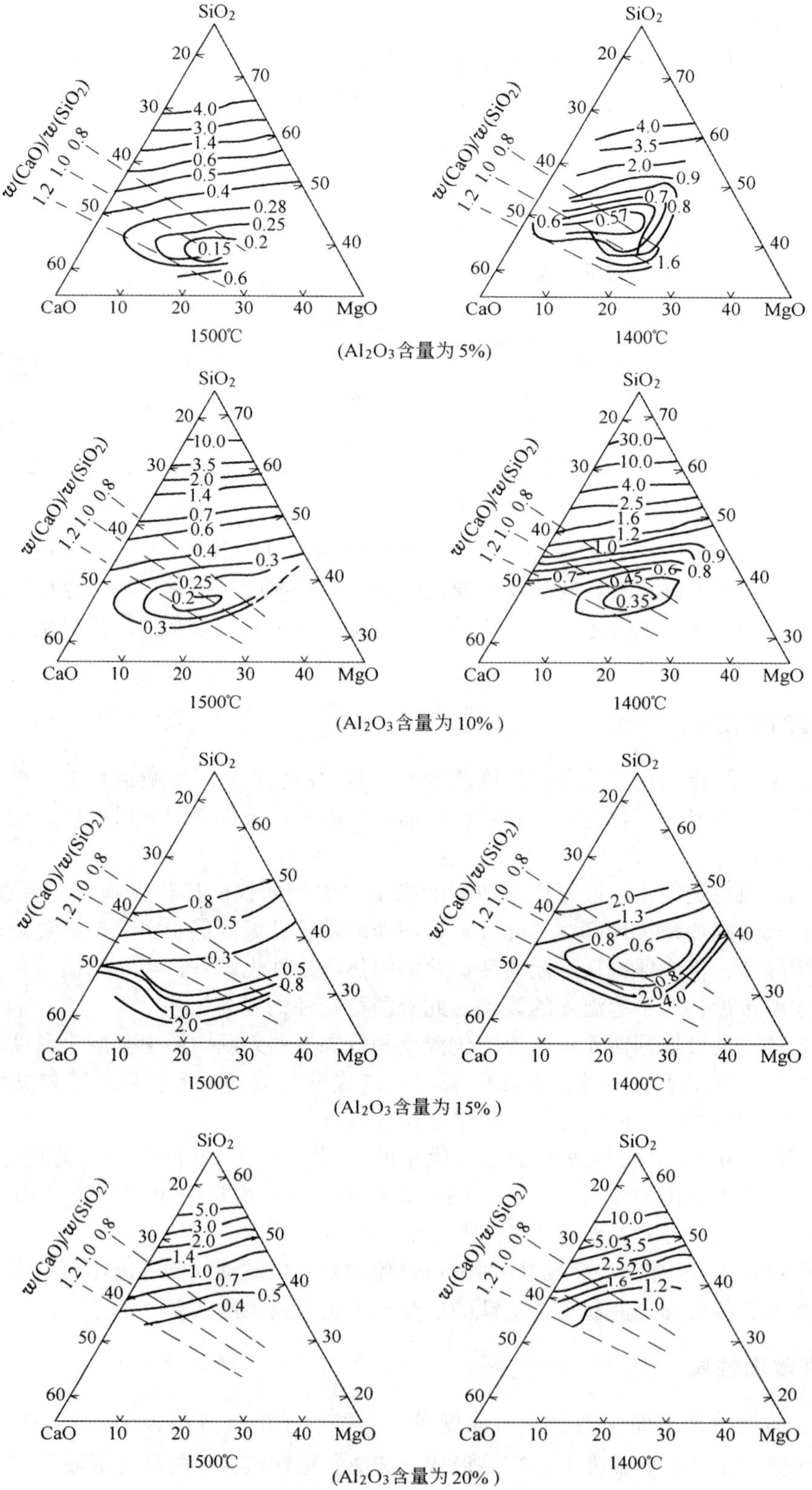

图 9-4　CaO—SiO_2—Al_2O_3—MgO 四元系渣等黏度图

小气泡在表面活性物质作用下，或固相质点被吸附在气泡表面，都将使气泡保存下来，成为形成泡沫渣的有利条件。

渣中 TiO_2、SiO_2等都是表面活性物质，容易在气泡表面吸附，降低熔渣的表面张力；此外渣中 TiC、TiN 等也有同样作用，并有增加泡沫稳定性的能力，因此容易生成泡沫渣。炉渣流出炉外时，由测定及计算可知，含(TiO_2)为25%的炉渣，表面张力值为：

$$\sigma_1 = 461 \times 10^{-3}\text{N/m，若 } \eta_1 = 1.5\text{Pa·s，则 } \sigma_1/\eta_1 \approx 0.30$$

普通炉渣 $\sigma_2 = 485 \times 10^{-3}$N/m，若 $\eta_2 = 0.5$Pa·s，则 $\sigma_2/\eta_2 \approx 1.00$。故含 TiO_2炉渣有生成泡沫渣的条件。

界面张力主要指液态渣铁之间的，一般为0.9~1.2N/m。界面张力 $\sigma_{界}$小，与表面张力的物理意义类似，即容易形成新的渣铁间的相界面。而炉渣的黏度一般比液态金属高100倍以上，故常造成液态铁珠"乳化"为高弥散度的细滴，悬浮于渣中，形成相对稳定的乳状液，结果造成较大的铁损。

若易造成泡沫渣的条件为炉渣的两个性能参数 σ/η 的比值偏小，则容易造成铁珠悬浮于渣中的条件为 $\sigma_{界}/\eta$ 的比值偏小。经验表明，配加10%~15%普通块矿，或高品位钒钛磁铁矿、铁精矿进行冶炼，有显著的消泡作用。其原因是加入的这些矿石结构致密，难还原的 FeO 高达25%~30%，在高温区直接还原时，除可抑制 TiO_2的还原外，还可使 TiC、TiN 等受到破坏。另外，炉渣的表面性质对渣铁的分离，耐火材料的侵蚀等都有影响。

炉渣的表面性质及渣与金属间的界面性质是近年来才引起冶金界重视的课题。由于精确地测定熔体的表面性质或界面特性参数的技术比较复杂。故有关这方面的数据极感缺乏。无论在理论上、实验技术上以及工业实践的应用上都有待大力发展。

9.3 炉渣脱硫

9.3.1 硫在高炉内的行为及分布规律

9.3.1.1 硫在高炉内的行为

进入高炉中的硫，同碱金属、锌、硅等一样，会在高炉内循环。硫来自焦炭、喷吹燃料、矿石和熔剂。其中以焦炭带入的硫最多，一般占入炉总硫量的60%~80%，其次是矿石和熔剂等。每吨生铁的炉料带入的总硫量，称为硫负荷，一般在4~8kg/t范围。硫负荷太高，将危及生铁质量。

硫在炉料中以硫化物、硫酸盐和有机硫的形态存在。矿石和熔剂中的硫主要是 FeS_2和 Ca(SO_4)，烧结矿中的硫则以 FeS 和 CaS 为主，而焦炭中的硫有三种形态，即有机硫、硫化物和硫酸盐。

焦炭中有机硫在到达风口前约有50%~75%以 S、SO_2、H_2S 等形态挥发到煤气中，余下部分在风口前燃烧生成 SO_2在高温还原气氛条件下，SO_2很快被 C 还原，生成硫蒸气：

$$SO_2 + 2C = 2CO + S\uparrow \tag{9-3}$$

也可能与 C 及其他物质作用，生成 CS、CS_2、HS、H_2S 等硫化物。

矿石中的 FeS_2在下降过程中，温度达到565℃以上开始分解：

$$FeS_2 = FeS + S\uparrow \tag{9-4}$$

分解生成的 FeS 在高炉上部，有少量被 Fe_2O_3和 H_2O 所氧化：

$$FeS + 10Fe_2O_3 = 7Fe_3O_4 + SO_2\uparrow \tag{9-5}$$

$$3FeS + 4H_2O = Fe_3O_4 + 3H_2S\uparrow + H_2\uparrow \tag{9-6}$$

炉料中的硫酸盐在与 SiO_2、Al_2O_3、Fe_2O_3等接触下，也会分解或生成硅酸盐：

$$CaSO_4 = CaO + SO_3 \tag{9-7}$$

$$CaSO_4 + SiO_2 = CaSiO_3 + SO_3 \tag{9-8}$$

或者与碳作用，进行下述反应：

$$CaSO_4 + 4C = CaS + 4CO \tag{9-9}$$

硫在上述诸反应中，生成的气态硫化物或硫的蒸气，在随煤气上升过程中，除一小部分被煤气带走外，其余部分被炉料中的 CaO，铁氧化物，或已还原的 Fe 所吸收而转入炉料中，随同炉料一起下降。反应生成的 CaS 在高炉下部进入渣中，FeS 有部分分配在渣铁中，其余的硫或硫化物又随同煤气上升。上升过程中硫的大部分再被炉料吸收，下降而在炉内循环。

硫在炉内的分布主要集中在软融带到风口燃烧带区间，即硫在炉内的循环区主要是在风口平面到1000℃左右的高温区间，在滴落带出现最高值。

当炉料带入高炉的硫进行各种反应后，在高温区生成硫的蒸气和氧化物随煤气上升到滴落带和软融带被大量吸收，然后又随炉料下降，形成循环的过程中，一部分进入炉缸，分配到渣铁中去，一部分硫随煤气带出炉外。

炉料吸收硫的能力随炉料不同而异，碱性烧结矿大于酸性球团矿，原因是炉料中碱性物质增加了对硫的吸收作用。

9.3.1.2　硫在煤气、渣、铁中的分配

依据硫在炉内的平衡关系，即炉料带入的总硫量，应等于进入煤气和渣、铁中的总硫量，可得下式：

$$w(S)_{料} = w(S)_{气} + w(S)_{铁} + w(S)_{渣} \tag{9-10}$$

以冶炼 100kg 生铁为例：

令 $w[S]$ 和 $w(S)$ 分别表示硫在生铁和渣中的百分含量；n 表示单位重量生铁的渣量；$L_S = w(S)/w[S]$ 表示硫在渣、铁中的分配系数，则：

$$w(S)_{铁} = w[S] \qquad w(S)_{渣} = nw(S) = n \cdot L_S w[S] \tag{9-11}$$

代入式(9－10)得：

$$w(S)_{料} - w(S)_{气} = w[S] + n \cdot L_S w[S]$$

所以

$$w[S] = \frac{w(S)_{料} - w(S)_{气}}{1 + n \cdot L_S} \tag{9-12}$$

由此可知，进入生铁中的 S，决定于炉料带入的 S、挥发掉的 S、渣量，以及 S 的分配系数 L_S。这为提高生铁质量指明了方向。

炉料带入的 S 越多，即硫负荷越高，进入生铁中的 S 相对升高。减少炉料带入的硫量，主要是降低燃料尤其是焦炭量，矿石带入的硫若经烧结生产，则已去掉了大部分。因此降低焦比，使用熟料，就为提高生铁质量创造了有利条件。

从硫在炉内循环的条件分析，要增加煤气带出炉外的硫量，可以增加炉温，降低碱度和渣量。增加炉温有助于硫的挥发；降低碱度可以减少炉料吸收的硫量，减少硫的循环数量，增加煤气带走的硫量；降低渣量，可使进入渣中的硫减少，相对地增加了硫的挥发量。前苏联洛金夫等人指出，每减少 100kg 渣量，或降低炉渣碱度 0.1 时，将使硫的挥发量增加约 5%。但是炉温、渣量、碱度等操作指标，主要决定于原料条件和生产要求，实际生产中不可能作为增加硫挥发量的手段。所以挥发硫量，目前仍是一项难以调节和控制的因素。一般情况下，逸出炉外的硫量，冶炼炼钢生铁时为 10%～15%，铸造铁时为 15%～20%，镜铁时为 20%～30%，硅铁和锰铁可达 40%～60%。

增大渣量可以增加炉渣带走的硫量(渣中硫的百分含量相同条件下)，但是生产中不会采取这个措施去硫。这并不是因增加渣量降低了硫的挥发量，而是增加渣量必然升高焦比，使硫负荷增大，带入炉内的硫增多。此外，焦比与熔剂用量增加，会提高生铁成本，恶化料柱透气性，不利于顺行。

综上分析，要降低生铁含硫量，提高生铁质量，在一定原料条件下，主要靠提高炉渣的脱硫能力，即提高硫的分配系数。

9.3.2 炉渣脱硫及其影响因素

9.3.2.1 炉渣脱硫

高炉内渣铁之间的脱硫反应在初渣生成后即开始，在炉腹或滴落带中较多进行，在炉缸中最终完成。炉缸中的脱硫存在两种情况：一是当铁水滴下穿过渣层时，在渣层中脱硫，这时渣、铁接触面积大，脱硫反应进行很快；二是在渣-铁界面上，这时渣、铁接触面积虽不如前者大，但接触时间较长，可保证脱硫反应充分进行，最终完成炉内生铁脱硫过程。

炉渣具有导电性证明构成炉渣的不是分子，而是正、负离子。

脱硫反应是渣、铁界面处进行离子迁移的过程。对脱硫反应可以认为是原来在铁水中呈中性的原子硫，在渣、铁界面处吸收熔渣中的电子变成为 S^{2-} 进入炉渣中，而炉渣中的负氧离子 (O^{2-}) 在界面处失去电子变成中性的氧原子进入铁水中。其离子反应式可写成：

$$[S] + 2e = (S^{2-}) \tag{9-13}$$

$$(O^{2-}) - 2e = [O] \tag{9-14}$$

$$[S] + (O^{2-}) = (S^{2-}) + [O] \tag{9-15}$$

反应后进入生铁中的氧与生铁中的碳化合成 CO，并从生铁中排出。

由于铁水中硫和氧的含量很少，可以当作稀溶液用质量分数 $w[S]$ 和 $w[O]$ 表示，而炉渣中硫和氧的负离子用离子分数 $x_{S^{2-}}$ 和 $x_{O^{2-}}$ 表示，则式(9-15)的脱硫反应的平衡常数为：

$$K_S = \frac{a_{(S^{2-})} \cdot a_{[O]}}{a_{[S]} \cdot a_{(O^{2-})}} = \frac{w(S) \cdot f_{(S^{2-})} \cdot a_{[O]}}{w[S] \cdot f_{[S]} \cdot a_{(O^{2-})}} \quad (\text{以 } w(S) \text{ 代 } w(S^{2-})) \tag{9-16}$$

所以，硫在渣—铁间的分配比：

$$L_S = \frac{w(S)}{w[S]} = \frac{K_S \cdot f_{[S]} \cdot a_{(O^{2-})}}{f_{(S^{2-})} \cdot a_{[O]}} \tag{9-17}$$

L_S 体现了熔渣对金属的去[S]能力的强弱，强化脱[S]的热力学条件。

9.3.2.2 影响高炉渣脱硫的因素

(1) 炉渣成分：炉渣碱度 $w(CaO)/w(SiO_2)$ 是脱硫的重要因素，碱度高则 CaO 多，增加了渣中 (O^{2-}) 的浓度，从而使炉渣脱硫能力提高。但实践经验表明：在一定炉温下有一个合适的碱度，碱度过高反而降低脱硫效率，其原因是碱度太高，炉渣的熔化性温度升高，在渣中将出现 $2CaO \cdot SiO_2$ 固体颗粒，降低炉渣的流动性，影响脱硫反应进行时离子间的相互扩散。此外，高碱度渣稳定性不好，容易导致炉况不顺。

渣中 MgO、MnO 等碱性氧化物有一定的脱硫能力，但比 CaO 弱，渣中加入少量 MgO、MnO，能降低炉渣熔化温度和黏度，也有利于脱硫。用 MgO、MnO 代替 CaO，将降低脱硫能力。

FeO 不利于去硫，但在酸性渣中影响较小，而且在过酸的炉渣中，FeO 还有使脱硫能力增大的趋势。

Al_2O_3 不利于去硫，但以 Al_2O_3 代替 SiO_2 时，将使 L_S 增大。这是因单位质量的 Al_2O_3 结合的氧离子数，比单位质量的 SiO_2 结合的氧离子数少的缘故。

(2) 炉缸温度：脱硫反应是吸热反应，温度升高有益于反应的进行；同时升高温度会改善脱硫的力学条件，即降低炉渣黏度，加速离子的扩散；此外，温度高能促进 FeO 还原，降低渣中 FeO 含量。

(3) 炉渣黏度：脱硫反应速度取决于化学反应速度和扩散速度。一般碱性渣中限制脱硫反应速度的因素是 S^{2-} 和 O^{2-} 在炉渣中的扩散速度。降低炉渣黏度将使扩散速度增加，因而促进了炉渣脱硫效率的提高。

(4) 其他因素：高炉冶炼状况对脱硫也有影响。高炉操作稳定，炉缸工作均匀，有利于脱硫；而煤气分布失常，如管道行程、边缘气流发展、炉缸堆积以及结瘤等，都会导致脱硫效率降低，生铁含硫增加。

9.3.3 降低生铁含硫量的措施

9.3.3.1 降低炉料带入的总硫量

减少入炉原、燃料含硫量，是降低生铁含硫量，获得优质生铁的根本途径和有效措施。同时，由于硫负荷减小，可减轻炉渣脱硫负担，从而减少了熔剂用量和渣量，对降低燃耗和改善顺行都很有利。炉料中的硫大部分由焦炭带入，一切降低燃料比的措施都有利于减少入炉硫量，一切降低焦炭和喷吹煤粉含硫量的措施都能有效降低硫负荷。炼焦过程去硫不多，主要靠加强洗煤来去除其中的无机硫。

降低铁矿石含硫量的主要方法，一是选矿，二是焙烧和烧结。选矿可除去矿石中的部分硫，例如对于黄磁铁矿(FeS_2)，可通过磁选去硫；亦可通过磁浮联选去硫。焙烧和烧结都可去除矿石中的大部分硫。因此，在采用烧结和球团矿的条件下，由矿石和熔剂带入的硫不多，减少入炉硫量的主要途径是处理焦炭和煤粉。

9.3.3.2 提高煤气带走的硫量

炉料中硫有相当大一部分在分解反应后以硫和 SO_2、SO_3、H_2S 等形态挥发转入到煤气中。但在煤气流上升与炉料接触过程中，有一部分硫又被炉料中的 CaO、FeO 和海绵铁吸收而带入下部。CaO 的吸硫作用在高温区、低温区都能进行。所以在高炉中实际上总有一部分硫随煤气和炉料运动而在高炉内循环。

随煤气逸出炉外的硫，受焦比、渣量、碱度、炉温等复杂因素的影响，如高温有利于硫挥发，但炉温高低首先取决于铁种，而不能单为气化脱硫采取调节炉温措施。生产统计，随煤气逸出的硫大约是：炼钢生铁为5% ~20%，铸造生铁为20% ~30%，铁合金为30% ~50%。可见，冶炼高温生铁有利于挥发去硫。

9.3.3.3 改善炉渣脱硫性能

由式9－17可见，增大渣量能降低生铁含硫量。渣量愈大，渣中硫的含量相对愈低，愈有利于硫从生铁转入炉渣。但在实际中，增加渣量要引起热耗增加，焦比升高，从而使焦炭带入炉内的硫增加。如果增加渣量而焦比不提高，将使炉温降低，也会降低了炉渣的脱硫能力。此外，增加渣量对高炉顺行和强化都很有害。可见，大渣量操作不利于高产、优质、低耗。综上分析，在一定原、燃料和冶炼条件下，降低生铁含硫量的主要方向和途径是提高硫在渣、铁间的分配系数，即提高炉渣的脱硫能力。

9.4 炉外脱硫

9.4.1 炉外脱硫技术的起因

近年来国外高炉一般均采用炉外处理技术，主要理由是经济上的合理性。有人担心由于采用炉外脱硫后会增加生产成本，但实践证明刚好相反，炉外脱硫不仅可以降低焦比，而且还可减少渣量，总的生铁成本是降低的。国外采用炉外脱硫技术的高炉的实践都证明了这一点。

9.4.2 炉外脱硫剂的选择

为了提高脱硫效率和降低脱硫剂的消耗，选择合适的脱硫剂是很重要的。脱硫剂有采用碳酸盐的如苏打(Na_2CO_3)，有采用氧化物的如石灰(CaO)，有采用还原性物质的如电石(CaC_2)，还有采用金属或合金的如 Mn、Mg、Ca、Ca - Si 等。现在发展了多种脱硫剂，如 $CaO + CaC_2$，CaO + MgO，$CaO + CaF_2$等等。

9.4.3 炉外脱硫的方式

(1) 喷吹法：这是当前普遍采用的一种脱硫装置，起源于德国。是以气体为载体将脱硫剂通过喷吹枪吹入铁水，气体载体用的是惰性气体，也有的用还原性气体，由于此法搅拌效率高，因而被普遍采用。但是由于铁水降温大，金属中含有气体，因此也有不足之处。

(2) 机械搅拌法：起源于日本，主要用十字形搅拌器在铁水中造成涡流，以便使脱硫剂与铁水良好的接触与混合，此法效率高、经济，而且简便易行，缺点是搅拌器材质寿命短，而且降温大。

(3) 钟罩镁锭或镁焦法：此法起源于美国，在铁水包中置放耐火钟罩，将镁质脱硫剂输入罩底，镁气化而扩散到铁水中去与[S]反应而脱硫，此法不污染，效率也高，但是对其他脱硫剂不适用。

(4) 电磁搅拌法：使用电磁搅拌使铁水产生搅动而进行脱硫。

(5) 炉前连续脱硫：在出铁场装一简单旋转式搅拌器，可在铁水流过时连续脱硫。

9.5 造渣对高炉生产的影响

造渣过程和炉渣性能，对高炉顺行稳定和取得良好指标密切相关。

9.5.1 造渣对高炉顺行的影响

炉料顺行是高炉实现正常冶炼，获得良好冶炼效果的前提条件。顺行的主要标志是炉料下降均衡顺畅，煤气分布正常合理，炉缸工作均匀活跃，最终取得好的指标。

(1) 透气性：显示炉况顺行的一个重要参数是料柱透气性。而透气性主要决定于炉料的孔隙率，孔隙率高则料柱透气性好，炉料就易于顺利下降。据测定，铁矿石在软化前的孔隙率在30%以上，随着矿石的软化孔隙率降低；完全软化后孔隙率下降到10%以下。研究表明，孔隙率每下降5%，料柱对煤气的阻力将增加10倍。以致软融带即成渣带的阻损最大，通常成渣带以下煤气的压头损失约为整个料柱阻损的60% ~80%，因此成渣带状况对高炉顺行影响极大。

(2) 成渣带位置：在一定操作条件下，初渣开始形成的部位，通常在炉身下部和炉腰处，其主要影响因素是原料性质和煤气分布。矿石开始软化温度愈低，成渣带位置愈高。例如烧结矿 1200℃开始软化，1300 ~1400℃就无棱角了；球团矿 1050℃还保持圆球状，1150℃时变扁；而生矿冶炼时，软化温度更低，即成渣带位置更高。成渣带愈偏高，初渣中 FeO 含量愈高。含FeO 高的初渣熔化后黏度小，流动性好，能减小对煤气流的阻力，有利于顺行。但是这种初渣能以较快速度下降，FeO 来不及还原就进入高温区，增加直接还原和热量消耗，使焦比升高。总的说来，成渣带低些对高炉生产更为有利。

(3) 成渣带厚度：这是指造渣物质由软化转变为液相初渣，但还不能流动的区间。显然此区间愈小(薄)，则煤气穿过的阻损愈低，愈有利于炉况顺行。决定成渣带厚薄的关键是矿石的软化性质。矿石由开始软化到完全熔化的温度范围小，则成渣带就薄，反之，成渣带就相对厚些。一般说来，熔剂性熟料比天然矿石有较高的软化温度和较窄的软化区间；高品位和有一定碱性的矿石，比低品位和 SiO_2多的矿石具有较高的软化温度和较窄的软化区间。所以使用熟料和高品位矿石对顺行有利。

(4) 渣量和炉渣性质：渣量愈大，决定高炉下部料柱透气性的参数——渣焦比愈高，将增大煤气流上升的阻力。尤其是在炉渣黏度大，表面张力小，含 FeO 高时，很容易发生液泛现象。被煤气带走的液体渣铁，在软融带以上较低温度区又重新凝固，堵塞料柱孔隙，煤气流通不畅而引起难行悬料，破坏顺行。同时，渣量大也将造成焦比升高，影响是双重的。

(5) 造渣过程的稳定性：造渣过程稳定，是高炉顺行稳定的必要条件。造渣过程的剧烈波动，必将导致热制度的波动，煤气流分布的变动和料柱透气性的改变，结果必然造成炉况失常，严重时将生成炉瘤。因为高炉结瘤的根本原因，是源于正常的造渣过程被破坏。日常生产中，炉墙受到煤气流和炉渣的不断冲刷侵蚀，稳定的渣皮对炉墙的维护具有重要作用。而只有炉渣具有稳定的性能才能形成稳定的渣皮，若初渣中 FeO 和碱度剧烈波动，则初渣热稳定性很差，当炉内边缘(局部或整个圆周)气流由较为发展变为较为削弱时，靠近炉墙处已经形成的液相初渣，将重新凝固并黏结在炉墙上，致使炉墙结厚。如果这里的炉墙温度较长时间不能上升，而炉墙黏结物中的 FeO 逐渐被还原，形成一层金属铁时，即构成不易再熔化掉的铁质瘤。类似过程反复发生，炉瘤就变得愈来愈大，直至高炉不能再正常生产。

由以上分析可知，稳定的造渣过程对炉况的顺行和高炉内型的完整是异常重要的。造渣过程出现不稳定的原因，主要有两个方面：一是原燃料质量不稳定，二是操作制度波动或设备事故。例如，入炉原料的品位、配比、粒度等的波动，必然引起成渣位置和成渣带厚度的变化；操作的不稳定势必造成炉温的波动，最终都将导致造渣过程的波动。

9.5.2　造渣对生铁质量的影响

炉渣性能不仅直接关系到生铁质量，也影响生铁中 Si、Mn 等元素的含量。

炉渣对生铁质量的影响，主要表现在它的脱硫作用。炉渣脱硫效果决定于三个环节，即炉渣的碱度、流动性(或黏度)及造渣过程对炉缸温度的影响。而炉渣碱度和流动性又取决于造渣制度和成分的选择；对炉缸温度的影响，关键是造渣和顺行的相互关系问题。

选择造渣制度，首先考虑的是炉渣碱度。过高或过低的炉渣碱度，对炉渣的脱硫都是不利的。目前国内原料含硫条件下，为保证脱硫，炉渣的二元碱度一般在 1.0 ~ 1.2 范围；渣中 MgO 含量为 5% ~12% 时，即三元碱度为 1.15 ~ 1.40。个别企业因原料含硫较高，或其他条件限制，所选用的炉渣二元碱度达到 1.2 ~ 1.3 或更高。在这种情况下，为了保证炉渣有足够的流动性、稳定性和脱硫能力，可以增加 MgO 含量。因为无论是从热力学或动力学条件分析，增加 MgO 含量对炉渣的脱硫能力的提高都是有益的。不同的原燃料条件，渣中合适的 MgO 含量也不相同，可以通过实践确定。一般渣中允许的最大 MgO 含量为 15% 左右。此外 Al_2O_3比较高的炉渣，其碱度(尤其是总碱度)可以高一些。对于含有特殊成分的炉渣，合适的炉渣组成可以通过实验或生产实践决定。

炉渣碱度不同，对高炉冶炼过程中一些元素的还原，可以起到促进或者阻止作用，低碱度利于 Si 还原，所以在炉渣脱硫能力足够时，冶炼铸造生铁宜选用比炼钢生铁更低的炉渣碱度。MnO 为碱性物质，碱度低则不利于 Mn 的还原，渣中 MnO 将增多，生铁含 Mn 量降低，所以冶炼锰铁时，炉渣碱度要高一些。冶炼含钒生铁，也要求炉渣碱度高一些，以增加钒的回收。

炉渣具有良好流动性是提高脱硫效果的另一重要因素。根据炉渣脱硫理论，脱硫反应是离子在液体渣铁界面上的迁移扩散过程。炉渣黏度越小，越有利于离子扩散，即越有利于脱硫。因此，选择炉渣成分时，要考虑所选择的炉渣，在炉缸正常温度下具有足够的流动性。理论分析和实践证明，若适当增加渣中 MgO 含量而不改变炉渣的总碱度，可以改善炉渣的流动性，从而提高脱硫效率。当然，不改变总碱度而过多地减少 CaO，相应增加 MgO 含量，对脱硫也是不利的。

炉缸温度是影响脱硫效率的关键因素。因为脱硫反应是吸热过程，温度高可以促进反应进行，提高脱硫反应的平衡常数，即增加进入渣中的硫量。此外，温度提高，在相同条件下炉渣的流动性增加，也有益于脱硫。炉渣成分和性能对炉缸温度有一定影响，但影响炉缸温度的决定性因素，是燃料比和风温水平。

9.5.3 造渣对炉缸热制度的影响

炉缸热制度是高炉操作主要制度之一，正常的热制度是指炉况顺行条件下，具有冶炼出硅、硫及其他元素含量合格的必须的炉缸温度。影响炉温的因素很多，炉渣是其中之一。

炉渣对热制度的影响，主要表现在炉渣的难熔性和对顺行的影响两个方面。比较难熔的炉渣，熔化之后进入炉缸时热量高，带入的热量多，所以有利于炉缸温度的升高；而易熔炉渣不仅本身热量低，而且增加 FeO 的直接还原，降低炉缸温度。炉况顺行是炉况稳定，煤气能量充分利用的必要前提，也是炉缸温度充沛、均匀、稳定的必要条件。如若炉况不顺，出现管道、崩料、悬料、坐料等失常状况，则正常行程被破坏，反而破坏造渣过程，调节不好，则炉温、脱硫、产量皆受影响。

复习思考题

9-1 高炉炉渣是怎样形成的，炉渣在高炉冶炼过程中起什么作用？

9-2 什么叫炉渣的熔化温度和熔化性温度，它对高炉冶炼有什么影响？

9-3 哪些因素影响炉渣的脱硫能力？

9-4 炉渣有哪些主要物理化学性能，怎样表示？

9-5 为什么炉渣碱度过高时，炉渣脱硫反而不好？

9-6 初成渣、中间渣和终渣有什么特点、区别？

9-7 炉渣熔点高，对冶炼过程有何影响？

9-8 MgO 含量对炉渣熔化温度、黏度、脱硫作用和炉渣稳定性各有何影响？

9-9 造渣过程与软熔带的形成有何联系？

9-10 影响炉渣黏度的因素有哪些？

9-11 炉渣性能对炉况顺行与热制度有哪些影响？

9-12 铁水中的硫主要来自什么原料，为什么？

9-13 什么叫硫负荷，一般是多少？

9-14 造渣在高炉冶炼过程中起何作用？

9-15 何谓液态炉渣的“表面性能”，表面性能不良会给冶炼过程造成哪些危害？

9-16 概述硫在高炉中的行为。

9-17 炼铁与炼钢过程相比较，为什么炼铁炉渣去硫要比炼钢容易？

10 炉料和煤气运动

装入高炉的焦炭中的碳除少部分消耗于直接还原和生铁渗碳外，大部分在风口前燃烧。从风口喷吹的燃料也基本上在风口前燃烧。风口前燃料的燃烧和炉缸工作状态对高炉冶炼过程极为重要。

首先，燃料燃烧是高炉冶炼所需热能和化学能的源泉。燃料在风口前燃烧，放出大量的热，并产生高温还原性气体（CO、H_2），保证了炉料的加热、分解、还原、熔化、造渣等过程的进行。

其次，燃料燃烧是高炉炉料下降的前导。风口前焦炭及其他燃料的燃烧和炉料的熔化，产生了空间，为炉料的不断下降创造了基本条件。风口前燃料燃烧是否均匀有效，对炉料和煤气运动具有重大影响。没有燃料燃烧，高炉炉料和煤气的运动也就无法进行。

第三，炉缸反应除燃料燃烧外，还包括直接还原、渗碳、渣铁间脱硫等尚未完成的反应，最后都集中在炉缸内来完成，最终形成生铁和炉渣，自炉缸内排出。

因此，炉缸反应既是高炉冶炼过程的开始，又是高炉冶炼过程的归宿。炉缸工作好坏，对高炉冶炼过程起着举足轻重的作用。

10.1 炉缸燃料燃烧反应

10.1.1 燃烧反应

炉缸内存在大量的过剩焦炭和大量的 CO，但风口前例外，有氧化性气氛。风口喷射出来的强大鼓风气流，存在着大量的游离氧与碳进行激烈的反应。

研究表明，碳燃烧的最初产物既有 CO_2，也有 CO。

$$C + O_2 = CO_2,\ \Delta_r H_m^{\ominus} = -395\text{kJ/mol} \tag{10-1}$$

$$C + \frac{1}{2}O_2 = CO,\ \Delta_r H_m^{\ominus} = -114.4\text{kJ/mol} \tag{10-2}$$

前者为完全燃烧，发生在氧过剩的地方；后者为不完全燃烧，发生在碳过剩、氧不足的地方。燃烧反应在气－固界面上进行，即氧（或 CO_2，H_2O）扩散到碳的反应表面，并为碳原子所吸附，形成 C_xO_y 型的复合物，而后 C_xO_y 在气相中 O_2 的冲击下或高温的作用下，再分解为 CO_2 和 CO，并且从反应表面脱附而转移到气相中。

高炉风口前由于存在着大量的游离氧，最初生成的那部分 CO 将很快与 O_2 反应生成 CO_2。

$$CO + \frac{1}{2}O_2 = CO_2,\ \Delta_r H_m^{\ominus} = -280.6\text{kJ/mol} \tag{10-3}$$

随着向炉缸中心深入，气流中的游离氧消耗殆尽，而生成的大量 CO_2 将遇到炽热焦炭并与之作用，最终生成 CO。

$$CO_2 + C_{焦} = 2CO,\ \Delta_r H_m^{\ominus} = 166.2\text{kJ/mol} \tag{10-4}$$

因此，在炉缸中实际上起主要作用的燃烧反应过程为：

$$\begin{array}{r} C + O_2 = CO_2 \\ +)\ CO_2 + C = 2CO \\ \hline 2C + O_2 = 2CO \end{array}$$

鼓风中有氮气，则反应为：

$$2C + O_2 + \frac{79}{21}N_2 = 2CO + \frac{79}{21}N_2 \tag{10-5}$$

可见，在干空气鼓风条件下，碳燃烧的最终产物为CO和N_2。若不考虑N_2，则炉缸最终煤气成分为100%的CO。若考虑N_2，则炉缸煤气的理论成分为：

$$\varphi(CO) = \frac{2}{2 + 3.76} \times 100\% = 34.7\% \tag{10-6}$$

$$\varphi(N_2) = \frac{3.76}{5.76} \times 100\% = 65.3\% \tag{10-7}$$

大气鼓风中总含有一定的水分，空气中水分经热风炉鼓出变化为水蒸气，水蒸气在炉缸的高温下与碳发生反应：

$$H_2O + C = CO + H_2 \qquad \Delta_r H_m^{\ominus} = 133.1\text{kJ/mol} \tag{10-8}$$

因此，实际上炉缸煤气中，除了CO和N_2外，还有H_2。此时炉缸煤气成分可按下式计算。设鼓风中水蒸气的体积百分含量为$f(\%)$，以100m^3鼓风为例，则：

$$V_{CO} = [0.21(100 - f) + 0.5f] \times 2 \tag{10-9}$$

$$V_{N_2} = 0.79(100 - f) \tag{10-10}$$

$$V_{H_2} = f \tag{10-11}$$

再将体积(m^3)转换为百分数，即可分别得到CO、N_2、H_2的百分含量。

如此，可计算得各种鼓风湿度下的炉缸煤气成分如表10-1所示，由表可见，增加鼓风湿度(加湿鼓风)，则煤气中H_2、CO含量增加，N_2相对减少。

表10-1 鼓风湿度对炉缸煤气成分的影响

鼓风湿度/%	干风含氧/%	炉缸煤气成分/%		
		CO	N_2	H_2
0	21	34.70	65.30	0
1	21	34.96	64.22	0.82
2	21	35.21	63.16	1.63
3	21	35.45	62.12	2.43
4	21	35.70	61.08	3.22

喷吹燃料时，其中C—H化合物分解，使炉缸煤气含H_2量显著增加，CO、N_2相对降低；富氧鼓风时，由于N_2减少，因而CO相对增加。

10.1.2 燃烧带的煤气分布

研究证明，炉缸燃烧反应过程是逐渐完成的。在风口前，沿炉缸半径的不同位置上，由于燃烧条件不同，生成的煤气成分各异。图10-1是所谓炉缸燃烧反应的经典曲线。它说明以下几个关系。

(1) O_2与CO_2：风口前O_2充足，与C剧烈燃烧生成大量CO_2(反应10-1)，O_2剧烈降低及至消失，CO_2迅速升高达到最大值。

(2) CO_2与CO：CO_2达最大值后，逐渐降低；已出现的CO则迅速升高(反应10-4)，在燃烧带边缘，CO接近达到理论值34.7%，而向炉缸中心则高达40%～50%，甚至更高，这是由于直接还原反应也产生大量CO的结果。

(3) O_2与H_2：在通常鼓风条件下，O_2消失后，鼓风中的水蒸气开始被C分解成H_2(反应

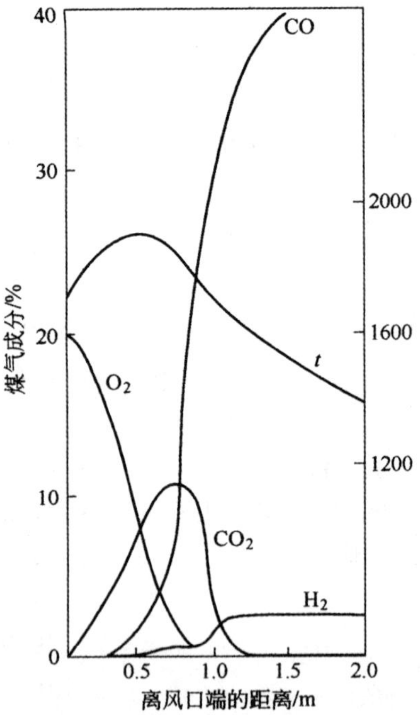

图 10-1　风口前沿炉缸半径上煤气成分和温度的分布

10-8）。

（4）CO_2与温度分布：风口前随着 C 的激烈燃烧，CO_2升高温度也逐渐升高。当 CO_2达到最大值，温度亦达到最高点。这是高炉内温度最高之处，成为燃烧焦点。根据压力条件的不同，焦点温度变动在 1900 ~ 2200℃范围内。随着向炉缸中心深入，CO_2消失。CO 大量生成（反应 10-4），直接还原热量消耗的增加，温度逐渐降低。一般风口水平炉缸中心温度约为 1400℃左右。

这个经典曲线是在强化程度较低的高炉上获得的。在现代强化高炉上，鼓风以 100m/s 以上的速度从风口喷射而入高炉，使风口前形成一个近似球形空间的回旋区，焦块随着鼓风气流处于剧烈的回旋运动状态（图 10-2）。回旋区外围是厚约 200 ~ 300mm 的中间层。此层焦炭受高速回旋气流的冲击，堆积比较疏松，焦炭逐渐被气流带走，燃料消耗，而外围焦炭又继续补充进入中间层。这就是现代化强化高炉风口区焦炭的燃烧和运动过程。

由图 10 – 2 看到，风口前径向煤气分布也发生了一些变化。在回旋区两端，O_2两次出现剧烈下降，而 CO_2应出现两个高峰。在空腔里，O_2维持相当高水平，而 CO_2相应维持在较低水平。这充分证明激烈的燃烧反应 $C + O_2 = CO_2$ 是在回旋区边缘（与中间层交界）处进行的，而空腔里焦炭甚少。在中间层则进行着 $CO_2 + C = 2CO$ 的剧烈反应，因此 CO_2迅速下降，CO 急剧升高。

研究表明，回旋区是椭圆形；回旋区不存在气流、焦炭的循环，只有焦炭在回旋燃烧。当气流沿风口轴线射向中心而遇到紧密的焦炭料柱时，便转折向上运动，焦炭被气流带至回旋区上部进行剧烈燃烧，部分焦块在气流惯性力推动下继续回旋燃烧。

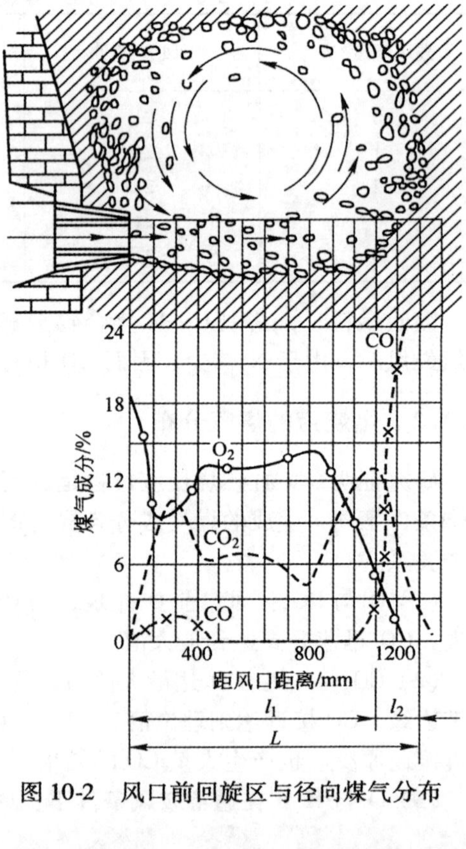

图 10-2　风口前回旋区与径向煤气分布

10.1.3　燃烧带及其大小的确定

研究证明，无论回旋区形状、大小如何，回旋区中煤气和焦炭如何运动，在高炉每个风口前实际都存在着一个如图 10-2 所示的风口前回旋区与径向煤气分布的燃烧带。所谓燃烧带就是风口前有 O_2和 CO_2存在，并进行着碳燃烧反应的区域，即回旋区空腔加周围疏松焦炭的中间层。在燃烧带里由于是氧化性气氛，所以又称为氧化带。从上面滴下经过这里的铁水，其中已还原的元素（如铁、硅、碳等）有一部分又被氧化，称为再氧化现象。这些元素氧化放热，而到炉缸渣、铁聚集带还原，又吸热。所以再氧化只引起热量的转移，而对整个热平衡无影响。然而，再氧化现象或广义的炉缸氧化作用，对特定条件下的高炉冶炼可能产生重要影响。燃烧带和回旋区既然是一个空间，就有长、宽、高三个方向的尺寸。沿风口中心线两侧为宽，向上为高，径向为长。显然，燃烧带的长度 $L = l_1 + l_2$（图 10-2），即回旋区与中间层长度之和。可见燃烧带和回旋区是相互联系而又有区别的两个概念。

燃烧带的大小可按 CO_2 消失的位置来确定。但是当 CO_2 降低到 2% 左右时，往往延续相当长的距离才消失。因此，实践中以 CO_2 降低到 1% ~2% 的位置，来确定燃烧带的尺寸。在喷吹燃料或大量加湿的情况下，产生较多的水蒸气，H_2O 同 CO_2 一样，也起着把 O_2 搬到炉缸深处的作用（反应 10 -8），此时还应参考 H_2O 的影响（也按 1% ~2% H_2O）来确定燃烧带。

10.1.4 燃烧带对高炉冶炼过程的影响

燃烧带对煤气分布，炉料的运动，高炉冶炼的均匀化和炉况顺行都有很大影响，因此搞好燃烧带的工作非常重要。

10.1.4.1 燃烧带对煤气流分布的影响

燃烧带是高炉煤气的发源地。燃烧带的大小和分布决定着炉缸煤气的初始分布，煤气分布合理，则其能量利用充分，高炉顺行。在冶炼条件一定的情况下，一般扩大燃烧带，可使炉缸截面煤气分布较为均匀，有较多的煤气到达炉缸中心和相邻风口之间，炉缸活跃区增加，也有利于炉缸工作均匀化。但燃烧带过长，则炉缸中心气流过分发展，产生中心“过吹”；若燃烧带过短而向两侧发展，中心气流不足，造成中心堆积，边缘气流过分发展。这两种情况都使煤气能量得不到充分利用，边缘气流过分发展还使炉衬过分冲刷，高炉寿命降低。

10.1.4.2 燃烧带对炉缸工作均匀化的影响

炉缸工作均匀化是炉缸温度分布均匀、合理，炉缸活跃而无堆积，炉温充沛，渣、铁反应充分，生铁质量良好的统称，是炉况顺行的重要标志之一。

炉缸工作是否均匀，首先取决于燃烧带的大小和分布，也就是煤气流的初始分布。燃烧带的分布和大小主要决定于风口数目、直径和每个风口的进风量。增加风口数目，扩大风口直径，可减小相邻风口间夹角呆滞区，使炉缸周围煤气和温度分布均匀。增加风量，适当扩大燃烧带，可使整个炉缸截面煤气、温度分布均匀，炉缸活跃，保证渣、铁反应充分（图 10-3）。缩小风口直径，可使燃烧带变得狭长，气流向中心发展。

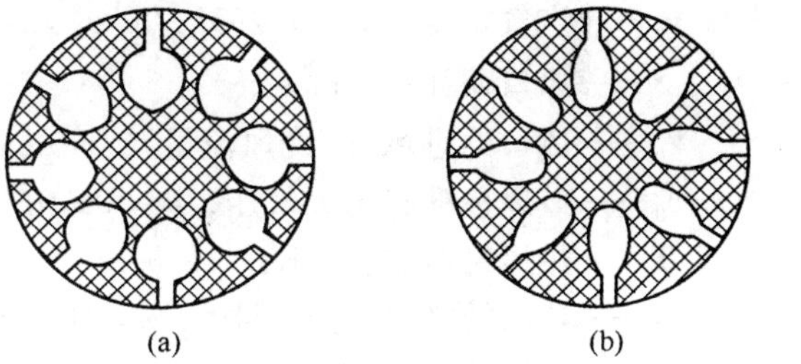

图 10-3 燃烧带大小及分布示意图
（a）适当扩大的燃烧带；（b）狭长的燃烧带

燃烧带向炉缸中心伸长，可发展中心气流，使炉缸中心温度升高。燃烧带缩短而向两侧扩展，可发展边缘气流，使炉缸周围温度升高。总之，获得合理分布，适当扩大的燃烧带，可保证炉缸工作的均匀化，避免边缘或中心堆积，从而保证生铁质量和高炉顺行。

10.1.4.3 燃烧带对炉料下降的影响

燃料燃烧为炉料下降腾出了空间，燃烧带的上方，炉料比较疏松，摩擦阻力较小，炉料下降最快。燃烧带占整个炉缸截面的比例愈大，炉料松动区也愈大，愈利于炉料顺行。燃烧带的均匀分布，将促使炉料均匀下降。因此，适当扩大燃烧带（包括纵向和横向），可以缩小中心和边缘炉料呆滞区，有利于炉料均匀而顺利地下降，促进顺行。

由上可见，燃烧带对高炉冶炼过程影响重大。控制燃烧带对强化高炉冶炼具有重要意义。

10.2　影响燃烧带的因素

10.2.1　鼓风动能

影响燃烧带的因素包括鼓风动能、燃烧反应速度和炉料分布状况等方面。

鼓风动能是指单位时间内鼓风所具有的能量，其大小表示鼓风克服风口前料层阻力，向炉缸中心穿透的能力。

生产实践和理论研究证明，鼓风动能(E)同回旋区长度(L_1)(或燃烧带长度 L)基本呈直线关系。根据这一关系，可通过调整鼓风动能来控制燃烧带(或回旋区)大小。

在不同的冶炼条件下，客观上都存在着一个适宜的鼓风动能($E_{适}$)，在这个动能下获得适宜的燃烧带和合理的初始煤气分布，保证炉缸工作均匀活跃，高炉稳定顺行，生铁质量良好。

高炉容积愈大，炉缸直径愈大，要求相应有更大的鼓风动能。同一座高炉冶炼强度低，原料条件差时，应采用较大的鼓风动能，以防止中心堆积。冶炼强度高，原料条件好时，应采用相对较小的鼓风动能，以防止中心过吹。适宜的鼓风动能与冶炼强度呈双曲线关系($E\propto 1/I$)。

鼓风动能按以下公式计算：

$$E=\frac{1}{2}mw^2=\frac{V_0\gamma_0}{2\times 60}\times\left[\frac{V_0p_0T}{60SpT_0}\right]^2=\frac{1.293V_0}{120}\times\left[\frac{V_0\times 0.1013\times T}{60Sp\times 273}\right]^2 \tag{10-12}$$

将常数项合并得：

$$E=4.12\times 10^{-16}\frac{V_0^3T^2}{S^2p^2}(\text{kW})=4.2\times 10^{-14}\frac{V_0^3T^2}{S^2p^2}(\text{kW}) \tag{10-13}$$

式中　m——鼓风质量，kg/s；

w——风速，m/s；

γ_0——空气密度，$\gamma_0=1.293\text{kg/m}^3$；

S——风口截面积，m^2；

V_0——风口的进风量(冷风流量)，m^3/min；

p_0——鼓风标准状态大气压，$p_0=0.1013\text{MPa}$；

T——热风绝对温度，K；

p——热风的绝对压力，MPa；$p=(0.1013+p_j)$，MPa；

p_j——热风压力(表压)，MPa。

10.2.2　影响鼓风动能的因素

凡影响鼓风动能的因素都影响燃烧带的大小。控制这些因素，就可以获得适宜的燃烧带和合理的初始煤气流分布。从式(10-13)看到，影响鼓风动能的主要因素有风量、风温、风压和风口截面积等。

(1) 风量($E\propto V_0^3$)：风量增加，鼓风动能显著增加，这种机械力的作用迫使回旋区和燃烧带扩大，特别是向中心延伸。另一方面化学因素也在起作用，即风量增加，要求相应扩大燃烧反应空间，从而使燃烧带在各向都扩大。

(2) 风温($E\propto T^2$)：从机械因素的作用看，提高风温，鼓风体积膨胀，动能增加，燃烧带扩大。但从化学因素的作用看，风温升高，燃烧反应加速，相应只需较小的反应空间，因而燃烧带缩小。实际研究结果也指出，风温对燃烧带的影响不规律，最终结果视机械和化学因素的优势而定。

(3) 风压($E \propto 1/p^2$)：采用高压操作时，由于炉顶压力提高，风压相应升高，鼓风体积压缩，鼓风密度 γ 增大，则鼓风动能增加；但由于鼓风体积 V_0减小，风速降低，故动能减小，燃烧带缩短。所以高压操作时如不注意调剂，会导致边缘气流的发展。

如果风压的升高是由增加风量所引起，则鼓风动能增加，$E \propto V_0^3$。

由以上分析可见，在鼓风参数中，风量对动能的影响最大。

(4) 风口截面积($E \propto 1/S^2$)：风量一定，扩大风口直径，风口截面积 S 增加，风速降低，动能减小，燃烧带缩短并向两侧扩散，有利于抑制中心而发展边缘气流。反之有利于抑制边缘而发展中心气流。

在喷吹燃料条件下，鼓风动能除与上述因素有关外，还与喷吹燃料情况有关。高炉喷吹燃料后，一部分燃料在风口内燃烧，产生煤气使气体体积增加，鼓风动能明显增大，因而燃烧带扩大。

10.2.3 风口区理论燃烧温度

在风口前燃烧带中，焦炭为1000℃以上的高温热风所燃烧，最终变成 CO，放出大量热量，使炉缸煤气温度达到2200℃以上的温度水平。理论燃烧温度是衡量高炉热状态的常用指标。

10.2.3.1 理论燃烧温度

理论燃烧温度是在与周围环境绝热，无热损失的条件下，所有由燃料和鼓风带入的显热(物理热)及碳燃烧放出的化学热，全部传给燃烧产物炉缸煤气，这时煤气达到的温度称为理论燃烧温度，也就是炉缸煤气尚未同炉料进行热交换的原始温度。

根据这一定义和风口燃烧区热平衡原理，炉料燃烧温度可用下式计算：

$$t_{理} = \frac{Q_{碳} + Q_{风} + Q_{焦} - Q_{水} - Q_{吸}}{c_{CO,N_2}(V_{CO} + V_{N_2}) + c_{H_2}V_{H_2}} = \frac{Q_{碳} + Q_{风} + Q_{焦} - Q_{水} - Q_{吸}}{Vc_p^{煤}} \tag{10-14}$$

式中 $Q_{碳}$——生产 1t 铁风口区碳燃烧成 CO 放出的热量，kJ/t；

$Q_{风}$——生产 1t 铁热风带入的物理热，kJ/t；

$Q_{焦}$——生产 1t 铁焦炭和其他燃料(如喷吹高温裂化还原气时)带入炉缸的物理热，kJ/t；焦炭下达风口水平带入的热量一般可按 $0.75t_{焦} \times 0.4 \times 4.186 = 1.26$kJ/(kgC)计算($t_{焦}$为焦炭下达风口水平时的温度，一般在 1400 ~ 1500℃范围)；

$Q_{水}$——鼓风和喷吹燃料中水分分解热，kJ/t；

$Q_{吸}$——将喷吹燃料加热到1500℃(相当于风口水平焦炭温度)所吸收的热及 C-H 化合物分解热之和，kJ/t；

c_{CO,N_2}——CO 或 N_2的比热容，kJ/(m³ · ℃)；

c_{H_2}——氢的比热容，kJ/(m³ · ℃)；

V_{CO}、V_{N_2}、V_{H_2}——分别为炉缸煤气中 CO、N_2、H_2的体积量，m³/t；

V——炉缸煤气总体积量，m³/t；

$c_p^{煤}$——炉料温度下煤气的平均比热容，kJ/(m³ · ℃)。

显然，风口区理论燃烧温度直接影响高炉内的传热、传质过程。理论燃烧温度($t_{理}$)愈高，炉缸煤气原始温度愈高，同周围环境炉料之间的温差(Δt)就愈大，便具有更多的热量传给炉料，有利于炉料的加热。尤其在高炉喷吹燃料时，较高的理论燃烧温度可加速喷吹物的燃烧，改善喷吹效果。

但是，在一定的冶炼条件下，理论燃烧温度过高将引起初始煤气体积膨胀，增大了对料柱的阻力，影响炉料下降；同时，也会引起 SiO 的大量挥发，造成高炉难行和悬料。

10.2.3.2　理论燃烧温度的影响因素

由式(10-14)可知，影响理论燃烧温度的因素主要有：风温，鼓风湿度，燃料喷吹量及成分，焦炭热含量等。在风量一定的情况下，生成煤气量基本不变，鼓风湿度一般也是自然湿度，变化不大，焦炭从上带到风口水平的物理热在冶炼制度一定时，也基本不变。因此，理论燃烧温度主要取决于风温、富氧程度和燃料喷吹量。

普通鼓风时，主要决定于风温。在普通鼓风条件下，风温约1000℃时，理论燃烧温度可达1800~2100℃。提高风温，$Q_{风}$增大，虽然由于焦比降低，$Q_{碳}$与$Q_{焦}$有所降低，但V_{CO}、V_{N_2}亦减小，$t_{理}$仍显著升高。

富氧鼓风时，由于氮含量显著减少，理论燃烧温度仍显著升高。

喷吹燃料后，$Q_{吸}$、$Q_{水}$都升高，V_{H_2}显著增大，因而理论燃烧温度显著下降。不同种类的喷吹燃料，对降低理论燃烧温度的程度是不同的。通常，天然气含 C－H 化合物最高，分解热最大，生成的煤气量最多，对降低理论燃烧温度的作用最大，重油次之，无烟煤粉最小。

理论燃烧温度与炉缸渣、铁温度有关，但不是严格的依赖关系。如喷吹燃料时，理论燃烧温度降低，但渣、铁温度却升高。因此理论燃烧温度不宜作为炉温的标志，但它仍是高炉操作特别是喷吹时的重要参数之一。

10.3　煤气上升过程的传热传质

风口前燃料燃烧产生高温还原性煤气($CO + H_2$)，为高炉冶炼提供了热能和化学能。煤气能量是否充分利用，直接关系到焦比、燃料比的高低和其他指标的改善。煤气和炉料之间良好的传热是传质的条件，也是改善高炉能量利用的关键。

高炉煤气自下而上穿过料层时，以对流、传导、辐射等方式将热量传给炉料，同时进行着传质，使煤气在上升过程中，体积、成分和温度都发生变化。

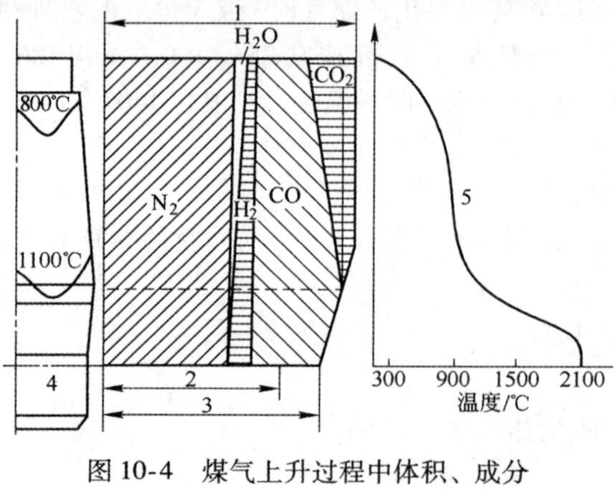

图 10-4　煤气上升过程中体积、成分以及煤气温度沿高炉高度的变化

1—炉顶煤气量 $V_{顶}$；2—风量 $V_{风}$；3—炉缸煤气量 $V_{缸}$；4—风口水平线；5—煤气温度

从图 10-4 看到，煤气的总体积自下而上有所增加。通常鼓风时，炉缸煤气量约为风量的 1.21 倍；而炉顶煤气量约为风量的 1.35 倍。喷吹燃料时，炉缸煤气量约为风量的 1.30 倍；而炉顶煤气量约为风量的 1.45 倍。

10.3.1　煤气体积和成分的变化

煤气上升过程中，由于各种反应在不同区域不断地进行，煤气成分和体积不断发生变化。CO 是先增加然后减少，造成这一现象的原因是煤气在上升过程中，因直接还原、熔剂分解出的CO_2被 C 还原生成的 CO，以及焦炭挥发物中的 CO 不断进入煤气中，使煤气上升到间接还原区时 CO 增至最大含量。之后，因间接还原进行而消耗了 CO，其量逐渐减少，其值可按下式计算：

$$V_{CO}=V_{CO缸}+\frac{22.4}{12}\cdot m(C)_{rd}+\frac{1}{2}m(CO_2)_{熔}\cdot\frac{22.4}{44}+K\cdot m(CO)_k\cdot\frac{22.4}{28}-V_{CO间} \tag{10-15}$$

式中 V_{CO}——CO 体积，m^3；

$V_{CO缸}$——炉缸内 CO 的体积，m^3；

$m(C)_{rd}$——直接还原耗碳量，kg；

$m(CO_2)_{熔}$——熔剂分解出的 CO_2 量，kg；

K，$m(CO)_k$——焦比及焦炭中的 CO 量，kg；

$V_{CO间}$——间接还原消耗的 CO 量，m^3。

CO_2在高温时是不稳定的，炉腹以下 CO_2几乎为零。炉腹以上因间接还原和石灰石分解作用，CO_2逐渐增多。由于间接还原消耗的 CO 和生成的 CO_2体积相等，故在图 10-4 中，以 CO_2垂直线为界，其左侧为间接还原生成的 CO_2，右侧为石灰石分解出的 CO_2。焦炭挥发物中的 CO_2很少。CO_2的总量可按下式计算：

$$V_{CO_2}=V_{CO_2间}+V_{CO_2熔}+V_{CO_2挥}$$

式中 V_{CO_2}，$V_{CO_2间}$，$V_{CO_2熔}$，$V_{CO_2挥}$——分别为 CO_2的总量、间接还原生成的 CO_2量、熔剂分解出的 CO_2量、焦炭带入的 CO_2量，m^3。

H_2在燃烧产物上升过程中略有减少。原因是有部分 H_2参加间接还原和生成 CH_4，其值为：

$$V_{H_2}=V_{H_2缸}-V_{H_2间}-V_{2CH_4}$$

式中 V_{H_2}、$V_{H_2缸}$，$V_{H_2间}$，V_{2CH_4}——分别为 H_2总量、炉缸 H_2含量、参加间接还原的 H_2量、生成 CH_4的 H_2量，m^3。

CH_4是在高温下 C 与 H_2作用生成的，焦炭挥发物中也带入少量 CH_4。其值为：

$$V_{CH_4}=m(C)_{CH_4}\cdot\frac{22.4}{12}+m(CH_4)_{焦}\cdot\frac{22.4}{16} \tag{10-16}$$

式中 V_{CH_4}——CH_4总量，m^3；

$m(C)_{CH_4}$——生成 CH_4的 C 量，kg；

$m(CH_4)_{焦}$——焦炭挥发物中的 CH_4量，kg。

N_2主要来自风中，此外焦炭有机物和挥发分也含有少量 N_2。煤气上升过程中 N_2不参加反应，只进行热量传递，其绝对数量不变。

$$V_{N_2}=V_{N_2风}+V_{N_2焦}$$

式中 V_{N_2}，$V_{N_2风}$，$V_{N_2焦}$——分别为煤气中总 N_2量、鼓风带入 N_2量和焦炭带入 N_2量，m^3。

高炉煤气在上升过程中成分的变化如图 10-4 所示。炉缸煤气中 CO 含量在 35% ~45% 范围，而无 CO_2存在。炉顶煤气中，CO 含量一般为 20% ~26%，而 CO_2含量一般为 14% ~22%。两者之和，即($CO+CO_2$)含量一般稳定在 38% ~42% 之间。其他成分如 H_2、CH_4、N_2等，也有所变化。

10.3.2 煤气温度的变化

煤气在风口前具有最高温度，沿高炉高度上，煤气在上升过程中经过热量的交换和化学反应的进行，自下而上煤气的温度不断降低，仅几秒钟时间就从炉缸处的 1700 ~1800℃降低到炉顶处的 150 ~260℃。这是因为煤气和炉料之间进行激烈热交换的结果。

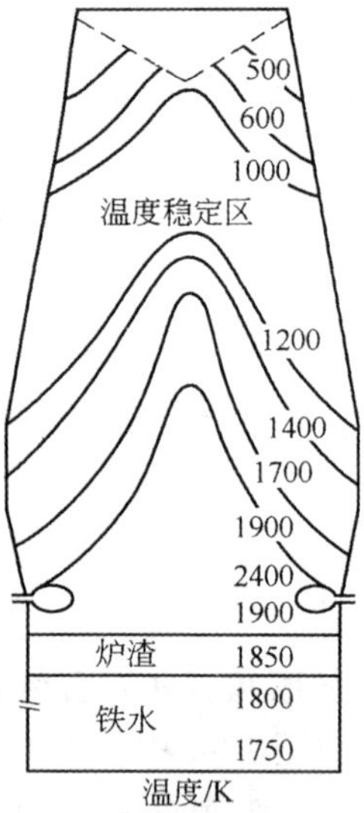

图 10-5　高炉煤气温度变化

煤气温度变化的特点是：在下部煤气温度迅速降低，中部变化很小，上部温度又迅速降低。其具体数值因不同高炉而略有差异，煤气曲线能显示出上升煤气温度变化的规律。

煤气温度不仅沿高炉高度有所变化，而且在同一断面上温度也是有差异的。图 10－5 是按高炉解体数据绘制的高炉煤气温度曲线。该图展示出煤气等温线呈倒"V"形，显然煤气流多的地方温度也高。而焦炭分布多、料柱阻力小的地方，无疑是煤气流多之处。所以通过鼓风动能的改变和炉顶布料控制技术，可以获得不同的煤气分布，从而得到倒"V"形、"W"形或者"V"形煤气等温线。

高炉热效率可达到 80% ~90% ，是热效率最高的冶金炉。沿高炉截面上，煤气温度分布是不均匀的，它主要取决于煤气分布。一般中心和边缘气流较发展，煤气温度也较高。改善煤气化学能利用的关键是提高 CO 利用率(η_{CO})和 H_2 利用率(η_{H_2})。炉顶煤气中 CO_2 愈高，CO 愈低，则煤气化学能利用愈好。反之，则化学能利用愈差。

炉顶煤气温度($t_{顶}$)是反映高炉内煤气热能利用的标志。$t_{顶}$低，说明炉内热交换充分，炉料预热好，煤气热能利用好；反之，$t_{顶}$高，炉料预热差，煤气热能利用差(传热不好)。

炉顶煤气中的 CO 含量和 $t_{顶}$反映是一致的。一般 $t_{顶}$高，CO 含量也高，CO_2 含量则低，煤气能量利用差；反之，$t_{顶}$低，CO 也低，CO_2 则高，煤气能量利用好。这也充分说明高炉内传热、传质过程是密切相关的。

10.4　高炉热交换

高炉内煤气上升和炉料下降过程中，由于热量传输的结果，煤气温度不断降低，炉料温度不断升高，这个热交换过程是复杂的。因为热量的传输具有多种形式，各自有其规律。在高炉内由于物态的变化，很难准确地决定不同传热方式的影响。从总的来看，煤气与炉料的热量传递以对流传热为主，而辐射与传导传热作用较小。具体地说，炉身上部主要进行对流传热；炉身下部因温度高，对流与辐射同时存在；而料块本身及渣铁之间主要是传导传热；炉身中部的传热作用很小。

10.4.1　高炉热交换的基本规律

高炉内煤气与炉料之间的热量传递是以对流传热为主，故其热量的交换可用以下方程表示：

$$dQ = \alpha \cdot F \cdot \Delta t \cdot d\tau \tag{10-17}$$

式中　dQ——$d\tau$ 时间(h)内煤气传给炉料的热量，kJ；

F——炉料表面积，m^2；

Δt——煤气与炉料温差即($t_g - t_s$)，℃；

α——传热系数，kJ/(m^3 · ℃)。

由式(10-17)可知，单位时间内炉料所吸收的热量和炉料表面积、煤气与炉料的温度差以及传热系数成正比。传热系数又与煤气速度、温度、炉料性质等因素有关。

通过生产与操作条件改善，煤气与炉料能良好地进行热交换，炉料获得的热量也能充分利用，则煤气的能量利用能达到较高水平，从而降低燃料消耗。

依据物料的水当量概念，可以得出炉料和煤气的水当量：

$$W_{料} = G_{料} \cdot c_{料} \tag{10-18}$$

$$W_{气} = V_{气} \cdot c_{气} \tag{10-19}$$

式中 $W_{料}$，$W_{气}$——分别为炉料和煤气的水当量，kJ/(h · ℃)；

$G_{料}$——每小时通过的炉料量，kg/h；

$c_{料}$——炉料的比热容，kJ/(kg · ℃)；

$V_{气}$——每小时通过的煤气量，m^3/h；

$c_{气}$——煤气的比热容，kJ/(m^3 · ℃)。

在高炉内炉料的水当量，是指单位时间内，通过高炉的某一截面的炉料，温度升高1℃所吸收的热量；而煤气的水当量则指单位时间内，通过高炉某一截面的煤气，温度降低1℃所放出的热量。二者比值的变化，可以表明高炉内热交换进行的情况：

当($W_{料}/W_{气}$) < 1 时，炉料加热速度较快，而煤气冷却较为缓慢，炉顶煤气温度往往较高；

当($W_{料}/W_{气}$) > 1 时，炉料吸收煤气大量热量，炉顶煤气温度降低，煤气利用较好；

当($W_{料}/W_{气}$) = 1 时，炉料吸热与煤气放热基本保持平衡，煤气和炉料温度变化都不大。

实际上高炉并非是一个简单的热交换器，在煤气与炉料进行热交换过程中，还发生一系列化学反应，因此沿高炉高度上炉料和煤气的水当量是变化的。高炉上部煤气热量主要消耗在加热炉料、水分蒸发、部分碳酸盐分解。在消耗热量的同时，由于间接还原反应地进行要释放出热量，因此炉料温度升高1℃所需热量较少即 $W_{料}$ 较小；而在高炉下部，因炉料进行大量直接还原，加上未分解的碳酸盐分解，渣铁熔化和过热，消耗热量很大，而且愈到高炉下部，消耗的热量也愈多，即 $W_{料}$ 不断增大。对于煤气，其水当量的变化情况不同于炉料。因煤气上升过程中体积增大，组成中 CO_2 含量也增多，所以煤气的水当量在上部要比下部稍大些。但与炉料的水当量变化相比是微不足道的，一般可以认为沿高炉高度上 $W_{气}$ 是基本不变的。

综合上述，可以根据煤气与炉料沿高炉高度的变化情况，将高炉分成三个热交换区(如图10-6所示)：

(1) 上部热交换区。此区中 $W_{料} < W_{气}$，即炉料温度升高1℃所需热量小于煤气温度降低1℃所放出的热量。在此情况下炉料容易被加热，炉料装入高炉后下降不大的距离内，便被加热到与煤气温度差不多的程度。

(2) 下部热交换区。此区内 $W_{料} > W_{气}$，即炉料温度升高1℃所需热量大于煤气温度降低1℃所放出的热量。在此情况下炉料强烈的吸热，热交换进行最激烈；而且随着直接还原的发展，炉料和煤气的温差愈大，热交换的强度愈增大。

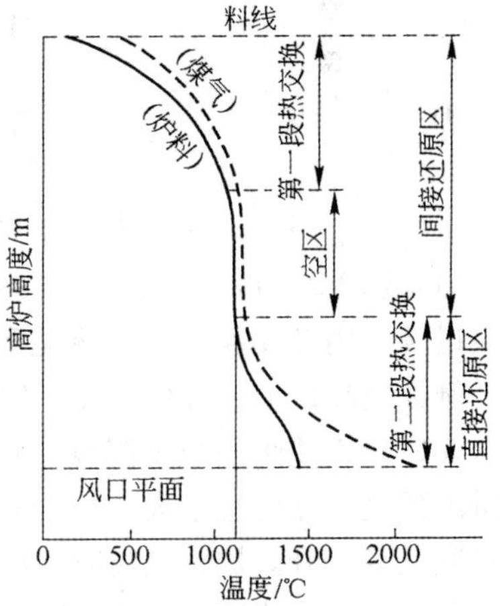

图10-6 高炉热交换过程示意图

(3) 空区即热储备区。此区域中($W_{料}/W_{气}$) = 1，即在高炉内由上到下热交换强度逐渐转变过程中，出现 $W_{料}$ 接近甚至等于 $W_{气}$ 的情况，煤气和炉料温差较小甚至接近，此时热交换非常缓慢，甚至不再进行，煤气组成变化也很小。如图10-7所示，约在距风口以上10～15m区间，$\varphi(CO_2)/\varphi(CO+CO_2)$ 比值几乎不变，这间接表明，FeO被CO的还原接近平衡状态。但在强化冶炼时，则不存在上述情况，间接还原反应及热交换仍在进行(含 H_2 的还原)。这个区域称为热交换空区(空段)或热贮备区。空区的温度随冶炼条件不同而异，在熔剂用量大时，取决于石灰石大量分解的温度(850～900℃)；而在使用熔剂性烧结矿时，则取决于大量直接还原开始的温度(950～1100℃)。当温度高于空区温度时，$W_{料}$才开始增大，进入下部热交换区。在图10-7中，$\varphi(CO_2)/\varphi(CO+CO_2)$比值增大或减小的区域，即为空区开始或结束的区域。

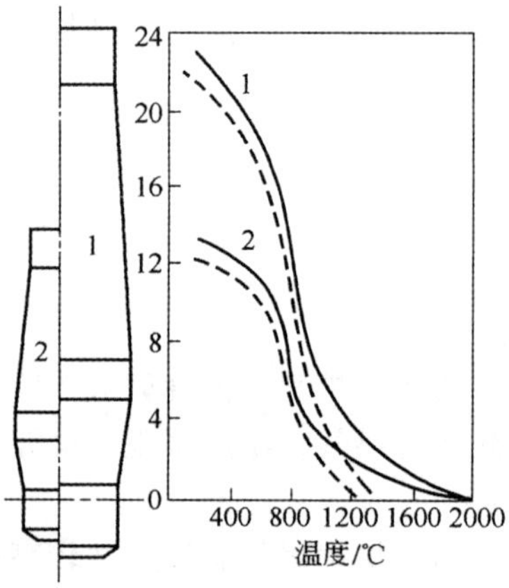

图10-7　靠近炉墙的纵向煤气成分
1—大高炉；2—小高炉

不同高度的高炉，或同一高炉的横截面上各部分的物料，水当量是不相同的。如高炉边缘和中心通过煤气多，形成$W_{料}<W_{气}$的条件，炉料和煤气热交换，在上部和下部进行激烈，而在中部则缓慢，这种情况下，煤气沿高炉高度上的温度分布曲线，就具有明显的"S"形特征；而在矿石集中的地方，煤气流通量少，$W_{料}>W_{气}$，此时在高炉上、中、下部热交换都较激烈进行，这种情况下，沿高炉高度上的温度分布曲线就不具有"S"形特征。

高炉生产实践表明，高炉热交换过程基本上符合上述三段热交换区的规律。国外在20世纪70年代实测的沿高炉纵向温度曲线(图10-7)指出，虽然高炉空区的部位因生产条件不同而有差别，但煤气温度相对稳定区总是存在的；而且煤气温度曲线的规律性也大体上是一致的。

10.4.2　正确运用热交换规律

改善煤气能量利用高炉内煤气和炉料逆流热交换过程具有很好的接触条件，热交换效率很高，可以达到75%～85%。正确运用热交换规律，便能改善煤气能量利用，减少燃料消耗。

10.4.2.1　高炉上下部热交换

根据炉料及炉料水当量和热平衡原理，高炉上部热交换区的任一截面上，固体炉料加上煤气带走的热量，应该等于该截面上煤气原来所含的热量(不计炉料入口的温度)即：

$$W_{气}\cdot t_{空}=W_{料}\cdot t_{空}+W_{气}\cdot t_{顶}\tag{10-20}$$

即

$$t_{顶}=t_{空}\cdot\left(1-\frac{W_{料}}{W_{气}}\right)$$

式中　$t_{空}$，$t_{顶}$——分别为热交换空区和炉顶煤气温度，℃。

由式(10-20)得知，炉顶煤气温度取决于空区温度，以及$W_{料}/W_{气}$的比值。降低炉顶温度可以促进高炉内热交换和煤气热能利用，而一切增大$W_{料}$与$W_{气}$比值的措施，都可以降低炉顶温度。例如提高风温、降低焦比、富氧鼓风等都将使单位生铁煤气量减少，$W_{气}$下降，则$W_{料}/W_{气}$值增大，最终使炉顶温度降低。如果提高风温的同时，焦比不变，则$W_{料}/W_{气}$比值基本不变，因而炉顶温度变化也不大。焦比升高时，煤气量增大，则$W_{气}$增加，$W_{料}/W_{气}$比值降低，炉顶煤气温度就将上升。炉料热装时，如热烧结矿入炉，则使$W_{料}$减少，$W_{料}/W_{气}$比值降低，炉顶温度会升高。因此设法增大比值，避免减小$W_{料}/W_{气}$比值的各项措施，都将利于炉顶煤气温度的降低和煤气利用的改善。

10.4.2.2　高炉下部热交换

同样根据热平衡和热交换的原理，可以推导出高炉下部热交换区炉缸温度和$W_{料}/W_{气}$比值的关系即：

$$W_{料}\cdot t_{缸}-W_{料}\cdot t_{空}=W_{气}\cdot t_{气}-W_{气}\cdot t_{空}\tag{10-21}$$

式中 $t_{缸}$，$t_{气}$——分别为炉缸内炉料(渣、铁)和煤气的温度,℃。

由于空区内 $W_{料} \approx W_{气}$，因此可将式(10-21)简化为:

$$W_{料} \cdot t_{缸} = W_{气} \cdot t_{气}$$

即
$$t_{缸} = \frac{W_{气}}{W_{料}} \cdot t_{气} \tag{10-22}$$

炉缸温度主要取决于 $t_{气}$ 和 $W_{气}/W_{料}$ 的比值。一切有利于炉缸煤气温度升高和 $W_{气}/W_{料}$ 比值增大的因素，都将促进炉缸温度升高。例如提高风温而焦比保持不变，则 $W_{气}/W_{料}$ 比值一定，但 $t_{气}$ 增加，因而渣铁温度升高。如果提高风温又降低焦比，结果 $t_{气}$ 增加，但 $W_{气}/W_{料}$ 比值下降，则可能炉缸温度变化不大。富氧鼓风时，单位生铁的炉缸煤气量减少，$W_{气}/W_{料}$ 比值下降，但煤气温度升高比 $W_{气}/W_{料}$ 比值下降的影响要大，结果炉缸温度是升高的。在焦比不增加条件下，增大风量可使单位时间内燃烧的焦炭量增加，炉缸热量收入增多，单位生铁的热损失减少，有利于提高炉缸煤气温度，从而促使炉缸渣铁温度升高。在小高炉提高冶炼强度后，可能出现这种情况。

10.4.2.3 高炉空区

在高炉热交换空区，煤气与炉料温差仅 20～50℃，$W_{气}$ 与 $W_{料}$ 很接近，热交换作用非常微弱。无论高炉大小，操作条件如何，在高炉炉身中下部总是存在着热交换空区。因此在冶金界有这样一种观点，认为可以缩短高炉高度，以充分利用高炉容积，提高高炉生产效率。在实际生产高炉中，不乏有效高度相差悬殊而炉顶煤气温度相差无几的高炉实例，因此，炉型发展趋向矮胖。

但是高炉过矮，将导致煤气利用恶化。如首钢某高炉曾把炉身缩短，高炉有效高度和炉腰直径之比降到 2.61，结果和冶炼条件相似，但与高径比为 2.91 的另一高炉相比，燃料比高出约 80kg/t，煤气 CO_2 含量低约 1%。

事实上高炉热交换空区把高炉分成两段，上部主要是对炉料进行加热和预还原，而下部主要是最终冶炼加工和过热。空区起着缓冲作用，如高炉偶然的坐料或崩料不会影响到焦比的升高。空区越大，高炉热惯性越大，则热量波动越小。因此，试图过大地减小高炉高度是不利的。与此相反，过分的增加高炉高度以保持大的空区也是不经济的，而且不利于高炉的顺行和强化。

10.4.2.4 上下部热交换区的高度不是恒定的

在冶炼条件稳定情况下，热交换区也相对稳定；但冶炼条件改变时，热交换区也将有所变化。例如在焦比不变条件下，临时提高风温，将使理论燃烧温度升高，但煤气体积基本不变，下部热量加多，温差增大，促使渣铁温度升高，其总的影响将使下部热交换区扩大，高度上延；但进入到热交换空区的煤气体积与温度仍保持不变，故对上部热交换区无影响。又如炉料打水，由于炉料水分加热和蒸发，吸收热量增多，$W_{料}$ 加大，结果更多地吸收了煤气热量，使炉顶煤气温度下降，其结果是上部热交换区下延，缩小了空区高度，但进入空区的炉料最终温度不变，对下部热交换区不产生影响。同样用热烧结矿、干燥矿石都只能提高炉顶煤气温度，而不影响下部热交换区的热平衡(忽略空区大小对间接还原进行的某些影响)。

总之，改变冶炼条件，上下部热交换区的高度会发生变化，会引起炉缸温度和炉顶煤气温度的改变。只要上下部热交换区之间隔着热交换空区，则上下部热交换区是相对独立而互不影响，这也是可以用下部区域热平衡来计算高炉焦比的理论依据。

10.4.3　高炉热交换区与还原反应的关系

高炉热交换区与还原情况有相互对应的关系。从取样证明，高炉内也存在着还原的空区。在高炉上部炉料受到煤气的加热和还原，以间接还原的方式夺取了一部分氧，此即上部热交换区。在中间有一个氧交换减缓区即氧交换空区。由于炉料下降到此区已部分还原生成 FeO，而 FeO 的间接还原是一个可逆反应，反应进行完全需要一定时间，当反应进行到某一程度后，反应速度减慢。到下部由于直接还原进行，氧交换又重新激烈起来。

10.5　炉料和煤气运动

在高炉冶炼过程中，物理化学反应十分复杂，这些反应是在炉料自上而下、煤气由下往上的逆向运动过程中进行的。这个过程伴随着热量和物质的传递与输送。一种是物质的分子运动引起的传递过程；另一种是流体微团移动引起的输送过程。例如煤气流穿过料层而上升是流体力学现象，煤气流加热炉料是热量传递现象，而矿石氧化物被煤气还原及燃料燃烧都包含着气体扩散的传质现象。要改善这一传输过程，必须保证炉料和煤气的合理分布和正常运动，从而使高炉冶炼过程能持续稳定和高效地进行，否则要获得好的冶炼效果是不可能的。

10.5.1　散料的主要流体力学参数

高炉炉料如矿石、焦炭、石灰石等皆属散料。散料的性质如空隙度、比表面积、形状系数、当量直径，以及流速等皆属流体力学参数。其中空隙度和比表面积，对散料层的透气性有决定性影响。

(1) 空隙度(率)ε：空隙度是指散料层各个颗粒间空隙所占的相对体积，即颗粒间空隙体积与散料总体积之比值。假定 $V_{散}$、$V_{空}$、$V_{料}$分别表示散料的堆积体积、空隙体积和料块本身的体积，则散料空隙度 ε 为：

$$\varepsilon = \frac{V_{空}}{V_{散}} = \frac{V_{散} - V_{料}}{V_{散}} = 1 - \frac{V_{料}}{V_{散}} \tag{10-23}$$

若以 $\gamma_{散}$、$\gamma_{料}$分别表示散料的堆积密度(kg/m^3)和料块本身的密度(kg/m^3)，则因：

$$\frac{V_{料}}{V_{散}} = \frac{\gamma_{散}}{\gamma_{料}}$$

所以

$$\varepsilon = 1 - \frac{\gamma_{散}}{\gamma_{料}} < 1$$

若散料是由直径相等的圆球组成，如球团矿或耐火球等球状物料，当堆成如图 10-8a 所示形状时，孔隙率最大，$\varepsilon = 0.476$；若堆成图 10-8b 形状，则孔隙率最小，$\varepsilon = 0.263$。第一种堆积不稳定，第二种堆积要仔细堆放并加力振动才能做到。实际上第一、二种堆积情况都是极端现象，在生产中是难以做到的。通常散料的实际孔隙率在 0.37 ~ 0.40 之间。

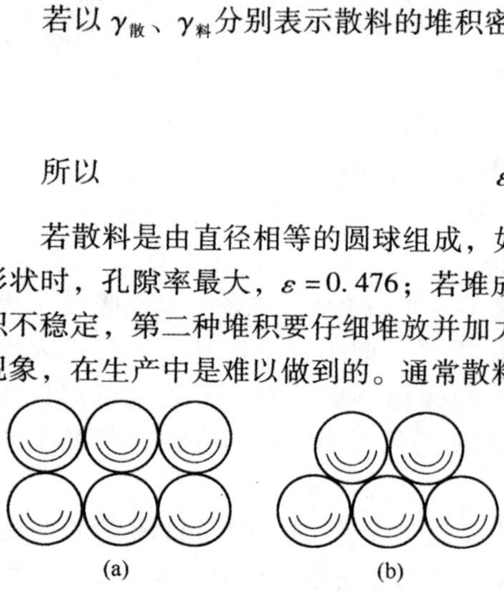

图 10-8　等球体堆积方式

在靠近容器壁处，由于不易堆紧，孔隙率较大，气流容易通过，称为“附壁”效应。对于形状不规则和表面粗糙的颗粒，其孔隙率大于球形颗粒。不同直径的颗粒相混时，直径相差愈大，则孔隙率愈小，因为小颗粒可能充填到大颗粒之间的空隙中。例如将七种不同粒径比$\left(\frac{d_{小}}{d_{大}}\right)$的颗粒作实验，在改变大颗粒的百分含量时，其孔隙率是不相同的。如图 10-9 所示，在大小颗粒百分含量相同条件下，颗粒粒径比愈小，空隙度愈低；而在同一粒径比条件下，改变大小颗粒百分含量，大颗粒约占 70% 时，孔隙度也愈低；而粒度均匀的炉料可使孔隙度增加。这一规律即成为高炉炉料分级入炉的理论依据。

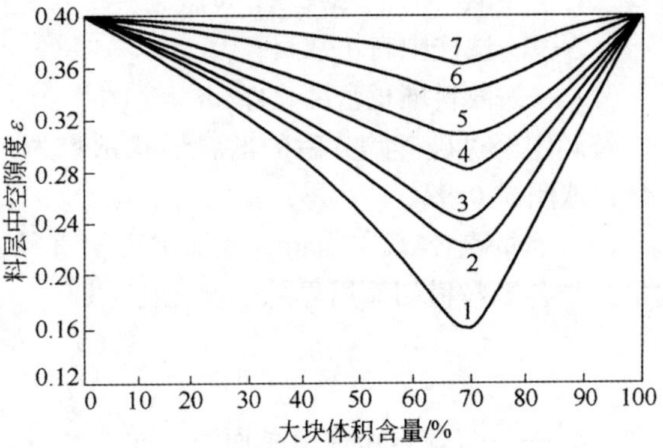

图 10-9 料层孔隙度同大小块直径以及大小块数量比的关系

1—0.01；2—0.05；3—0.1；4—0.2；5—0.3；6—0.4；7—0.5

（2）比表面积：比表面积 S 是指单位体积炉料颗粒的表面积之和。气流穿过散料层时，料块表面积越大，则摩擦阻力也越大，通过同样体积的气体，能量损失则越多。

对于直径为 d_0 的等球体散料，可得到如下关系：

每个球的体积为$\frac{1}{6}\pi d_0^3$；

每个球的面积为 πd_0^2；

1m^3散料的球的个数 $N=\frac{6(1-\varepsilon)}{\pi d_0^3}$；

1m^3散料总表面积 $A_{料}=N\cdot\pi d_0^2=\frac{6(1-\varepsilon)}{d_0}$；

所以 1m^3球的比表面积（m^2/m^3）为：

$$S=\frac{N\pi d_0^2}{1-\varepsilon}=\frac{6(1-\varepsilon)\cdot\pi d_0^2}{(1-\varepsilon)\cdot\pi d_0^3}=\frac{6}{d_0} \tag{10-24}$$

即比表面积与球的直径成反比。炉料粒度愈小，比表面积愈大，气流通过的阻损也愈大。

（3）形状系数 ϕ：形状系数 ϕ 等于等体积圆球表面积与料块表面积之比。它表示散料粒度与圆球形状粒度不一致的程度，即

$$\phi=\frac{\pi d_0^2}{A_{实}}<1 \tag{10-25}$$

对不规则的单一等径散料层表面积 $A_{实}$ 为：

$$A_{实}=N\cdot\frac{\pi d_0^2}{\phi}=\frac{6(1-\varepsilon)}{\phi d_0} \tag{10-26}$$

料块比表面积 $S_{实}$ 为

$$S_{实}=\frac{6}{\phi d_0} \tag{10-27}$$

不同粒径混合料的形状系数 ϕ 可用下式计算：

$$\phi=\frac{1}{d_p}\sqrt{\frac{6M}{N\pi\gamma}} \tag{10-28}$$

式中 M——散料试样重，kg；

d_p——散料的平均粒径，m；

N——试样中料块数目；

γ——散料堆积密度，kg/m^3。

经测定经过破碎筛分后的散料形状系数为：矿石 0.57，焦炭 0.72，石灰石 0.45，烧结矿 0.44，球团矿 0.92。

（4）当量直径 $d_{当}$：当量直径即水力学直径，是指散料层断面上，气流自由通道总面积的四倍，与各颗粒横切面周界总长度之比，即：

$$d_{当} = \frac{4A_{空}}{u} \tag{10-29}$$

式中　$A_{空}$——气流自由通道总面积，m^2；

u——颗粒横切面周界总长度，m。

$$对于球形散料:d_{当} = \frac{2}{3}\left(\frac{\varepsilon}{1-\varepsilon}\right)\cdot d_0 \tag{10-30}$$

$$对于非球形散料:d_{当} = \frac{2}{3}\left(\frac{\varepsilon}{1-\varepsilon}\right)\cdot d_0\phi \tag{10-31}$$

对于圆管，其直径即为当量直径。所以当量直径是对气流通过复杂通道时计算通道直径的一个形状参数。

（5）气流速度：当气流通过空炉时，其平均线速度（即空炉速度）为：

$$w = \frac{G}{\gamma} \tag{10-32}$$

在高炉内气流通过散料层的流速远大于空炉速度即：

$$w_{孔} = \frac{G}{\gamma_{气}}\cdot\frac{1}{\varepsilon} \tag{10-33}$$

式中　w——空炉速度，m/s；

$w_{孔}$——气流穿过料柱的有效平均速度，m/s；

G——煤气流量，$kg/(m^2 \cdot s)$；

$\gamma_{气}$——气体密度，kg/m^3；

ε——孔隙度。

10.5.2　炉料下降及力学分析

炉料装入炉内后，在下降过程中，希望能被上升的煤气流充分预热和还原，即能够充分地进行传热和传质作用，而且能均匀下降，保证高炉顺行和降低能耗。

炉料下降必须具备两个条件，一是要有下降的空间；一是要有下降的有效重力。

形成炉料下降空间的必要条件是具有一切能使炉料在炉内所占体积减小或消失的因素。炉内形成空间有以下因素：

（1）焦炭在风口前燃烧。焦炭占料柱总体积的 50%～70%，且有 70%～75% 的碳在风口前燃烧掉，所以风口前焦炭燃烧形成的空间约 35%～40%。

（2）直接还原的耗碳。焦炭中的碳由于直接还原而消耗掉一部分，使其体积减小约 15%。

（3）矿石的体积收缩。矿石在下降过程中，小颗粒充填在炉料空隙之间，以及矿石熔化，造成体积收缩而形成的空间约 30%。

（4）出渣出铁。生成的液体渣铁放出炉外，空出的空间约 15%～20%。

现举例说明：

已知条件：料批组成：烧结矿 35t，球团矿 10t，块矿 5t，焦炭 11t，焦比 330kg/t，喷煤 170kg/t，渣量 320kg/t 铁，堆积密度：烧结矿 1.8t/m³，球团矿 2.1t/m³，块矿 2.0t/m³，焦炭 0.45t/m³。

据已知条件，一批料中矿石体积为 $\frac{35}{1.8}+\frac{10}{2.1}+\frac{5}{2.0}=26.7\text{m}^3$，焦炭体积为(11/0.45) = 24.44m³。有关计算如下：

(1) 焦炭燃烧形成的空间：

$$V_1=\frac{24.44\times 0.75}{26.7+24.44}=35.84\%$$

(2) 渣铁放出炉外形成的空间：

每批料出铁：$\frac{11}{0.33}=33.33\text{t}$，相当于$\frac{33.33}{7}=4.76\text{m}^3$(设铁水密度为 7t/m³)；

每批料出渣：$33.33\times 0.32=10.67\text{t}$，相当于$\frac{10.67}{2.5}=4.27\text{m}^3$(设炉渣密度 2.5t/m³)；

$$V_2=\frac{4.76+4.27}{26.7+24.44}=17.66\%$$

(3) 直接还原耗碳和生铁渗碳消耗碳素形成的空间：

$$V_3=\frac{(100\%-75\%)\times 24.44}{26.7+24.44}=11.95\%$$

(4) 小块料充填炉料间空隙形成的空间：

$$V_4=100\%-(38.84+17.66+11.95)\%=34.55\%$$

在炉内具备炉料下降空间的前提下，并不等于炉料就能自由下降，还需有促使炉料下降的作用力。当这个作用力大于炉料下降的各种阻力时，炉料方能下降。高炉悬料就是一个例证。在悬料时，尽管也具有炉料下降的空间，但炉料下降受到的各种阻力大于或等于促使炉料下降的作用力，炉料就悬住而不能自由下降。

高炉炉料是由原燃料组成的散料，散料不同于刚体，料块之间没有结合力或结合力很小；散料也有别于液体，散料间有很大摩擦力，故散料体下降，有其自身规律。

从炉料受力情况分析，炉料是在重力作用下而迫使其下降的；而炉料下降也受到方向相反的作用力，即炉料与炉墙的摩擦力，炉料因下降速度不同而引起的散料间的摩擦力，以及上升煤气对炉料的支撑力(浮力)，它是煤气流上升时受到料柱的阻碍而产生的压力损失，其值大小相当于浮力大小，这些力系的平衡关系可表示为：

$$F=W_{重}-P_{墙}-P_{料}-P_{浮} \tag{10-34}$$

式中 F——促使炉料下降的作用力：

$W_{重}$——炉料本身重量；

$P_{墙}$——炉料与炉墙间摩擦力的垂直分量；

$P_{料}$——料块相对运动时，料块间摩擦力的垂直分量；

$P_{浮}$——煤气通过料层时的总压差。

式中 $W_{重}-P_{墙}-P_{料}$ 之值，实际上是炉料克服各种摩擦力之后的有效重量，若以 $W_{效}$ 表示，则式(10-34)可改写成：

$$F=W_{效}-P_{浮} \tag{10-35}$$

从式(10-35)得知，促使炉料下降的力学条件是：$F\geqslant 0$。

当 $W_{效}=P_{浮}$时，则 $F=0$，此时炉料难行。

当 $W_{效}<P_{浮}$时，则 $F<0$，此时炉料被煤气托起，产生悬料，甚至被煤气带走，形成流态化现象。

若 $W_{效}>P_{浮}$，则 $F>0$，这种条件下炉料才能顺利下降，保证冶炼正常进行。

同样由式(10-35)可以得知，凡是影响 $W_{效}$和 $P_{浮}$的一切因素，都将影响炉料的下降。

影响炉料有效重量的影响因素很多，可根据公式(10-36)进行分析。

$$F=\frac{\left(\gamma_{料}-\frac{\Delta P}{H}\right)\cdot D}{4fn}\cdot\left(1-e^{-4fn\frac{H}{D}}\right) \tag{10-36}$$

此式是将杨森(Janssen)公式应用于逆流运动的散料层受力情况分析。对高炉来说，该式中 F 表示炉料的有效重量，它与炉料重度 $\gamma_{料}$、高炉高度 H、直径 D、煤气压差 Δp、散料与炉墙摩擦力 f 和侧压力系数 n 等有关。

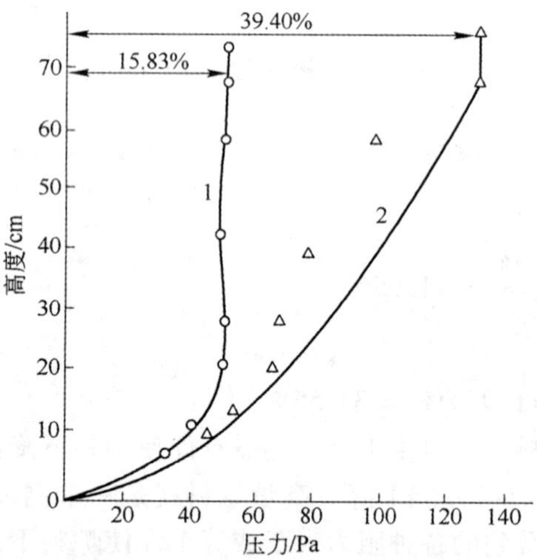

图 10-10　风口水平面上炉料的压力和料柱高度的关系(原料为沙子)

1—炉料静止时；2—炉料运动时

(许多点离开曲线是因为在测量过程中，料线在不断降低，而在装满的位置上，料线始终是不变的)

(1) 高度增加的影响：散料有效重量是随高度增加而增加，但当 H 增加到使 $e^{-4fn\frac{H}{D}}>0$ 时，$F=$常数，即再增加高度对有效重量无影响。图 10-10 表示了这一特征。在运动状态下，炉料的有效重量是增加的，因为动摩擦系数小于静摩擦系数。国内模型试验测得，炉料运动时，有效重量为总重的 39% ~41%，静止时为 15% ~16%。在高炉静止状态下，实测风口水平面料重为总料重的 18.2%。

(2) 高炉高径比的影响：高炉高径比小时，即矮胖型高炉的料柱有效重量更大，有利于炉况顺行，但是正如前述，高径比太小将恶化炉身还原作用，而使高炉煤气利用率降低。

(3) 燃料的影响：增加焦炭负荷，炉料重度增加，则有利于炉料降落。

(4) 炉身角炉腹角的影响：增大炉腹角和减少炉身角都将使摩擦系数减小而利于炉料下降。但炉腹角过大将使炉腹砖衬易于烧坏；炉身角过小又将使边缘气流发展，煤气利用变差，故要全面考虑。

(5) 炉墙的影响：炉墙不规整、结厚或结瘤时，将使摩擦系数增大，不利于下料。

(6) 系数的影响：侧压系数 n 增大，如炉料受热膨胀等将使摩擦系数增加，也不利于炉料顺利下降。

(7) 煤气流速的影响：煤气的压力降受煤气流速的影响，而煤气流速又与风量是近似直线关系，所以风量增加，Δp 也增加。实际生产中煤气流速大约与风量成一次方关系，而不是更高幂次的影响。

风量是决定高炉生产率的重要因素，正常情况下，增加风量能提高产量。因此，一般情况下，不能用降低风量来减少 Δp，只有在高炉难行或悬料、管道时，才允许减少风量以求顺行。但当采用富氧鼓风或高压操作时，则可减少煤气生成量或降低煤气的实际流速，从而使 Δp 降低。

(8) 粒度和空隙度的影响：增大空隙度和气流通过散料层的当量直径，可使 Δp 降低。散料通道当量直径和料块平均直径成正比，所以增大原料粒度对减少 Δp 有益。如图 10-11 所示，当料块直径在5~10mm以下时，随粒度减小，Δp显著升高。但过大的粒度将会延长矿石预热还原时间，增加燃料消耗。粒度愈均匀，料柱孔隙度愈大，因此，加强原料整粒是降低Δp的重要措施。

（9）煤气重度和黏度的影响：煤气重度和黏度降低，将使Δp减小。喷吹含H_2量高的燃料使Δp减小的效果比较明显。

（10）操作因素的影响：采取发展边缘的装料制度，将使煤气穿透料层的阻损降低，即Δp减小。

炉渣的性能、数量，影响下部压头损失。如炉渣黏稠，渣量很大，都将阻碍煤气穿过渣层，增加压力损失。

风温提高，将使煤气黏度增大。如图10-12所示，当风温低于800℃时，风温对煤气黏度的影响，尤为显著。

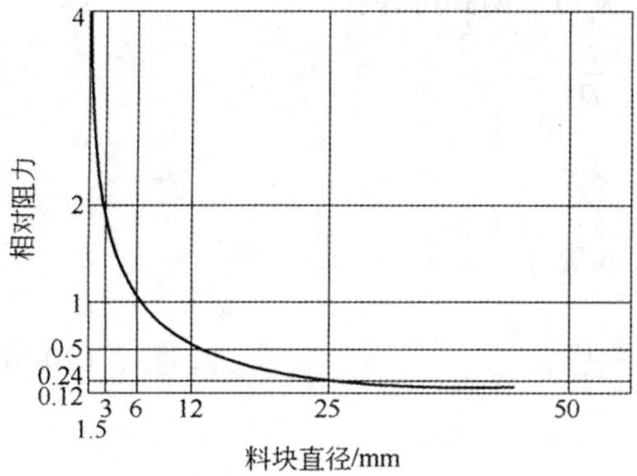

图10-11　炉料透气性变化和矿块大小关系

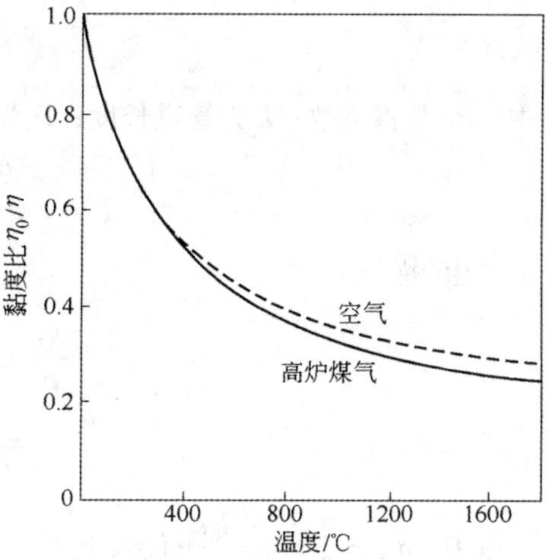

图10-12　气体黏度和温度关系

η_0—标准状态下的黏度；η—t℃时的黏度

炉料运动速度愈大，炉料间空隙度愈大，煤气穿过料层的压力损失愈小。

10.5.3　炉料运动

10.5.3.1　煤气流经散料层的阻力损失

高炉内煤气流穿过炉料的通路近似于许多平行的、弯弯曲曲的、断面形状多变化的，但又是互相连通的管束，煤气流穿过这些管束的压力降是煤气作用于散料层的一种阻力或浮力，风压变化即代表这种阻力变化。

厄根(Ergun)方程：

已知煤气通过散料层时的当量直径是以湿周(即流体与颗粒接触的润湿界限的总长度)除以四倍的空隙面积，假若都乘以管道长度，则得到料层中气体占有的空间为$V_{空}$，散料表面积为S，即

$$d_{当} = \frac{4V_{空}}{S}$$

由于：

$$V_{空} = \varepsilon V_{散}$$

则散料颗粒所占的体积是：

$$V_{料} = (1 - \varepsilon)V$$

如果单位体积的散料颗粒中，散料颗粒具有的面积是 S_0，则 $S = S_0 V_{料} = S_0(1-\varepsilon)V_{散}$，以 $V_{空}$与 S 代入 $d_{当}$：

$$d_{当} = \frac{4\varepsilon}{S_0(1-\varepsilon)}$$

如果散料不是球形，则 $S_0 = \frac{6}{\phi d_0}$代入上式，得：

$$d_{当} = \frac{2}{3} \times \frac{\phi d_0 \varepsilon}{(1-\varepsilon)}$$

从流体流经散料层时的压力和惯性力之间的关系得出的欧拉数为 $\Delta p/(\rho w^2)$。

式中，ρ 是流体密度，w 是料层通道中流体的平均速度，Δp 为压力损失。但是从流体流过管道的基本规律知道欧拉数与雷诺数之间的关系为：

$$Eu = \phi(Re)\frac{L}{D}$$

式中，Re 为雷诺数；L 为管道长度；D 为管道直径，从以上两式可得：

$$\frac{\Delta p}{\rho W^2} = \phi(Re)\frac{L}{D}$$

又由于：

$$w_{孔} = \frac{w}{\varepsilon}$$

$$\frac{\Delta p}{\rho} \times \frac{\varepsilon^2}{w^2} \times \frac{D}{L} = \phi(Re)$$

$$\frac{\Delta p}{L} = \phi(Re)\frac{w^2\rho}{\varepsilon^2 D} \tag{10-37}$$

以 $D = d_{当} = \frac{2}{3} \times \frac{\phi d_0 \varepsilon}{(1-\varepsilon)}$代入上式：

$$\frac{\Delta p}{H} = \phi(Re)\frac{w^2\rho}{\varepsilon^2} \times \frac{3}{2} \times \frac{(1-\varepsilon)}{\varepsilon\phi d_0} = \frac{\phi(Re)}{4} \times \frac{w^2\rho(1-\varepsilon)}{\varepsilon^3}S_0 \tag{10-38}$$

又令$\frac{\phi(Re)}{4} = f_c$，设$\frac{(Re)}{4} = Re_c$

则

$$\frac{\Delta p}{H} = f_c \rho w^2 S_0 \frac{1-\varepsilon}{\varepsilon^3}$$

根据实验可以找出 $f_c = \phi(Re)/4$ 的关系式，如图 10-13 所示。

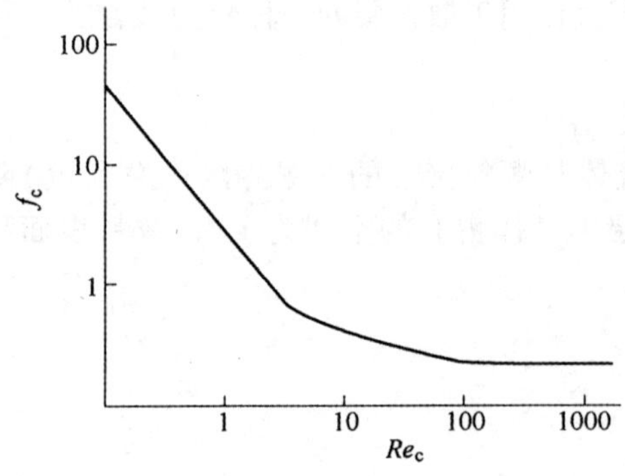

图 10-13　Re_c与f_c的关系

当　$Re_c = \frac{Re}{4} < 2$ 时

$f_c = \frac{4.2}{Re_c}$以及 $Re = \frac{\rho w d_0}{\mu\varepsilon}$代入上式：

$$\frac{\Delta p}{H} = 4.2\mu w S_0^2 \frac{(1-\varepsilon)^2}{\varepsilon^3} \tag{10-39}$$

当　$\frac{(Re)}{4} > 2$ 时

$f_c = \frac{4.2}{Re_c} + 0.292$ 代入后可得：

$$\frac{\Delta p}{H} = 4.2\mu w S_0^2 \frac{(1-\varepsilon)^2}{\varepsilon^3} + 0.292\rho w^2 S_0 \frac{(1-\varepsilon)}{\varepsilon^3}$$

如果
$$S_0 = \frac{6}{\phi d_0}$$

则
$$\frac{\Delta p}{H} = 151 \frac{\mu w(1-\varepsilon)^2}{d_0^2 \varepsilon^3} + 1.75\rho w^2 \frac{(1-\varepsilon)}{\varepsilon^3 d_0} \tag{10-40}$$

如果不是球形，$S_0 = \dfrac{6}{\phi d_0}$

则
$$\frac{\Delta p}{H} = 151 \frac{\mu w(1-\varepsilon)^2}{\phi d_0^2 \varepsilon^3} + 1.75\rho w^2 \frac{(1-\varepsilon)}{\phi \varepsilon^3 d_0} \tag{10-41}$$

式(10-41)就是著名的厄根(Ergun)公式。这一公式前半部分表征着层流，而后半部分代表紊流，它对于研究高炉冶炼过程中炉料透气性、管道的形成等很有意义，现举例说明此公式在高炉上的应用。

高炉的冶炼过程一般都是非层流，因此应用时可取公式的后半部分，即：

$$\frac{\Delta p}{H} = 1.75 \frac{\rho w^2(1-\varepsilon)}{\phi d_0 \varepsilon^3} = K_1 \rho w^2$$

变换得：
$$\frac{w^2}{\Delta p} = \frac{\phi d_0}{1.75H}\left(\frac{\varepsilon^3}{1-\varepsilon}\right)\rho$$

对于生产高炉来说，影响煤气压力降的因素有两部分，一部分是炉料特性$\left(\dfrac{1-\varepsilon}{\phi d_0 \varepsilon^3}\right)$，它表示炉料阻力的指数，另一部分是煤气流动状态($\rho w^2$)，由于流速与风量 Q 成正比，当炉料没有显著变化时 ϕd_0 也可以认为是常数，而且料线稳定，H 也是常数，所以 $\phi d_0/(1.75\rho H)$ 都可以归纳为一常数 K

即
$$\frac{Q^2}{\Delta p} = K\left(\frac{\varepsilon^3}{1-\varepsilon}\right) \tag{10-42}$$

从公式 10-42 可知，$\dfrac{Q^2}{\Delta p}$的变化代表了$\dfrac{\varepsilon^3}{1-\varepsilon}$的变化，在生产高炉 Q、Δp 都是已知的，可以直接计算，由于 ε 恒小于 1，所以 ε 的细小变化会使 ε^3 变化很大，故$\dfrac{Q^2}{\Delta p}$反应炉料透气性的变化很灵敏，成为高炉工长进行冶炼操作的一个重要依据，常称它为透气性指数。现场常用$\dfrac{Q}{\Delta p}$作为透气性指数，虽然它也能反应一定的炉料透气性变化，但与此公式相比并不严格，关于 ε 与$\dfrac{\varepsilon^3}{1-\varepsilon}$的关系式列于表 10-2 中。

表 10-2　ε 与($\varepsilon^3/1-\varepsilon$)的关系

ε	0.16	0.20	0.24	0.30	0.34	0.42	0.46	0.50	0.54
$\dfrac{\varepsilon^3}{1-\varepsilon}$	0.0049	0.01	0.018	0.0386	0.0596	0.1277	0.1803	0.25	0.3423

根据上述数值，ε 与$\dfrac{\varepsilon^3}{1-\varepsilon}$的关系还可以表示于图 10-14 中。

10.5.3.2　散料层煤气运动的特点及其影响因素

上述各个压差公式只适应于炉身中没有炉渣和铁水的干区，而且是从固定床推导的，高炉中的炉料不是固定床，而是缓缓下降的移动床。但在开炉点火之前或者发生悬料时则相当于固定床。

许多事实与实验说明，炉料由固定床改变到移动床时，料柱的孔隙率 ε 增大，反之则减小，例如有一个用气体还原球团矿生产海绵铁的竖炉，同样的煤气量，移动床的 Δp 值只有固定床的 75% 左右。

气体通过料柱也有增加料柱孔隙率的作用，最明显的证据是，冶炼强度高的高炉休风后料面下沉比冶炼强度低的料面下沉要多。我国鞍钢等许多高炉强化的实践表明，随着冶炼强度提高，压差最初升高较快，但是，随后增高愈来愈慢，图 10-15 是鞍钢 9 号高炉的数据(每点代表一个月的平均值)，因为冶炼强度大致与风量成正比，图中压差不与冶炼强度值的 1.8 次方成正比，这个现象除一些外部原因外，显然是由于整个料柱的孔隙率增大了的结果，其中包括强化后风口前炉料循环区的体积增大了。关于炉料下移和气流穿过料层空隙的影响做过系统的模型实验，证明确实是增大了料层的孔隙率。

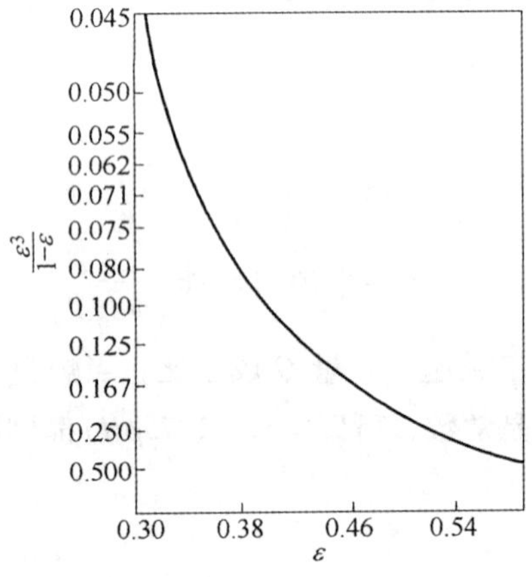

图 10-14　ε 与 $\frac{\varepsilon^3}{1-\varepsilon}$ 的关系

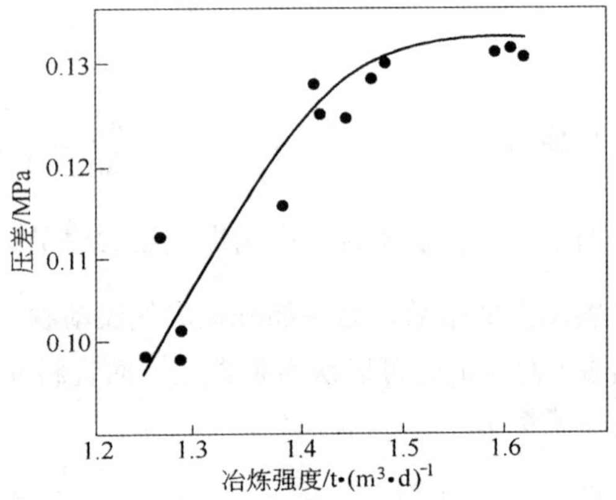

图 10-15　冶炼强度与压差的关系

从炉身干区影响煤气流阻力的各种因素可以看出，煤气流压降是由炉料和煤气流矛盾两方面的因素组成的。

(1) 炉料方面：主要由孔隙率(ε)和表面积$\left(\frac{6}{\phi d_0}\right)$决定，特别是 ε 的影响最大，因此要强化冶炼，必须使用窄筛分的炉料，生产中叫做“按粒度分级入炉”，争取入炉料粒度均匀无粉末(匀和净)，小于 5mm 的粉末危害最大，应争取尽可能筛除。

比表面积与料块当量直径成反比。从减少煤气阻力来看，要求 S 值小和 d_0 值大；但从还原反应和传热角度看，要求 S 值大和 d_0 值小，二者是相互矛盾的，解决的办法是在鼓风机能力允许条件下使用较小的粒度以加快传热和改善间接还原而降低焦比，改善透气性的重点是要增加孔隙率 ε。

从 ε、d_0、ϕ 这三个条件看，焦炭的透气性最好，炉料中的粉末危害最大。无论是从外部带入炉内的粉末，还是由于炉料强度不好在炉内摩擦生成的粉末，危害都一样，哪里的粉末与小块多，哪里的煤气流就少，而预热与预还原就进行不好。

(2) 煤气流方面对生产的影响：煤气流量 G 是决定性的影响因素，煤气温度越高，煤气体积越大，其阻损越大，例如 1650℃ 下空气体积为常温下的 6.5 倍，炉温升高时风压升高，而炉况向凉时风压降低便反映了这个规律。

10.5.4 炉料运动速度

10.5.4.1 炉料下降速度

炉料的不断下降，从宏观看，料柱缓慢向下移动；从微观分析，由于每块炉料受力总是在变化着，力的平衡时而建立，时而破坏，所以表现为炉料总是不连续，而是间断的、跳跃式的降落。

A 炉料下降速度

通常所说料速是指宏观而言，就现代高炉生产而言，炉料在炉内停留时间约 6～8h。中小高炉因冶炼强度高，炉料在炉内停留时间还要短些。一般平均料速 2.5～4m/h，约相当于 1min 下降 40～70mm。

炉料下降平均速度可由下式计算：

$$u_{平} = \frac{V}{24S} \tag{10-43}$$

式中 V——每昼夜装入高炉的全部炉料体积，m^3；

S——炉喉截面积，m^2；

$u_{平}$——炉料平均下降速度，m/h。

如高炉有效容积为 $V_{有}$，有效容积利用系数为 η_v，1t 生铁的炉料体积为 V'，则式(10-43)可改写为：

$$u_{平} = \frac{V_{有}\ \eta_v V'}{24S} \tag{10-44}$$

由式(10-43)及式(10-44)计算出的炉料下降速度，显然是代表炉料通过炉喉时的平均速度。据放射性同位素、料速测定仪等测定，表明横向或纵向料速实际是不相等的。图 10-16 表明，紧靠炉墙的地方，炉料下降最慢；距炉墙约 1000mm 处下降最快；由此向中心，料速又降低，形成漏斗状的模式。表 10-3 是前苏联捷尔仁斯基钢铁厂高炉的料速实测数值，也反映出上述特点。

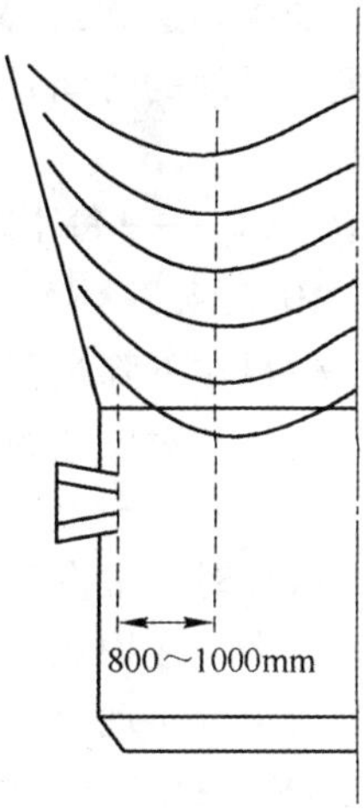

图 10-16 炉料下降示意图

表 10-3 高炉实测平均料速

距炉墙距离/mm		0	300	600	980	1480	3280
炉料平均下降速度	m/h	4.47	6.39	6.74	6.60	6.57	6.45
	mm/min	74.6	106.2	112.1	110.0	109.5	107.2

造成径向料速不均匀的原因是：燃烧带分布、炉料分布、炉墙摩擦力、初渣性质等。

从纵向看：由于高炉断面不同、炉料本身变化及炉衬侵蚀等因素影响，料层下降速度也不一样。一般情况下，炉喉到炉身料速不断降低，炉身下部料速最小。前苏联亚速钢厂在高炉上测定的结果是，炉料在上部运动速度最大达到 10m/h，炉身中部 4～5m/h，炉身下部最小为 3.5m/h，到炉腹时因高炉断面缩小，料速又略有增加。

B 冶炼周期

除前述料速表示方法外，生产中也常用冶炼周期来表示料速的高低。冶炼周期是指炉料在炉内的停留时间，用下式计算：

$$t = \frac{24V_{有}}{PV'(1-c)} \tag{10-45}$$

式中 t——冶炼周期，h；

$V_{有}$——高炉有效容积，m^3；

P——高炉日产量，t/d；

V'——每炼一吨生铁所用炉料的体积，m^3/t；

c——炉料在炉内的压缩系数（大中型高炉 $c \approx 12\% \sim 14\%$）。

由于 $\eta_v = \frac{P}{V_{有}}$，所以可将式(10-45)改写成：

$$t = \frac{24V_{有}}{\eta_v V_{有} V'(1-c)} = \frac{24}{\eta_v V'(1-c)}$$

在生产中，也常用炉料从料线到达风口时的下料批数，作为冶炼周期的另一种表达方式：

$$N_{批} = \frac{V_{有} - (V_1 + V_2)}{V''(1-c)} \tag{10-46}$$

式中 $N_{批}$——由料线到风口平面的炉料批数；

V_1，V_2——分别为料线以上炉喉容积和风口中心线以下炉缸容积，m^3；

V''——每批炉料的体积，m^3。

$$V'' = \frac{G_{矿}}{\gamma_{矿}} + \frac{G_{熔}}{\gamma_{熔}} + \frac{G_{焦}}{\gamma_{焦}}$$

式中 $G_{矿}$，$G_{熔}$，$G_{焦}$——分别为每批炉料中矿石、熔剂、焦炭的质量，t；

$\gamma_{矿}$，$\gamma_{熔}$，$\gamma_{焦}$——分别为该批炉料中矿石、熔剂、焦炭的堆积密度，t/m^3。

如果知道 $N_{批}$，又知道每小时下料批数，便能方便地算出炉料从料面（一般从料线计算）到达风口平面的时间 t'：

$$t' = N_{批}/N'_{批} \tag{10-47}$$

式中 $N'_{批}$——每小时下料批数。

10.5.4.2 炉料下降过程中的再分布和超越现象

炉料在下降过程中，由于气流速度、内型变化、燃烧带影响等因素，促使炉料在纵向、横向皆发生相对位置的改变，即炉料的再分布现象。

在径向分布上，一般质量大的矿石易于垂直下降，而质量较小的焦炭则易被挤向边缘，从炉身取样时，常发现边缘只有焦炭而无矿石可以佐证。据高炉解体及实验研究也表明，炉料下降过程中，在炉喉布料形成的堆角逐渐减小，径向矿焦比不断改变。这些事例都说明了炉料在径向的再分布现象。

炉料在纵向的再分布即为超越现象。造成纵向矿焦相对位置的变化，主要是受纵向料速差异的影响。有的快，有的慢。此外，原料性质如密度、形状、大小等都对炉料的下降速度产生不同影响。质量大的、光滑的、细小的炉料具有超前下降的能力。当矿石熔融滴落时以液态渣铁形式超越固态焦炭而先入炉缸。对于解体高炉发现炉料在正常内型情况下，降落过程中始终保持分层状态，不存在所谓超越问题。其原因可能与使用精料品种单一，粒度均匀，缩小了原料的物性差别，以及由于强化冶炼料速趋向均匀之故。

正常生产时，连续作业，前后各批料中焦炭负荷一致，即使存在超越现象，前后超越结果仍维持原有矿焦结构，影响不明显。但当变料时，对超越问题应以注意。如改变铁种时，由于组成新料批的物料不是同时下到炉缸，往往会得到一些中间产品。为改进操作，在生产中摸索出一些经验，如改变铁种时，由炼钢铁改炼铸造铁，可先提炉温后降碱度；与此相反，由炼铸造铁改炼钢铁时，则先提碱度后降炉温。这样做的目的就是考虑矿石、熔剂的超越现象所产生的影响，争取铁种改变时做到一次性过渡到要求的生铁品种。

10.5.5 煤气运动

煤气在炉内的分布状态，直接影响矿石的加热和还原，以及炉料的顺行状况。风口前燃烧焦炭生成的煤气，多从回旋区正面上方至漏斗区界面间流出。由于鼓风和布料影响，通常分为三种类型，即"W"型、倒"V"型和"V"型(与软融带相适应)，穿过软融层进入块状带。也有非对称分布的混合型，但较为个别。在散料层中煤气流经道路，是许多平行的、弯弯曲曲的非圆形通道。这些通道非常复杂，表面粗糙，大小不一，彼此间时通时断。煤气通过时受到散料结构的影响，其阻损是不断变化的，阻力最小处，煤气最易流通。当上升到炉喉部位时，在装入矿石的时候，煤气有可能趋向高炉中心上升，流速增快，而造成焦炭的流化现象。

煤气在炉内停留时间一般不大于2～4s，平均流速不小于5～10m/s，在这样短的时间和高速情况下，要能充分利用煤气的热能和化学能，必须保持煤气和炉料有很好的接触条件，以保证炉料的加热和还原。

煤气上升过程中，不仅要充分利用其能量，还应考虑炉料的顺行。因为煤气对炉料的支撑作用，在一定条件下，可能阻止炉料下降，甚至将炉料从炉内吹出，造成炉况的难行、悬料，或者产生管道。从理论分析和实践证明，保证煤气较多地分布在中心和炉墙边缘，有利于炉料的正常下降。

为使煤气能量得到充分利用，希望煤气能均匀分布；而为了炉料的顺行，又希望煤气分布有差别，二者是矛盾的。寻求二者的统一，即是研究煤气合理分布的出发点。为此，需了解影响煤气流在高炉内分布的因素及其控制方法。

总的说来，高炉内煤气的流动和分布，主要取决于影响散料层结构的因素，如装入方法，散料性质、运动状态以及送风条件和高炉内型等，后两类因素较前者相对稳定，改变散料的结构和送风条件对控制气流分布具有重大意义。

10.5.6 高炉料柱压差

煤气通过料柱(自炉缸风口水平至炉喉料线水平)的压力损失，通常采用高炉料柱内煤气的全压差 Δp 来表示：

$$\Delta p = p_{缸} - p_{喉} \approx p_{热} - p_{顶} \tag{10-48}$$

式中 $p_{缸}$——风口水平炉缸煤气压力；

$p_{喉}$——料线水平炉喉煤气压力；

$p_{热}$——热风压力；

$p_{顶}$——炉顶煤气压力。

由于炉缸和炉喉煤气的平均压力不便经常测定，实际生产中用热风压力和炉顶煤气压力来代替。

许多研究成果表明，影响 Δp 的因素可概括为：

$$\Delta p = f\frac{2u^2\rho}{d_e}H \tag{10-49}$$

式中　Δp——气流通过料柱的压力损失，Pa；

ρ——气体实际密度，kg/m^3；

H——料层高度，m；

u——在给定温度、压力下气流通过料层的实际流速，m/s；

f——阻力系数，是雷诺数(Re)的函数；

d_e——散料颗粒间通道的当量直径，m。

公式(10-49)是在洗涤塔式的散料固定床中实验得到的，没有考虑到炉料运动和物理化学变化以及热工等因素的影响，不能用于实际高炉的定量计算，但可用来定性地分析各种因素对高炉煤气压力损失 Δp 的影响。

由公式(10-49)可见，在一定料层高度、温度、压力情况下，Δp 主要决定于气流速度和料层通道的当量直径，实质也就是料柱的透气性。降低煤气流速，改善料柱透气性，提高料层通道当量直径，是降低高炉料柱压差，改善炉料顺行的主要途径。

10.5.7　改善料柱透气性

10.5.7.1　改善块状带透气性

在块料带，即矿石未发生软熔的块料区，首先应提高焦炭和矿石的强度，减少入炉料的粉末。特别是要提高矿石的热态强度，增强其在高炉还原状态下抵抗摩擦、挤压、膨胀、热裂的能力，减少或避免在炉内产生粉末，这样可改善料层透气性，降低 Δp。

其次，大力改善炉料粒度组成。一般说来，增大原料粒度对改善料层透气性，降低 Δp 有利。但当料块直径超过一定数值范围($d>25$mm)后，相对阻力基本不降低；而粒度小于 6mm，则相对阻力显著升高。这表明适宜于高炉冶炼的矿石粒度范围为 6～25mm。对于 5mm 以下的粉末，危害极大，务必筛除。

在原料适宜粒度范围内，应使粒度均匀化，以改善料柱透气性。对于粒度均一的散料，孔隙率与原料粒度无关，一般可达 0.5 左右。但在实际生产中，炉料的孔隙率将随大、小块粒度比的不同而变化。

从图 10-9 不难看出，炉料粒度相差越大，孔隙率 ε 越小。因此，为了改善料柱透气性，应缩小同一级粒度范围内的粒度差，提高粒度的均匀性，使 Δp 减小。

综合高炉气体动力学和还原动力学两方面的需要，控制原料粒度的趋势是向小、均的方向发展。

10.5.7.2　改善软熔带透气性

在高炉软熔带及其以下的区域(包括滴落带)，煤气的压力损失，要比上部块料带大得多。在这个区域，矿石、熔剂逐渐软化、熔融、造渣，变成液态的渣、铁，而只有焦炭保持着固体状态。熔融而黏稠的初渣或中渣充填于焦块之间并向下滴落，大大增加了料柱的阻力。

在软熔带、滴落带及炉缸内，主要依靠焦块间的空隙透液、透气。因此，提高焦炭高温强度，改善其粒度组成，对改善这个区域的料柱透气(透液)性具有重要意义。焦炭粒度也要坚持均匀的原则，如根据不同高炉的情况，可将焦炭分为 40～60mm、25～40mm、15～25mm 三级，分别分炉使用。过去焦炭的入炉粒度一般都在 40mm 以上，近年来也向缩小的趋势(接近矿石粒度上限)发展。焦炭高温强度与其反应性(即进行气化反应的能力)有关。反应性好的焦炭，其中部分碳过早气化，产生溶解损失，使焦炭结构疏松、易碎，从而降低其高温强度。因此，应抑制焦炭反应性以推迟其气化反应的进行。

改善造渣是改善软熔带、滴落带透气性，降低 Δp 的另一个重要方面。通过提高入炉矿品位，减少渣量，以降低透气性差的软熔层厚度，同时相对增加了气流在这个区域的可通截面(或 d_e)。其次要提高矿石的高温冶金性质，如提高软化温度，缩小软化区间，这样一方面可降低软熔带位置，另一方面可减少软熔层宽度(即使软熔带变窄)，从而减小了对煤气的阻力。改善初渣性质，降低其黏度，增强其稳定性，使其顺利滴落，从而可大大改善高炉下部料柱的透气(液)性。

改善软熔带状况，获得适宜的软熔带位置、结构和形状，是改善高炉料柱透气性的关键环节。高炉解剖调查研究结果表明，从软化到熔滴这个温度区间，按等温线分布，形成同焦炭夹层相间布置的若干软熔层。这些软熔层和焦炭夹层按等温线规律共同组成了一个完整的软熔带(见图10-17)。在软熔带以下，只有焦炭保持着固体状；软熔带中，仍然明显地保持着按装料顺序形成的焦矿分层状态，只是固态矿石层变成了软熔层或熔着层。

显然，软熔带形状、结构(位置、尺寸)对煤气流运动阻力 Δp 有重大影响。它决定着高炉中煤气流分布状况，并对块料带和炉喉煤气分布有重要影响。

10.5.7.3 软熔带形状

软熔带形状随原料和操作条件的变化而有所不同。根据高炉解剖研究结果，软熔带形状基本分三种类型，即"Λ"形、"V"形和"W"形，分别示于图10-17(a)、(b)、(c)中。

(1)"Λ"形软熔带：这种形态促进中心气流发展，有利于活跃、疏松中心料柱，使燃料带产生大量煤气，易于穿过中心焦炭料柱，并横向穿过焦窗，然后折射向上，从而使高炉压差 Δp 降低。同时改善了煤气流的二次分布状况，增加了煤气流与块料带矿石的接触面和时间，加速了传热、传质过程，燃料比较低。此外，由于中心气流发展，边缘气流相对减弱，可减轻炉衬的热负荷和冲刷作用，既能减少热损失，又能保护炉衬，延长高炉寿命。

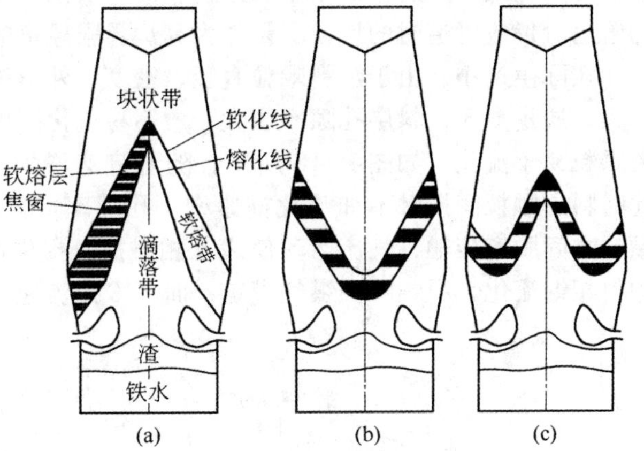

图 10-17 软熔带三种类型

(2)"V"形软熔带：这种形状是中心过重边缘气流过分发展致使软熔带根部升高，顶部降低的结果。在这种情况下，中心堆积，料柱紧密，透气性差，Δp 升高；大量煤气从边缘逸出，不利于煤气的利用，对高炉强化、顺行也十分不利，燃料比较高。

(3)"W"形软熔带：这种形式是适当发展中心和边缘两道气流的结果，是长期来高炉操作的传统形式，它能保持高炉顺行；同时在一定程度上改善煤气能量利用，炉况的顺行和燃料比位于"V"型和"Λ"型之间，但不能满足进一步强化和降低燃耗的要求。

根据实验研究，气流通过软熔带的阻力损失与软熔带各参数之间存在如下关系：

$$\Delta p_{软} = k\frac{L^{0.183}}{n^{0.46}h_c^{0.93}\varepsilon^{3.74}} \tag{10-50}$$

式中 $\Delta p_{软}$——软化带单位高度上的透气阻力指数；

k——系数；

L——软熔带宽度；

n——焦炭夹层的层数；

h_c——焦炭夹层的高度；

ε——焦炭夹层的孔隙率。

显然，软熔带愈窄，焦炭夹层层数愈多，夹层愈高(厚)，孔隙率愈大，则软熔带透气阻力指数愈小，透气性愈好。反之，透气性愈差。从各因素幂指数看 ε、h_c、n 影响较大，故焦炭夹层对软熔带透气性有决定性影响。

10.5.8　煤气流运动失常

10.5.8.1　流化

在充填层中若气流速度不断增大，达到一定数值时，压力损失与炉料颗粒的质量相平衡。若再继续加大流速，则一部分颗粒将从表面开始向上运动，最终使散料颗粒变成悬浮状态，即所谓流化。

在高炉内煤气流速是随风量的增加而增加，流速提高，Δp 迅速增大。当流速达到一定值时，散料开始松动而膨胀，孔隙率增加，若散料层的重力压强与煤气流压强平衡时，则散料颗粒变成悬浮状态，使整个散料变成固态的流体，此时，散料即处于流态化状态。这时煤气的流速，即为散料流态化的临界速度。如煤气流速进一步增加，达到散料颗粒的自由沉降速度(等速沉降)，颗粒就会随煤气流一起上升；气体流速超过等速沉降时便将颗粒带走，便形成所谓的管道。形成管道时的风量，是作为高炉界限风量的主要依据。

实际生产中，由于炉料颗粒直径、密度、外形等不同，它们被流化的速度也不相同。颗粒愈大，质量愈大，料层孔隙率愈大，愈不易流化。炉料中，一般焦炭先于矿石流化，小颗粒比大颗粒易于流化。如图 10-18 所示，随着流速增加 Δp 也增加，达到 C 点时小颗粒开始流化。此时料层颗粒间接触不如流化前紧密，孔隙率增大，Δp 反而略有降低。流速再增加至 D 点，颗粒之间脱离接触，气流运动使之互相碰撞，损失部分能量，Δp 又开始增大，使不同粒度的炉料相继流化，小颗粒被煤气带走，而至 E 点流速时，则全部散料皆被吹出。

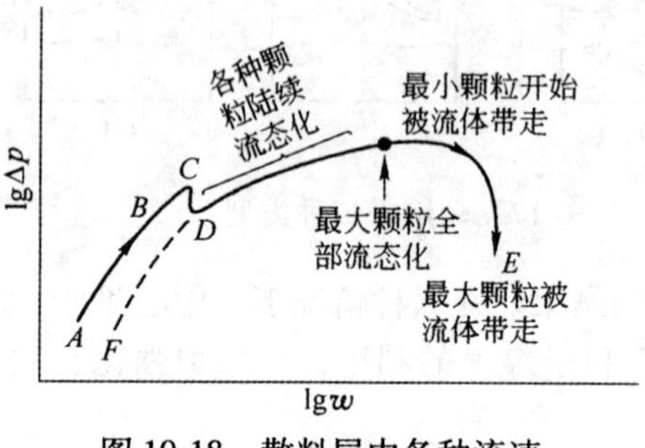

图 10-18　散料层中各种流速与 Δp 关系

高炉生产中，由于炉料块度相对较大，且冶炼强度不高，不至于造成散料全部流化。但由于原料的不均一性，尤其是粉末多，强度差时，产生局部流化是完全可能的，冶炼强度大时尤其如此。如高炉炉尘即是粉料流化的结果，管道也是局部流化的影响，操作中探尺有时出现“零尺”假象，也可能是焦炭流化造成。

流化现象限制了高炉的强化，因此对煤气达到流化的临界速度是应该加以控制的。对均匀的充填塔，其临界速度可由下式求得：

$$W_c = \left(\frac{\rho'_s}{\alpha K}\right)^{1/(2-\beta)} \tag{10-51}$$

式中　W_c——炉料开始流化速度；

ρ'_s——炉料堆积密度；

α——气流引起的压损($\alpha = \mu^{\beta} \cdot \rho^{1-\beta}$)，$\mu$ 为黏性系数；

K——炉料引起的压损$\left(K = \frac{c\,(1-\varepsilon)^{H\beta}}{(\phi d_0)^{H\beta} \cdot \varepsilon^3}\right)$，$c$ 为常数；

β——常数，($0 \leqslant \beta \leqslant 1$)。

高炉的临界速度较式(10-51)的计算值低。生产中加强原料整粒，筛除粉末，高压操作，大料批等利于减少和防止流化产生。

10.5.8.2 液泛

在高炉下部滴落带，焦炭是唯一的固体炉料，在这里穿过焦炭向下滴落的液体渣铁，与向上运动的煤气反向流动，在一定条件下，液体被气体吹起不能降落，这一现象即为液泛。

据实验研究，高炉中产生的液体渣铁沿着软融带内侧下流，并在软融带下端汇聚后泻下，在风口前下降的液体，一旦进入回旋区即被雾化，在离心力作用下而聚集到边缘，达到一定数量就沿回旋区外壁下落。不同类型的软融带会造成不同的气流方向，使液体流动发生变化。倒“V”型软融带，液体大部分集中边缘，由于高温气流经此穿越，渣铁温度较高；“V”型软融带，液体大部分集中中心落下，加热条件差，渣铁温度低；“W”型软融带，液体主要集中在中间圆环区域，受热状况与渣铁温度介于二者之间。高炉下部和炉身干区不同，这里唯一尚存的固体炉料是焦炭，在与煤气流向上的同时，液体渣铁往下滴落穿过焦炭的空隙，在气、固、液三相之间进行着剧烈的传热，还原与气化反应。

煤气流穿过焦炭层的阻力，显然还受到向下流动的液态渣铁的阻力影响，而且渣铁量越多和炉渣黏度越大时，其阻力损失也越大。当煤气流速升高到一定值时，煤气的压力梯度的垂直分量大于液体的重力，液体便被托住并被气流带走，渣铁将完全被煤气流托住而下不来，类似沸腾的牛奶，液层变厚，液体被气体吹起，便产生液泛现象。当液体密度和黏度提高时，散料空隙更易被堵塞，气流阻损增加，更易产生液泛。当出现这种现象时，风压也将剧增，高炉的顺行炉况受到破坏。

液泛不仅与气流速度有关，也与滴落的液体数量等一系列因素有关。如果将有关因素归纳为两个因子，一个为流量比($f \cdot r$)，一个为液泛因子($f \cdot f$)，则得：

$$f \cdot r = \left(\frac{L}{G}\right) \cdot \sqrt{\frac{\rho'_G}{\rho_L}} \tag{10-52}$$

$$f \cdot f = \left(\frac{w_2 \cdot s_0}{g\varepsilon^2}\right) \cdot \left(\frac{\rho_G}{\rho_L}\right)\mu^{0.2} \tag{10-53}$$

式中 w——上升气流的空炉速度，m/s；

s_0——充填粒子的比表面积，m^2/m^3；

L，G——分别为液体、气体的空炉流量，$kg/(m^2 \cdot s)$；

ρ_L，ρ'_G——分别为液体、气体的密度，kg/m^3；

μ——液体黏性系数，mPa · s；

ε——空隙度；

g——重力加速度，$9.8 m/s^2$。

依据模型实验与高炉实际分析，可将流量比与液泛因子作图(如图10-19)，该图中以曲线为界，左下方为安全操作区，右上方为液泛区。在实际生产中的一定操作条件下，都有一个界限气体流速，超过这一流速将产生液泛。如果滴落的液体数量增加，则界限流速随之降低。

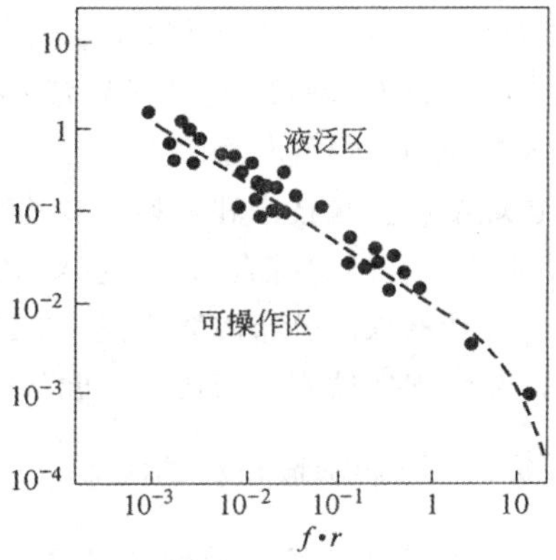

图10-19 液泛界限图

从图10-19可以看出，形成液泛的主要因素是渣量(渣量增加则 L/G 值增大)、煤气流速、填充物(焦炭)

的比表面积和黏度系数等。高炉生产中出现液泛现象，通常发生在风口回旋区的上方和滴落带。当气流速度高于液泛界限流速时，液态渣铁便被煤气带入软融带或块状带，随着温度降低，渣铁黏度增大甚至凝结、阻损增大，造成难行、悬料。所以减小煤气体积(如高压、富氧、低燃料比等)，提高焦炭高温强度，使用粒度较大的焦炭，改善料柱透气性，提高品位，改进炉渣性能等，均有利于减少或防止液泛产生。

在一般情况下高炉内不会发生液泛现象，但若渣量过大，炉渣的表面张力又小，而其中含FeO又高时，很可能产生液泛现象。

10.6　煤气流的合理分布及其影响因素

10.6.1　改善煤气流分布

合理的煤气流分布是高炉顺行的重要标志之一。在高炉料柱透气良好、煤气流分布合理时，高炉炉料顺利下降，炉况稳定顺行，炉温充足，整个料柱透气性好；煤气能量利用充分，炉顶温度低，而CO利用率高，最终表现为焦比、燃料比降低。可见，炉况顺行与煤气合理分布密切相关。

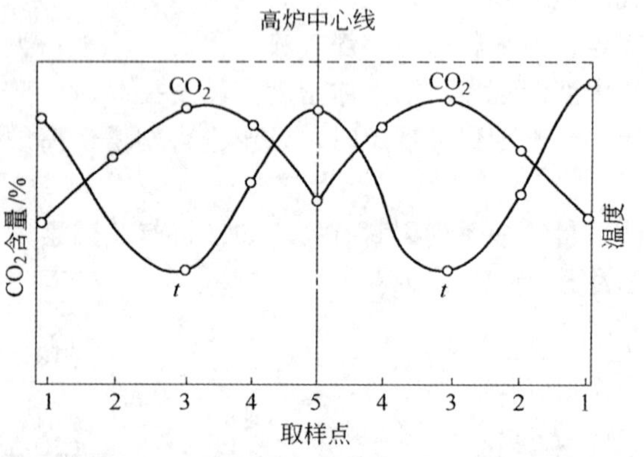

图 10-20　炉喉煤气温度和CO_2分布曲线

生产中主要是利用沿炉喉截面不同半径方向上煤气的温度和CO_2分布曲线来判断煤气分布状况的。取样和测温位置一般在炉喉料下1～2m处。在不同半径方向上进行五点取样。测定结果绘制如图10-20所示。由图10-20看到，温度和CO_2曲线，两者完全对应相反。因此，生产中一般只会绘制CO_2曲线。

由图10-20可判断煤气沿炉喉截面和径向的分布状况和利用情况。凡CO_2低处，CO必然高。煤气温度也高，说明那里煤气流发展，煤气利用不好。反之，凡CO_2高处，CO必低，煤气温度也低，说明那里煤气流较少，煤气利用较好。

高炉合理煤气分布规律，首先是要保持炉况稳定，控制边缘与中心两股气流；其次是最大限度改善煤气利用，降低焦炭消耗。但它没有一个固定模式。随着原燃料条件改善和冶炼技术发展而相应变化。20世纪50年代烧结矿粉末多，无筛分整粒设备，为保持顺行必须控制边缘与中心相近的“双峰”式煤气分布。60年代以后，随着原燃料条件改善，高压、高风温和喷吹技术的应用，煤气利用改善，形成了边缘CO_2略高于中心的“平峰”式曲线。20世纪70年代，随着烧结矿整粒技术和炉料结构的改善，出现了边缘煤气CO_2高于中心，而且差距较大的“展翅”形煤气曲线，综合CO_2量达到19%～20%。

合理的煤气分布曲线不是一成不变的，而是随着生产水平的发展而发展。但无论怎样变化，都必须保持中心与边缘两股气流，过分加重边缘会导致炉况失常。

10.6.2　影响炉喉布料的因素

10.6.2.1　*炉料的物理性质*

各种物料在一定的筛分组成和湿度下，都有一定的自然堆角。同一种料的粒度较小时堆角较大；而且同一料堆中，大块容易滚到堆脚，粉末和小块容易集中于堆尖。不同堆角的炉料，在径向上分布是不相同的，堆角愈小，愈易分布在中心。

高炉常用原料的自然堆角如下：

天然矿石(块度 12 ~ 120mm)	43°30′ ~ 43°
烧结矿(块度 12 ~ 120mm)	43°30′ ~ 42°
石灰石	42° ~ 45°
焦炭	43°

炉料在高炉内的实际堆角不同于自然堆角。根据测定，矿石在高炉内的堆角为 36° ~ 43°，焦炭为 26° ~ 29°。实验指出，炉料在炉内的堆角受炉料下降高度、炉喉大小以及自身物理性质所影响，并符合如下关系：

$$\tan\alpha = \tan\alpha_0 - K\frac{h}{r} \tag{10-54}$$

式中 α——炉料在炉内的实际堆角，(°)；

α_0——炉料自然堆角，(°)；

h——炉料落下高度，m；

r——炉喉半径，m；

K——系数，代表料块落下碰到炉墙或料堆后，剩余的使料块继续滚动的能量。

当料批一定时，炉喉直径越大，或装料时料面越高，则炉料的堆角越大，越接近自然堆角；反之，则堆角越小。堆角也与 K 值有关，而 K 值大小又与炉料性质有关：焦炭比矿石粒度大，堆积密度小，且富有弹性，K 值较矿石大，以致焦炭在炉内的堆角比自然堆角更小。由于焦炭和矿石的堆角不同，故在炉内形成不平行的料层，焦炭在中心的分布较边缘厚；而矿石却相反。对矿石而言，大块易滚向中心，粉矿以及潮湿和含黏土较多的容易集中边缘。松散性大、堆积密度小的原料易滚向中心；而松散性小、堆积密度大的原料则易集中到边缘。这一特点造成径向负荷的差异。如在同等条件下，用烧结矿比用天然富矿的边缘负荷有减轻作用。球团矿易滚动，炉内堆角更小，更易滚向中心。经过整粒后的烧结矿，炉内堆角比焦炭稍大；但如粒度较小，块度大小不均匀、松散性大时，则烧结矿堆角将与焦炭接近，甚至小于焦炭。

根据以上论述，炉料性质不同，在炉内的分布也不一样，从而影响气流分布。一般在边缘和中心分布的焦炭和大块矿石较多，透气性好，气流通过阻损小，煤气流量多；在堆尖附近，由于富集了大量碎块和粉末，以致透气性差，阻损大，煤气流量少。炉喉煤气中二氧化碳高点和温度最低点，正处在堆尖下面。

研究表明，气流速度对炉料堆角也有影响。图 10-21 是依据生产高炉炉料性质作出的计算，所得的气流速度与堆角的关系。该图表明，料层表面的堆角，随着气体流速的增大而降低；而且流速愈大，堆角降低愈多。当气流速度达到炉料流态化的临界速度时，则炉料堆角趋于零。而在低流速范围内(<0.3m/s)，堆角基本上不受气流速度的影响。

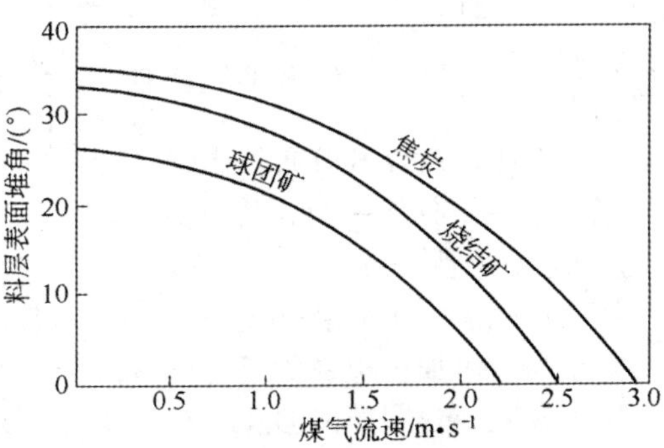

图 10-21 炉料堆角与气体空塔速度的关系
(顶压 0.3MPa，顶温 120℃)

此外，根据模型实验，高炉炉料在炉内的堆角还受装入方法等因素的影响。在料批一定时，分装的矿石层堆角比同装大；而增大矿批

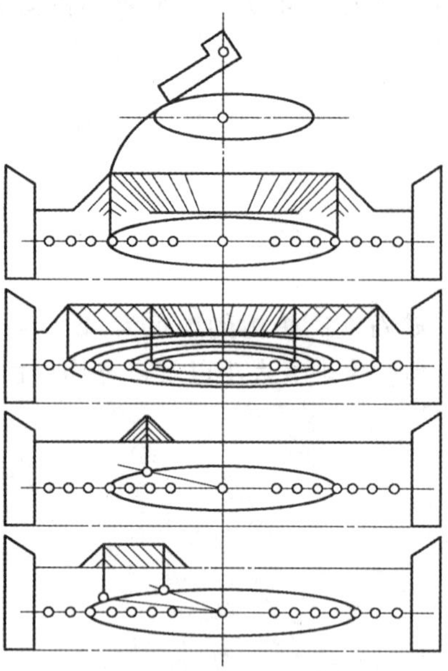

图 10-22　无钟炉顶布料的四种典型布料方式

a—环形布料；b—螺旋布料；c—定点布料；d—扇形布料

时，堆角则减小，当达到某一矿批时，出现最小的堆角值。在矿石层上装焦炭时，焦炭的堆角与批重及焦炭下面的矿石层堆角无关，在焦炭层上装焦炭时，焦炭的堆角随着焦批的增加而减小。两种炉料堆角相近时，布料分布的影响与装入次序无关。当堆角大的炉料布到堆角小的炉料上时，如矿石装在焦炭上，则中心料层厚度最小，而边缘厚度较大；反之，其料层厚度则相反。随着炉料的下降，料层变薄而堆角变小。

10.6.2.2　装料制度

装料制度包括装料顺序、料线和批重三项内容。

装料顺序是指矿石和焦炭装入炉内的不同方法。一批炉料是按一定数量的矿石和焦炭组成，其中矿石的重量称为矿批，焦炭的重量称为焦批。

无钟炉顶布料，矿石、焦炭分开装入高炉内，在碰撞点以上操作，矿角大于焦角相当于钟式炉顶正分装，矿角小于焦角相当于钟式炉顶倒分装。图 10-22 示意地表现了无钟炉顶布料的四种典型布料方式。

对于钟式炉顶，一批料中，矿石和焦炭同时装入高炉内的方法称为同装；矿石和焦炭分别加入高炉内的方法称为分装；先装入矿石，后装入焦炭称为正装；先装入焦炭，后装入矿石称为倒装。依此可将装料顺序分为四种基本情况，即正同装：表示为矿焦↓(OC↓)(↓表示打开大钟装料入炉)；倒同装：焦矿↓(CO↓)；正分装：矿↓焦↓(O↓，C↓)；倒分装：焦↓矿↓(C↓，O↓)四种，并可在此基础上，派生出其他装入方法。装入方法不同，炉料在炉喉内的分布也不相同，如图10-23所示。

造成炉料分布差异的原因主要是：同装比分装开大钟的时间间隔要长些。炉料入炉的时间间隔愈长，则装料前炉料的料面愈平坦，装入的炉料就更多的集中在边缘，这是在其他条件相同下，同装的作用强于分装的原因。而正装和倒装相比，首先落下的矿石，更多的集中在炉墙边缘，随之而后的焦炭则更多的滚向中心；倒装时则相反。由此可以得知，装料顺序对煤气分布的影响是：

正同装—正分装—倒分装—倒同装

(加重边缘→加重中心)

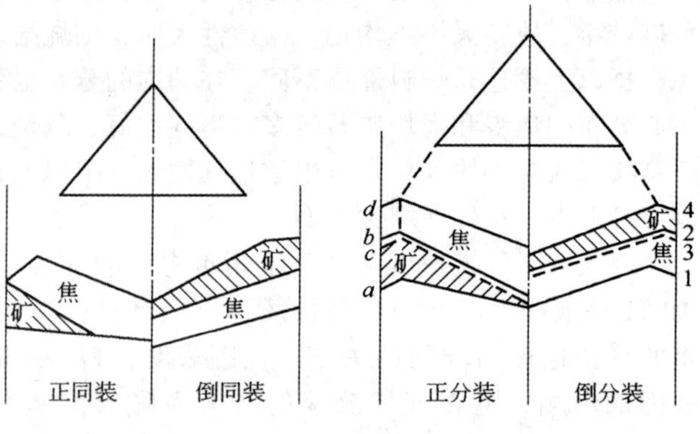

图 10-23　不同装料顺序的炉料分布

依照正同装—正分装—倒分装—倒同装的次序，边缘气流依次增多，中心气流则依次减少，即正同装对加重边缘负荷的作用最强，而倒同装则相反，加重中心负荷的影响最大。

由于改变装料顺序能够及时有效地改变煤气流的分布，而且调节灵活，所以它是生产中最常采用的调节手段。

用料车装料时，通常每批料由四车料(两车焦、两车矿)组成，这时还可采用中间性的装料顺序，即混装或花装，如矿焦焦矿↓，焦矿矿焦↓等，前者的作用弱于正同装，而后者的影响小于倒同装。若一批料由更多的车次组成时，同理可以变换不同的混装入炉，焦车的前移数量增多，或矿车的后移数量增多，将逐渐减轻边缘负荷或加重中心负荷。

有时为了避免采用一种装料顺序引起煤气分布不均，可以把两种装料顺序混合使用。如以矿矿焦焦↓作为正常装料顺序，而用焦焦矿矿↓作为调节手段，即装了一定批数正同装后为了防止边缘(负荷)过重(边缘气流少而中心气流过多)，而装几批倒同装来调剂。在应用装料顺序调节煤气流分布时，应求简单适用，不宜过分繁杂，以防出现差错。

A 料线高低的影响

无料钟炉顶料线零位在炉喉钢砖上沿，零位到料面距离称为料线，钟式炉顶料线是指大钟全开位置其下缘到料面的距离。这个距离越小，料线越高；距离越大，料线越低。正常料线应控制在炉料落下和炉墙的碰撞点(带)以上。料线不同，炉料在料面上的分布不一样，从而影响径向上的负荷和煤气分布，如图10-24。料线愈高时，炉料落下形成的堆尖，离炉墙越远，边缘的透气性随之改善，而中心的透气性则降低。随料线降低，堆尖逐渐靠近炉墙；若料线低到炉墙碰撞点处，则炉料堆尖就紧贴炉墙。这时边缘透气性最差，而中心透气性最好。当料线低到炉墙碰撞点以下时，炉料与炉墙碰撞后反弹向高炉中心，炉料堆尖离开炉墙，边缘气流改善。但因炉料粒度不同和动能大小差异，使炉料在炉喉内堆集的圆环区域较宽，布料较为混乱，难以实现布料调节。

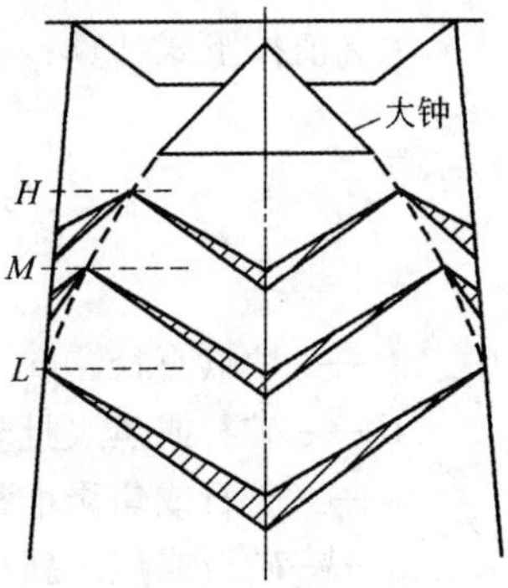

图10-24 料线水平对炉料分布的影响

正常操作中，应根据炉料性能、炉型、布料器结构等特点，通过实践选择合适的料线。料线过高，装入一批料后，料线探尺可能出现零尺，大钟可能关不严，当强迫打开大钟时弄弯或折断大钟拉杆，酿成事故。料线过深(低)，不能充分利用高炉容积，煤气能量利用变差，炉顶设备易于损坏。正常料线一般在1.0~2.0m范围内。

使用分装装料时，还可使用两个料线，即矿石和焦炭以不同的料线加入炉内。如加矿石料线高于焦炭料线，则有利于边缘气流发展；与此相反，矿石料线低于焦炭料线，则利于中心气流发展；调节是很方便有效的。

改变料线是调节布料的一个重要手段，灵活方便，简单易行。但生产中应严格按照指定料线上料，以免布料混乱。同时，除因调节炉况需要或设备故障而短时间使用低料线操作外(此种情况下，应视炉况顺行与炉温状况，考虑是否减负荷或减风)，一般严禁低料线作业，以免造成炉凉，或导致结瘤等严重后果。

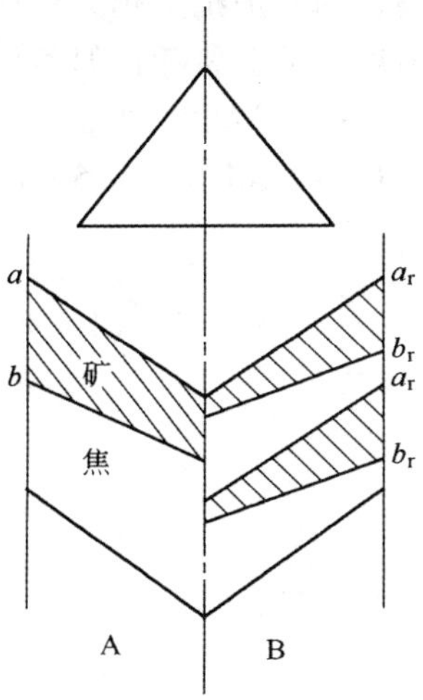

图10-25 批重对炉料分布影响

A—大批重；B—小批重

B 批重的影响

炉料装入炉内呈漏斗形分布，因矿、焦堆角不同，所以在炉内的分布也不一样。由于在炉内焦炭堆角小于矿石(球团矿例外)所以矿石入炉后，首先在焦炭堆角基础上堆到矿石本身的堆角后，才以平行的层次向高炉中心布料，这样堆在焦炭层上的矿石分布是边缘厚，中心薄；而堆在矿石层上的焦炭则相反，边缘薄而中心厚，图10-25显示出这一特点。批重越大，边缘与中心相差部分比例减小，炉料分布趋向均匀。批重越小，其结果则相反。由此，加大矿批可视为相对加重了中心负荷；减小矿批则可视为相对加重了边缘负荷。

一批炉料分布在边缘与中心的厚度之比，称为批重的特征数：

$$D_{p(k)} = \frac{y_B}{y_0} \tag{10-55}$$

式中　$D_{p(k)}$——矿石或焦炭批重特征数；

y_B，y_0——分别为分布在炉墙处和中心处的料层厚度。

炉料的批重特征数，反映了炉料在炉内分布的特点。在其他条件一定时，它是批重的函数，炉料在炉内各处的分布随这个值的变化而变化。其值越大，表示炉料在边缘分布的越多。

y_B、y_0值按下式计算：

$$y_0 = \frac{4G}{\pi\gamma d_1^2} - \frac{1}{3}d_1(\tan\alpha_2 - \tan\alpha_1) \tag{10-56}$$

$$y_B = \frac{1}{2}d_1(\tan\alpha_2 - \tan\alpha_1) + y_0 \tag{10-57}$$

式中　d_1——炉喉直径，m；

G——矿石或焦炭批重，t/批；

γ——矿石或焦炭堆积密度，t/m³；

α_1，α_2——矿石或焦炭新料面和原始料面的炉内堆角，(°)。

在一定的原料和装入条件下，可计算出D_p，如图10-26矿石特征数曲线变化很大，在批重小时，数量少许变化都会引起D_p值剧烈变动，即矿石在边缘和中心的分布有很大变化（称为激变区）。在此区间的批重下操作、炉料分布不稳定，炉况稳定性差；与此相反，当矿石批重较大时，矿批的变化对D_p影响很小（称之为微变区），选此范围内的批重操作，炉况较为稳定。

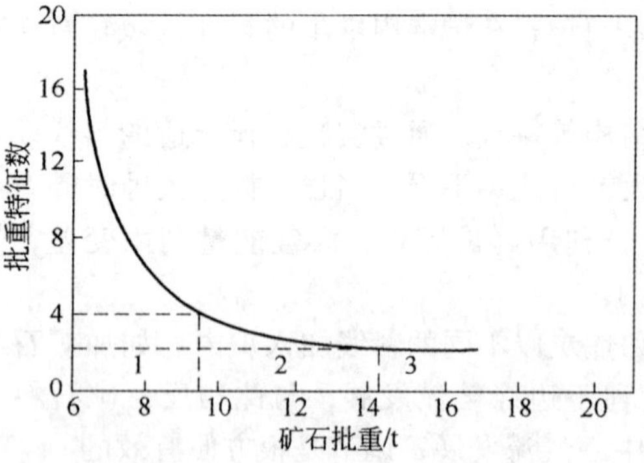

图10-26　矿石批重特征曲线

在生产中依实际条件选定批重，通常是高炉容积越大，冶炼强度越高，则入炉批重越大；反之，则相反。新投产的高炉，可以参考相似条件的高炉批重进行选择。或者按矿批大约相当于1m²炉喉面积0.5t矿；焦批容积相当于0.5m高的炉喉容积进行决定，根据生产反映再调整。我国推荐的矿批经验式为：

$$P = h\gamma\frac{\pi}{4}d_1^2 = 0.100 \times R \times I_{综} \times \gamma \times \frac{\pi}{4} \times d_1^3 \tag{10-58}$$

式中　P——矿批质量，t；

R——相对料柱透气性指数比，%；

h——矿石在炉喉的平均厚度（$H = 0.100 \times d_1 \times R \times I_{综}$），m；

γ——矿石堆积密度，t/m³；

d_1——炉喉直径，m。

我国鞍钢总结的是以矿石批重表示的：

$$G_{矿} = 0.43d_1^2 + 0.02d_1^3 \tag{10-59}$$

从生产发展趋势分析，料批有增大趋向。增大料批后，软融带焦炭夹层的厚度增加，在风量一定条件下，软融带透气性增加，同时也减少了压降较大的焦矿界面层，有利于顺行。但料批增加，矿批相应增大，结果会增多矿石在中心的分布量，使中心的矿焦比增大，软融带的顶层下降，块状带的阻损增加，如图10-27所示。图中上、下部压降曲线的交点A对应的批重即为临界批重，此时全炉压差最低；A点左右相对应的批重为较适宜的批重。

总之，选择批重除可以通过一些经验式求得参考批重外，主要是通过实践决定。选择大批重时，无钟炉顶布料要与焦角、矿角及布料环数相配合，钟式炉顶布料往往与正分装配合来得到较低的全炉压差，较好的冶炼效果。

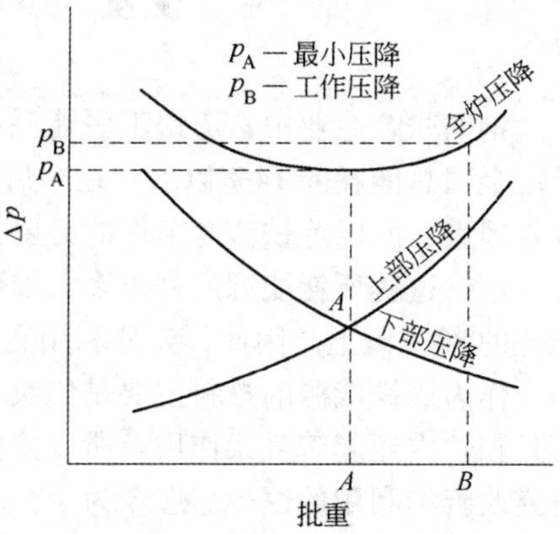

图10-27 批重与压降的关系曲线

生产中在调整负荷时，可以改变焦炭或矿石的批重，从稳定煤气流分布考虑，以保持矿批不变而增加(减少)焦炭为佳。因为决定高炉截面上煤气分布状况的主要是矿石。

高炉喷吹燃料后，焦炭负荷增加，批重要调整，此时应保持焦批不动，扩大矿石批重。这样可保持软熔带焦窗的面积，而使煤气能顺利通过。如果保持矿批不动，缩小焦炭批重，不仅焦层变薄，而且由于矿焦层的界面混料效应，焦窗面积更缩小，增大煤气通过的阻力，不利于炉况顺行。

装料顺序、料线、批重对炉料在炉喉分布的影响各有其规律，在使用装料制度调节炉况时应全面考虑。在具体变动时，不宜同时改变，应该有定有动，待肯定某一因素改变后的效果之后，再视其有无必要变动其他因素。

复习思考题

10-1 在无喷吹条件下，计算干风及含水2.5%(体积比)时，炉缸煤气的组成。

10-2 风口前理论燃烧温度与炉缸温度有什么区别，哪些因素影响理论燃烧温度?

10-3 煤气上升过程中，其体积、组成、温度有何变化，这一变化说明了什么?

10-4 影响鼓风动能的主要因素有哪些?

10-5 软熔带的位置和结构形状如何影响煤气流运动的阻力与煤气流分布

10-6 如何根据CO_2曲线来分析炉内煤气能量利用与煤气流分布?

10-7 煤气流合理分布的含义是什么，怎样做到气流的合理分布?

10-8 分析改善炉料下降的力学条件，在生产中降低Δp的可控因素有哪些?

10-9 怎样表示炉料透气性指数，它对指导高炉生产有何意义?

10-10 简述煤气和炉料运动的相互关系。

10-11 试述高炉内热交换的规律，怎样利用这一规律改善煤气的热能利用?

10-12 煤气上升过程中压力分布规律如何，压降与炉料顺行有什么关系?

10-13 炉料下降速度对指导高炉生产有何作用，怎样表示料速?举例说明之。

10-14 什么是液泛和流态化现象?试述其产生原因和预防措施。

11 高炉能量利用计算

钢铁联合企业中，炼铁工序能耗占吨钢能耗50%以上。2007年，我国钢铁工业能源消耗量占全国总能耗的14%以上。在今后的相当长时期内，能源都将是制约我国国民经济发展的重要因素，所以炼铁节能工作的必要性和重要性就更为突出。

炼铁过程所耗能源品种很多，如燃料、电力等。在各种形式的能耗中，燃料占每吨生铁总能耗的80%以上。因此，充分利用高炉冶炼过程所用燃料的能量，是节能的中心问题。

作为炼铁能源的燃料主要是焦炭、煤粉，焦炭不仅为高炉冶炼提供必要的热能和化学能，而且在炉内还起着骨架作用。所以分析高炉冶炼的能量利用时，需就以上三个方面全面考虑、研究改善和利用的途径。迄今为止，对燃料热能和化学能的利用研究较多，而对焦炭的骨架作用，因其尚未成为冶炼过程的突出矛盾，尚待深入研究。应当指出，高炉节焦的下限是由骨架作用决定的。因此，节约焦炭不只是充分利用其能量，也应不断改善焦炭的冶金机械性能。

往高炉内鼓入具有一定压力的热风，也是一种重要的耗能工质，或者说载能介质。热风具有的能量：一是热能，风温愈高、风量愈大，所带入的热能愈多；二是压力能，风压越高，能量越大，这部分能量因热风燃烧燃料后而以煤气的压力形式表现出来。煤气在炉内上升过程中，克服料层阻力而损失了一部分能量，剩余的能量由具有一定压力的炉顶煤气带走。目前国内多数高炉把这部分能量利用起来进行煤气余压发电。

余压作为二次能源，受到高度重视并逐渐加以利用。高炉冶炼所得的其他二次能源，如冷却水的压力(头)和热量、渣、铁水的显热，热风炉烟气的余热等的利用，也开始受到重视，有的已在生产中得到利用，如冷却水压差发电，热风炉烟气余热回收等。

11.1 高炉能量利用指标与分析方法

11.1.1 能量利用指标

高炉能量利用指标，一般分为两大类，即热能利用指标和化学能利用指标。前者如有效热量利用系数，碳的热能利用系数等；后者如CO、H_2的利用率，直接还原度，间接还原度等。能量总的利用程度集中表现为焦比或燃料比。

11.1.1.1 有效热量利用系数K_T与碳的热能利用系数K_C

(1) 有效热量利用系数K_T，是指冶炼单位生铁的有效热量消耗$Q_{效}$与总热量消耗$Q_{总}$的百分比：

$$K_T = \frac{Q_{效}}{Q_{总}} \times 100\% \tag{11-1}$$

其值大小，表明高炉中热能利用的好坏，通常为80%～90%。

(2) 碳的热能利用系数K_C，是指高炉内固定碳燃烧时放出的热量，与碳完全燃烧时所放出的热量之比：

$$K_C = \frac{Q_C}{33410 \times C} = \frac{9797 \times [m(C) - m(C)_{CO_2}] + 33410 \times m(C)_{CO_2}}{33410 \times m(C)}$$
$$= 0.293 + 0.707 m(C)_{CO_2}/m(C) \tag{11-2}$$

式中　Q_C——冶炼单位生铁时，在高炉内燃烧生成CO和CO_2放出的总热量，kJ；

$m(C)_{CO_2}$——冶炼单位生铁燃烧成CO_2的碳量，kg；

$m(C)$——冶炼单位生铁消耗的碳量，kg。

其值大小表明高炉热效率的高低，通常为50%～60%。显然在一定碳耗下，间接还原愈发展，K_C值就愈高。

11.1.1.2　CO和H_2的利用率

CO和H_2的利用率是衡量煤气化学能利用程度的指标，在计算时不应包括炉料带入的H_2O和CO_2。

CO和H_2的利用率是正相关的，改善H_2的利用，也同时改善了CO的利用。但在高炉不同部位，它们的利用率是不一样的。在高炉下部高温区域，H_2的利用率大于CO的利用率；而在高炉上部低温区域，则CO利用率大于H_2的利用率。其相关性有多种经验公式表示，下述计算式是其中一例。

$$\eta_{H_2} = 0.88\eta_{CO} + 0.1 \tag{11-3}$$

11.1.2　能量利用分析方法

在生产中一般是观察炉顶煤气温度，比较CO_2曲线，分析混合煤气中的CO_2含量，计算实际焦比、燃料比等。这些方法比较简便、直观，较粗略，能大致看出高炉内能量利用的情况，但不能全面地反映能量利用的好坏，一般情况下，也不能从中分析出进一步改善煤气能量利用的途径。

另外一种普遍使用的方法是计算法，或计算与图解相结合的方法。计算法包括直接还原度计算、配料计算、物料平衡与热平衡计算，理论焦比计算等。计算与图解法有巴甫洛夫直接还原度图解，Rist操作线和区域热平衡图解等。

通过计算能对高炉冶炼进行全面定量的分析，为更深入的研究冶炼过程提供数量依据。在计算的基础上作出的图解，能清楚地了解所研究探讨的内容。

11.2　直接还原度计算

在编制物料平衡时，为了确定单位生铁消耗的风量，必须先知道铁的直接还原度r_d。铁的直接还原度可按式(8-32)计算。如果式(8-32)中数据不全，则可按拉姆推荐的数值(表11-1)进行选择。在喷吹燃料后，由于H_2的还原作用加强，r_d的值小于表11-1中数据。此时，可计算出H_2的还原率r_{H_2}，由$r_d - r_{H_2}$即可作为所在条件下的直接还原度。

表11-1　不同冶炼条件下的直接还原度

冶炼条件	r_d
炼钢生铁	0.38～0.7
1. 最易还原的矿石：高碱度熔剂性烧结矿、富褐铁矿及焙烧过的菱铁矿等	0.35～0.5
2. 赤铁矿、假象赤铁矿及普通烧结矿	0.45～0.6
3. 不很致密的磁铁矿、含FeO较高的烧结矿及未经焙烧的菱铁矿	0.6～0.7
4. 致密的磁铁矿、未处理的钛磁铁矿及过熔烧结矿，铸造铁及镜铁	比炼钢生铁高5%～10%
5. 硅铁及锰铁	0.85～1.0

高炉直接还原度也可按拉姆建议的直接还原度指标R'_d计算：

$$R'_d = 100 \sim R'_i = \frac{0.5[\varphi(CO_2) + \varphi(CO)] - \beta\varphi(N)_{气}}{\varphi(CO_2) + 0.5\varphi(CO) - \beta\varphi(N)_{气}} \times 100\% \tag{11-4}$$

式中　　R'_i——高炉间还原度；

β——风中 $\varphi(O_2)/\varphi(N_2)$ 的比值；$\left(\beta = \frac{0.21(1-f)+0.5f}{0.79(1-f)}, f 为鼓风湿度,\%\right)$；

$\varphi(N)_{气}$——煤气中的 N_2 含量，%；

$\varphi(CO)$，$\varphi(CO_2)$——分别为煤气中该成分的含量，%。

由式(11-4)可知，只要根据煤气的平均成分和鼓风湿度，便能计算出高炉的直接还原度，使用很方便。

11.3　配料计算

配料计算是高炉操作的重要依据，也是检查能量利用状况的计算基础。

配料计算的目的，在于根据已知的原料条件和冶炼要求来决定矿石和熔剂的用量(而焦比或燃料比一般根据生产经验和设计指标来确定)，以配制合适的炉渣成分和获得合格的生铁。通常以一吨生铁的原料用量为基础进行计算。

11.3.1　计算准备及需要确定的已知条件

11.3.1.1　原始资料整理

在生产中原料分析常常不完全，或元素分析与化合物分析不吻合，加之分析方法不同存在分析误差，以致各种化学组成之和不等于100%。为此，首先要确定元素在原料中存在的形态，然后进行核算，并使总和为100%。

换算为100%的方法，可以均衡地扩大或缩小各成分的百分比，调整为100%；或者按分析误差允许范围，人为地调整为100%。调整幅度不大时，以调整 Al_2O_3 或 MgO 为宜。

在各种原料中化合物存在的形式和有关换算，按下述方法处理：

烧结矿分析中的S、P、Mn，分别以FeS、P_2O_5、MnO形态存在。它们的换算为：

S → FeS　　$w(FeS) = w(S) \times \frac{88}{32}\%$

P → P_2O_5　　$w(P_2O_5) = w(P) \times \frac{142}{2 \times 31}\%$

Mn → MnO　　$w(MnO) = w(Mn) \times \frac{71}{55}\%$

式中，$w(S)$、$w(P)$、$w(Mn)$ 等元素皆为分析值(百分含量)。当要计算 Fe_2O_3 时，需从生铁(TFe)中扣除FeO和FeS中的Fe，再进行换算。

$$w(Fe_2O_3) = \frac{162}{112}\left(w(Fe) - w(FeO) \times \frac{56}{72} - w(FeS) \times \frac{56}{88}\right)\%$$

式中，$w(Fe)$、$w(FeO)$ 为分析所得烧结矿的全铁和氧化亚铁的百分含量；$w(FeS)$ 为换算所得的硫化铁量。

天然矿石中的S以 FeS_2 形态存在，换算式如下：

$$w(FeS_2) = w(S) \times \frac{120}{64}\%$$

式中，$w(S)$ 为分析所得的百分含量。

焦炭工业分析是指干焦分析，固定碳是由100%减去各项成分的百分含量后得到的，故焦炭分析不需调整。但是焦炭灰分各组成若按100%计算，亦应调到100%；同理，挥发分也应如此。但因挥发分中N_2量为总量与各项含量之差，故亦不需再调。

焦炭中的Fe以$FeO \cdot SiO_2$及FeS状态存在，Mn呈$MnO \cdot SiO_2$形态，S以有机S和FeS状态存在，P以磷酸盐存在，C以近似石墨碳和无定型碳各半存在于焦炭之中。

熔剂的碱性物质必须与其烧损（CO_2量）相适应，在此基础上再调为100%。石灰石、白云石中的Fe以$FeCO_3$、Fe_2O_3状态为主，Mn以高价氧化物状态存在，P为P_2O_5或磷酸盐，S呈SO_3状态。

11.3.1.2 选配矿石

在使用多种矿石冶炼时，应据矿石供应量及炉渣成分要求选定适当配比。此时需注意如下几点：

（1）矿石含P量不应超过生铁允许含P量。因考虑P全部进入生铁，故需根据矿石含P量事先核算，若某种矿石冶炼含P超标，此种情况下，只能搭配含P更低的矿石冶炼。

（2）冶炼铸造铁时，应该核算生铁含锰量是否满足要求：

$$w[\mathrm{Mn}] = \eta_{\mathrm{Mn}} \cdot w(\mathrm{Mn})_{矿} \cdot \frac{m(\mathrm{Fe})_{铁}}{w(\mathrm{Fe})_{矿}} \tag{11-5}$$

式中 $w[\mathrm{Mn}]$——生铁含锰量，%；

$w(\mathrm{Mn})_{矿}$——混合矿含锰量，%；

η_{Mn}——锰的回收率，一般为0.5~0.6；

$m(\mathrm{Fe})_{铁}$——矿石带入生铁的铁量，kg/t；

$w(\mathrm{Fe})_{矿}$——混合矿含铁量，%。

对炼钢生铁，一般对锰不作要求。

（3）冶炼锰铁时，为保证其含锰量，必须检查锰矿石含铁是否大于允许范围。

$$w(\mathrm{Fe})_{矿} = \frac{100 - w[\mathrm{Mn}] - w[\mathrm{C}] - w[\mathrm{Si}] - w[\mathrm{P}]}{100 \cdot w[\mathrm{Mn}]/w(\mathrm{Mn})_{矿} \cdot \eta_{\mathrm{Mn}}} \tag{11-6}$$

式中 $w[\mathrm{Mn}]$，$w[\mathrm{Si}]$，$w[\mathrm{C}]$，$w[\mathrm{P}]$——锰铁中各元素含量，%；

$w(\mathrm{Mn})_{矿}$——锰矿含锰量，%；

$w(\mathrm{Fe})_{矿}$——锰矿允许含铁量，%；

η_{Mn}——锰回收率，通常为0.7~0.82。

（4）适当控制碱金属含量。

11.3.1.3 需要确定的冶炼条件

（1）根据原料条件、国家标准及行业标准等确定生铁成分。C、P元素一般操作不能控制；而Si、Mn、S等元素可以改变操作条件加以控制。

（2）各种元素在铁、渣和煤气中的分配比例，按经验和实际生产数据选择，一般可参考表11-2选定。

表11-2 常见元素分配率（炼钢铁）

元素	Fe	Mn	P	S	V
生铁	0.997	0.500	1.000	—	0.800
炉渣	0.003	0.500	—	—	0.200
煤气	—	—	—	0.050	—

（3）炉渣碱度的选择，主要取决于炉渣脱硫的要求，此外若冶炼低硅生铁、钒钛磁铁矿

时，还应考虑炉渣抑制硅钛还原和利于钒的回收能力。在正常的炉缸温度下，要保证流动性和稳定性。因此，除考虑二元碱度外，还需有适宜的 MgO 含量。若炉料含碱金属，还应兼顾炉渣排碱要求。

（4）燃料比的确定应依据冶炼铁种、原料条件、风温水平和生产经验等全面衡定。在有喷吹的高炉上，力争多喷燃料。

（5）炉尘量、废铁加入量，应根据冶炼条件事先确定。

11.3.1.4　计算内容

（1）矿石用量计算；

（2）熔剂用量计算；

（3）生铁成分验算；

（4）渣量及炉渣成分计算；

（5）炉渣性能校验。

11.3.1.5　计算步骤

（1）原料成分，见表 11-3。

表 11-3　原料成分（%）

原料＼成分	Fe	Mn	P	S	Fe_2O_3	FeO	MnO_2	MnO	CaO
烧结矿	55.63	0.093	0.048	0.033	70.30	8.18	—	0.12	10.10
天然矿	58.72	0.165	0.021	0.134	67.94	14.2	0.26	—	1.50
混合矿	56.03	0.102	0.045	0.046	69.99	8.96	0.03	0.02	8.99
原料＼成分	**MgO**	**SiO_2**	**Al_2O_3**	**P_2O_5**	**FeS_2**	**FeS**	**SO_2**	**烧损 CO_2**	**合计**
烧结矿	2.61	6.20	1.13	0.11	—	0.09	—	1.16	100.00
天然矿	0.65	11.70	2.32	0.05	0.25	—	—	1.13	100.00
混合矿	2.40	6.94	1.29	0.11	0.03	0.08	—	1.16	100.00

（2）焦炭成分，见表 11-4。

表 11-4　焦炭成分（%）

固定碳	灰分，12.17							挥发分，0.90					有机物，1.30			合计	全 S	游离水
	SiO_2	Al_2O_3	CaO	MgO	FeO	FeS	P_2O_5	CO_2	CO	CH_4	H_2	N_2	H_2	N_2	S			
85.63	5.65	4.83	0.76	0.12	0.75	0.05	0.01	0.33	0.33	0.03	0.06	0.15	0.40	0.40	0.50	100.00	0.52	4.8

（3）喷吹物成分，见表 11-5。

表 11-5　喷吹物成分（%）

品种＼成分	C	H_2	O_2	H_2O	N_2	S	灰分					合计
							SiO_2	Al_2O_3	CaO	MgO	FeO	
煤粉	77.48	4.35	4.05	0.79	0.42	0.66	7.48	3.42	0.60	0.30	0.45	100.00

（4）配矿比：烧结矿∶天然矿 = 87∶13，配成混合矿。

(5)生铁成分：炼钢铁，成分如表11-6。

表11-6 生铁成分

成 分	Si	Mn	S	P	C	Fe	合 计
%	0.35	0.09	0.03	0.08	4.45	95.00	100.00

(6) 焦比370kg/t，煤比165kg/t，风温1100℃

(7) 元素分配率，见表11-7。

(8) 炉渣碱度 $R=\dfrac{w(CaO)}{w(SiO_2)}=1.03$。

根据上述已知条件，下面1000kg生铁作为计算单位进行计算。

表11-7 各种元素分配表

元 素	Fe	Mn	P	S
生 铁	0.997	0.5	1.0	
炉 渣	0.003	0.5	0	
煤 气	0	0	0	0.06

11.3.2 根据铁平衡求铁矿石需要量

$$矿石量=\frac{10^3m[Fe]-\Sigma m(Fe)_{焦、煤}+m(Fe)_{渣}}{w(Fe)_{矿}}\quad kg\cdot t^{-1} \tag{11-7}$$

式中 $w(Fe)_{矿}$——矿石含铁量，%；

$\Sigma m(Fe)_{焦、煤}$——焦炭及煤粉带入铁量，kg；

$m[Fe]$——生铁含铁量，kg；

$m(Fe)_{渣}$——进入炉渣的铁，kg。

根据表11-8和式(11-7)铁平衡关系式得：

$$焦炭带入Fe量=370\times\left(\frac{56\times0.0075}{72}+\frac{56\times0.0005}{88}\right)=2.28(kg)$$

$$煤粉带入Fe量=165\times0.0045\times\frac{56}{72}=0.5775(kg)$$

$$进入渣中Fe量=950\times\frac{0.003}{0.997}=2.86(kg)；(相当于FeO\ 3.68kg)$$

$$需要混合矿量=\frac{950-2.28-0.5775+2.86}{0.5603}=1695.53(kg)$$

表11-8 每吨生铁炉料实际用量

名 称	干料用量/kg	机械损失/%	水分/%	实际用量/kg
混合矿	1695.53	0.5	—	1695.53×1.005=1704
焦 炭	370.0	0.5	4.8	370.0×1.053=389.61
煤 粉	165	—	—	165
共 计	2230.53			2258.61

11.3.3　终渣成分

（1）终渣 S 含量

炉料全部含 S 量 = 1695.53 × 0.0005 + 370 × 0.0052 + 165 × 0.0066 = 3.86(kg)

进入生铁的 S 量 = 0.3kg

进入煤气的 S 量 = 3.86 × 0.06 = 0.23(kg)

进入炉渣的 S 量 = 3.86 − (0.3 + 0.23) = 3.33(kg)

（2）终渣的 FeO 量 = 3.68kg

（3）终渣的 MnO 量 $= 1695.53 \times 0.001 \times 0.5 \times \frac{71}{55} = 1.10(\text{kg})$

（4）终渣 SiO_2量 $= 1695.53 \times 0.0694 + 370 \times 0.0565 + 165 \times 0.0748 - 3.5 \times \frac{60}{28} = 143.42(\text{kg})$

（5）终渣 CaO 的量 = 1695.53 × 0.0899 + 370 × 0.0076 + 165 × 0.006 = 156.23(kg)

（6）终渣 Al_2O_3的量 = 1695.53 × 0.0129 + 370 × 0.0483 + 165 × 0.0342 = 45.39(kg)

（7）终渣 MgO 的量 = 1695.53 × 0.024 + 370 × 0.0012 + 165 × 0.003 = 41.63(kg)

将终渣成分及数量列表于 11-9。

表 11-9　终　渣　成　分

成　分	SiO_2	Al_2O_3	CaO	MgO	MnO	FeO	S/2①	合计	R
kg	143.42	45.39	156.23	41.63	1.10	3.68	1.67	393.12	
%	36.48	11.54	39.74	10.59	0.28	0.94	0.43	100	1.09

①由于分析所得 Ca^{2+} 都折算成 CaO，但其中一部分 Ca^{2+} 却以 CaS 形式存在，CaS 与 CaO 质量之差为 S/2。为了质量平衡，Ca^{2+} 仍以 CaO 存在，而 S 则只算 S/2。

根据炉渣百分组成，校验炉渣物理性质：查图得炉渣熔化温度 1400℃，炉渣熔化温度 1400℃时的黏度 0.55Pa · s，1500℃时炉渣黏度 0.25Pa · s。该炉渣性质适合于炼钢铁生产。

11.3.4　生铁成分校核

（1）含 P 量 $= 10^{-3} \times \left(1695.53 \times 0.00045 + 370 \times 0.0001 \times \frac{62}{142}\right) = 0.08\%$

（2）含 S 量 = 0.03%；$L_s = \frac{0.43 \times 2}{0.03} = 28.67$

（3）含 Si 量 = 0.35%

（4）含 Mn 量 $= 1.10 \times \frac{55}{71} \times \frac{100}{1000} = 0.09(\%)$

（5）含 Fe 量 = 95%

（6）含 C 量 = 100 − (95.00 + 0.09 + 0.35 + 0.03 + 0.08) = 4.45(%)

生铁成分列于表 11-10。

表 11-10　生铁成分(%)

Fe	Si	Mn	P	S	C	合　计
95.00	0.35	0.09	0.08	0.03	4.45	100

校验结果与生铁成分相符合，表明原定生铁成分恰当，计算认可。若校验成分不符时，可

变更C量，或重新给定生铁成分，重新计算。

11.4 物料平衡

物料平衡是建立在物质不灭定律的基础上，以配料计算为依据编算的。计算内容包括风量、煤气量、并列出收支平衡表。物料平衡有助于检验设计的合理性，深入了解冶炼过程的物理化学反应，检查配料计算的正确性，校核高炉冷风流量，核定煤气成分和煤气数量，并能检查现场炉料称量的准确性，为热平衡及燃料消耗计算打基础。

11.4.1 原始物料

（1）原料全分析并校正为100%；

（2）生铁全分析；

（3）各种原料消耗量；

（4）鼓风湿度；

（5）选择直接还原度，或依煤气成分计算；

（6）假定焦炭和喷吹物含C总量的1.2%与H_2反应生成CH_4，（全焦冶炼可选0.5%～1.0%的C与H_2生成CH_4）。

上述(1)～(3)原始条件已由配料计算给出，本例仅假定其余各项未知条件，分别为鼓风湿度$f=1.5\%$，即$12g/m^3$；直接还原度$r_d=0.45$；

11.4.2 根据碳平衡计算风量

11.4.2.1 风口前燃烧的碳量$C_{风}$

根据碳平衡得：

$$m(C)_{风} = \Sigma m(C)_{燃} - w[C] \times 10^3 - \Sigma m(C)_{直} - m(C)_{CH4} \qquad (11\text{-}8)$$

式中 $m(C)_{风}$——风口前燃烧的C量，kg；

$\Sigma m(C)_{燃}$，$\Sigma m(C)_{直}$，$m(C)_{CH4}$——分别为燃料带入C量，直接还原耗C和生成CH_4的C量，kg；

$w[C]$——生铁含C量,%。

按式(11-8)分别进行计算。

燃料带入固定碳$=m(C)_J+m(C)_M=370\times0.8563+165\times0.7748=444.67(kg)$

溶于生铁的碳$=0.04445\times1000\approx44.5kg$

$$直接还原耗碳=m(C)_{Mn}+m(C)_{Si}+m(C)_P+m(C)_{Fe}=0.9\times\frac{12}{55}+3.5\times\frac{24}{28}+0.8\times\frac{60}{62}$$

$$+950\times0.45\times\frac{12}{56}=0.20+3+0.77+91.60=95.58(kg)$$

生成CH_4耗碳$=444.67\times0.012=5.34(kg)$

则风口前燃烧的C量：$m(C)_{风}=444.67-44.5-95.58-5.34=299.25(kg)$。占入炉总C量的67.30%$\left(即\frac{299.25}{444.67}\right)$。

11.4.2.2 风量计算

根据氧平衡可得($V_{风}$)：

$$V_{风} = \frac{\Sigma m(C)_{燃} \times c'_{风} \times 0.933 - Q_{O_2}}{0.21 + 0.29f} \tag{11-9}$$

其中
$$Q_{O_2} = \left[V(O)_M + (V(H_2O)_M) \times \frac{16}{18} \right] \times \frac{22.4}{32}$$

式中　$\Sigma m(C)_{燃} \times c'_{风} \times 0.933$——风口前燃烧的 C 所需氧量（$m^3$）（$\Sigma m(C)_{燃}$为燃料带入 C 量，$c'_{风}$为 C 在风口前的燃烧率）；

Q_{O_2}——燃料带入的氧量（m^3）（M，为煤粉，$V(O)_M$、$V(H_2O)_M$为煤带入的氧和 H_2O 量）；

$0.21 + 0.29f$——鼓风含氧浓度（f 为鼓风湿度）。

按式(11-9)分别进行计算。

鼓风含氧浓度 $= 0.21 + 0.29 \times 0.015 = 0.2144(m^3/m^3)$；

风口前 C 燃烧所需氧量 $= 444.67 \times 67.30\% \times 0.933/0.2144 = 279.21/0.2144(m^3)$；

燃料带入氧量 $= 165 \times \left(0.0405 + 0.0079 \times \frac{16}{18}\right) \times \frac{22.4}{32} = 5.49(m^3)$；

每吨生铁鼓风量 $= \frac{279.21 - 5.49}{0.2144} = 1276.68(m^3)$。

11.4.3　煤气成分及数量计算

（1）CH_4 由燃料中碳生成 CH_4 量 $= 5.34 \times \frac{22.4}{12} = 9.97(m^3)$

焦炭挥发分含 CH_4 量 $= 370 \times 0.0003 \times \frac{22.4}{16} = 0.16(m^3)$

进入煤气的 CH_4 量 $= 9.97 + 0.16 = 10.13(m^3)$

（2）入炉总 H_2 量 = 鼓风带入 H_2 + 焦炭带入 H_2 + 煤粉带入 H_2

即
$$H_{2的总量} = 1276.68 \times 0.015 + 370 \times (0.0006 + 0.004) \times \frac{22.4}{2} + 165 \times \left(0.0435 + \frac{0.0079 \times 2}{18}\right) \times \frac{22.4}{2} = 19.16 + 19.06 + 82.01 = 120.23(m^3)$$

设在喷吹条件下有 40% 的 H_2 参加还原，则参加还原的 H_2 量 $= 120.23 \times 0.4 = 48.09(m^3)$

生成 CH_4 的 H_2 量 $= 9.97 \times 2 = 19.94(m^3)$

进入煤气的 H_2 量 $= 120.23 - (48.09 + 19.94) = 52.2(m^3)$

$r_{i_{H_2}} = \frac{48.09 \times \frac{2}{3} \times \frac{56}{22.4}}{950} = 8.44\%$（假定用 H_2 还原的铁氧化物中，1/3 是用于还原Fe_3O_4，2/3 是用于还原 FeO）

（3）由 $Fe_2O_3 \rightarrow FeO$ 生成的 CO_2 量 $= 1695.53 \times 0.6999 \times \frac{22.4}{160} = 166.14(m^3)$

由 $FeO \rightarrow Fe$ 生成的 CO_2 量 $= 950 \times (1.0 - 0.45 - 0.0844) \times \frac{22.4}{56} = 176.93(m^3)$

由 $MnO_2 \rightarrow MnO$ 生成的 CO_2 量 $= 1695.53 \times 0.0003 \times \frac{22.4}{87} = 0.131(m^3)$

另外，H_2 参加还原反应，相当于同体积的 CO 所参加的反应，所以 CO_2 生成量中应减去

48.09m^3，总计间接还原生成CO_2量=166.14+176.93+0.131-48.09=295.11(m^3)

各种炉料分解或带入的CO_2量=焦中的CO_2量+矿中的CO_2量

$$=370\times 0.0033\times \frac{22.4}{44}+1695.53\times 0.0116\times \frac{22.4}{44}$$

$$=0.62+10.02=10.64(m^3)$$

煤气中总CO_2量=295.11+10.64=305.75(m^3)

(4) CO 风口前碳素燃烧生成 $CO=299.25\times \frac{22.4}{12}=558.6(m^3)$

元素直接还原生成 CO 量 $=95.58\times \frac{22.4}{12}=178.42(m^3)$

焦炭挥发分中 CO 量 $=370\times 0.0033\times \frac{22.4}{12}=2.28(m^3)$

间接还原消耗 CO 量=295.11(m^3)

煤气中总 CO 量=558.6+178.42+2.28-295.11=444.19(m^3)

(5) N_2由鼓风、焦炭及煤粉带入，其总量为：

$$V_{N_2}=V_{N_{2风}}+V_{N_{2焦}}+V_{N_煤}=1276.68\times(1-0.015)\times 0.79+370\times 0.0055\times \frac{22.4}{28}$$

$$+165\times 0.0042\times \frac{22.4}{28}=993.45+1.63+0.55$$

$$=995.63(m^3)$$

根据以上计算结果，列出煤气组成见表11-11。

表11-11 煤气成分表

成 分	CO_2	CO	N_2	H_2	CH_4	总计	$V_g/V_风$
m^3	305.75	444.19	995.63	52.2	10.13	1807.9	1.416
%	16.91	24.56	55.08	2.89	0.56	100.00	

11.4.4 编制物料平衡表

(1) 计算鼓风量：

$$1m^3\text{ 鼓风质量}=\frac{0.21\times 0.985\times 32+0.79\times 0.985\times 28+0.015\times 18}{22.4}=1.28(kg/m^3)$$

全部鼓风质量 =1276.68 × 1.28 = 1634.751(kg)

(2) 计算煤气质量：

$$1m^3\text{ 煤气质量}=\frac{0.1691\times 44+0.2456\times 28+0.5508\times 28+0.0056\times 16+0.0289\times 2}{22.4}$$

$$=1.33(kg/m^3)$$

全部煤气质量 =1807.9 × 1.33 = 2404.51(kg)

(3) 水分计算：

焦炭带入水分 = 370 × 0.048 = 17.76(kg)

煤粉水分 = 165 × 0.0079 = 1.30(kg)

H_2还原生成水分 $=48.09\times \frac{18}{22.4}=38.64(kg)$

总计水分质量 = 17.76 + 1.30 + 38.64 = 57.7(kg)

(4) 炉料机械损失 = 2258.61 − 2230.53 − 17.76 − 1.30 = 9.08(kg)

根据上述计算结果，列出物料平衡表(表 11-12)。

表 11-12 物 料 平 衡 表

序 号	收入项	kg	序 号	支出项	kg
1	原燃料	2230.53	1	生 铁	1000.00
2	鼓 风	1634.75	2	炉 渣	393.12
			3	煤 气	2404.51
			4	水 分	57.7
			5	炉 尘	9.08
	共 计	3865.28		共 计	3864.41
	绝对误差	0.87%		相对误差	0.0225%

一般要求物料平衡的相对误差应在 0.3% 以下，故上述计算符合要求。

11.5 热平衡

热平衡计算的目的，是为了了解高炉内热量供应和消耗的状况，掌握高炉内热能的利用情况，研究改善高炉热能利用和降低消耗的途径。编制热平衡计算表是研究高炉冶炼过程的基本方法之一。

热平衡计算的基础是能量守恒定律，即供应高炉的热量应等于各项热量的消耗；而依据是配料计算和物料平衡计算所得的有关数据。热平衡计算采用差值法，即热量损失是以总的热量收入，减去各项热量消耗而得到的，即把热量损失作为平衡项，所以热平衡表面上没有误差，因为一切误差都集中掩盖在热损失之中。

根据不同需要，可以把热平衡分为两大类，即全炉热平衡和区域热平衡。全炉热平衡是整个高炉内的热量收支平衡，作为衡量全高炉的热能利用状况；区域热平衡则是研究高炉不同部位热能的利用情况，尤其是高炉的高温区域。

全炉热平衡现有三种编制方法，这里仅介绍第一热平衡。

第一热平衡是根据热化学中的盖斯定律编制的，即根据加入高炉物料的最初形态和产品的最终形态，以计算量的转变，而不考虑高炉内的实际反应过程。例如铁矿石加入高炉内最终变为生铁，在热消耗中，只依据原料所含的铁氧化合物分解耗热；焦炭燃烧最后变成煤气，在热收入项中，只依据焦炭中碳燃烧反应的放热。所以计算简便，也能反映高炉内燃烧和直接、间接还原状况。它可以用来分析直接还原发展的程度，为巴甫洛夫直接还原的图解分析方法奠定了基础。因此，这种热平衡方法作为一种经典方法而广为流传。

但是第一热平衡不能真实地反映高炉冶炼过程的热量分配状况，夸大了热量的收入和支出。比如反应 $FeO + C \rightarrow Fe + CO$，在计算时，既支出了 FeO 的分解热 269755.5kJ/(kg · mol)，也收入了碳燃烧热 117565.3kJ/(kg · mol)；而实际上反应是吸热 117565.3 − 269755.5 = −152190.2kJ/(kg · mol)。虽然收支平衡无错(这也是第一热平衡值得肯定和可应用的重要原因)，但高炉内既未放热 117565.3kJ，也没有吸热 269755.5kJ。这样在利用热平衡分析热量收支时，就不能得出更为合理的结论；同时，这种方法不符合现代关于还原机理的概念。

第二热平衡基本上按高炉内实际反应过程编制，它克服了热量收入上的不合理计算。例如前述 FeO 直接还原反应，只计算此反应实际吸热 152190.2kJ/(kg · mol)，而不是按前述二步法来计算。实际上第一热平衡的计算，是设想各还原过程都包括氧化物的分解和还原剂的氧化二步组成，这和还原机理的二步理论一样，显然是不符合实际的。

按第二热平衡计算所得的热量总值，接近于高炉内实际收入的热量，也完全相当于高炉内进行化学变化和物理变化所消耗的热量总值。在热量收支比例上，减少了不合实际的碳燃烧热量收入和氧化物热量支出的比值，因而也相应增大了其他热收入项和热支出项的比例，同时，能量利用指标也有改变。据以上分析，以第二热平衡为依据，进行能量利用分析和考虑节焦途径与效果，就比较真实可靠。

11.5.1 第一总热平衡计算

需要补充的原始条件：

鼓风温度1100℃；炉顶温度200℃；入炉矿石温度80℃。

11.5.1.1 热量收入

(1) 碳的氧化热：

由C氧化成$1m^3$的CO_2放热 $= \dfrac{33410.66}{22.4} \times 12 = 17898.43(kJ/m^3)$

由C氧化成$1m^3$的CO放热 $= \dfrac{9797.11}{22.4} \times 12 = 5250.50(kJ/m^3)$

碳的氧化热 = 295.11 × 17899.43 + (444.19 − 2.28) × 5250.50

= 5282300.79 + 2320248.46 = 7602549.25(kJ)

(2) 热风带入热：

1100℃时干空气及水蒸气比热容分别为1.426kJ/(m^3·℃)和1.742kJ/(m^3·℃)。

热风带入热 = [(1276.68 − 19.16) × 1.426 + 19.16 × 1.742] × 1100

= (1793.224 + 33.38) × 1100 = 2009264.4kJ

(3) 成渣热：

炉料中以碳酸盐形式存在的CaO和MgO，在高炉内生成钙铝硅酸盐时，1kg放出1130.49kJ的热量。

混合矿中的CaO量 $= 1695.53 \times 0.0116 \times \dfrac{56}{44} = 25.03(kg)$

成渣热 = 25.03 × 1130.49 = 28296.16(kJ)

(4) 混合矿带入物理热：

80℃时混合矿的比热容为1.0kJ/(kg·℃)

混合矿带入物理热 = 1695.53 × 1.0 × 80 = 135642.4(kJ)

(5) H_2氧化放热：

$1m^3$ H_2氧化成H_2O放热10806.65kJ

H_2氧化放热 = 48.09 × 10806.65 = 519691.8(kJ)

(6) CH_4生成热：

1kg CH_4生成热 $= \dfrac{77874.4}{16} = 4865.29(kJ)$

CH_4生成热 $= 9.97 \times \dfrac{16}{22.4} \times 4865.29 = 34647.82(kJ)$

冶炼1t生铁的总热量收入等于(1)~(6)项热量之和，即

$Q_{总收}$ = 7602549.25 + 2009264.4 + 28296.16 + 135642.4 + 519691.8 + 34647.82

= 10330091.83(kJ)

11.5.1.2　热量支出

（1）氧化物分解与脱硫：

1）铁氧化物分解热：设焦炭和煤粉中的FeO以硅酸铁形态存在，烧结矿中FeO有20%以硅酸铁形态存在，其余以Fe_3O_4形态存在。铁氧化物分解热由FeO、Fe_3O_4和Fe_2O_3三部分组成。

$m(FeO)_{硅酸铁} = 1695.53 \times 0.87 \times 0.0818 \times 0.20 + 370 \times 0.0075 + 165 \times 0.0045 = 27.65(kg)$，去除进入渣中的FeO，它也以硅酸铁形式存在，计3.68kg。

余下的$m(FeO)_{硅酸铁} = 27.65 - 3.68 = 23.97(kg)$

$m(FeO)_{四氧化三铁} = 1695.53 \times 0.0896 - 1695.53 \times 0.87 \times 0.0818 \times 0.2 = 127.79(kg)$

$$m(Fe_2O_3)_{四氧化三铁} = 127.79 \times \frac{160}{72} = 283.98(kg)$$

$m(Fe_2O_3)_{自由} = 1695.53 \times 0.6999 - 283.98 = 902.72(kg)$

依据1kg铁氧化物分解热，即可算出总的分解热。

$FeO_{硅酸铁分解热} = 23.97 \times 4075.21 = 97682.78(kJ)$

（$4075.21kJ/(kgFeO_{硅酸铁})$）

$Fe_3O_{4分解热} = (127.79 + 283.98) \times 4799.98 = 1976487.77(kJ)$

（$4799.98kJ/(kgFe_3O_4)$）

$Fe_2O_{3分解热} = 902.72 \times 5152.94 = 4651662kJ$

（$5152.94kJ/(kgFe_2O_3)$）

铁氧化物总分解热 = 97682.78 + 1976487.77 + 4651662 = 6725832.55(kJ)

2）锰氧化物分解热：

$MnO_2 \rightarrow MnO$ 分解热 $= 1695.53 \times 0.0003 \times 2629.44 = 1337.49(kJ)$（$2629.44kJ/(kgMnO_2)$）

$MnO \rightarrow Mn$ 分解热 $= 0.9 \times 7362.84 = 6626.56(kJ)$（$7362.84kJ/(kgMn)$）

锰氧化物分解总热 = 1337.49 + 6626.56 = 7964.05(kJ)

3）SiO_2 分解热 $= 3.5 \times 30288.76 = 106010.65(kJ)$（$30288.76kJ/(kgSi)$）

4）$Ca_3(PO_4)_2$ 分解热 $= 0.8 \times 35756.98 = 28605.58(kJ)$（$35756.98kJ/(kgP)$）

5）脱硫耗热：由于CaO脱硫耗热为5401.23kJ/(kgS)，MgO脱硫耗热为8039.4kJ/(kgS)二者差别较大，故取其渣中成分比例(39.74∶10.59≈4∶1)来计算平均脱硫耗热。

$$1kg硫的平均耗热 = (5401.23 \times \frac{4}{5} + 8039.04 \times \frac{1}{5}) = 5928.79(kJ)$$

脱硫耗热 = 3.33 × 5928.79 = 19742.88(kJ)

氧化物分解和脱硫总耗热为上述1)~5)项热耗之和，即

$Q_{氧} = (6725832.55 + 7964.05 + 106010.65 + 28605.58 + 19742.88) = 6888155.71(kJ)$

（2）碳酸盐分解热。由$CaCO_3$分解出1kg的CO_2需热4044.64kJ，由$MgCO_3$分解出1kg的CO_2需热2487.08kJ，混合矿石CO_2量 = 1695.53 × 0.0116 = 19.67(kg)。假定$CaCO_3$和$MgCO_3$是按比例分配的，其中以$CaCO_3$分解的CO_2为$19.67 \times \frac{8.99}{8.99 + 2.40} = \frac{19.67 \times 8.99}{11.39} = 15.53(kg)$，则以$MgCO_3$形式分解的$CO_2$量 = 19.67 − 15.53 = 4.14(kg)。

碳酸盐分解热 = 15.53 × 4044.64 + 4.14 × 2487.08 = 73109.77(kJ)

（3）水分分解热 = 19.16 × 10806.65 = 207055.36(kJ)（$10806.65kJ/(m^3H_2O)$）

（4）喷吹物分解热 = 165 × 1256.1 = 207256.5(kJ)（1256.1kJ/kg煤粉）

（5）炉料游离水的蒸发热 1kg 水由 20℃升温到 100℃吸热 334.96(kJ)，再变成 100℃水蒸气，吸热 2261(kJ)，总吸热 2595.96(kJ)

$$游离水蒸发热 = 370 \times 0.048 \times 2595.94 = 46104.25(kJ)$$

（6）生铁带走热：

生铁焓值	炼钢生铁	铸造生铁	锰 铁
kJ/kg	1130.44 ~ 1172.36	1256.04 ~ 1297.91	1172.3 ~ 1214.17

铁水带走热 = 1000 × 1172.36 = 1172360(kJ)(取 1172360kJ/(kg 铁))

（7）炉渣带走热：

炉渣焓值	炼钢铁渣	铸造铁渣	锰铁渣
kJ/kg	1716.59 ~ 1758.54	1884.06 ~ 2009.66	1842.192 ~ 1967.79

炉渣带走热 = 393.29 × 1758.54 = 691616.2(kJ)(取 1758.54kJ/(kg 渣))

（8）炉顶煤气带走热：200℃时煤气各成分比热容(kJ/(m^3·℃))为：

CO_2	CO	N_2	H_2	CH_4	H_2O
1.787	1.313	1.313	1.302	1.82	1.519

$$干煤气比热容 = 0.1691 \times 1.787 + (0.2456 + 0.5508) \times 1.313 + 0.0289 \times 1.302 + 0.0056 \times 1.82 = 1.396(kJ/(m^3 \cdot ℃))$$

$$干煤气带走热 = 1807.9 \times 1.396 \times 200 = 504765.68(kJ)$$

$$水蒸气带走热 = 57.7 \times \frac{22.4}{18} \times 1.519 \times (200 - 100) = 10907.1(kJ)$$

$$炉尘带走热 = 9.08 \times 0.8374 \times 200 = 1520.72(kJ)$$（炉尘比热容 0.8374kJ/(kg·℃)）

$$煤气带走热 = 504765.68 + 10907.1 + 1520.72 = 517193.5(kJ)$$

前 8 项之和：6888155.71 + 73109.77 + 207055.36 + 207256.5 + 46104.25 + 1172360 + 691616.2 + 517193.5 = 9802851.29(kJ)

（9）外部热损失 = 10330091.83 − 9802851.29 = 527240.54(kJ)(包括散热和冷却水带走热)

此项作为热平衡项，即为总热量收入与以上八项热支出的差值等于 527150.4kJ。

根据热收入与热支出数值列表于 11-13。

表 11-13 热平衡表

序号	收入项名称	kJ	%	序号	支出项名称	kJ	%
1	碳的氧化热	7602549.25	73.6	1	氧化物分解与脱硫	6888155.71	66.69
2	热风带入热	2009264.4	19.5	2	碳酸盐分解	73109.77	0.71
3	成渣热	28296.16	0.27	3	水分分解	207055.36	2.0
4	炉料物理热	135642.4	1.3	4	喷吹物分解	207256.5	2.0
5	H_2的氧化热	519691.8	5.0	5	游离水蒸发	46104.25	0.45
6	CH_4的生成热	34647.82	0.34	6	铁水带走	1172360	11.35
				7	炉渣带走	691616.2	6.7
				8	煤气带走	517193.5	5.0
				9	外部热损失	527240.54	5.1
	共 计	10330091.83	100		共 计	10330091.83	100

11.5.2　热平衡指标

（1）碳的热能利用系数 K_C：

$$K_C = \frac{\text{碳的氧化热(包括燃烧成 CO 和}CO_2\text{ 放出的热量)}}{\text{除进入生铁外的碳全部燃烧成}CO_2\text{ 所放出的热量}} \times 100\%$$

$$K_C = \frac{7602549.25 \div 394.83}{33412} = 57.63\%$$

（2）热量有效利用系数 K_T：

$$K_T = \frac{\text{高炉总热量收入 -（煤气带走热量 + 外部热损失热量）}}{\text{高炉总热量收入}} \times 100\%$$

$$K_T = \frac{10330091.83 - (527240.54 + 517193.5)}{10330091.83} = 89.89\%$$

从上述指标值可以看出，K_C此值一般在50% ~60%之间，个别可达65%，本例的碳的热能利用系数 K_C值为57.63%。K_T值一般为80% ~90%，个别高于90%，本例高炉热量利用系数为89.89%。例中，保证冶炼必须的热量为热支出项的1 ~7 项；8 ~9 项热支出是无效热量，要提高热量有效利用系数，需降低炉顶煤气温度和外部热损失，如增加产量等措施是积极有效的。

11.6　高炉操作线应用及分析

1967 年，法国学者 A. 里斯特(A. Rist)和 N. 梅依森(N. Meyssem)提出高炉操作线图(简称操作线)。操作线图是以高炉冶炼过程中最本质的反应 Fe—O—C 三元系反应为核心，表达出高炉冶炼过程中 Fe—O—C 体系的变化、各种冶炼参数和指标间的内在联系，操作线图对分析高炉冶炼全过程甚为方便。即用简单的直角坐标图，把原料组成、生铁成分、炉顶煤气成分、直接还原度、热平衡状态和焦比之间的关系联系起来，从而便于分析高炉操作状况，指明降低焦比的潜力和途径，省略了大量文字和计算说明，能简便直观地将高炉冶炼的各种重要参数的影响规律表达出来。但是操作线属于“静态”模型，未涉及动力学，加之高炉行程的复杂性，所以它对于高炉进程的控制不尽完善。

11.6.1　操作线图的基本原理

炼铁过程的实质是用燃料中的碳及其燃烧产物(主要是 CO 亦有 H_2)，使铁矿石中的铁和氧分离。对于无 H_2和使用大量 Fe_2O_3的高炉，在冶炼过程中的实质反应，是炉料中的氧转移到煤气中的过程。高炉冶炼过程的氧有三个来源，即矿石中与铁结合的氧；硅、锰、磷等氧化物中的氧和鼓风中的氧。这些氧与碳结合形成 CO 及 CO_2，表示氧的去向。

在平面直角坐标中，以纵坐标代表冶炼单位生铁夺取的氧量或炉料的氧化度，用 $A(O)/A(Fe)=y$ 表示，并以氧铁原子数之比为单位。由于氧原子与碳原子反应时原子数之比都是1:1 ($C+O=CO$，$CO+O=CO_2$)，所以纵坐标也表示碳燃烧时被氧化的碳原子与铁原子之比值即 $A(C)/A(Fe)=y$。换言之，$y=A(O)/A(Fe)=A(C)/A(Fe)=A(CO)/A(Fe)$。(千克原子氧，或千克原子碳或 CO/千克原子铁)。因 Fe_2O_3，Fe_3O_4和 FeO 的 $A(O)/A(Fe)$之比分别为 1.50，1.33 和 1.00，所以 $y=A(O)/A(Fe)=1\sim1.5$ 为高炉上部间接还原区，$y=A(O)/A(Fe)=1\sim0$ 表示高炉下部直接还原区，$y<0$ 表示铁以外的其他元素(如硅、锰、磷、硫、钒、钛等)的还原和碳的燃烧。$A(C)/A(Fe)$还代表冶炼一个原子铁所产生的煤气量，这进一步还原过程就是

氧的传输过程。纵坐标表示氧的来源。

横坐标表示一个C原子结合的O原子数，即表示煤气的氧化度，用 $A(\mathrm{O})/A(\mathrm{C})=x$ 表示，体现氧的去向。冶炼1kg原子铁所夺取的氧原子愈多，煤气中与C结合的O原子也愈多。当 $x=0$ 时，无氧转入煤气，表示风口前端碳未燃烧的区域；$x=0\sim1$，氧转入煤气全部生成CO，表示高炉下部直接还原区和高温燃烧区；$x=1\sim2$，生成的CO转变成 CO_2 的量逐渐增加，表示高炉上部间接还原区。

根据以上表示方法作操作线图11-1图中纵坐标中 y_i = 间接还原夺取的氧(O)，y_d = 直接还原夺取的氧(O)，y_u = Si、Mn、P、S等还原失去的氧(O)，y_b = 鼓风带入的氧(O)，$y_{总}=y_i+y_d+y_u+y_b$ 表示冶炼一个铁原子时，燃料中C能得到的总氧(O)量。

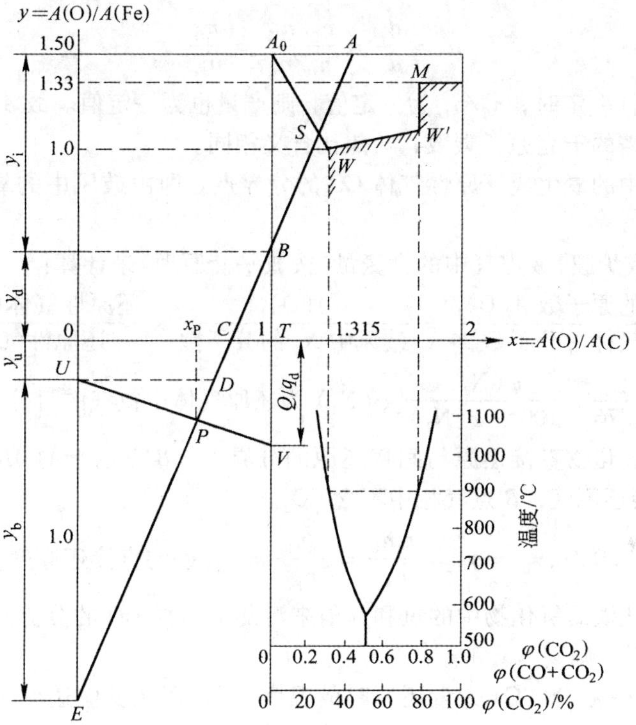

图11-1　高炉操作线图

概括起来，可将操作线划分为三个区域，即：

$x=0\sim1$，$y=0\sim1.5$ 为铁氧化物的还原区，其中 $y=1\sim1.5$ 为铁的间接还原区，$y=0\sim1$ 为铁的直接还原区。

$x=1\sim2$，$y=0\sim1.5$ 为铁的间接还原区。

$x=0\sim1$，$y<0$ 非铁元素还原及C燃烧区。

(1) A 点：表示炉顶条件，即炉内矿石与炉顶煤气情况，$y_A=1.50$ 表示全部使用赤铁矿的高炉炉顶装入的矿石的氧化度。

x_A 表示炉顶煤气中C的氧化度

$$x_A = 1 + x_i = 1 + \frac{\varphi(CO_2)}{\varphi(CO) + \varphi(CO_2)} \tag{11-10}$$

当 $x_A=0$ 时，则 $y_A=y_i+y_d$，即炉料中铁的原始氧化度，也是通过直接还原与间接还原，从矿石中铁的氧化物夺取的氧量。

（2）E 点：表示高炉下部燃烧区条件。$x_E=0$ 表示风口前端未燃烧区，即鼓风提供的氧量 y_b 还未同 C 反应。y_E 表示燃烧的 C 量与难还原元素还原时消耗的 C 量之和，即 $y_E=y_u+y_b$。

$$y_b=\frac{n_{C\cdot b}}{n_{Fe}}=\frac{n_{O\cdot b}}{n_{Fe}} \tag{11-11}$$

式中，$n_{C\cdot b}$，$n_{O\cdot b}$ 分别表示 C、O 的千克原子数；n_{Fe} 表示铁的千克原子数；y_b 表示鼓风中氧的消耗，即风量与生铁产量之比值。当产量一定时，风量与 y_b 成正比；而风量一定时，产量与 y_b 成反比。

连接 AE 两点成 AE 线，表示高炉从炉顶到风口共存的炉料与煤气相对成分的变化，也表示碳(C)的消耗和氧(O)的转移，称之为操作线，AE 的直线方程(点斜式)为 $y=(y_d+y_u+y_b)X-(y_U+y_b)$，其斜率为：

$$\mu=\frac{d_y}{d_x}=\frac{n_O/n_{Fe}}{n_O/n_C}=\frac{n_C}{n_{Fe}} \tag{11-12}$$

当原料和冶炼条件一定时，n_C/n_{Fe} 为一定值，则产量也为一定值。故 AE 线为一直线，μ 表示冶炼 1kg 原子铁所需的千克原子碳数，与焦比含义相同。

（3）D 点：鼓风中的氧生成还原性气体 CO 的分界点。即由鼓风中的氧同碳燃烧生成的还原性气体(CO)部分。

X_D 可根据炉顶(或炉腹)或煤气中的含氮量(按氮平衡原理)来计算：

$$X_D=\frac{\text{鼓风中氧的原子数}\,A(O)_b}{\text{还原性气体总分子数}}=\frac{A(O)_b}{\text{鼓风中 }N_2\text{ 的分子数}}\times\frac{\text{还原性气体中 }N_2\text{ 的分子数}}{\text{还原性气体总分子数}}$$

$$X_D=\frac{2}{3.76}\times\frac{\varphi(N_2)}{100-\varphi(N_2)}\left[\varphi(N_2)\text{ 为还原气体中氮气的百分含量}\right] \tag{11-13}$$

（4）B 点：为铁氧化物直接还原与间接还原的分界点。B 点以上的 AB 段为铁的间接还原区，BC 段为铁的直接还原区，B 点气相中不含 CO_2。

$$X_B=1.0\text{ 时},y_B=y_d=\frac{r_d n_O}{n_{Fe}}=\frac{r_d n_{Fe}}{n_{Fe}}=r_d(\text{铁的直接还原度},\%) \tag{11-14}$$

（5）C 点：表示从铁的氧化物中的氧和其他来源的氧生成 CO 的分界点，也是铁氧化物还原的起点。当 $y_c=0$ 时，则 $x_c=x_b+x_u$。

（6）W 点：表示 Fe 在 900℃(大量还原时的温度)下，还原反应达到平衡时，氧的交换量达到最大。操作线最大限度与 W 点相交，而不能向右超越 W 点。

W 点是浮士体 900℃时还原达到平衡的点。而 M 点是 Fe_3O_4 在 900℃下还原达到平衡的点。同理操作线 AE 也不能向右超越这些点(图中阴影部分)。

操作线是把冶炼单位生铁(56kg 生铁)所需风量(与 y_b 成正比)、生铁成分(与 y_u 有关)、铁的直接还原度(B 点纵坐标)，矿石氧化度(y_A)和炉顶煤气成分(x_A)、焦比(斜率 μ)联系起来并表示出定量关系，把工艺指标与基础理论结合起来，对炼铁工艺理论的发展有重要意义。

11.6.2　含 H_2 时操作线的表示

当高炉喷吹燃料时，煤气中 H_2 含量增多，此时，基本化学反应是在 Fe—O—H—C 四元素间进行，所以在坐标上应加上 H_2。其变化如下：

纵坐标改为 $\dfrac{A(O)+A(H_2)}{A(Fe)}$ 的原子比值，这时不但要计算 1kg 铁原子的氧(O)原子数，而且要计算 H_2 参加反应的数量。如果已知喷吹物成分，则易于计算出 $A(H_2)/A(Fe)$。纵坐标改变为$A(O)/A(Fe)+A(H_2)/A(Fe)$之和，并将$y_{H_2}=\frac{A(H_2)}{A(Fe)}$绘制在紧接$y_u$之后。

横坐标改为$\frac{A(H_2)+A(O)}{A(H_2)+A(C)}$的原子比。$H_2$还原成$H_2O$若不计甲烷，炉顶煤气中的$H_2$呈$H_2$和$H_2O$形态，总的$H_2$分子数为$A(H_2)+A(H_2O)$。炉顶煤气中O呈CO、$CO_2$及$H_2O$形态，故总的原子数为$(CO+CO_2+H_2O)$的分子数，同理总的C原子数为$CO+CO_2$分子数。故

$$x_A=1+x_i=1+\frac{A(H_2O)+A(CO_2)}{A(H_2)+A(H_2O)+A(CO)+A(CO_2)} \quad (11\text{-}15)$$

式中各组分可看成相应的煤气体积百分数。

横坐标$\varphi(x)=1$时，相当于$\varphi(CO)+\varphi(H_2)=100\%$，煤气利用最差；$x=2$时，相当于$\varphi(CO_2)+\varphi(H_2O)=100\%$，煤气利用最好。实际上高炉生产中$x$只能在1～2之间。故$x_A$的实质表示为$\eta_{co}$和$\eta_{H_2}$。

当喷吹燃料多，必须考虑CH_4时，则：

$$x_A=1+\frac{A(H_2O)+A(CO_2)+A(CH_4)}{A(H_2)+A(H_2O)+A(CO)+A(CO_2)+A(CH_4)} \quad (11\text{-}16)$$

日常生产中煤气成分中不分析H_2O，则可按下式计算

$$设\ \eta_{H_2}=\eta_{CO}\ 则\frac{\varphi(H_2)}{\varphi(H_2O)}=\frac{\varphi(CO)}{\varphi(CO_2)},所以\ \varphi(H_2O)=\varphi(H_2)\times\frac{\varphi(CO_2)}{\varphi(CO)} \quad (11\text{-}17)$$

操作线斜率μ：

$$\mu=\frac{A(H_2+O)/A(Fe)}{A(H_2+O)/A(C+H_2)}=\frac{A(C)+A(H_2)}{A(Fe)} \quad (11\text{-}18)$$

式中，μ表示冶炼单位铁原子燃料的总消耗，与燃料比的含义相同。

*W*点的确定：在高温下H_2还原能力强，平衡煤气中H_2O的含量大于CO_2的含量，故*W*点向右移动，煤气中含H_2越多，向右移越多。设900℃时，平衡煤气中$\varphi(CO_2)=31.5\%$，$\varphi(H_2O)=38.1\%$，则：

$$x_w=1+\frac{(y_b+y_u)\times 31.5\%+y_{H_2}\times 38.1\%}{y_u+y_b+y_{H_2}} \quad (11\text{-}19)$$

11.6.3 操作线的几个重要性质

11.6.3.1 最低碳比和炉身工作效率

高炉内铁氧化物间接还原的发展，特别是浮士体间接还原的发展程度，对碳耗有决定性的影响。当反应$FeO+CO=Fe+CO_2$向右进行时，气相中必须有过量的CO。但按热力学规律，在一定温度下，气相成分受化学平衡限制，而在同一温度下铁氧化物的氧化度则取决于Fe-O平衡图。换言之，煤气组成和Fe-O系统组成之间要保持化学平衡，该平衡在操作线图上体现为变数x和y间的关系。如果在炉身部位FeO的间接还原能达到平衡，则操作线*AE*与*W*点相切。

*W*点的位置取决于平衡温度，此温度一般选取浮士体开始直接还原的温度，通常为900～1000℃（或950～1100℃），在900℃时，平衡气相中$\varphi(CO)=68.5\%$，$\varphi(CO_2)=31.5\%$。

所以 $$x_w=1+\frac{\varphi(CO_2)}{\varphi(CO)+\varphi(CO_2)}=1+0.315=1.315$$

同理 1000℃时，$x_w=1+\frac{\varphi(CO_2)}{\varphi(CO)+\varphi(CO_2)}=1+0.284=1.284$

即 W 点的横坐标在 1.284 ~ 1.315 间变动。

浮士体为缺铁氧化物，即 $A(\mathrm{O})/A(\mathrm{Fe})$ 不为 1，含氧(O)量随温度不同而变化。常在 23.1% ~25.6% 范围。若按下限计算 $A(\mathrm{O})/A(\mathrm{Fe}) = 1.05$，此即 y_W。据此可以决定出 W 点。

当 AE 线的斜率最小时，即 AE 线与 W 点相切时，碳比最低。A 点横坐标的数值代表了此种情况下煤气利用的一极限值。此时的操作线斜率即相当于一定冶炼条件下的理论焦比(加上非气化的碳量)。

在炉身内铁氧化物还原没有达到平衡时，AE 线将会偏离 W 点而向左移，与 A_0W 线相交于 S 点。S 点距平衡状态的距离取决于还原动力学因素。若 AE 线与 A_0E 线重合，则炉身煤气中没有 CO_2，煤气利用最差；当 S 和 W 点重合时，炉身煤气中 CO_2 达 100%，煤气利用最佳。一般情况下高炉的 AE 线在 A_0 和 W 间旋转，接近 A_0 点焦比高；接近 W 点则焦比低。因此可用 $\eta = \frac{A_0S}{A_0W}$ 来评价炉内化学能利用程度。η 值称为炉身工作效率，显然该值在 0 ~ 1 之间。

11.6.3.2　理想操作线的热平衡

理想操作线，即指理论最低焦比时的操作线，也即斜率最小的操作线。目前煤气中 CO 含量远高于 FeO 还原的平衡气相成分，表明单位生铁热量消耗过大，降低热耗，也就降低了碳比。根据热平衡与理想操作线的关系，即可求出节碳的潜力。

高炉冶炼的热量来源于风口前碳的燃烧，当鼓风参数(如风温)不变时，风口燃烧碳产生的总热量与 y_b 成正比。但总热量的一部分将被煤气带到炉内上部，余下的热量可称为"有效热量"。设以冶炼 1kg 原子铁为计算单位，则高温区有效热量为 $y_b \cdot q_b$。y_b 表示 1kg 原子铁在风口前燃烧的碳原子数；q_b 表示 1kg 原子碳在风口前燃烧释放出的有效热量(12×9797kJ)。

热支出有两大项：

(1)部分浮士体直接还原耗热：

$$\mathrm{FeO} + \mathrm{C} = \mathrm{Fe} + \mathrm{CO} - 158805\,\text{kJ/kg 原子铁}$$

由此可知，冶炼 1kg 原子铁耗热 q_d 为常数(158805kJ)，所以热量消耗为 $y_d \cdot q_d$。

(2) 其他热消耗：此项包括非铁元素的直接还原耗热，渣铁过热，碳酸盐分解热，冷却水带走的热量和散热损失等，全部以 Q 表示。

按热平衡关系得：

$$y_b \cdot q_b = y_d \cdot q_d + Q \tag{11-20}$$

或

$$y_b \cdot q_d = q_b\left(y_d + \frac{Q}{q_d}\right), \text{即} \frac{y_b}{y_d + \dfrac{Q}{q_d}} = \frac{q_d}{q_b} \tag{11-21}$$

式中，Q/q_d 的物理意义是，其他热量消耗相当于从浮士体中还原多少千克原子铁所消耗的热量。在操作线坐标图上用线段 TV 表示，并在 $x = 1$ 的 T 点向下画出。

在一定冶炼条件下，当 V 点下移，即 Q/q_d 增加时，意味着高炉向热；Q/q_d 减少时，则高炉向凉。

联结 UV 线与操作线 AE 交于 P 点。此点即为操作点。在冶炼条件一定情况下，P 点是一个固定点。P 点坐标，可依据 ΔUEP 和 ΔVBP 相似关系求出，即：

$$x_p = \frac{q_d}{q_d + q_b}, \quad y_p = y_u + x_p(y_v - y_u) \tag{11-22}$$

当鼓风参数不变时，即 q_b 不变时，x_P 不变。如果煤气利用改善而使 y_d 减小，则操作线将绕 P 点转动。而 y_P 和生铁成分(y_u)及 $\frac{Q}{q_d}(y_v)$ 有关。生铁成分和 Q 不变时，则 $y_u \cdot y_v$ 一定，所以 y_P

也一定。

W 点坐标已知，连接 PW 就是该条件下的理想操作线 $A'E'$ 任何一条通过 P 点而偏离 W 点的操作线，其斜率 μ 均大于 $A'E'$ 的斜率 $\mu_{理}$。

依据 $x_p = \dfrac{q_d}{q_d + q_b}$ 可知，P 点横坐标取决于高温区的热收入。即 q_b 变化时，如风温提高或降低，x_p 将减小或增大。P 点则沿其轨迹 UV 向左或向右移动。P 点左移，操作线斜率减小，焦比降低；反之，焦比升高。

P 点纵坐标取决于高温区的热支出。热支出减少，y_V 和 y_u 上移，操作线斜率变小，焦比降低；热支出增加时，V 点下移，P 点也下移，操作线斜率变大，焦比升高。

由此可知，P 点集中反映了炉内热平衡状态，从而约束了操作线的变化。换言之，热平衡通过操作点限制了操作线的斜率。

UV 线可称为高温区热平衡线，它可以通过 UV 两点坐标求得。即 $U(0,\ -y_u)$，$V\left(1,\ -\dfrac{Q}{q_d}\right)$。

依此得方程：

$$y = (x-1)y_u - \frac{xQ}{Q_d} \tag{11-23}$$

式中，x 是直线方程的自变量，y 是 x 的函数。

11.6.3.3 炉料氧化度和煤气氧化度对操作线的影响

对于 A 点，其纵坐标决定于炉料中铁的氧化度(y_O)，若铁还原不完全，则以 $y_d + y_i$ 代表 y_O。碳夺取氧后，以 CO 和 CO_2 形式进入煤气，故 x_A 必在 1 ~ 2 之间。

对于 C 点，理论和实践均已证明 $r_d = 0$ 时，焦比并不是最低的，必然有相当部分的碳进入高温区，这也是保证整个料柱有良好透气性的需要，此时碳必然转化为 CO，结果使操作线和横轴的交点 C 必在 O 点($x = 0$)和 T 点($x = 1$)之间。

11.6.4 操作线绘制实例与应用分析

11.6.4.1 操作线制作

制作实例原始条件与前例相同。

取垂直直角坐标，确定坐标尺度，纵坐标为 $A(O)/A(Fe)$，横坐标为 $A(O)/A(C)$(千克原子数)。

(1) 确定 A 点(y_A、x_A)：

1) $y_A = \dfrac{矿石中氧原子数}{矿石中铁原子数}$

已知混合矿 $W(Fe) = 56.03\%$，$W(Fe_2O_3) = 69.99\%$，$W(FeO) = 8.96\%$(见表 11-3)，

则 Fe 的千克原子数 $= \dfrac{56.03}{56} = 1.001$

O 的千克原子数 $= \dfrac{1}{16}\left(69.99 \times \dfrac{48}{160} + 8.96 \times \dfrac{16}{72}\right) = 1.437$

矿石中氧原子数与铁原子数之比为：$\dfrac{A(O)}{A(Fe)} = \dfrac{1.437}{1.001} = 1.436 = y_A$

2) $x_A = \dfrac{煤气中氧原子数}{煤气中碳原子数} + 1$

已知炉顶煤气成分：$\varphi(CO_2)=16.91\%$，$\varphi(CO)=24.56\%$，$\varphi(H_2)=2.89\%$（还原生成 H_2O 量 $=48.09m^3$）煤气总体积 $1808.26m^3$（见表 11-11）。还原的 $\varphi(H_2O)=\dfrac{48.09}{1808.26}=2.66\%$

则：
$$x_A=1+\frac{\varphi(CO_2)+\varphi(H_2O)}{\varphi(CO)+\varphi(CO_2)+\varphi(H_2)+\varphi(H_2O)}$$
$$=1+\frac{16.91+2.66}{24.56+16.91+2.66+2.89}=1.416$$

根据以上计算求得 A 点坐标（$y_A=1.436$，$x_A=1.416$）

（2）确定 E 点（y_E，x_E）：

$$x_E=0,y_E=y_u+y_b$$

1）根据生铁成分求 y_u：

生铁成分（表 11-6）：

元　素	Si	Mn	P	Fe
含量/%	0.35	0.09	0.08	95.00
还原耗碳量/kg	3	0.2	0.77	（共计 3.97kg/t）

1t 生铁需还原的铁的千克原子数 $=\dfrac{950}{56}=16.96$

所以 $y_u=\dfrac{3.97}{12\times16.96}=0.02$（千克原子碳/千克原子铁）

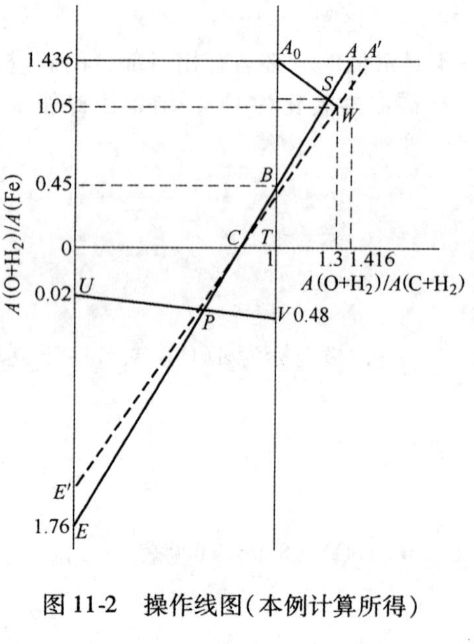

图 11-2　操作线图（本例计算所得）

2）计算 y_b：有喷吹物时生成的还原剂量包含有 CO 和 H_2。已知到达风口的碳量为 299.25kg，相当于 $\dfrac{299.25}{12\times16.96}=1.47$（千克原子碳/千克原子铁）

鼓风中湿分及煤粉生成的 H_2 量 $=19.16+82.01=101.17(m^3)$（见物料平衡计算）。千克原子氢/千克原子铁 $=\dfrac{101.17}{22.4\times16.96}=0.27$

所以 $y_b=0.27+1.47=1.74$（千克原子（CO + H_2）/千克原子铁）

据以上计算得 $y_E=y_u+y_b=0.02+1.74=1.76$，则 E 点坐标为（$y_E=1.76$，$x_E=0$）。

（3）据 A 点及 E 点坐标绘出 AE 线。连接的 AE 线称为操作线图 11-2。

（4）AE 线与 x 轴交于 C 点。自 $x=1$ 处引 x 轴垂直线，与 AE 线交于 B 点。B 点的纵坐标 y_d 即为铁的直接还原度 $r_d=0.45$。C 点表示铁氧化物还原生成 CO 的起点。

（5）燃料比计算：据 Q/q_d 求出 V 点。据本例条件：

1）$V_风$ 计算

$$V_风=\frac{吨铁风量}{冶炼吨铁风口前燃烧的碳}=\frac{1276.68}{299.25}=4.268(m^3/kg)$$
$$q_b=q_1-q_2$$

2）而 $q_1 = 12 \times (q_{CO} + V_{风} \cdot c'_{风} \cdot t_{风} - 1806V_{风} \cdot f)$

$= 12 \times (9530 + 4.268 \times 1100℃ \times 1.426 - 10806 \times 4.268 \times 0.015)$

$= 12 \times (9530 + 6694.79 - 691.80)$

$= 186395.88(kJ)$

3）而 $q_2 = 12 \times 4.268 \times 1.4026 \times 1000 \times \frac{0.7782}{0.5508} = 101493.16(kJ)$

则　$q_b = q_1 - q_2 = 186395.88 - 101493.16 = 849027.72(kJ)$

q_1为碳在风口前燃烧放出的有效热量(包括热风带入的物理热，扣除水分分解热)，kJ/kg；

q_2为煤气离开高温区带走的热量，kJ/kg。

4）高温区有效热量消耗 Q：

由于 q_d是常数，$q_d = 158805kJ/kg$

$Q = y_b q_b - y_b q_d = 1.74 \times 84902.72 - 0.45 \times 158805 = 76268.48(kJ)$

5）V 点：V 点在 $x = 10$　$x_v = 1$　$y_v = \frac{Q}{q_d} = \frac{76268.48}{158805} = 0.48$

$$x_p = \frac{q_d}{q_d + q_b} = \frac{158805}{158805 + 84902.72} = \frac{158805}{243707.72} = 0.65$$

$$y_p = y_u + x_p \times (y_v - y_u) = -0.02 + 0.65 \times (-0.48 + 0.02) = -0.32$$

6）操作线斜率的计算：

$$\mu = \frac{y_p - y_A}{X_p - X_A} = \frac{-0.32 - 1.436}{0.65 - 1.416} = 2.292$$

$$\mu_{理想} = \frac{y_p - y_w}{x_p - x_w} = \frac{-0.32 - 1}{0.65 - 1.284} = 2.082$$

$$\Delta\mu = \mu - \mu_{理想} = 2.292 - 2.082 = 0.21$$

11.6.4.2　应用分析

A　炉身工作效率 η

高炉操作必须节能降耗，所采取的措施力求改善煤气热能和化学能的利用，尽可能提高煤气的氧化程度、即提高煤气中的 CO_2 含量。生产实践表明，煤气中的 CO_2 每提高 1%，可降低燃料 17 ~ 25kg/t(燃料降低的多少与基础燃料比及煤气中 CO_2 含量的高低有关)，可以加强矿石在炉身的间接还原，提高炉身工作效率。

AP 线的直线方程：$2.298x - y = 1.819$

A_0W 线的直线方程：$1.225x + y = 2.661$

根据以上两直线方程解出交点 $S(1.27, 1.1)$：

$$\eta = \frac{A_0S}{A_0W} \times 100\%$$

$$A_0S = \sqrt{(0.27)^2 + (0.336)^2} = 0.431$$

$$A_0W = \sqrt{(0.315)^2 + (0.386)^2} = 0.498$$

$$\eta = \frac{A_0S}{A_0W} \times 100\% = \frac{0.431}{0.498} = 86.5\%$$

或

$$\eta = \frac{y_A - y_S}{y_A - y_W} \times 100\% \tag{11-24}$$

S 点越靠近 W 点，FeO 还原越接近平衡，炉身工作效率就越高，现代先进高炉的炉身工作效率达95%以上，一般高炉在85%～95%之间，指标差的中小型高炉低于85%。

B　燃料比(焦比)计算

焦炭的固定碳含量 $w(\mathrm{C})_{焦固}=85.63\%$，煤粉的固定碳含量 $w(\mathrm{C})_{煤固}=77.48\%$，燃料中固定碳含量：

$$w(\mathrm{C})_{燃固}=\frac{370\times0.8563+165\times0.7748}{535}=0.831$$

按焦炭固定含碳量计算燃料比 $k_{焦}$：

$$k_{焦}=\frac{12}{56\times w(\mathrm{C})_{焦固}}\times w[\mathrm{Fe}]\cdot\mu\times1000$$

$$=\frac{12\times\mu\times w[\mathrm{Fe}]\times1000}{56\times w(\mathrm{C})_{焦固}}=\frac{12\times2.292\times0.95\times1000}{56\times0.8563}=545(\mathrm{kg})$$

按燃料固定含碳量计算燃料比 $k_{燃}$：

$$k_{燃}=\frac{12}{56\times w(C)_{燃固}}\times w[\mathrm{Fe}]\cdot\mu\times1000$$

$$=\frac{12\times\mu\times w[\mathrm{Fe}]\times1000}{56\times w(\mathrm{C})_{燃固}}=\frac{12\times2.292\times0.95\times1000}{56\times0.831}=562(\mathrm{kg})$$

理论燃料比 $k_{理}$：

$$k_{理}=\frac{12\times\mu_{理}\times w\cdot[\mathrm{Fe}]\times1000}{56\times w(\mathrm{C})_{燃固}}=\frac{12\times2.082\times0.95\times1000}{56\times0.831}=510(\mathrm{kg})$$

C　风温对焦比的影响

冶炼单位生铁的成分与热消耗一定时，风温提高使操作线 P 点沿 UV 线向左移至 P'。P' 点移动的位移大小取决于基础风温及提高风温的大小。若炉顶条件不变(A 点不动)，连接 AP' 并延长得到新操作线 AE'，新旧操作线斜率差($\mu-\mu'$)即为节省的燃料值。

提高风温后操作线绕 W 点旋转，则可据 PA 和 $P'A$ 延长线所得操作线，求出理想操作线的改变，导出风温与理论焦比变化的关系：

$$\Delta\mu=\mu'-\mu=\frac{y_A-y_P}{x_A-x_P}-\frac{y_A-y'_P}{x_A-x'_P}\tag{11-25}$$

计算提高100℃风温对燃料比的影响：

风温1000～1300℃间的平均比热容为1.42kJ/(m³·℃)：

$$q'_b=q_b+12V_{风}\cdot c'_{风}\cdot t_{风}=84902.72+12\times4.268\times1.424\times100$$

$$=84902.70+7292.16=92195.88$$

$$x_p=\frac{q_d}{q_d+q_b}=\frac{158805}{158805+92195.88}=\frac{158805}{251000.88}=0.63$$

$$y_p=y_u+x_p(y_v-y_u)=-0.02+0.63\times(-0.48+0.02)=0.31$$

$$\mu'=\frac{y_p-y_A}{x_p-x_A}=\frac{-0.31-1.436}{0.63-1.416}=2.22$$

$$\Delta\mu=\mu-\mu'=2.292-2.22=0.072$$

减少燃料比 Δk：

$$\Delta k=\frac{12}{56}\times\frac{w[\mathrm{Fe}]\cdot\Delta\mu\times1000}{w(\mathrm{C})_{燃固}}=17.64\mathrm{kg}$$

风温提高100℃节约燃料17.64kg。

显然风温提高后可以节约燃料(焦炭)，但不是线性关系(图 11-3)。

D　生铁含硅量对焦比影响

在风温等条件不变情况下，x_P不变，随着生铁含硅量提高，硅还原消耗的碳量及热量增加，U点下移至U'点，V点下移至V'点，y_p点相应改变。P点垂直下移至P'点，连接通过P'点的PW线可得生铁硅含量变化后的操作线，其斜率大于PW线斜率，即焦比升高。操作线的变化如图 11-4。其值由下式计算：

$$\Delta\mu = -\frac{x_p(\Delta y_v - \Delta y_U) + \Delta y_U}{x_w - x_p} \tag{11-26}$$

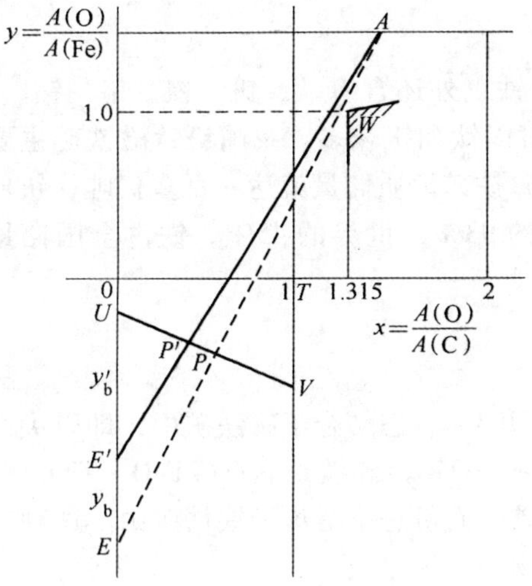

图 11-3　风温提高对操作线的影响

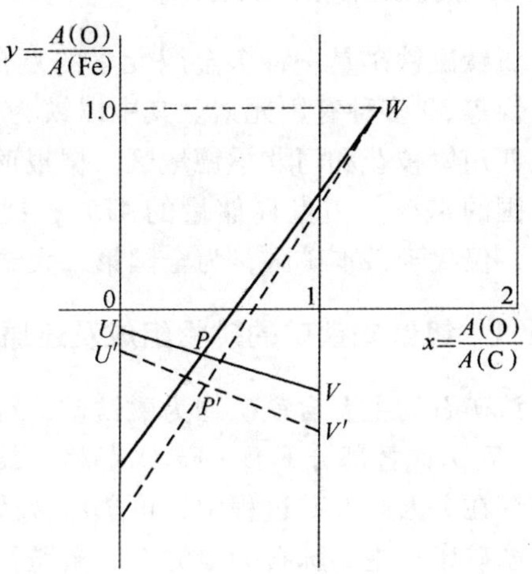

图 11-4　硅含量变化对操作线的影响

复习思考题

11-1　根据实习铁厂的原燃料条件，进行以下综合计算：

(1) 配料计算；

(2) 物料平衡计算；

(3) 热平衡计算；

(4) 绘制操作线，并从图中求出该条件下的燃料比和炉身工作效率。

12 特种矿石冶炼

我国的特种矿石品种多，数量大，储量集中。如攀西地区的钒钛磁铁矿，包头的白云鄂博含氟和稀土金属矿，酒泉的含钡矿等，此外有的铁矿还含有铜及其他有色金属。

12.1 钒钛磁铁矿的冶炼

钒钛磁铁矿是一种多金属元素的复合共生矿，除铁以外还含有钛、钒、镍、铬、钴、铜、锡、锑等30多种有用元素。其中以铁为主，其余元素以钛和钒较多。我国钒钛磁铁矿主要集中在四川攀枝花和河北承德地区。据报道仅攀西钒钛磁铁矿地质储量就达一百多亿吨，钒储量占全国的87%，占世界储量的47%；钛储量占全国的93%，世界的45%；铁占全国储量的11%，仅次于鞍本矿区，为全国第二大铁矿。

12.1.1 钒钛磁铁矿的矿物组成及还原

该矿石的主要含铁矿物为磁铁矿，钒的氧化物以固溶体状态结合于磁铁矿中，即以尖晶石$FeO \cdot V_2O_3$代替部分$FeO \cdot Fe_2O_3$晶格。钛以钛铁矿($FeO \cdot TiO_2$)和钛铁晶石($2FeO \cdot TiO_2$)矿物形态存在。因此选矿过程中，可选出含钛较高的钛精矿，而钒总是富集于铁精矿中。这种矿石是高温矿床，主要脉石为绿泥石、橄榄石和辉石等矿物。

钒钛磁铁矿是致密的难还原矿石，但经洗选烧结后，人造富矿的还原性大大提高。高炉冶炼条件下钒的还原率只有75%～85%，钛的还原率更低，取样表明炉腹区域钛的还原率为3.3%，风口区还原率可达20%，终渣钛的还原率只有12.16%。

12.1.2 含TiO_2炉渣特性

钒钛磁铁矿的冶炼历史已达一百年以上，我国对钒钛磁铁冶炼已有较高的理论基础及丰富的实践经验。攀钢高炉利用系数大于2.3t/($m^3 \cdot d$)，吨铁燃料比在550kg左右，在世界处于领先地位。钒钛磁铁矿冶炼的主要问题来自炉渣，TiO_2含量达25%～30%的炉渣在炉内会自动变稠，严重时放不出渣，导致高炉不能正常生产。

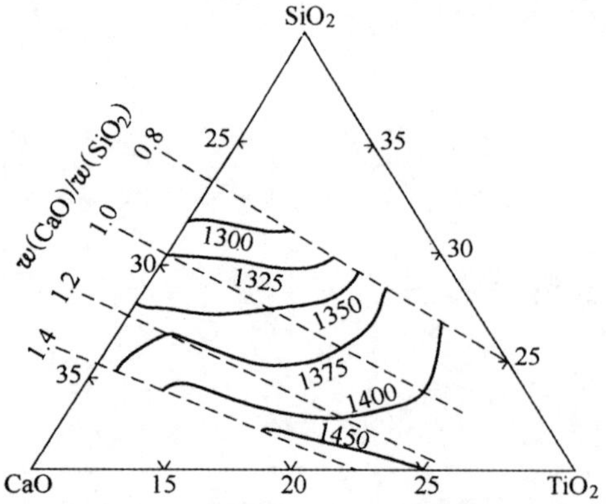

图12-1 TiO_2对炉渣熔化性的影响

高钛渣在高炉内自动变稠原因不是TiO_2本身，而是由于高炉内还原气氛下，生成钛的低价氧化物(Ti_2O_3)和高熔点的TiC、TiN及其固溶体Ti(C，N)，温度愈高，还原生成的Ti(C，N)化合物愈多，炉渣变得愈黏稠。

渣中TiO_2含量25%～30%范围时，在常用碱度范围内，其熔化性温度一般为1400℃左右，如图12-1。仅较普通炉渣高约100℃。熔化性温度随碱度升高而升高。熔化性温度较高的原因是由于高熔点矿物如巴依石($MgO \cdot Ti_2O_3$)、钙钛矿($CaO \cdot TiO_2$)等生成的结果。

钛渣在1450℃时、黏度一般小于0.5Pa·s，且具有碱性渣特点。似此不应造成冶炼困难。但生产实践表明，高钛型渣在炉内不稳定，随炉内停留时间的延长会自行变稠。变稠原因主要是渣中生成高熔点固体，如表12-1所示。

这些高熔点物质以固体颗粒悬浮于炉渣中，使炉渣黏度增大，而且Ti(C，N)还常常密集于金属周围，形成Ti(C，N)固体硬壳，使金属铁不能互相合并成铁滴，增加渣中悬浮状铁粒数量，不仅使炉渣黏度升高，而且渣中夹铁，降低铁的回收率。

表12-1 钛化合物的熔点和密度

化合物	TiC	TiN	TiO	Ti_2O_3
熔点/℃	3140	2950	1750	2130
密度/$g \cdot cm^{-3}$	4.3	5.21	4.13~4.25	4.60

12.1.3 钒钛磁铁矿冶炼特点

钒钛磁铁矿资源的开发利用，最初不是作为生产铁的原料，更重要的是作为战略物资钒的主要原料。对它的研究虽已有近百年的历史，但是，由于高炉冶炼存在炉渣变稠等一系列问题，直到现在，用高炉冶炼钒钛矿的国家仅有前苏联和中国。例如俄罗斯的下塔吉尔和邱索夫工厂冶炼的渣中TiO_2含量小于10%。攀枝花钢铁公司和四川西昌新钢业冶炼的钒钛磁铁矿，渣中TiO_2含量为23%~25%。钒钛矿高炉冶炼的关键问题是在冶炼过程中含钛炉渣变稠的特殊性而由此出现的铁损高，脱硫能力低等问题。渣中TiO_2含量和炉温高低，对炉渣变稠的速度和程度影响很大，对于含钛炉渣的变稠机理，是由于钛的过还原生成Ti(C，N)所造成的。因此，冶炼含钛磁铁矿的技术关键，就在于控制钛的过还原来抑制Ti(C，N)的生成量，以防止含钛炉渣变稠。随着冶炼的渣中TiO_2增加，变稠特性的表现越突出，适于控制钛的过还原技术也就越难。

根据生产实践经验，按渣中TiO_2含量范围可以分为低钛渣(≤10%的TiO_2)、中钛渣(10%~20%的TiO_2)和高钛型炉渣(≥20%的TiO_2)冶炼。高炉炼铁一般是以铁中[Si]含量表示相对炉温。钒钛矿冶炼，由于TiO_2和SiO_2性质相似，则以铁中$\sum$[Si+Ti]含量表示相对炉温。随着冶炼渣中TiO_2含量不同，铁中[Si]、[Ti]含量和炉温的变化规律有很大区别，也可分别按铁中[Si]或[Ti]的含量来表示。

12.1.3.1 低钛渣冶炼

低钛渣冶炼常出现的问题是随炉温升高，炉渣会缓慢变稠，在变稠过程中，渣中铁损明显增加。如果操作不当，炉渣流动性变差甚至会造成铁渣难分离，出渣出铁困难，使冶炼行程失常。只要将[Ti]和[Si]的含量控制在适宜的范围，就可以防止炉渣变稠，并能做到较低铁损和好的铁质量。前苏联冶炼低钛渣时，最先控制铁中[Ti]和[Si]的含量分别约0.30%左右，虽可防止变稠，仍然存在铁损较高的问题。后来采取富氧和天然气综合鼓风，铁中[Si]和[Ti]的含量分别控制到0.20%左右，改善了低钛渣冶炼的技术经济指标，接近相同条件下的普通矿冶炼水平。中国冶炼低钛渣时，在调节控制煤气流合理分布，炉缸工作活跃的基础上，主要是选择和控制适宜的炉温范围。例如，TiO_2含量为8.0%~10%的炉渣冶炼，铁中[Si]和[Ti]与炉温的变化规律是：

$$w[\mathrm{Si}] = 0.6551w[\mathrm{Si}+\mathrm{Ti}] + 0.010$$
$$w[\mathrm{Ti}] = 0.4141w[\mathrm{Si}+\mathrm{Ti}] - 0.013$$

铁中w[Si]和w[Ti]的关系为：

$$w[\mathrm{Ti}] = 0.700w[\mathrm{Si}] - 0.025$$

由以上关系看出，低钛渣冶炼时铁中 $w[\mathrm{Si}]$ 大于 $w[\mathrm{Ti}]$，而且 $w[\mathrm{Si}]$ 随炉温的变化较 $w[\mathrm{Ti}]$ 灵敏。实际操作中按铁中 $w[\mathrm{Si}]$ 的变化来判断炉温的变化。为防止钛渣变稠，同时控制较低铁损，又具有较好的脱硫能力，应控制的适宜炉温范围是：$\sum w[\mathrm{Si+Ti}] = 0.40\% \sim 0.50\%$，$w[\mathrm{Si}] = 0.27\% \sim 0.35\%$，$w[\mathrm{Ti}] = 0.13\% \sim 0.15\%$。铁中[Ti]含量的上限主要控制铁损，是低钛渣冶炼必须注意的问题。

实践表明，一般渣中 $w(TiO_2) < 5\%$ 的炉渣，在正常或较高炉温下不会变稠，熔化性温度适中，适于冶炼炼钢生铁，炉渣稳定性较好且脱硫能力较强，与普通矿相比无多大差异。生产操作中应注意如下特点：

(1) 炉温控制可在较宽范围。由于低钛渣稳定性好，炉温和炉渣成分即使有点波动，仍能保证正常生产。渣中 TiO_2 含量为 2% ~4% 时，生铁含硅一般允许波动范围为 0.4% ~0.7%，含钛 0.1% ~0.2%。如(TiO_2)含量小于 2%，则可冶炼铸造生铁，以含硅量判断炉温较为适宜。

(2) 适当地提高炉渣中 MgO 含量，增加炉渣的流动性，可以改善生铁质量。

(3) 提高鼓风动能，活跃炉缸。

(4) 上下部调剂大致与冶炼普通矿相同，但煤气中 CO_2 含量要求中心比边缘低 2% ~3%。

12.1.3.2　中钛渣冶炼

中钛渣冶炼主要问题是炉渣变稠的速度快于低钛渣。高炉冶炼 13% ~15% 的 TiO_2 炉渣，铁中[Si]和[Ti]随炉温的变化虽有相似的规律，但量的关系显然不同：

$$w[\mathrm{Si}] = 0.5421w[\mathrm{Si+Ti}] + 0.004$$

$$w[\mathrm{Ti}] = 0.4701w[\mathrm{Si+Ti}] - 0.007$$

铁水中 $w[\mathrm{Si}]$ 和 $w[\mathrm{Ti}]$ 的关系为：

$$w[\mathrm{Ti}] = 0.845w[\mathrm{Si}] - 0.007$$

中钛渣冶炼应控制的适宜炉温范围是保证铁中 $w[\mathrm{Si}] = 0.25\% \sim 0.31\%$，$w[\mathrm{Ti}] = 0.20\% \sim 0.25\%$，$\sum w[\mathrm{Si+Ti}] = 0.45\% \sim 0.56\%$。如果铁中 $w[\mathrm{Ti}]$ 达到 0.30%，铁水黏度增大，炉渣虽然没有明显变稠，但铁损增加，如果高炉连续两炉铁以上的铁水含[Ti]大于 0.30% 时，炉渣就会变稠。对于 $1000m^3$ 或以上容积的高炉冶炼中钛渣，也要采取消稠措施。

中钛渣冶金性能有以下特点：炉渣开始出现自动变稠现象，渣中 TiO_2 愈高，变稠现象愈明显。高温下已产生少量 Ti(C, N)化合物，使炉渣稳定性变差，脱硫能力降低，而且渣中 TiO_2 愈高，脱硫能力愈低，渣中带铁增多。因此在冶炼时，要注意抑制炉渣变稠并做好炉渣的消稠。为此要注意以下几点：

(1) 控制较低炉温，防止钛渣变稠。含硅控制在 0.20% ~0.30%，随渣中 TiO_2 的增高，硅控制愈低；钛控制在 0.18% ~0.25%，随着渣中 TiO_2 增高，钛控制可以高一些。中钛渣冶炼只能冶炼炼钢铁。

(2) 采用喷煤量调节炉温。

(3) 增加风口鼓风动能，以活跃炉缸，减少中心堆积。

(4) 采用合适的炉渣碱度，以适应脱硫的需要。炉渣二元碱度可控制在 1.10 ~1.25 范围。

(5) 适当缩短钛渣在炉内停留时间。

12.1.3.3　高钛渣冶炼

炉渣中含 TiO_2 在 20% ~30% 范围，通常称为高钛渣。高钛型渣冶炼主要问题是炉渣变稠速度快，铁损更高，炉渣脱硫能力低和可能形成泡沫渣。高钛型炉渣的冶炼性能更差，其特点是炉渣变稠，严重时放不出渣，脱硫能力低，渣中夹铁多，很容易产生泡沫渣，使炉内压差升高，炉缸炉底容易结厚。

高钛型渣熔化性温度高、呈现短渣性、结晶性强的渣系。选择适于冶炼的高钛型渣系。在一定 MgO 和 Al_2O_3 含量范围内 SiO_2 含量不变，熔化性温度随 TiO_2 增加而提高，并随着 $w(CaO)/w(SiO_2)$ 比值增大而增高。选择和稳定适宜的炉温范围是高钛型炉渣冶炼抑制泡沫渣形成和炉渣变稠的关键。为了适于冶炼，必须控制适宜的 $w(SiO_2)/w(TiO_2)$ 和 $w(CaO)/w(SiO_2)$ 两个比值，使炉渣的熔化性温度处于低熔区。实践所选择的渣系 $w(SiO_2)/w(TiO_2)\approx 1.0$，$w(CaO)/w(SiO_2)=1.07\sim1.13$。熔化性温度约 1380～1400℃，是高钛型五元渣系比较低的熔化区。因此生产中必须抑制钛的过还原并进行炉缸消稠。为此，采取以下措施：

(1) 低硅钛操作(低炉温)。(TiO_2)含量大于 22% 时，[Si] 含量应小于 0.15%，[Ti] 含量要在 0.2% 以下。渣温保持 1450～1470℃。

(2) 控制适宜的炉渣碱度。二元碱度 1.0～1.1，MgO 含量为 11%～12%。

(3) 炉缸喷吹压缩空气。在风口下方增设喷吹压缩空气风口 2～4 个，压缩空气吹入渣层，并靠近渣铁界面，以氧化 Ti(C, N) 为 TiO_2，达到消稠和减少铁损目的。

(4) 配加 10%～15% 普通块矿，使(TiO_2)降至 25% 以下，并抑制钛的过还原。

(5) 增加风口鼓风动能，吹透炉缸，活跃炉缸中心。

(6) 缩短渣铁在炉内停留时间，以防止和减少钛渣变稠。

(7) 使用低硫焦，要求焦炭含硫低于 0.5%，硫负荷控制在 4kg 以下，以保证生铁质量。

12.1.4 冶炼钒钛矿的一些特殊问题

12.1.4.1 钒钛高炉渣带铁问题

钒钛高炉渣带铁严重，据测试一座 $1200m^3$ 的高炉，由于渣中带铁，每日损失全铁 88.85t，占全铁量的 4.01%，其中金属铁为 62.495t，焦比相应增加 16.5kg，全年多耗焦炭 12784t。照此计算，以年产量 500 万吨生铁计算，全年因渣中带铁损失金属铁量约 20 多万吨，相应地增加焦炭消耗量约 8.25 万吨。

铁损形式主要是金属铁，其次为 FeO，二者之比约为 7∶3。金属铁损以下渣和主沟残渣为主，下渣金属铁损占 39%，主沟残渣铁损占 49%，而下渣中以末期为多，这说明愈靠近渣铁界面的炉渣带铁愈严重。金属铁中铁以珠状和蠕状形态存在，一般肉眼可见，呈弥散分布，直径大的达 7～12mm。

造成铁损原因据显微分析研究，有以下几点：

(1) 渣中钛的氮碳化物是造成带铁的主要原因。渣中钛的碳氮化物对铁珠的润湿角大，容易吸附在铁珠表面，铁珠穿过渣层时吸附了钛的碳氮化物，一方面阻碍铁珠间的聚合长大，减小铁珠的下降力；另一方面表面被钛的碳氮化物包裹的铁珠与炉渣的表面张力增大，进一步阻碍了铁珠向炉缸的滴落沉聚。此外钛的氮碳化物存在使炉渣黏度增大，阻碍了渣铁分离，致使铁珠残留渣中，大铁珠往往属这种情况，但它不吸附钛的氮碳化物；而小铁珠有 85% 被碳氮化物包裹，尤其在渣中较多。

(2) FeO 造成的铁损比普通矿高，其原因是铁在钒钛烧结矿中不是以简单氧化物形态存在，而是以十分复杂的固溶体存在，如钛赤铁矿，钛磁铁矿等很难还原，直接还原度大，加之冶炼要求炉渣温度低，以致渣中 FeO 高。而 FeO 在终渣中固溶在钛辉石、巴依石这两种复杂固溶体中，降低了 FeO 活度，减弱了渣焦反应，因而 FeO 难以还原。

据以上分析，降低铁损措施，主要是维持合适的炉温（1400～1425℃）以降低炉渣黏度和氮碳化合物的生存量；改善炉渣性能适当增加 MnO 含量及保持 2%～4% 的 CaF_2，增大渣铁界面氧化气氛以破坏氮碳化合物生存，采取磁选或回收主沟残铁重新入炉，按时放渣，出净渣铁，减少渣量，活跃炉缸，保持顺行，减少直接还原度等措施，皆是行之有效的。

12.1.4.2　炉渣起气泡沫

泡沫渣出渣时炉渣在渣罐内形成大量泡沫，泡沫上涨使渣罐的有效容积大大减小，渣罐利用率大大降低，对生产的管理、运输和高炉的正常冶炼都造成不少困难。迄今仍未找到一个切实可行的好办法。

为从根本上找出消除泡沫渣的办法，需要探明形成泡沫渣的原因，才能有效地防治或减少泡沫渣的生成。

国内一些研究者对高钛型炉渣产生泡沫的原因和消除方法进行了系统的研究，对形成泡沫渣的机理和影响因素提出了有价值的见解。

重庆大学裴鹤年教授等认为：形成泡沫渣的必须条件，一要有气和较大的气体生成速度；二是生成的泡沫要具有稳定性，缺一不能形成泡沫渣。

高钛型渣有充分的气源，据分析攀钢全钒钛烧结矿冶炼 100g 渣样中，残存气体量为 1190～1320mL，气体组成中 CO 含量达 80%～90%，这是钛铁氧化物直接还原产生的 CO；喷吹压缩空气和高温高压条件增加了熔渣中气体溶解量，在炉渣放出炉外时，压力降低气体被释放，炉渣流入渣罐，形成射流而卷吸空气。这些都是泡沫渣气体的来源。

泡沫稳定性是炉渣性质决定的。由于 Si-O、Al-O 复合负离子吸附在熔渣表面，形成一个有黏弹性的表面膜，从而增强了熔渣的泡沫稳定性和涨泡性能。

由以上分析可知，泡沫渣的形成过程实际上就是气泡在熔渣中及其表面上积累的过程。而熔渣中及其表面上气泡的生成速度与气泡的破灭速度之间是否平衡，是决定熔渣能否泡沫化的关键。如果气泡生成速度大于破灭速度，就会产生泡沫现象；反之，则无泡沫产生。

综上所述，要从根本上消除高钛型渣的泡沫化问题，须从两方面着手：一是合理调整炉渣成分，降低炉渣涨泡性能，二是减少熔渣中气体来源。为此应进一步抑制钛的还原和 Ti(C, N)生成，以及进一步减少渣中带铁量。

凡是能够使 Si-O 和 Al-O 网络状复杂负离子解体或简单化，并能使表面膜黏弹性降低的组分和措施，都可使炉渣的涨泡性能下降。如抑制和减少 TiO_2 还原，渣中增加 CaF_2、MnO、CaO 等都是可行办法。

鉴于泡沫渣问题主要表现在炉外，因此，可以考虑炉前放干渣、冲水渣等措施。

12.1.5　钒钛矿护炉

理论与实践表明，钒钛矿冶炼因难熔物 TiC、TiN 及固溶体 Ti(C, N)和巴依石矿物的生成，使炉渣黏稠，易于生成难熔物而难以冶炼，利用这一特点可以护炉。

钒钛渣护炉以成为延长高炉寿命的重要措施。因被还原出来的 Ti 在铁液中的溶解度很低，且随温度下降而降低，当铁液中过饱和 Ti 以 Ti(C, N)固溶体析出，并连续生长积累形成以 TiN 为主的含 Ti 沉积物、它掺和在渣相矿物、金属铁组成的多相沉积物中，形成含高熔点钛化物的致密而坚硬的黏结物和沉积物，遮挡炉衬并延缓炉衬的侵蚀。

为了获得良好的护炉效果，应注意以下几点：

（1）护炉原料中每吨铁 TiO_2 含量 10～20kg，渣中 TiO_2 含量为 3%～4%，铁中[Ti]含量以

0.1% ~0.15% 为宜。过高的 TiO_2 容易使炉渣黏稠；过低的 TiO_2 又起不到有效的护炉作用，通常可参照水温差的高低，相应增减 TiO_2 的含量。

（2）为促进 Ti 的还原，炉温应适当控制高些，一些厂将生铁中硅含量控制在 0.6% ~0.9%，但要防止渣铁过分黏稠，破坏顺行。

（3）使用钒钛渣代替钒钛矿，同样可以起到护炉效果。

（4）用钒钛矿护炉时，不应忽视其他护炉措施，如提高水压、水质，减小相关风口面积，直至堵风口，改炼铸造铁，尽量少洗炉，尤其是包头矿或萤石洗炉，降低冶炼强度和炉顶压力等。

（5）护炉效果的检验，以冷却水温差降低直到规定的范围为止，或用其他先进检测方法验证。

12.2　含氟矿石的冶炼

12.2.1　含氟矿石特性

包头含氟矿石是罕见的高温热液铁矿，除含铁外，还有铌、稀土及锰、磷等。主要含铁矿物为磁铁矿、赤铁矿、假象赤铁矿和少量褐铁矿，也含有黄铁矿；脉石主要是萤石，霓石（$NaFeSiO_6$）、闪石、独居石[（Ce、La、Dy）PO_4]，磷灰石和稀土氟碳酸盐（Ce、La、Dy）FCO_3 等，含稀土元素的磷酸盐和氟碳酸盐是该矿的特色。

含氟矿石的开始软化温度及软化终了温度都比较高，软化区间比较窄；含氟烧结矿与含氟生矿的软化温度相差不大，但随烧结矿碱度的增加，软化开始与软化终了的温度都有所降低，软化区间也变窄。

由于矿石软化温度比较高，高炉固相区比较大，低于900℃的区域里，矿石以固相存在；900 ~1100℃软化成渣；大于1300℃进入滴落带。因成渣带窄，初渣流动性好（含 CaF_2），故利于顺行和接受高风温。

矿石还原性差，使用生矿时，高炉直接还原度达 50% ~64%；烧成烧结矿尤其是高碱度烧结矿，还原性得到改善，如图 12-2。

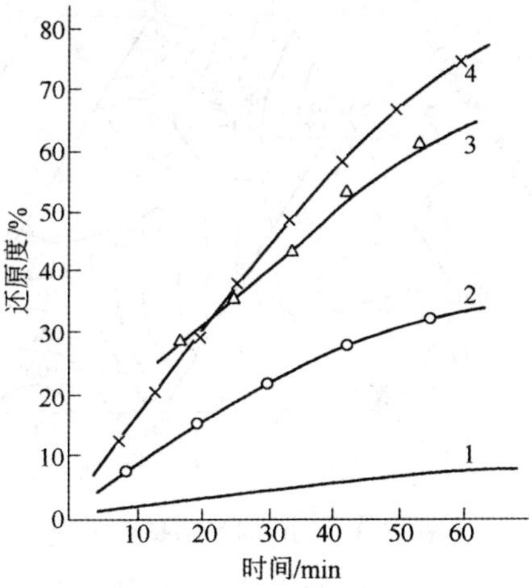

图 12-2　含氟矿石的还原性

（还原温度 850℃，试样 6 ~9mm）

1—碱度 0.55 的烧结矿；2—碱度 1.20 的烧结矿；3—含氮赤铁矿；4—碱度 3.0 的烧结矿

12.2.2　含氟炉渣

含氟初渣大量出现在炉腹部位，因脉石中 SiO_2 低，CaF_2 高，所以初渣是 CaO-CaF_2 型及 CaO-CaF_2-FeO 型。初渣矿物组成以 CaF_2 及钙铁橄榄石为主，硅酸钙类矿物很少。

初渣中除 CaF_2 高外，FeO 也多，达 30% ~40%。FeO 以游离状态存在，且因流动性好，故很快流到高温区发生直接还原。直接还原的小铁粒与碳有较大接触面积和渗碳机会，所以生铁含 C 高，容易再析出石墨碳，造成炉缸石墨碳堆积，出铁时石墨碳大量飞扬。含氟矿终渣成分如表 12-2。

含氟终渣与一般炉渣比较，除 CaF_2 外，稀土氧化物 R_xO_y 高，FeO 和 SiO_2 低，因 R_xO_y 高，炉渣密度大，固态时 3.25t/m^3，液态时 2.92t/m^3，炉渣热值高，约 1758.456 ~2009.664kJ/kg，导电、电热性好，渣罐易产生热变形，冲水渣时，容易下沉和放炮，终渣含气体多，表面张力小，容易出现泡沫渣。

表 12-2　含氟终渣成分表（w/%）

类型＼矿石	CaO	SiO_2	Al_2O_3	MgO	MnO	FeO	S	F_2	R_xO_y	$\frac{CaO}{SiO_2}$	自由碱度 $\frac{CaO-1.473F}{SiO_2}$
含氟原矿	42～49	20～28	7～9	2～4	0.4～1.7	0.2～0.4	0.9～1.4	9～15	3～7	1.5～2.0	1.00～1.20
含氟烧结矿	36～43	26～30								1.3～1.6	0.95～1.15

终渣碱度以自由碱度表示，即依据渣中 F^- 离子，换算成 CaF_2，将其 Ca^{++} 折算成 CaO，再从总的 CaO 中扣除后，计算的碱度：

$$R' = \frac{w(CaO')}{w(SiO_2)} = \frac{w(CaO) - 1.473w(F_2)}{w(SiO_2)} \tag{12-1}$$

式中　R'——炉渣的自由碱度；

$w(CaO')$——炉渣中游离的 CaO 含量，%；

$w(CaO)$——将渣中全部 Ca^{++} 离子折算成 CaO 的百分含量，%；

$w(F_2)$——炉渣分析含氟量，%；

1.473——CaO 分子量与 F_2 分子量之比值，$\left(\frac{56}{38}=1.473\right)$。

含氟炉渣的熔化温度低，如图 12-3 一般为 1170～1250℃，比一般炉渣低约 100～200℃。原因是 F^- 离子较 O^{2-} 对 Si^{4+}、Ca^{2+} 离子的作用力弱。炉渣流动性好，脱硫能力强。

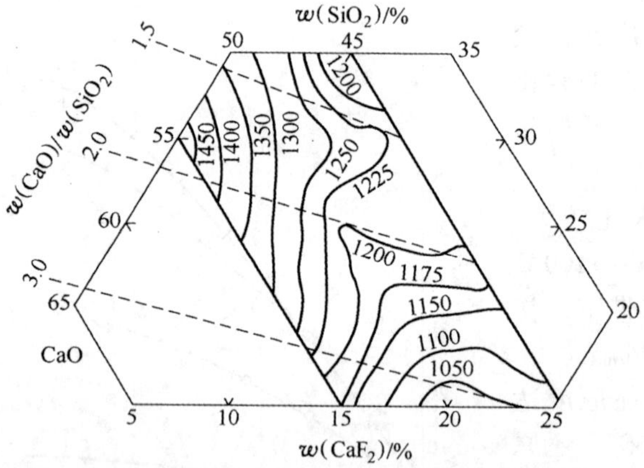

图 12-3　CaF_2 时炉渣熔化性温度的影响
（$w(Al_2O_3)$13%，w(MgO)2.0%）

含氟炉渣对硅铝质耐火材料有强烈的侵蚀作用，这是由于下列反应造成的：

$$4CaF_2 + 2SiO_2 \longrightarrow 4CaO + 2SiF_4\uparrow \tag{12-2}$$

$$3CaF_2 + Al_2O_3 \longrightarrow 3CaO + 2AlF_3\uparrow \tag{12-3}$$

生成的 SiF_4、AlF_3 以气态挥发，而耐火砖则被侵蚀成蜂窝状组织，被很快破坏。CaF_2 量越高，侵蚀作用越大。

实践表明，炭砖能抵抗氟渣的侵蚀。因此，冶炼含氟矿时，使用碳质材料比较合适。

入炉含氟量的 90% 以上进入炉渣，其余进入炉尘中，只有极少量进入煤气中。

12.2.3　含氟矿石冶炼特点

（1）顺行好，一般不易悬料，大幅度提高风温也不会导致难行。

（2）不易冶炼铸造生铁，一方面是该矿含 P、Mn 高，另一方面是炉缸容易产生石墨碳堆积，要定期改换铁种或洗炉。

（3）生铁含硅低、炉温低，碱度高为考虑减少炉渣对硅铝质耐火材料的侵蚀，曾在中小高炉上试验过高碱度渣操作，R'=1.6～2.4，最高达到 3.0，生铁含硅为痕迹，铁水易凝罐。在采用炭砖的大高炉上冶炼时，R'降到 1.0～1.1，生铁含硅达到 1.0% 左右，铁水温度高于 1310℃，比普通矿冶炼时的铁水温度低 100～50℃，高炉生产正常。

12.2.4　含氟矿冶炼的突出问题

12.2.4.1　风口大量破损

风口大量破损给炉前、炉内操作带来很大困难。风口破损以上部烧坏为主，占70%，下部烧坏占20%～30%。下部烧坏是因炉缸堆积引起的，而上部烧坏是含氟矿冶炼的特殊现象。

炉渣含氟高（>14%），如果炉温、R'波动大，边缘行程发展时，风口破损多。

风口破损的原因尚无定论，比较有代表性的一种意见是含氟炉渣流动性极强，在风口外壁不易形成稳定的渣皮，经受不住铁流的冲击，为此主要采取以下措施：

（1）通过选矿等方法减少炉料的含 F_2量，以降低渣中含 F_2量；

（2）稳定操作，减小炉温与炉渣的波动；加重边缘，保持中心通畅，力求有较稳定的渣皮在风口外壁形成；

（3）加强风口冷却，使用高压螺旋环流管式风口，以增强导热能力。

12.2.4.2　炉缸堆积严重

由于含 F_2炉渣熔点低，炉渣吸热差，使炉缸热量不足，另外生铁含碳高，炉缸石墨碳堆积。渣口带铁多，出铁时见渣早；低压与休风时，风口极易灌渣灌铁；渣口容易烧坏等。

消除炉缸堆积的措施主要有：

（1）提高焦炭质量，降低灰分，提高焦炭强度，减少炉内焦末生成量；

（2）稳定原燃料成分，以稳定热制度和炉渣碱度；

（3）探寻合适的基本操作制度，炉温过高过低，碱度过高都会使炉缸堆积；从实践中确定合适的鼓风动能；

（4）调节炉缸冷却强度。

12.3　含钡矿石的冶炼

12.3.1　矿石特性

酒泉钢铁公司含 Ba 矿石中，有用矿物是镜铁矿、菱铁矿和褐铁矿。脉石中主要有重晶石、石英、碧玉石和铁白云母。矿石还原性差，软化温度较高，$BaSO_4$多。因 Ba 高，故 S 也高。经选烧后，Ba 和 S 量有所降低，但仍有相当含量，加之焦炭含硫多，所以高硫高钡的原料给冶炼操作带来一定问题。

（1）矿石还原性差：含钡天然块矿结构致密，还原性差，r_d达60%～70%，硫负荷重，采用高炉温操作，[Si]含量达到4.0%，焦比高达1.5t/t，炉缸工作恶化，堆积严重。经过选烧后，还原性改善，烧结矿达到70%～80%时，r_d已降至50%左右，[Si]含量也降到2%左右。使用90%～100%烧结矿时，[Si]含量可降到1.2%～1.8%。炉渣碱度由1.2下降到1.0左右，高炉冶炼改善。

（2）矿石的软化温度高，软化区间窄：经测试，块矿的开始软化与软化终了温度为1153～1271℃，自熔性烧结矿（$R=1.27$）为1177～1263℃，高碱度烧结矿（$R=1.71$）为1185～1303℃，铁精矿为1153～1283℃。这给烧结生产带来困难，经常烧不透，烧结矿强度差，粉末多。另外精矿粉含水高达17%～20%，为了混匀和烧透，被迫配入其他矿粉和瓦斯灰。镜铁山铁矿很难选，精矿品位仅55%±2%，烧结矿品位通常小于45%。

烧结矿软化温度高，区间窄，这对炉况顺行是有利的。但是因为粉末多，高炉上部压差偏高，不接受风量，迫使长期发展边缘，煤气利用差，炉缸堆积，风口大量烧坏。通过采取提高鼓风动能，活跃炉缸，压制边缘气流的操作以后，炉况才有较大改善。

12.3.2　炉渣特性对冶炼的影响

镜铁山铁矿经选矿后，矿石中的 $BaSO_4$ 可去除 50% ~80%，经过烧结又去除部分 S，Ba 却全部留在烧结矿中。所以经过选烧后，Ba 可下降 75% 以上，S 可去除 90% 以上，烧结矿中的 Ba 全部进入渣中。

由人工合成的含 Ba 炉渣测试性能如表 12-3 所示。

表 12-3　含 Ba 炉渣的黏度和熔化性

序　号	炉渣成分 w/%					$\frac{w(CaO)}{w(SiO_2)}$	$\frac{w(CaO)+0.366(BaO)}{w(SiO_2)}$
	BaO	Al_2O_3	MgO	CaO	SiO_2		
1	0	8.0	10.0	41.0	41.0	1.0	1.0
2	0	10.0	14.0	41.0	41.0	1.0	1.0
3	4.0	10.0	10.0	38.0	38.0	1.0	1.04
4	5.0	10.0	8.0	38.5	38.5	1.0	1.05
5	7.0	8.0	10.0	37.5	37.5	1.0	1.07
6	10.0	10.0	8.0	36.0	36.0	1.0	1.10
7	15.0	10.0	8.0	33.5	33.5	1.0	1.16

序　号	不同温度时的黏度/Pa · s							熔化性/℃	凝固点/℃
	1250℃	1300℃	1350℃	1400℃	1450℃	1500℃	1550℃		
1	凝	凝	0.76	0.47	0.35	0.26	0.17	1337	1327
2	凝	凝	0.70	0.40	0.29	0.25	0.24	1346	1345
3	凝	38	0.88	0.54	0.37	0.26	0.19	1341	1308
4	2.5	11.0	0.80	0.64	0.35	0.31	0.26	1313	1250
5	凝	凝	0.70	0.43	0.32	0.26	0.20	1334	1330
6	凝	15.7	1.02	0.76	0.58	0.39	0.28	1352	1264
7	凝	凝	1.45	0.88	0.57	0.37	0.22	1386	1320

当 R 相同时，随 BaO 的增加，黏度上升，但 BaO 含量小于 7% 时，黏度变化小。BaO 在 10% ~15% 范围内，随 BaO 升高，熔化性温度升高较多。

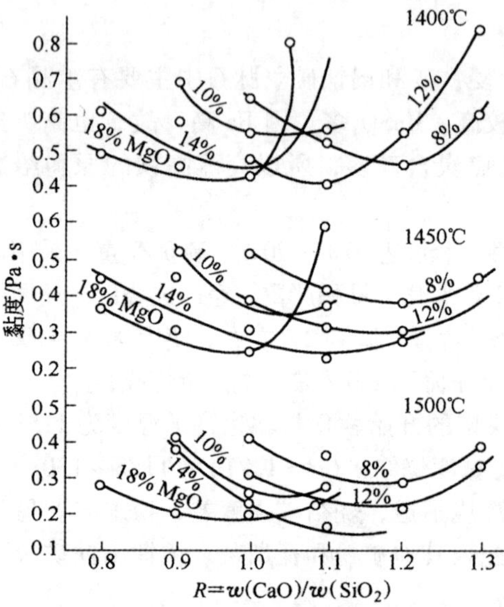

图 12-4　MgO 含量、碱度对含 Ba 炉渣性能的影响

（Al_2O_3 含量为 10%，BaO 含量为 4% ~5%）

不同 MgO 含量对黏度的影响示于图 12-4。适当增加 MgO，对降低含钡炉渣的黏度有利。

分析含 Ba 炉渣黏度可知，如果炉温保持在 1450℃ 以上，BaO 含量小于 7%，对冶炼不会产生特殊影响，因为这种条件下，炉渣黏度均小于 0.5Pa · s。实际生产中正是按研究得出的结论在指导生产。将(BaO)含量控制在(配其他矿)7% 以下，炉温也较高，[Si]含量为 1.2% ~1.8%。

渣中 BaO 与 CaO 性质相近，理论分析认为，渣中 BaO 与相同物质的量的 CaO 具有同等的脱硫能力，而且可用 $R=\frac{w(CaO)+0.366w(BaO)}{w(SiO_2)}$ 来表示炉渣碱度$\left(0.366=\frac{CaO 分子量}{BaO 分子量}\right)$。所以冶炼含钡矿时，渣中 BaO 越高，炉渣碱度越可降低。一般含钡炉渣的去硫能力较强，L_S 可达 30 ~40。但 BaO 含量大于 10% 时，由于黏度增加而不利于去硫。

炉渣含S高也是含钡渣的一个特点。S对炉渣黏度和熔化性有较大影响，S愈高，黏度愈高，熔化性温度也愈高。高Ba高S加剧了对炉况的影响。实践表明，S对炉渣流动性和发泡、收缩现象的影响甚至超过BaO。渣中含S量为2.5%～3.0%时，炉渣在渣沟和渣罐中发泡、收缩、挂沟严重，为此不得不适当加入包头矿，并使$w(CaF_2)=3\%\sim7\%$，以保证炉渣足够的流动性。如若把炉渣中BaO含量控制在3%～5%，渣中S也在1.0%～2%时，不用包头矿是完全可以的。

12.3.3 含钡矿石冶炼的特殊问题

12.3.3.1 炉缸堆积

因雅满苏矿含K、Na的影响，高炉不顺行，低冶炼强度操作，使炉缸严重堆积，风口、渣口经常烧坏，洗炉频繁，高炉技术经济指标差。

为解决炉缸堆积而采取的措施有：

(1) 锰矿洗炉。生铁含Mn提高到2.0%左右，适当降低炉温，效果较好，但不能从根本上解决堆积问题。

(2) 在冶炼条件许可下适当降低炉温，以减少石墨碳堆积。

(3) 提高鼓风动能，活跃炉缸，减少炉缸堆积。

(4) 采用斜风口，减少风口破损，使炉缸工作得到改善。

(5) 采用抑制边缘的装料制度，改善煤气利用。

12.3.3.2 降低炉渣黏度

酒钢得出以下生铁脱硫经验公式：

$$L_S = a\frac{S_{负}}{G_{渣}}R^2B\times10^3 \tag{12-4}$$

式中 L_S——硫的分配系数；

a——炉缸的活度系数，与炉渣成分和冶炼强度有关；

$S_{负}$——硫负荷；

$G_{渣}$——渣比，kg/t；

R——炉渣碱度，$R=\dfrac{w(CaO)+0.366w(BaO)}{w(SiO_2)}$；

B——炉温对L_S的影响系数。

由此可知，提高R有助于去硫，但碱度的增加不应导致黏度的增加，否则增加碱度的作用不能保证，降低硫负荷仍是提高生铁合格率的主要手段；提高炉温有助于脱硫，尤其在低温时提高炉温效果很好。

通过使用精料(如生产含MgO的高碱度烧结矿)，降低硫负荷，逐步降低碱度和炉温，抑制边缘疏松中心等措施，含钡矿也不难冶炼。

复习思考题

12-1 钒钛矿冶炼有何特点，简述钛渣护炉机理。

12-2 含氟矿冶炼有何特点，含氟炉渣有何特性？

12-3 含钡矿冶炼有何特点，怎样解决含钡矿冶炼的难点？

12-4 我国含钛、氟、钡矿石的炉渣有些相似之处，试加以比较，是否有令人深思的地方？

12-5 特殊矿的综合利用是十分重要的问题，试提出对综合利用的设想。

13 高炉强化冶炼技术及发展

众所周知，精料是高炉冶炼的基础，精料水平进一步提高是高炉强化冶炼极为重要的基础。纵观国内外强化冶炼的高炉，无不把精料放在首位，生产实践已反复说明，只有精料技术做得好的高炉才能取得稳定的先进的生产技术经济指标。

根据国外炼铁技术的发展和我国高炉冶炼五十多年的生产实践，我国总结并提出了高炉强化冶炼与降低焦比的主要技术措施，其主要内容是：在精料的基础上，采用高风温、大风量、富氧大喷煤量，高压操作，高寿命炉衬，低硅冶炼与钛护炉等技术。

高炉冶炼生产的目标是“优质，低耗，高产，长寿，高效益，环保”。如何提高产量及降低燃料比是高炉生产的关键。

高炉冶炼产量与消耗的三个重要指标——有效容积利用系数（η_v）、冶炼强度（I）和燃料比或焦比（K）之间有着如下的关系：

$$\eta_v = I/K \tag{13-1}$$

显然，利用系数的提高，也即高炉产量的增加，存在着四种途径：

（1）冶炼强度保持不变不断地降低燃料比或焦比；

（2）燃料比或焦比保持不变，冶炼强度逐步提高；

（3）随着冶炼强度的逐步提高，燃料比或焦比有所降低；

（4）随着冶炼强度的提高，燃料比或焦比也有所上升，但燃料比或焦比上升的幅度不如冶炼强度增长的幅度大。

在高炉炼铁的发展史上，这四种途径都被应用过，应当指出在最后一种情况下，产量增长很少，而且是在消耗昂贵的焦炭、煤粉所取得的，在冶炼强度提高的过程中，燃料比或焦比升高的速率超过冶炼强度提高的速率，则产量不但得不到增加，反而会降低。因此，冶炼强度对燃料比或焦比的影响，成为高炉冶炼增产的关键。

在高炉冶炼技术的发展过程中，人们通过研究总结出冶炼强度与焦比的关系如图 13-1 所示。在一定的冶炼条件下，存在着一个与最低焦比相对应的最适宜的冶炼强度 $I_{适}$。当冶炼强度低于或高于 $I_{适}$时，焦比将升高，而产量稍迟后开始逐渐降低。这种规律反映了高炉内煤气和炉料两流股间的复杂传热、传质现象。在冶炼强度很低时，风量及相应产生的煤气量均小，流速低，动压头很小，造成煤气沿炉子截面分布极不均匀，表现为边缘气流过分发展，煤气与矿石不能很好地接触，结果煤气的热能和化学能不能得到充分利用，炉顶煤气中 CO_2 含量低，温度高，而进入高温区的炉料因还原不充分，直接还原发展，消耗了大量宝贵的高温热量，因此焦比很高。随着冶炼强度的提高，风量、煤气量相应增加，煤气的速度也增大，从而改变了煤气流的流动状态，由层流转为湍流，风口前循环区的出现，大大改善了煤气流分布和煤气与炉料之间的接触，煤

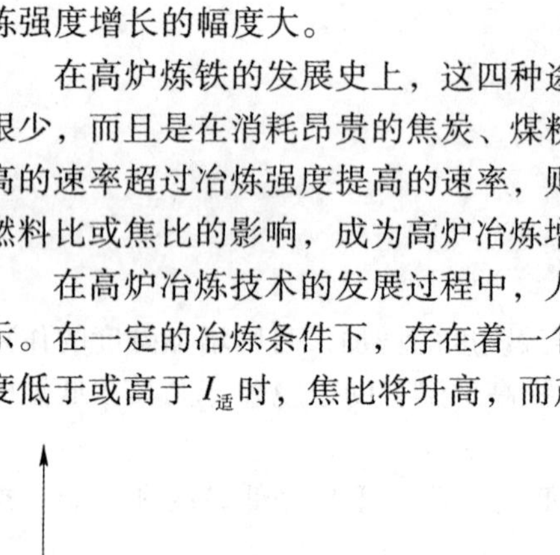

图 13-1　不同冶炼条件下的冶炼强度（I）与焦比（K）的关系

1～5—冶炼条件不断改善

气流的热能和化学能利用改善，间接还原的发展减少了下部高温区热量的消耗，从而焦比明显下降，直到与最适宜冶炼强度 $I_{适}$ 相对应的最低焦比值。之后冶炼强度继续提高，煤气量的增加进一步提高了煤气流速，这将带来叠加性的煤气流分布，导致中心过吹或管道行程，在煤气流速过大时，它的压头损失可变得与炉料的有效质量相等或超过有效质量，炉料就停止下降而出现悬料。所有这些将引起还原过程恶化，炉顶煤气温度升高，炉况恶化，最终表现为焦比升高。

高炉炼铁工作者应该掌握这种客观规律，并应用它来指导生产，即针对具体生产条件，确定与最低焦比相适应的冶炼强度，使高炉顺行，稳定地高产。

13.1 强化冶炼的方向

提高利用系数，强化高炉冶炼，一方面要提高冶炼强度，另一方面要努力降低焦比。提高冶炼强度和降低燃料比都可使高炉增产，都是强化高炉冶炼的重要方向。但是，在实际生产中，随着冶炼强度的提高，燃料比也有所上升。如果燃料比升高的速率超过冶炼强度提高的速率，则产量不但得不到增加，反而会降低。因此，冶炼强度对燃料比的影响，成为高炉冶炼增产的关键。

高炉强化冶炼的方针应是：以精料为基础，以节能为中心，改善煤气能量利用，选择适宜冶炼强度，最大限度地降低燃料比，有效地提高利用系数。强化高炉冶炼的方向是：增产、节能，降耗。

要在节能、降耗的同时实现增产，必须重视开发和采用高炉炼铁新技术。国内外高炉强化冶炼普遍采用精料、高压操作、高风温、喷吹、富氧、综合鼓风和自动控制等技术，促进了高炉生产技术的发展。

13.2 精料

13.2.1 精料的目的

精料是高炉强化的物质基础，强化高炉冶炼必须把精料放在首位。随着高炉大型化和自动化以及对强化和节能日益提高的要求，更需要把原料工作做得更好。

精料的目的是要求供给高炉的原料，不但质量好，而且数量足。其具体内容可用“高、稳、熟、小、匀、净”六个字来概括。

精料是高炉优质、低耗、高产的物质基础。国内外强化高炉冶炼，都把精料放在首位。实践证明，只有搞好了精料的高炉才能取得先进的技术经济指标。

精料的中心内容是如何改善矿石的还原性和料柱的透气性。为此常把“高、熟、小、净、匀、稳”作为精料的方向。但是这些内容多半是表示原料的常温性能，严格说来是不够的。因为高炉冶炼的强化，不仅要求入炉原燃料满足上述要求，还要求炉料具有好的高温性能，如还原性，低温还原粉化率，软熔温度、熔滴特性及高温强度等。

“高”，是指铁矿石的品位高，还原性高，软熔温度高，熔滴温度高，焦炭中固定碳高，熔剂中氧化钙高，各种原料的(冷态、热态)机械强度高。

国外要求入炉天然矿石含铁达62%以上，自熔性烧结矿含铁57%以上，球团矿含铁一般60%以上。对焦炭要求固定碳高，灰分低达10%以下。由于入炉矿品位提高，焦炭灰分降低，高炉渣量减少，既节省燃料，又促进强化。

烧结矿、球团矿的还原性，在工业生产中一般用其FeO含量来衡量。FeO低，还原性好。

国外球团矿 FeO 要求小于 1%，烧结矿 FeO 要求在 8% 以下。日本一些先进高炉烧结矿 FeO 低于 5%。

关于机械强度，不仅要求各种原料冷态强度高，在炉外能经受运转、冲击；而且要求在炉内高温还原状态下，也能经受起膨胀、挤压、摩擦，即要求热态强度也要高。

研究表明，焦炭的强度、粒度在炉内有很大变化。从炉腰以下，粒度减小，强度降低。主要是受碳的气化反应(溶解损失)影响所致。碳的溶解损失造成了许多壁薄、性脆的大气孔，大大降低其强度，使焦粉增加。这种焦粉在回旋区前面(气流方向前端)和下面聚集，形成一层透气性很差的外壳，迫使气流及早向上而难以到达炉缸中心，造成炉缸堆积。同时焦炭强度降低，也严重影响软熔带、滴落带和炉缸中心料柱的透气性，使高炉运行不顺。

前已指出，气化反应与焦炭反应性和温度有关。降低反应性，提高气化反应温度可控制气化反应的发展，从而有利于提高焦炭的高温强度。碱金属对焦炭反应性有很大影响。采取有效措施，抑制焦炭的反应性，改善其抗碱(K、Na)性和热稳定性，提高焦炭的热态强度，强化其料柱骨架作用，对保证高炉料柱透气(液)性，强化高炉冶炼，具有十分重要的意义。

“稳”，是指各种原料的化学成分稳定、波动小。性能稳定的原料是高炉炉况稳定的必要条件。这也是稳定炉况、稳定操作，保证顺行，实现自动控制的先决条件。我国对原燃料化学成分及其稳定性的要求如表 13-1 ~ 表 13-8 所示。由表可见，我国对成分的波动范围要求较宽。

表 13-1　入炉原料含铁品位及熟料率的要求

炉容级别/m^3	1000	2000	3000	4000	5000
平均含铁/%	≥56	≥58	≥59	≥59	≥60
熟料率/%	≥85	≥85	≥85	≥85	≥85

表 13-2　焦炭质量要求

炉容级别/m^3	1000	2000	3000	4000	5000
M_{40}/%	≥78	≥82	≥84	≥85	≥86
M_{10}/%	≤8.0	≤7.5	≤7.0	≤6.5	≤6.0
反应后强度 CSR/%	≥58	≥60	≥62	≥65	≥66
反应性指数 CRI/%	≤28	≤26	≤25	≤25	≤25
焦炭灰分/%	≤13	≤13	≤12.5	≤12	≤12
焦炭含硫/%	≤0.7	≤0.7	≤0.7	≤0.6	≤0.6
焦炭粒度范围/mm	75 ~ 20	75 ~ 25	75 ~ 25	75 ~ 25	75 ~ 30
大于上限/%	≤10	≤10	≤10	≤10	≤10
小于下限/%	≤8	≤8	≤8	≤8	≤8

表 13-3　烧结矿质量要求

炉容级别/m^3	1000	2000	3000	4000	5000
含铁量波动/%	≤ ±0.5	≤ ±0.5	≤ ±0.5	≤ ±0.5	≤ ±0.5
碱度波动/%	≤ ±0.08	≤ ±0.08	≤ ±0.08	≤ ±0.08	≤ ±0.08
含铁量和碱度波动的达标率/%	≥80	≥85	≥90	≥95	≥98
FeO 含量/%	≤9.0	≤8.8	≤8.5	≤8.0	≤8.0
FeO 含量波动/%	≤ ±1.0	≤ ±1.0	≤ ±1.0	≤ ±1.0	≤ ±1.0
转鼓指数(+6.3mm)/%	≥71	≥74	≥77	≥78	≥78

表 13-4　球团矿质量要求

炉容级别/m^3	1000	2000	3000	4000	5000
含铁量/%	≥63	≥63	≥64	≥64	≥64
转鼓指数(+6.3mm)/%	≥89	≥89	≥92	≥92	≥92
耐磨指数(-0.5mm)/%	≤5	≤5	≤4	≤4	≤4
常温耐压强度/N·个球$^{-1}$	≥2000	≥2000	≥2000	≥2500	≥2500
低温还原粉化率(+3.15mm)/%	≥85	≥85	≥89	≥89	≥89
膨胀率/%	≤15	≤15	≤15	≤15	≤15
含铁量波动/%	≤±0.5	≤±0.5	≤±0.5	≤±0.5	≤±0.5

表 13-5　入炉块矿质量要求

炉容级别/m^3	1000	2000	3000	4000	5000
含铁量/%	62	62	64	64	64
热爆裂性/%	—	—		<1	<1
含铁量波动/%	≤±0.5	≤±0.5	≤±0.5	≤±0.5	≤±0.5

表 13-6　原料粒度要求

烧结矿		块矿		球团矿	
粒度范围/mm	5~50	粒度范围/mm	5~30	粒度范围/mm	6~18
>50mm/%	≤8	>30mm/%	≤10	9~18mm/%	≥85
<5mm/%	≤5	<5mm/%	≤5	<6mm/%	≤5

表 13-7　喷吹煤质量要求

炉容级别/m^3	1000	2000	3000	4000	5000
灰分 A_{ad}/%	≤12	≤11	≤10	≤9	≤9
含硫 $w(S)_{t,ad}$/%	≤0.7	≤0.7	≤0.7	≤0.6	≤0.6

表 13-8　入炉原料和燃料有害杂质控制推荐　(kg/t)

$K_2O + Na_2O$	≤3.0
Zn	≤0.15
Pb	≤0.15
As	≤0.1
S	≤4.0
Cl^{-1}	≤0.6

来料复杂、使用多种矿石的高炉需要解决成分稳定问题，保持炉料化学成分和物理性能的稳定，关键在于搞好炉料的混匀即质量中和工作。使用单种原料的高炉也必须解决这一问题。因为同一矿体，不同采区，不同矿层的矿石成分有时差别也很大。对天然富矿在入炉前必须混匀；对精矿和富矿粉在烧结、造球前必须混匀。具体说来就是在贮矿场或原料仓库需用“平铺切取”的方法进行混匀，实践表明，平铺层次愈多，中和效果愈好。

很多企业由于没有稳定的原料供应基地，所谓吃“百家矿”、“百家焦”，成分波动频繁，高炉生产受到很大影响，对此尤应加强质量中和工作。

“熟”，是指高炉全部装入烧结矿和球团矿，熟料率使用达到90%以上，含铁炉料中，熟料率增加1.0%，焦比降低1.2kg/t，增产约0.3%。前苏联熟料率年平均达95%，日本85%左右。全国重点企业自1981年以来平均值在90%左右。

高炉使用人造富矿以后，生产指标明显改善。其主要原因是改善了矿石的还原性和造渣性能，促进了高炉热制度的稳定和炉况的顺行，尤其是高碱度烧结矿的使用，效果更为明显。

使用烧结矿不仅要考虑数量，更应注意质量。高碱度烧结矿比酸性和自熔性烧结矿具有更好的冶金性能和更佳的冶炼效果，高碱度烧结矿还原粉化率低，软化温度和还原度高，粉末少，耐贮存。

目前有的企业几乎使用100%烧结矿入炉，因此只能把碱度维持在自熔性水平；另外在碱度提高不多的范围内，烧结矿有一个低强度区，所以推广使用高碱度烧结矿受到一些影响。但是，无疑把发展高碱度烧结矿作为一种主要炉料，再搭配一小部分其他矿石，是很有前途的炉料结构组成。

对于球团矿，其强度高，粉末少，粒度均匀，还原性好，铁分高，不怕风化，能贮存，因而得到迅速发展，使用效果也好。目前，提高球团矿碱度尚有一定困难，现在使用的球团矿基本上是自然碱度或低碱度。此外，有些球团矿常温强度好，而中温强度差，影响炉内料柱透气性；尤其是生产过程中筛出的返矿，要经磨碎加工才能再用于造球，不像烧结返矿可以直接返回使用，从而节约能源和费用。因此，球团矿的大量发展还有一些问题待解决。

但是，使用100%烧结矿时其碱度受到炉渣碱度的限制而不能进一步提高，通常只能控制在1.2~1.4之间。在这个碱度区间，烧结矿的强度和还原性都不理想，如果搭配20%~30%的低碱度球团矿，（或5%左右天然块矿）烧结矿的碱度就可提高到1.7~2.0以上，从而可从根本上改善烧结矿的冶金性能。

“小、匀、净”，为了改善矿石的还原性和透气性，入炉炉料要有适当的，均匀的粒度，大块要破碎，粉末要筛除。所要求平均粒度较小，粒度均匀，缩小上下限之间的粒度差。超过上限的大块要破碎，小于下限的粉末要筛除干净。这样的原料在高炉内才能保证良好的透气性和还原性。日本进入20世纪70年代以来，已将烧结矿粒度范围由5~50mm缩小到10~25mm，焦炭粒度为25~50mm，小于5mm的矿石粉末降到5%以下。英国钢铁公司雷德卡厂大力改善矿石粒度组成，使烧结矿平均粒度达到18~20mm，大于50mm和小于5mm的均下降到3%。另外矿石和焦炭的粒度之间，也向缩小粒度差的方向发展。

按照“匀”的要求，上述粒度范围还应实行分级入炉。如焦炭可分为25~40mm和40~60mm两级，而小于25mm的还可分出15~25mm这一级供中、小高炉使用。或者将这种15~25mm的“焦丁”与矿石混装入炉，既代替了部分块焦，又可改善软熔层透气性。这一措施在国内外高炉实践中已取得良好效果。

13.2.2　合理的炉料结构

长期的生产实践和高炉解剖研究表明，高炉使用单一的烧结矿或球团矿，并不能获得最佳的生产技术经济指标。对烧结矿和球团矿冶金性能等的测试研究使人们了解到两种人造块矿有其各自的特点，从而促使人们探讨如何利用它们的优点组合成一定的炉料结构模式，来使高炉生产获得最佳操作指标。这一模式的普遍规律，就是高碱度烧结矿配加酸性炉料（氧化性球团、普通烧结矿或天然矿等）。在北美，由于资源和加工矿石的技术和设备等条件的原因，长期使用酸性氧化球团，向高炉内加入大量熔剂，所以操作指标落后。为改进高炉生产，目前正发展为超高碱度烧结矿加上原有的酸性氧化球团的炉料结构。前苏联和日本长期使用熔剂性烧结矿，它们发展高碱度烧结矿配加酸性氧化球团。我国也正在向高碱度烧结矿配加酸性球团矿的模式发展。某些厂家由于缺少生产球团的工艺和设备，但又有一定数量的天然矿，则采用高碱度烧结矿加6%左右天然矿，使高炉生产取较好指标。

13.3 高风温

13.3.1 高风温对高炉冶炼的影响

在风温引起冶炼过程的变化和风温节焦效果的规律两方面，前苏联炼铁学者 A. H. 拉姆教授从理论计算上作了精辟的分析。其论点是：

(1) 提高风温后，风口前燃烧碳量减少。在冶炼单位生铁的热收入不变的情况下，热风带入的显热替代了部分风口前焦炭的碳燃烧放出的热量，风温越高，替代的部分越大。由此导致压差会急剧地上升，这将使炉内(尤其是炉腹部位)炉料下降的条件明显变坏，如果高炉是在顺行的极限压差下操作，则风温的提高将迫使冶炼强度降低。据统计，风温每提高100℃，炉内压差升高约5kPa。冶炼强度下降2%～2.5%。炉内压差升高的原因是焦比降低，焦炭在料柱中所占体积减少，料柱透气性变坏；炉子下部温度升高，煤气实际流速增大；还有的学者认为炉子下部温度过高，会使SiO大量还原并挥发，煤气将它带往上部，并且在炉腹凝聚，在焦块间隙分解成固态，大大恶化了料柱的透气性。严重时造成炉子难行，并发展为恶性悬料。

(2) 冶炼所需有效热消耗减少。由于风温提高以后，焦比降低，由焦炭带人炉内的灰分和硫量减少，减少了单位生铁的渣量和脱硫耗热，从而使冶炼所需的有效热消耗相应地减少。

13.3.2 高炉接受高风温的条件

生产实践表明，有效地提高风温受到某一“极限”的限制，超过这一极限时，炉况开始不顺或难行，严重时引起悬料，这样不但不能节焦反而会造成产量下降。这就是生产上常说的炉子不接受高风温。但是这一“最高风温极限”是与冶炼条件有关的，随着冶炼条件的改变，它可以向更高的水平方向移动，世界各国风温水平不断提高，目前最高已达1350～1400℃。高炉冶炼接受更高风温的条件是：

(1) 加强原料准备，提高矿石和焦炭的强度，特别是高温强度，筛除粒度小于5mm的粉末以改善料柱的透气性。应当重视品位的提高，使渣量减少，并采用高碱度烧结矿与酸性料配合的合理炉料结构以改善炉腹和软熔带的工作条件。

(2) 提高炉顶煤气压力。对比高压和高风温对高炉冶炼的影响可以看出，高风温对高炉还原和顺行的不利因素可以被高压操作的有利影响所弥补。

(3) 喷吹燃料。向风口喷吹补充燃料可降低风口前的理论燃烧温度，它可以解决由于风温提高使炉子下部温度升高造成炉况难行的问题。

(4) 合理的操作制度。根据各个高炉的实际状况，来确定合理的炉缸热制度、造渣制度、送风制度以及装料制度，以保证炉况的稳定与顺行。

13.3.3 高风温与喷吹燃料的关系

喷吹燃料需要有高风温相配合，特别是随着喷吹量的加大，对风温的要求也提高到一个新的水平。由于喷吹物是冷料，燃烧分解要吸热，而煤气量的增加又使燃烧带温度降低，当喷吹量加大时上述现象更为突出，因而影响了喷吹量的增加与效果。采用高风温相配合，既增加了热量的来源，使热量得到补偿，又可使燃烧带具有较高的温度水平，加速了燃料的裂化与燃烧，因而有利于喷吹燃料后热能与化学能的充分利用。

根据鞍钢资料，风温由1053℃提高到1201℃，在煤比变化不大的情况下，综合焦比由

571kg/t 降低到 532kg/t，产量由 1416t 增加到 1942t，增产 526t。首钢高炉喷煤量在 140 ~ 150kg/t，相当于总燃料量的 30% 左右，这是在风温 1000℃以上时的喷吹量。如果风温降至 900℃左右时，喷煤量大约只占燃料总量的 20% 左右，当风温再降低，在低于 900℃之后，喷吹量将会明显减少。

13.3.4　高风温与炉况顺行的关系

根据生产实践，当风温提高到一定水平时，高炉顺行将受到影响，其原因主要是：

（1）风温提高后，炉缸温度随之升高并使炉缸煤气体积膨胀，故煤气流速增大，特别是在高炉下部，压力损失增大。

（2）风口燃烧区 SiO 的挥发。根据有关研究，1500℃之后，高炉焦炭灰分中的 SiO_2 开始挥发为 SiO，在 1800℃时，大约有 10% 的 SiO_2（灰分中）挥发为 SiO。另外根据计算，风口前面燃烧温度超过 2000℃后，SiO 将大量产生，它随煤气上升，在炉腹之上的较低温度部位又重新凝结为细小颗粒的 SiO 或 SiO_2 并沉积于炉料空隙之间，因而严重恶化料柱透气性，并导致炉况的不顺，造成崩料甚至悬料。

上述两方面的不良影响，一般可以采取改善炉料的透气性（例如整粒，筛去粉末），改善炉料高温冶金性能，喷吹燃料等措施来稳定炉况的顺行，配合相应的冶炼制度，进行精心操作与炉况的调剂，仍可保持炉况的顺行。我国使用的高风温一般在 1150℃左右，个别高炉能维持 1250℃，与国外已达到的 1300 ~ 1350℃高风温相比较，仍有相当的差距。

13.3.5　提高风温的措施

实践表明，在现代高炉冶炼的条件下，大气湿度为 1% ~ 2%，不喷吹燃料的高炉可使用 1150℃风温正常操作，在采用大喷吹量，尤其是喷吹含氢高的燃料时，“极限”风温完全取决于热风炉的能力。国外有些研究者在考虑加热鼓风的基建投资和生产费用后认为，在现代条件下，可能达到而且经济上合算的风温为 1400 ~ 1500℃；我国的炼铁工作者也提出要将风温提高到 1350℃。为获取这样高的风温，需要经济地解决两个方面的问题：提供能达到火焰燃烧温度 1550 ~ 1650℃甚至 1700℃以上的高温热量；热风炉结构能在这样的高温下稳定持久地工作和所有热风管道（包括直吹管和热风阀）能承受这样高的温度并维持这样高的温度将热风送入炉内。

此外，还可采取预热助燃空气，预热煤气，对助燃空气，煤气进行脱湿，提高煤气热值等措施提高风温。利用热风炉废气余热预热助燃空气，煤气进行优化燃烧热风炉来提高风温和热风炉热效率，实现节能、降耗、减排。

燃烧热风炉主要采用高炉本身所产生的煤气，但随着高炉煤气能量利用改善，炉顶煤气中 CO_2 增高，CO 降低，因而发热值也降低，而提高风温必须使用高热值煤气。

向高炉煤气中或向燃烧器中加入一定数量的高热值煤气（如转炉煤气热值为 7880 ~ 8500kJ/m^3；焦炉煤气热值为 16300 ~ 17600kJ/m^3；天然气热值为 33500 ~ 41900kJ/m^3），可使高炉煤气富化，提高其热值。

13.4　富氧和综合鼓风操作

富氧鼓风是往高炉鼓风中加入工业氧，使鼓风含氧量超过大气含氧量，其目的是提高冶炼强度以增加高炉产量。随着高炉冶炼的技术进步，富氧可以提高理论燃烧温度，多喷吹燃料降低焦比。在没富氧鼓风操作的情况下，风温水平不同，节焦量也不一样，例如大气鼓风下风温从 0℃提高到 250℃可使焦比降低 230kg/t；从 500℃提高到 750℃可降低焦比 70kg/t，而从

1000℃提高到1250℃，仅能降低焦比40kg/t。富氧鼓风风中氧浓度提高时，差别减小，而当风中氧浓度提高到40%时差别就等于零。

13.4.1　富氧对风口前燃料燃烧的影响

随着鼓风中氧浓度增加，氮浓度降低，燃烧1kg碳所需风量减少，相应地风口前燃烧产生的煤气量($V_{煤气}$)也减少，而煤气中CO含量增加，氮气含量减少(图13-2)。

如同提高风温一样，富氧会使理论燃烧温度大幅度升高，但是升高的原因并不相同，提高风温给燃烧产物带来了宝贵的热量，富氧不仅没带来热量，而且因风量的减少使热风带入的这部分热量数值减小，$t_{理}$的升高是由于煤气量$V_{煤气}$的减少造成的。富氧1%，$t_{理}$提高40～46℃，当$t_{风}$ = 1000～1100℃，风中湿度为1%时，富氧到26%～28%时，$t_{理}$就超过2500℃。生产实践表明，这样高的$t_{理}$会导致冶炼十分困难，降低$t_{理}$可以采用降低风温或增加鼓风湿度，显然这不利于焦比的降低，最好的办法是向炉缸喷吹补充燃料。

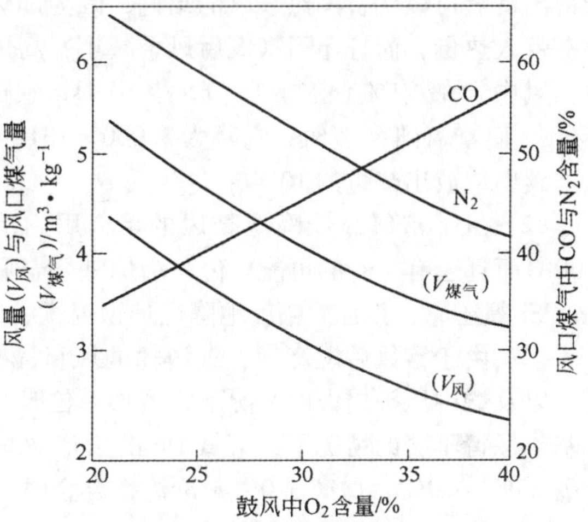

图13-2　鼓风中氧浓度的变化对风量($V_{风}$)、煤气量($V_{煤气}$)和煤气中CO，N_2含量的影响

富氧以后，风中N_2含量的降低和$t_{理}$的提高大大加快了碳的燃烧过程，这会导致风口前燃烧带的缩小，并引起边缘气流的发展。但是鼓风富氧是提高冶炼强度的，富氧量较小的情况下，燃烧带的缩小就变得不很明显，这被研究者们从风口区取样分析所证实。

13.4.2　富氧对炉内温度场分布的影响

富氧对高炉内温度场分布的影响与提高风温时的影响相似。富氧以后由于风中氮含量减少，造成燃烧1kg碳发生的煤气量减少，对煤气和炉料水当量比值降低的影响，超过了提高风温的影响，此外，富氧以后，因冶炼吨铁所需风量的减少使热风带入热量减少，因此富氧较高时炉身煤气温度下降更严重，由于同时产生煤气量减少和炉身温度的降低，煤气带入炉身的热量减少，有可能造成该区域内的热平衡紧张，特别是炉料中配入大量石灰石在该地区分解时尤为严重。图13-3示出了富氧鼓风时炉身温度下降的情况。

如同高风温的影响那样，富氧也降低了炉顶煤气温度。

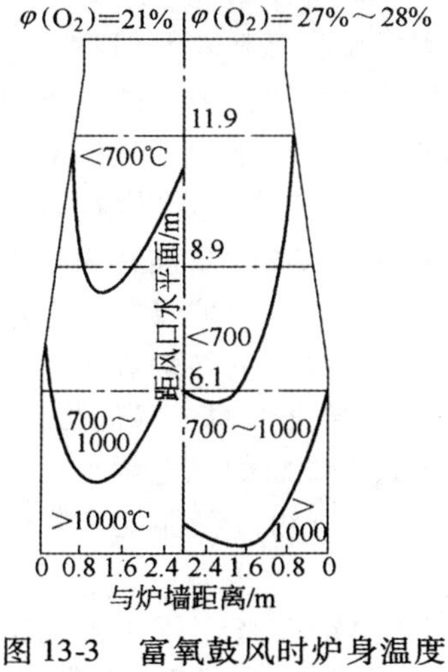

图13-3　富氧鼓风时炉身温度下降情况(前苏联下塔吉尔钢铁厂1号高炉实测资料)

13.4.3　富氧对还原的影响

富氧对间接还原发展有利的方面是炉缸煤气中CO浓度的提高与惰性的氮含量降低，但是要认识到，在焦比接近于保持不变的情况下，富氧并没有增加消耗于单位被还原Fe的CO数量，而且CO浓度对氧化铁还原度的影响有递减的特性，因此这种影响是有限的。对间接还原发展不利的方面是炉身温度的降低，

700～1000℃间接还原强烈发展的温度带高度的缩小，以及产量增加时，炉料下降速度加快，炉料在间接还原区停留时间的缩短。上述两方面因素共同作用的结果，间接还原有可能发展，也可能削减，也有可能维持在原来的水平。

13.4.4　富氧鼓风操作特点

（1）富氧与高风温都能提高理论燃烧温度，提高高炉下部温度，降低炉顶温度，但是决不能得出富氧可以代替加热鼓风的结论，因为加热鼓风是给高炉冶炼带入高温热量，而富氧不但没有带入热量，而且还因富氧后风量减小，高炉冶炼的热收入反而减少了。例如在 $t_{风}=1000℃$ 时，风中含氧 21%（湿分 1%），燃烧 1kg 碳的大气鼓风带入的热量为 4.341×1319＝5723kJ/kg，而富氧到 30% 时，它降为 3.060×1319＝4036kJ/kg，减少了 1687kJ/kg，相当于大气鼓风下碳燃烧放出热量的 10.9%。

（2）由于富氧鼓风降低鼓风的焓，用它冶炼炼钢生铁时，焦比不会降低，风温 1000～1100℃ 而且还有上升的可能。但是冶炼铁合金和铸造生铁时，由于高温热量集中于炉缸有利于 Mn、Si 等还原，并且大幅度地降低炉顶温度，因此富氧 1% 可降低焦比 1.5%～2.4%。

（3）由于富氧后燃烧 1kg 碳消耗的风量减少，就可在不增加单位时间内通过炉子的煤气量，以及炉内压头损失的情况下，增加单位时间内燃烧的碳量，亦即可以提高冶炼强度，在焦比基本保持不变的情况下，富氧 1% 的增产效果为：风中含氧 21%～25%，增产 3.3%；风中含氧 25%～30%，增产 3.0%；冶炼铁合金时，由于焦比下降，增产效果增加到 5%～7%。

（4）把富氧与喷吹燃料结合起来，不论对高炉生产应用氧气，还是扩大喷吹量都是有利的。喷吹燃料和富氧对高炉冶炼过程大部分参数的影响是相反的，例如 $t_{理}$，$t_{顶}$，鼓风的焓 $i_{风}$，炉料在炉内停留的时间等。两者相结合可以增加焦炭燃烧强度，大幅度增产，促使喷入炉缸的燃料完全气化，以及不降低理论燃烧温度而扩大喷吹量，从而进一步降低焦比。前苏联已应用这种结合达到相当于扩大高炉有效容积的增产效果（根据前苏联的经验在风中含氧 22%～25%，每小时富氧 50～65m^3 相当于扩大炉容 1m^3）。

13.5　喷吹补充燃料

19 世纪上半叶就产生了向高炉炉缸喷吹燃料的想法，自 1840～1845 年在法国一座高炉上喷吹木炭屑开始，经历了百余年的断断续续的试验，到 20 世纪 50 年代喷吹燃料才开始步入工业规模，而 60 年代作为炼铁技术重大进步在很多国家普及。喷吹燃料的品种很多，都是各国根据各自资源和可以廉价购得的气体、液体和固体粉状燃料，例如前苏联、美国天然气资源丰富，以喷吹天然气为主，那些从中东廉价进口石油的国家（如日本、法国、德国等）则在石油危机前大量喷吹重油，我国一开始就以喷吹煤粉为主，现在很多国家也已从喷吹重油转为喷煤粉以适应国际市场上油、煤价格的变化。一些高炉也喷吹过冶金工厂自产的焦炉煤气、煤焦油，有些高炉做过喷吹液—固混合燃料的试验，个别高炉还喷吹过未燃法操作的转炉炼钢产生的转炉煤气。喷吹燃料的主要目的是以其他形式的廉价燃料代替宝贵的冶金焦炭，降低焦比。喷煤具有经济优势，高炉喷煤理论和技术从此开始全面发展，全球喷煤高炉总数迅速增加，高炉喷吹量也不断提高。喷煤减少炼焦生产的负担，节省焦炉基建投资，节约过程能耗和降低污染。

目前，欧洲一些高炉的平均喷煤比已经达到 180～200kg/t。1997 年以来，荷兰霍戈文公司 6 号高炉（2828m^3）、7 号高炉（4650m^3）月喷煤比达 210kg/t，平均焦比降至 234kg/t，英国钢铁公司斯肯索普厂从 1984 年起一直采用独特的粒煤喷吹技术，月喷煤比已达 200kg/t

以上。此外，美国、比利时、意大利、韩国等近几年来喷煤技术也有较大发展，正向250kg/t努力。

我国从20世纪60年代就开始在首钢发展高炉喷煤，是较早实现高炉喷煤工业生产的国家之一。“九五”期间，喷煤成绩较好的宝钢、鞍钢、马钢等高炉煤比达到150~200kg/t。1998~1999年初，宝钢高炉喷煤取得重大突破，高炉喷煤比突破250kg/t。1999年，1号高炉利用系数为2.328t/(m^3·d)，年平均喷煤比达238kg/t，焦比270kg/t，燃料比503.5kg/t。宝钢高炉平均喷煤比稳定在210kg/t以上，达到世界先进水平。

13.5.1 喷吹燃料对高炉冶炼的影响

13.5.1.1 喷吹燃料在风口前的燃烧

喷吹燃料与焦炭在风口前燃烧相比，燃烧的最终产物仍然是CO、H_2和N_2，并放出一定的热量，这点是相同的。不同之处是：

(1) 燃烧过程不同。焦炭在炼焦过程已完成煤的脱气和结焦过程，风口前的燃烧基本上是碳的氧化过程，而且焦炭粒度较大，在炉缸内不会随煤气流上升。而喷吹燃料却不同，煤粉要在风口前经历脱气、结焦和残焦燃烧三个过程，而且它要在喷枪出口处到循环区内停留的千分之几到百分之几秒内完成；重油要经历气化，然后着火燃烧。天然气、重油蒸气和煤粉脱气的碳氢化合物燃烧时，碳氧化成CO放出的热量，有部分被碳氢化合物分解为碳和氢的反应所吸收，这种分解热随氢与碳的重量比[m(H)/m(C)]的增加而增大。因此，随着这一比例的增加，风口前燃料燃烧的热值亦降低(表13-9)。

表13-9 不同燃料的每1kg碳在风口前燃烧放出的热量

燃料	m(H)/m(C)	燃烧放出的热量	
		kJ/kg	%
焦炭	0.002~0.005	9800	100
无烟煤	0.02~0.03	9100	96
气煤	0.08~0.10	8400	85
重油	0.11~0.13	7500	77
甲烷(天然气)	0.333	2970	30

碳氢化合物与氧的反应仅在它的热解温度下进行，如果重油未能很好雾化而迅速变成蒸气，并达到其热解温度，氧化反应就会产生烟炭，未完全氧化的CH_4也可能裂解为烟炭，如果这种烟炭在燃烧带内不气化，就会随煤气流离开燃烧带，这不仅导致炉缸热收入减少，而且这些炭质点(包括喷吹煤粉时，在燃烧带内未气化的煤粉质点)大量混入炉渣而使炉缸工况恶化：炉缸堆积，炉腹渣皮不稳定而脱落，风口和渣口大量烧坏。因此为避免烟炭形成和残炭不能完全气化，必须使燃料与鼓风尽可能完全和均匀地混合。

(2) 炉缸煤气量增加。喷吹燃料所含碳氢化合物在风口前气化后产生大量的H_2，使炉缸煤气量增加(表13-10)，燃烧带扩大。煤气量的增加与燃料中的H、C含量有关，氢与碳的比值越高，增加的煤气量越多，应当指出无烟煤的煤气量略低于焦炭是因无烟煤灰分高，含固定碳量低于焦炭所致，如果喷吹低灰分高挥发分的烟煤，则1kg煤粉产生的煤气量将大于焦炭燃烧形成的煤气量。煤气量的增加，使燃烧带增大，另外，造成燃烧带扩大的另一原因是部分燃料在直吹管和风口内就开始燃烧，在直吹管内形成高于鼓风温度的热风和燃烧产物的混合气流，它的流速和动能远大于全焦冶炼时的风速和鼓风动能。

表 13-10　风口前每 1kg 燃料燃烧产生的煤气体积

燃　料	V_{CO}/m^3	V_{H_2}/m^3	还原气总和		V_{N_2}/m^3	煤气量/m^3	$\varphi(CO+H_2)$/%
			m^3	%			
焦　炭	1.553	0.055	1.608	100	2.92	4.528	35.5
重　油	1.608	1.29	2.898	180	3.02	5.918	49.0
煤　粉	1.408	0.41	1.818	113	2.64	4.458	40.8
天然气/$m^3 \cdot kg^{-1}$	1.370	2.78	4.15	258	2.58	6.73	61.9
天然气/$m^3 \cdot m^{-3}$	0.97	2.00	2.97	185	1.83	4.80	61.9

（3）理论燃烧温度下降，而炉缸中心温度略有上升。理论燃烧温度降低的原因在于：①燃烧产物的数量增加，用于加热产物到燃烧温度的热量增多；②喷吹燃料气化时因碳氢化合物分解吸热，燃烧放出的热值降低；③焦炭到达风口燃烧带已被上升煤气加热（约达到 1500℃），可为燃烧带来部分物理热，而喷吹燃料的温度一般在 100℃左右。

炉缸中心温度和两风口间的温度略有上升的原因是：①煤气量及其动能增加，燃烧带扩大使到达炉缸中心的煤气量增多，中心部位的热量收入增加；②上部还原得到改善，在高炉中心进行的直接还原数量减少，热支出减少；③高炉内热交换改善，使进入炉缸的物料和产品的温度升高。

13.5.1.2　*料柱阻损与热交换*

喷吹燃料以后，由炉缸上升到炉顶的煤气主要由三部分组成：风口前焦炭中碳燃烧形成的煤气，喷吹燃料燃烧形成的煤气和直接还原形成的煤气。生产实践和理论计算表明：随着喷吹量的增加，喷吹燃料燃烧形成的煤气量增加总是超过其他两项的减少，最终炉顶煤气量总是有所增加（喷吹无烟煤时例外）。与此同时，单位生铁的焦炭消耗量减少和炉料中矿/焦比上升，使料柱透气性变差。这两者的作用造成炉内的压差 Δp 升高，煤气和炉料的水当量比值（$W_{气}/W_{料}$）增大，导致炉身温度和炉顶温度略有升高。喷吹无烟煤时，由于煤气量不增加，炉身和炉顶温度无明显变化。喷吹燃料带入高炉的 H_2 对这两变化（Δp 升高和 $t_{顶}$ 升高）起着缓和作用，因为 H_2 的黏度和密度较小，它可降低煤气的黏度和密度，从而使 Δp 下降；H_2 也能提高煤气的导热能力，加速煤气向炉料的热传递。

13.5.1.3　*直接还原和间接还原的变化*

喷吹燃料以后，改变了铁氧化物还原和碳气化的条件，明显地有利于间接还原的发展和直接还原度的降低：

（1）煤气中还原性组分（$CO+H_2$）的体积分数增加，N_2 的则降低；

（2）单位生铁的还原性气体量增加，因为等量于焦炭的喷吹燃料产生的 $CO+H_2$ 量大于焦炭产生的，所以尽管焦比降低，（$CO+H_2$）的绝对量仍然增加；

（3）H_2 的数量和体积分数显著提高，而氢较一氧化碳在还原的热力学和动力学方面均有一定的优越性；

（4）炉内温度场变化使焦炭中碳与 CO_2 发生反应的下部区域温度降低，而氧化铁间接还原的区域温度升高，这样前一反应速度降低，后一反应速度则增快；

（5）焦比降低减少了焦炭与 CO_2 反应的表面积，也就降低了反应速度；

（6）焦比降低和单位生铁的炉料容积减少使炉料在炉内停留的时间增长。

13.5.2　置换比与喷吹量

喷吹燃料的主要目的是用价格较低廉的燃料代替价格昂贵的焦炭，因此喷吹 1kg 或 1m^3 燃料能替换多少焦炭是衡量喷吹效果的重要指标。喷吹燃料的置换比取决于：

(1) 喷吹燃料的种类。含碳和氢高的燃料，置换比就高，重油含碳和氢最高，置换比最高，一般1.2~1.4；无烟煤中含碳和氢量最少，灰分高，置换比也最低，一般在0.8左右。

(2) 喷吹燃料在风口前气化程度。如前所述，喷吹燃料气化时产生烟炭或残焦，不仅产生的热量和还原性气体减少，还可能恶化炉况，影响喷吹效果，使置换比降低。

(3) 鼓风参数。通过对比高风温、高压、富氧和喷吹燃料对高炉冶炼的影响，可以看出它们的作用和影响有相反之处，例如提高风温和富氧鼓风可提高理论燃烧温度，降低炉顶煤气温度，喷吹燃料时降低理论燃烧温度，提高炉顶煤气温度，又如高风温和富氧使 r_d 上升，而喷吹燃料可降低 r_d，再如高风温、富氧和喷吹燃料都使 Δp 上升，而高压却可使 Δp 降低。因此风温的高低，是否富氧等都影响置换比的高低。

(4) 煤气流利用程度。既然喷吹燃料主要影响是改善高炉煤气的还原能力，操作上改进煤气流和矿石的接触是发挥喷吹作用的重要方面，各高炉的置换比的差异与这一点有很大关系。

13.5.3 限制喷吹量的因素

实际生产中，限制喷吹量的因素有以下几方面：

(1) 风口前喷吹燃料的燃烧速率是目前限制喷吹量的薄弱环节。喷吹燃料最好能在燃烧带内停留的短暂时间内100%氧化成CO和 H_2，否则重油、天然气形成的烟炭和未完全气化的煤粉颗粒将影响高炉冶炼。燃烧动力学的研究和高炉工业性试验表明，影响燃烧速率的因素主要是温度、供氧、燃料与鼓风的接触界面等。

生产实践表明，喷吹的煤粉在风口燃烧带内的燃烧率保持在85%以上时，剩余的未气化煤粉不会给高炉带来明显的影响，因为它们随煤气流上升过程中能继续气化：①遇焦炭黏附在其上，随焦炭下降进入燃烧带气化；②少量的进入炉渣，成为渣中氧化物直接还原的碳；③遇滴落的铁珠成为渗碳的碳；④黏附在矿石、石灰石上成为直接还原的碳而气化。

(2) 高温区放热和热交换状况，高炉冶炼需要有足够的高温热量保证炉子下部物理化学反应顺利进行。允许的最低值至少应高于冶炼的铁水温度，允许的炉缸煤气温度下限应保证能过热铁水和炉渣，以及保证其他吸热的高温过程(例如锰的还原，脱硫等)的进行。喷吹燃料将降低理论燃烧温度，这样允许的最低 $t_{理}$ 就成为喷吹量的限制环节。当喷吹量增加，使 $t_{理}$ 降到允许的最低水平时，就要采用措施(如高风温或富氧等措施)，维持理论燃烧温度不再下降，以进一步扩大喷吹量。

(3) 产量和置换比降低是限制喷吹量的又一因素。实践表明，随着喷吹量的增加，喷吹燃料的置换比呈下降趋势。置换比降低可能导致燃料比过高、经济效益下降。

在风中含氧固定和综合冶炼强度一定的情况下，随着喷吹量的增加，高炉产量如同置换比那样呈下降趋势。在实际生产中，这种产量的降低被置换比的下降所掩盖。例如在冶炼强度一定时，由于喷吹燃料使焦比降低5%，产量本应提高5%，但是实际提高了2%，也就是产量下降了3%。要使产量不下降，就得采用富氧鼓风。

综上所述，焦炭在高炉内起的作用是热源、还原剂、生铁渗碳的碳源、作为料柱透气性的骨架。人们普遍认为喷吹燃料可以代替焦炭除骨架以外的作用。所以，最大喷吹量限制亦即最低焦比应由炉内透气性，焦炭骨架作用所决定。

13.6 高炉喷吹煤粉

高炉喷吹煤粉目前已成为大幅度地降低焦比的措施，这是近40年来重大技术发展之一，国内外高炉喷吹煤粉都取得了良好的效果。

目前我国高炉煤粉喷吹量一般在 120 ~ 140kg/t，好的高炉约 150 ~ 210kg/t，最好的是宝钢高炉，高达 250 ~ 260kg/t，煤粉粒度也从 0.074mm（ -200 目）的 70% ~ 80% 放宽到 50% 左右之后，也取得了良好的实际效果。

我国高炉采用高风温、精料，高冶炼强度与富氧相结合，喷煤量已逐步增加到 150 ~ 170kg/t 甚至 200kg/t 以上时，置换比仍然保持在 0.70 ~ 0.80 的高水平，因此，我国高炉再进一步增加煤比的潜力还是较大的，但是如何提高煤粉燃烧率，研究加速煤粉燃烧技术仍然是一个十分重要的课题。

13.6.1　喷吹煤粉对冶炼的影响

（1）炉缸煤气量增加，煤气还原势增加。

（2）中心气流明显发展。喷吹能使炉缸工作活跃，其原因主要是鼓风动能显著增大所致。由于煤粉一部分在直吹管和风口内与氧汇合而产生燃烧反应，结果极大地提高了鼓风动能，使中心气流发展。喷吹后，炉缸煤气体积增大（喷吹高灰分无烟煤时例外），煤气中 H_2 含量增多，渗透能力增强。

（3）喷吹煤粉后，炉缸煤气中 H_2 浓度增大（喷吹高灰分无烟煤时例外）。从热力学来看，在高于 810℃，H_2 的还原能力比 CO 强。假定 H_2 发挥还原作用主要在 800 ~ 1000℃ 区域内，则大部分用于 FeO 还原，在低于 810℃ 温度范围内，还原高价铁氧化物的作用较小。

由于 H_2 的导热性好，是其他气体的 7 ~ 10 倍，黏度是其他气体的 0.5 倍，扩散速度是 CO 的 3.7 倍，H_2 有利于加热矿石，也有利于还原的扩散速度，所以有助于提高间接还原度，而还原生成产物 H_2O，也比 CO_2 具有较大的扩散速度（1.56 倍），脱附进行也很迅速。

（4）炉缸冷化，有热滞后现象。炉缸冷化系指风口前的理论燃烧温度降低，其产生的原因是：喷入的煤粉是以冷态进入燃烧带，不似焦炭经预热已具有 1500℃ 的高温；燃料中碳氧化合物在高温作用下，先分解再燃烧，分解反应吸收热量；燃烧生成的煤气体积大。因此，热滞后现象也是必然的。

（5）直接还原度的变化。由于单位生铁的煤气量增加，煤气富化，特别是煤气中 H_2 量增加，增加了间接还原，由此而降低焦比。

13.6.2　喷吹煤粉高炉的操作特点

喷吹燃料后，高炉上部气流不稳定，下部炉缸中心气流发展，容易形成边缘堆积。为此要相应进行上下部调剂。

（1）上部调剂：上部调剂主要方向是适当而有控制地发展边缘，保持煤气流稳定，合理分布。常用的措施是扩大矿石批重，增加倒装比例和适当提高料线。

（2）下部调剂：下部调剂主要是全面活跃炉缸，保证炉缸工作均匀，抑制中心气流发展。为此，喷吹燃料后以扩大风口直径为主，适当缩短风口长度。一般认为大高炉每增加喷吹量 10kg/t，风口面积相应扩大 2% ~ 3%。

（3）采用调剂喷吹量以控制炉温：在焦炭负荷不变条件下，增加喷吹燃料数量，也就是改变燃料的全负荷，必然影响炉温；同时，由于喷吹燃料中碳氢化合物的燃烧，消耗风中氧量，使单位时间内燃烧焦炭数量减少，下料速度随之减慢，起着减风的作用。相反，减少喷吹物时，既减少了热源，又增快了料速，因而影响是双重的。但是，由于热滞后现象，以及喷吹物分解吸热和煤气量增加等原因，在增加喷吹物的初期，炉缸先“凉”后热。所以在调剂时要分清炉温是向凉还是已凉，向热还是已热，如果炉缸已凉而增加喷吹物，或者炉缸已热而减少喷吹物，则达不到调剂目的，甚至还造成严重后果。此外在开喷和停喷变料时，要考虑先凉后热的特点，即在开始喷吹燃料前，减负荷2~3h，之后分几次恢复正常负荷，当轻负荷料下达风口后，炉温上升便开始喷吹。停喷时则与此相反。

13.7 高压操作

20世纪50年代以前，高炉都是在炉顶煤气剩余压力低于30kPa的情况下生产的，通常称为常压操作。提高炉顶煤气压力的操作称为高压操作，高压的形成是通过安装在高炉净煤气除尘系统后管道上的高压调节阀组，改变煤气通道截面积，使其通道截面积比常压时小，从而提高炉顶煤气压力的。由于炉顶压力提高，高炉内压差降低，使高炉内发生一系列有利于冶炼的变化，促进了高炉强化和顺行。

高压操作已成为强化高炉冶炼的有力手段，特别是对2000m^3以上大型高炉，高压操作更为明显。可以说，高炉容积愈大，为保证强化顺行所需的炉顶压力应愈高；高炉强化程度愈高，愈需要实行高压操作。因此国外一些巨型高炉，如日本大分厂2号高炉(内容积5070m^3)，炉顶压力高达275kPa，1980年7月平均获得利用系数2.04t/(m^3·d)，燃料比426kg/t(焦比383.4kg/t)的优良结果。日本扇岛1号高炉(4052m^3)，炉顶压力高于196kPa，炉顶煤气CO_2含量达到20%~30%，获得了煤气能量利用的高水平。其他4000m^3级高炉，炉顶压力一般都在200~300kPa。我国从50年代后期开始，也先后将1000m^3级高炉改为高压操作，目前炉顶压力提高到120~150kPa，同样取得较好的效果，宝钢高炉的炉顶压力已达到250kPa，进入世界先进行列。新设计的巨型高炉，一般都按250kPa以上的高压操作考虑。

13.7.1 高压操作系统

高炉炉顶煤气剩余压力的提高，是由煤气系统中的高压调节阀组控制阀门的开闭度来实现的(图13-4)。长期以来，由于炉顶装料设备系统中广泛使用着双钟马基式布料器，它既起着封闭炉顶，又起着旋转布料的作用，布料器旋转部位的密封一直阻碍着炉顶压力的进一步提高。只有到20世纪70年代实现了“布料与封顶分离”的原则，即采用双钟四阀、无钟炉顶等装备以后，炉顶煤气压力才大幅度提高到150kPa，甚至达到200~300kPa。

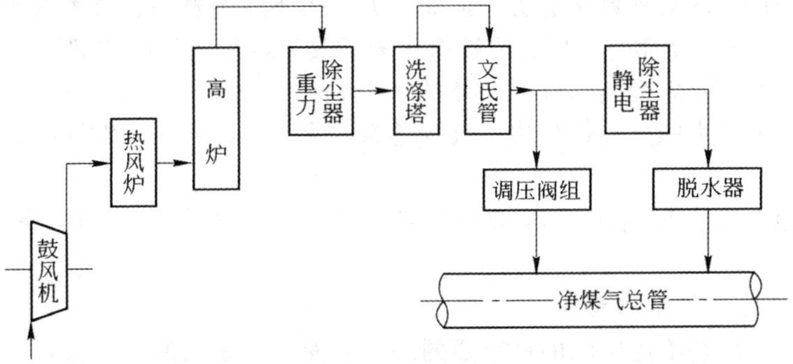

图13-4 高压操作工艺流程

应当指出，消耗在调压阀组的剩余压力是由风机提供的，而风机为此提高的风压需消耗大量能量。为有效地利用这部分压力能，人们从20世纪60年代开始，试验高炉炉顶煤气余压发电，先后在前苏联和法国取得成功。采用这种技术后，可回收风机用电的25%~30%，节省高炉炼铁的能耗。图13-5为采用余压发电后的高压操作系统。

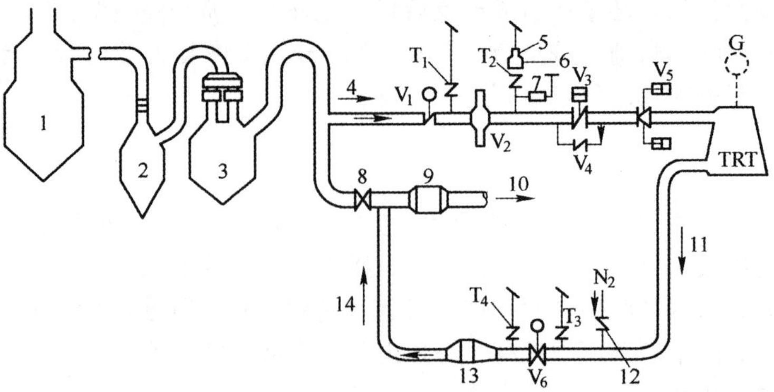

图 13-5　余压发电工艺流程图

1—重力除尘器；2，3—文氏洗涤塔；4，11，14—煤气管道；5—主管喷射器；6—蒸汽；7—点火器；8—减压阀组；9—消声器；10—煤气总管；12—氮气吹扫阀；13—除雾器；V_1—入口蝶阀；V_2—入口眼睛阀；V_3—紧急切断阀；V_4—旁通阀；V_5—调速阀；V_6—水封截止阀；T_1 ~ T_4—放散阀；G—发电机组；TRT—余压发电透平机

13.7.2　高压操作对冶炼的影响

13.7.2.1　对燃烧带的影响

由于炉内压力提高，在同样鼓风量的情况下，鼓风体积变小，从而引起鼓风动能的下降。根据计算，由常压(15kPa)提高到 80kPa 的高压后，鼓风动能降到原来的 76%。同时，由于炉缸煤气压力的升高，煤气中 O_2和 CO_2的分压升高，促使燃烧速度加快。鼓风动能降低和燃烧速度加快导致高压操作后的燃烧带缩小。为维持合理的燃烧带以利于煤气量分布，就可以增加鼓风量，这对增加产量起着积极的作用。

13.7.2.2　对还原的影响

从热力学上来说，压力对还原的影响是通过压力对反应 $CO_2 + C = 2CO$ 的影响体现的，由于这个反应前后有体积的变化，压力的增加有利于反应向左进行，即有利于 CO_2的存在。这就有利于间接还原的进行。同时，高炉内直接还原发展程度取决于上述反应进行的程度，高压不利于此反应向右进行，从某种意义上讲，是抑制了直接还原的发展，或者说将直接还原推向更高的温度区域进行，同样有利于 CO 还原铁氧化物而改善煤气化学能的利用。

从动力学上来说，压力提高加快了气体的扩散和化学反应速度，有利于还原反应的进行。但是有的研究者认为压力的提高也加快了直接还原的速度，因此压力对铁的直接还原度不会产生明显的影响。

研究和实际操作都肯定高压对 Si 的还原是不利的，这表明高压对低硅生铁的冶炼是有利的。

13.7.2.3　对料柱阻损的影响

这是高压操作对高炉冶炼影响的最重要的一个方面。从著名的卡门公式

$$\frac{\Delta p}{H} = \left[K_1 \frac{(1-\varepsilon)^2}{\varepsilon^3}\mu\omega_0 s^2 + K_2 \frac{1-\varepsilon}{\varepsilon^3}\mu\omega_0^2 s\right]\frac{p_0}{p}\left(1+\frac{t}{273}\right) \tag{13-2}$$

不难看出，料层的阻力损失与气流的压力成反比。在其他条件不变的情况下，可写成：

$$\frac{\Delta p_{常}}{\Delta p_{高}} = \frac{p_{高}}{p_{常}} \tag{13-3}$$

由于料层的阻力损失与气流的压力成反比，高压操作以后，炉内的总压力 $p_{高}$ 较常压操作时的 $p_{常}$ 大，因而常压操作时煤气流通过料柱的阻力损失 $\Delta p_{常}$ 大于高压操作时的 $\Delta p_{高}$。这就使得在常压高炉上因 Δp 过高而引起的诸如管道行程，崩料等炉况失常现象在高压操作的高炉上大为减少，而且还可弥补一些强化高炉冶炼技术使 Δp 升高的缺陷。

研究者们用不同的方式对高压操作后 $\Delta p_{高}$ 下降进行了测定和计算，所得结果不尽相同，但其平均值约为顶压每提高 100kPa，料柱阻损下降 3kPa。在常压提高到 100kPa 时，Δp 下降值略大于 3kPa；而顶压由 100kPa 进一步提高到 200～300kPa 时，此值降到 2～100kPa。

应当指出，高压操作以后，炉内料柱阻损的下降并不是上下部均相同的，研究表明，高炉上部的阻损下降得多，下部的下降得少(图 13-6)。造成这种现象的原因是料柱上下部透气不同，高炉下部由于被还原矿石的软熔，空隙度急剧下降，压力对 Δp 的作用为空隙度的下降所减弱。

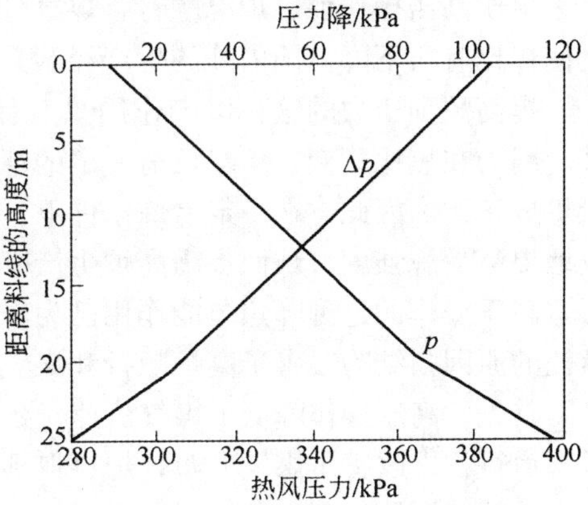

图 13-6　高压高炉高度上的煤气压力变化

众所周知，煤气通过料柱的阻力损失，相当于自下而上的浮力，它与炉料与炉墙之间的摩擦力、炉料与炉料之间的摩擦力等一起，阻碍着靠重力下降的炉料运动。高压操作后 Δp 的下降无疑减少了炉料下降的阻力，可使炉况顺行。如果 Δp 维持在原来低压时图 13-6 高压高炉高度上的煤气压力变化的水平，则可增加风量，即提高高炉的冶炼强度。

早期的生产实践表明，在由常压改为 80kPa 的高压后，鼓风量可增加 10%～15%，相当于提高 2%/9.8kPa 左右；现在的实践表明，再从 100kPa 往上提高时，这个数值下降到(1.7%～1.8%)/9.8kPa。这比理论计算的 3% 左右要低很多，造成这种差别的原因在于：

(1) 高炉内限制冶炼强度提高的是炉子下部，如前所述，下部 Δp 减少的数值较小；

(2) 高压以后，焦比有所降低，炉尘量大幅度降低，在入炉炉料准备水平相同的情况下，上部块状带内料柱透气性也变差；

(3) 高压以后，燃烧带和炉顶布料发生变化。上下部调剂跟不上也阻碍着高压操作作用的发挥。

为此，要充分发挥高压对增产的作用，需要改善炉料的性能，特别是焦炭的高温强度，矿石的高温冶金性能和铁品位(降低渣量)，以及掌握燃烧带和布料变化规律，应用上下部调剂手段加以控制。随着这些工作进展的情况不同，各厂家每提高 10kPa 的增产幅度波动在 1.1%～3.0%。我国宝钢的生产经验是：顶压每提高 10kPa，风量可增加 200～250m^3/min。

13.7.2.4　对炉顶布料的影响

高压操作后，炉料从装料设备(大钟或布料流槽)落到料面的运动有一定的影响，根据测定和计算，这种影响表现为布料后边缘料层加厚，料面漏斗加深，而影响的程度则取决于炉料准备情况(<5mm 粒度的含量和大小粒度的组成)和炉顶煤气压力提高的幅度。这种炉料在炉喉径向上分布的变化有可能恶化边缘区域的炉料透气性，从而使炉内压降增大，削弱了顶压提高的作用。

高压操作使炉尘吹出量显著减少，单位矿石消耗降低，实际焦炭负荷得到保证，批料出铁量增加，铁的回收率提高，焦比应有所降低。根据统计由常压改为高压操作后，炉尘吹出量降低 20%～50%，有的甚至高达 75%。在目前炉顶煤气压力达到 150～250kPa 的现代高炉上，炉尘吹出量经常在10kg/t以下。实践证明，实行高压操作，不断提高炉顶压力水平，是强化高炉冶炼，增产节能的一条重要途径。根据国内外经验，1000m^3级高炉，炉顶压力应达到120kPa左右；2000m^3级高炉，应达到150kPa以上；3000m^3级高炉，应达到200kPa左右；4000m^3级以上巨型高炉，应达到250～300kPa。

高压操作不可避免地要增加鼓风机电耗，但可采取炉顶煤气余压发电予以回收。一般回收的发电量相当于高炉风机电耗的25%～30%。

13.7.2.5　对焦比的影响

由于高压操作促进炉况顺行，煤气分布合理，利用程度改善，有利于冶炼低硅生铁等，而且使焦比有所下降。国内外的生产经验是，顶压每提高10kPa，焦比下降0.2%～1.5%。

提高炉顶压力的这种增产作用只有伴随着风量的增加或冶炼强度的提高才能明显表现出来。因为在焦比不变，焦炭负荷一定的情况下，高炉生产率与风量，亦即单位时间内燃烧的焦炭量成正比。因此，在一定冶炼条件下，冶炼强度应与炉顶压力成正比，即提高炉顶压力可相应地提高冶炼强度，从而提高高炉生产率。

高压操作的这种降焦节能作用已为越来越多的高炉实践所证实。根据实践分析，高压降低燃耗的原因归结为改善了高炉顺行和煤气利用，发展了高炉内的间接还原，抑制了直接还原。

首先，高压操作降低了煤气流速，延长了煤气在炉内与矿石的接触时间，同时减小或消除了管道行程，改善了煤气分布，炉料得到充分的预热，从而改善了铁矿石的还原条件，使块料带内的间接还原得到充分发展，煤气能量得到充分利用。

其次，直接还原反应取决于反应 $CO_2 + C = 2CO$ 的发展。提高炉顶压力，炉内平均压力相应提高，促使该反应的平衡向气体体积减小的方向（逆向）移动，从而抑制了直接还原的发展，或者说使直接还原推向更高的温度区域进行。这同压低软熔带，扩大块料带，提高CO利用率的要求相一致。高压操作对碳的气化反应的抑制作用，在某种意义上也相当于降低焦炭的反应性。这对减少碳的溶解损失，提高焦炭高温强度，改善软熔带和滴落带的透气（液）性，增加风口燃烧有效碳量都是有利的。

同样，高压可抑制硅还原（$SiO_2 + 2C = [Si] + 2CO$），有利于降低生铁含硅量，促进焦比降低。研究指出，在提高CO压力时，生铁中[Si]显著降低，这是因为硅在生铁中的平衡浓度与CO分压的平方成反比。另外，由反应 $SiO_2 + CO = SiO + CO_2$ 的平衡常数 $K = p_{SiO} \cdot p_{CO_2} / p_{CO}$ 可得 $p_{SiO} = K \cdot p_{CO} / p_{CO_2}$。因此提高炉顶压力，则气相中 p_{CO}/p_{CO_2} 降低，抑制了SiO的挥发，从而减少了硅的还原，导致了燃料的节省。

高压操作改善了煤气分布，促进炉况稳定顺行和炉温稳定，因而可减少不必要的热量储备，适当降低炉缸和炉腹温度，使燃料消耗降低，也为降低生铁含硅量创造了条件。高压的顺行作用可保障喷吹燃料和高风温发挥更大效用，促进燃耗进一步降低。

13.8　冶炼低硅生铁

13.8.1　低硅铁冶炼的意义

随着科学技术和社会经济的发展，要求冶金行业提供的是更多的优质钢材，相应地对钢中的S、P等有害元素的限制也就更加严格，而传统的LD炼钢工艺是以保证产量为宗旨的。而在一座转炉内又要同时进行去除N、Si、Mn、P、S等一系列反应，难以达到理想的精确效果，因此要求开发研究新的炼钢工艺。

日本从提高精炼效果和节能两方面考虑，提出了无渣或少渣的炼钢法。这种炼钢方法减少渣量的着眼点是将铁水中 Si 含量降低到一定值。由于铁水中 Si 含量的减少，炼钢过程中 Si 的氧化产物 SiO_2 也就相应降低。炼钢渣中的 CaO 的活度得到提高，导致脱 P 效果改善。因此，脱 P 用的 CaO 与渣量大大降低。根据统计，铁水中 Si 含量每降低 1%，将使吨钢产量减少 8～13kg，而且这种炼钢过程平稳、周期短、铁损与热量损失减少。随着渣量的减少，对高炉耐火材料的侵蚀减弱、延长了炉龄。我国多年来在武钢与南钢实验与推广的"顶底复合吹炼"的炼钢工艺就是属于周期短、高效率的炼钢方法，要求低渣量操作，要求入炉铁水 Si 含量尽可能低。

从高炉—转炉联合工序的能量利用角度来看，将高 Si 含量铁水加入转炉导致了严重的浪费。研究与统计表明，铁水中 Si 含量每增加 0.1%，高炉吨铁将多耗能 20.902MJ，相当于增加焦比 4～6kg/t；而在转炉中 1kg 硅氧化后放出的热量为 60276MJ，能量有效利用率仅为 3%。可见，高炉冶炼低硅铁水从能源利用角度看也是比较合理的。

13.8.2 冶炼低硅生铁的理论分析

13.8.2.1 控制硅源

硅经过迁移反应而进入铁水是从滴落带的 SiO 为媒介而进行的，SiO 来源于矿石的脉石，焦炭灰分与炉渣中的 SiO_2，除了要尽量减少炉料带入的 SiO_2 之外，当炉料品种一定时，只有控制 SiO 的挥发量才能控制铁水硅含量。高炉冶炼过程属于高温冶金过程，从化学反应平衡的观点分析，当温度提高时，炉料中 SiO 挥发增多，因此理论燃烧温度($t_{理}$)不能过高，对压力控制则相反。当 CO 分压与 $t_{理}$ 一定时，SiO 的挥发量受二氧化硅活度(a_{SiO_2})的影响，降低二氧化硅活度(a_{SiO_2})当然主要依靠调整炉渣的碱度 $w(CaO)/w(SiO_2)$ 来控制。

13.8.2.2 控制铁水吸硅量

为了冶炼低硅铁，当冶炼与原料条件一定时，要尽量减少铁水吸硅量，由于铁水吸硅是在滴落带下滴铁液中的[C]与随煤气上升的 SiO 之间进行，因此软熔带到渣面之间的距离(滴落带高度)的控制也是必要的。而软熔带的位置，在一定条件下由炉料结构与热流比等来确定，所以铁水吸硅量与炉料结构，软熔带位置的高低和煤气流分布有关。

13.8.2.3 增加炉缸的脱硅反应

冶炼低硅铁时，实际上在风口中心线以上区域铁水的吸硅量远远超过低硅铁水的硅含量，铁水中大部分[Si]都要被有关脱[Si]反应脱除掉，因此，要冶炼低硅铁时，铁水吸硅越多，脱硅任务越重，导致降[Si]操作越难，需要考虑采取一系列的脱[Si]措施。

13.8.3 降低铁水硅含量的措施

从以上分析可知，降低铁水含[Si]，不是采用简单的加负荷降炉温的办法达到，二者有着根本的差异。根据理论分析与冶炼实践，要冶炼低硅铁水，需要采取以下各项具体措施。

13.8.3.1 要选择合适的炉渣成分

当冶炼与原料条件一定时，要确定合适的 CaO 的含量或者是二元碱度。渣中 CaO 的作用主要是为了脱硫(S)，来促进炉渣熔化，提高炉渣的熔化温度，保持炉缸充沛的物理热，降低二氧化硅的活度(a_{SiO_2})以控制 SiO 的挥发。从宝钢、首钢、武钢、杭钢、南钢等高炉与国外高炉冶炼低硅铁水的实践可知，炉渣的二元碱度不可太低，一般均在 1.15～1.25，日本高炉冶炼[Si]含量为 0.20% 的铁水时，二元碱度高达 1.27。我国宝钢高炉冶炼[Si]含量为 0.30%～0.40% 的铁水时，二元碱度也在 1.22～1.25。不过硫负荷不太高的高炉，二元碱度可以低一些，应该根据实际炉况进行适当调剂。

13.8.3.2　降低软熔带位置

降低软熔带位置非常重要，但往往被忽略，主要依靠具有良好的高温冶金性能的炉料（包括球团、烧结、焦炭）；有利于高温区下移的操作制度以及合理的炉料结构来达到。这部分涉及内容十分丰富，例如炉料的高温冶金性能中有还原性、低温粉化、软熔温度要高些，软熔区间要窄些，对熔滴特性、粒度筛分分级、焦炭的强度与反应性等都有较高的要求。总的矿焦比，特别是在高炉断面上矿焦比的分布决定了煤气流与热流的合理分布（CO_2曲线或温度曲线）。

根据前面分析可知，SiO + [C] = [Si] + CO 的反应主要是在滴落带完成吸硅过程。滴落带越高，表示反应经历的过程越长，因此吸硅的可能性越大，降低软熔带的位置以及具有合理的热流分布，相当于降低软熔带的高度，这都是冶炼低硅铁必不可少的条件。

软熔带的形状以倒 V 型较为适宜。

13.8.3.3　保持适当的 MgO 含量

MgO 的性能与作用，与 CaO 类似，也属于碱性氧化物，仅次于 CaO，而且特别有利于改善炉渣的流动性与稳定性，根据国内冶炼操作经验，MgO 含量以保持在 8% ~12% 为宜。三元碱度控制在 1.45 ~1.60 之间，当 MgO 含量高时，CaO 含量则低一点，不要二者同时都高，以免影响流动性的改善。国内外冶炼低硅铁的高炉，炉渣成分列于表 13-11。

表 13-11　冶炼低硅铁高炉的炉渣成分

厂　名	$w[Si]/\%$	$w(CaO)/w(SiO_2)$	$w(MgO)/\%$	$w(CaO+MgO)/w(SiO_2)$	备　注
杭　钢	0.21	1.15 ~ 1.25	10.4 ~ 14.85	1.45 ~ 1.60	2 号高炉
首　钢	0.29	1.06	11.10	1.37	2 号高炉
宝　钢	0.40	1.21	7.00	1.46	1 号高炉
涟　钢	0.21	1.10	13.0	1.52	4 号高炉
马　钢	0.40	1.09	10.76	1.42	
唐　钢	0.29	1.04	15 ~ 16	1.51	$100m^3$ 高炉
日本水岛	0.17 ~ 0.31	1.23	7.60	1.45	2 号高炉
瑞典 SSAB	0.27 ~ 0.31	0.97	16.30	1.54	
日本福山	0.27	1.28	7.30	1.52	3 号高炉
宝　钢	0.28	1.21	8.10	1.43	2003 年 6 月份

13.8.3.4　合理的布料与煤气流分布

前面已经指出，铁水降硅操作，不能简单地理解主要靠加焦炭负荷来达到，但是焦炭负荷一定要重而适当，不要指望轻负荷操作的高炉能冶炼低硅铁。同时布料要合理，也就是矿焦比分布一定要合理，因为矿焦比分布实质上控制了煤气流的分布。中心料柱必须有较大的煤气流通过，即所谓"疏松中心"，以保证炉缸中心有利于铁水脱[S]脱[Si]与炉况的顺行。为了防止炉墙结厚而确保炉况顺行，炉墙边缘第一点的煤气流温度应该稍微高于第二点的温度，总之，通过合理的炉料分布在保证高炉顺行的基础上，来达到煤气流的热能与化学能充分高效合理地利用。

13.8.3.5　焦炭强度要好，灰分要低

焦炭强度不好，灰分高，粉末多，料柱透气性不好，炉况不稳定，炉况波动大，难以维持

低硅水平。焦炭灰分高，灰分中 SiO_2 在 50% 以上，焦炭灰分中 SiO_2 活度高，与 C 接触又紧密，最容易气化成 SiO，因而不利于硅还原的控制，高 SiO_2、Al_2O_3 的炉渣不利于铁水脱硅。一些冶炼低硅铁的高炉炉渣成分与[Si]含量的回归方程如下：

（1）杭钢高炉（$300m^3$ 级）$w[Si]=0.20\% \sim 0.30\%$ 时（3 号高炉）：

$$w[Si]=0.343-0.393w(CaO/SiO_2)-0.062w(MnO)-0.067w(FeO)-0.022w(MgO)+0.054w(Al_2O_3) \tag{13-4}$$

（2）首钢高炉（$1200m^3$ 级）$w[Si]=0.29\%$ 时（2 号高炉）：

$$w[Si]=1.463-1.0w((CaO+MgO)/SiO_2)-0.149w(FeO)+0.004w(Al_2O_3)+0.408w[Mn] \tag{13-5}$$

（3）南钢高炉（$300m^3$ 级）$w[Si]=0.40\%$ 时（2 号高炉）：

$$w[Si]=1.444-0.296w(CaO/SiO_2)-1.829\times10^{-3}w(MgO)+0.116w(Al_2O_3)-0.095w(FeO) \tag{13-6}$$

（4）宝钢高炉（$4063m^3$ 级）$w[Si]=0.40\%$ 时（1 号高炉）：

$$w[Si]=1.57195-1.80798w(CaO/SiO_2)+0.1684w(Al_2O_3)-0.1733w(MgO) \tag{13-7}$$

（5）马钢高炉（$300m^3$ 级）$w[Si]=0.40\%$ 时（二铁厂，3 号高炉）：

$$w[Si]=0.69-4.88w(CaO/SiO_2)-0.036w(MgO)+6.145\times10^{-3}w(Al_2O_3)-0.04w(MnO) \tag{13-8}$$

（6）日本水岛高炉（$2500m^3$ 级）$w[Si]=0.18\%$ 时（2 号高炉）：

$$w[Si]=1.913-1.309w((CaO+MgO)/w(SiO_2+Al_2O_3))-0.50w(FeO)-0.529w[Mn] \tag{13-9}$$

从上面众多容量不同（从 $300 \sim 4063m^3$ 级）的高炉冶炼低硅铁时的炉渣成分统计分析，可以明显地看出有一个共同的特点，渣中（SiO_2）、（Al_2O_3）含量增加时不利于铁水降[Si]，而渣中 CaO、MgO、FeO、MnO 等碱性氧化物增加时都有利于脱硅。同时根据炉渣某一成分的变化量，也可以计算出影响[Si]含量的大小。

13.8.3.6 最佳的炉料结构

炉料结构是指入炉料的品位、品种及高温冶金性能的合理配比，以满足高炉实现高产低耗与优质的基本要求。综观国内外情况，总的发展趋势是高碱度烧结矿配高品位的酸性矿为主，对冶炼低硅生铁的高炉来说，炉料结构可谓是精益求精。

烧结矿的碱度一般在 1.8 ~ 2.0 之间，也有 2.5 ~ 2.8 的，碱度首先要满足高炉生产的要求，同时要有足够的强度。软熔性能要高一点，还要求有合适的筛分组成，低温粉化率要低，含 Fe 品位要高，除此之外，还要配入 10% ~ 15% 高铁低硅球团，外加 5% 的高铁块矿；也有的高炉球团矿占 50% 左右的，或用 30% 左右的酸性烧结矿的。总之通过冶炼实践，只要生产效果好的都可以采用。

13.8.3.7 提高鼓风动能

随着高炉生产日益强化，炉缸直径与深度都在不断地加大，需提高鼓风动能，吹透炉缸中心。风口数目增加，风口前燃烧面积扩大，炉缸中心温度提高，中心死料柱要有足够的煤气流通过，以达到炉缸周围分布均匀，炉缸中心活跃，温度升高，下料速度加快而且平稳，有利于低硅生铁冶炼。

13.8.3.8 使用高风温与风口综合喷吹

使用高风温不仅可以降低焦比，增加产量，提高炉缸的物理热，而且使炉内高温区下移，间接还原区扩大，软熔带下移，因而有利于冶炼低硅生铁。

使用高风温必须与喷吹燃料相结合，可以补偿喷吹燃料所需热量以及有利于炉况顺行，二者相辅相成。同时还可以避免风口区 $t_{理}$ 过高而导致 SiO 过多的形成，并且可以缓解炉缸水平与垂直方向的温度梯度，炉况顺行稳定，有利于冶炼低硅生铁。

13.8.3.9 增加炉缸氧化性物质与氧化性气体

从硅的还原机理可知，风口中心线以上主要是硅的还原区(增硅)，风口中心线以下主要是硅的氧化区(降硅)。根据理论与实践，增加炉缸中的脱硅反应，例如以上所述的提高渣中(CaO)、(MnO)、(FeO)、(TiO_2)等含量，或者是扩大燃烧带，富氧喷煤，喷吹矿粉、矿浆与石灰及其他氧化性气体均有利于脱硅反应。

复习思考题

13-1 高炉强化冶炼包括哪些内容，怎样才能提高高炉的生产效率？

13-2 为什么风温越高，提高风温降低焦比的效果就越来越小？

13-3 高炉接受高风温的条件是什么？

13-4 提高风温对高炉生产有什么影响，对极限风温的论述有何看法？

13-5 提高风温后冶炼进程将发生什么变化？

13-6 提高风温可采取什么措施，风温的进一步提高受何限制？

13-7 富氧鼓风对炉况有何影响，能否纯氧操作，要采取什么措施。

13-8 富氧鼓风后高炉行程将发生什么变化？

13-9 富氧鼓风与辅助燃料的喷吹有何关系？

13-10 风口前焦炭燃烧与煤粉燃烧各有何特点，有何区别？

13-11 分析高炉喷吹煤粉对冶炼过程的影响，并说明原因。

13-12 为什么富氧鼓风、高风温与喷吹煤粉结合能获得良好的冶炼效果？

13-13 为什么喷吹煤粉对我国最有现实意义，提高喷煤量需要什么条件，喷吹燃料后对炉况有什么影响，操作上应注意什么？

13-14 如何提高喷吹煤粉的置换比。

13-15 限制高炉提高喷煤量的因素有哪些，说明其限制的原因。

13-16 高压操作的条件和优点是什么？

13-17 高压操作对炉况有何影响，高压后操作上要相应采取哪些措施？

13-18 高压以后对高炉产量、焦比及生铁质量将产生什么影响，为什么？

14 高炉冶炼操作

高炉生产的目的是要以最少的投入，获得最大的产出。为此，要求高炉生产顺行、稳定、均衡、安全。顺行、稳定是优质、高产、低耗必要的前提条件，均衡生产是关键，安全生产是保证。

客观条件的变化或主观操作的失误，都将使炉况波动，顺行破坏。高炉操作者的责任，就在于精心操作，仔细观察和思考，作出正确的判断和处理；而且要不断提高技术操作水平和管理水平。

14.1 基本操作制度

高炉的操作制度，是在一定的生产操作条件下，以高炉冶炼的基本理论为根据，以优质、低耗、高产、长寿为目的而制定的工作准则。由于高炉冶炼具有共同的客观规律，所以基本操作制度具有共同性，但因各高炉的具体生产和冶炼条件不同，因而各高炉的操作制度又有其特殊性。

操作制度包括热制度、造渣制度、送风制度和装料制度。彼此之间既有联系，又有各自的特定内容。

14.1.1 装料制度

装料制度是高炉上部调剂的手段，选择正确装料制度可以保证高炉顺行，获得合理煤气流分布，充分利用煤气的热能和化学能。装料制度的内容包括料线高低、批重大小和装料顺序。

14.1.1.1 装入顺序

对钟式炉顶，焦炭和矿石入炉的先后次序称为装料顺序。装入顺序不同，炉料在炉喉内的分布不同。

倒装(CCOO↓或CO↓CO↓)：疏松边缘，能促进炉料顺行，但也有降低炉温的作用。因此炉况向凉时不宜采用倒装。若炉凉为防悬料而改加倒装时，必须相应减轻负荷，以防炉缸大凉。倒同装发展边缘的作用强于倒分装。

正装(OOCC↓或OC↓OC↓)：抑制边缘气流，并有提高炉温的作用。当炉温急剧转热时，不应改用正装，以免难行悬料。若边缘气流发展而中心堵塞时，应逐渐加重边缘负荷，否则突然堵塞边缘气流通路而中心又未疏通，势必悬料。正同装加重边缘负荷的作用强于正分装。

正装和倒装也可组成多种装入形式，如半正装OCCO↓，OCOC↓，半倒装COOC↓COCO↓等等，方法多样，调剂灵活。

双装(CCCC↓，OOOO↓)：加厚料层，能促进煤气分布均匀，同时对中心气流有较强的抑制作用。

加净焦可改善料柱透气性、促进气流均匀分布，较大幅度地提高炉温。在炉况严重失常时，大量加净焦是促进炉况恢复，防止炉况剧烈恶化的有效措施。

在提高冶炼强度时，不宜同时采用加重边缘的装料措施，以免中心过吹，炉况不顺。

无钟炉顶是用调整溜槽角度的大小进行布料的，要求对焦炭布料时的溜槽角度要比对矿石布料时的溜槽角度小一些，以实现合理的煤气流分布。

14.1.1.2　批重大小

一批炉料的质量称为批重，一批炉料中矿石的质量称为矿石批重（矿批），焦炭的质量则称为焦炭批重（焦批）。矿批/焦批称焦炭负荷。批重过大会使料柱透气性恶化。故在一定冶炼条件下，有一个合适的矿石批重。

当冶炼强度增加或喷吹燃料量增大时，矿石批重应相应增大。

为改善软融带透气性和煤气利用，目前使用分装大批重的方法获得良好效果。

14.1.1.3　料线

调节料线高度，实质是改变炉料堆尖的位置。提高料线有发展边缘气流的作用；降低料线则相反。料线在炉喉碰撞点处边缘负荷最重。

料线过低过高均不利于炉顶设备的维护。低料线操作对炉况和炉温影响很大，应加以避免。

14.1.2　送风制度

送风制度是指在一定的冶炼条件下，鼓风的数量、质量和风口进风状态。它是高炉操作的基础，送风制度合理稳定，是保证炉缸热制度稳定和煤气流合理分布的关键，也是顺行的保证。

通常，送风制度包括风量、风温、风口面积等参数。

14.1.2.1　风量

风量是指单位时间（通常以分钟计）鼓入高炉的风量（风量多指标准状态下的风量）。一般情况下，风量与冶炼强度成正比关系。若焦比不变，风量愈多，则冶炼强度愈高，高炉的产量也愈高。

例如，每4.44m^3干风可以燃烧1kg碳，如多送100m^3/min风量，则每分钟可多燃烧22.5kg碳，设入炉焦批为6t，相当于1h可多加$\frac{22.5}{0.7}/(6000\times0.85)\approx0.38$批焦（假定焦炭含固定碳为85%，入炉焦炭的碳有70%在风口前燃烧），若1h上7.5批焦（料），则相当于提高了冶炼强度$\frac{22.5\times60}{0.7}/(7.5\times6000\times0.85)\approx5\%$。

由此可知，风量对料速和产量有决定性影响。

风量和料柱透气性应该是相适应的，任何改善料柱透气性的措施，都将有利于提高风量。为此，高炉操作者要力求不断地提高原燃料质量，选择合适的装料制度、造渣制度和风口直径，使炉料和煤气流分布合理，以保证炉况顺行稳定，为增加风量创造条件。

高炉鼓入的风量应该相对稳定。因为风量波动会影响料速，进而波及炉缸的热量平衡，造成炉温波动，严重时将使炉况失常。此外，风量波动也会影响炉内压力，这也影响下料的均匀性。

高炉需要增加风量时，应该逐步加风，否则顺行会受到破坏。据一些高炉的生产经验，1000m^3级高炉，每次加风一般以50m^3/min为宜；连续加风的间隔时间为30min左右。高炉减风，可以一次减到要求水平，但在炉缸内渣铁多而炉温又低时，减风时要防止风口灌渣。

除炉温向凉，管道行程，崩、悬料，低料线，原燃料供应不上，渣、铁罐严重晚点，以及设备故障等原因外，要尽量保持全风操作，不要轻易减风。

14.1.2.2 风压

在相同风量下，高炉风压大小直接反映出炉内煤气与料柱的透气性。因此，原燃料的粒度、含粉量、气孔度、机械强度、渣量、炉渣性质、装料制度与焦炭负荷等影响料柱透气性的因素，以及风量、风温、湿度、喷吹燃料量、高炉剖面状况、煤气流分布、炉温变化等影响煤气的因素，都将影响风压的大小。

几乎所有影响顺行的因素都将影响风压，而且反应较快。所以风压的波动是高炉过程的综合反映，是及时判断炉况的重要参数。

在炉况正常情况下，风量和风压的大小相适应，若风压出现过大过小，则反映出炉况有异常情况。如炉况失常，如难行、悬料时，则可能出现风量低而风压高的情况；产生管道时，则常常是风量高而风压低。风压并非随风量的增加而增加，随风量的减少而减少，当炉内压差急剧升高时，必须采取措施，使炉况恢复正常。

炉况正常时都是定风量操作，但风压也可作为一种调剂手段。如料柱透气性差，炉况不顺，崩料频繁时，可临时定压(而不是定风量)操作，以风量的变动来适应炉料的透气性，往往会促使炉况转顺，待炉况逐渐恢复正常时，再定风量操作。

14.1.2.3 风温

风温对炉况的影响，不仅限于炉缸温度，同时还影响煤气体积和鼓风动能，从而影响煤气的初始分布和炉料的顺行状况。

提高风温可节约燃料消耗，但不同的风温水平所节约的燃料数量是不相同的。风温愈低，节约燃料的效果愈大。在风温 1000℃ 左右时，每增加 100℃ 风温，生铁含硅量约增加 0.5% ~0.6% 。

由于风温的波动要引起热制度和风压的变化，使炉况不稳定甚至悬料，所以要尽量稳定风温，而且保持高风温操作。若需以改变风温来调节炉况时，增加风温要逐步进行，一次增加的风温幅度要小，以防止破坏顺行；而减少风温可以一次减到要求水平，使炉况迅速转为正常。

在喷吹燃料情况下，一般不再使用风温调节炉况，而是将风温固定在较高水平上，用改变喷吹燃料的数量来调节炉温，最大限度地发挥高风温的作用。

14.1.2.4 加湿或脱湿鼓风

加蒸汽(或加水)鼓风曾作为高炉操作调节炉况和强化生产的一种手段。因为增加湿度相当于降低风温；而减少湿度则相当于提高风温，而且调节方便灵活。

但是加湿鼓风需要热补偿，故喷吹燃料以后，不再加湿鼓风，甚至采用脱湿鼓风。

14.1.2.5 喷吹燃料

(1)喷吹量：经验表明，随着喷吹量的增加，置换比是不断降低的，而且不适度的增大喷吹量，还可能使风口结焦，炉况不顺。因此，喷吹量应控制在一定范围内。如条件改善，风温提高，改进燃料的雾化，改善原料条件等，则喷吹燃料数量还可进一步提高。

(2)稳定料速：喷吹条件下料速可按下式计算：

$$n = \left[\frac{60 \times (0.21 + 0.29f)V}{0.933} - (Mw(\mathrm{C})_{\mathrm{m}} + yw(\mathrm{C})_{\mathrm{y}})\right]\frac{1}{w(\mathrm{C})_{焦} \cdot C_{风} \cdot G_{焦}} \tag{14-1}$$

式中 n——下料速度，批/h；

V——实际入炉风量，$\mathrm{m^3/min}$；

f——鼓风湿度，%；

M，y——分别为喷煤及喷油量，kg/h；

$w(C)_m$，$w(C)_y$——分别为煤、油含碳量，%；

$w(C)_焦$，$C_风$——分别为焦炭固定碳含量及焦炭在风口前的燃烧率，%；

$G_焦$——焦炭批重，kg/批。

（3）热滞后性：喷吹燃料量的变化对炉温的影响，没有改变风温、湿度见效快，它对炉温的影响，需经过一段时间才能反映出来，这种炉温变化滞后于喷吹量变化的现象（即热滞后性），随炉容、冶炼强度、喷吹量等不同而异。

当高炉因故使风量或风温大幅度降低时，必须相应地减少喷吹量，直至停喷。

14.1.2.6　富氧鼓风

当风量一定时，富氧率每增加1%，出铁量相应增加约5%；在炉腹煤气一定情况下，富氧率增加1%，可相对增产约2%。

富氧鼓风后对操作的另一明显影响，是提高了风口前理论燃烧温度。富氧率每增加1%，理论燃烧温度约提高43℃。因此单独采用富氧鼓风往往会造成理论燃烧温度过高，使炉内压差升高，炉况失常。所以富氧通常是与喷吹燃料并用，以控制理论燃烧温度在合适的范围内。

在高炉操作中，常将判断炉身下部热交换程度的参数——热流比控制在一定范围内。

富氧与调湿鼓风、喷吹燃料并称为综合鼓风，可以取长补短。

14.1.2.7　风口参数

影响进风状态的决定因素是风口直径和长度。改变风口直径（面积），风口长度，可以调整边缘与中心的气流分布。所以改变风口直径和长度便成为下部调剂的重要手段。根据高炉操作的需要，有时也改变风口的形状和角度。风口向下倾斜一定角度，不仅适合中小型高炉，对大高炉尤其是炉缸较高时亦是适用的。

确定风口面积的依据是：当原燃料条件好，如粉末少、强度高、粒度均匀，渣量少，料柱透气性好时，有可能接受较高的鼓风动能和压差而不妨碍顺行。在喷吹燃料时，煤气体积增多。为防止中心过吹，应减小鼓风动能而相应调整风口面积。在高炉失常以致长期减风操作而造成炉缸中心堆积时，也可临时堵风口或缩小风口直径。

高炉冶炼强度低和炉墙侵蚀严重时，可采用长风口操作，以利于吹透炉缸中心和保护炉墙。

14.1.3　热制度

热制度是指炉缸应具有的温度水平。它直接反映炉缸的工作状态，稳定、均匀、充沛的炉温是高炉顺行的基础。在一定的冶炼条件和铁种要求下，具体高炉热制度是不尽相同的，冶炼高硅生铁时，要求的炉温水平，比冶炼低硅生铁高一些。

炉温实际上是指炉缸中炉渣和铁水的温度，它表示炉缸具有的物理热。铁水温度一般为1400～1500℃，而炉渣温度要比铁水温度高50～100℃。炉温是否正常，不但要看渣铁温度的高低，还要看在同一次出铁中，铁水和炉渣温度及成分差异的大小，温度和组成是否均匀稳定。

由于硅的还原和炉温关系极为密切，故通常以生铁含硅量表示炉温，它表示化学热。正常时生铁含硅愈高，炉温也愈高；生铁含硅量下降，炉温也下降。但在炉况失常时，生铁含硅量往往不能完全代表炉温，生铁含硅与炉温高低的一致性常常出现差异，硅不低而炉温低的现象是时有发生的。

维持稳定的热制度，对保持炉况顺行和取得好的冶炼效果有着重大作用。高炉操作者认真判断炉温发展趋向，及时准确地调整炉温，使之大体稳定。

14.1.3.1 热制度的选择

在一定的原燃料条件下，选择合理的热制度要根据高炉的具体特点和冶炼生铁品种来确定。

(1) 依据铁种的要求，保证生铁含硅、含硫在规定的范围内。冶炼铸造铁时，为节约燃料，生铁硅含量应尽可能控制在所要求牌号的下限；冶炼炼钢用铁时，在条件允许时，硅含量应尽可能地低。原燃料含硫高时，一般将炉温维持高些。

(2) 在保证顺行的基础上，可维持略高的炉渣碱度，适当降低生铁含硅量。

(3) 根据高炉的特殊要求，如炉缸侵蚀严重，或者冶炼过程出现严重的故障时，要规定较高的炉温。

14.1.3.2 影响热制度的主要因素

A 原燃料性质对热制度的影响

(1) 矿石质量的影响。一般情况下，矿石品位提高1%，焦比降低2%；烧结矿中FeO增加1%，焦比升高约1.5%。矿石粒度增大将导致直接还原增加，使炉温下降。粒度均匀有利于改善料柱透气性，促使炉况顺行和煤气利用率提高。

(2) 焦炭质量的影响：焦炭灰分增加，意味着固定碳降低，则炉温将降低。一般灰分增加1%，焦比升高2%左右。焦炭是炉内硫的主要来源，通常占入炉总硫量的70%～80%。生产经验表明，焦炭含硫增加0.1%，焦比升高1.2%～2.0%。所以焦炭灰分、硫分的波动，将造成炉温的波动。

B 炉料与煤气流分布对热制度的影响

高炉内一切物理化学反应的发生、发展和完成，都处于炉料和煤气的逆流运动之中，炉料和煤气接触良好，煤气的能量利用充分，炉温就会增加；反之，当炉料与煤气流的分布失常，如发生管道、边缘或中心气流过分发展，使得炉料在下降过程中加热还原差，则煤气能量利用变差，炉温必然降低。

C 其他操作因素的影响

热风是仅次于燃料的第二大热源，而且热风的热能能在炉缸得到充分利用，因此增减风温，就会使炉缸热收入增加或减少，直接影响炉温。

风量是影响炉况最积极的因素，增减风量会使料速加快或减慢。在同样条件下，料速变快，炉料在炉内停留的时间缩短，加热和还原程度变差，会促使炉温降低；与此相反，料速减慢，一般情况下将使炉温上升。

炉渣成分和碱度的波动，势必引起炉渣性能如熔化性、黏度等的变化，从而影响热制度。造渣制度稳定是实现热制度稳定的基本保证。

装料方法的改变，影响炉料在炉喉截面上的分布，因而影响煤气流分布和煤气能量的利用，最终影响炉温的变化。

此外，冷却设备的冷却水流量，原燃料称量误差，装料设备故障，大气湿度变化，休风前后操作等都将使炉缸热制度发生变化。可以认为，高炉生产的一切不稳定因素，都将反映在炉温上。稳定的热制度，需要生产操作条件的稳定来保证。

14.1.3.3 热制度调节

生产中要维持长期相对稳定的热制度，主要是靠正确确定和调整焦炭负荷来实现。

在炉温波动较小时，可以采用风温、喷吹物等手段来调节。当用风温调节时，加风温要缓慢，一次提高风温的数量不宜过大；而减风温时可以一次减到要求水平。若热制度变化较大，则要调整焦炭负荷。特殊情况下，可临时通过减料或加净焦以提高炉温，再视炉况和炉温变化，适时的找回部分或全部矿石或焦炭用量。

在下列情况下，必须及时而准确地调整焦炭负荷。

（1）休风：长期休风时，炉料的预热还原都比正常生产时差，送风后料线也低，休风期间热收入为零，而热量却在不断散失，因此为保证送风后有充足的炉温和炉况易于恢复正常，需在休风料中适当减轻焦炭负荷。

（2）低料线：由于崩料、坐料或其他原因长期低料线时，炉料和煤气流的合理分布受到破坏，矿石预热还原变差，使炉缸热量消耗增加，此时应及时减轻负荷，以免炉凉。

（3）喷吹设备事故：由于喷吹系统故障而迫使高炉停止喷吹燃料时，要及时补加与喷吹燃料相当的焦炭量。

（4）改变铁种：因为冶炼铁种不同，需要的炉温和炉渣碱度也不一样，所以当改变铁种时，要调整焦炭负荷。

（5）气候变化：当雨量较大或降雨时间较长时，要考虑入炉原燃料含水量的变化而及时调整负荷。

14.1.4 造渣制度

造渣制度是指根据原燃料条件（主要是含硫量）和生铁成分的要求，选择合适的炉渣成分和碱度。以此保证炉渣有良好的冶金性能、较强的脱硫能力、合格的生铁成分和炉况的顺行。选择造渣制度的主要依据是：

（1）保证炉渣在一定温度下，有较好的流动性和足够的脱硫能力；

（2）保证炉渣具有良好的热稳定性和化学稳定性；

（3）有利于炉况顺行和保证生铁成分合格。

碱度高的炉渣熔点高而流动性差，稳定性不好，不利于顺行。所以在保证生铁质量前提下，应选择较低的炉渣碱度。但为获得低硅生铁，在原燃料强度好，粉末少，料柱透气性好的条件下，可以适当提高炉渣碱度，以利改善生铁质量。

渣中 MgO 含量低时，炉渣不稳定，流动性差。增加 MgO 可以改善炉渣流动性和脱硫效果，炉渣稳定性增加。在 Al_2O_3 高时，可以用四元碱度即 $\frac{w(CaO)+w(MgO)}{w(SiO_2)+w(Al_2O_3)}$ 之比值来表示。此值一般在 0.9 ~ 1.05 范围。

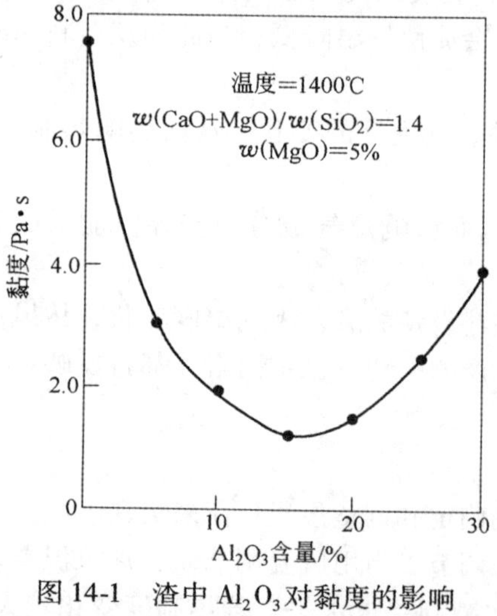

图 14-1 渣中 Al_2O_3 对黏度的影响

渣中 Al_2O_3 含量对黏度的影响如图 14-1。Al_2O_3 含量过高过低，都将使炉渣黏度增大。为保证渣铁充分分离以及脱硫反应的良好进行，应将渣中 Al_2O_3 控制在 12% ~14% 范围，如 Al_2O_3 含量偏高，可改变矿石配比以降低其含量。也可使用硅石调整，但增加渣量是不经济的。

冶炼炼钢铁时，炉渣碱度应高些。碱度增大，可降低渣中 SiO_2 的活度，SiO_2 还原成 Si 受到抑制，有利于冶炼低 Si 生铁，也利于脱硫。冶炼铸造铁时，则应将炉渣碱度控制得低些，使 SiO_2 易于还原成 Si，并改善渣的流动性。炼钢铁的炉渣碱度一般可比铸造铁高

0.1～0.2左右。

冷却制度的改变也可作为调节炉况的一种措施。因为高炉冷却水温差必然随热流强度的变化而变化，当某一部位热流强度大时，该部位的水温差必然随之升高，如超过规定范围，就表明炉墙侵蚀；反之，热流强度低时，水温差随之降低，若低于正常水平时，则表明炉墙可能有黏结现象。所以依据水温差的变化，就可以间接判断炉墙的变化状况，从而改变冷却强度以维护炉墙的规整。

借助冷却水水温差的变化，以监视高炉中下部(尤其是中部)炉墙的变化甚为有用，因为高炉的炉腹至炉身中部，往往是炉瘤最易形成区域，当发现水温差降低，再结合其他征兆而预示炉墙有黏结物时，即可减小该部位冷却强度并辅以其他措施，便能及时制止和消除结厚，避免炉瘤的形成。而水温差过高时，则表明炉墙受到侵蚀，可加强该部位的冷却和采取其他相应措施，以抑制炉墙的侵蚀。

依此分析，可以把高炉中部的水温差变化，以及炉身温度的变化结合起来，借以监视煤气流的分布和炉墙的状况，有针对性地加强冷却水管理和炉内调剂，从而维护炉墙的规整和炉况的顺行。这种方法可视为高炉的中部调节，它和上下部调节结合，对高炉行程的监视和控制更为全面和有效。

14.2　高炉日常变料

高炉原燃料品种、性能的改变以及生铁成分、风温、喷吹量等参数的变化，必然引起炉内热制度和造渣制度的波动，从而影响高炉生产。当上述因素变动不大时，利用日常调节即可维持正常冶炼。但上述因素变动显著时，必须校正炉料，调整原燃料配比，才能保证正常生产和获得要求的生铁。例如矿石含铁量变化、焦炭灰分波动时，要相应地调整焦炭负荷和熔剂用量，以维持稳定的炉温和炉渣碱度。其他因素的改变，同样要影响到高炉生产的稳定，最终涉及焦比和产量的变化。各种因素对焦比和产量的影响列于表14-1。表中数据系在鞍钢条件下所得，其他厂的情况可能略有差异，但不失其参考价值。

表14-1　各种因素对焦比、产量的影响

因　素	变动量	焦　比	产　量	因　素	变动量	焦　比	产　量
矿石含铁	1%～1.9%	1%～1.5%	2%～2.5%	干风温	100℃	20～30kg	4%～6%
烧结矿 FeO	1%	1%～1.5%	1%～1.5%	鼓风湿分	$1g/m^3$	1kg	0.1%～0.5%
烧结矿 $w(CaO)/w(SiO_2)$	0.1	3%～3.5%	3%～3.5%	富氧(21%～23%)	1%	0.5%	2.5%～3%
烧结矿率	10%	2%～3%	2%～3%	煤粉灰分	1%	1.5%	煤粉量×2%
烧结矿 <5mm 含量	1%	0.5%	0.5%～1.0%	生铁含锰	0.1%	1.5～2kg	0.3%
矿石金属化率	10%	5%～6%	5%～6%	生铁含硅	1%	40kg	8%
焦炭灰分(全焦冶炼)	1%	2%	3%	渣　量	100kg	7%～8%	8%
焦炭含硫	0.1%	1.5%～2%	1.5%～2%	炉渣 $w(CaO)/w(SiO_2)$	0.1	2.5%～3.5%	2.5%～3.5%
焦炭强度	10kg	3%	6%	直接还原度 r_d	0.1	8%～9%	8%～9%
石灰石用量	100kg	6%～7%	6%～7%	炉顶压力	10kPa	0.3%～0.5%	1%～3%
碎铁用量	100kg	20～40kg	3%～7%	煤气中 CO_2 含量	1%	4%	

14.2.1　按某些校正系数变料

14.2.1.1　*熔剂系数计算*

某矿石在满足自身造渣条件下，所能剩余或需要补加的CaO量(折合成石灰石量)，即是该矿石的熔剂系数(k)。

$$k = \frac{\left[m(SiO_2) - m(TFe)w[Si]\frac{60}{28}\right]R - m(CaO)}{m(CaO)_{有效}}(kg(石灰石)/t(矿)) \tag{14-2}$$

式中　$m(SiO_2)$，$m(CaO)$——分别为矿石的 SiO_2 和 CaO 量，t/t；

$m(TFe)$——矿石的出铁量，kg/t；

$w[Si]$——生铁含硅量，%；

R——炉渣碱度；

$w(CaO)_{有效}$——石灰石的有效 CaO 量，%。

若 k 为负值，则表示该矿石除自身造渣外，可提供的石灰石量；k 为正值则表示为满足该矿石造渣要求，需补加的石灰石量。利用上式同样可以计算焦炭的熔剂系数。知道各种炉料的熔剂系数后，取其代数和便可计算出每吨矿或每批料需增减的熔剂量，以保证得到合格的炉渣碱度。

例如，设甲矿、乙矿、丙矿及焦炭熔剂系数分别为 -65.8kg/t、-72.6kg/t、+95.4kg/t 和 +161kg/t。若矿批由40%甲矿、40%乙矿和20%丙矿组成，矿批20t，焦批5t，则每批料应补加石灰石：

$$5 \times 161 + 20(-65.8 \times 0.4 - 72.6 \times 0.4 + 95.4 \times 0.20) \approx 79(kg)$$

14.2.1.2　热量换算系数

冶炼不同的矿时，所消耗的热量是不相同的，若以一种常用矿石的热消耗为基准，其他矿石的热消耗与常用矿石热消耗量的比值即为热量换热系数或替换系数。变更入炉矿石品种时，选择准确的替换系数，是稳定炉况的重要依据。

热量换算系数一般是从生产实践中分析比较得出的，也可以在一定条件下计算得出。根据矿石冶炼时热消耗量的大小，应等于它在炉内一系列放热和吸热反应热效应的代数和，便可得出 1t 矿石冶炼时热消耗的计算式：

$$\begin{aligned}Q = {} & 2961.32w(TFe)r_d + 738.13w(TFe)r_{H_2} - 388.00w(TFe) + w(TFe)(22441.25m[Si] \\ & + 4174.24m[Mn] + 22910.17m[P]) + 460.55m(FeO) + 3722.10\{[m(SiO_2) \\ & - 2.14m(TFe)m[Si] \times R - m(CaO)] + 4412.89[m(S)_{矿} - m(TFe)m[S]] \\ & - 1980.36m(MnO_2) - 4186.8ct + 1674720 - [187.57w(TFe) \\ & - 379.32m(FeO)]^{❶}\end{aligned} \tag{14-3}$$

式中　Q——单位矿石冶炼时的热消耗量，kJ/t；

$w(TFe)$——矿石全铁量，%；

r_d——该矿石冶炼时的直接还原度，%；

r_{H_2}——该矿石冶炼时，用 H_2 还原的铁占总还原铁量的百分数，%；

$m[Si]$，$m[Mn]$——生铁中该元素的含量，kg/t；

$m(FeO)$——矿石中 FeO 含量，kg/t；

$m(SiO_2)$，$m(CaO)$——分别为矿石中 SiO_2 和 CaO 含量，kg/t；

$m(S)_{矿}$，$m[S]$——分别为矿石和生铁中硫的含量，kg/t；

$m(MnO_2)$——矿石中 MnO_2 含量，kg/t；

c，t——矿石比热容和入炉温度。

---

❶ 此方程括号内算式只用于烧结矿和赤铁矿。

按上式算出常用矿石和其他矿石的热消耗量后，即可得到热量换算系数 k_T：

$$k_T = \frac{Q'}{Q_0} \tag{14-4}$$

式中 Q_0，Q'——分别为常用矿石和其他矿石的热消耗量，kJ/t。

其意义是减少 1t 其他矿石需加 k_T 数量(t)的常用矿石，或加 1t 其他矿石需减 k_T 数量(t)常用矿石。或者说 1t 其他矿石在炉内的热消耗量，等于 k_T 数量(t)的常用矿石在炉内的热消耗量。如 k_T 为 1.2，则 1t 其他矿石的热消耗量，就等于 1.2t 常用矿石的热消耗量。显然 k_T 越大，其他矿石的热消耗量就越大于常用矿石的热消耗量，在以其他矿石置换常用矿石时，其数量就越少于常用矿石；反之，则相反。

热量换算系数本身已考虑到增加(减少)石灰石所消耗(节约)的热量，矿石变换以后，只需调剂石灰石用量，不必另调负荷。石灰石用量的调整，可参照已知熔剂系数的变料计算进行核算。

公式(14-3)中的 Q 值计算是鞍钢根据长期实践的经验数据整理所得，可供参考。利用热量换算系数变料举例如下。如表 14-2，求变料后的矿石批重及不同矿种矿石用量。

表 14-2 变料前后矿石配比与变换系数

变料前后 \ 原料名称	烧结矿(1)	烧结矿(2)	球团矿	矿石(1)	矿石(2)	批 重
变料前/%	50	40	10	—	—	20
变料后/%	—	40	—	30	30	x
变换系数	1.0	1.0	1.2	1.4	1.5	

(1) 变料后的矿石批重：

$$x = 2000 \times \frac{[0.5 \times 1 + 0.4 \times 1 + 0.1 \times 1.2]}{[0.4 \times 1.0 + 0.3 \times 1.4 + 0.3 \times 1.5]} = 16.63(\text{kg})$$

(2) 变料后各矿石用量：

烧结矿(2) = 16063 × 0.4 = 6425(kg)

矿石(1) = 16063 × 0.3 = 4819(kg)

矿石(2) = 16063 × 0.3 = 4819(kg)

依据变料后的矿石用量和该矿石的熔剂换算系数，即可方便地求出变料后的熔剂用量。

14.2.2 按生铁含硅量变化进行变料

生铁含硅量变化后应相应调整负荷。一般情况下，按 ±1% w[Si] 影响焦比 ±40kg 调整负荷，或按以下经验公式决定每批料的焦炭增减量：

$$C = \frac{w[\text{Si}] \times \text{批重(t)} \times \text{1t 矿石的出铁量}}{0.025}\text{kg} \tag{14-5}$$

式中，w[Si]为生铁含硅的增减量，%。

例如矿石批重 21t，每批出铁 10.5t，当 w[Si]提高 1% 时，焦炭应如何调整？

按 w[Si]增加 1%，影响焦比(增加)40kg 计算，则每批应增加焦炭：

$$40 \times 1.05 = 420(\text{kg})$$

或按经验公式计算：

$$C = \frac{1 \times 21 \times \frac{10.5}{21}}{0.025} = 420(\text{kg})$$

若不增加焦炭数量而相应减少矿石量时，（设焦批为6t）则减少矿石量 P 为：

$$P = \frac{21}{6} \times 420 = 1470(\text{kg})$$

14.2.3　按炉渣碱度变动进行变料

14.2.3.1　根据炉渣碱度需要调整石灰石

（1）1t铁（矿石）的石灰石变动量的确定：当炉渣成分波动时，为维持规定的炉渣碱度所需变动的石灰石量，（或因操作需要提高或降低炉渣碱度时的石灰石变动量）与渣量和渣中 SiO_2 量有关。

1t铁的石灰石变动量 = 渣量 × 渣碱度变动量 × 渣中 SiO_2 量 ÷ 石灰石的有效 CaO 量(kg)　　(14-6)

1t矿的石灰石变动量 = 1t铁的石灰石变动量 ÷ 1t铁的矿石消耗量(kg)　　(14-7)

例如：若1t铁需2t矿，渣量750kg/t，渣中 SiO_2 含量为40.1%，渣二元碱度1.08，石灰石含50%的有效 CaO，当渣碱度变动 ±0.1 时：

$$1\text{t铁石灰石变动量} = 750 \times (\pm 0.1) \times 0.401 \div 0.5 \approx \pm 60(\text{kg})$$

$$1\text{t矿的石灰石变动量} = \pm 60/2 = \pm 30(\text{kg})$$

（2）渣碱度变动0.1时的变料（调整石灰石量）：当每批料出铁10.5t，其他条件同前时，则每批料的石灰石变动为：

$$750 \times 10.5 \times 0.401 \times 0.1 \div 0.5 = 632(\text{kg})$$

或 $60 \times 10.5 - 630(\text{kg})$（60为1t铁石灰石变动量）

14.2.3.2　根据烧结矿碱度调整石灰石

（1）烧结矿碱度和炉渣碱度关系：使用100%烧结矿时，烧结矿的品位、高炉焦比、焦炭灰分决定了炉渣碱度。当其他条件基本不变时，烧结矿碱度变化，直接引起炉渣碱度波动。例如：某烧结矿 Fe 含量为48.58%，SiO_2 含量为12.72%，烧结矿二元碱度由1.25下降到1.15，当焦比500kg/t，灰分13%（SiO_2 含量为54.2%）时，对炉渣碱度的影响值为：

$$\frac{0.1 \times 127.2}{500 \times 0.4858 \times 0.13 \times 0.542 + 127.2} = 0.088$$

即烧结矿碱度 ±0.1 时，影响炉渣碱度 ±0.088。同理亦可算得烧结矿碱度与炉渣碱度的差值为0.15左右。

（2）烧结矿碱度波动时的石灰石调整：

① 使用100%烧结矿时，可利用上述已知数值调整石灰石，举例如下：

若炉渣碱度规定为1.08，烧结矿碱度下降到1.1时，炉渣碱度随之降到 $1.1 - 0.15 = 0.95$，比规定碱度低 $1.08 - 0.95 = 0.13$，按1t烧结矿加30kg石灰石影响炉渣碱度0.1考虑（前面计算数据），为满足炉渣碱度要求，应补加石灰石 $\frac{0.13}{0.1} \times 30 = 39\text{kg}$，并相应减轻负荷。

如果烧结矿碱度超过规定0.1，必使渣碱度相应升高0.088，为保持规定的渣碱度，1t烧结矿应减石灰石 $\frac{0.088}{0.1} \times 30 = 26.4\text{kg}$，并相应增加负荷。

② 当使用部分烧结矿时，则应按烧结矿成分调整石灰石：例如高炉使用40%烧结矿（SiO_2 含量为12.31%），当其碱度提高0.1时，1t烧结矿应减石灰石：$0.1 \times 123.1 \div 0.5 = 24.6(\text{kg})$

若矿批为20t，则每批应减石灰石：$20 \times 0.4 \times 24.6 = 197(\text{kg})$，并相应增加负荷。

14.2.3.3　根据烧结矿 MgO 含量波动调整石灰石

根据反应：

$$[FeS]+(CaO)=(FeO)+(CaS)$$

$$[FeS]+(MgO)=(FeO)+(MgS)$$

可知 1kgmol 的 CaO 或 MgO 都可脱除 1kgmol 的 S，即 1.75kg 的 CaO 或 1.25kg 的 MgO 可以脱除 1kg 硫。但 MgO 的脱 S 能力低于 CaO，1kg 的 MgO 只相当于 0.67kg 的 CaO 的脱 S 能力。

例如高炉矿批 20t，使用 40% 烧结矿，当烧结矿中 MgO 降低 1% 时，则每批料应补加石灰石 $20000\times0.4\times0.01\times0.67\div0.5=107(kg)$，并相应减轻负荷。

14.2.4　风温大幅度波动时的变料

风温大量降低时，必须减轻负荷，喷吹高炉还应减少喷吹量直至停喷，下面举例说明：

已知高炉喷油 5t/h，喷煤 4t/h(油、煤置换比分别为 1.0 和 0.8)，风温 1000℃，矿批 20t，焦批 4.5t，每小时 8 批料，每批出铁 10t，现因故要降低风温 300℃，高炉变料如下：

(1) 停喷吹，补加焦炭：

$\dfrac{5\times1.0}{8}+\dfrac{4\times0.8}{8}=1.025$t/批，则焦批为 $4.5+1.025=5.525$t。

(2) 降低风温应减轻负荷；当风温 700℃时，每 100℃风温影响焦比约 6%，相当于每吨铁增加焦炭 $\dfrac{5525}{10}\times6\%=33.2$kg。

所以降低 300℃风温后，每批需增加焦炭：$3\times33.2\times10=996$kg。风温降低后为保持热平衡，应补加焦炭 $1025+996=2021$kg/批，或者减矿石：

$$\frac{20}{5.525+0.996}\times2.021=6.2\text{t/批}$$

14.2.5　增减喷吹量的变料

当喷吹量变动时，增减的焦炭量按下式计算：

$$\text{减(增)焦炭量}=\frac{\text{增(减)喷吹量}}{\text{小时料批数}}\times\text{置换比(kg/批)}\tag{14-8}$$

或

$$\text{增(减)焦炭量}=\frac{\text{增(减)喷吹量}}{\text{小时料批数}}\times\text{置换比}\times\text{焦炭负荷(kg/批)}\tag{14-9}$$

例如高炉焦炭负荷为 3.65，煤的置换比为 0.8，每小时上 7.3 批料，增(减)1t 煤后的负荷调整：

增(减)1t(煤)/h，相当于减(增)焦炭：$1\times0.8/7.3=109.6$kg/批

或相当于增(减)矿石 $\dfrac{1\times0.8}{7.3}\times3.65=400$kg/批

当高炉冶炼条件基本稳定时，可预先算出 1t 喷吹物的焦炭或矿石的变动量，以方便生产。

14.3　炉况判断与调节

14.3.1　炉温失常与调节

造成炉温失常的主要原因有：

(1) 原燃料质量变化；

(2) 煤气流分布变化；

（3）炉料下降速度变化；

（4）崩料、悬料、低料线；使生料下达高温区，增加了热支出，炉温趋凉；

（5）冷却设备漏水；

（6）大气湿度变化；

（7）渣皮或炉瘤滑落，使炉温趋凉；

（8）减风操作及休风前后，炉缸热量的收支不稳；

（9）喷吹物增减；

（10）配料变动，等等。

由此可见，几乎一切因素的变化，都可能导致炉温的波动，而稳定炉温对高炉操作者是至关重要的。

14.3.1.1　炉温向凉

A　炉温向凉的主要征兆

（1）向凉初期，热风压力和炉身下部静压差平稳下降；后期，因成渣带温度降低，炉渣流动性变差而可能导致炉况不顺，风压反而上升，而且波动加大；

（2）向凉初期容易接受风量，使风量有所增加，料速加快，而后期则风量波动；

（3）炉顶煤气温度降低，煤气体积减小，炉尘吹出量减少；

（4）风口亮度减弱，出现生料，风口前的焦炭好像“潮湿”似的，表面有许多未熔融的灰分形成的黑点，严重时风口挂渣，甚至自动灌渣；

（5）渣温降低，颜色变暗，酸性增加同时因渣口 FeO 增多，严重时出现高 FeO 黑渣；

（6）铁水亮度降低，颜色变暗，铁中硅、锰降低，硫升高、火花增多，铁样凝固较慢；

（7）炉温进一步降低将连续出现崩、悬料，料线记录变得不稳定，表现出不顺特征，炉喉温度急剧波动，炉顶煤气压力曲线出现尖峰。

B　炉温向凉的调剂

炉温开始下行，就应及时调剂，以免造成炉凉甚至大凉，通常按如下情况区别对待：

（1）向凉初期可提高风温，（如有加湿鼓风则先减湿度），增加喷吹燃料量；

（2）若已出现崩料，风口挂渣时，应适当减风以控制料速；

（3）预计炉温不能在短期内恢复时，应适当减轻负荷；

（4）如渣铁温度大大降低，已有灌风口危险时，要竭力防止悬料、崩料，避免坐料，防止风口灌渣铁被烧坏而被迫休风，为此可多加净焦、减负荷，视情况发展边缘；

（5）当炉温急剧变凉时，可降低炉顶压力，减少甚至停止喷吹；

（6）因设备漏水引起炉凉时，应及时减少供水直至切断水源，并更换冷却设备。

14.3.1.2　炉温向热

A　炉温向热的主要征兆

（1）热风压力、下部压差及总压差逐渐升高，过热时风压高且波动较大；

（2）风量相应减少，料速变慢，下料不均；

（3）炉顶煤气压力出现“高峰”，料线不稳，产生难行、崩料，甚至悬料；

（4）炉顶温度升高，炉尘吹出量增多；

（5）风口光亮耀眼，焦炭不活跃；

（6）渣温充沛，流动性好，碱度也有升高；

（7）铁沟中火花少，铁水流动性变差，有黏沟现象，铁样含硅高，含硫低。

B 炉温向热的调节

(1) 向热初期可适当减少喷吹量，或者加湿、减风温；

(2) 向热初期风压尚平稳时，可酌情加风，但当炉温已高时，切忌加风，以免悬料；

(3) 适当发展边缘，疏松料柱；

(4) 估计向热时间长，则应加负荷。

高炉凉、热欲采取调剂手段，在克服一种主要倾向时，也要注意可能掩盖着的另一种倾向，矫枉过正将造成新的炉温波动。因此要考虑到凉后防热，热后防凉。通常要防止大加大减，或单方向操作，以免造成大凉大热。

14.3.2 造渣制度失常与调节

要求高炉渣有合适的熔化温度、良好的流动性与脱硫能力，易于与铁分离。这些性能主要受炉渣成分，尤其是碱度的影响。而碱度的高低主要取决于硫负荷大小，以及对生铁质量的要求。铸造铁炉温高于炼钢铁，所以仅从脱硫考虑，在同样硫负荷条件下，冶炼铸造铁时炉渣碱度可低一些。

造渣制度失常将影响热制度、生铁质量和炉况的顺行，因而也影响高炉产量。造渣制度失常的原因主要是配料不当。

14.3.2.1 造渣制度失常的征兆

(1) 碱度过高脱硫能力增强，但影响顺行和硅的还原；碱度过低则脱硫能力差；

(2) 炉渣流动性差，严重时影响渣铁分离；

(3) 炉渣熔化性温度过高过低，将影响炉缸温度。

14.3.2.2 造渣制度失常的调节

(1) 碱度太高太低时，相应地减少或增加熔剂用量。

(2) 为改善流动性，可添加白云石以增加渣中 MgO 含量；避免渣中 Al_2O_3 过高过低，Al_2O_3 过高(大于18%)时，可通过配料进行调整。

(3) 若渣量大时，则消耗高，产量低，炉况也不易顺行；而渣量过小操作也不稳定，脱硫也难保证。通常渣量下限为250～300kg/t。

(4) 可查相图判断炉渣熔化性温度是否恰当，并依此作为调整根据。

14.3.3 煤气分布失常与调节

炉料性质、炉温、喷吹量和其他操作条件的改变，都将导致煤气流分布的变化，严重时会造成煤气分布的失常。

14.3.3.1 边缘气流过分发展

边缘气流过分发展，则中心气流不足，最终形成中心堆积，炉缸堵塞，炉温降低，生铁含硫升高，焦比上升。造成边缘气流过分发展的原因是长期风量不足，鼓风动能小，长期使用发展边缘的装料制度(如倒装、批重过大等)，原料粉末多，强度差，常压改为高压操作时未相应增加风量等。

A 边缘气流过分发展的征兆

(1) 炉喉及炉身温度普遍升高100～200℃；

(2) CO_2 曲线的边缘低，中心高，曲线似馒头状；

(3) 炉顶温度偏高，各点温度分散，波动大；

（4）炉顶煤气压力不稳，出现尖峰；

（5）热风压力降低，易出现压力突然升高而悬料的现象；

（6）压差偏低，但不易加风；

（7）炉温尚高时，风口明亮耀眼但不活跃；炉温不足时，风口极不均匀，部分风口有生料下降现象。炉凉时易自动灌渣，中心堆积严重时，风口大量烧坏；

（8）上渣热、下渣凉，前后渣温波动大，渣口带铁易烧坏；

（9）铁水温度低，易出现高硅高硫铁，铁样断口多为白口或夹黑心；

（10）下料不均，易出现停滞和突然塌落现象，休风、低压和悬料后恢复较难。

B　边缘过分发展的调节

（1）轻微时可用疏松中心的装料制度，但要注意不能过分加重边缘，以免中心边缘同时堵塞，严重悬料。此外，采取疏松中心的措施，如正分装，降料线，减批重，一般不得同时采用数种方法，以免失控。

（2）提高炉温，适当降低炉渣碱度，改善炉渣流动性。

（3）严重时可缩小风口直径，或堵部分风口、改用长风口。

14.3.3.2　中心气流过分发展

中心气流过分发展则边缘气流不足，结果边缘堆积，炉况失常。造成中心气流过分发展的原因是鼓风动能过大，长期使用加重边缘的装料制度，经常使用高炉温高碱度渣操作等。

A　中心气流过分发展的征兆

（1）炉喉及炉身温度普遍降低；

（2）CO_2曲线的边缘高中心低，相差很大；

（3）炉顶温度形成紧密交错的狭窄曲线，温度偏低。炉顶煤气压力不稳，出现尖峰；

（4）热风压力偏高且波动大，出渣出铁前风压显著升高；

（5）不接受风量，减风时炉况极易好转，而加风则易引起悬料；

（6）风口工作不均匀，有时个别风口涌渣，但低压时不易灌渣；

（7）上渣凉下渣热，上渣不好放，渣中带铁增多，严重时渣口大量破坏；

（8）初期可获得低硅低硫生铁，但时间愈长铁水物理热愈低，流动性愈差；

（9）下料不均，经常出现小崩料及探尺停滞现象，但易崩料而不易悬料，出铁前下料慢，出铁后料速显著加快。

B　中心气流过分发展的调剂

（1）采取适当发展边缘的装料制度；

（2）适当减风量以降低冶炼强度，或减少喷吹量；

（3）适当增大风口直径或改用短风口；

（4）适当降低炉渣碱度，改善炉渣流动性；

（5）长期失常可能导致炉墙结厚，此时除用洗炉料洗炉外，应强烈发展边缘以清洗炉墙。

14.3.3.3　管道及偏行

当高炉横截面上局部透气性特别好时，可能造成气流分布不均，局部气流特别发展即成为管道；而炉料在圆周某一方向急速下降则为偏行。如管道和偏行未得到及时制止，将随之出现崩料、悬料。

产生管道或偏行原因是风量和料柱透气性不相适应或设备出现故障，如风量过大，各风口进风不均，炉料粉末多，炉渣黏稠，布料装置缺陷，装料方法不当，结瘤等引起炉内布料和煤气分布不均。

A 管道征兆

(1) 炉喉及炉身温度不均，(中心管道例外)，温度曲线分散，在管道方向，温度特别高，有时可以达到800～1000℃；

(2) CO_2曲线不规整，最低点在管道处；

(3) 风量风压极不对应，呈锯齿状波动，风压下降，风量自动增加，管道被堵时则风压突然升高，风量锐减；

(4) 炉顶温度分散，相差悬殊，严重时可达100～300℃，炉顶压力出现高压尖峰，平均压力提高；

(5) 风口工作不均，管道方向的风口出现生降，黑块；

(6) 下料不均，料尺停滞或突然崩落；

(7) 炉顶煤气中$\varphi(CO)/\varphi(CO_2)$比值增大；

(8) 管道严重时，炉顶放散阀可能被吹开，装料时管道方向的上升管可能出现响声；

(9) 管道行程最终造成渣铁温度降低，严重时炉温剧冷甚至炉缸冻结，生铁质量变差。

B 消除管道的调节

(1) 采用疏松边缘的装料方法，如倒装，或装几批双装，以加厚矿层堵塞管道，迫使煤气重新分布；

(2) 利用布料器偏布料，使矿石及堆尖布在管道方向；

(3) 加净焦几批以改善料柱透气性，然后视恢复情况，找回部分或全部焦炭负荷；

(4) 炉温充足时，可降低风温或减少喷吹燃料量；

(5) 减少风量；

(6) 如上述措施无效，在炉温尚可时，可以减风坐料，甚至放风坐料；

(7) 改善炉渣性能，增加炉渣流动性；

(8) 如经常发生管道，可缩小管道方向风口直径，甚至暂时堵风口；

(9) 若因设备缺陷引起管道，应采取治本的办法，修复或更换设备。

预防管道的主要措施一是防止粉末入炉，提高矿石和焦炭强度；二是不要盲目提高冶炼强度，不顾客观条件地加风。

偏行可视为最严重的管道，主要表现为料尺一边高一边低，相差0.5m以上，(炉顶及炉身温度明显分散)CO_2曲线极不对称，在低料面一侧CO_2含量很少，风口有大量生料下降，渣口渣及上下渣温度相差很大等。

处理偏行时应找准原因，针对毛病进行调节，如进风不均，可将进风多的风口直径缩小甚至临时堵塞，一般也可加净焦、加双装、疏松边缘，减风、坐料等。

14.3.4 低料线、崩料、悬料

高炉冶炼过程失常，往往形成崩料、悬料、破坏顺行。而低料线操作，也常常成为顺行被破坏的重要原因。在日常生产中有时难以杜绝低料线及崩、悬料，但如处理及时，措施得当，可以将损失减少到最低程度。

14.3.4.1 低料线

料线低于规定数值0.5m以上时，称为低料线。造成低料线的原因有多种，其主要危害是：

(1) 破坏炉料的分布，恶化炉料透气性，导致炉况不顺；

(2) 引起煤气流分布失常，热能和化学能利用变差，招致炉凉；

(3) 料线过低，矿石预热变差，为补足热量损失势必要减轻负荷，使焦比升高；

(4) 低料线时间长极易造成炉缸大凉，继而崩料、悬料，甚至风口灌渣，风管烧穿而被迫休风，严重时炉缸冻结；

(5) 炉顶温度升高，导致炉顶设备变形，甚至烧坏；

(6) 烧损炉衬，剧烈的气流和炉温波动，会引起炉墙结厚乃至结瘤；

(7) 炉况不顺，生铁质量差，高炉产量低。

处理低料线时间一般不允许超过一小时，否则必须采取相应调节措施。

(1) 减风，以风口不灌渣，炉顶温度升高不超过规定为准；

(2) 低料线时赶料快，炉料分布紊乱，为减轻炉料对煤气流分布的不良影响，在赶料过程中可采取适当发展边缘的装料方法，以防炉况不顺；

(3) 低料线时间较长时要适当减轻负荷，以补偿热量不足；

(4) 如果长时间不能上料而造成低料线，应提前出铁后休风，一直到恢复上料能力时再复风。送风后采取疏松边缘的装料制度，并根据休风时间长短、料线深度、炉况顺行和炉温等情况，加足够数量净焦，或适当减轻负荷，以确保炉温充沛和顺行。

14.3.4.2　崩料

炉料下行停止或缓慢下行后突然崩落即为崩料。如短期内反复崩料则为连续崩料；如崩料深，炉料靠崩料下落，严重影响炉况时，则为恶性崩料。

崩料可能发生在高炉上部或下部，也可能在炉凉、炉热时，依此可叫上崩、下崩和凉崩、热崩。以下部和炉凉时的崩料对炉况的影响最大，危害最重。

煤气流分布失常，炉缸热制度破坏，原料质量差，高炉行程调节的失误等，都可能造成崩料。

崩料会破坏炉料的合理分布，引起煤气流失常，料柱透气性恶化，下部热量过量支出而炉凉，因此要及时处理。

崩料的征兆表现主要是：

(1) 探尺突然陷落；

(2) 风压、风量剧烈波动(上部崩料有时不明显)；

(3) 炉顶压力曲线出现尖峰，上升管可能出现不正常声响；

(4) 炉顶与炉喉温度波动较大；

(5) CO_2曲线紊乱；

(6) 下部崩料时对炉温影响大，风口有生料下降，炉温急剧下行，生铁含硫升高。

崩料的处理措施主要有：

(1) 炉热崩料时，可降低风温，必要时可减风量；

(2) 疏松边缘，并适当减轻负荷，崩料严重时应加净焦；

(3) 炉温低时崩料应减风量，到不崩料为止，高压改为常压操作；

(4) 炉温低时要及时放渣放铁，风口有灌渣危险时要停止燃料喷吹；

(5) 必要时可以坐料，然后定风压操作，视恢复情况逐渐提高风压并改为定风量操作；

(6) 改善造渣，增加炉渣流动性；

(7) 恶性崩料炉温又低时，要多加净焦并严格控制风量，以免酿成炉缸大凉甚至冻结。

预防崩料应从加强原料准备，改善炉料质量着手，操作中要避免低料线作业，稳定炉温，改善造渣，防止过吹。

14.3.4.3 悬料

高炉炉料停止下降，超过1~2批料时，即为悬料。如同崩料一样，高炉悬料可发生在上部、下部、炉凉、炉热时，因此依据不同情况可分为上悬、下悬或冷悬、热悬；如果悬料很难处理，经久不下，则为顽固悬料。以炉凉时悬料危害最大，处理亦难。

造成悬料的原因很多，从总的来说是高炉内煤气流不能顺利通过料层，煤气浮力一旦大于炉料下降的重力时，就产生悬料。如原燃料粉末多，强度差，还原粉化率高；炉渣黏稠，透气性差；炉温剧烈波动调节不当；布料不合理；煤气分布失常；风量过大与料柱透气性不相适应；下料过快造成滑料；休风后送风料柱很死；内型失常；以及一切失常炉况的最终结果都可能悬料。

悬料后冶炼强度必然降低，产量降低，同时增加燃料消耗，危及生铁质量，尤其是炉凉时的顽固悬料，处理时有很大困难，给生产造成更大损失，要竭力防止发生。

悬料很易判断，料尺停止下降即已悬料，但上悬与下悬在反映上有所不同。

(1) 上部悬料：悬料前出现崩料。热风压力稍降低后突然高于正常水平，但没有下部悬料对风压的影响大；上部压差升高，下部压差下降，风压升高；风口工作一般也较均匀，减风容易将炉料坐下。

(2) 下部悬料：悬料前1~1.5h风压已逐渐升高，随之出现崩料和停滞，下料不均匀；在一次或数次崩料后风压迅速上升，超过正常水平；下部压差升高，上部压差波动不大；风口迟钝且不均匀。

此外，无论上悬或下悬，风量都会降低，炉顶煤气温度升高，顶压下降，探尺停止或下降极慢。

由于悬料产生的原因和表现不尽相同，危害也不一样，因此在处理悬料时应区别对待：

(1) 在出现悬料前期征兆时，及时处理往往可以化险为夷，把悬料消除在萌芽状态。一般出现悬料迹象时，可减少风量，降低风温(或加湿)，减少喷吹量，疏松边缘等，使难行缓解，避免悬料发生。

(2) 一旦悬料，采取减风等措施也无效时，应及时坐料，时间拖得越久，后果越严重。坐料前应出净渣铁，以免风口灌渣。坐料要彻底，回风压力要小于原来风压，并视情况决定恢复速度，以免回风过快造成重复悬料。坐料后疏松边缘，适当减轻负荷，并根据炉温和炉料陷落深度适当加入净焦。连续坐料时要防凉，每次坐料后一般都应加净焦，尤其是冷悬料时。

14.3.4.4 不同状态下产生悬料的处理办法

(1) 上部悬料在一刻钟以内即应坐料。高压高炉改为常压，往往炉料会自行塌落，如炉料未塌落则随即减风或排风坐料，下料正常后再恢复高压和风量。

(2) 热悬处理的关键在于减少煤气体积，因此应减风温，减少甚至停止喷吹，争取炉料不坐自落。如无效则应放风坐料，坐料后回风较原风量稍低，视情况再逐渐恢复正常。风温的恢复一般应在风量恢复之后。根据风压与炉温情况也可适当减负荷或加净焦。

(3) 冷悬处理的关键在于提高炉温和防止炉温的进一步降低。为此，主要借助于减风量，停喷吹，争取自动崩落。若无效则应放尽渣铁，拉风坐料，避免坐料时风口灌渣甚至被堵死；坐料后回风要低些，之后视炉温逐渐加风，恢复喷吹，同时为防重复悬料和炉缸大凉，应加入足够的净焦，并减负荷，待炉温转热后冷悬料才能根本消除。

(4) 悬料多次坐料不下时，即成顽固悬料。顽固悬料的处理办法主要有：

① 风压适应法：坐料后休风堵部分风口，回风用低风压送风——正常风压的30%~40%，装5~10批净焦，减负荷，待高炉料柱透气性好转后再逐步加风。

② 高压硬吹法：加大风压到鼓风机允许程度，这样强行送风，一方面可燃烧焦炭，另一方面在很大风压下炉料可能被冲开一条通路，形成管道，风压则逐渐降低，炉料可能自动崩落。或者再坐料，之后低风压操作，上部加净焦和减负荷。

③ 空喷渣铁口：打开铁口或渣口喷吹，吹出低温渣铁和部分炉料，使炉缸空畅，以促进炉料崩落，或者再行坐料，同时继续送风，加热炉缸，熔化炉料；若铁口不通，取下渣口喷吹；若渣口也不通，则改用风口喷吹，反复进行，终会见效。在上部要加净焦、减负荷。

处理顽固悬料回风时，风压要一次更比一次低，以免连续悬料。

在处理悬料过程中要做好外围工作，注意操作细则，尽量减少休风，频繁地休风犹如雪上加霜，往往使事态加剧，处理时间拖长。

综合上述，对悬料处理应注意以下几点：

（1）坐料后低料线期间，一般应停止喷吹，为防炉凉应临时减轻焦炭负荷，并视情况加足够净焦；

（2）适当疏松边缘；

（3）坐料和处理顽固悬料时，炉顶应通蒸汽，保持正压以防煤气爆炸；

（4）适当降低炉渣碱度，改善炉渣流动性；对顽固悬料还应在恢复过程中装洗炉料洗炉，以维护炉墙的规整；

（5）回风后保持风量与料柱透气性相适应的关系按风压或压差操作，正常后再按风量操作。

14.4　高炉冶炼事故处理

14.4.1　炉缸堆积

高炉炉缸是冶炼过程最为关键的部位，而且反应条件最为复杂，要求渣铁畅通无阻，炉缸工作均匀活跃。由于温度与碱度等原因，可能导致炉缸局部呆滞，这种情况称为炉缸堆积。

14.4.1.1　中心堆积的主要原因

（1）中心煤气流长期过重；

（2）炉料粉末过多；

（3）风口风速小，鼓风动能小，循环区也不大；

（4）由于渣碱度过高，中心部分流动性差；

（5）由于炉缸温度低，中心部位凝结；

（6）由于操作失误，例如用大风口与全倒装操作。

14.4.1.2　中心堆积主要征兆

（1）中心堆积初期现象与边缘过轻相似；

（2）有边缘管道；

（3）上渣率较高，温度高；

（4）下渣中 FeO 含量高；

（5）风口易烧坏；

（6）风口前焦炭不活跃，易涌渣。

14.4.1.3　中心堆积的主要处理措施

（1）上部采取疏松中心的装料制度；

（2）改善原燃料质量；

(3) 提高风速与鼓风动能;
(4) 改善炉渣流动性;
(5) 提高炉温，适当洗炉。

14.4.1.4 边缘堆积的主要原因

(1) 炉渣性能不好造成渣性堆积;
(2) 炉温过高形成石墨性堆积;
(3) 炉温偏低造成炉温性堆积。

14.4.1.5 边缘堆积主要征兆

(1) 初期与煤气边缘过重相似;
(2) 渣口难开，上渣不好放;
(3) 炉渣带铁喷火花;
(4) 铁口好维护;
(5) 风渣口损坏多;
(6) 炉缸水温差不高;
(7) 局部堆积时，堆积方向风、渣口损坏增多。

14.4.1.6 主要处理措施

(1) 渣性堆积的主要处理措施:
① 一般由于碱度过高造成，主要应改善炉渣性能;
② 用酸性渣洗炉;
③ 用萤石(CaF_2)洗炉;
④ 洗炉之后，不宜急于再提高碱度。
(2) 石墨性堆积的主要处理措施:
① 主要原因由于长期冶炼铸造铁造成，应改变铁种;
② 改炼炼钢用铁;
③ 用锰矿洗炉。
(3) 炉温性堆积的主要处理措施:
① 主要由于长期性偏行，长期休风以及炉况严重失常造成，因此应从改变温度方面考虑;
② 可能是冷却设备漏水造成;
③ 热制度与造渣制度不适应，例如低炉温高碱度;
④ 根据上述，具体应提高炉温，改善炉渣流动性。

14.4.2 炉墙结厚

14.4.2.1 上部炉墙结厚主要原因

(1) 原燃料粉末多;
(2) 亏料线作业;
(3) 高温区上移;
(4) 布料不匀;
(5) 风口进风不均匀;
(6) 原料中 K、Na、F 元素化合物影响。

14.4.2.2 下部炉墙结厚主要原因

(1) 炉温大幅度波动;

（2）炉渣碱度的大幅度波动；

（3）软熔带根部的反复变化；

（4）冷却强度过大；

（5）冷却器漏水；

（6）炉渣中其他成分变化。

14.4.2.3　炉墙结厚主要征兆

（1）炉况不顺，难行；

（2）结厚部位出现偏料，管道，悬料；

（3）改变装料制度后，达不到预期效果；

（4）下部结厚时，常出现边缘自动加重现象；

（5）上部结厚后，结厚部位的 CO_2 值常高于第 2 点；

（6）风口风量不相适应，应变能力弱，不易接受风量；

（7）结厚部位的炉墙处，冷却水温差以及炉皮表面温度均下降；

（8）结厚严重，降落下来的结厚物可能砸坏风口。

14.4.2.4　炉墙结厚的主要处理措施

（1）上部结厚：

① 初期结厚，可发展边缘气流，减负荷，改善原燃料性能、强度，还可以采用各种方法洗炉，或降料面等措施；

② 查漏水；

③ 减少冷却水量；

④ 改善炉渣性能。

（2）下部结厚：

① 维护顺行；

② 提高炉温；

③ 发展边缘气流；

④ 用轻负荷操作；

⑤ 加净焦或加酸性料；

⑥ 加均热炉渣洗炉；

⑦ 用萤石或锰矿洗矿；

⑧ 减少冷却水强度；

⑨ 改善软熔带结构；

⑩ 调整炉渣成分。

14.4.3　高炉结瘤

当炉料已经熔化又因各种原因重新凝固黏结在炉墙上，但还不致明显影响生产时，常称之为炉墙结厚；而结厚到严重影响生产时，则称为高炉结瘤。由此可知，结厚和结瘤都是炉墙黏结变厚，只是对生产的影响程度不同而已，并无确切界限。

炉瘤按其组成可分为碳质瘤、灰质瘤和铁质瘤；按其形状可分为局部（或单侧）瘤和环形瘤；按其部位可分为上部瘤（瘤根在炉身中上部）和下部瘤（瘤根在炉身下部或以下）（图 14-2）。

14.4.3.1　结瘤原因

结瘤原因可以认为是受多种因素综合作用的结果。

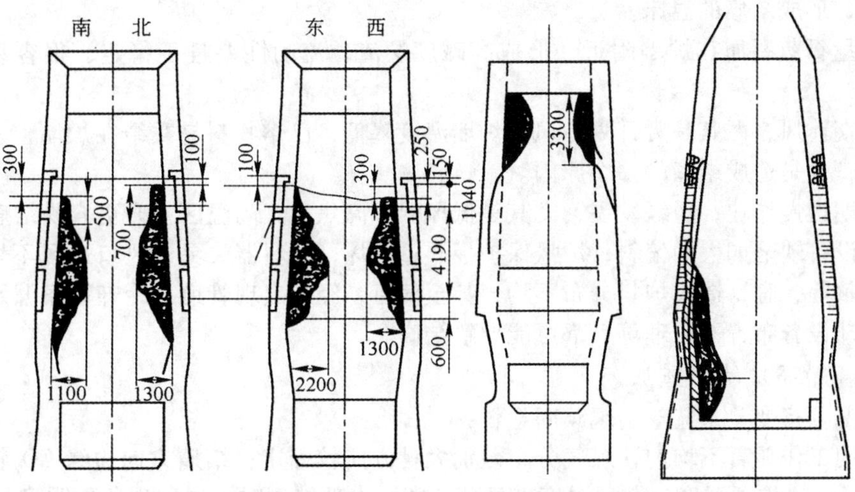

图 14-2 各种炉瘤状态示意图

A 原燃料方面的原因

矿石软化温度低，难还原，品种杂，成分波动大，粉末多，焦炭强度差，含有碱金属或锌等有害杂质，往往成为结瘤的重要原因。

(1) 原料质量差，以生矿为主，而且品种多、性能差异大，一些矿石软化温度低，又难还原，在高炉内形成低熔点、高 FeO 初渣。熔融状态的初渣在下降过程中 FeO 被还原成金属铁，炉渣的熔点升高，当混入粉状炉料尤其是大量石灰石时，渣的碱度升高，变得黏稠，一旦温度降低，就可能重新凝固黏结在炉墙上形成瘤根。这种炉瘤一般含金属铁较多，而且位置也较高。

(2) 原料的粉末多，焦炭强度差，炉渣黏稠，是造成料柱透气性差的重要原因，操作稍不适应就会产生难行、悬料、崩料等故障，造成炉温波动，这就加速了炉墙结厚或炉瘤的生成。

(3) 炉料含碱金属高时，碱金属化合物沉积在固体炉料表面，将生成一些熔点很低的化合物，引起炉料过早地烧结软化，以致在炉温波动时黏结在炉墙上，也会形成瘤根。碱金属也能被黏土质耐火砖吸收，生成霞石($Na_2O \cdot Al_2O_3 \cdot 2SiO_2$)、白榴石($K_2O \cdot Al_2O_3 \cdot 4SiO_2$)等矿物，黏附在炉墙上，并易造成炉温波动和炉况不顺，从而加剧了炉瘤的生成。

含锌炉料容易生成 ZnO 凝附于炉墙上长成锌质瘤。由于锌的挥发温度很低，形成的炉瘤部位可能很高，在炉身上部、炉喉结瘤，甚至黏结在上升管和下降管内，使管道堵塞。

B 操作方面的原因

(1) 经常性的管道行程。一旦边缘管道被堵，将使高温炉墙的温度降低，使得已熔化的炉料黏结在炉墙上。这种结厚或结瘤，往往是熔化的初渣包裹着焦炭和未熔化的炉料，熔化部分含少量金属铁，结瘤部位可能很高，甚至在炉喉保护板处。

(2) 连续悬料、崩料时迫使高炉减风，沿高炉高度温度下降，如此反复波动，增加了结瘤几率。当坐料、崩料的大量未经充分还原的矿石落入高温区时，其中高 FeO 渣还原吸热，熔点升高，变稠而黏结在炉墙上，形成下部炉瘤。

(3) 长期低料线作业造成高炉上部温度升高和波动，可能使上部炉料过早熔化而结瘤。

(4) 由于原料成分波动，负荷调整不当，改装料制度过急，冷却设备漏水等原因造成炉温波动，而调节不及时会造成炉况不顺。发展边缘的装料制度能获得短时间的顺行，但不易维持炉况的稳定，形成结瘤的温床。

（5）大量石灰石加在炉墙附近，形成高碱度炉渣，流动性差且不稳定，很容易黏附在炉墙上。

（6）长期休风，尤其是无计划休风，炉墙温度降低，已熔物料易黏结在炉墙上，而复风后炉况又不顺，也是造成结瘤的一个原因。

（7）长期慢慢作业，边缘发展，尤其是低风温、高焦比，高温区上升更容易结瘤。

此外，设备缺陷如大钟偏斜，炉喉保护板严重损坏，布料器失灵，风口进风不均，炉役末期内型不规整等，容易造成炉料分布不均，甚至偏行，经常出现管道；冷却设备漏水、冷却强度过大、冷却设备布置不合理等，都可能导致结瘤。

14.4.3.2　高炉结瘤征兆

（1）炉况顺行变差，甚至出现顽固悬料；

（2）圆周工作显著不均匀，煤气分布差别大且方向较固定，结瘤方向边缘CO_2较多，但整个CO_2曲线较平；炉顶温度分散，温度带显著变宽，上部结瘤时，这种现象更明显；

（3）炉顶压力不稳，经常出现向上尖峰，探尺记录上出现台阶；

（4）上部结瘤时，CO_2曲线第二或第三点比前一点低，曲线出现“倒钩”现象；

（5）炉墙温度与冷却水温差出现反常，结瘤处炉墙温度和水温差降低，或结瘤下方炉墙温度升高，而上方的温度下降；

（6）炉尘吹出量增大，结瘤侧炉喉温度降低。

一旦出现上述征兆，设有探瘤孔的高炉应进行探瘤，以便较准确地判断出炉瘤位置和厚度，作出处理决策。

14.4.3.3　结瘤处理

对炉瘤的处理，总的措施是洗炉和炸瘤，或二者结合。

早期结瘤处理可用洗炉方法消除。对下部炉瘤可降低炉渣碱度，或集中加酸性料若干批，同时发展边缘气流；上部炉瘤则发展边缘，减轻负荷。

下部结瘤严重时，需大量加洗炉料如均热炉渣、锰矿、萤石洗炉。洗炉时应注意：

（1）加足够净焦，保持较高炉温是洗炉的必要条件；

（2）洗炉料需分组加入，各组间用轻负荷料隔开，效果较好；

（3）据炉瘤严重程度，要一次（不是一批）加足洗炉料；

（4）洗炉期间要发展边缘气流。

炉瘤位置较低时，也可用洗炉的办法处理；炉瘤位置较高时不易洗掉，就需用炸瘤的办法。炸瘤时应注意：

（1）确定炉瘤部位和严重程度，要确定在炉墙的开孔部位；

（2）加净焦，降料面，让炉瘤外露；

（3）炉墙开孔炸瘤，由下而上，先炸瘤根。

如炉瘤较大，可以洗、炸结合的办法进行处理。

14.4.4　炉瘤预防

（1）搞好精料工作，如进行矿石混匀，增加熟料率，合理配矿，减少粉末，确保焦炭强度，研究合理的炉料结构等。

（2）稳定操作制度，减少炉温波动，防止低料线操作，保证高炉稳定顺行。为此，要有合适的送风制度和装料制度，炉况调节要准确及时，做到勤调、少量；改变铁种时调整负荷要恰当，过渡时间应短；不得慢风作业，若被迫慢风操作，时间长时要缩小风口直径或慎重地堵部分风口；

(3) 尽量避免无计划休风，休风后送风要清洗炉墙；

(4) 尽量避免将石灰石装在炉墙附近；

(5) 及时消灭设备缺陷；

(6) 冷却制度要合理、冷却强度要合适，长期休风或慢风要降低冷却水量，漏水设备要及时处理；

(7) 对碱负荷重的高炉要采取酸性渣排碱；含锌炉料最好通过矿石脱锌处理，或通过配矿减少锌量。

(8) 一旦发现炉墙黏结结厚，就应立即采取有效措施及时处理，决不能让其发展长成炉瘤。

14.4.5　炉缸冻结

炉缸冻结是炉缸温度剧烈降低，以致渣铁在炉缸内凝固的结果。一旦炉缸冻结，高炉生产秩序遭受破坏，给生产造成巨大损失。冻结的前期可视为炉缸凝结，此时风、渣口工作失常，出渣极难，但铁水仍能从铁口放出；当炉缸温度进一步降低，铁水不能从铁口放出时，则形成炉缸冻结。显然炉缸冻结是一个综合性的原因造成的事故，除造成炉温降低这个直接因素外，操作不当或失误，往往是使炉缸冻结或延长处理时间的重要原因。

14.4.5.1　炉缸冻结原因

(1) 煤气流分布失常，如长期边缘气流发展，炉缸堆积、管道行程等造成炉温向凉，产生崩料、悬料，使大量生料降落炉缸；

(2) 长期低料线操作，经常发生崩料，尤其是下部严重崩料；

(3) 长期焦炭负荷过重，炉凉不顺；

(4) 炉凉渣碱，炉况失常；

(5) 冷却设备大量漏水；

(6) 无计划或有计划休风，时间过长；

(7) 原燃料质量恶化，配料、称量或装料错误；

(8) 清洗炉衬时，黏结物或炉瘤滑落；

(9) 开炉初期设备事故，等等。

14.4.5.2　炉缸冻结征兆

炉缸冻结是低炉温进一步发展的结果，所以发生严重炉凉时即可视为炉缸冻结的前兆。当进一步恶化时，有下述表现：

(1) 风口由活跃变为呆滞，由较明亮变为暗红，进而出现涌渣、挂渣，甚至烧穿凝死；

(2) 渣铁一次比一次凉，渣口逐渐放不出渣，铁口只有铁不见下渣，最后铁口冻死；

(3) 下料不顺畅，容易出现管道、崩料、悬料，风压逐渐升高，风量减少，当风口凝死时，风量表指针甚至降到零；

(4) 若由漏水造成冻结，则同时出现各水套间往外渗水，严重时渣口、铁口往外流水，高炉渗漏的煤气火苗由平时的蓝色变为红色，煤气含氢高，如遇休风则风口大量喷火。

14.4.5.3　炉缸冻结处理

炉缸一旦冻结，要充分准备，谨慎行事，争取一次处理成功，而不要出现反复。冻结的程度差别很大，轻者只是局部冻结，渣口放不出渣，而铁口尚能出铁；重者吹不进风，不下料，上下部都呈“僵死”状态。尽管冻结的原因不同，程度差异也大，但对冻结的处理原则基本是一样的。

冻结不严重时，首先减风20% ~30%（以风口不灌渣为限），勤放渣铁，尽量放出冷渣冷铁，保持风口尽量畅通，并与渣铁口形成通道，立即加足够净焦并减负荷，停止喷吹并相应加焦炭，降低炉渣碱度，维持炉况顺行，竭力避免休风等。

炉缸严重冻结时，可按以下措施处理：

（1）加足够数量的净焦，其数量甚至比新开炉还要多些，继后轻料；

（2）设法放出冷渣铁。渣铁口已凝死时，则休风选择渣口或铁口上方的风口放渣，以便于处理熔渣；

（3）选择并准备好送风风口和临时出铁口，以恢复炉缸局部工作。休风后发现冻结严重时，按风口—渣口—铁口方案处理，即依次用风口、渣口、铁口作为出渣出铁口。

冻结稍轻时按渣口—铁口方案处理，即依次用渣口、铁口作为出铁出渣口。

在用风口排放渣铁时，所选风口应选在紧靠铁口的渣口上方；准备送风的风口(1 ~2 个)则选在邻近排放渣铁的风口，其余风口堵死。准备送风与放渣铁的风口之间烧通(事前卸下排放渣铁的风口小套)，之后，送风的风口重新安装上小套；出渣铁的风口换成空心砖套，在大套、二套上砌砖铺泥，以作出渣铁使用，并将此风口弯头卸下，在热风支管上焊堵盲板。

作好上述工作后即可送风，送风的每个风口进风量，略高于正常时的每个风口平均风量，或按风压操作，风温视风口情况调节。一般 1 ~2h 经风口出一次渣铁，直到渣口能工作为止。渣口出渣铁顺利后(在休风时用炭砖套换下渣口)，风口逐渐向铁口方向扩展，直到冷凝渣铁熔化，铁口能放出渣铁为止(铁口烧不开，可用炸药爆破)，如此，经过耐心持久的操作，冻结可逐渐解除。

（4）逐步捅开风口。在铁口能顺利出铁，炉温也充沛的基础上，可依次逐个打开风口，一般一次以开两个风口为宜(一个方向一个)，风口开得过多过快，容易造成反复冻结。

（5）使用炸药开铁口时，通常应在渣口顺利地放出多次渣铁后，估计炉缸已解冻到接近铁口，此时炸开铁口方能见效。炸铁口过早，或高炉冻结严重尚未送风前炸铁口，往往是徒劳的。

14.4.5.4　预防炉缸冻结

加强管理，严格纪律，加强责任感，搞好综合平衡，抓好精料，保持均衡稳定的生产，是避免炉缸冻结的根本措施。

保持高炉顺行，维持正常的炉温和碱度，搞好上下部调节，避免管道、崩料、悬料和炉缸堆积，一旦失常要及时果断地采取措施纠正，这是在操作上防止炉缸冻结事故的关键。

14.4.6　炉缸、炉底烧穿

高炉炉缸、炉底的侵蚀是影响高炉一代寿命的关键。高炉大中修常常是因为炉缸、炉底侵蚀严重，水温差升高，使高炉被迫过早或事故性停炉。炉缸、炉底一经烧穿，可能酿成严重事故。

生产实践表明，最常见的穿漏部位一般在炉底上部两段冷却壁交界处，此处工作条件恶劣，而冷却强度又较差，以致容易烧漏。

14.4.6.1　炉缸、炉底烧穿原因

（1）炉缸、炉底结构不合理。陶瓷质耐火材料的炉缸炉底承受不了高炉恶劣的工作条件，容易在结构薄弱处烧坏；

(2) 耐火材料质量不好，施工质量差；

(3) 冷却强度低，冷却设备配置不合理；

(4) 炉料含碱、铅高，造成砖衬破坏，铅的渗漏；

(5) 操作制度不当，炉况不顺，经常洗炉，尤其是用萤石洗炉；

(6) 监测设备不完善，维护管理跟不上等。

14.4.6.2 烧穿征兆

(1) 冷却水温差升高；

(2) 炉皮烧红、开裂、冒气；

(3) 出铁量减少，低于理论值；

(4) 冷却设备严重烧坏。

14.4.6.3 烧穿处理

在出现水温差异常升高时，及时采取措施，炉内外结合，可以缓解烧蚀状况。一经烧穿，可视严重程度进行处理。

(1) 立即休风，对烧穿部位进行清理。

(2) 更换新的冷却壁。对烧坏的炉衬用耐火材料补砌或喷补，在冷却壁之间、冷却壁与炉壳之间、冷却壁与喷补层之间进行灌浆处理。补焊炉皮，喷水冷却。

(3) 将烧坏处以上对应的风口堵死一段时间，降低冶炼强度，采取护炉措施，如钛渣护炉。

(4) 炉役后期烧坏严重时，则应决定停炉检修。

14.4.6.4 烧穿预防

炉缸、炉底烧穿事故，和高炉其他事故一样，应以预防为主，防治结合，力争杜绝事故的发生，而一旦烧穿应尽可能减少生产损失。预防烧穿措施综述如下：

(1) 推广综合炉底，可采用炭砖或自焙炭砖与高铝砖相结合的结构，这对预防炉缸、炉底穿漏有决定性意义。

(2) 改进材质，增加品种，除无定型炭砖外，应增添石墨化或 SiC 炭砖，提高尺寸精度，缩小砖缝。

(3) 改进炉底结构和冷却设计，炉底的底层和周边应分别采用石墨化和含 SiC 的炭砖，尽量缩小冷却壁间隙。炉底上部周边冷却应进一步加强，底部应将风冷改为水冷。

(4) 生产中应加强检测，发现炉缸、炉底水温差超出正常值时，应及时采取如下措施：

① 提高水压，加强冷却。水压愈高，流速愈快，所带走的热量也愈多，因此随着水压的提高，安全水温差的温度也应降低。此外，对水温差高的冷却壁应进行清洗，同时加强水温差变化检测，可在水温差高的冷却水管出口处安装热电偶，并通过传感器将信号输入电子计算机，再打印显示，便能连续地检测水温差的变化，从而防患于未然。除了提高水压加强冷却外，必要时可改为高压水或净水冷却。

② 堵死水温差高的部位上方风口。如炉缸水温差普遍升高，就应缩小风口直径，降低冶炼强度。

③ 改炼铸造生铁。

④ 适当提高炉渣碱度。

⑤ 炉缸增加喷水冷却。

⑥ 采用钛渣护炉，加入的TiO_2量1t铁为20kg左右，或以渣中TiO_2含量为5%左右、铁中[Ti]含量以0.1～0.15%为宜。

⑦ 降低炉顶压力。

⑧ 严格控制洗炉料洗炉，尤应禁止用包头矿或萤石洗炉。

⑨ 出现炉缸烧穿的明显征兆时，应紧急休风凉炉，并采用其他一些应急措施。

14.4.7　煤气爆炸

在高炉炼铁生产中主要煤气是高炉煤气，此外有的企业也使用部分焦炉煤气和天然气等。这些煤气主要特性如表14-3所示。

表14-3　常见煤气组成(%)与特性

成分 \ 种类	高炉煤气	焦炉煤气	天然气
一氧化碳	25～30	7	—
二氧化碳	70～20	3～3.5	—
氢气	1.5～3.0	58～60	—
甲烷	—	20～23	95以上
碳氢化合物	—	2	—
氮气	55～57	7～8	—
发热量/$kJ \cdot m^{-3}$	3360～3780	16380～18480	35700～37800
密度/$kg \cdot m^{-3}$	1.295	0.45～0.55	0.7～0.8
主要性质	无色、无味、有剧毒、易燃、易爆	无色、有臭味、有毒、易燃、易爆	无色、有蒜臭味、有窒息性、麻醉性、易爆炸着火

有毒、易燃、易爆是各种煤气的共性。炼铁厂是产生和使用煤气的大户，若在管理上、使用上、操作上发生问题，就可能造成煤气中毒、着火和爆炸事故，造成严重后果，危及人身和设备安全。

14.4.7.1　煤气爆炸的原因

煤气爆炸实质上是在特定条件下突然发生的剧烈燃烧反应。在反应中温度急剧上升，体积骤然膨胀，产生极大压力，当其压力超过了容器所能承受的压力时，容器则被炸毁或安全装置被炸开。煤气爆炸的破坏程度取决于爆炸时的压力，同时与容器的开孔多少有关。在开孔多时，释放能量的面积大，破坏程度相应减轻。

一般情况下煤气发生爆炸的条件是：

(1) 空气和煤气在着火点以下混合，且混合比例达到爆炸范围。如高炉煤气46%～62%，空气54%～38%时，即形成爆炸性气体；

(2) 温度达到着火点以上或被明火引燃。高炉煤气与空气混合形成的爆炸性气体的着火温度为600～700℃。

只要同时具备了上述条件，就必然发生爆炸。高炉生产中在特殊操作(如开炉、停炉、休风、送风)和处理煤气过程中，容易形成上述条件。如高炉休风操作中，可能在煤气系统造成负压，因为休风后煤气温度降低，促使煤气体积收缩，压力降低，形成负压，可能使煤气系统吸进空气，从而形成爆炸性气体。高炉煤气中含H_2增加，以及一些热的矿粉、金属氧化物等接触剂，都会降低混合气体的着火温度，加大了爆炸的几率。国内各大钢铁企业，几乎都产生过煤气爆炸事故，只是爆炸强度及随之产生的破坏程度不同而已。

14.4.7.2 煤气爆炸的预防

(1) 停炉时向炉内打水量要均匀，喷水管应从炉喉4个煤气取样孔插入高炉中心，均匀喷水以控制适当的炉顶温度，切忌大量冷水一下降落到高温区。

(2) 严格控制炉顶温度，温度过高容易烧坏炉顶设备，同时易将放散的煤气引燃，一旦发生爆震，将加剧破坏作用。一般炉顶温度控制宜在400℃。

(3) 采用适当的操作制度。降低料线过程中要以顺行为前提，风量风压相适应，发生崩料悬料时要及时减风。

(4) 停炉操作要统一指挥，严格执行有关的停炉技术操作规程。

(5) 检测煤气含H_2量，当H_2含量高时，应果断减风和喷水量。

处理煤气设备中残余煤气时的爆炸预防措施：高炉休风后处理煤气系统残余煤气，是用蒸汽和空气赶净煤气，操作原则是"灭火种，通蒸汽，断来源，再沟通。"

例如，驱赶除尘器残余煤气，应依次将除尘器放灰(灭火种)；通蒸汽稀释残留煤气和保持正压；切断煤气以断绝管网煤气来源；最后将炉顶煤气点火，开除尘器放散阀和下部人孔、清灰孔，以使除尘器和大气沟通。当煤气系统各部位处理完残余煤气后，打开煤气切断阀，使整个系统连通，半小时后再停蒸汽。

处理煤气注意事项：

(1) 始终保持足够蒸汽量，不能中断；

(2) 严禁火源；

(3) 处理煤气应先放散后开孔，即先开路，后放行。

对炉顶进行点火的休风，如若熄火，可立即投入火把点燃。若熄火时间长或根本不知道熄火时间，则应视下列情况采取相应措施：

(1) 如检修工作已进入结尾，炉顶和煤气系统设备不需要再带火星(如电焊)进行检修作业，应将各部位人孔关闭，炉顶与除尘器通入蒸汽，将已可能形成的爆炸性混合气体赶出去，等待送风。

(2) 若检修还需进行一段时间，且炉顶和煤气系统设备仍需带火星检修，则应关闭各部位人孔和煤气切断阀，炉顶通蒸汽，低压送风半小时后，再按炉顶点火休风程序重新进行炉顶点火。

14.5 高炉开炉与停炉操作

14.5.1 高炉开炉

开炉是一项复杂、细致而至关重要的工作，开炉好坏直接影响高炉寿命和开炉后的生产指标。要求开炉做到安全顺行，快速优质。

14.5.1.1 设备检查与试运转

高炉生产设备是一个庞大的体系，由许多系统组成。诸如高炉本体、送风系统、除尘系统、上料系统、渣铁处理系统等，只要有一个环节出问题，都将会影响全局，使开炉不能正常进行，甚至酿成事故。因此，在高炉建成后，必须认真进行单体和联合试车，达到规定标准。

要求上料系统的供料和称量设备运转正常，料仓闭锁器开关灵活，卷扬能力符合设计要求，炉顶装备的各种阀门开关自如，上料卷扬要联合试车24h以上；炉前设备运转灵活可靠；鼓风机、热风炉系统要检查试运转，确认无误，热风炉和高炉都应按规定试漏检查，确保各种设备和阀门不漏风，冷却设备不漏水，管道系统不漏气。一切设备经检查确认正常可靠后才能开炉以保证安全顺利开炉。

14.5.1.2　烘炉

烘炉的主要目的是缓慢地去掉炉衬中的物理水和结晶水，增加砌体的固结强度，避免水气逸出过快使砖衬爆裂和膨胀而损坏。

烘炉是开好炉的关键，不仅要求在规定时间内将炉内各部位砖衬烘干，而且还要保护好炉缸及炉身以下的炭砖完好，避免烧损。

A　烘炉方法

（1）用固体燃料烘炉：没有煤气的高炉车间，可在高炉铁口、渣口砌炉灶烧煤等。在炉缸内砌几个砖柱，上铺铁板，以使炉内燃烧的烟气沿炉墙上升，更好地烘烤炉衬。烘烤时应将风口堵死，大钟关闭，废气从上升管逸出。

热风炉的烘烤是在燃烧器口砌炉灶进行。高炉及热风炉烘烤所用燃料一般为煤或焦炭。

（2）用热风烘炉：有煤气（通常为高炉煤气）的车间用煤气先烧热风炉，然后用热风炉的热风烘高炉。这种方法简便可靠，容易控制烘炉温度。

B　热风炉烘炉注意事项

（1）烘炉前松开地脚螺丝，先用木柴燃烧，烘烤烟囱的烟道，然后再用煤气或固体燃料烘热风炉。

（2）用煤气烘炉时，要先在火井内点燃火，然后再引燃煤气，依靠自然通风燃烧。要经常观察煤气燃烧情况，一旦熄火，要立即关闭煤气阀门，待热风炉直至烟囱里的残余煤气排净后，方能重新点火，以防止爆炸事故。

（3）烘炉必须严格按照预定的烘炉曲线升温。图14-3是烘炉参考曲线，上面的曲线是中修热风炉的烘炉曲线；下面的曲线是大修或新修的热风炉烘炉曲线，后者烘炉时间不少于6～7天。

（4）烘炉温度力求均匀，避免波动，以免影响砖衬寿命。烘炉时废气温度不大于300℃。

C　高炉烘炉注意事项

（1）由于炉底砖衬厚，所以是烘炉重点。一般烘炉时要安装炉底加热装置，先用煤气或电热单独烘烤数日，图14-4是用煤气烘烤炉底的加热装置。

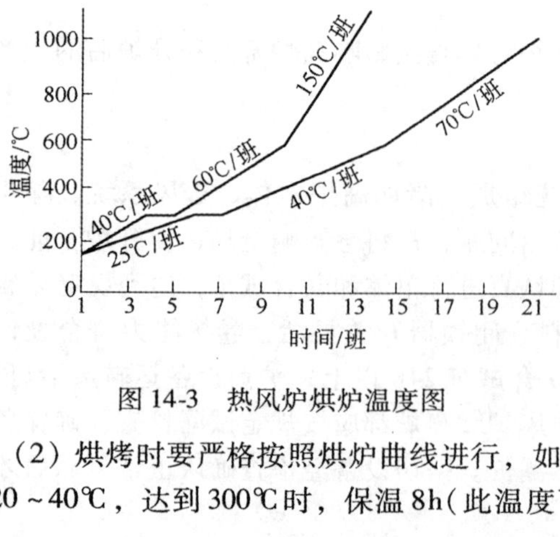

图14-3　热风炉烘炉温度图

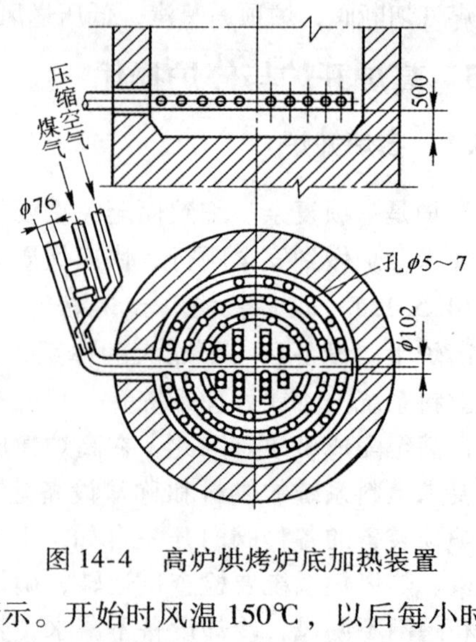

图14-4　高炉烘烤炉底加热装置

（2）烘烤时要严格按照烘炉曲线进行，如图14-5所示。开始时风温150℃，以后每小时升温20～40℃，达到300℃时，保温8h（此温度下黏土砖膨胀系数较大），再以每小时30～50℃

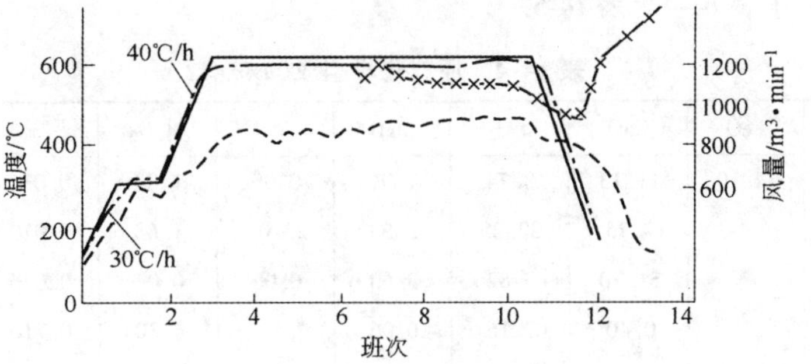

图 14-5 高炉烘炉曲线

——计划烘炉曲线；—·—实际烘炉曲线；

—×—实际风量曲线；----实际炉顶温度曲线

的速度升温。烘炉的最高温度是，黏土砖、高铝砖炉衬不大于600℃；炭砖炉衬时炉缸不大于500℃，炉身部位不大于400℃。炉顶温度不大于400℃，无料钟高炉不大于55℃。

(3) 烘炉时风量(热风烘炉)一般为正常风量的四分之一，然后逐渐加大到四分之三。烘炉时控制风压较好，中型高炉以0.05～0.06MPa，大型高炉以0.06～0.07MPa为宜。

(4) 冷却设备通水二分之一到三分之一，所有灌浆孔打开，烘完炉再关闭。

(5) 用炭砖(或炭捣)砌炉缸、炉底的高炉，在炭砖表面应砌一层黏土砖保护。

(6) 定期取炉顶废气以分析湿度含量，并与大气湿分对照，以确定炉衬烘烤程度。

(7) 烘炉应连续进行不得中断，风温保持稳定不得波动。

(8) 烘炉前要预先在铁口安装煤气导出管，并捣制好泥包；开炉送风后从铁口排出的煤气要引燃，以免中毒。

(9) 安装膨胀标志，以监测炉体各部位的膨胀。

14.5.1.3 开炉料准备

A 对开炉料的要求

(1) 采用天然块矿时，粒度应不大于50mm，应筛除小于5mm的粉末，还原性要好。对于人造富矿，要求还原性好，粉末少，硫磷低，成分稳定；

(2) 焦炭强度要好，灰分少，含硫低，水分稳定，M_{40}大于70%，M_{10}小于9%；

(3) 石灰石要块度均匀，粉末少，粒度小于50mm，CaO含量高；

(4) 锰矿含锰要高，硫、磷等杂质少。

B 开炉配料计算

(1) 开炉焦比的确定：开炉焦比系指填充料的焦比，即料线以下全部焦炭量与理论出铁量之比。开炉焦比皆高于正常炉料的焦比，因高炉开炉的热支出大，如加热炉衬、炉料，煤气带走热高，热损失大，熔剂消耗多等。合适的焦比取决于原燃料质量，风温水平，点火后的加风速度，烘炉状况等因素，一般小高炉4～6t/t，大高炉2～3t/t，太高了浪费焦炭，拖长转入正常生产时间；太少了供热不足，容易造成炉凉甚至炉缸冻结。

(2) 造渣制度的选择：二元碱度一般用天然矿时为1.0～1.05，人造富矿可选用0.9～0.95，Al_2O_3不大于18%。开炉炉渣主要应保证良好的流动性，并兼顾脱硫要求。

以往开炉，在炉底加干渣以增大渣量，生产实践表明没有多大必要，现已逐渐淘汰。

(3) 开炉配料计算：开炉配料计算是开炉装料的依据，关系到开炉的成败。计算方法多样，但大体上可分为分析计算法和拉姆计算法两类，下面举例介绍分析计算法。

开炉料成分列于表 14-4、表 14-5。

表 14-4　原料化学组成（w/%）

开炉料	Fe	FeO	CaO	SiO_2	MgO	Mn	Al_2O_3	S	堆积密度/$t \cdot m^{-3}$
烧结矿	54.10	14.10	11.13	8.74	1.91	0.05	1.89	0.031	1.75
锰　矿	12.40		7.25	22.25	2.58	23.01	1.68	0.010	2.00
石灰石	0.39		51.70	0.82	3.60	0.06	0.07	0.036	1.60
焦　炭	0.65		0.40	7.16	0.06		4.30	0.710	0.45
硅　石				98.41				0.010	1.45

表 14-5　焦炭工业分析（%）

灰　分	水　分	挥发分	w(S)	转鼓指数		灰分组成 w				
				M_{40}	M_{10}	Fe_2O_3	Al_2O_3	CaO	MgO	SiO_2
14.04	4.2	1.37	0.71	74.02	8.67	6.64	30.60	2.87	0.45	50.99

冶炼条件如下：

生铁成分：Si3.0%，C3.5%，Mn0.7%，S0.03%，Fe93.0%；

各种元素转入生铁量：Fe99.7%，Mn60%；

炉渣碱度：$w(CaO)/w(SiO_2)=0.98$；80%的硫进入炉渣，其余进入煤气和生铁；

总焦比 2.8t/t，正常料焦比 0.9t/t；

焦批 8000kg/批，料线 1.5m，炉料压缩率：净焦 14%，空料 13%，正常料 12%。

计算步骤：

（1）空料计算：以 1000kg 焦炭计算。

① 石灰石有效氧化钙含量：$51.70-0.82\times0.98=50.90\%$

② 1000kg 焦炭消耗的石灰石量：

$$1000\times\left(7.16\%\times0.98-0.4\%+0.71\%\times\frac{56}{32}\times80\%\right)\times\frac{1}{50.90\%}=149.52(\text{kg})$$

③ 焦炭和石灰石带入的铁量：

$$1000\times0.65\%+149.52\times0.39\%=7.08(\text{kg})$$

④ 石灰石带入的锰量：

$$149.52\times0.06\%=0.09(\text{kg})$$

⑤ 空料体积 $V_{空}$：

$$V_{空}=\frac{1000}{0.45\times1000}+\frac{149.52}{1.6\times1000}=2.316(\text{m}^3)$$

（2）正常料计算：按出铁量 1000kg 计算。

① 由冶炼条件得 Si30kg，Mn7kg，Fe930kg，S0.3kg。

② 锰矿消耗量（矿石、石灰石中的锰很少，忽略不计）：

$$7\times\frac{1}{60\%\times23.01\%}=50.70(\text{kg})$$

③ 铁矿石消耗量（焦炭中含铁很少，忽略不计）：

$$\frac{930-(50.7\times12.4\%+1000\times0.9\times0.65\%)}{54.1\%}=1696.60(\text{kg})$$

④ 熔剂消耗量：

造渣的 SiO_2 量：

$$1696.6\times 8.74\% + 50.7\times 22.25\% - 30\times\frac{60}{28} = 95.28(\mathrm{kg})$$

烧结矿和锰矿带入的 CaO 量：

$$1696.6\times 11.13\% + 50.7\times 7.25\% = 192.51(\mathrm{kg})$$

生成 CaS 所需的 CaO 量：

$$(1696.6\times 0.031\% + 50.7\times 0.01\%)\times\frac{56}{32}\times 80\% = 0.74(\mathrm{kg})$$

焦炭灰分造渣所需 CaO 量：

$$149.52\times 0.9\times 50.9\% = 68.5(\mathrm{kg})$$

按 CaO 平衡计算：

$$192.51 - 0.74 - 95.28\times 0.98 - 68.5 = 29.9(\mathrm{kg})$$

由于 CaO 造渣有余，故需加硅石量：

$$29.9\times\frac{1}{0.98}\times\frac{1}{98.41\%} = 31.01(\mathrm{kg})$$

⑤ 正常料的组成和体积：

	烧结矿	锰矿	硅石	焦炭	总量
质量/kg	1696.60	50.70	31.01	900	2678.31
体积/m^3	0.969	0.025	0.016	2.000	3.010

⑥ 成渣量的计算列于表 14-6。

表 14-6 成 渣 量

组 成	重量/kg	炉渣组成 w/%							总量/kg
		SiO_2	Al_2O_3	CaO	MgO	FeO	MnO	CaS	
烧结矿	1696.60	148.28	32.07	188.83	32.41				
锰 矿	50.70	11.28	0.85	3.68	1.31				
硅 石	31.01	30.52							
焦 炭	900.00	64.44	38.70	3.60	0.54				
总 计	2678.31	254.52	71.62	196.11	34.26				
转入转出的数量		还原转出 64.29		转入 CaS 9.69		进入渣 1.20	进入渣 6.46	进入渣 12.45	
成渣量		190.23	71.62	186.42	34.26	3.59	6.46	12.45	505.03
炉渣组成	%	37.67	14.18	36.91	6.78	0.71	1.28	2.47	100.00

注：二元碱度为 0.98。

（3）依据计算结果将炉料组成列于表 14-7。

表 14-7 炉 料 组 成

原 料	净 焦		空 料		正常料		综合炉料	
	kg	m^3	kg	m^3	kg	m^3	kg	m^3
焦 炭	8000	17.778	8000	17.778	8000	17.778	8000	17.778
烧结矿					$\frac{8000}{900}\times 1696.6\approx 15080$	8.617	$\frac{8}{2.8}\times 1696.6\approx 4847.43$	2.770

续表 14-7

原　料	净　焦		空　料		正常料		综合炉料	
	kg	m^3	kg	m^3	kg	m^3	kg	m^3
锰　矿					$\frac{8}{0.9}\times 50.7\approx 450$	0.225	$\frac{8}{2.8}\times 50.7\approx 144.5$	0.0724
石灰石			$149.52\times 8\approx 1200$	0.750			$149.52\times\frac{8}{2.8}=427.2$	0.267
硅　石					$\frac{8}{0.93}\times 31.01\approx 280$	0.193	$\frac{8}{2.8}\times 31.01=88.6$	0.0611
重量总计	8000		9200		23810		13508.09	
体积总计		17.778		18.528		26.813		20.949

（4）炉料装入计算：

高炉容积（m^3）：$V_{缸}=219.31$，$V_{腹}=221.89$，$V_{腰}=151.98$，$V_{身}=963.56$，$V_{喉}=70.51$，$V_{有}=1627.33$。

料线以上容积（m^3）：$V_{料}=\frac{\pi}{4}6.7^2\times(1.5-0.2)=45.834$

死铁层容积（m^3）：　$V_{死}=\frac{\pi}{4}9.2^2\times 1.1=73.124$

装料容积（m^3）：　　$V=1627.327-45.834+73.124=1654.617$

装料总批数 N：　　　$1654.617/20.949\times 0.87=90.785$ 批

净焦批数（炉缸、炉腹和死铁层）　$V_{净}=73.124+219.371+221.891=514.386(m^3)$

$N_{净}=514.386/17.778\times 0.86=33.644$ 批　取 34 批

正常料批数：　　$N_{正}=0.9/2.8N_{总}=0.9/2.8\times 91=29.25$ 批　取 29 批

至料批数：　　$V_{空}=V_{腰}+V_{身}\times\frac{1}{6}=151.98+963.56\times\frac{1}{6}=312.580(m^3)$

$N_{空}=312.580/18.528\times 0.87=19.39$ 批　取 19 批

炉身$\frac{1}{6}$以上容积装入的空料批数为 $91-(34+29+19)=9$ 批。

炉料总核算列于表 14-8。

表 14-8　炉料总核算表

段数	净焦/kg	空料/kg		正常料/kg				焦比/$t\cdot t^{-1}$	装料方法	焦炭量/t	烧结矿/t	锰矿/t	石灰石/t	硅石/t
		焦炭	石灰石	焦炭	烧结矿	锰矿	硅石							
Ⅵ				8000	15080	450	280	0.900	8H	64.00	120.64	3.60		2.24
Ⅴ		8001	1200	8000	15080	450	280	1.125	3(4H+x)	120.00	180.96	5.40	3.60	3.36
Ⅳ		800	1200	8000	15080	450	280	1.350	3(2H+x)	72.00	90.48	2.70	3.60	1.68
Ⅲ		800	1200	8000	15080	450	280	1.800	3(H+x)	48.00	45.24	1.35	3.60	0.84
Ⅱ		800	1200						19x	152.00			22.8	
Ⅰ	800								34K	272.00				
总计										728.00	437.32	13.05	33.60	8.12

续表 14-8

段数	铁量/t	渣量/t	炉渣成分/t							$\frac{w(CaO)}{w(SiO_2)}$
			CaO	SiO_2	Al_2O_3	MgO	FeO	MnO	CaS	
Ⅵ	70.893	35.974	13.254	13.574	5.093	2.436	0.274	0.459	0.884	0.976
Ⅴ	106.521	58.769	21.599	22.098	8.674	3.658	0.412	0.689	1.639	0.977
Ⅳ	53.352	31.923	11.660	11.917	4.854	1.970	0.206	0.345	0.971	0.978
Ⅲ	26.767	18.436	6.688	6.827	2.945	1.058	0.103	0.173	0.641	0.980
Ⅱ	1.154	31.303	10.874	10.996	6.552	0.912	0.005	0.007	1.957	0.989
Ⅰ	1.895	33.079	1.616	19.353	11.696	0.163	0.007	—	3.476	
总计	260.582	209.484	62.459	84.765	39.814	10.197	1.007	1.673	9.568	0.980 *

注：H—正常料；x—空料；K—净焦；* 总碱度不包括净焦。

14.5.1.4 开炉操作

A 装料

装入开炉料应符合以下原则：

（1）熔渣需在炉缸内冷料完全消失后才进入炉缸，以免造成炉缸冻结和铁口难开；

（2）铁水应在炉缸积存有足够的高温熔渣后再进入炉缸，以免铁水直接与炉墙接触而凝固；

（3）按总焦比决定的焦炭量不应平均分配，焦比应由下到上逐步降低，以保证高炉下部炉墙和上部炉料得到充分预热。

（4）若用木柴填充炉缸时，木柴应一直装到风口以上600mm的炉腹区域；若用焦炭充填炉缸时，炉缸为净焦，炉腹也为净焦或空料，炉腰及炉身高度为空料，再上为空料与正常料交替装入，最上为正常料，第一批正常料尽可能往上移，以免铁水过早进入炉缸。

B 开炉点火

由于焦炭着火温度为600～700℃，所以点火风温700℃以上即可。点火时全关冷风调节阀，待各风口焦炭燃烧正常后，再调节风温但不低于700℃。

如无热风，则用红铁棍点火。即在各风口前装进刨花等易燃物，然后插入红铁棍点燃，自然通风燃烧。全部风口皆点燃后鼓入少量风，待各风口前焦炭燃烧正常后再逐渐加风。

点火前要关闭大小钟，打开炉顶放散阀和小钟均压放散阀，关闭煤气切断阀和大钟均压阀，切断高炉与煤气系统联系。大小钟与下降管、除尘器均应通入蒸汽，送风弯管的拉杆要放松。

点火送风后，当煤气成分正常、煤气压力达到0.003MPa时，即可按规定程序送煤气。

C 炉内操作

（1）装料制度：开炉时风量小，边缘气流容易发展，应适当加重边缘，这不仅对改善煤气分布，使炉况迅速转入正常有益，而且也对炉衬有好处。

（2）送风制度：开炉时风口应加套圈或堵部分风口，点火时鼓风为全风量的$\frac{1}{2}\sim\frac{3}{4}$，待各风口燃烧明亮后，可下降到全风量的$\frac{1}{3}\sim\frac{1}{2}$，以后视顺行和炉温情况逐渐加风。加风速度不宜过快，大高炉通常以13～14h后出第一次铁为宜，中小高炉出第一次铁的时间可短些。当生铁含硅量下降到2%左右时，可从渣口放渣，一般转入正常生产需3天或更长时间。

D　炉前操作

（1）点火后从铁口吹出的煤气要点燃，待见熔渣后堵铁口；

（2）开铁口往往有凝铁，应备用氧气以作烧铁口之用；

（3）用冷风点火的高炉，送风后要经常观察风口，一旦堵塞要即时捅开；

（4）铁口角度第一次控制在零度水平，待出铁正常后再逐渐加大角度；

（5）铁水温度低时要防撇渣器被凝死。

14.5.2　高炉停炉

高炉大修或中修都要停炉。大修与中修差别决定于炉缸、炉底是否需要检修更换砖衬，大修停炉要放残铁，而中修则不放。

14.5.2.1　停炉要求

（1）确保安全，避免人身和设备事故。停炉过程中煤气含CO和H_2高，温度也高，要避免煤气爆炸和炉顶设备烧坏。

（2）要有利于停炉后的拆除工作。停炉过程中要尽量放尽渣铁和残铁，清除炉墙和炉缸内的黏结物，以便缩短检修时间。

（3）尽可能加快停炉速度，这样既减少煤气爆炸的几率，也减少经济损失。

14.5.2.2　停炉方法

传统的停炉方法有物料填充法（石灰石填充或碎焦填充等）和空料线喷水法。

物料填充法较安全，不担心停炉过程中炉身残存砖衬的倒塌，但停炉后清理炉内填充物费时费事，因此很多企业已不采用。

空料打水法因其极大地减少了清炉工作量，缩短了大修时间，而受企业欢迎。具体作法是从停炉操作开始，即不再装料，但仍继续送风，借助炉顶打水以控制炉顶温度不大于400～500℃。当料面降到风口水平时，停止打水，降低风压至0.01MPa，开大钟，休风，卸下吹管，再继续打水。当渣、铁口已淌水时，预示红焦已熄灭，中断打水，清除炉缸残留物。在出最后一次铁时，一般开始放残铁，以免休风后再放残铁而延长停炉时间。

14.5.2.3　停炉前准备工作

（1）冶炼操作空料线开始时即停止喷吹燃料，停炉料减负荷10%～15%，保持较高炉温（0.8%～1.0%的Si含量）操作，降低炉渣碱度到1.05左右，停炉料中可适当加锰矿或硅锰渣，以改善炉渣流动性，在空料线前要加3～5批净焦，以利于渣铁熔化便于扒炉。

（2）安装停炉辅助设备停炉前要休一次风，以完成下述工作：安装打水泵（一般两台，一台使用，一台备用）及打水管4根，从煤气取样孔插入炉内；保证煤气系统蒸汽畅通；在煤气切断阀上部或下降管堵盲板（包括大钟均压管道），可以拆除炉顶放散阀；安装长探尺（探到风口平面），焊补炉壳，切断已坏冷却设备的进水管等。

（3）做好出残铁准备工作，残铁口方向可选在冷却壁水温差较高的部位，或者以便于配置铁水罐和操作方便为准，并确定残铁口高度、估算残铁量。

① 计算残铁口高度（或估计炉底侵蚀深度）；对无炉底测温装置的高炉可根据铁口角度、下渣量、炉底冷却壁水温差，以及基础破损情况，估计炉底侵蚀深度。有炉底测温装置的高炉可按下述经验公式进行计算：

$$x = Kd\lg\frac{t_0}{t} \tag{14-10}$$

式中 x——炉底剩余厚度，m；

d——炉缸直径，m；

t_0——炉底侵蚀面上的铁水温度，℃；

t——炉底中心温度，℃；

K——系数，当 $t<1000$℃时，$K=0.0022t+0.2$；$t=1000\sim1100$℃时，$K=2.5\sim4.0$。

或

$$x=\frac{1}{N}(1350-t') \tag{14-11}$$

式中 t'——炉底底面温度，℃；

N——温度系数，24 ~ 27℃/(min · m)，炉役中期炉底温度稳定时，取上限，末期取下限。

② 估算残铁量：

$$T_{残}=\frac{\pi}{4}Kd^2h\gamma_{铁} \tag{14-12}$$

式中 $T_{残}$——残铁量，t；

d——炉缸直径，m；

h——炉底侵蚀深度，m；

$\gamma_{铁}$——铁水密度(7.0t/m³)；

K——系数，一般为 0.4 ~ 0.65，h 大时取上限，h 小时取下限。

14.5.2.4 停炉操作

(1) 停止上料后，向大、小钟之间、炉喉和煤气系统通入蒸汽；

(2) 视炉顶温度升高情况进行打水，打水量不能过多，煤气中以 H_2 含量不大于 6% 为宜（炉顶温度低于 400 ~ 500℃）；

(3) 料面下移到炉腹时，减风 20% ~ 30%，风温也相应降低，以防炉顶温度过高；

(4) 停炉过程要维持顺行，如需休风要先停止打水，炉顶要点火后，再休风；

(5) 铁口角度在停炉过程中逐渐加大，最后一次出铁要吹炉(吹铁口)；

(6) 当风口不见焦炭，煤气中 CO_2、H_2 含量骤增时，则料面已达到风口平面。如果中修停炉时即可休风，若是大修停炉则在出残铁后再休风。

14.5.2.5 最大耗水量计算

根据实测资料，炉缸上沿和炉腹处的煤气温度分别为 1450℃和 1300℃，要求炉顶温度为 400℃，煤气成分可近似认为与炉缸煤气相同，即 CO 为 35.1%，N_2 为 63.5%，H_2 为 1.4%，其比热容 $c_{气}^{400}=1.33$kJ/(m³ · ℃)，$c_{气}^{1300}=1.45$kJ/(m³ · ℃)，$c_{气}^{1450}=1.46$kJ/(m³ · ℃)，$V_{煤气}=1.22V_{风}$。

依据热平衡可计算耗水量：

$$Q=\frac{(T_{煤}c_{煤}^{T}-400c_{煤}^{400})\times1.22V_{风}}{c_{水}(100-T_{水})+c_{化}+\frac{22.4}{18}(400\times c_{气}^{400}-100\times c_{气}^{100})}$$

$$=\frac{(T_{煤}c_{煤}^{T}-127\times4.1868)1.22V_{风}}{768\times4.1868} \tag{14-13}$$

式中 Q——耗水量，kg/min；

$V_{风}$——鼓风量，m³/min；

$T_{煤}$——煤气温度，℃；

$c_{煤}^{T}$——煤气比热容，kJ/(m³ · ℃)；

$c_{水}$——水的比热容，kJ/(m³·℃)；

$c_{化}$——水在100℃时的汽化热，kJ/kg；

$T_{水}$——入炉水温，℃；

$c_{气}^{400}$，$c_{气}^{100}$——400℃和100℃的水蒸气比热容，kJ/(m³·℃)。

举例如下：

当炉料到达炉腰时（$T_{煤}=1300℃$，$V_{风}=1800m^3/min$）：

$$Q=\frac{(1300\times1.45-531.72)\times1.22\times1800}{3215.46}\times\frac{60}{1000}=55.4(t/h)$$

当净焦到达风口时（$T_{煤}=1450℃$，$V_{风}=1500m^3/min$）

$$Q=\frac{(1450\times1.462-531.72)\times1.22\times1500}{3215.46}\times\frac{60}{1000}=55.3(t/h)$$

依据计算出的最大耗水量和高炉有效高度，选用水泵。

14.5.2.6　快速停炉法——空料线回收煤气停炉法

随着停炉技术工作的进步，停炉方法已有很大改进，鞍钢试验成功的快速停炉法即是一个创新。其特点归纳起来可叫做“一收二不三提高”。即回收煤气，不安装长探尺，不加净焦；回收煤气效益高，炉顶压力高，停炉速度高。做到了简单、快速、经济、安全。

A　停炉准备工作

确定炉顶煤气中CO_2含量与料面位置相关关系，这一关系据鞍钢高炉分析表示为图14-6。

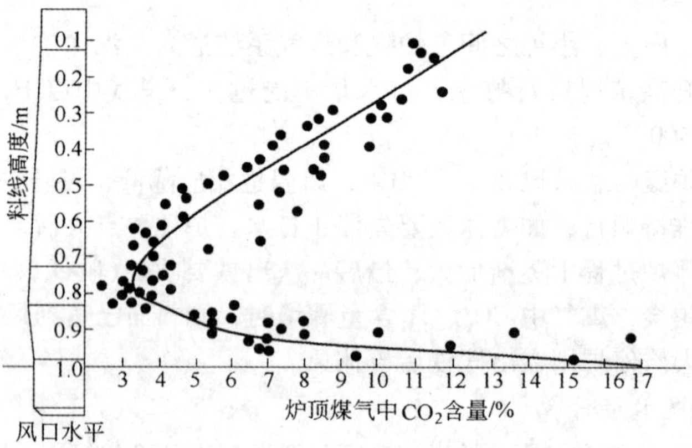

图14-6　1000m³级高炉空料线比例数与CO_2含量变化曲线

该图表明CO_2随料线高度成一扭转角度的抛物线。曲线拐点的CO_2含量为3%～5%，炉容大时，拐点CO_2量偏高。

料面高度与CO_2含量相关关系的回归方程为：

中型高炉：

$$y_1=84.266-5.32x+0.079x^2$$

$$y_2=69.28+3.41x-0.121x^2 \tag{14-14}$$

大型高炉：

$$y_3=74.94-2.378x+0.079x^2$$

$$y_4=63.67+4.563x-0.147x^2 \tag{14-15}$$

式中　y_1，y_3——分别为不同级高炉CO_2拐点前料线高度比例数；

y_2，y_4——分别为不同级高炉 CO_2 拐点后料线高度比例数。

这条曲线的变化规律为：拐点前随料面下降，间接还原反应区缩小，所以 CO_2 量逐渐降低。当炉料降到矿石软熔和滴下区域，间接还原反应消失，CO_2 出现最低点(拐点)。拐点以后料层逐渐减薄，过剩碳减少，风口前焦炭燃烧生成的 CO_2 被 C 还原成 CO 的反应受到限制，所以 CO_2 回升。料面到达风口附近，只有焦炭燃烧反应，煤气中 CO_2 逐渐升高，CO 消失；当 CO_2 达到 15% 以上，料面已达到风口，此时停炉结束。

B 停炉回收煤气的标准

准确地决定回收煤气的时间，是安全顺利停炉的关键，为此提出几条依据：

(1) 料线降到炉腹或炉腰下部(即拐点左右)；

(2) 煤气中含 CO_2 量大于 2%，H_2 大于 12%；

(3) 有连续崩料，炉顶压力剧烈波动。

出现上述情况，应立即停止回收煤气，改为炉顶放散。

C 停止回收煤气注意事项

(1) 全开炉顶放散阀，关切断阀；

(2) 除尘器系统通入蒸汽；

(3) 关大钟均压阀，开小钟均压阀。

D 停炉休风标准

高炉出现下列现象时准备休风：

(1) 炉顶放散阀冒白烟；

(2) 风口暗黑无焦炭，或混浊无焦炭循环，局部风口吹空；

(3) 全压差接近 0.01MPa；

(4) 炉顶煤气中 CO_2 量大于 15%。

E 换气工作

停止回收煤气后关闭切断阀，防止因此阀不严，使停炉残余煤气串入整个煤气系统。为了安全采取换气操作，即把除尘器放散阀打开，将燃气厂的正常高炉煤气通入除尘器，以驱赶煤气管道里的残余煤气，然后再按长期休风程序处理煤气。

F 需注意的问题

(1) 在停炉前 2~3 天，借休风机会处理炉喉煤气取样孔，试插打水枪，并检查炉顶、煤气系统和蒸汽管道，确保畅通无阻。其他工作如安装高压水泵，从炉顶安装煤气管引至炉台，安装出残铁设备等均可在正常生产时进行。

(2) 可继续高压(0.04~0.05MPa)操作，以加速停炉进程。

(3) 停炉过程中随着料层减薄，风压降低及风量增大现象会反复出现，前期应严格控制风量不超过正常数值，当料线过拐点时应主动减风，停止回收煤气。

(4) 停炉不加净焦，不减负荷也是可能的，但适当加净焦可加快扒炉时间。

(5) 停炉前将炉顶放散阀配重减轻，能承受压力 0.08MPa 即可。停炉休风后赶煤气前的换气，以及炉身下部通蒸汽或氮气，是安全停炉的重要措施。

(6) CO_2 含量与料面高度的线性关系，作为判断料面下降位置是可靠的。

(7) 停止回收煤气和停炉休风标准很有实际意义。

(8) 这种停炉方法不必安装探尺，不封死切断阀和大钟均压阀，减少了休风时间，节省了原材料，是经济可行的。

14.6　炉前操作

炉前操作的基本任务是同炉内操作相互配合，搞好渣口、铁口、砂口(撇渣器)的操作与维护，做到按时出尽渣铁，以利炉况顺行，保证安全生产。

14.6.1　炉前操作指标

炉前操作有四个主要指标，即出铁正点率、铁口合格率、铁量差和上下渣比。这些指标是衡量和评价炉前操作水平的主要标志。

(1) 出铁正点率：出铁正点率是指正点的出铁次数和总出铁次数之比值：

$$出铁合格率=\frac{正点出铁次数}{实际出铁次数}\times 100\%$$

正点出铁一般是指按规定的出铁时间出铁，并在规定的出铁时间内出完铁，堵上铁口。规定的出铁时间随高炉容积大小而异。

考核出铁正点率时，应将渣铁罐调配运输等外部原因造成的出铁晚点扣除。1500m^3以上高炉有铁就放，没有出铁正点率。

(2) 铁口合格率：铁口合格率是衡量铁口维护好坏的主要指标，用下式表示：

$$铁口合格率=\frac{铁口深度合格的出铁次数}{总出铁次数}\times 100\%$$

铁口深度是指从铁口保护板到红点(与液态渣铁接触的硬壳)间的长度，通常随高炉大小而异，1000m^3级的高炉一般为2000mm左右。

(3) 铁量差：铁量差是指按下料批数计算的理论出铁量与实际出铁量之差，是衡量铁水是否出净的标志。由于出铁量的不均匀，可能出现铁量高于理论出铁量的现象。

$$铁量差=nT_{理}-T_{实}$$

式中　n——两次铁间的料批数；

$T_{理}$——每批炉料的理论出铁量，t；

$T_{实}$——实际出铁量，t。

一般要求铁量差不大于理论出铁量的15%。

(4) 上下渣比：上下渣比是指每一次铁的上渣量(从渣口放出的渣量)与下渣量(从铁口放出的渣量)之比，是衡量上渣放得好坏的指标。

$$上下渣比=\frac{上渣量}{下渣量}$$

提高上下渣比不仅利于铁口维护，也有利于炉况的顺行。没有设渣口的高炉没有上下渣比。

炉前出渣出铁管理和冷却水管理是高炉操作管理的重要内容。为了稳定出渣出铁操作，管好铁口最为重要，为此要提高炮泥质量，选择合适的铁口直径和维护好铁口的深度。

随着设置大型化和生产能力的不断提高，炉前操作已普遍实现机械化，采用性能良好的开口机和泥炮，设置大型吊车，或活动主沟与摆动式铁沟，已研制出风口更换机和风口破损报警器，以及环境除尘新设备，炉前操作繁重的体力劳动和恶劣的工作环境已逐渐得到改善。

炉前工作场地主要有风口平台、放渣平台和出铁场，设置有泥炮操纵室、信号室等。

14.6.2　出铁操作与维护

铁口是高炉炉体最薄弱的部位，铁口操作是炉前操作的关键。生产中铁口状况如图14-7

所示。由于铁口受铁、渣冲刷频繁，周围砖衬很快被侵蚀，而被侵蚀掉的炉墙砖衬，全靠堵铁口时打进的炮泥形成的泥包所填补，维护铁口主要是维护好泥包。

铁口部位易于受侵蚀的原因主要是：熔渣对泥包的化学侵蚀和强烈冲刷；铁水和高温煤气对泥包的巨大冲击；潮湿泥包在高温作用下，其中所含水分与挥发物的激剧挥发，使泥包崩裂和塌落；炮泥太软或质量不好时，使铁口孔道断裂等。铁口破损的根本原因是由于“刷、塌、断、蚀”造成的。

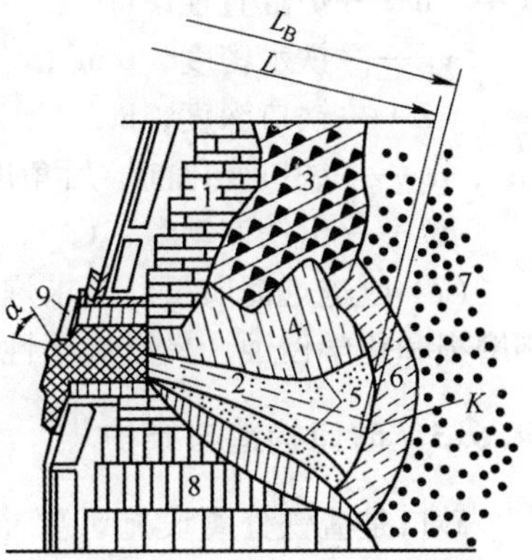

图 14-7　出铁口构造示意图

L_B—铁口的全深；L—铁口深度；K—硬壳（红点）；1—残存的炉墙砌砖；2—铁口孔道；3—炉墙渣皮保护层；4—旧堵泥；5—出铁泥包被渣铁冲刷侵蚀情况；6—新堵泥形成的泥包层；7—炉缸焦炭；8—炉底砌砖；9—铁口泥套

14.6.2.1　出铁操作

开铁口一般用电动开口机的钻头，对准铁口泥套中心后启钻，直接钻到红点，然后用长钢钎捅开，现在高炉开铁口一般用开口机直接钻开铁口。开口机开铁口应注意以下事项：

（1）若铁口内有潮泥，一定要烘干后才能出铁；

（2）铁口孔道大小要和铁口深度相适应，铁口愈深，铁口孔道相应增大；铁水流动性差时，也应将铁口孔道开大些；

（3）使用无水炮泥时，开口机应正反转交替使用，每周更换一次。

堵铁口时应注意：

（1）正常出铁必须渣铁出净后方能堵口；

（2）在铁口正常深度时，打泥量要保持稳定；铁口过深要减少打泥量，过浅要增加打泥量；

（3）使用含水炮泥，堵口后 3 ~ 5min 即可退炮；若为无水炮泥，必须堵铁口 40min 后才能退炮。

维护好铁口是确保按时出净渣铁的基础，保持铁口正常深度是铁口维护的关键，而出净渣铁又是保持铁口正常深度的中心环节。

正常的铁口深度应大于或等于铁口区炉墙厚度。在实际生产中，铁口深度是指从铁口保护板到红点的长度。这个长度和炉墙的厚度应该接近。

14.6.2.2　维护好铁口的主要措施

（1）确定适宜的出铁次数。每次最大出铁量不应超过炉缸的安全容铁量。炉缸安全容铁量，是指铁口至渣口高度间炉缸容积60%所能容纳的铁量，随着炉缸、炉底的侵蚀，安全容铁量不断增加。此外还应照顾到全厂高炉渣铁罐调度运转的方便。

（2）按时出净渣铁，全风堵口，使打进铁口的泥能形成泥包，填补侵蚀的部位。

（3）放好上渣，以减轻铁口的侵蚀。

（4）严禁潮泥出铁，以防打炮，跑大流。

（5）打泥量要稳定适当，打泥不足，铁口深度难以维持；打泥过多，可能使铁口过深、潮湿，不易烤干。

（6）固定适宜的铁口角度，以利于保持一定的死铁层厚度，保护炉底并出净渣铁。变动铁口角度将改变出铁数量，其改变值可按下式计算：

$$\Delta T_{铁} = \frac{\pi}{4}d^2\Delta h\gamma_{铁} = \frac{\pi}{4}d^2\gamma_{铁} \times L(\sin\alpha_2 - \sin\alpha_1) \tag{14-16}$$

式中　d——炉缸直径，m；

$\gamma_{铁}$——铁水密度，t/m^3；

L——铁口深度，m；

α_1，α_2——铁口变化前、后角度(°)；

ΔT——出铁变动量，t。

（7）改进炮泥质量。要求炮泥有一定的可塑性，较高的耐火度，良好的抗渣性，耐机械冲刷磨损和化学侵蚀，具有快干性和干燥后有足够强度。

14.6.3　砂口构造与维护

砂口是渣铁分离设施，要求做到渣沟不过铁，铁沟不过渣，出铁时不憋铁，渣铁分离顺利。

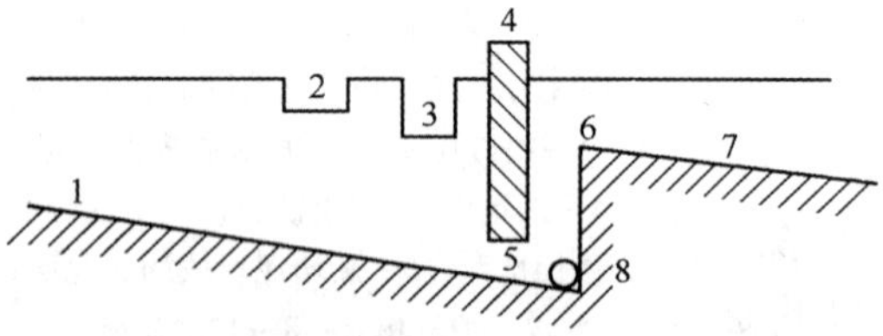

图 14-8　砂口构造示意图

1—主沟；2—砂坝；3—砂闸；4—大闸；5—砂口眼；6—棱；7—铁沟；8—残铁眼

砂口构造如图 14-8 所示，主要由主沟、大闸、砂坝、砂闸、砂口过眼、小井、残铁眼等组成。

设计砂口应保证主沟有一定长度和倾斜度（8%～10%），使铁与渣流到砂口处已基本分开。主沟过长增加铁损与清理工作量，太短则渣铁分离不好。砂坝底应高于砂闸底 100～150mm，以保证下渣不过铁；砂闸的底和小井的棱在同一水平面上或略高于棱，以免铁水流入渣罐。但砂闸底不得高于棱太多，否则砂口容易过渣，影响铁罐清理。砂口过眼要适当，过大则砂口易过渣，渣铁分离不好；过小则憋铁，易使铁水流入渣罐或溢出主沟。保持适宜的砂口过眼和棱(沟头)的高度，是确保渣铁完全分离的关键。

为保证砂口正常工作，必须定期检查和修补。修补时应注意：

（1）将残铁及破损的旧泥层抠净，不准存在夹层；

（2）确保各部位尺寸适宜；

（3）新泥层要大于 100mm 厚并捣实；

（4）确保烤干后再出铁。

为避免高温下紧张地修补砂口，可制成活动砂口，当砂口需更换修补时，换上备用砂口即可。

14.6.4　放渣与渣口维护

大高炉渣口装置一般由四个套组成，大套、二套为中间嵌有循环水冷管的铸铁结构，三套和渣口为铜质空腔式水冷结构。

通常在出铁后 6～7 批料(约 50min)从低渣口放渣，出铁前应从高渣口放渣，要多放上渣，以减轻炉墙的侵蚀，改善炉内透气性，利于顺行和铁口的维护。

维护渣口需保持完整适合的渣口泥套。泥套要与渣口接触紧密，并与渣口眼下沿齐平。渣口带铁时要禁止放渣，渣口破损时要立即堵上休风更换；堵渣机要轻放轻拔；要定期检查各套是否紧密接触，大套、二套表面上的砌砖保护层是否完好。

可用以下方法检查渣口是否破损：渣口煤气火焰正常时为蓝色，漏水时发红；破损时堵渣机头有水迹，用钎子伸进渣口探查时钎头有水迹，漏水较多时泥套变潮；漏水时渣流表面有一条黑色水线，甚至有水渣；漏水多时，可以听到“放炮”声响。

14.6.5 冷却系统设备检查与维护

冷却系统的检查、清洗和更换，由看水工(配管工)负责。要定期测定冷却设备进出水温差，以监测炉墙侵蚀或结厚状况。风口烧坏时，出水时大时小，甚至时断时续；出水带有气泡；“闭水”观察能清楚看到“白线”，这是煤气逸出痕迹；风口与二套接触处有漏水或潮湿以及风口发红等征兆。

当风口区域有漏水迹象而检查证实确无损坏时，应进一步检查该处上方及左右侧冷却器，若系串联应切断逐块检查。方法是闭水观察或极大地减少水量，进行点火试验，看能否有 CO 燃烧的蓝色火苗，能否自燃。

冷却器烧坏了要减少水量，若一时不更换，需切断水源，向内灌浆，炉壳喷水冷却。

14.6.6 炉前事故的预防和处理

炉前产生事故不仅损坏设备，造成生产损失，而且增加劳动强度，甚至会造成人身伤亡，高炉操作者必须提高警惕，加强检查，杜绝事故的发生。

炉前发生的事故，如风口烧穿，渣口爆炸，冲渣沟爆炸，铁口堵不住跑大流，撇渣器跑铁，铁水罐溢铁等，都有其发生的具体原因，但也有其共同点，而且是可以预防的。

高炉铁水出不净，炉缸积铁过多是造成炉前事故最经常的原因。比如铁水达到渣口水平，则易造成渣口烧坏，甚至渣口或冲渣沟爆炸；铁水未出净强行堵铁口，则易烧坏泥炮嘴，堵不住铁口时，铁罐溢铁，烧坏铁道，凝死铁罐等。因此，出铁不净，尤其是连续出铁不净时，高炉应减风控制铁量，炉前还应采取防范措施。渣中带铁时，则停放上渣；强制堵铁口时，则应先将泥炮头烤热等。

炉缸工作不好，常常引起风口事故。如因各种原因造成炉缸中心或边缘堆积时，风口可能连续烧坏。处理不当时，风口烧穿并产生爆炸事故，风口烧穿常引起大喷焦炭。对此应从炉内采取措施消除炉缸堆积，同时对连续烧坏的风口应暂时堵泥。风口破损严重时，可关小进水阀门，外部加强喷水，但不能过早切断冷却水。风口一旦烧穿要紧急休风。严重破损或炸坏的风、渣口，休风后要断水，以免往炉内大量漏水引起炉凉。

设备不合格或安装质量不符合要求，往往造成事故。因此，在风口、渣口、吹管、弯头、泥炮安装检修时一定装正装严。

铁口深度过小往往跑大流，铁水自动喷出。为避免这类事故，一定要提高炮泥质量，加强铁口维护，此外还应加强生产平衡与组织调度工作。

很多事故是由于操作者责任心不强，疏忽大意，或操作失误造成的。因此，加强企业管理，严格执行岗位责任制和操作规程，不断总结经验，提高技术操作水平，是防止炉前事故的根本措施和途径。

复习思考题

14-1 高炉装料制度包括哪些内容？

14-2 装料制度的调整主要影响高炉行程中哪些现象？

14-3 大料批与小料批各有何优缺点？

14-4 何谓“上部调节”和“下部调节”，各起什么作用，为何两者要相互结合？

14-5 影响高炉热制度有哪些因素？

15 非高炉炼铁

15.1 非高炉炼铁发展的前景

现代化钢铁联合企业的钢铁生产工艺流程如图15-1所示。它的主体由四部分构成，焦炉、造块设备(如烧结设备或球团设备)、高炉和转炉。

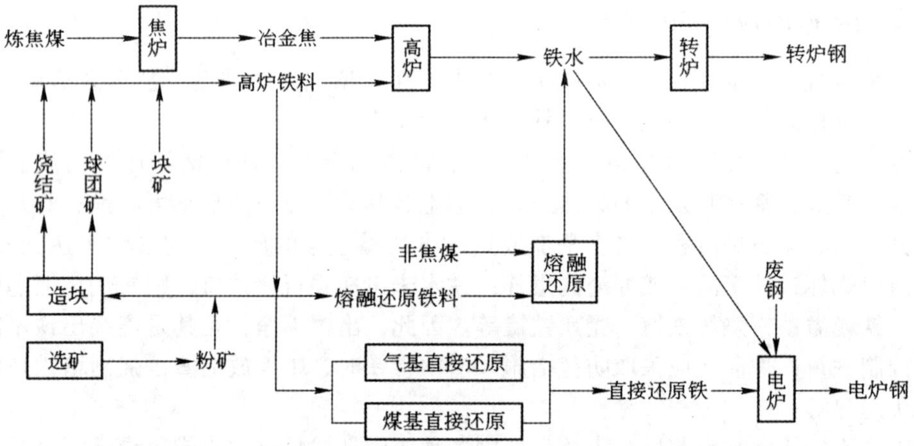

图15-1 直接还原、熔融还原与高炉-转炉工艺流程示意图

其中炼铁生产的主体是高炉炼铁系统(包括焦化、造块、高炉)，经过几百年的应用发展，具有技术完善、生产量大、设备寿命长等优点。但其缺点也是明显的，那就是炼铁系统流程长、投资大、污染严重、灵活性差，尤其是世界炼焦煤资源日益匮乏，在量与质上都难以满足高炉炼铁需要，另外高炉本身的气-固两相反应要求必须使用高强度块状炉料，而矿山提供的精矿粉和富矿粉则必须经人工造块，但焦化和造块都是造成钢铁企业环境污染的直接原因，这些因素是开发非高炉炼铁工艺的根本动力。

早在18世纪就有人提出直接还原法炼铁，1873年建成了第一座非高炉炼铁装置，但不久宣告失败。以后的几十年中发展缓慢。直到20世纪20年代由于电力工业的开发，以及60年代的石油和天然气工业的大发展，推动过为数众多的非高炉炼铁流程的开发，这些流程大多数未能形成规模生产。在那些实现了工业化的流程中也有很多未能经受住实践的检验，逐渐衰弱甚至消失。经过无数冶金界前辈的不懈努力，至今已形成了以直接还原和熔融还原为主体的现代化非高炉炼铁工业体系。

直接还原和熔融还原虽然同属非高炉炼铁，但它们的产品不同。因此在钢铁冶金中所处的地位是不同的。

直接还原法是指在低于熔化温度之下将铁矿石直接还原成铁的炼铁生产过程，其产品为直接还原铁(即DRI)，也称海绵铁。

该产品未经熔化，仍保持矿石外形，由于还原失氧形成大量气孔，在显微镜下观察形似海绵而得名。海绵铁的特点是含碳低($<1\%$)，并保存了矿石中的脉石。这些特性使其不宜大规

模用于转炉炼钢，只适于代替废钢作为电炉炼钢的原料。

直接还原法的优点有：

(1) 流程短，直接还原铁可以直接用于电炉炼钢；

(2) 不用焦炭，不受炼焦煤短缺的影响；

(3) 污染少，取消了焦炉、烧结等工序；

(4) 直接还原铁中硫、磷等有害杂质与有色金属含量低，有利于电炉冶炼优质钢种。

直接还原法的缺点有：

(1) 对原料要求较高：气基要有天然气；煤基要用灰分熔点高、反应性好的煤；

(2) 直接还原铁的价格一般比废钢要高。

熔融还原法是指不用高炉而在高温熔融状态下还原铁矿石的方法，其产品是液态铁水。开发熔融还原法的目的是取代或补充高炉法炼铁。与高炉法炼铁流程相比，熔融还原法炼铁有以下特点：

(1) 燃料用煤而不用焦炭，可不建焦炉，减少污染。

(2) 可用与高炉一样的块状含铁原料或直接用矿粉做原料。如用矿粉做原料，可不建烧结厂或球团厂。

(3) 全用氧气而不用空气，氧气量消耗大。

(4) 可生产出与高炉铁水成分、温度基本相同的铁水，供转炉炼钢。

(5) 除生产铁水外，还产生大量的高热值煤气。

自从熔融还原在南非首次实现工业化后，人们才开始充满希望地感受到高炉炼铁的一统天下有可能被打破，与高炉竞争的炼铁新局面正在形成。熔融还原的技术和理论正在不断发展中，若想最终取代高炉发展为主流炼铁工艺仍然有很长的道路要去探索，而且也会有不同能源的熔融还原法的相互竞争，但对包括我国在内的大多数地区而言，最有发展前途的还是像COREX那样以非焦煤为主要能源的流程。

我国的非焦煤资源相当丰富，所以具备发展煤基直接还原和熔融还原的优越条件，而另一方面铁矿石资源不足、环境污染等问题严重制约着钢铁工业的进一步发展，这促使大力发展非高炉炼铁生产的要求日益迫切。经过几十年来不断开发和技术引进，已经形成了一定的非高炉炼铁体系。比如，宝钢和鲁化合作开发了BL法直接还原流程，1998年5月20日至6月20日，在鲁南化肥厂成功进行了工业试验，生产出合格直接还原铁88t；钢铁研究总院与国内高等院校合作，共同开发了COSRI熔融还原炼铁工艺，1999年下半年在承德建成了2~4t/h的半工业试验装置；宝钢引进奥钢联的COREX熔融还原装置C-3000型已于2007年11月24日投产，设计年产量可达150万t。但是应该看到的是，我们的发展速度还较缓慢，投入的研发力度还很不够，直至2007年底，我国非高炉炼铁的年产量还未达到100万t，这与全世界直接还原铁产量接近6000万t的水平差距太大，也同我国具有5亿t的钢铁年产量的生产水平有点不相称。相信在不久的将来我国的非高炉炼铁也会迅速发展起来，发挥其应有的影响力。因为非高炉炼铁具有节能减排的优势，是一个高科技产业，将成为我国钢铁工业发展的重要组成部分，有着广阔的发展前景和深远的战略影响。

15.1.1 直接还原的发展概况

1770年，第一个直接还原法专利就在英国诞生。以后已经有数百种直接还原方案相继出现，但其中的绝大多数没有实用价值，或未能实现工业化，或在实践中被逐步淘汰，目前还在运行中的直接还原流程约有二十几种，其中最重要的直接还原流程是MIDREX、HYL-Ⅲ和SL-RN。

直接还原的分类一般以主体能源作为一级标准，将流程划分为煤基直接还原、气基直接还原和电热直接还原三大类。煤基直接还原以煤为主要能源，主要是使用回转窑为主体设备的流程。气基直接还原以天然气为主体能源，包括竖炉、反应罐和流化床流程。电热直接还原以电力为主要能源，是使用电热竖炉或使用电热制气的直接还原流程。

二级分类标准一般是根据所使用的主体设备分类。据此标准主要直接还原流程分类如表15-1 所示。

表 15-1　直接还原的分类

主体能源	主体设备	名　称	研　发　者
气　基	竖　炉	MIDREX	美国 Midrex 公司
		ARMCO	美国 Armco 钢铁公司
		PUROFER	德国 OberhausenAG 公司
		HYL-Ⅲ	墨西哥 HYLSA 公司
	反应罐	HYL-Ⅰ	墨西哥 HYLSA 公司
		HYL-Ⅱ	墨西哥 HYLSA 公司
	流化床	FIOR	美国 Exxon 研究与工程公司
		HIB	美国美钢联
		H-IRON	美国 Hydrocarbon Research Inc. 和 Bethlebem Steel Co. 公司
		FINMET	委内瑞拉的 FIOR 公司与奥地利奥钢联
煤　基	回转窑	SL-RN	加拿大 Steel Co. ,Ltd. 公司、德国 LurgiA. G. 公司、美国 Republic Steel Co. ,Ltd. 公司和 National Lead Co. , Ltd. 公司
		CODIR	德国克虏伯公司
		DRC	英国戴维麦基公司
		ACCAR	美国 Allis Chalmers 公司
	转底炉	FASTMET	日本神户钢公司和美国 Midrex 公司
		INMETCO	美国国际金属再生公司
		REDSMELT	德国德马克公司
	竖　炉	FINSIDER	意大利 Finsider 公司
		KM	意大利 Danieli 冶金设备公司
	外热反应罐	HÖGANÄS	瑞典 HÖGANÄS 公司的 E. Sieurin
电　热	竖炉	WIBERG	瑞典人 Matin Wiberg
		PLASMARED	瑞典 WIBERG 流程的改良
	电热竖炉	EDR	MIDREX 的一个分支

目前运行中的气基直接还原设备有三种。第一种是竖炉，以 MIDREX 流程为代表。竖炉流程占据了大部分直接还原生产能力。第二种是反应罐，使用反应罐的流程只有 HYL 法。反应罐采用落后的固定床非连续生产方式，因此正处于逐渐被淘汰的过程中。第三种是流化床，代表性流程是 FIOR 法。

煤基直接还原中只有回转窑流程拥有可观的生产能力。具有代表性的回转窑流程是 SL-RN 法。转底炉流程使用含碳球团，目前仍处于开发研究阶段。外热反应罐又称闷罐，是将矿粉和还原剂装入反应罐后通过外部加热进行还原的工艺流程。

电热直接还原要消耗大量的电力，目前都已停产。

还有少数生产能力很小的流程在这种分类法中位置不明确，例如 KINGLOR-METOR 法，这种方法使用燃气在竖炉外部加热，使用煤在竖炉内部进行还原，折算成热量的天然气和煤耗量大致相当。

世界上直接还原铁发展比较快，1970 年产量仅 79 万 t，1980 年猛增到 714 万 t，到 80 年代中期突破 1000 万 t，90 年代初期，突破 2000 万 t，1995 年达到 3000 万 t 水平，到 2000 年便突破 4000 万 t，达到了 4378 万 t，2003 年产量为 4960 万 t，2004 年为 5460 万 t，2005 年为 5600 万 t，2006 年为 5980 万 t，2007 年为 6600 万 t。预计到 2010 年以前就可达到 7500 万 t。

2004 年直接还原铁产量统计：印度 937 万 t，委内瑞拉 783 万 t，墨西哥 654 万 t，伊朗 641 万 t，沙特 341 万 t，俄罗斯 314 万 t，特立尼达和多巴哥 236 万 t，中国为 43 万 t。2006 年直接还原铁产量统计：印度约 1500 万 t，委内瑞拉 860 万 t，伊朗 690 万 t，墨西哥 620 万 t，沙特 360 万 t，中国为 60 万 t。2007 年直接还原铁产量统计：印度为 1806 万 t，委内瑞拉 787 万 t，伊朗 749 万 t，墨西哥 599 万 t，沙特 410 万 t，埃及为 278 万 t。印度三年来产量翻了一番，令人惊喜，而且他们主要发展的是煤基直接还原工艺，其经验值得我国很好地借鉴。

根据 2006 年的统计，在世界直接还原铁总产量中，气基流程 MIDREX 占 59.8%、HYL-Ⅲ、HYL-Ⅰ占 18.4%、FINMET 占 2.2%，其余大部分是煤基流程占 19.6%。而根据 2003 年的统计结果，气基流程 MIDREX 占 64.6%，HYL-Ⅲ、HYL-Ⅰ占 19.6%，FINMET 占 5.2%，其他气基流程占 0.4%；而以 SL-RN 为主的煤基流程占 10.2% 左右。可见，气基直接还原是直接还原铁生产的主力，而竖炉流程又是气基直接还原的主力，但近年来煤基流程发展迅速，这主要得益于印度大力发展煤基直接还原的结果。

第一个实现工业化的竖炉直接还原流程是瑞典于 1932 年开发的 WIBERG 法。它使用焦炭气化的方法制取还原气。1957 年墨西哥的 HYLSA 公司在蒙特利尔投产了第一座年产量为 95000t 的 HYL 法气基直接还原装置，这是现代化直接还原法进入工业化的开始。接着墨西哥于 1967 年和 1969 年又相继投产了两座 20 万 t 级和 30 万 t 级的 HYL 法直接还原厂。自此，气基直接还原法成了非高炉炼铁的一支重要力量。

MIDREX 法的开发成功是气基直接还原技术的重大进步。它采用合理的连续性竖炉作业方式取代 HYL 法非连续性的罐式操作。1971 年同时有两座 MIDREX 竖炉在联邦德国和美国投产，能力为年产 40 万 t 直接还原铁。MIDREX 法后来居上，1973 年产量已超过 HYL 法，成为最大的直接还原流程。至 1997 年全世界共有 49 套 MIDREX 装置，总能力为 2875 万 t 直接还原铁。

竖炉的工艺原理被普遍接受。1979 年，HYLSA 将一套 HYL 法装置改造成连续性竖炉，定名为 HYL-Ⅲ。HYL-Ⅲ目前仅次于 MIDREX，是第二大直接还原流程。

竖炉直接还原的运行离不开天然气，这对世界大部分地区是不宜推广的。为了解决这一问题，人们做了很多工作，主要有两种方法。

其一是在造气上解决问题，即利用电力或氧气对非焦煤或焦炭进行气化，生产供竖炉用的还原气。WIBERG 法的造气炉采用电弧加热，可对焦炭和块状非焦煤进行气化。该流程目前已不再使用。PLASMARED 使用等离子技术，可对多种燃料进行气化。FINSIDER 法则采用氧气和非焦煤制取还原气，这种方案至今仍有吸引力。

其二是采用外加热的方法将竖炉内气流降至极低的水平，从而可将非焦煤作为还原剂加入炉料，而不致有透气性恶化带来的问题。外热能源可使用电，如 EDR 法；也可使用其他燃料，如 KINGLOR-METOR 法。

气基直接还原的另一重要分支是流化床法。1951 年，第一套日产 50t 的流化床 H-IRON 直接还原装置投入运行。另一套 H-IRON 装置于 1962 年投产，能力为日产 120t。1979 年，另一个流化床流程 HIB 法以更大的规模实现了工业化，能力为年产 100 万 t。对流化床直接还原影响最大的是 FIOR 法的工业化。该流程于 1976 年在委内瑞拉建成第一套 40 万 t 直接还原铁的工业装置。由于它的产品是粉状直接还原铁，不便储存、运输和使用，所以采用热压工艺将其加工成团块出售。团块的性能优良，故热压工艺后来也被某些竖炉流程采用。

煤基直接还原以回转窑流程为代表。回转窑炼铁生产历史可追溯到20世纪30年代的回转窑铁水和粒铁生产工艺。生产铁水的BASSET法于1931年开发成功。稍晚，粒铁流程KRUPP-RENN法也于1934年在德国马德堡投产，这一流程至今仍有一定影响。

后来人们发现，缩短回转窑冶炼过程，取消炉内熔炼部分等措施对解决该流程中发现的大量技术问题非常有效。于是，回转窑炼铁产品转为以直接还原铁为主，逐步形成现代化煤基直接还原工艺。

第一套SL-RN回转窑直接还原装置于1970年在新西兰投产，能力为年产19万t。至1997年SL-RN装置已发展到14套，计154万t的年产能力，是直接还原第四大流程。

第一座CODIR直接还原回转窑工业装置于1973年在南非投产，能力为年产直接还原铁15万t。该工艺的特点是由窑头喷入大量还原煤，对改善窑内温度分布和还原条件起到重要作用。此后又有ACCAR法投产成功，该法在技术上的特点主要是完善了炉内气氛控制手段。

直接还原回转窑常被用于特殊目的，最常见的是钢铁厂工业粉尘处理，例如日本住友重工的SDR法、住友金属的SPM法和川崎钢铁公司的川崎法等。回转窑还可用于复合矿的综合回收。我国在20世纪80年代初期进行了利用回转窑综合回收钒钛磁铁矿的工业试验，并建立了一个示范厂。

图15-2给出了从1977～2006年世界范围内直接还原铁生产发展的趋势。可以看出，直接还原铁产量正处于加速增长之中。不过直接还原铁生产的地域性极强。图15-3给出了直接还原铁产量在世界各地区的分布，由于近年来印度直接还原铁产量的猛增，亚洲占有世界总产量的55%，其中印度占有32%以上，拉美地区占有29%，其中委内瑞拉为14%。分析其原因，拉美地区因为天然气资源较为丰富，故他们大都采用气基直接还原工艺；而印度国内的天然气资源极为有限，已探明的储量仅占世界天然气资源的0.6%，故他们近几年主要采用煤基直接还原工艺，其发展经验值得我们研究。

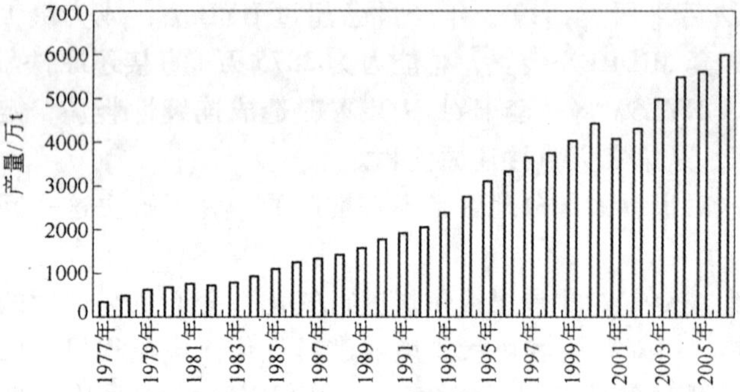

图15-2　1977～2006年世界直接还原铁产量统计

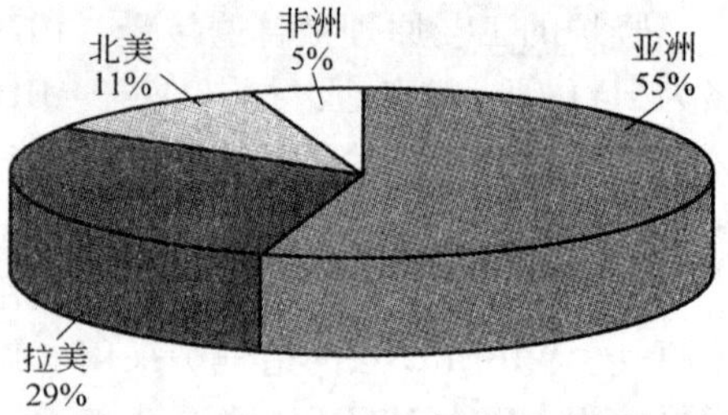

图15-3　2007年世界直接还原铁的地域分布

15.1.2　熔融还原的发展概况

熔融还原的主体能源主要是3种：非焦煤、焦炭（一般是非冶金焦）和电力。我们可以仿照直接还原的方法将其分为3类：能源供应以非焦煤为主的称为煤基流程；仍然需要焦炭（包括低质量焦炭）来支撑料柱的称为焦基流程；使用大量电热的流程称为电热流程。但是，熔融还原比直接还原要复杂得多，这样的分类方法不能确切地描述其流程特点。欧钢联的方式是根据工艺模式将熔融还原分为4大类：三段式、二段式、一段式和电热法。这样的分类方式可以克服上述不足。

三段式流程可分为两大部分：还原部分和熔炼造气部分。还原部分就是还原段。熔炼造气部分则在同一设备中包含了熔炼造气段和煤气转化段，其构造特点是熔池上方存在一个含碳料层，例如竖炉中的焦炭柱和煤气流化床的煤炭固定床和流化床。在含碳料层中可利用煤气的过剩物理热完成 CO_2 和 H_2O 向 CO 和 H_2 的转化过程。

二段式也由还原部分和熔炼造气部分组成，因此又与三段式流程统称为二步法。二段式与三段式的主要区别是熔炼造气炉中熔池上方不存在含碳料层。

一段式流程只有熔炼段，没有还原段。现代化的一段式流程和二段式流程均采用铁浴炉熔炼设备，因此又统称为铁浴法。

三段式由煤基流程和焦基流程组成，二段式和一段式则由煤基流程组成。以上三种类型有时又被称为氧煤流程，电热法则被称为电煤流程。

熔炼设备是熔融还原流程的精华。一个熔融还原流程的开发往往由熔炼设备开始，而熔炼设备开发工作又往往决定了该流程的成败。

还原设备决定了适用原料的性质。例如流化床可直接处理粉料，竖炉则只适用于处理块状炉料。这也是一个流程的重要特征。

表 15-2 以工艺模式为一级分类标准，还原设备为二级分类标准，熔炼造气设备为三级分类标准对熔融还原流程进行了分类，可供参考。

表 15-2 熔融还原法分类

工艺模式	还原设备	熔炼造气设备	名 称	研 发 者
一段式	无	铁浴炉	俄罗斯一步法	俄罗斯莫斯科钢铁学院
	无	铁浴炉	CCF	荷兰霍戈文钢铁公司、英国钢铁公司和意大利伊尔瓦钢铁公司
二段式	竖 炉	铁浴炉	HOOGOVENS	荷兰霍戈文钢铁公司
	竖 炉	铁浴炉	COIN	德国 Krupp 公司
	竖 炉	铁浴炉	AISI	美国钢铁学会
	流化床	铁浴炉	DIOS	日本钢铁联盟
	流化床	铁浴炉	HISMELT	德国 Klöckner 和澳大利亚 CRA 公司
三段式	竖 炉	煤炭流化床	COREX	德国 Korf 公司和奥地利奥钢联
	竖 炉	竖 炉	SC	日本住友金属
	流化床	竖 炉	FINEX	奥地利奥钢联和韩国浦项钢铁公司
	流化床	煤炭流化床	XR	日本川崎钢铁公司
	流化床	竖 炉	川 崎	日本川崎钢铁公司
电热法	流化床	直流电弧炉	ELRED	瑞典 Asea 公司和 Stora Korpparberg 公司
	闪烁炉	交流电弧炉	INRED	瑞典 Boliden 集团
	流化床	等离子竖炉	PLASMASMELT	瑞典 SKF 钢铁公司

20 世纪 20 年代已经开始进行熔融还原法的研究开发工作。早期的熔融还原流程以一步法为主，例如 DORED 法、CIP 法、EKETORP 法等。个别流程虽考虑了尾气余热的利用，但也仅仅附加了矿石预热和熔炼煤干燥，例如 STURZELBERG 法，这类流程遇到了两大技术问题：

第一个问题是铁氧化物在还原和熔炼过程中形成高 FeO 炉渣。这种炉渣对炉衬的侵蚀极为严重。为了解决这一问题，EKETORP 法和 CIP 法分别采用了垂直和水平的高速旋转离心炉。在离心力的作用下，密度较大的铁水紧贴炉壁，将炉衬和炉渣隔开，起到保护炉衬的作用。

EKETORP－VALL 法则将矿粉沿炉墙加入，形成所谓的矿幕来保护炉衬。但事实证明，这些措施在炼铁大工业生产中的实用价值不大。

第二个问题是能耗过高。主要原因是炉内不能形成足够的温度梯度，煤气燃烧放出的热量不能有效地集中使用于铁的还原和熔炼。而高温煤气的物理热又得不到有效利用。

由于不能解决以上两个问题，早期熔融还原最终都以失败告终。虽有个别流程在特殊条件下实现了工业化，例如 STUTZELBERG 法，也由于难以与高炉竞争而很快遭到淘汰。这两个问题的解决目前仍然是熔融还原流程成功的前提。

新式熔融还原的历史还相当短。它的开发利用了高炉炼铁、直接还原和炼钢技术的精华。它的产品与高炉类似，但可以完全不使用冶金焦，经济性也不依赖于高炉炼铁厂那样大的规模。因此投资小，建设周期短，对能源适应性强，更适合于千变万化的市场要求。

除个别流程外，新型熔融还原均采用二步法技术，即全过程分为还原和熔炼两个紧密相关的单元。

还原技术以直接还原为依托。直接还原设备主要有竖炉、反应罐、流化床和回转窑四种。其中除反应罐不适合连续作业外，其他三种设备在熔融还原中都有应用，但以竖炉和流化床为主。虽然也有少数流程使用其他还原设备，但看起来吸引力都不是很大。

还原单元的使用大大降低了熔炼渣中 FeO 的浓度。采用高还原率是一种解决熔炼炉衬侵蚀问题的常用手段。

由于产品是液态生铁，熔炼是熔融还原不可缺少的一步。熔炼模式可分为两条主线：单纯熔炼和熔炼造气。单纯熔炼模式的熔炼单元与还原单元之间联系较为松散，一般仅为热装或再辅以少量燃料和还原剂的交换。熔炼加造气模式中的熔炼单元和还原单元之间的联系则要紧密得多。还原单元的产品直接作为熔炼单元的原料，熔炼单元的副产品煤气则作为还原单元的还原气。单纯熔炼设备一般采用电弧炉。熔炼加造气应用最多的设备则是煤炭流化床、铁浴炉和竖炉。

熔炼单元与还原单元之间的配合是降低能耗的重要措施。新型熔融还原流程通过两条途径达到降低能耗的目的：

一条途径是在还原单元中充分利用熔炼煤气的能量，减轻熔炼单元的负担，通过优化两个单元之间的配合参数使能耗降至最低。这一途径是三段式和二段式熔融还原降低能耗的重要手段。

使用电弧炉的电热流程则是通过另一条途径来解决能耗问题。电弧炉热量主要来源是电力，还原单元则具有独立的还原剂（一般是煤）来源。熔炼炉煤耗主要取决于熔炼炉本身对还原剂的需求，从而煤气量得以大幅度的降低。煤气量的降低大大减少了高温煤气带走的物理热，从而减少了电弧炉的电耗。还原和熔炼相对的独立性降低了二者的配合难度，使流程更容易优化。熔炼和还原尾气可用于发电，供电弧炉和制氧机使用。这样的配合可使用还原和熔炼单元对能量的需求得到最佳的平衡，从而达到降低能耗的目的。

熔融还原的开发工作一般都是以熔炼炉研究起步，然后为熔炼炉配备一个还原单元，形成完整的熔融还原流程。熔炼炉的开发有五条主要线索：铁浴炉、竖炉、煤炭流化床、电弧炉和等离子炉。表 15-3 给出了它们与还原设备之间的配合关系。

铁浴炉是以转炉熔炼技术为基础的。最初的动机是借助煤氧燃烧补充能量，以增大转炉冶炼冷料使用量。研究过程中发现这一技术的真正价值在于熔炼过程中产生的大量煤气。于是众多研究者将兴趣转向铁浴熔炼造气炉的开发。构造也由单一的转炉型派生出卧式转炉和连续熔炼炉等多种形式。20 世纪 70～80 年代中进行了大量的铁浴炉开发工作。比较重要的有克虏伯的 COIN 法、英钢联的 BSC 法、KHD 和住友金属联合开发的 KHD-住友法、霍戈文集团的 HOOGOVENS 法、克吕克纳的 KLOCKNER 法、日本和瑞典联合开发的 CIG 法和神户钢铁公司的神户法等。

表 15-3 熔融还原主要设备及相关流程

还原设备			
竖炉	流化床	回转窑	闪烁炉
COREX	XR	COMBISMELT	INRED
COIN	川崎		
SC	DIOS		
HOOGOVENS	COIN		
BSC	新日铁		
神户	CIG		
AISI	PLASMASMELT		
	HI-PLAS		
	ELRED		
	HISMELT		

预还原炉 熔炼设备				
煤炭流化床	竖炉	铁浴炉	电弧炉	等离子炉
COREX	川崎	DIOS	ELRED	PLASMASMELT
XR	SC	HISMELT	INRED	HI-PLAS
		AISI	COMBISMELT	
		俄罗斯一步法		
		COIN		
		新日铁		
		神户		
		HOOGOVENS		
		BSC		
		CIG		

自 70 年代中期，克虏伯公司即开始了熔炼造气炉的研究工作。试验是在一个 3t 转炉上进行的。完成熔炼单元试验后，于 1983 年提出了熔融还原流程的完整构思，定名为 COIN，意为氧煤喷吹。还原单元拟采用竖炉或流化床。同期开发的类似熔融还原流程有 BSC、HOOGOVENS 和神户等。

日本对铁浴炉的开发抱有极大的兴趣，新日铁、川崎、住友、神户和日本钢管都做过大量的研究工作。这种热情最终导致了一个八大钢铁公司的 7 年合作开发计划。该计划由国家给予财政支持，自 1988 年起至 1994 年终，总投资 9500 万美元，工业试验用熔炼炉能力为每日 500t，还原采用流化床。

KLOCKNER 的技术被澳大利亚 CRA 公司采用，开发出 HISMELT 流程。试验用熔炼炉能力为 14t/h，还原采用流化床。

1989 年，美国开始利用一个 13t 转炉进行熔炼单元试验研究，后将设备改造成卧式，定名为 AISI。

俄罗斯一步法铁浴熔融还原流程于 1990 年在新列别茨克投产，年产量 35 万 t。该流程不设还原单元，熔炼设备为卧式，主要用于处理冶金粉尘。

竖炉型熔炼设备类似高炉，内充焦炭床。川崎法熔炼竖炉的开发工作于 1972 年开始。1979 年将研究工作集中到竖炉铬铁冶炼。1983 年建成小型试验厂，用于铬铁和生铁冶炼研究。还原单元采用流化床，但一直未进行联机运行试验。

住友的 SC 法最初的还原试验在一个试验高炉上进行。时间是 1980～1981 年。1982 年完成一个日产 8t 规模熔炼造气炉的建设。1984 年完成还原气连接试验。1985 年初完成预还原矿热装连接试验。

具有重要意义的 COREX(原名 KR)法由 KORF 公司和 VOEST-ALPINE 公司在德国和奥地利政

府的财政支持下联合开发。该流程采用煤炭流化床熔炼和竖炉还原方案。实验室研究在1977～1978年间完成。1981年在联邦德国建成年产6万t规模的中间试验厂。1981～1987年间在试验厂进行了完整的工业试验研究。1987年，第一座年产30万t生铁的工业化COREX装置C-1000型在南非ISCOR钢铁公司建成并试车。试车期间发生熔炼炉外壳烧穿事故被迫停炉，于1988年8月修炉后重新投产，1990年起开始正常运行，很快达到并超过设计能力。该工程完成后，随即推出了年产80万t的C-2000型并在韩国浦项、韩宝、南非SALDANHA和印度JVSL(Jindal Vijayanagar Steel Ltd.)等钢铁公司兴建了一系列的C-2000型生产厂。这些工程的相继投产，表明COREX流程已经完成了工业化进程，逐步成熟。目前，COREX仍然是唯一的一个工业化熔融还原流程，经营权属于奥地利VOEST-ALPINE工业设备建造公司。

电弧炉熔融还原流程由直接还原和电炉炼钢技术脱胎而来。德国鲁奇公司提出的回转窑还原和埋弧电炉熔炼流程COMBISMELT就是最好的范例。这类流程的熔炼单元不能产生足够的还原气，因此还原单元需要独立的还原剂来源。

INRED流程由瑞典BOLIDEN集团开发，它采用交流电弧炉熔炼和闪烁炉预热预还原。主要目的是处理BOLIDEN化工厂的硫酸渣。最初的开发工作于20世纪70年代早期进行。1977年建成一个5t/h的试验厂。1982年又建成一个每小时生产8t铁水的示范厂。在进行了多次试生产后，开发者认为工艺已经成熟，可以投入正式工业应用。

ELRED流程最初由瑞典STORA公司提出。70年代初，该公司与ASEA公司开始一项开发ELRED技术的计划。1972～1974年间应用一台试验电弧炉进行了前期研究工作。1975年，由德国鲁奇公司引进了循环流化床技术，并在ASEA研究与开发中心建立了一个循环流化床还原设备。该设备设计产量为每小时500kg，最长连续运行50h。与此同时，STORA将一台旧电弧炉改造成单电极直流电弧炉，使用流化床试验装置生产的预还原矿进行冶炼试验。电弧炉容量为11MV·A，熔炼能力8t/h。这两部分试验结果表明该流程是成功的。

瑞典SKF钢铁公司的PLASMASMELT流程在熔炼炉中应用了等离子和竖炉焦炭床技术，还原单元则采用流化床。开发研究工作在一个单枪等离子炉中进行，炉体直径0.6m，等离子枪功率1.5MW，熔炼能力为750kg/h。原料采用直接还原铁混入矿石模拟预还原矿。此后又建成一个能力为700～1200kg/h的二级流化床还原装置。在此装置中进行了粉矿还原试验。

在众多的流程中，只有一个COREX已经成功地实现了工业化。虽然熔融还原新流程的开发和研究工作仍在进行，但已不复当年的狂热。从目前情况看，最具发展前途的还原装置是竖炉和流化床，熔炼装置是煤炭流化床和铁浴炉。

15.1.3 非高炉炼铁发展的环境

据统计，世界燃料总储量约为9万亿t标准煤。其中2.3%是天然气，石油约为4.3%，92%是煤，其余为油页岩。从总的能源结构看，发展气基直接还原的条件不如煤基直接还原和熔融还原优越，而且出于经济方面的考虑人们并不总是愿意拿出大量的天然气来发展钢铁生产。这决定了气基直接还原不可能成为炼铁主体流程。但是天然气分布非常集中，且运输困难，在盛产天然气的地区存在发展气基直接还原的优越条件。这就是直接还原高度地域化及至今生产能力仍然有限的主要原因。

煤的总储量中大部分是非焦煤，其中适合直接还原和熔融还原的煤种占了很大比例，而且价格低，分布广。世界范围大部分地区都具备发展煤基直接还原和熔融还原的能源条件。煤的运输较天然气方便得多，地域性也应远低于天然气。

我国已探明的天然气资源正在迅速增长。但我国非钢铁企业对天然气的需求量也越来越大。预计在一个较长的时期内我国不可能将天然气大量用于钢铁冶金。虽然在个别地区存在着建设一些中小型气基直接还原厂的可能性，但该法不可能成为我国发展直接还原铁生产的主方向。

我国的煤炭资源非常丰富，已探明的储量约为12075亿t，其中可直接利用的煤炭储量1886亿t，另外，包括3317亿t基础储量和6872亿t资源量。我国的煤炭资源中约三分之一是炼焦煤，可供直接还原和熔融还原用的煤种储量也很庞大。

丰富的非焦煤资源为发展我国非高炉炼铁技术提供了优越的条件，这应当是我国熔融还原和直接还原的立足点。在直接还原铁生产中，使用非焦煤制取还原气是一条值得推荐的可行之路。

我国可开发的水电资源达3.78亿kW，居于世界首位，但到本世纪初仅开发了约22%。这种状况对我国钢铁冶金工业具有两种影响。首先，丰富的水电资源为直接还原铁的后续电炉炼钢工业的发展提供了可靠的远景能源条件。廉价的电力供应是发展直接还原铁生产的前提条件之一。在水电供应丰富的地区，适量发展电热熔融还原也是可能的。其次，由于水电资源开发不足，致使电力供应紧张，电价昂贵。这会限制电炉钢生产能力的提高或导致电炉开工率不足，从而掩盖了对废钢和直接还原铁的实际需求量。

我国铁矿资源丰富，总储量居世界第三位。矿山的特点主要有3点：

(1) 品位低。我国铁矿资源中绝大多数是贫矿，这一特点决定了我国的铁矿供应以精矿粉为主。

(2) 难选。难选的结果是精矿粒度偏小。

(3) 多金属共生矿多。在以铁为主的矿山中往往伴生着具有回收价值的共生元素，例如攀枝花矿中的钒、钛以及包头矿中的稀土和铌。

很明显，我国的铁矿资源不适合用于直接还原。因此，如果我国的直接还原工业得以大规模发展的话，原料应以进口矿为主。不过，直接还原有一个重要特点，即它的还原势比较容易控制。这一特点可以用来有选择地还原矿石中的某些元素，而使另一些元素保持氧化物状态。选择性还原可以用于某些共生矿的综合回收，例如包头高铁铌精矿。在我国开发一些处理多金属共生矿的直接还原流程应当是一件极有意义的事情。

市场供求关系对非高炉炼铁的发展有着决定性的影响。在钢铁市场供求平衡的大前提下，世界不同地区钢铁工业的发展条件是不尽相同的。特别是在工业化国家和发展中国家之间这种差别更大。

直接还原铁主要有两个用途。低级用途是代替废钢生产一般电炉钢。高级用途是生产使用废钢难以冶炼的特殊钢。目前，直接还原铁主要用来代替废钢。但由于其性质较优，价格比废钢略高。因此直接还原的经济性主要取决于废钢市场和主要能源天然气的价格。

15.2 直接还原

15.2.1 MIDREX 工艺

15.2.1.1 流程简介

MIDREX 法是 Midrex 公司开发成功的。Midrex 公司原为美国俄勒冈州波特兰市 Midland Ross 公司下属的一个子公司，后来被 Korff 集团接管，最后被该集团售予日本神户钢铁公司。该技术的经营权由 Korff 工程公司、奥钢联、鲁奇公司与 Midrex 共享。

MIDREX 流程在发展过程中出现过一些支流，包括采用外热竖炉的 MIDREX 电热直接还原法(EDR)。其中具有较大影响的是1984年 Korff 工程公司推出的直接还原铁热压技术。MIDREX 基本流程和主体设备在目前已经投产的工业装置中没有明显的变化。MIDREX 基本流程如图 15-4 所示。

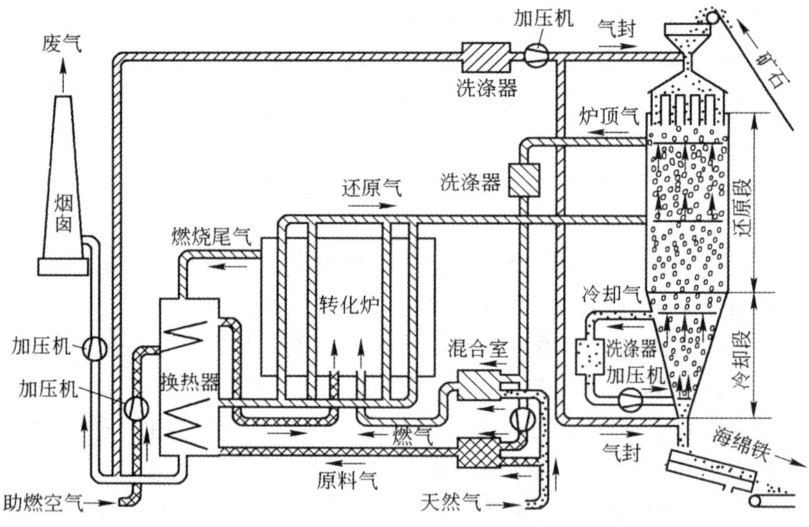

图 15-4　MIDREX 基本流程图

MIDREX 属于气基直接还原流程，使用天然气经催化裂化制取还原气，采用炉顶煤气作裂化剂。炉顶煤气含 CO 与 H_2 约 70%。经洗涤后，约 60% ~70% 加压送入混合室与当量天然气混合均匀。混合气首先进入一个使用转化炉尾气作热源的换热器进行预热。预热后的混合气送入转化炉中镍质催化反应管组，进行催化裂化反应，转化成还原气。还原气含 CO 与 H_2 共 95% 左右，温度为 850 ~900℃。

剩余的炉顶煤气作为燃料与适量的天然气在混合室混合后送入转化炉反应管外的燃烧空间。助燃空气也要在换热器中预热，以提高燃烧温度。

转化炉尾气含 O_2 小于 1%。高温尾气首先排入一个换热器，依次对助燃空气和混合原料气进行预热。烟气排出换热器后，一部分经洗涤加压作为密封气送入炉顶和炉底的气封装置。其余部分通过一个排烟机送入烟囱，排入大气。

还原过程在一个竖炉中完成。MIDREX 竖炉属于对流移动床反应器，分为预热段、还原段和冷却段三个部分。预热段和还原段之间没有明确的界限，一般统称还原段。

矿石装入竖炉后在下降运动中首先进入还原段。还原段温度主要由还原气温度决定，大部分区域在 800℃ 以上，接近炉顶的小段区域（预热段）内，床层温度才迅速降低。在还原段内，矿石与上升的还原气作用，迅速升温，完成预热过程。随着温度的升高，矿石的还原反应逐渐加速，形成直接还原铁后进入冷却段。

冷却段内，由一个煤气洗涤器（完成冷却煤气的清洗和冷却过程）和一个煤气加压机（提供循环动力）造成一股自下而上的冷却气流。直接还原铁进入冷却段后在冷却气流中冷却至接近环境温度排出炉外。

针对含硫量较高的矿石，MIDREX 流程还有一个特殊的技术方案。该方案与基本流程的差别主要在于冷却气系统。为了避免含硫较高的炉顶煤气进催化裂化反应管，毒化催化剂，给造气单元带来麻烦，该方案使用炉顶煤气作为冷却气。炉顶煤气经洗涤净化后，大部分作为冷却气通入冷却段。在冷却段，冷却气与高温直接还原铁接触，在冷却直接还原铁的同时受到直接还原铁的脱硫作用，可使含硫量降至 0.001% 以下。排出冷却段后，再作为裂化剂送入转化炉。通过这一措施可处理含硫量最高至 0.02% 的矿石。

15.2.1.2 MIDREX 原料

矿石中的非铁元素除了 S 和 Ti 以外对 MIDREX 工艺基本没有特殊影响。炉料中的硫和钛通过炉顶煤气进入转化炉会造成反应管镍基催化剂中毒失效。因此，MIDREX 流程对矿石 S、Ti 含量要求较严。对于传统流程，矿石含硫不允许超过 0.01%，对于采用炉顶煤气作冷却气的改进流程，矿石含硫可放宽至 0.02%。

矿石全铁和 SiO_2 含量直接决定了渣量，特别是 SiO_2 含量。电炉冶炼的电耗随 SiO_2 含量的增加急剧升高，因此直接还原铁售价受 SiO_2 含量的影响很大。

MIDREX 对矿石还原性适应性较强。几乎对所有的矿石都可以在还原段内 6h 的还原时间内完成还原。

某些还原粉化现象较严重的矿种，可能在 375 ~ 425℃的温度范围内的还原过程中产生 8% ~ 10% 的粉末。这一现象会影响料柱透气性，应当充分重视。

对 MIDREX 使用的矿石除了传统的还原性检验和低温还原粉化率试验外，一般还应进行高温抗压检验和模拟 MIDREX 气氛条件的 6h 还原试验。

1974 年以前，MIDREX 基本使用全球团矿冶炼。自 1975 年以来，为了降低入炉矿成本，开始将其他矿种与球团矿混合使用。结果证明，天然块矿与球团矿混用的方法是成功的。目前，天然块矿的使用比例一般在 20% ~ 60% 之间。天然矿还原性一般较球团矿差，粉化现象也较严重。混用比例以综合金属化率不低于 92% 及不产生大量粉末为原则。

表 15-4 给出了曾经大量使用过的球团矿和天然块矿品种。表 15-5 是使用不同配矿时的技术参数对比。

表 15-4 MIDREX 流程用矿情况

种类	名称	产地	名称	产地	名称	产地
球团	CVRD	巴西	Carol Lake	加拿大	Hilton	加拿大
	Knob Lake	加拿大	LKAB MPR MPB	瑞典	OSKOL	俄罗斯
	Marcona	秘鲁	Portland	美国	Sydvaranger	挪威
	Wabush	加拿大				
块矿	Aguas Claras	巴西	Caue	巴西	Cerro Bolivar	委内瑞拉
	Conceico	巴西	El Pao	委内瑞拉	Esperanca	巴西
	Harmersley	澳大利亚	Jangada	巴西	Mount Newman	澳大利亚
	Mutuca	巴西	Norore	南非	Pao Branco	巴西
	Pico	巴西	Philipps	巴西	Postmasburg	南非
	San Isidro	委内瑞拉	Sishen	南非	Tamandua	巴西

表 15-5 使用不同原料时 MIDREX 的技术参数及直接还原铁成分

项目	参数	巴西球团	瑞典球团	加拿大球团	配矿 A	配矿 B	配矿 C
主要生产参数	η_v/t·(m^3·d)$^{-1}$	7.79	7.79	6.69	7.57	7.07	7.02
	EC_n/GJ·t^{-1}	12.55	12.84	12.13	12.01	12.47	12.34
	R_m/%	93.14	93.22	93.06	93.00	92.55	93.50
海绵铁成分 w/%	TFe	92.46	93.83	88.91	88.91	88.59	91.69
	MFe	86.12	87.47	82.12	82.99	81.99	85.73
	SiO_2	1.71	1.16	7.63	4.83	4.88	3.89
	Al_2O_3	0.91	0.88	0.44	0.82	0.84	0.87
	CaO	0.65	0.40	0.38	0.51	0.50	0.53
	MgO	0.28	0.25	0.29	0.78	0.68	0.28
	P	0.017	0.010	0.008	0.008	0.012	0.019
	S	0.003	0.008	0.005	0.005	0.005	0.007

注：配矿 A 为 50% Carol 球团 + 50% Hilton 球团；配矿 B 为 60% Carol 球团 + 20% Hilton 球团 + 20% 巴西块矿；配矿 C 为 40% Carol 球团 + 30% 巴西球团 + 30% 巴西块矿；η_v 为还原段容积利用系数；MFe 为金属铁含量；EC_n 为净能耗。

15. 2. 1. 3　MIDREX 的基本工作原理

MIDREX 竖炉的基本结构如图 15- 5 所示。位于竖炉顶部的装料单元主要由三个部分组成。最上方是一个料斗，用来承接炉料，并将炉料导入气封管。气封管是一根位于料斗下方的较细的管道，作用是支持炉顶气封，并将炉料导入分配器。炉料分配器通过几根蛛脚状的分配管将炉料均匀地分布在炉内。

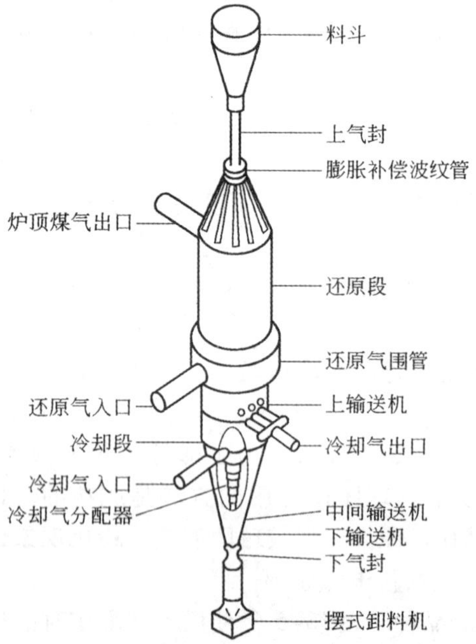

图 15-5　MIDREX 竖炉的基本结构

矿石自分配管排出后即进入竖炉还原段。还原段上端设有还原气管道、围管和按圆周设置的喷嘴组。还原气自喷嘴组进入竖炉，自炉顶煤气排放管排出竖炉，在还原段内形成自下而上的气流。矿石即在这股还原气流中完成预热和还原过程。

还原段下面是冷却段。冷却气进入竖炉后，通过分配器均匀地吹入冷却段内的直接还原铁料柱。料柱内的冷却气在向上流动的同时吸收直接还原铁的热量，最后通过三根装设在冷却段上部的收集罩进入冷却气排出管排出炉外。

竖炉内设有直接还原铁输送装置，由三组烧结物破碎机组成，作用是保证均匀稳定的炉料下降运动。最上面的一组位于冷却气出口上方，称为上输送机。中间一组位于冷却气分配器下方，称为中间输送机。下面一组位于竖炉排料装置和中间输送机之间，称为下输送机。

竖炉排料装置由一个摆式卸料机和一个气封（下气封）组成。直接还原铁自摆式卸料机排出后经常规处理即为外输产品。

15. 2. 1. 4　MIDREX 装置与能耗

MIDREX 是目前最完善的直接还原工艺。自 20 世纪 60 年代末实现工业化以来，已形成了不同规模的标准化设计。

100 型：年产直接还原铁 16. 5 万 t

400 型：年产直接还原铁 45 万 t

600 型：年产直接还原铁 67. 5 万 t

1000 型：年产直接还原铁 100 万 t

其中使用最广泛的是 400 型的设计方案。

MIDREX 技术发展的主要目的是竖炉大型化、减少转化炉数目和提高尾气余热利用率。1972 年在联邦德国汉堡钢厂投产的 MIDREX 装置采用第一代转化炉，它生产的 1kg 直接还原铁的气体消耗量约为 12500kJ。而 1977 年在加拿大投产的 600 型装置则改用第二代转化炉，气耗降至 11000kJ/kg。

15. 2. 1. 5　MIDREX 的重要工艺参数

图 15-6 给出了 MIDREX 竖炉正常运行状态下的温度分布。炉内热量来源于还原气物理热。炉内还原气入口处的温度约为 820℃。还原段内的温度基本保持这个数值不变。炉料在这个温度区内约停留 6h。在此期间内，铁氧化物完成自 FeO 至金属铁的全部还原过程。还原终点位于还原气喷嘴平面下方。

还原气向上离开还原段，进入预热段。在预热段内，矿石要完成预热过程和高价铁氧化物至浮士体的还原。这些过程消耗大量的物理热。因此，还原气在预热段迅速降温，离开竖炉时温度为400℃左右。在异常炉况下，炉顶煤气温度可高达700℃。炉料在预热段约停留30min。高价铁至FeO的还原主要发生在693～820℃的温度范围。

矿石经过预热段和还原段进入冷却段时，全部还原过程已经完成。循环冷却气的进口温度为30～50℃，出口温度一般为450℃左右。炉料在冷却段的停留时间为3～5h。

MIDREX竖炉炉衬保温性能较高，炉壳温度一般不超过100℃。

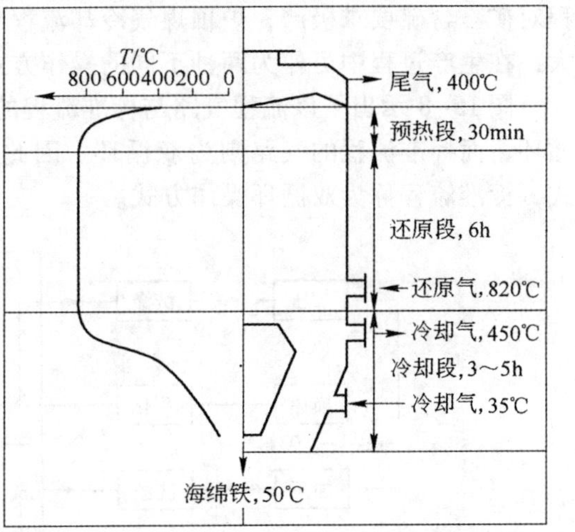

图15-6　MIDREX竖炉温度分布及炉料停留时间

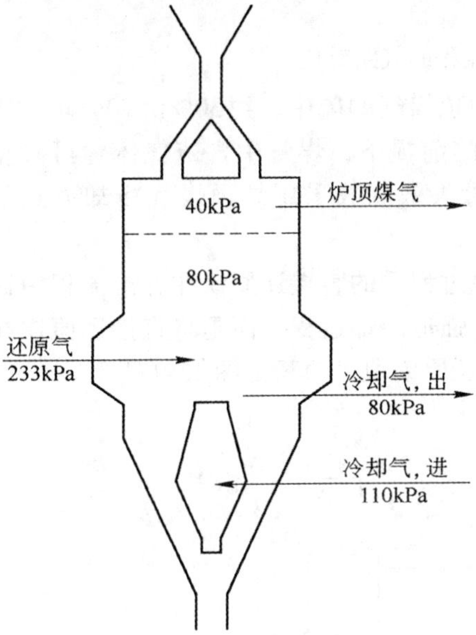

图15-7　MIDREX竖炉操作压力

炉料在竖炉内共停留10h左右。其中在还原段约停留6h。用停留时间和矿石堆密度计算出容积利用系数：

$$\eta_v = \frac{24\rho}{Kt} \tag{15-1}$$

式中，η_v为竖炉容积利用系数，即24h每$1m^3$生产的直接还原铁吨数；ρ为入炉矿石的堆密度，t/m^3，取2.8；K为矿比，t/t；取1.4；t为停留时间，h。

可分别算出，竖炉还原段利用系数为8，还原段与预热段利用系数为$7.38t/(m^3 \cdot d)$，全炉利用系数为$4.8t/(m^3 \cdot d)$。

MIDREX竖炉采用常压操作。炉顶压力约为40kPa。还原气压力约为223kPa。图15-7给出了各重要部位的操作压力。

MIDREX的技术经济指标受原料性质的影响很大。表15-6给出了标准流程的代表性操作指标。

表15-6　MIDREX操作指标

直接还原铁			还原气/%				其　他		
R_m/%	w(TFe)/%	抗压强度/kN	$CO+H_2$	CH_4	N_2	RO	气耗/GJ	还原段η_v/$t\cdot(m^3\cdot d)^{-1}$	电耗/kW·h
>92	>92	>500	75～84	3	12～15	<5	10.2～11	9～12	100

15.2.1.6　流程分支

MIDREX有三个流程分支：EDR、炉顶煤气冷却和热压块。其中，EDR已经与原流程具有原则性的区别，须重新分类。其他两个分支与原流程没有大的区别。

炉顶煤气冷却流程是针对含硫较高的铁矿开发的。它的特点是采用净炉顶煤气作冷却剂。完成冷却过程后的炉顶煤气再作为裂化剂与天然气混合，然后通入转化炉制取还原气。标准流程对矿石含硫要求极严，炉顶煤气冷却流程则可放宽对矿石含硫的要求。由于两个流程区别不大，在生产过程中可作为两种不同的操作方式以适应不同硫含量的矿石供应。

图 15-8 示出了该流程气路与标准流程的对比。可见，炉顶煤气冷却流程的气路大致为单循环，而标准流程的气路则为双循环。因此，也有人将炉顶煤气冷却流程称为单循环操作方式，标准流程称为双循环操作方式。

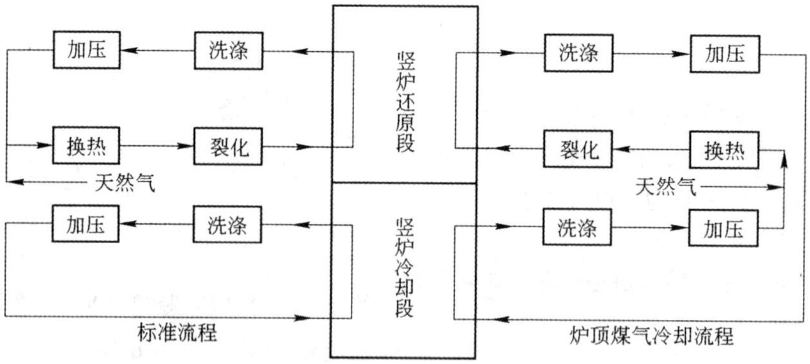

图 15-8　炉顶煤气冷却流程与标准流程的气路对比

流程的脱硫效果已通过几种重要的矿石得到证实。炉顶煤气的硫中，约 30% ~70% 可在冷却过程中被直接还原铁脱除。在直接还原铁含硫不超标的前提下，煤气中含硫气体约可降至 0.001% 以下。从而避免了裂化造气过程镍催化剂的中毒失效。故采用炉顶煤气冷却方式的 MIDREX 竖炉可将矿石含硫上限从 0.01% 放宽至 0.02%。

热压块流程与标准流程的差别在产品处理。完成还原过程后的直接还原铁在标准流程中通过强迫对流冷却至接近环境温度。热压块流程则没有这一强迫冷却过程，而是将直接还原铁在热态下送入压块机，压制成 90mm × 60mm × 30mm 的直接还原铁块，流程如图 15-9 所示。

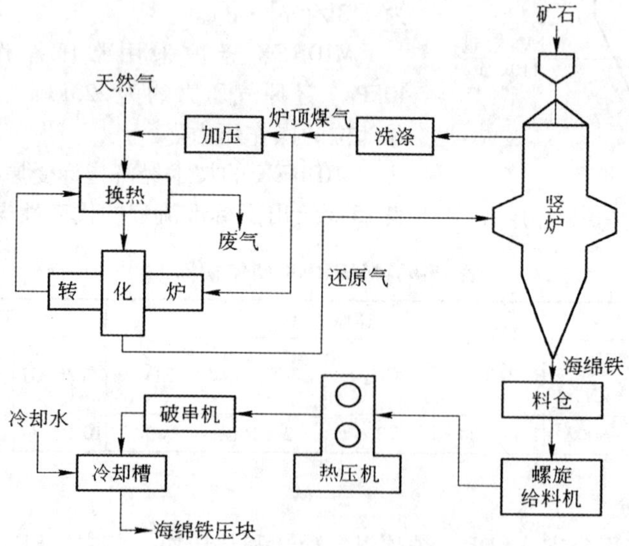

图 15-9　MIDREX 热压块流程

约 700℃ 的直接还原铁由竖炉排入一个中间料仓，然后通过螺旋给料机送入热压机。从热压机出来的直接还原铁呈连成一体的串状，通过破串机破碎成单一的压块后再送入冷却槽进行水浴冷却，冷却后即为直接还原铁压块产品。

直接还原铁压块的优良品质使其在炼钢工业中深受欢迎。因此，兴建的 MIDREX 直接还原厂多采用热压工艺。马来西亚 SGI(沙巴天然气工业)公司所属的直接还原厂就是一个年产 65 万 t 的 600 型 MIDREX 直接还原铁生产厂。该厂建于 1981 年，耗资 10 亿美元。主要装置包括一台 ϕ5.5m 的还原竖炉，一座 12 室 427 支反应管的还原气转化炉，三台能力各为 50t/h 的热压机及配套破串机和冷却槽。竖炉炉顶的炉料分配器由 6 个分配管组成，还原气喷嘴为 72 个。该厂原料为 50% 的瑞典球团矿，50% 的澳大利亚块矿，生产指标见表 15-7。

表 15-7 热压块流程典型生产指标

气耗/GJ·t^{-1}	电耗/kW·h·t^{-1}	产品 R_m/%	产品含铁量/%	产品含碳量/%	生产率/t·h^{-1}
9.5	127	94	94	1.23	86.5

15.2.2 HYL 工艺

HYL-Ⅲ流程是 Hojalata Lamia S. A. (Hylsa)公司在墨西哥的蒙特利尔开发成功的。这一工艺的前身是该公司开发的间隙式固定床罐式法(HYL-Ⅰ、HYL-Ⅱ)。1975 年，一座日产 25 万 t 的中间试验装置投入运转。1980 年，将一套 1960 年建成的固定床装置改造成能力为年产 25 万 t 的 HYL-Ⅲ装置并投入生产。1983 年，又将一套 1974 年投产的固定床改造成年产 50 万 t 的竖炉。用 HYL-Ⅲ代替 HYL-Ⅰ、HYL-Ⅱ，即还原装置由竖炉取代反应罐，体现了由间断运行到连续运行的进步趋势。该流程(即 HYL-Ⅲ和 HYL-Ⅰ)已成为第二大气基直接还原工艺，产量占 20% 左右。HYL-Ⅲ流程如图 15-10 所示。

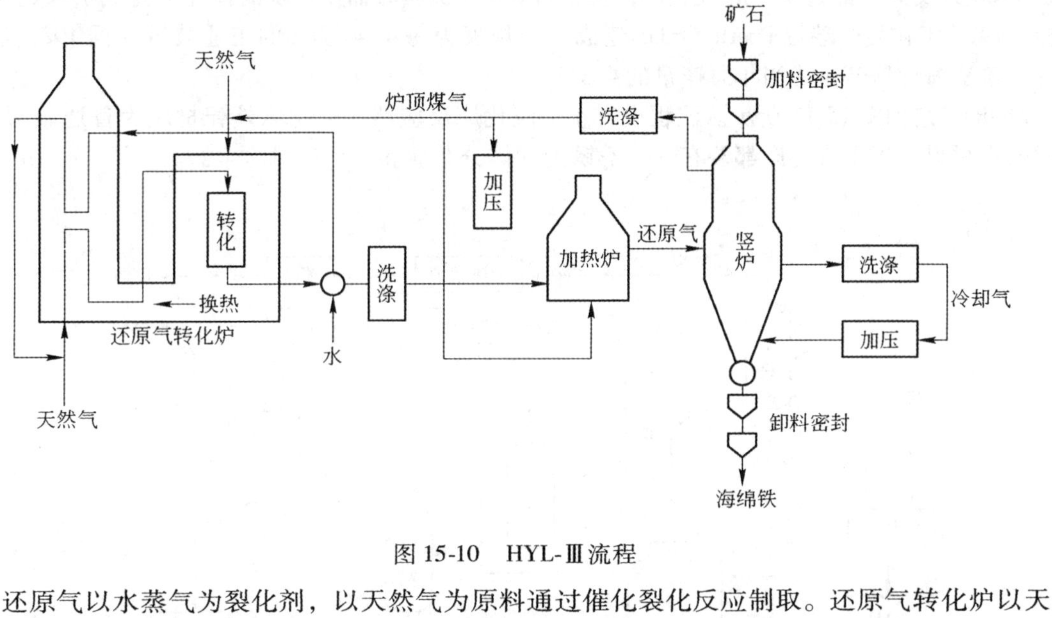

图 15-10 HYL-Ⅲ流程

还原气以水蒸气为裂化剂，以天然气为原料通过催化裂化反应制取。还原气转化炉以天然气和部分炉顶煤气为燃料。燃气余热在烟道换热器中回收，用以预热原料气和水蒸气。从转化炉排出的粗还原气首先通过一个热量回收装置，用于水蒸气的生产。然后通过一个还原气洗涤器清洗冷却，冷凝出过剩水蒸气，使氧化度降低。净还原气与一部分经过清洗加压的炉顶煤气混合，通入一个以炉顶煤气为燃料的加热炉，预热至 900～960℃。

从加热炉排出的高温还原气从竖炉的中间部位进入还原段。在与矿石的对流运动中，还原气完成对矿石的还原和预热，然后作为炉顶煤气从炉顶排出竖炉。炉顶煤气首先经过清洗，将还原过程产生的水蒸气冷凝脱除，提高还原势。并除去灰尘，以便加压。清洗后的炉顶煤气分为两路。一路作为燃料气供应还原气加热炉和转化炉。另一路加压后与净还原气混合，预热后作为还原气使用。

可使用球团矿和天然块矿为原料。加料和卸料都有密封装置。料速通过卸料装置中的蜂窝轮排料机进行控制。在还原段完成还原过程的海绵铁继续下降进入冷却段。冷却段的工作原理与 MIDREX 类似。可将冷还原气或天然气等作为冷却气补充进循环系统。海绵铁在冷却段中温度降低到 50℃左右，然后排出竖炉。

HYL-Ⅲ的气耗约为 10 ~ 11.3GJ/t，电耗 90kW · h/t。海绵铁金属化率约为 91%。与 MIDREX 流程相比 HYL-Ⅲ具有下列特点：

（1）采用高压操作，炉内最高压力达 600kPa。

（2）以水蒸气为裂化剂，不存在裂化剂引起催化剂硫中毒的问题，因此对矿石含硫量没有特殊限制。

（3）竖炉运转失常时不影响还原气转化炉的工作。

（4）在设备不做大改动的前提下可改换转化炉工作方式。

15.2.3　FIOR 工艺

FIOR(Fluid Iron Ore Reduction)是 Exxon 研究与工程公司开发成功的。1962 年在路易斯安那州的 Exxon 试验基地建成了一个每天 5t 规模的工业试验装置，并于 1966 年完成全部试验工作。一个规模为每天 300t 的示范装置于 1965 年底在加拿大新斯科舍建成并投入运转。工程总投资 1100 万美元。经过 4 年的试生产，在获得 5 万 t 优质海绵铁压块的情况下完成了预定考察目标。1976 年在委内瑞拉 Puerto Ordaz 建成一个规模为每年 40 万 t 的工业装置。据 1983 年的统计，该法海绵铁产量为当年总产量的 4.3%。

FIOR 工艺如图 15-11 所示。流程设有 4 个流化床反应器。流化床外壳材质为普通碳素钢，内衬耐火材料。每个流化床都装有一个不锈钢气体分布板和一个旋风除尘器。

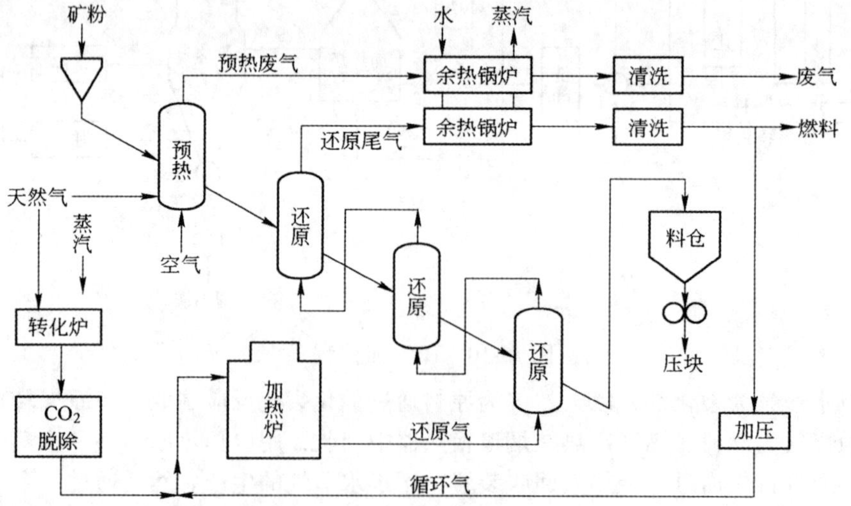

图 15-11　FIOR 流程

第一个流化床用于矿粉预热，燃料为天然气或煤气，助燃剂采用空气，床内操作温度为

760℃。经过整粒的矿粉在预热流化床内通过高温燃气被加热至还原温度，矿粉中的水分和大部分硫也同时被脱除，随废气排走。

另外三个流化床用于矿粉的还原。经过预热的矿粉依次进入三个还原流化床。最后从第三个还原流化床中排出。还原气的行进路线与矿粉相反，自第三个流化床进入，自第一个流化床排出。因此，矿粉周围的还原性气氛越来越强。排出第三个流化床时，矿粉已被还原成 $R_m >$ 90%，温度为 780 ~ 790℃的海绵铁。

海绵铁经过一个有耐火材料衬里的管道，用气力输送到热压机喂料仓，通过双辊热压机加工成高密度海绵铁压块。压块质量取决于压辊，当压块尺寸为 108mm × 64mm × 38mm 时质量约为 908g。压块冷却后惰性较强，再氧化趋势受到抑制。

还原气由新鲜富氢气体和循环还原尾气混合而成。还原尾气在排出第一个还原流化床后首先经过清洗，以脱除粉尘和水蒸气，增加还原性气氛。清洗后的一小部分净煤气进入燃气系统，以维持系统压力。其余的煤气经加压后与新鲜富氢气体混合，形成还原气。富氢气体在还原气转化炉中用天然气和水蒸气通过催化裂化反应制取。制成的气体首先通入一个水煤气反应炉，通过水煤气反应增加气体氢含量。增氢后的气体导入 CO_2 脱除系统去掉大部分 CO_2 和过剩的 H_2O。经过清洗的新鲜富氢气体与循环煤气混合，形成还原气。还原气通过一个还原气加热炉预热，然后通入还原流化床。表 15-8 给出了新鲜富氢气体和还原气的典型成分。

表 15-8 FIOR 法煤气成分(%)

煤 气	H_2	CO	CH_4	H_2O	CO_2	N_2
富氢气	85.8	3.7	6.6	3.5	0.4	
还原气	60	7	22	2	4	5

FIOR 使用的矿石最好是高品位天然矿粉，脉石含量应低于 5%。最大粒度应小于 4.699mm，小于 0.043mm 部分不高于 20%。一般讲，矿粉售价低于块矿和氧化球团矿。

流程单位时间(h)物料量如下：

矿粉：70t；

供应转化炉的天然气：9500m^3；

供应转化炉的水蒸气：47000kg；

供应加热炉的助燃空气：20000m^3；

产品：45t；

富氢气体产量：34000m^3。

几个重要工艺参数是：

预热流化床温度：780℃；

预热流化床气体流速：0.8m/s；

还原气温度：840℃。

还原流化床温度：

第一个：700℃；

第二个：730℃；

第三个：790℃；

还原流化床气体流速：1.0m/s；

系统压力：1.05MPa；

单位能耗：15.28GJ(其中电力 45kW · h)。

15.2.4　SL-RN 工艺

SL-RN 流程由 SL 流程和 RN 流程结合而成，开发者为加拿大 Steel Co., Ltd. 、德国 Lurgi A. G. 、美国 Republic Steel Co. , Ltd. 和 National Lead Co. 四家公司。该流程开发工作于 1954 年完成，并于 1969 年在澳大利亚 Western 钛公司建成第一座 30m SL-RN 工业回转窑。此后，SL-RN 流程很快在世界范围内得到工业应用，特别是在 1980～1984 年期间发展较为迅速。

图 15-12 示出了南非 Iscor 公司的 SL-RN 工艺流程。该直接还原厂使用非焦煤生产高金属化率海绵铁。回转窑长度为 80m，直径 4.8m。窑头(卸料端)较窑尾(加料端)稍低，坡度为 2.5%。作业时，窑头以每分钟 0.5 周左右的速度转动。

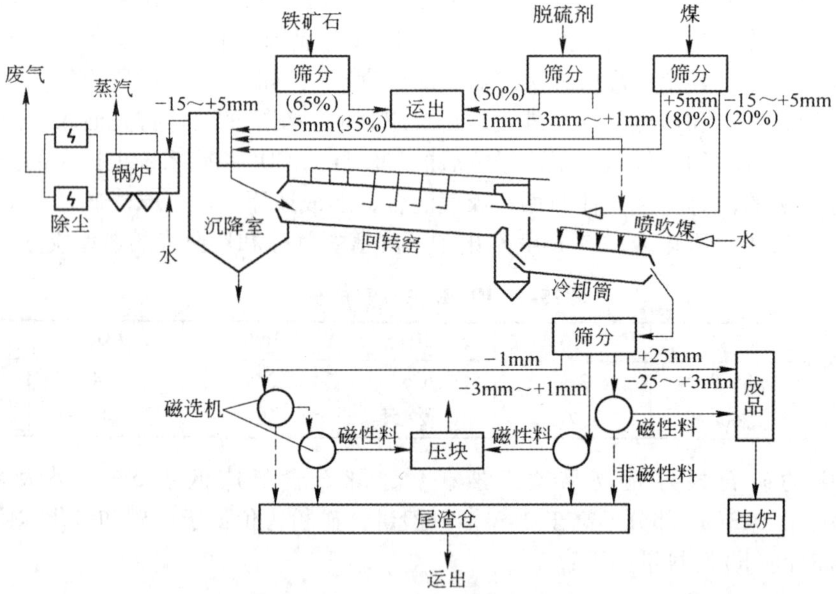

图 15-12　SL-RN 流程

回转窑既可处理块矿，又可处理粉矿。Iscor 的回转窑使用粒度为 5～15mm 的 Sishen 天然块矿。

还原煤为 Witbank 烟煤，粒度小于 12.5mm。其中 80% 与矿石一起自窑尾加入，其余 20% 自窑头喷入。

此外还要使用粒度为 1～3mm 的白云石作脱硫剂。

铁矿石、脱硫剂和还原煤(包括返煤)自窑尾加入回转窑。以窑体的转动为动力，炉料缓慢向窑头运动，温度逐渐升高。炉料温度达到一定的水平时，矿石中铁的还原反应开始发生，并随温度的提高越来越剧烈。完成还原反应的产品自窑头排出回转窑。这一过程约需要 10～20h。

回转窑头装有主燃烧器，以煤作燃料为窑内提供热量。窑身备有 8 个二次风机和二次风管。二次风管开口在回转窑轴线位置，吹入的助燃空气可烧掉气相中的 CO、H_2 和还原煤放出的挥发分。通过调节不同部位的二次风量可方便地控制窑内的温度分布。在接近窑尾的部位还设有一组埋入式送风嘴，以提高炉料升温速度。窑内温度分布通过装设在窑壁，按窑身长度分布的热电偶组监测。

炉料自回转窑排出后，进入一个用钢板制作的冷却筒。冷却筒直径 3.6m，长 50m，坡度 2.5%。冷却水喷淋在旋转的筒壁上，对海绵铁间接进行冷却。冷却后的炉料排出后首先进行筛分，将炉料分成小于1mm、1~3mm和大于3mm三个粒级。三个级别的炉料分别进行磁选。海绵铁产品由三部分组成，大于3mm的磁性物冷压块、1~3mm的磁性物冷压块和小于1mm的磁性物冷压块。压块以石灰和糖浆作黏结剂。三种产品的比例与矿石性质，特别是低温还原粉化率有关。使用Sishen矿时，大于3mm部分的比例接近90%，金属化率在95%左右。

回转窑废气的剩余化学热和物理热通过余热锅炉进行回收。废气首先通过一个沉降室进行除尘，然后通入空气烧掉残余可燃性气体。高温燃气通入一个余热锅炉回收物理热生产蒸汽。最后，再经过进一步净化排入大气。

每吨海绵铁约消耗还原煤800kg，回收蒸汽2.3t，净能耗为13.4GJ/t。

15.2.5 适应中国国情的直接还原工艺

15.2.5.1 国内直接还原铁生产现状

2006年中国生产直接还原铁约60万t，全国现有30多个直接还原铁企业，总生产能力约70万t左右。总体上讲，规模小，生产成本高，缺少高品质原料。多数企业用隧道窑反应罐法(即HÖGANÄS法)，生产工艺落后，能耗高，环境污染严重。

A 天津直接还原铁厂

2004年产直接还原铁33.2万t，2005年约产34万t，设备作业率在98%以上。该厂采用DRC法煤基直接还原生产工艺，两条生产线：$\phi5\times80$m回转窑—冷却筒—产品分选—成品。使用巴西球团矿(含铁品位68%，$SiO_2+Al_2O_3$含量约为2%)，适宜配入煤和石灰石，进行混匀，从回转窑给料端加入。窑体是倾斜安装，慢速旋转，炉料朝卸料端运动，同时，矿石被加热和还原(注意温度控制不要使脉石熔融，以免结圈)。煤作为热源和还原剂，一部分随铁矿石同时加入，另一部分从窑的卸料端喷入窑内。供煤所燃烧的空气，通过沿窑长度方向安装在窑壳上不同位置的风机由轴向吹入窑内。热的还原产品经过冷却筒冷却，然后筛分、磁选及风选，分离出非磁性物，得到成品。来自窑内的烟气经余热锅炉回收余热(产生蒸汽)，废气经布袋除尘，用废气风机送入烟囱。

操作的技术关键：

(1) 保证窑内还原气氛，控制好风量；

(2) 控制好窑体内各部分的适宜温度，不让脉石熔融；

(3) 窑的卸料端保持微正压，20~30Pa。

控制直接还原铁金属化率在91.1%~94.6%，质量合格率在94%是最经济的指标。金属化率高和低，均会造成回转窑和电炉炼钢指标的恶化(炼钢过程加入直接还原铁比例最好控制在15%~35%，并要控制好料流加入速度32~34kg/(MW·min)，以免出现钢水的沸腾现象以及喷溅)。

影响产品金属化率的因素是：频繁停窑，非正常条件下生产(难以调控)，窑和冷却筒密封性不良，煤的成分波动和质量控制点选择不当。

B 首钢密云冶金矿山公司

采用煤基链箅机—回转窑一步法，直接还原铁年生产能力6.20万t。生产工艺：配料—造球—干燥(链箅机)—回转窑(还原)—冷却—成品。铁精矿水分严格控制在5.5%~6.5%，造球配皂土(黏结剂)0.8%~1.0%，台时产量20±2t。链箅机带速为0.5m/min，布料厚度100~120mm。生球抗压强度：12N/个，落下强度：5次/0.5m，水分控制在7.5%左右，粒度6~16mm

占 85% 以上。

回转窑及热工系统操作：窑头喷煤总量在 7.0 ± 0.5t/h，精煤枪压力控制在 60kPa，细煤枪压力控制在 10 ~ 14kPa。窑尾加煤控制在 800 ± 50kg/h，严禁窑尾煤量超值。窑内温度控制：窑头箱低于 980℃；1、2、3 号热电偶 1000 ~ 1040℃；短时温度不得超过 1060℃；4、5、6 号热电偶 1000 ± 20℃；7、8、9 号热电偶 950 ~ 1000℃；冷烟室低于 700℃；链箅机预热段 850 ~ 920℃；过渡段 550 ~ 650℃；干燥段 250 ~ 350℃；1、2 号风箱温度不得低于 600℃。

回转窑电机转速控制在 400 ~ 440r/min，主风机的回热风阀门开度 45% ~ 50%，转速 800 ~ 850r/min，回热风机入口负压 780 ± 20kPa，温度 310 ~ 350℃。干燥风机阀门开度 65% ~ 70%，转速 800 ~ 850r/min。

厂标产品质量标准为：$w(TFe) \geqslant 88\%$，$w(S) \leqslant 0.04\%$，$R_m > 90\%$。

C　其他直接还原铁公司

山东莱芜鲁中冶金矿山公司：直接还原铁厂用冷固球团—回转窑工艺生产直接还原铁，年生产能力 5 万 t。后改为块矿回转窑法。

福建大田海绵铁公司：用 SiC 反应罐—隧道窑法（即 HÖGANÄS 工艺）生产直接还原铁，能力为 5 万 t/年。

辽宁喀左海绵铁厂、哈尔滨市海绵铁厂、吉林复森海绵铁公司、吉林桦甸海绵铁厂等也具备了年生产 2.5 万 t 的能力。

15.2.5.2　适合中国国情的直接还原工艺的研究

A　用煤制气的竖炉直接还原工艺——BL 法

BL 流程直接还原流程是中国宝山钢铁（集团）公司（B）和鲁南化肥厂（L）联合开发的。该流程的最大特点是使用非焦煤制取还原气，使竖炉海绵铁生产脱离了天然气资源的限制。这种方法对缺乏廉价天然气资源的地区具有很大的吸引力。1998 年 5 月 20 至 6 月 20 日在鲁南化肥厂成功地进行了 BL 流程海绵铁生产工业试验。BL 流程由造气、还原气加热、还原和尾气清洗四大系统组成，如图 15-13 所示。

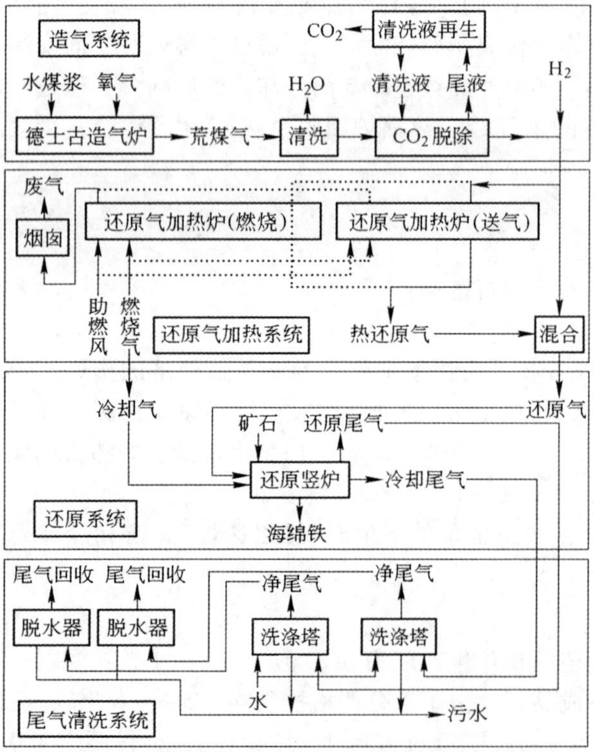

图 15-13　BL 工艺流程

造气系统采用德士古工艺，以水煤浆为原料，工业纯氧为气化剂，在造气炉中生产出荒煤气。荒煤气再经清洗，将其中的水蒸气和 CO_2 脱除，成为净煤气。净煤气即为所需的基本还原气。

在德士古工艺中，可方便地利用荒煤气所含的物理热和化学热，将 H_2O 转化成 H_2。因此，该工艺所使用的还原气含氢量可调范围极大，这是其他流程无法比拟的。工业试验使用一支专用配氢管线，可在基本还原气的基础上随意提高还原气含氢量。基本还原气配入所需氢气后即为冷还原气。冷还原气经专用管道通往还原气加热系统。试验中很大一部分工作是在使用基本还原气的条件下进行的。

还原气加热系统的主要设备是两台还原气加热炉。加热炉采用一烧一送的工作方式。加热炉燃烧气可采用还原尾气或民用煤气。燃烧废气主要由 CO_2、H_2O、N_2 和少量其他气体组成，通过一根烟囱排入大气。

冷还原气通过加热炉后被加热至900℃左右。可通过混气阀兑入适量冷还原气，将还原气温度调节至所需要的水平。具有合适温度的还原气通过热还原气管道送至还原系统。

还原系统的主体设备是一个竖炉。竖炉还原段(含预热段)容积为 $0.68m^3$，直径为 0.74m，设计能力为每小时生产金属化率 92% 的海绵铁 200kg。

加热系统供应的还原气送入大致位于竖炉中部的环型管道，通过在圆周上均匀分布的 8 个进气口吹入竖炉。进入竖炉后，还原气通过料层自下向上流动，完成对炉料的还原和预热。还原尾气通过装设于炉顶的尾气清洗系统清洗。

竖炉以球团矿或天然块矿为原料。原料通过料罐卷扬送至炉顶，装入高位料仓，再通过加料上密封阀将原料加入中间料仓，然后通过加料下密封阀和下料管道将原料装入竖炉。原料装入竖炉自上向下运动，与还原气形成逆流。在下降过程中，炉料完成预热和还原，至还原气进口下方 200mm 处已形成预期的海绵铁。

海绵铁继续下降进入竖炉冷却段。冷却段内，冷却气自下方通入竖炉。然后穿过料层向上流动，完成对海绵铁的冷却。最后自冷却段上方排出竖炉，通过冷却尾气管道送至尾气清洗系统。冷却气采用加热炉燃烧气。由于冷却段加装了水冷炉壁，在一般的生产强度下不必通入冷却气即可满足冷却需要。只有在较高的强度下才需要通入少量冷却气。

接近环境温度的海绵铁依次通过炉底两个并列的排料上密封阀排入两个海绵铁料仓。然后定时通过两个下密封阀排出炉外。

还原尾气和冷却尾气进入尾气清洗系统后分别通过一个洗涤塔，将粉尘洗净。然后再分别通过一个脱水器，将机械水分离出来。净冷却尾气和净还原尾气应当根据具体成分统一或分别予以回收。

工业试验用了四种铁矿：巴西 CVRD 球团(巴西球)，瑞典球团(瑞典球)，澳大利亚纽曼山块矿(澳洲块)，巴西 MBR 直接还原块矿(巴西块)。

基本还原气中 CO 和 H_2 约占总量的95%。此外还有 0.8% 左右的 CH_4 和微量的含硫气体，其余基本上是 CO_2。冷还原气在加热过程中会发生水煤气反应，使成分稍有变化。

其他还原气是在基本还原气的基础上配加纯氢形成的。工业试验共使用了 10 种成分的还原气，热还原气性质见表 15-9。

表 15-9　还原气性质

参　数	1	2	3	4	5	6	7	8	9	10
x_h	0.41	0.44	0.55	0.58	0.60	0.62	0.63	0.73	0.88	0.88
r_O	0.05	0.05	0.04	0.04	0.03	0.03	0.03	0.02	0.01	0.01
$\varphi(CO)/\%$	55.03	51.97	42.53	38.98	37.42	35.98	34.65	25.29	11.55	10.88
$\varphi(H_2)/\%$	39.73	43.08	53.41	57.31	59.02	60.60	62.05	72.30	87.36	88.08
$\varphi(CH_4)/\%$	0.02	0.02	0.02	0.01	0.01	0.01	0.01	0.01	0.00	0.00

注：x_h—还原气的氢分数，$x_h=(x_{H_2}+x_{H_2O})/(x_{H_2}+x_{H_2O}+x_{CO}+x_{CO_2})$；

r_O—还原气的氧化度，$r_O=(x_{CO_2}+x_{H_2O})/(x_{H_2}+x_{H_2O}+x_{CO}+x_{CO_2})$。

工业试验共安排了16组参数，获得合格海绵铁88t，平均金属化率为93.41%。表15-10给出了各组主要工艺参数。表中 T 和 p 分别为还原段中部温度及压力，η_v 为还原段(含预热段)容积利用系数。运行中，第4段加澳洲块400kg，第8和第9段各加巴西块150kg。

BL法工业试验的最显著特点是还原气成分范围宽，x_h 值覆盖了0.4～0.9的区域。图15-14汇总了使用不同氢含量的还原气时所获得的最高还原气利用率。详情及其他重要结果见表15-11，其中海绵铁粉化率是指产品中小于5mm部分在产品中的百分比，括号中的数字扣除了原料中原来的粉末。

表 15-10　试 验 参 数

组　号	周期/h	还原气	T/℃	p/kPa	η_v	炉料
1	10	1	777	60	5.6	巴西球
2	10	1	783	60	5.9	巴西球
3	47	2	823	111	6.0	巴西球
4	28	2	829	150	6.9	巴西球
5	13	2	821	150	7.1	巴西球
6	25	3	845	150	7.4	巴西球
7	32.5	4	842	150	7.7	巴西球
8	16.3	5	844	150	8.1	巴西球
9	63.7	7	842	150	7.3	巴西球
10	32	9	850	150	7.9	巴西球
11	11	10	841	150	8.1	巴西球
12	15	8	844	150	7.8	瑞典球
13	26	6	846	150	8.4	瑞典球
14	8	3	826	100	7.6	瑞典球
15	40.5	2	829	100	8.2	瑞典球
16	34	2	842	100	9.1	瑞典球

图15-14中的直线是根据理论还原气利用率的分析得出的公式：$\eta = 0.555 - 0.317x_h$ 而做出的。可看出试验数据与理论相符。个别高出理论值的数据，其误差来源于化验。过低的数据是由于试验时没有考虑还原气利用率的优化造成的。

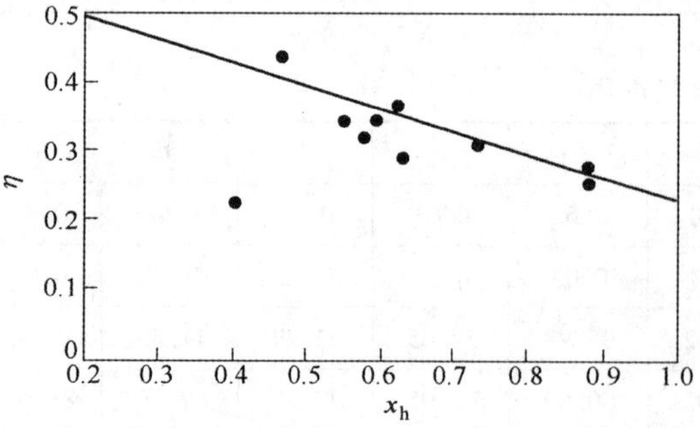

图15-14　BL还原气含氢量与最高利用率的关系

B　流化床直接还原的研究

中国科学院化工冶金研究所联合其他单位，于20世纪80年代前后在山东枣庄进行了吨级流态化还原钒钛磁铁矿的工业试验，流化床反应器由两级组成，流化床内径为60mm，单级流化床总高达9m以上，试验使用70%的 H_2 和30%的 N_2(体积分数)组成的还原气，预热流化床温度为550℃，还原流化床的温度为750℃，在不产生粘结失流的条件下获得了还原度90%～93%的DRI，流化床吹损率小于10%。

表 15-11 BL 流程海绵铁生产工业试验主要结果

编 号	产量/t	海绵铁分析/%			η/%	海绵铁粉化率/%
		w(TFe)	w(MFe)	R_m		
1	1.6	87.32	80.87	92.61	22.66	7.32(4.70)
2	1.7	87.74	81.19	92.53	21.17	7.32(4.70)
3	8.0	87.31	81.01	92.78	24.31	7.32(4.70)
4	5.4	87.74	80.60	91.86	33.79	7.66(5.04)
5	2.6	86.15	78.06	90.61	35.62	7.99(5.37)
6	5.2	87.22	81.86	93.85	26.70	7.99(5.37)
7	7.0	87.65	81.81	93.34	32.60	8.47(5.85)
8	3.6	87.81	81.57	92.89	34.69	8.47(5.85)
9	13.1	86.86	79.55	91.58	28.78	
10	7.2	88.70	81.80	92.22	24.13	
11	2.5	88.21	80.94	91.76	26.33	
12	3.3	88.31	81.89	92.73	31.73	
13	6.2	89.67	86.11	96.03	36.57	3.30
14	1.7	88.84	84.64	95.27	34.25	
15	9.2	89.27	85.79	96.10	42.04	
16	8.8	89.83	85.76	95.47	46.73	

1990 年前后，化工冶金研究所还开发了日产 0.5t 的改进型快速流化床反应装置，该试验采用铁精矿作为原料，流化床内反应温度为 800～850℃，以 CO 和 H_2 的混合气作为还原气体。试验结果是，反应 1h 就可使铁精矿的还原度达到 70%。

华东冶金学院专家于 1980 年在广西用 $\varphi(H_2):\varphi(N_2)=70\%:30\%$ 的还原气体，在还原气量 1900～2100m^3/h、温度为 700～900℃、压力为 2～5kPa 的条件下进行了钒钛磁铁矿的还原实验，得到了金属化率 90% 的产品。

C 煤基竖炉直接还原工艺——PF 法

中冶集团北京冶金设备研究设计总院的专家长期坚持竖炉直接还原铁工艺研究，结合国内情况创新，发明了 PF 法竖炉直接还原工艺，并拥有自主知识产权。1998 年在北京科技大学进行了固定罐的实验室试验，1999 年，在山西朔州三元炭素厂煅烧石油焦的罐式炉上进行了半工业性试验，验证了这种工艺的可靠性、主要工艺及设备参数。2006 年与唐山企业合作，不断优化设计，建设一座单孔罐式还原炉进行工业性试验。2007 年 3 月 5 日点火试验性生产，受试验设备和检测条件所限，操作技术未达最佳状态，生产稳定时 DRI 金属化率 90% 左右，少量达到 98.2%。如能进一步优化设计和施工、操作技术，各项技术经济指标可以达到或超过意大利达涅利公司开发的煤基直接还原工艺——KM 法的指标。

PF 法直接还原铁工艺流程如下：

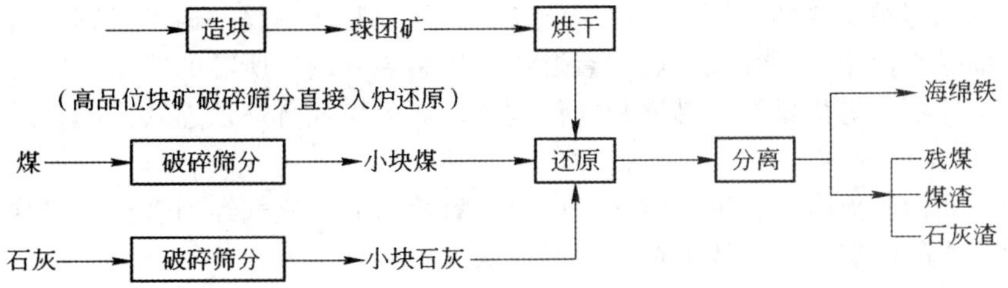

PF 法直接还原铁工艺主要特点：

(1) 反应室与燃烧室分隔，气氛、温度像反应罐(隧道窑)法一样适宜生产 DRI，产品金属化率高。但罐体高得多，预热段、还原段、冷却段分别采用不同材料和结构，能连续生产，比反应罐法生产率高，能耗低；而且罐体不像隧道窑中那样反复加热、冷却，寿命长。

(2) 能像回转窑和转底炉一样连续生产，但炉体不动而炉料自动下落，炉气逆流上升，设备简单可靠，有利于加热和直接还原反应进行，并可方便地控制炉料还原温度和时间，利用系数高、作业率高，能源和原料消耗低。

(3) 直接还原与反应罐法和回转窑法一样采用外配碳，还原剂和脱硫剂可适当过量，确保还原和脱硫效果，又不增加产品灰分，使得原燃料选用范围广、工艺设备简单、产品质量好，而投资少、成本低。

(4) 反应室、燃烧室间隔排列，机构紧凑，每组反应罐都是一座独立的还原设备，若干组并列、组成各种生产能力的还原炉。可根据市场和原燃料情况灵活设计和使用，生产规模可大可小，配套设备可洋可土，遇到停电或其他事故可随时停止和重新启动，适合中国和发展中国家国情。

(5) 适合作为煤基直接还原铁工艺主体设备，也易改造为气基法竖炉和其他工业炉窑。

试验证明，PF 法是一种安全可靠的竖炉直接还原工艺，而且综合了当前几种直接还原铁工艺长处，在节能、环保和工程投资、生产成本等方面有明显改进。这种工艺的研究开发和转化，是我国在探索先进、适用的直接还原铁工艺方面的重大进展。

15.3　熔融还原

15.3.1　COREX 工艺

15.3.1.1　流程概述

与传统高炉工艺不同，COREX 流程中铁的还原和熔炼过程是在两个不同的容器中完成的。这两个容器分别是，上部是竖炉下部是熔炼造气炉，组成所谓的 COREX 塔。COREX 已形成不同规模的系列设计。常见的是 C-2000，设计能力是年产 80 万 t 铁水。第一座商业化的 COREX 装置是 C-1000，设计能力是年产 30 万 t 铁水。更大规模的设计，即年产 150 万 t 铁水的 C-3000 也已经在上海宝钢浦东钢铁公司罗泾炼铁厂顺利投产。COREX 工艺流程如图 15-15 所示。

COREX 流程可使用天然矿、球团矿和烧结矿等块状含铁料。燃料为非焦煤。熔剂主要是石灰石和白云石。原燃料经备料系统处理后，分别装入矿仓、煤仓和辅助料仓，等待上料。

矿石和部分熔剂按预定料批装入还原竖炉，在下降运动中完成预热和还原过程。降至竖炉底部的矿石已被还原成金属化率大于 90% 的海绵铁。海绵铁和熔剂通过海绵铁螺旋加入下部的煤炭流化床。

COREX 的熔炼造气炉(melter-gasifier)是一个煤炭流化床。它有两个作用，将海绵铁熔炼成生铁及产生还原竖炉需要的还原气。煤炭流化床的燃料是非焦煤，通过煤螺旋自密封加煤料斗加入炉内。助燃剂使用工业纯氧。煤与氧燃烧放出熔炼和造气所需的热量。熔炼过程形成的渣铁积存于炉缸底部，等待排放。燃烧和气化过程形成的煤气自炉顶连续排出，进入煤气处理系统。

供氧系统主要由制氧机、管道、围管、风口和氧枪组成。氧气经围管自风口吹入煤炭流化床，参加炉内煤炭的燃烧反应，放出热量，形成煤气。

COREX 的煤气处理系统较复杂，它主要由煤炭流化床炉顶煤气热除尘、清洗冷却和还原竖炉炉顶煤气清洗三个部分组成。

在煤炭流化床中形成的煤气自炉顶排出的温度在1100℃以上，兑入冷却煤气降温后通入一个热旋风除尘器进行粗除尘。粗除尘收得的粉尘用高压氮气重新吹入煤炭流化床回收利用。为了调节炉顶温度，可使用少量氧气烧掉粉尘中的可燃物。半净煤气分为两路。一路作为还原气送往还原竖炉。还原气入炉温度在850℃左右，温度可通过兑入的冷却煤气量进行调节。另一路经进一步清洗形成冷却煤气。冷却煤气的一部分经加压后返回炉顶煤气管道，降低煤气温度。冷却煤气的过剩部分则向外输送给煤气用户。还原气进入竖炉后向上流动，对矿石进行还原，然后自竖炉炉顶排出。经过清洗的竖炉炉顶煤气与过剩冷却煤气一起作为外输煤气送给用户。

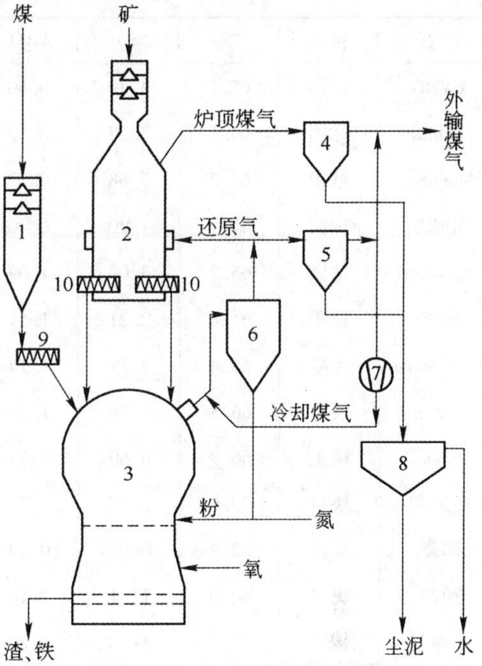

图 15-15 COREX 工艺流程

1—加煤料斗；2—还原竖炉；3—熔炼造气炉；4—炉顶煤气清洗；5—冷却煤气清洗；6—热旋风除尘器；7—煤气加压泵；8—沉淀池；9—熔炼用煤螺旋给料机；10—海绵铁螺旋给料机

COREX 的渣铁处理与高炉类似。熔炼造气炉不设渣口，渣铁分离后铁水转入铁水罐，由罐车运走。炉渣则流入渣坑。

COREX 的冷却系统主要针对煤炭流化床。冷却形式分为三种，风口采用冷却套水冷，煤炭流化床中部采用冷却壁，下部采用喷水冷却。

COREX 在煤的干燥、运输，矿仓和煤仓四个多尘点设有专门的除尘系统，以净化空气和回收粉尘。

15.3.1.2 原料

COREX 还原竖炉原则上是一个直接还原设备，与其他直接还原竖炉或高炉上部类似。对矿石的质量要求与高炉相仿，可使用球团矿和烧结矿等块状含铁料。冶炼效果以使用球团矿较佳。

COREX 对入炉矿石有一定的粒度要求。粉末大量入炉或粒度不均匀会造成竖炉炉料柱透气性恶化及煤炭流化床粉末量过高等问题。粒度太大则影响还原和加热速度。因此，入炉矿以中等的均匀粒度为佳。表 15-12 给出了 COREX 流程中对不同矿种的推荐入炉粒度。保证矿石入炉的粒度是由破碎和筛分组成的整粒工艺的任务。为了保证矿石质量，矿石在入炉前要经过再一次的筛分，主要目的是筛除小于 8mm 的粉末。

表 15-12 COREX 流程使用的矿石粒度(mm)

矿石种类	可用粒度	最佳粒度	矿石种类	可用粒度	最佳粒度	矿石种类	可用粒度	最佳粒度
球团矿	6~30	8~16	天然块矿	6~30	8~20	烧结矿	6~45	10~30

除粒度均匀适中外，矿石还应具有较高的强度和热稳定性，特别是还原强度。否则粒度合格的矿石将在输送和还原过程中重新产生大量的粉末。

入炉矿化学成分是衡量矿石质量的重要指标，表 15-13 和表 15-14 分别给出了 Kehl 试验厂和 Iscor 生产厂使用的矿石化学分析。

表 15-13　Kehl 试验厂矿石化学分析($w/\%$)

矿石	种类	TFe	SiO_2	Al_2O_3	CaO	MgO	P	S	Mn	CO_2
CVRD	球团	65.1	4.70	0.60	1.00	0.66	0.009	0.040	0.02	
Itabira	球团	65.5	2.22	0.52	2.33	0.30	0.024	0.009	0.05	
Manntac	球团	65.3	5.68	0.23	0.35	0.32	0.005	0.040	0.14	
MPRD	球团	67.1	1.20	0.40	1.10	0.80	0.015	0.008	0.04	
Samarco	球团	65.2	3.00	1.09	2.16	0.20	0.028	0.008	0.03	
印度	球团	64.4	2.21	1.51	2.14	0.10	0.034	0.005	0.67	
Mt. Newman	块矿	65.4	3.17	1.14	0.35	0.13	0.034	0.005	0.25	
Sishen	块矿	66.3	3.26	1.20	0.09	0.06	0.030	0.019	0.05	
Carajas	块矿	66.9	0.60	1.31	0.02	0.13	0.010	0.005	0.28	
奥地利	块矿	29.6	5.77	1.23	10.6	4.76	0.029	0.054	1.91	34.6
印度	块矿	62.9	0.98	0.70	0.02	0.02	0.080	0.002	1.29	
德国	烧结	50.0	11.1	2.10	12.0	2.80	0.140	0.048	0.51	
奥地利	烧结	47.3	11.2	2.24	11.4	5.20	0.048	0.034	2.40	

表 15-14　Iscor 生产厂矿石化学分析($w/\%$)

矿石	种类	TFe	SiO_2	Al_2O_3	CaO	MgO	P	S	Mn	CO_2
CVRD	球团	64.2	2.89	0.59	3.86	0.26	0.03	0.01		0.01
Thabazimbi	块矿	62.9	5.20	0.80	0.90	0.50	0.05	0.01	0.10	0.09
Sishen	块矿	66.0	2.82	0.96	0.22	0.11	0.04	0.03		0.13

对矿石化学成分的要求主要是铁品位、自然碱度和有害元素含量。矿石应当具有较高的品位。使用高品位矿石可获得较低的能耗和较高的利用系数。COREX 要求球团矿品位不低于58%，天然矿品位不低于55%，烧结矿品位不低于45%。

一般情况下，天然矿的脉石都是呈酸性，冶炼时需配入碱性熔剂造渣。考虑到煤炭灰分也具有较强的酸性，矿石的自然碱度越高越好。即要求矿石中的酸性化合物，特别是 SiO_2 和 Al_2O_3 含量要低。

矿石中的有害元素主要指 P、S、F、Pb、Zn、As、K、Na 等。这些杂质会给冶炼生产或钢材质量带来很大的危害，因此应严格控制这些有害元素的含量。

为了造渣和脱硫，矿石和熔炼煤中都需要配入一定比例的熔剂。熔剂的品种和配加比例取决于矿石成分、煤比及煤炭灰分含量与成分，一般以石灰石和白云石为主。熔剂的一部分与矿石一起加入竖炉，另一部分与煤一起加入煤炭流化床。当渣中 Al_2O_3 过高时还应配入硅石(SiO_2)，以降低炉渣铝含量。

COREX 熔炼造气煤的选择范围相当宽，包括了无烟煤、烟煤和褐煤。

适用于 COREX 流程的煤种虽然很多，但工业实施时则应择优选用。一般情况下，灰分不应高于25%，挥发分应在15%～36%之间。最佳的熔炼煤灰分在12%以下，挥发分介于20%～30%。

试验证明，世界范围内的煤种中处于最佳范围的并不多。这是造成 COREX 流程煤耗过高的一个主要问题。我国的非焦煤资源丰富，位于可使用范围的煤种很多，搭配出最佳煤种也较容易。

熔炼煤对灰分的限制较宽，低挥发分煤种的灰分可高达30%以上。而理论上可用的最高灰分则直至50%。

相对来讲，熔炼煤对挥发分的变化则敏感得多。挥发分的主要成分是氢和碳。煤中的氢主要由挥发分提供。挥发分越高，氢与碳的原子摩尔比也越高。煤在COREX熔炼造气过程中主要靠碳的燃烧反应放热，氢并不参加燃烧反应。提高氢含量反而会使煤气热容和挥发物分解热增加。故提高氢与碳的原子摩尔比可使煤的气化温度降低。

影响煤气化温度的另一个重要因素是挥发分的氧化度。氧化度的衡量标准是氧与碳的原子摩尔比，其中氧不含灰分中的氧。因此挥发分对熔炼煤的影响也可通过氢与碳的原子摩尔比和氧与碳的原子摩尔比对绝热气化温度的影响表现出来。绝热气化温度 T_g 是指绝热状态下煤与纯氧的反应，生成CO和 H_2 时反应产物的温度。以0℃为标准，熔炼煤 T_g 可通过一个简单的热平衡近似求出：

$$T_g = \frac{\dfrac{110540w[C]}{12} - q}{\dfrac{38.65w[C]}{12} + \dfrac{35.45w[H_2]}{2} + \dfrac{38.53w[N_2]}{28} + A} \tag{15-2}$$

式中，q 为挥发物分解热，J/g；$w[C]$、$w[H_2]$、$w[N_2]$分别指煤中碳、氢和氮的含量；A 为灰分[质量比热容近似取1J/(K·g)]；110540是CO的生成热；其余数值分别是CO、H_2、N_2 的比热容。

根据绝热气化温度可将熔炼煤分为三种类型。绝热气化温度在2000℃以下的煤种不能单独使用，必须与其他优质煤混合以提高绝热气化温度。绝热气化温度介于2000℃和2400℃的煤种作熔炼煤时，由于熔炼煤发热值较低，熔炼煤耗高，从而还原气发生量供过于求。这种情况下，流程将有过剩煤气作为副产品输出。熔炼煤绝热气化温度高于2400℃时，由于煤耗低，还原气量不能满足要求，可采用还原气循环使用等措施解决煤气量不足的问题。只有使用绝热气化温度在2400℃左右的熔炼煤才能使熔炼煤恰好满足还原的需要。

Kehl的COREX试验厂曾试用了近20种不同性质的熔炼煤，表15-15给出了这些煤的基本性质，表15-16则给出了实际生产的熔炼煤质量。使用结果表明，熔炼煤挥发分对冶炼的影响较灰分重要得多。因此，挥发分是选择熔炼煤的一项重要参数。但是，挥发分相近的煤种可能具有差别很大的绝热气化温度。而绝热气化温度则是一项决定熔炼煤可用性和能耗水平的决定性参数。因此，根据绝热气化温度对熔炼煤进行选择较根据煤的挥发分更为可靠。

表15-15 Kehl试验厂用煤工业分析及灰分分析

熔炼煤	工业分析/%					灰分分析 w/%				
	w(C)	V_{daf}	M_{ad}	$S_{t,d}$	A_d	SiO_2	Al_2O_3	Fe_2O_3	CaO	MgO
无烟煤1	86.1	9.2	7.5	0.8	5.1	43.5	24.3	17.0	2.6	2.1
无烟煤2	90.9	5.9	5.0	0.7	3.4	45.4	32.6	9.3	2.8	1.2
澳大利亚	65.4	22.5	5.0	0.4	15.4	55.0	36.0	4.0	1.0	0.7
比利时	64.1	32.4	4.5	1.0	5.2	46.0	34.0	11.0	2.0	1.0
印　度	45.1	41.6	7.9	0.8	22.8	50.0	28.2	10.6	8.1	1.0

续表 15-15

熔炼煤	工业分析/%					灰分分析 w/%				
	$w(C)$	V_{daf}	M_{ad}	$S_{t.d}$	A_d	SiO_2	Al_2O_3	Fe_2O_3	CaO	MgO
美国 1	57.4	38.2	5.9	1.0	7.1	34.2	22.1	17.2	8.8	4.4
美国 2	51.7	39.0	8.0	1.3	15.3	55.3	30.9	8.3	0.9	0.9
美国 3	75.9	16.4	3.5	0.6	9.2	56.0	30.0	6.1	1.2	0.9
南非 1	57.4	30.7	6.8	0.6	17.2	42.8	36.9	2.5	7.0	0.9
南非 2	55.8	32.2	7.4	1.3	17.7	40.6	26.8	7.9	10.7	1.6
南非 3	53.4	32.3	8.3	0.9	21.1	49.6	24.4	2.8	9.6	1.5
南非 4	56.9	36.2	9.0	0.6	10.9	49.3	31.6	3.1	6.1	1.5
南非 5	58.3	31.2	7.5	0.6	15.3	37.9	30.2	4.9	11.8	2.1
东欧	63.0	33.0	4.8	0.6	5.9	41.4	24.8	8.6	7.8	3
德国	57.0	38.5	9.0	0.9	7.3	35.9	27.3	16.1	6.4	3.7
德国焦炭	82.5	2.0	7.5	1.3	15.5	27.4	5.1	21.5	17.5	6.5
德国压块	42.9	53.8	13.0	2.0	7.1	36.3	4.2	19.9	14.5	5.1
巴西 1	52.6	36.6	18.0	1.5	17.0	54.0	23.5	8.3	1.5	0.3
巴西 2	47.0	40.3	19.2	0.7	21.2	59.0	21.5	4.2	2.9	0.4

表 15-16　Iscor 生产厂用煤(干燥后)工业分析(%)

参　数	Delmas	Wolwerans	参　数	Delmas	Wolwerans	参　数	Delmas	Wolwerans
M	5	5	V	28.0	28.0	S_t	0.7	0.6
A	15.2	13.3	FC	56.8	58.7			

COREX 对入炉煤的水分有一定的要求。一般当水分低于 8% 时，允许直接入炉使用。水分过高时，应预先进行干燥处理，干燥后水分可控制在 3% ~6%，最好低于 5%。

煤中硫过高会影响铁水质量，增加脱硫负担，使生产水平降低。熔炼煤中全硫不得高于 1.5%，最好低于 0.6%。

COREX 熔炼造气炉对熔炼煤的粒度有较高的适应能力，一般仅将上限控制到低于 50mm 即可满足要求。但是，如果入炉粉煤过多也会给生产带来问题。熔炼煤中小粒度部分容易在流化床中形成夹带，产生短路现象。即粉末入炉后来不及在流化床中完成气化反应就直接被吹入热旋风除尘器。这一现象严重时会导致流化床拱顶温度下降以及热旋风除尘器和煤气管道中焦煤生成量增加。因此，最好将粒度控制在 4 ~ 40mm，同时保证不小于 10mm 的部分不低于 50%。

煤的其他性质一般对熔炼过程没有什么影响或影响很小，例如煤灰软熔温度和膨胀指数等参数。

15.3.1.3　铁矿还原

COREX 的还原过程主要在竖炉中进行。矿石自炉顶按料批加入竖炉，还原后的海绵铁自炉底通过螺旋排料机连续加入煤炭流化床熔炼造气炉，由此形成矿石自上而下的连续运动。螺旋排料机是可调速的，还原矿的金属化率和产率可通过调整料速进行控制。

由热旋风除尘器排出的还原气自竖炉中下部进入，温度为 850℃左右。还原气进入竖炉后形成向上气流，最后自炉顶排出。矿石的还原主要在与气流的相对运动中完成。竖炉中的温度是沿轴向连续分布的，随着矿石温度的逐步升高，依次发生下列还原过程：

第一阶段，赤铁矿还原成磁铁矿：

$$3Fe_2O_3 + CO = 2Fe_3O_4 + CO_2 \quad (15\text{-}3)$$

$$3Fe_2O_3 + H_2 = 2Fe_3O_4 + H_2O \quad (15\text{-}4)$$

第二阶段，磁铁矿还原成浮士体：

$$Fe_3O_4 + CO = 3FeO + CO_2 \quad (15\text{-}5)$$

$$Fe_3O_4 + H_2 = 3FeO + H_2O \quad (15\text{-}6)$$

第三阶段，浮士体还原成金属铁：

$$FeO + CO = Fe + CO_2 \quad (15\text{-}7)$$

$$FeO + H_2 = Fe + H_2O \quad (15\text{-}8)$$

在还原温度小于570℃时，第二、第三阶段将合二为一：

$$\frac{1}{4}Fe_3O_4 + CO = \frac{3}{4}Fe + CO_2 \quad (15\text{-}9)$$

$$\frac{1}{4}Fe_3O_4 + H_2 = \frac{3}{4}Fe + H_2O \quad (15\text{-}10)$$

不同阶段铁的还原需要不同的气氛条件，其中第三步对还原性气氛的要求最高。由于铁的还原都伴随有热效应，所以对气氛的要求还与温度有关。因此，影响 COREX 竖炉还原的主要热力学因素有还原气组成、铁的还原程度和温度分布。图 15-16 示出了某试验室竖炉热模拟装置中的温度分布和还原矿相应的金属化率变化。我们以此为例来讨论 COREX 竖炉中铁的还原过程。

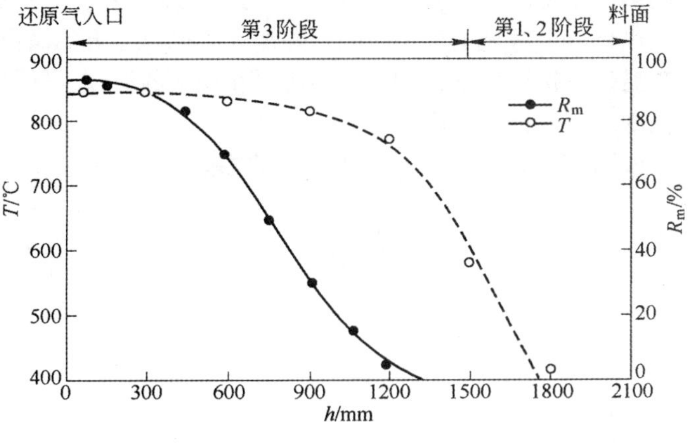

图 15-16 温度 T 与金属化率 R_m 在热模拟竖炉高度 h 上的分布

由图 15-16 可看出，金属铁在 570℃，距还原气入口 1500mm，距料面 600mm 左右的位置开始出现。也就是说，第三阶段的还原过程以上的高温区和约 75% 的还原时间(或空间)。因此，竖炉中第三阶段的还原是主导性的过程。

热模拟试验结果表明，在低于 570℃ 的区域没有金属铁出现。从理论分析也可知道，在 570℃ 以下，Fe_3O_4 的进一步还原只能是生成金属铁。对于这个反应来讲，该区域的还原势太低，矿石停留时间过短，动力学条件也不利，因此不太可能，更不可能大量生成金属铁。另一方面，Fe_2O_3 的还原进行得很迅速，对热力学条件也要求很低，570℃ 以下的区域不会有大量的 Fe_2O_3 存在。因此，570℃ 附近铁的存在形态以 Fe_3O_4 为主，并与 FeO 共存。模拟试验的过程分析也验证了这一论断。在这种条件下，气体利用率取决于气体成分与平衡成分接近的程度。

设570℃时气相与Fe、FeO及Fe_3O_4达到平衡，当气相x_h为0.28(COREX实际生产的近似值)时，气体利用率约为49%。这样的气体进入低温区，再将Fe_2O_3还原成Fe_3O_4，气体利用率进一步提高至46.6%($R_m=0.92$)。这是该成分的还原气实际能够达到的气体利用率上限。

表15-17给出了COREX尾气的生产实测值。可以计算出，实际生产达到的气体利用率约为45.5%。这个值与理论计算最高值相当接近。这说明，工业竖炉的气体利用率与理论最高值非常接近，以最高值来代替实际值讨论竖炉还原过程不会带来大的误差。

表15-17　COREX尾气实测成分(φ/%)

组　分	CO	H_2	CO_2	H_2O	其他
冷煤气	35～40	15～20	35	饱和	余量
估算平均值	35.39	16.50	33.02	10.09	5

15.3.1.4　熔炼与造气

熔炼和造气是熔融还原的基础。COREX的根本技术就是煤炭流化床熔炼造气技术。

COREX的第一个熔炼炉专利申报于1978年。这是一个关于流化床的专利，其结构如图15-17所示。

1982年和1984年，为了推广和进一步发展该项技术，对流化床进行了试验工作。冶炼结果表明，铁水含C量为2.5%～3.5%，含S量为0.2%～0.4%。铁水中未检测出Si，出炉温度为1300～1350℃。熔炼炉拱顶温度最高为1200℃。除尘器收得的粉尘量相当高。

关于熔炼造气炉的第二个专利是第一个固定床(1号专利)。第一个固定床位于风口上方。作用是延长了海绵铁在风口以上区域的停留时间，并加大了风口上方的高温带和温度梯度。以上因素使一些重要的高温反应得以发展，例如硅的还原和铁水的渗碳。同时，铁水与高温炭和煤的接触时间加长，使铁水温度得以提高。

第一个固定床构造如图15-18a所示。在其中进行的主要反应有：

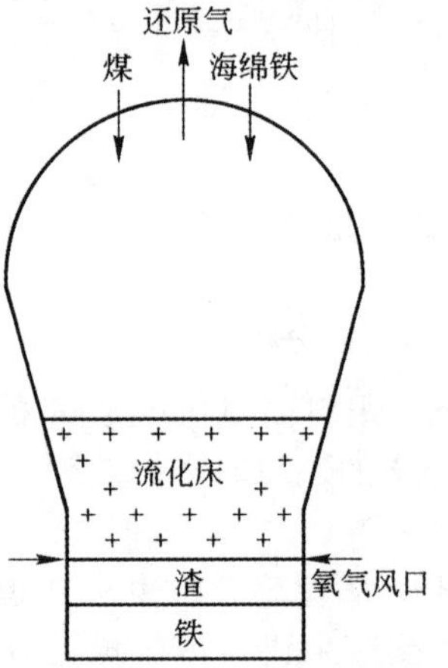

图15-17　煤炭流化床熔炼造气炉

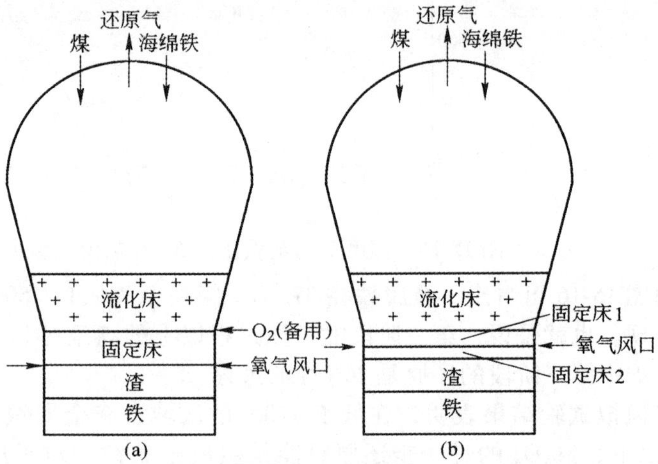

图15-18　COREX熔炼造气炉的固定床

(a)第一个固定床(1号专利)；(b)第二个固定床(2号专利)

$$SiO_2 + 2C = Si + 2CO \qquad (15\text{-}11)$$

$$MnO + C = Mn + CO \qquad (15\text{-}12)$$

$$FeO + C = Fe + CO \qquad (15\text{-}13)$$

$$3Fe + C = Fe_3C \qquad (15\text{-}14)$$

关于熔炼炉的第三个专利是第二个固定床(2 号专利)，结构如图 15-18b 所示。第二个固定床位于风口下方，是死料柱的一个组成部分。这个固定床的存在相当重要，其中的反应直接影响铁水成分和质量。由于第二个固定床的存在，铁水的脱硫反应得以达到或接近平衡，同时保证了 Si 和 Mn 的还原，使 COREX 流程能够生产出质量与高炉铁水类似的产品。

COREX 熔炼造气炉的特点是上方存在一个煤炭流化床。煤炭流化床的存在决定了出炉煤气中必然夹带着大量的粉尘。这些粉尘如果不加回收利用，必将造成碳的严重浪费。同时也会对影响还原炉的工作。COREX 的另一个专利就是针对粉尘循环系统，工作原理如图 15-19 所示。该装置及其改进型于 1983 年和 1984 年获得专利权。该工作的中心内容是开发一种在高温下处理粉尘的工艺。

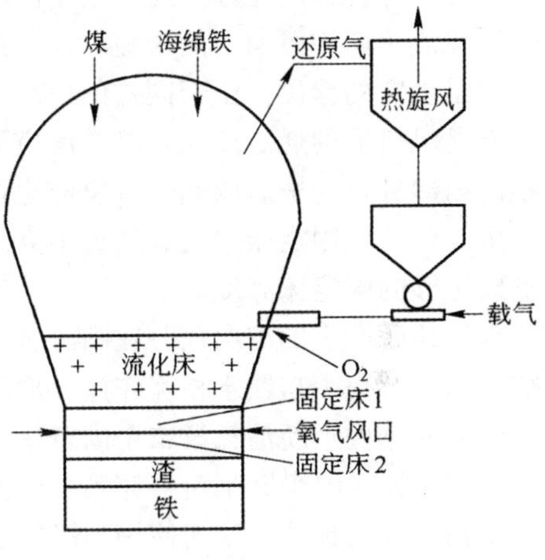

图 15-19 煤炭流化床及粉尘循环

煤气中的粉尘大部分是残炭。熔炼煤入炉时已经带入一定比例的粉末，入炉后在急剧的升温、干燥和气化过程中又伴随显著的热爆裂现象。流化床的气速较高，这些粉料不能在炉内长时间停留，大量的粉末随煤气直接排出炉外。粉末在未经充分挥发和气化的状态下吹出熔炼炉将会使拱顶温度明显降低。如果拱顶温度下降到 1000℃以下，煤气中就会有未经裂化的有机化合物。这些化合物不仅对还原过程造成不利影响，还会严重影响周围环境。

针对以上问题，C-1000 采用两个热旋风除尘器回收煤气中的粉尘。每个热旋风除尘器配备两个串联的密封仓，容纳收集到的粉尘并准备再次吹入熔炼炉。收集到的粉尘用氮气吹入两个循环粉尘燃烧器，通入氧气将其中的可燃物烧掉。燃烧产物连同非可燃物一同喷入熔炼炉上部的流化床。

循环粉尘燃烧器的配置使煤炭流化床拱顶温度有一个较宽的调节范围，避免了有害物质的产生。因此，粉尘循环系统不仅对工艺是必要的，而且也是一项环保措施。

综上所述，COREX 煤炭流化床内部自上而下由一个流化床，一个上固定床，一个下固定床，渣池和铁水层组成。外部则附加一个粉尘循环燃烧装置。

熔炼煤入炉后即进入高温区，直接与 1100℃高温煤气接触。在这种条件下，熔炼煤迅速完成升温、挥发分放出和裂解过程。与此同时，通过热爆裂使粒度减小。在煤的挥发过程中，挥发物的组成与温度有关。这一点可以挥发物中的 CH_4 为例加以说明。当温度升高至 1100℃以上时，CH_4 的含量已经很低了，而 CH_4 是较稳定的碳氢化合物。因此，1100℃时可以认为已经没有有机化合物存在的热力学条件。在这样的高温下，有机化合物裂解的动力学条件同样相当优越。实测数据表明，COREX 熔炼炉煤气的主要成分是 CO 和 H_2，CH_4 仅占 1% 左右。

入炉煤中的粉末被煤气带走，粒度适当的部分形成流化床。较大的颗粒则很快通过流化床，沉积下来形成固定床。流化床内的固体颗粒接近全混合状态，因此床层内温度分布比较均匀。而固定床内则易于保持较大的温度差。所以，固定床的存在有利于形成一个较大的高温区，以发展各种必要的反应。

熔炼煤挥发裂解后所余的固定碳主要通过5种途径被消耗掉：

一是被循环粉尘燃烧器中吹入炉内的剩余氧气燃烧掉，这一过程消耗的是流化床中的碳。

二是参加CO_2和H_2O的还原反应。燃烧区生成的CO_2和H_2O在煤气上升过程中很快通过下列反应转化成还原气：

$$CO_2 + C = 2CO \tag{15-15}$$

$$H_2O + C = H_2 + CO \tag{15-16}$$

这些反应在固定床很短的范围内即可进行完毕。在固定床高度足够的条件下消耗的主要是固定床中的碳。另一部分CO_2来自粉尘燃烧器。它的还原则消耗流化床中的碳。

三是各种元素的还原反应。由于温度水平所限，熔炼炉内只能进行直接还原。由于还原矿入炉后在流化床中停留时间很短，这些还原反应消耗的主要是固定床中的碳。

四是生铁的渗碳。由于同样的原因，它也主要消耗固定床中的碳。

五是风口前的燃烧反应。这个反应要消耗大量的碳。燃烧反应进行很快，在离开风口不远的距离内即进行完毕。因此燃烧反应也优先消耗固定床中的碳。

由此可见，固定床中的碳耗量很大。如果熔炼煤中没有足够的大粒度组分，则不可能有效地形成足够的固定床高度。

碳消耗后产生的游离灰分在高温区形成初渣，并与熔剂结合滴落至炉缸。在滴落过程和在炉缸的积存过程中与铁水相互作用，形成终渣。

以上的过程不断消耗第二个固定床中的物质。第一个固定床向下移动，逐步替代第二个固定床。而新加入的煤又不断补充第一个固定床。这样，下降到风口前的炉料已利用上升煤气的能量得到较好的预热。从而使炉顶煤气温度降低，炉缸温度升高，使能量利用较为充分，温度分布较为合理。这一点又体现了固定床的作用。

海绵铁通过装于炉顶的6个下料管落入炉内。大粒度部分很快通过流化床进入高温区形成固定床。在随固定床向风口区移动过程中温度升高很快。达到熔点后开始熔化成液态。与此同时，逐步完成剩余铁氧化物的还原和渗碳等过程。渗碳量的增加进一步促进了海绵铁的熔化。液态铁在滴落过程中加快了Mn、Si等元素的还原，使铁水成分进一步接近终铁。最后铁滴穿过渣层积存于炉缸。在穿过渣层的过程中，铁液还要完成最终的渗碳过程。

15.3.2 FINEX工艺

1992年12月，韩国浦项钢铁公司(POSCO)与西门子奥钢联公司(Siemens VAI)签订了COREX C-2000工程化和工厂的建设合同。随后两家公司还签订了合作共同开发FINEX工艺的协议，开发的主要目标是发展流化床还原铁矿粉原料的反应系统。

1993~1996年间，进行了实验室规模的铁矿粉还原实验和冷态流化床动力学研究。随后，浦项建立了日产能15t的热模拟实验设备，在一级流化床反应器内研究了高温高压还原气氛条件下粉矿的还原和流化床反应工序的动力学条件。

1998年，浦项总部决定在现有的COREX工厂附近建立一套日产能150t的流化床还原铁矿粉的半工业实验装置。1999~2002年，多次实验结果表明：流化床还原铁矿粉系统可以满足商业化要求，具有工艺技术可行性。此外，成功进行了将流化床还原得到的粉状DRI热态压块成HCI(热压块铁)的工艺实验。

浦项总部的下一步决定是在浦项建立年产能60万t的FINEX F-2000示范厂，进一步验证FINEX整个工艺流程的可行性。

该工程于2001年1月开工建设，2003年5月示范厂开始投产运行，FINEX F-2000示范工厂系统中第一次安置了流化床反应器系统和粉状 DRI 热压块设备。原先的 COREX C-2000 工厂也作了相应的改造，熔融气化炉用作 F-2000 的熔融团块和煤气发生装置，竖炉则用作储料仓和加料仓。

FINEX 工艺的主要特点有：

（1）直接使用粒度小于 8mm 的烧结用铁矿粉；

（2）直接使用煤；

（3）节省资源、降低能耗和减少污染排放的环保效益；

（4）产出的有价值的煤气，可用于多种冶金工艺过程的发电；

（5）产出的铁水质量可以与高炉及 COREX 产出的铁水质量媲美。

F-2000 示范厂的设计思路是 COREX 和 FINEX 工艺运行可以迅速切换。这种迅速切换功能对于工艺运行的初始阶段十分重要。

从 2003 年 5 月到 2004 年初，流化床系统和热压块系统试验成功。由于生产运行不稳定和在试验过程中需要经常性停工，最初的产能低于 2000t/d。为了提高 FINEX 工艺运行设备的生产效能，需要在生产运行过程中停工改造设备。由于生产不稳定，初始阶段生产铁水的煤耗也较高，大于 1100kg/t。

到 2004 年初，FINEXF-2000 示范工厂生产运行稳定，铁水产能达到并随后超过 2000t/d，2004 年 4 月，工厂生产运行又上升到一个重要阶段：由于 CO_2 脱除系统开始运行，可以循环利用流化床排出煤气，不再仅仅由流化床还原系统决定整个工艺系统的煤耗，铁水煤耗进一步降低。通过流化床排出煤气的循环利用，流化床还原系统更加“独立”，减少了对熔融气化炉系统的依赖，煤耗降低到 950kg/t 的水平。

2005 年 10 月，工艺优化的又一个重要步骤是粉煤喷吹工艺的应用，通过逐步提高喷煤率到 300kg/t，吨铁煤耗下降到 800kg/t 以下的水平，最低月平均燃料比的记录为 750kg/t。由于喷煤，铁水的产能也得到了提高，最大产能可达到 90 万 t/a，远超过设计产能 60 万 t/a。

根据示范厂成功运行的结果，在 2004 年 8 月，奥钢联获得一份合同，为 POSCO 浦项厂设计首座年产能为 150 万 t 的 FINEX 工业化生产厂。

2007 年 5 月，年产 150 万 t 的 FINEX 工厂已经投产，图 15-20 显示了 FINEX 工艺流程示意图。

粉铁矿和粉状添加剂（石灰石和白云石）经干燥后，由垂直传送带及锁斗仓添加到四级流化床反应器系统。

最上一级流化床反应器（R4）的主要功能是预热原料，粉矿在连接其后的三级流化床反应器中，被逆流的还原性气体还原成粉状的 DRI。在此过程中，粉状添加剂也得到部分的煅烧。将氧气喷吹入一级流化床（R1）、二级流化床反应器（R2）和三级流化床反应器（R3）前面的煤气管中，使煤气中部分 CO 和 H_2 发生燃烧反应，产生的热量用于调节流化床反应器内的温度。

热态粉状 DRI 和部分煅烧的添加剂从流化床反应器 R1，通过气力输送的方式向上输送到粉状 DRI 热压块设备上部的喂料仓中。热态粉状 DRI 在双辊压块机中被压成条状的 HCI（Hot-Compacted Iron），条状的 HCI 被进一步打碎成块状，在热状态下输送到熔融气化炉顶部的 HCI 料仓中。冷 HCI 或球团也可以通过热传送带送到 HCI 设备上部的喂料仓中。

螺旋加料机通过下料管将料仓中的 HCI 添加到熔融气化炉中。当使用氧化球团时，在添加到熔融还原炉之前，将还原性煤气通入料仓中，将球团预热和预还原到一定水平后再加入熔融气化炉。

干燥后的块煤和型煤块从顶部加入熔融气化炉。氧气从风口喷入到熔融气化炉的半焦床的

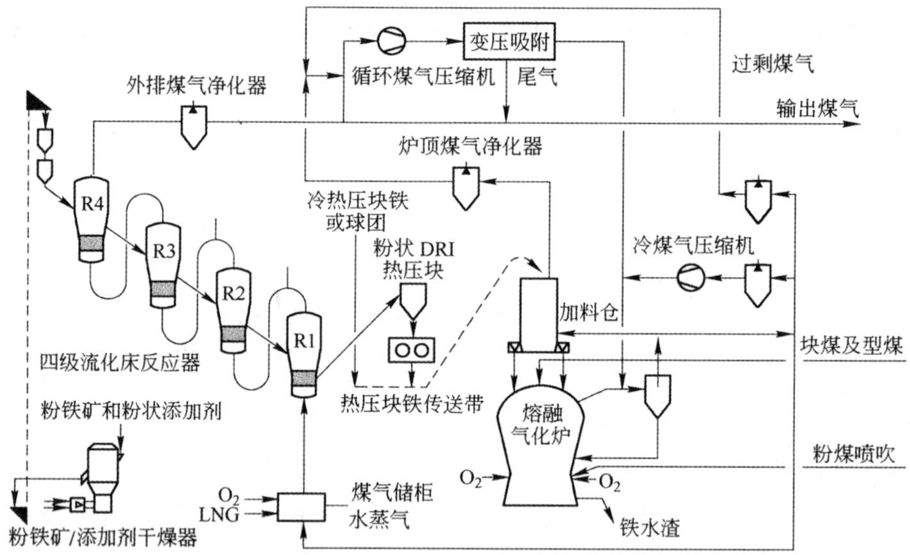

图 15-20　FINEX 工艺流程示意图

风口循环区时使煤气化。熔融气化炉内的反应，包括热压铁块及煤灰熔融生成铁水和冶金渣的反应，以及其他冶金反应所需要的能量由煤的气化反应提供。喷煤系统通过风口向熔融气化炉内喷吹煤粉，产出的铁水和炉渣按一定时间周期从炉缸排出。根据操作规程，添加剂可随块煤或型煤添加到熔融气化炉中。根据炉况用添加剂快速调节熔融气化炉炉况，也可用于连续操作。

熔融气化炉气化产生的煤气先与变压吸附设备(SPA)产生的冷煤气以及来自冷煤气系统的加压煤气混合，然后进入热旋风除尘器除尘。热旋风除尘器中分离出的粉尘通过粉尘燃烧器返吹到熔融气化炉中回收，得到循环利用。粉尘中的碳与吹入拱顶的氧气发生气化反应，气化反应产生的热量则用于熔化和凝聚不可燃的粉尘组分。

熔融气化炉中的压力由过剩煤气净化器控制。冷煤气管路由冷煤气净化器和循环煤气压缩机组成，一部分冷煤气用作熔融气化炉的输出煤气的冷却。热压块储仓顶部排出的煤气在炉顶煤气净化器中快速冷却后，与过剩煤气混合。第四级流化床(R4)内反应后排出的还原性煤气在流化床排出煤气净化器中快速冷却。部分流化床排出煤气与炉顶煤气及过剩煤气混合，并循环用于冷却热发生煤气和控制流化床系统的还原煤气。为此，循环煤气须在 PSA 装置中脱除 CO_2，并且经过压缩机加压。

输出煤气是未循环利用的外排煤气和 PSA 装置的尾气的混合煤气。输出煤气输出到钢铁厂的煤气管网中，可用于提供生产用能源或用于钢厂内部加热燃料。

熔融气化炉停炉时，煤气橱柜可提供流化床操作所需的流化载气。在这种情况下，输出煤气经过 PSA 装置的旁路循环，到达煤气橱柜中与热煤气混合，该热煤气由水蒸气、油和氧气气化反应产生。

FINEX 工艺的优势：首先，占世界铁矿石产量 60% 以上的烧结用粉铁矿，可以直接作为 FINEX 工艺的原料；此外，由于铁水冶炼过程中省去了焦化、烧结和球团工艺，减少了污染排放和资源及能源的消耗。在某些地区，与同等规模的高炉生产铁水工艺相比，FINEX 工艺生产铁水的成本可以降低 20%。

15.3.3 COIN 工艺

COIN(Coal Oxygen Injection)是德国 Krupp 开发的熔融还原流程。开发工作是在一个 3t 试验转炉上进行的。研究工作自 20 世纪 70 年代中期已经开始，原目的是利用煤氧喷吹放出的热量熔炼废钢或其他金属铁料。后来，为了利用熔炼过程发生的高温强还原性煤气，计划在熔炼炉的基础上配置一台还原竖炉或者还原流化床，形成一个使用适应性广泛的煤种，适合小规模生产的二步法熔融还原技术，以备 Krupp 对外进行技术出售。从文献资料看，开发者准备以竖炉型还原器作为该流程第一代的配置，以流化床型还原单元作为最终开发目标。COIN 流程(竖炉还原)原理如图 15-21 所示。

此外，开发者还制定了两套流程方案，分别称为 COIN1 和 COIN2，流程模式如图 15-22 所示。

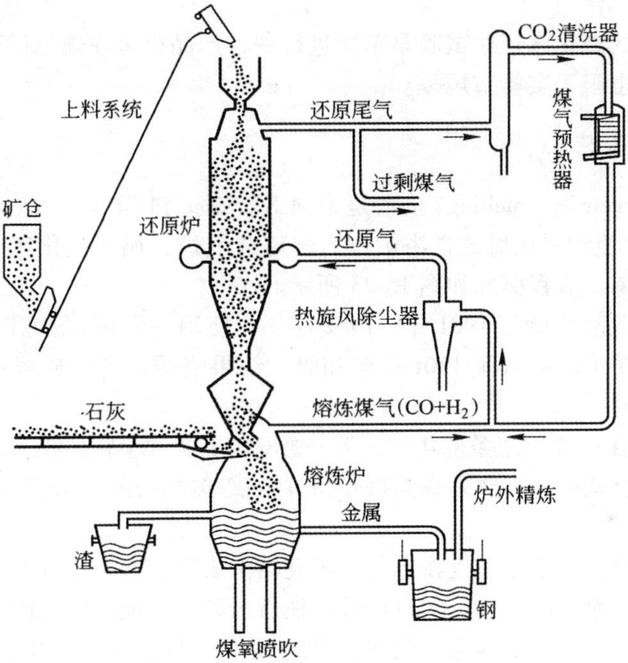

图 15-21 COIN 流程

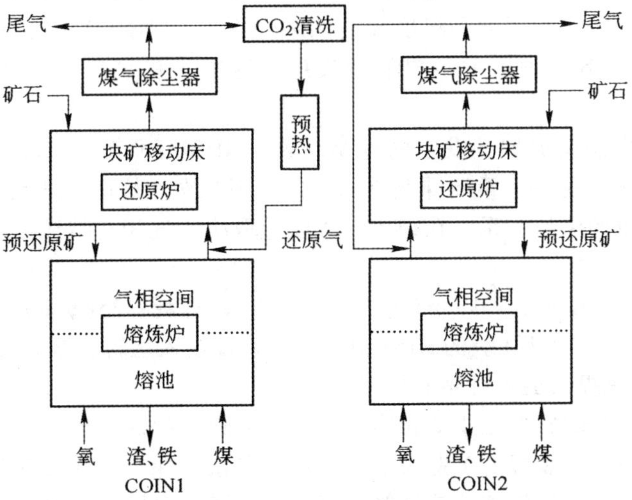

图 15-22 COIN 法模式图

COIN 法使用粉煤做燃料。工业试验中使用的煤粉粒度不大于 200μm，预计在大型工业装置中可放宽至 1mm。COIN 对熔炼煤的适应性很强，从高挥发分煤至焦炭都在试验中得到验证。

煤粉和助燃氧气通过套管式喷枪直接从炉底吹入熔池。喷枪的中心管用于吹氧，外套管用于喷吹煤粉。煤粉造成的局部冷却效果起到对喷枪的保护作用。试验转炉装有 3 根这样的喷枪。

试验中，炉渣内 FeO 含量低于 1%，硫在渣铁间的分配基本达到平衡。典型的铁水温度为 1500℃，含碳 1% ~4%，硅含量很低。铁水含硫量受熔炼煤含硫量的影响，一般在 0.15% 左右。

煤气中的氧化性气氛很低，含尘量在 $30kg/m^3$ 左右。煤气中约带走入炉硫量的 10% 左右。这部分硫在 600℃以下时大部分被粉尘中的金属颗粒脱除。因此，除尘后的低温净煤气含硫极低。

应用熔炼炉尾气的流化床还原试验是单独进行的，产品也未在熔炼试验中使用。使用含尘煤气的竖炉还原试验也限于实验室规模。

15.3.4 HISMELT 工艺

HISMELT(High Intensity Smelting)技术是德国 Klockner 和 CRA 公司(一家澳大利亚的资源公司)联合开发的。该流程采用卧式铁浴炉作为熔炼造气炉，循环流化床作为还原炉，可直接使用粉矿进行全煤冶炼。流程概况如图 15-23 所示。

Klockner 和 CRA 的合作始于 1981 年。1982 年初，使用一个 60t 的炼钢转炉进行基础试验。在这次试验中，共向转炉内喷入了 150t 粉矿和煤。结果表明，利用矿煤喷吹，在铁浴炉中生产铁水的工艺是可行的。

1984 年末，一座在连续生产条件年产 3 万 t 规模的工业试验转炉投入运转。试验的目的之一是确定实现高二次燃烧率和高热效率的操作条件。试验中使用了不同品级的熔炼煤，研究了各类重要冶金反应。

同时，粉矿还原的实验室工作也在进行。研究结果表明，在不出现金属铁的情况下，粉矿可在流化状态下迅速还原成浮士体，同时可成功地避开黏结失流问题。因此，开发者选择可直接使用粉矿的流化床作为还原反应器。为了避免出现金属铁，预还原率则控制在 30% 以下的水平。较低的预还原率使熔炼负荷加重。但也具有不可忽视的优点。首先，还原单元对还原气质量的要求降低，可使用氧化程度和温度较高的熔炼煤气，不需设置还原气改质单元。其次，不必担心预还原矿进入熔炼炉后发生再氧化反应。这些为提高熔炼二次燃烧率创造了有利条件。

二次燃烧率的提高是铁浴炉开发中的重要问题。HISMELT 工业试验中，二次燃烧率已达到 50% ~60% 的高水平。另一个重要课题是如何保证高二次燃烧率下的热效率。热效率与二次燃烧率之间不存在简单的函数关系，在很大的程度上取决于气相与熔池之间的传热条件。典型的工业试验参数为：

二次燃烧率：55%；矿耗：43kg/min(约 1574kg/t)；煤耗：25kg/min(约 915kg/t)。

1993 年底，一座年产 10 万 t 级的 HISMELT 中间装置投入运转。该装置总投资约 2 亿美元，可为 HISMELT 的工业化提供更为可靠的数据。

如图 15-23 所示，HISMELT 工业试验熔炼炉呈水平圆筒状，可绕水平轴线转动。水平轴也可以倾斜。配有还原单元等装置的工业规模熔炼炉似乎很难保持这些转动功能。熔池底部左方设有一排喷吹口，用于喷入煤粉和天然气等燃料。熔炼煤气自炉顶右上方排出炉外，可直接导

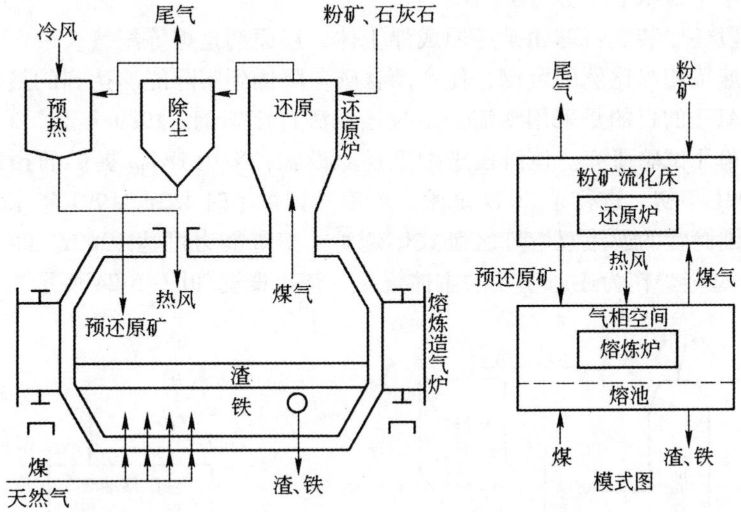

图 15-23 HISMELT 流程

入预还原炉。预还原炉采用循环流化床的形式，得到预热和预还原的矿粉与尾气一同排出流化床，通过热旋风除尘器实现气固分离。分离出的预还原矿自左上方喷入熔炼炉，温度为 800℃左右。一部分气体作为尾气进入煤气系统，另一部分则用于预热熔炼用鼓风。热风自炉顶偏左方吹入熔炼炉，入炉温度约为 1200℃。

使用热风而不用氧气是 HISMELT 的一个特点。这一特点也是有利有弊。优点是二次燃烧后的煤气温度较低，因此有利于二次燃烧率的提高。缺点是气相与熔池之间的温差减小，为提高热效率增加了难度。同时，煤气量增加，不利于生产强度的提高。

预计，工业化装置的物料收支及重要工艺参数如下：

熔炼炉		还原炉	
预还原矿	1405kg	粉　矿	1574kg
热　风	101kmol	石灰石	231kg
熔炼煤	640kg	还原气	136kmol
铁　水	1t	预还原矿	1405kg
炉　渣	295kg	尾　气	136kmol
煤　气	136kmol	还原矿温度	800℃
二次燃烧率	47%		
风　温	1200℃		

15.3.5 AISI 工艺

AISI(American Iron and Steel Institute)法是美国钢铁协会在美国能源部的财政支持下开发的。美国在熔融还原研究工作开发工作中起步较晚。自 1987 年夏季 AISI 拨款资助起。才开始了正式的研究工作。第一个步骤是成立一个由大学教授和公司代表组成的所谓“TaskA”10 人委员会。该委员会的任务是确定世界范围内熔融还原技术的发展方向和现状。首先进行了详细的文献检索，并访问了欧洲和日本 22 家在熔融还原领域处于先导地位的公司和科研单位。最后确定了美国发展熔融还原的技术方案，即 AISI 方案：

(1) 使用北美钢铁工业大量生产的球团矿。

（2）采用不小于50%的二次燃烧率。

（3）使用单段还原装置将球团矿还原成浮士体，还原剂是熔炼尾气。

（4）有能力熔炼相当比例的废钢，使产品含碳量降低到实际能够达到的最低水平。

由此可见，AISI的目的是采用铁浴炉熔融还原法直接炼钢。1989年起，利用一座现有15t转炉进行了熔炼单元试验研究。该阶段未配置还原设施，采用Hylsa提供的预还原球团矿作为熔炼原料。至1991年初，进行了26次试验，产率达到每小时4.2t。1991年末，将原来的立式熔炼炉改为水平圆筒状的逆流双熔炼区卧式熔炼炉。熔炼能力可达10t/h。经过第一阶段的研究，确定以HYL型竖炉作为还原单元的主体设备，流程概况如图15-24所示。

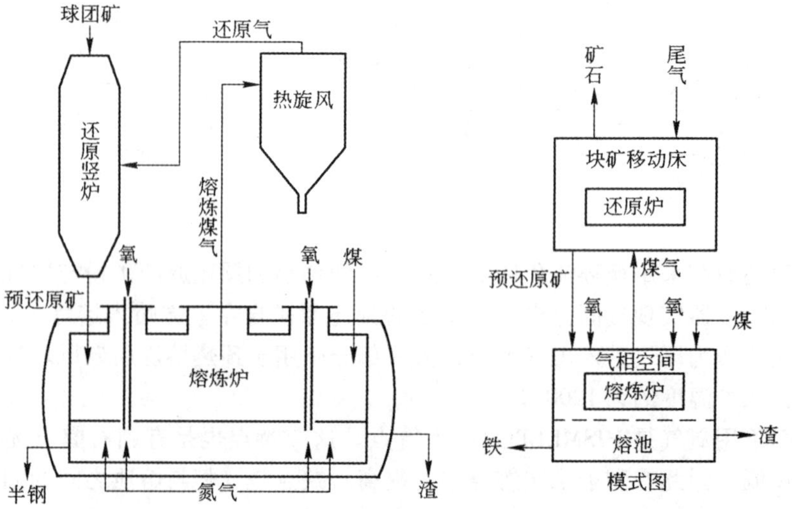

图15-24　AISI流程

AISI熔炼炉采用两个氧枪，分别位于左右两侧，用于吹入工业纯氧。形成两个高温熔炼区。在两个熔炼区的底部分别设有氮气喷嘴，吹入N_2，搅拌熔池。预还原矿加入左熔炼区。因此，左熔炼区氧化势较高，气相二次燃烧率也较高。煤则加入右熔炼区。因此，右熔炼区的还原势较高，而二次燃烧率则较低。

预还原矿入炉后迅速熔化，形成高FeO炉渣。渣口设于右侧，高FeO渣流向右熔炼区，在高还原势的气氛中，FeO迅速还原、渗碳，形成铁水和低FeO炉渣。炉渣定时自渣口排放。铁口设于左侧，高碳铁水自右熔炼区流向左熔炼区，在高氧化性气氛中完成部分脱碳过程，形成半钢。半钢自铁口定时排放。这样的半钢经钢包处理，继续脱除其中的C、S等杂质，成为最终产品钢水。

来自两个熔炼区的煤气具有不同的二次燃烧率。这两部分煤气相向流动，在中间区混合，并排出熔炼炉。熔炼煤气出炉后经热除尘，再通入还原竖炉，将氧化球团矿中的高价铁氧化物还原成FeO。

经过第一阶段的研究，下一步工作是建立一个示范厂。示范厂的设计参数重新选定如下：

规模：350000t/a　　　　预还原率：27.5%

二次燃烧率：40%　　　　生产强度：10t/(m^3·d)

15.3.6　DIOS工艺

在川崎、住友、神户等大量前期工作的基础上，日本钢铁联盟组织八大钢铁公司制定了一个熔融还原7年(1988～1994年)开发规划。开发工作得到日本政府2/3的财政资助。研究目的是开发一种铁浴法熔融还原技术，定名为DIOS。熔炼单元采用立式转炉型铁浴熔炼造气炉。还原单元采用流化床，以压低还原度的措施避免还原过程的黏结失流问题。流化床形式可能为传统鼓泡流化床，高速循环流化床或二者结合。熔炼炉采用较高的二次燃烧率，高温高氧化度的尾气通过一个煤气改质炉利用粉煤改造成中温高还原性的还原气。

整个计划分为三步进行：

(1) 单元试验，计划于1990年完成。

(2) 500t/d级中试厂建设，计划于1990～1993年间进行。

(3) 中间试验，计划于1994年完成。

第一步研究工作包括熔炼炉单体试验、还原炉单体试验、煤气改质炉单体试验和综合试验。综合试验在福山厂5t/d的还原熔炼联动试验装置上进行。福山厂的装置布局与500t/d级中试厂类似，工艺概况如图15-25所示。

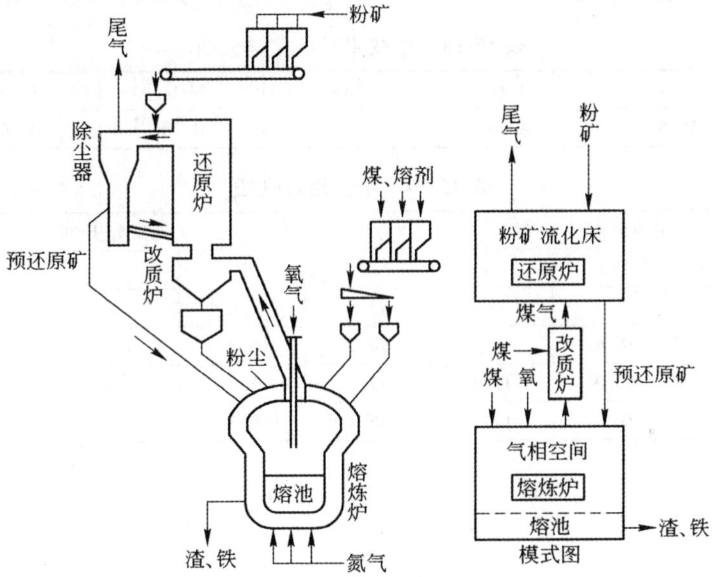

图15-25 DIOS流程

主要试验结果如下：

熔炼炉压力：186kPa　　传热效率：80%～90%

二次燃烧率：40%～60%　　供氧量：90～112kmol/h

同时，新日铁也将一个170t转炉改造成100t级熔融还原炉，进行了大型熔炼单元试验。主要试验条件和结果如下：

熔炼炉容积：138m^3　　铁水温度：1370～1600℃

熔池面积：12m^2　　渣碱度：1.1～1.5

供氧能力：≤1560kmol/h　　供煤量：≤74t/h

二次燃烧率：45%　　供氧量：890～1340kmol/h

热效率：80%～95%　　供矿量：≤160t/h

生产强度：30～40t/h　　搅拌气量：50～180kmol/h

还原单元试验同时使用福山厂的鼓泡床和川崎的高速循环流化床。两部分试验都成功地进行了连续性操作，并避免了黏结失流现象。

煤气改质单元试验由神户厂负责，采用模拟熔炼尾气研究了煤粉挥发分对煤气的改质效果及炭化煤粉应用于熔炼炉的可行性。

500t/d 级中间试验原燃料条件见表 15-18 和表 15-19，主要设备和工艺参数如下：

生产能力：500t/h
铁口直径：70mm
流化床内径：2700mm
矿石粒度：<8mm
流化床高度：8000mm
煤粉粒度：>1mm
流化床能力：≤39t/h
矿石预还原率：10% ~15%
铁浴炉内径：3700mm
煤耗：800 ~1000kg/t
铁浴炉高度：9300mm
氧耗：25 ~31kmol/t
顶吹氧量：≤890kmol/h
熔炼炉压力：<200kPa
底吹氧量：≤270kmol/h
铁水温度：1500 ~1550℃
改质炉煤量：4t/h

表 15-18 中试用矿粉化学分析

组　分	TFe	FeO	SiO_2	Al_2O_3	CaO	MgO
质量分数/%	68.80	2.80	0.73	0.78	0.16	0.03

表 15-19 中试用煤性质

煤种	工业分析/%			元素分析/%				
	固定碳	V	A	C	H	N	O	S
HV1	57.6	31.7	10.4	73.3	4.6	1.6	9.5	0.5
HV2	54.2	36.6	9.2	74.2	5.2	1.6	9.3	0.5
MV	65.7	22.0	12.3	77.7	5.4	1.4	2.9	0.3
焦炭	86.6	0.5	12.9	85.4	0.3	0.9	0.2	0.2

参考文献

[1] 张一敏．球团理论与工艺．北京：冶金工业出版社，2002

[2] 罗吉敖．炼铁学．北京：冶金工业出版社，1992

[3] 贺友多．炼铁学．北京：冶金工业出版社，1980

[4] 傅菊英．烧结球团学．长沙：中南工业大学出版社，1996

[5] 薛俊虎．烧结生产技能知识问答．北京：冶金工业出版社，2003

[6] 周传典．高炉炼铁生产技术手册．北京：冶金工业出版社，2002

[7] 卢宇飞．炼铁工艺．北京：冶金工业出版社，2006

[8] 王晓琴．炼焦工艺．北京：化学工业出版社，2005

[9] 郑明东，水恒福，崔平．炼焦新工艺与技术．北京：化学工业出版社，2006

[10] 王筱留．钢铁冶金学(炼铁部分)．北京：冶金工业出版社，2000

[11] 杨华明，邱冠周，唐爱东．$CaCl_2$ 对烧结矿 RDI 的影响[J]．中南工业大学学报，1998，29(3)：229～230

[12] E．Φ．唯格曼等．炼铁学．北京：冶金工业出版社，1993

[13] 吴胜利，刘宇，杜建新等．铁矿石的烧结基础特性之新概念．北京科技大学学报，2002，24(3)：254～257

[14] 叶匡吾．高炉炉料结构与精料．烧结球团，2001，26(3)：6～7

[15] 张玉柱，冯向鹏，李振国．提高低硅烧结矿强度的研究及在生产上的应用[J]．钢铁，2004，39(8)：39～40

[16] 同岗洋次郎．CaO/SiO_2 和 MgO 对烧结矿高温性能的影响[J]．铁与钢，1981，67(4)：23～25

[17] 许满兴．论工艺参数对烧结产品质量的影响及分析[J]．烧结球团．2003，(5)：13．[3]

[18] 刘传伟，陈凤英．浅谈进口铁矿与中国钢铁工业的关系．2004 年全国烧结球团技术交流年会论文集：15～18

[19] 刘竹林，陈子林，汤乐云．烧结工艺优化的试验研究[J]．钢铁，2006，41(5)：15～19

[20] 刘竹林，高泽平．湘钢高炉炉料结构优化试验研究[J]．烧结球团，2002，27(3)：12～15

[21] 成兰伯．高炉炼铁工艺及计算．北京：冶金工业出版社，1999

[22] 许满兴．论新世纪球团矿的质量进步[J]．烧结球团，2000，25(6)：14

[23] 张家驹．铁冶金学．沈阳：东北工学院出版社，2004

[24] 朱苗勇．现代冶金学(钢铁冶金卷)．北京：冶金工业出版社，2005

[25] 中国冶金百科全书编辑部．中国冶金百科全书·钢铁冶金．北京：冶金工业出版社，2005

[26] 黄希祜．钢铁冶金原理(第 3 版)．北京：冶金工业出版社，2002

[27] 宋建成．高炉炼铁理论与操作．北京：冶金工业出版社，2005

[28] 王喜庆．钒钛磁铁矿高炉冶炼．北京：冶金工业出版社，1994

[29] 张玉柱．胡长庆．炼铁节能与工艺计算．北京：冶金工业出版社，2002

[30] 杨天钧，黄典冰，孔令坛．熔融还原．北京：冶金工业出版社，1998

[31] 方觉等．非高炉炼铁工艺与理论．北京：冶金工业出版社，2002

[32] K. Wieder，C. Böhm，J. Wurm. The COREX and FINEX Processes—Reliable，environmental fridendly and economical Hot Metal Production. Proceedings of the Iron & Steel Technology Conference，2004

[33] 陈津，林万明，赵晶．非焦煤冶金技术．北京：化学工业出版社，2007

冶金工业出版社部分图书推荐